"十二五"普通高等教育本科国家级规划教材

《化工原理》（第四版，杨祖荣主编）辅导用书

化工原理学习指导

第三版

丁忠伟　主编

杨祖荣　主审

化学工业出版社

·北京·

内 容 简 介

《化工原理学习指导》（第三版）是“十二五”普通高等教育本科国家级规划教材《化工原理》（第四版 杨祖荣主编）《化工原理》（上下册，丁忠伟、刘伟、刘丽英编）的配套辅导用书，针对教材中所讲述的各种单元操作的难点展开解析，强调体现“化工原理”课程的工程特色，以培养读者解决工程实际问题的能力为目标。

本书共7章，包括流体流动与输送机械、非均相物系分离、传热、蒸发、气体吸收、蒸馏、固体干燥。每章均包括联系图及其注释、疑难解析、工程案例、例题详解、习题精选五部分。为强化对知识点的掌握与运用，本书还配有拓展例题与习题讲解视频，读者可扫描封底二维码观看。此外，书末还附有北京化工大学期末考试题和研究生入学考试题共12套。通过这些环节，使读者巩固基本概念，引导读者考虑、分析和解决工程实际问题。

《化工原理学习指导》（第三版）可作为高等学校化学工程与工艺及相关专业的“化工原理”课程学习的辅导书，同时可作为研究生入学考试“化工原理”课程辅导用书。

图书在版编目（CIP）数据

化工原理学习指导/丁忠伟主编. —3版. —北京：化学工业出版社，2021.1（2025.1重印）
ISBN 978-7-122-37904-7

Ⅰ.①化… Ⅱ.①丁… Ⅲ.①化工原理-高等学校-教学参考资料 Ⅳ.①TQ02

中国版本图书馆CIP数据核字（2020）第197492号

责任编辑：徐雅妮 马泽林　　装帧设计：李子姮
责任校对：王 静

出版发行：化学工业出版社（北京市东城区青年湖南街13号 邮政编码100011）
印　　刷：三河市航远印刷有限公司
装　　订：三河市宇新装订厂
787mm×1092mm 1/16 印张21¼ 字数526千字 2025年1月北京第3版第4次印刷

购书咨询：010-64518888　　售后服务：010-64518899
网　　址：http://www.cip.com.cn
凡购买本书，如有缺损质量问题，本社销售中心负责调换。

定　　价：59.00元　

前　言

“化工原理”是化学工程与工艺及相近专业的主干课程，其设置目的是为学生将来解决化工及相关行业中的复杂工程问题打基础、做准备。使学生树立工程观点和理念，学会用工程的观点和方法分析工程实际问题，是本门课程的最高培养目标。然而，在多年的教学实践中我们深深感到，仅凭学时非常有限的课堂教学和习题练习是无法达到这一目标的，我们编写本书的想法便由此而生。

《化工原理学习指导》第一版于2006年问世，是普通高等教育“十五”国家级规划教材《化工原理》（杨祖荣主编）辅导用书，内容涵盖流体流动与流体输送机械、机械分离、传热、蒸发、吸收、蒸馏、干燥。每章均包括联系图、疑难解析、工程案例、例题详解、习题精选五部分内容。“联系图”给出了一个单元操作中各基本概念及计算公式之间的关系，并使概念、公式与工程实际问题之间的关系一目了然；“疑难解析”主要讲述教学内容难点以及这些内容中蕴含的工程观点和方法；通过对“工程案例”的剖析引导读者考虑和分析工程实际问题；“例题详解”注重分析与总结，指出其与工程实际问题的联系；“习题精选”则为巩固基本概念、提高解决问题的能力而设置。

《化工原理学习指导》（第二版）于2014年出版，仍保持原书的总体结构和特色风格，对部分内容进行了删减、调整和补充，并更换了少量的例题与习题，更加突出工程特色。此外，对一些专业术语进行了规范化处理。本书第二版于2016年获得中国石油和化学工业优秀出版物奖·教材一等奖。

《化工原理学习指导》（第三版）是“十二五”普通高等教育本科国家级规划教材《化工原理》（第四版 杨祖荣主编）《化工原理》（上下册，丁忠伟、刘伟、刘丽英编）辅导用书。本次修订在基本保留上一版内容的基础上，为方便学生自学和备考，新增了各章联系图注释、选择题、拓展例题与习题讲解视频（扫描封底二维码观看）、期末考试题和研究生入学考试题。其中的联系图注释是对联系图所包含重要知识点的阐释（道明来龙去脉，讲清理解要点，指出易错、易混、易误解之处），是笔者课堂教学内容的精华。

本次修订工作由各章的原执笔者完成，分别为北京化工大学刘丽英（流体流动与输送机械、固体干燥）、丁忠伟（非均相物系分离、传热、蒸馏）、刘伟（气体吸收）、王宇（蒸发）。全书由杨祖荣教授审阅。

感谢北京化工大学化工原理教研室的同事和同行们在本书修订过程中给予的支持和帮助。

鉴于笔者学识有限，书中难免有不妥之处，恳请读者批评指正。

编者

2021年1月

目录

第1章 流体流动与输送机械 …… 1

1.1 联系图 …… 2
联系图注释 …… 4
1.1.1 流体流动基本参数 …… 4
1.1.2 流体输送机械 …… 8
1.2 疑难解析 …… 11
1.2.1 对黏性及黏度的理解 …… 11
1.2.2 U形压差计读数所反映的意义 …… 12
1.2.3 伯努利方程使用注意事项 …… 12
1.2.4 管内层流与湍流的比较 …… 13
1.2.5 阻力对管内流动的影响 …… 13
1.2.6 流体流动阻力影响因素及减阻措施 …… 14
1.2.7 复杂管路的特点及分析 …… 15
1.2.8 孔板流量计与转子流量计的比较 …… 17
1.2.9 泵的类型与特点 …… 17
1.2.10 管路特性与离心泵特性分析 …… 17
1.2.11 离心泵的汽蚀问题 …… 18
1.2.12 工程研究方法 …… 20
1.3 工程案例 …… 20
1.3.1 伯努利方程的应用——航海奇案的审判 …… 20
1.3.2 烟囱的工作原理 …… 21
1.3.3 管路安装问题 …… 21
1.3.4 离心泵汽蚀问题 …… 24
1.4 例题详解 …… 25
例1-1 U形压差计指示液的选取 …… 25
例1-2 微压差的测量 …… 25
例1-3 复式U形压差计 …… 26
例1-4 远距离液位的测量 …… 26
例1-5 流向判断 …… 27
例1-6 分层器界面的确定 …… 28
例1-7 倾斜管路中的U形压差计 …… 29
例1-8 压力及流速的计算 …… 30
例1-9 小流量的测量 …… 31
例1-10 流量的确定 …… 32
例1-11 虹吸管 …… 34
例1-12 局部阻力系数的测定 …… 35
例1-13 文丘里管 …… 36
例1-14 管路综合计算 …… 37
例1-15 管路综合计算 …… 39
例1-16 并联管路的流量分配 …… 40
例1-17 分支管路的计算 …… 41
例1-18 孔板流量计的设计型计算 …… 42
例1-19 管路特性曲线 …… 43
例1-20 离心泵工作点的变化 …… 44
例1-21 循环管路特性方程及泵的压头 …… 45
例1-22 离心泵流量调节方法比较 …… 47
例1-23 离心泵组合方式的选择 …… 49
例1-24 离心泵允许安装高度的影响因素 …… 50
例1-25 离心泵的选用 …… 51
1.5 习题精选 …… 52
符号说明 …… 62

第2章 非均相物系分离 …… 64

2.1 联系图 …… 65
联系图注释 …… 66
2.2 疑难解析 …… 70
2.2.1 颗粒沉降运动中的阻力 …… 70
2.2.2 如何理解降尘室的处理量取决于其底面积，而与高度无关 …… 70
2.2.3 旋风分离器临界直径的影响因素 …… 71
2.2.4 恒压过滤方程的应用 …… 71
2.2.5 过滤速率表达式的导出——工程上处理复杂问题的参数综合法 …… 72
2.3 工程案例 …… 73
小水酿大灾的原因 …… 73
2.4 例题详解 …… 74
例2-1 颗粒沉降速度的影响因素 …… 74

例 2-2　多层降尘室对分离过程的强化 …… 76
例 2-3　降尘室的设计和操作计算 ………… 76
例 2-4　标准旋风分离器的计算 …………… 77
例 2-5　旋风分离器的并联操作 …………… 78
例 2-6　过滤常数的测定 ………………… 79
例 2-7　板框过滤机的设计计算 …………… 80
例 2-8　采用助滤剂提高过滤机生产能力 … 81
例 2-9　转筒真空过滤机的计算 …………… 81
2.5　习题精选 ……………………………… 82
符号说明 …………………………………… 86

第 3 章　传热

第 3 章　传热 ………………………………………………………………………… 87
3.1　联系图 ………………………………… 88
联系图注释 ………………………………… 89
3.2　疑难解析 ……………………………… 95
3.2.1　传热速率的普遍表达形式 ………… 95
3.2.2　传热过程推动力与阻力的加和性 … 96
3.2.3　对流传热过程的影响因素分析 …… 97
3.2.4　两物体间辐射传热的影响因素分析 ………………………………… 98
3.2.5　逆流、并流和其他流型的比较 …… 99
3.2.6　总传热速率方程与热平衡方程的联解 ………………………………… 100
3.2.7　传热过程中的热阻分析 ………… 101
3.2.8　工程上强化传热过程的措施 ……… 102
3.2.9　工业上常用间壁式换热器性能比较 ………………………………… 102
3.3　工程案例 ……………………………… 103
3.3.1　多级压缩机故障原因分析 ………… 103
3.3.2　换热器以小替大改善换热效果 …… 105
3.4　例题详解 ……………………………… 106
例 3-1　保温层的临界半径 ……………… 106
例 3-2　设备热损失的计算方法及多种保温材料的合理使用 ……………………… 107
例 3-3　对流传热系数的影响因素 ……… 109
例 3-4　水平管外和垂直管外蒸汽冷凝传热系数的比较 ………………………… 111
例 3-5　对数平均温差的特性 …………… 112
例 3-6　总传热系数和污垢热阻的求取 …… 112
例 3-7　列管换热器的设计型问题 ……… 113
例 3-8　换热器的操作型问题 …………… 114
例 3-9　*KA* 值——换热器工作能力的综合反映 ………………………………… 115
例 3-10　流动方式对换热器热回收能力的影响 ……………………………… 116
例 3-11　饱和水蒸气作为加热剂时传热过程的调节 ………………………… 117
例 3-12　生产中提高传热量的最简捷手段——提高加热剂或冷却剂流量 ……… 118
例 3-13　污垢热阻的影响与改进措施 …… 119
例 3-14　列管式换热器的管程数对传热效果的影响 ………………………… 120
例 3-15　设计工作对换热器抗干扰能力与调节余地的影响 …………………… 121
例 3-16　壁温的计算 …………………… 123
例 3-17　换热器串联操作与并联操作的比较 ………………………………… 124
例 3-18　装置开工阶段贮槽内料液升温所需要时间的计算 ………………… 125
例 3-19　热辐射对管道内气体温度测量结果的影响及改进措施 …………… 127
例 3-20　隔热板减小辐射热损失 ……… 128
3.5　习题精选 ……………………………… 130
符号说明 …………………………………… 137

第 4 章　蒸发

第 4 章　蒸发 ………………………………………………………………………… 138
4.1　联系图 ………………………………… 139
联系图注释 ………………………………… 139
4.2　疑难解析 ……………………………… 142
4.2.1　蒸发器与换热器的比较 ………… 142
4.2.2　蒸发过程溶液的沸点升高 ……… 142
4.2.3　蒸发过程的强化途径 …………… 143
4.2.4　单效蒸发与多效蒸发的比较 ……… 144
4.2.5　多效蒸发流程的确定 …………… 144
4.3　工程案例 ……………………………… 145
4.4　例题详解 ……………………………… 146
例 4-1　溶液的沸点升高 ………………… 146
例 4-2　液柱静压头引起的温度差损失 …… 147
例 4-3　加热蒸汽消耗量的计算 ………… 148
例 4-4　单效蒸发器传热面积计算 ……… 148
例 4-5　蒸发操作的调节 ………………… 149
例 4-6　多效蒸发的计算及比较 ………… 150

4.5 习题精选 …… 154
符号说明 …… 156

第5章 气体吸收 …… 157
5.1 联系图 …… 158
联系图注释 …… 159
5.2 疑难解析 …… 164
5.2.1 亨利定律多种形式的应用场合，亨利系数 E、溶解度常数 H 和相平衡常数 m 的关系及它们的影响因素 …… 164
5.2.2 分子扩散通量 J_A、净传递速率 N 及传质速率 N_A 的关系 …… 164
5.2.3 分子扩散系数的物理意义及影响因素 …… 165
5.2.4 菲克定律、傅里叶定律和牛顿黏性定律的类似性 …… 165
5.2.5 与传热过程相比较，吸收（或解吸）过程的方向、极限和推动力有什么特点 …… 166
5.2.6 应用吸收传质速率方程的注意点及传质速率方程的选择原则 …… 167
5.2.7 从传质阻力的角度分析在吸收过程中有时采用吸收液部分循环流程的优势 …… 167
5.2.8 双膜理论的意义 …… 168
5.2.9 逆流和并流吸收过程操作线、平均推动力及最小液气比的比较 …… 168
5.2.10 适宜操作液气比选择的出发点 …… 169
5.2.11 吸收过程与间壁式传热过程的异同点 …… 169
5.2.12 吸收因数法与平均推动力法求传质单元数的条件与区别 …… 170
5.2.13 为什么工程上常采用传质单元高度反映吸收设备的分离效能？ …… 170
5.2.14 从降低吸收过程总费用的角度看吸收剂的选择 …… 170
5.3 工程案例 …… 171
5.3.1 吸收剂及吸收-解吸工艺的改造 …… 171
5.3.2 吸收塔的设计 …… 172
5.4 例题详解 …… 174
例5-1 亨利定律及对亨利系数等的影响 …… 174
例5-2 平衡关系的应用 …… 175
例5-3 吸收速率及影响因素 …… 176
例5-4 物料衡算 …… 177
例5-5 传质推动力、阻力、传质速率及影响因素 …… 178
例5-6 吸收剂用量和填料层高度的设计计算 …… 181
例5-7 填料塔的核算问题 …… 182
例5-8 体积传质系数计算 …… 183
例5-9 吸收剂进口浓度对填料层高度的影响 …… 184
例5-10 气体和液体流量对吸收塔所需填料层高度设计的影响 …… 184
例5-11 混合气体进口浓度、吸收剂进口浓度对溶质吸收率的影响 …… 186
例5-12 吸收温度对吸收效果的影响 …… 187
例5-13 流体流量对吸收过程的影响 …… 189
例5-14 并流与逆流的比较 …… 190
例5-15 综合题 …… 191
例5-16 多股进料位置和方式不同对填料层高度的影响 …… 192
例5-17 多塔组合计算 …… 194
例5-18 吸收-解吸联合 …… 195
例5-19 吸收-解吸联合 …… 196
例5-20 解吸塔设计计算 …… 196
例5-21 吸收液部分循环塔的分析 …… 198
例5-22 操作型问题定性分析 …… 199
例5-23 吸收液部分再循环对塔高的影响 …… 200
5.5 习题精选 …… 201
符号说明 …… 208

第6章 蒸馏 …… 210
6.1 联系图 …… 211
联系图注释 …… 213
6.2 疑难解析 …… 221
6.2.1 相平衡关系的图形和解析表达 …… 221
6.2.2 杠杆定律——蒸馏过程所包含的质量守恒规律 …… 221

6.2.3　对精馏过程回流作用的理解 ……… 222
6.2.4　对精馏段、提馏段作用的理解——兼述操作液气比的影响 …………… 222
6.2.5　回收塔与精制塔 ………………… 223
6.2.6　对梯级图的理解 ………………… 223
6.2.7　精馏塔的设计和操作影响因素分析 ……………………………… 224
6.2.8　蒸馏操作压力的选择 …………… 225
6.2.9　对最小回流和全回流的理解 …… 226
6.2.10　板式塔与填料塔的比较与选用 … 226
6.2.11　精馏操作中测量温度的重要意义 … 227
6.2.12　气、液流量对传质设备操作的影响 ………………………… 228
6.3　工程案例 ……………………………… 228
6.3.1　浮阀塔板上开筛孔提高塔的生产能力 ……………………………… 228
6.3.2　采用侧线出料降低精馏塔的能耗…… 229
6.4　例题详解 ……………………………… 231
例 6-1　操作温度与精馏产品纯度的关系 … 231
例 6-2　总压对汽液平衡关系的影响 ……… 231
例 6-3　简单蒸馏与平衡蒸馏的比较 ……… 232
例 6-4　回流比对塔内液气比的影响 ……… 233
例 6-5　进料热状况对塔釜蒸发量的影响 … 234
例 6-6　精馏塔内物料循环量 ……………… 235
例 6-7　解决精馏塔设型问题的逐板计算法 ……………………………… 235
例 6-8　回流热状况对理论塔板数的影响 … 237
例 6-9　分凝器和塔釜加热器的作用 ……… 238
例 6-10　有分凝器时塔板浓度的求取 …… 239
例 6-11　质量衡算关系对精馏产品纯度的制约 ……………………………… 240
例 6-12　不同组成的物料进料方式对分离过程的影响 ……………………… 241
例 6-13　最小回流比的影响因素 ………… 242
例 6-14　复杂塔的最小回流比 …………… 243
例 6-15　Muphree 单板效率的测定 ……… 245
例 6-16　回收塔的作用 …………………… 246
例 6-17　精馏塔工作能力的核算 ………… 246
例 6-18　精馏塔的灵敏板 ………………… 248
例 6-19　带有侧线采出的塔 ……………… 249
例 6-20　精馏塔的操作型计算 …………… 250
6.5　习题精选 ……………………………… 252
符号说明 ……………………………………… 259

第 7 章　固体干燥 ……………………………………………………………… 260
7.1　联系图 ………………………………… 261
联系图注释 ………………………………… 262
7.2　疑难解析 ……………………………… 266
7.2.1　湿空气各种温度的关系 ………… 266
7.2.2　湿空气状态的确定 ……………… 267
7.2.3　物料中各种水分的关系 ………… 267
7.2.4　中间加热与部分废气循环干燥过程 ……………………………… 267
7.2.5　干燥速率的影响因素 …………… 269
7.2.6　干燥条件对干燥速率曲线的影响…… 270
7.3　工程案例 ……………………………… 270
气流干燥器与旋风气流干燥器的联用 …… 270
7.4　例题详解 ……………………………… 271
例 7-1　湿空气性质的计算 ……………… 271
例 7-2　温度、压力对湿空气干燥能力的影响 ……………………………… 272
例 7-3　平衡曲线的应用 …………………… 274
例 7-4　湿空气状态的确定 ……………… 274
例 7-5　单级加热、中间加热以及部分废气循环干燥过程的比较 ……………… 275
例 7-6　干燥器空气出口温度对干燥过程的影响 ……………………………… 278
例 7-7　空气的状态与流速对恒速阶段干燥速率的影响 ………………………… 280
例 7-8　空气流速对临界含水量的影响 …… 281
例 7-9　干燥条件对干燥速率曲线的影响 … 283
7.5　习题精选 ……………………………… 284
符号说明 ……………………………………… 289

北京化工大学化工原理期末考试题 ……………………………………………… 290
化工原理（上）期末考试题（1） …………… 290
化工原理（上）期末考试题（2） …………… 291

化工原理（上）期末考试题（3） …………… 293
化工原理（上）期末考试题（4） …………… 295
化工原理（下）期末考试题（1） …………… 297
化工原理（下）期末考试题（2） …………… 299
化工原理（下）期末考试题（3） …………… 300
化工原理（下）期末考试题（4） …………… 302

北京化工大学化工原理考研试题 …………… 305
2013年攻读硕士学位研究生入学考试化工原理（含实验）试题 …………… 305
2014年攻读硕士学位研究生入学考试化工原理（含实验）试题 …………… 308
2015年攻读硕士学位研究生入学考试化工原理（含实验）试题 …………… 311
2016年攻读硕士学位研究生入学考试化工原理试题 …………… 312

习题答案 …………… 315

北京化工大学化工原理期末考试题答案 …………… 322

北京化工大学化工原理考研试题答案 …………… 326

参考文献 …………… 329

第1章 流体流动与输送机械

1.1 联 系 图

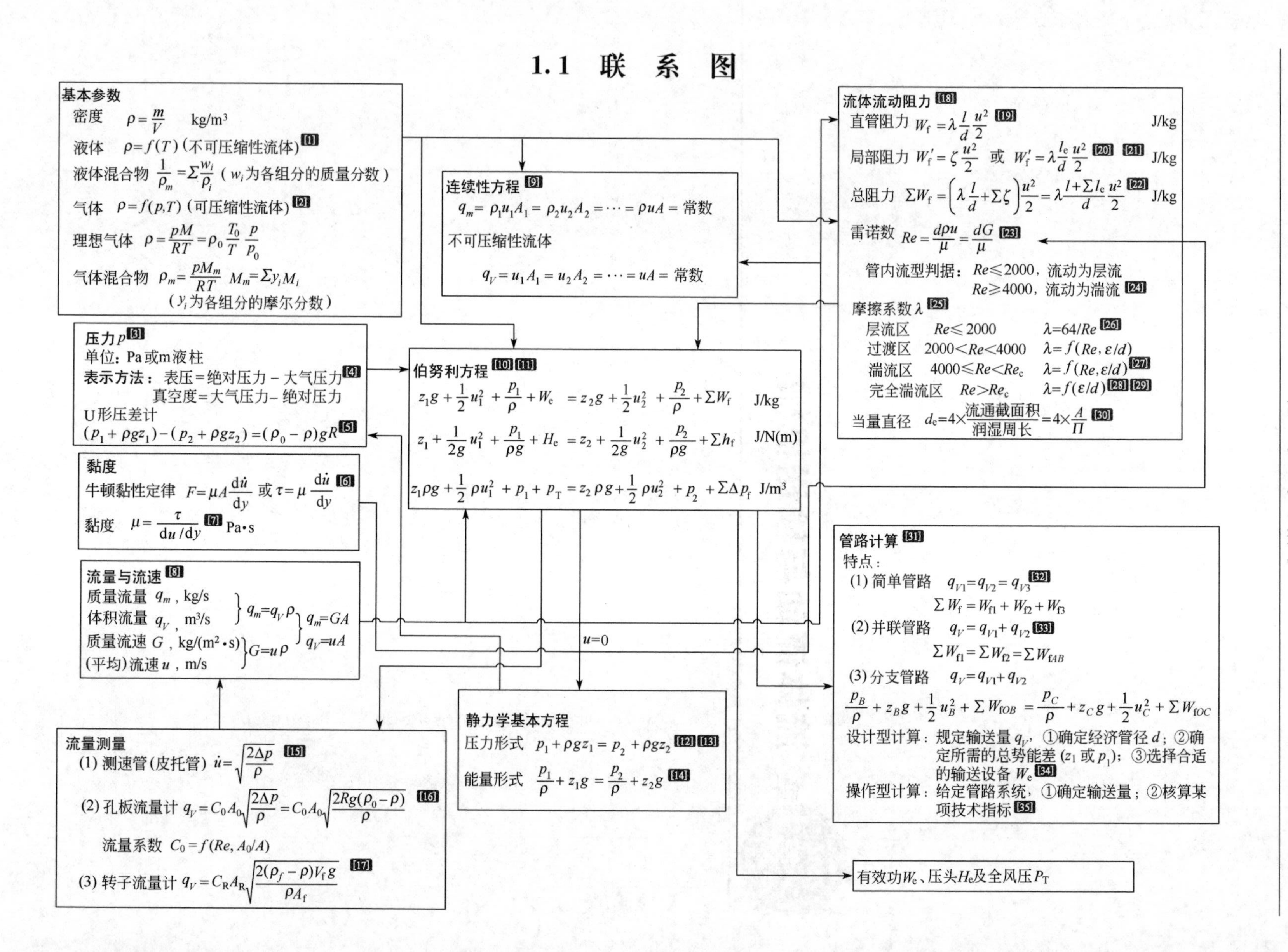
基本参数
密度 $\rho=\frac{m}{V}$ kg/m³
液体 $\rho=f(T)$（不可压缩性流体）[1]
液体混合物 $\frac{1}{\rho_m}=\Sigma\frac{w_i}{\rho_i}$（$w_i$为各组分的质量分数）
气体 $\rho=f(p,T)$（可压缩性流体）[2]
理想气体 $\rho=\frac{pM}{RT}=\rho_0\frac{T_0}{T}\frac{p}{p_0}$
气体混合物 $\rho_m=\frac{pM_m}{RT}$ $M_m=\Sigma y_i M_i$
（y_i为各组分的摩尔分数）
压力p [3]
单位：Pa或m液柱
表示方法：表压=绝对压力－大气压力[4]
真空度=大气压力－绝对压力
U形压差计
$(p_1+\rho g z_1)-(p_2+\rho g z_2)=(\rho_0-\rho)gR$ [5]
黏度
牛顿黏性定律 $F=\mu A\frac{d\dot{u}}{dy}$ 或 $\tau=\mu\frac{d\dot{u}}{dy}$ [6]
黏度 $\mu=\frac{\tau}{du/dy}$ [7] Pa·s
流量与流速 [8]
质量流量 q_m，kg/s
体积流量 q_V，m³/s
质量流速 G，kg/(m²·s)
（平均）流速 u，m/s
$q_m=q_V\rho$
$G=u\rho$
$q_m=GA$
$q_V=uA$
流量测量
(1) 测速管（皮托管） $\dot{u}=\sqrt{\frac{2\Delta p}{\rho}}$ [15]
(2) 孔板流量计 $q_V=C_0A_0\sqrt{\frac{2\Delta p}{\rho}}=C_0A_0\sqrt{\frac{2Rg(\rho_0-\rho)}{\rho}}$ [16]
流量系数 $C_0=f(Re,A_0/A)$
(3) 转子流量计 $q_V=C_RA_R\sqrt{\frac{2(\rho_f-\rho)V_fg}{\rho A_f}}$ [17]
连续性方程 [9]
$q_m=\rho_1u_1A_1=\rho_2u_2A_2=\cdots=\rho uA=$ 常数
不可压缩性流体
$q_V=u_1A_1=u_2A_2=\cdots=uA=$ 常数
伯努利方程 [10] [11]
$z_1g+\frac{1}{2}u_1^2+\frac{p_1}{\rho}+W_e=z_2g+\frac{1}{2}u_2^2+\frac{p_2}{\rho}+\Sigma W_f$ J/kg
$z_1+\frac{1}{2g}u_1^2+\frac{p_1}{\rho g}+H_e=z_2+\frac{1}{2g}u_2^2+\frac{p_2}{\rho g}+\Sigma h_f$ J/N(m)
$z_1\rho g+\frac{1}{2}\rho u_1^2+p_1+p_T=z_2\rho g+\frac{1}{2}\rho u_2^2+p_2+\Sigma\Delta p_f$ J/m³
u=0
静力学基本方程
压力形式 $p_1+\rho g z_1=p_2+\rho g z_2$ [12] [13]
能量形式 $\frac{p_1}{\rho}+z_1g=\frac{p_2}{\rho}+z_2g$ [14]
流体流动阻力 [18]
直管阻力 $W_f=\lambda\frac{l}{d}\frac{u^2}{2}$ [19] J/kg
局部阻力 $W_f'=\zeta\frac{u^2}{2}$ 或 $W_f'=\lambda\frac{l_e}{d}\frac{u^2}{2}$ [20] [21] J/kg
总阻力 $\Sigma W_f=\left(\lambda\frac{l}{d}+\Sigma\zeta\right)\frac{u^2}{2}=\lambda\frac{l+\Sigma l_e}{d}\frac{u^2}{2}$ [22] J/kg
雷诺数 $Re=\frac{d\rho u}{\mu}=\frac{dG}{\mu}$ [23]
管内流型判据：$Re\leqslant2000$，流动为层流
$Re\geqslant4000$，流动为湍流 [24]
摩擦系数λ [25]
层流区 $Re\leqslant2000$ $\lambda=64/Re$ [26]
过渡区 $2000<Re<4000$ $\lambda=f(Re,\varepsilon/d)$
湍流区 $4000\leqslant Re<Re_c$ $\lambda=f(Re,\varepsilon/d)$ [27]
完全湍流区 $Re>Re_c$ $\lambda=f(\varepsilon/d)$ [28] [29]
当量直径 $d_e=4\times\frac{流通截面积}{润湿周长}=4\times\frac{A}{\Pi}$ [30]
管路计算 [31]
特点：
(1) 简单管路 $q_{V1}=q_{V2}=q_{V3}$ [32]
$\Sigma W_f=W_{f1}+W_{f2}+W_{f3}$
(2) 并联管路 $q_V=q_{V1}+q_{V2}$ [33]
$\Sigma W_{f1}=\Sigma W_{f2}=\Sigma W_{fAB}$
(3) 分支管路 $q_V=q_{V1}+q_{V2}$
$\frac{p_B}{\rho}+z_Bg+\frac{1}{2}u_B^2+\Sigma W_{fOB}=\frac{p_C}{\rho}+z_Cg+\frac{1}{2}u_C^2+\Sigma W_{fOC}$
设计型计算：规定输送量q_V，①确定经济管径d；②确定所需的总势能差（z_1或p_1）；③选择合适的输送设备W_e [34]
操作型计算：给定管路系统，①确定输送量；②核算某项技术指标 [35]
有效功W_e、压头H_e及全风压P_T

流体输送机械(压头H及全风压p_T)

离心泵

工作原理：依靠高速旋转叶轮，液体在离心力作用下从叶轮中心甩向外缘并获得机械能，在泵壳流动中部分动能转为静压能，最后高压排出 [36]

主要部件：叶轮(给能装置)，泵壳(转能装置)，轴封装置 [37]

性能参数：流量q_V, m^3/s [38]

压头(扬程) H：单位重量的液体经泵后所获得的机械能，m

轴功率N，W

效率 η，%　　$N=\dfrac{q_V H\rho g}{\eta}$

影响因素：密度：$\rho\uparrow\to q_V$不变，H不变，η基本不变，$N\uparrow$ [39]

黏度：$\mu\uparrow\to q_V\downarrow$，$H\downarrow$，$\eta\downarrow$，$N\uparrow$

转速：$\dfrac{q_{V1}}{q_{V2}}=\dfrac{n_1}{n_2}$，$\dfrac{H_1}{H_2}=(\dfrac{n_1}{n_2})^2$，$\dfrac{N_1}{N_2}=(\dfrac{n_1}{n_2})^3$ [40]

叶轮直径：$\dfrac{q_{V1}}{q_{V2}}=\dfrac{D_1}{D_2}$，$\dfrac{H_1}{H_2}=(\dfrac{D_1}{D_2})^2$，$\dfrac{N_1}{N_2}=(\dfrac{D_1}{D_2})^3$

特性曲线：某型号泵在一定转速下用20℃清水测定，包括$H-q_V$，$N-q_V$，$\eta-q_V$ 3条曲线 [41]

管路特性曲线(方程)：$H_e=\Delta z+\dfrac{\Delta p}{\rho g}+\lambda\dfrac{8}{\pi^2 g}\dfrac{l+\Sigma l_e}{d^5}\quad q_V^2=A+Bq_V^2$ [42]

工作点：泵特性曲线与管路特性曲线的交点 [43]

流量调节：改变管路特性曲线 —— 调泵出口阀门开度 [44]

改变泵特性曲线 —— 调泵的转速；切削叶轮直径 [45]

泵的串、并联操作 [46]

安装：

有效(实际)汽蚀余量$(NPSH)_a=\dfrac{p_1}{\rho g}+\dfrac{u_1^2}{2g}-\dfrac{p_v}{\rho g}$ [47]

必需汽蚀余量$(NPSH)_r$由离心泵产品样本提供

最大允许安装高度　$H_{g允}=\dfrac{p_0-p_v}{\rho g}-(NPSH)_r-\sum h_{f吸入}$ [48]

选用：$q_{V泵}>q_{V需}$，$H_泵>H_需$ [49]

区分概念

- 气缚现象与汽蚀现象 [50]
- 泵的扬程与升扬高度 [51]
- 泵的工作点与设计点 [52]
- 管路特性曲线与泵的特性曲线 [53]

其他类型化工用泵

(1) 正位移式(容积式) 泵

往复式：往复泵、计量泵、隔膜泵等 [54]

旋转式：齿轮泵、螺杆泵等

工作原理：造成容积变化后吸入和排出液体，直接将机械能作用于液体

正位移特性：输液量仅与泵特性有关，而压头仅与管路特性有关 [55]

(2) 旋涡泵 [56]

工作原理同离心泵，使用同正位移式泵 [57]

气体输送机械

(1)离心式通风机 [58]

性能参数 [59]

流量(风量)　q_V, m^3/s或m^3/h

全风压 p_T：单位体积的气体经风机后所获得的机械能，Pa

静风压　　$p_s=(p_2-p_1)$

动风压　　$p_k=\dfrac{\rho}{2}u_2^2$

全风压　　$p_T=p_s+p_k$

轴功率N(W)与效率 η　　$N=\dfrac{p_T q_V}{\eta}$

特性曲线：某型号风机在一定转速下用101.3kPa、20℃空气测定，包括p_T-q_V,p_s-q_V,$N-q_V$，$\eta-q_V$　4条曲线 [60]

(2) 罗茨鼓风机

旋转式鼓风机，工作原理及特性与齿轮泵相似 [61]

(3) 往复式压缩机

工作过程：膨胀、吸气、压缩和排出 [62]

余隙系数　$\varepsilon=\dfrac{余隙容积}{活塞推进1次扫过容积}$

容积系数　$\lambda_0=\dfrac{实际吸气容积}{活塞推进1次扫过容积}$

两者关系：$\lambda_0=1-\varepsilon[(p_2/p_1)^{\frac{1}{k}}-1]$ [63]

联系图注释

1.1.1 流体流动基本参数

➤ 密度

注释 [1] ①工程上将液体视为不可压缩性流体，其密度仅与温度有关，一般随温度的升高而降低，具体关系可从相关手册中查得；②对于液体混合物，若各组分在混合前后体积保持不变，则可根据各组分的质量分数利用该式计算其平均密度，但有些液体混合物不满足这一条件，此时应选用相关手册中的实测数据。

注释 [2] ①气体为可压缩性流体，其密度与温度及压力均有关，因此在表述气体密度时一定要注明对应的状态；②利用理想气体状态方程可得到其密度的计算式，注意式中 T 为绝对温度，p 为绝对压力；③从相关手册中查到的气体密度都是在一定温度及压力下的，如果实际条件不符，则需进行换算；④气体混合物的平均密度，通常可利用混合气体的平均摩尔质量 M_m 进行计算。

➤ 压力

注释 [3] ①压力是垂直作用于流体表面的力，是流体所受表面力的一种，单位面积上的压力称为压强，但习惯上也称为压力，可从单位上加以区分；②流体无论静止还是流动，其内部都存在压力。

注释 [4] ①压力可基于不同的基准表示，因此当表示某处压力时需注明该压力是绝对压力、表压或真空度；②注意：这里的大气压力是指当地大气压力，其值随地区及海拔高度等变化；③一般压力表直接测得的读数是表压，真空表直接测得的读数是真空度。

注释 [5] ①此为静力学基本方程在压力（差）测量中的应用，该式表明，读数 R 并不是直接测得两截面压力差，而是反映两截面流体的总势能差，仅对水平管路，才直接测得压力差；②若 U 形管一端与被测点连接，另一端与大气相通，则测得的是流体的表压或真空度；③U 形压差计中指示液的选用原则见［例 1-1］；④U 形压差计的读数与其安装位置、U 形管及连接管的粗细长短无关；⑤其他类型：双液体 U 形管微压计（适于测量微小压差）、倾斜式压差计（适于测量较小压差）、复式 U 形压差计（适于测量较大压差）、倒 U 形压差计（常以空气为指示剂）。

➤ 黏度

注释 [6] ①剪力是平行于流体表面的切向力，是流体所受表面力的一种，因为发生在流动着的流体内部，所以又称为内摩擦力，单位面积上的剪力称为剪应力；②（黏性）流体流动时内部存在剪应力，静止时无剪应力；③牛顿黏性定律表明，剪应力与法向速度梯度成正比，靠近管壁处速度梯度最大，剪应力最大，管中心处速度梯度为 0，剪应力亦为 0；④牛顿黏性定律适用于牛顿型流体层流流动的情况；⑤流体分层流动时，由于流体层之间速度不同，动量将由高速层向低速层传递，即发生动量传递，速度不等的相邻两流体层之间存在剪应力，对剪应力进行如下处理 $\tau=\dfrac{F}{A}=\dfrac{ma}{A}=\dfrac{m}{A}\dfrac{\mathrm{d}u}{\mathrm{d}\theta}=\dfrac{\mathrm{d}(mu)}{A\,\mathrm{d}\theta}$，所以剪应力就是单位时间通过单位面积的动量，剪应力的大小代表了动量传递的速率，即动量通量，牛顿黏性定律也表明，动量通量与速度梯度成正比。

注释 [7] ①黏度的物理意义是促使流体流动在法线方向上产生单位速度梯度的剪应力；②黏度是影响流体流动的重要物性，与流体种类及温度有关（气体还与压力有关），如常温常压下，水的黏度比空气的黏度大两个数量级，液体的黏度随温度的升高而减小，气体的黏度随温度的升高而增大；③黏性的物理本质是分子间的引力和分子的运动与碰撞，是分子微观运动的宏观表现；④黏性是流体的固有属性，无论流体静止还是流动都具有黏性，但仅在流动时才显现出来；⑤μ 又称为动力黏度，运动黏度 ν 是指流体的黏度与密度之比（$\nu=\mu/\rho$），也为流体的物性。

➤ 流量与流速

注释［8］①质量流量（速）与体积流量（速）之间用流体的密度关联，流体的温度及压力不同时，质量流量（速）恒定，但体积流量（速）将随密度的变化而变化；②质量（体积）流量与质量（体积）流速之间用管道截面积关联。

➤ 连续性方程

注释［9］该式为流体定态流动时的质量守恒方程，反映了流动系统中管道截面上（平均）流速的变化规律。对不可压缩性流体而言，其流速与管截面积成反比，截面积越小，流速越大，反之亦然。当流体在等径直管中定态流动时，流速沿程为常数，并不会因为流体质点的内摩擦而减速，这也是与固体运动的本质区别。

➤ 伯努利方程

注释［10］该式为流体流动系统的机械能守恒方程，适用于重力场中不可压缩性流体做定态流动的情况。①流动的流体存在 3 种形式的机械能，即位能 zg、静压能 p/ρ 和动能$\frac{1}{2}u^2$（以单位质量流体为基准），流动过程中从外界获得及损耗的机械能分别为有效功（外加功）W_e 和能量损失$\sum W_f$；②理想流体的伯努利方程可表示为 $zg+\frac{1}{2}u^2+\frac{p}{\rho}=$常数，或 $z+\frac{1}{2g}u^2+\frac{p}{\rho g}=$常数，即理想流体在流动过程中任意截面上总机械能或总压头为常数，各截面上 3 种能量形式可以相互转换；③对已铺设的管路且流量一定时，静压能将随位能和动能的变化而变化，故伯努利方程也反映了流体在管路流动时的压力变化规律。

注释［11］①伯努利方程与连续性方程联合，可用于：a. 确定管内流体的流量，即求解伯努利方程中的流速 u，进一步获得流量；b. 确定流体输送设备的功率，即求解伯努利方程中的外加功 W_e，进一步获得输送设备的功率 $N=q_m W_e/\eta$；c. 确定流体的压力，即求解伯努利方程中的 p；d. 确定容器间的相对位置，即求解伯努利方程中的 Δz；②伯努利方程使用注意事项见 1.2.3 节，同时注意截面上各物理量 u、z、p 均为该截面的平均值。

➤ 静力学基本方程

注释［12］①静力学基本方程适用于重力场中静止、连续的同种不可压缩性流体；②此式表示静止流体内部的压力与所处位置之间的关系，反映静止流体中压力的分布规律；③等压面的条件：静止、连续、均质、水平。

注释［13］静力学基本方程的应用：①测量流体的压力或压力差、容器中液位，计算液封（防止气体从设备内外逸）高度，判断流向（流体由高势能处向低势能处流动）等；②应用该式的关键是正确选取等压面（宜选位置：被测流体与指示液交界处的水平面，或两种静止流体交界处的水平面），借助等压面进行压力传递，再经整理获得所需结果。

注释［14］静止流体存在两种能量形式，即位能和静压能，二者均为流体的势能，故该式的意义为在同一静止流体中，处于不同位置流体的总势能为常数，两种能量形式可以相互转换。

➤ **流量测量**

注释［15］①测速管测得的是流体在管截面某处的速度（点速度），进而测得管截面上流体的速度分布；②流量获得方法：用测速管测量管中心最大流速 u_{max}，利用最大流速与平均流速的关系，求出管截面的平均流速，进而获得流量。

注释［16］①孔板流量计为差压式流量计，通过测量孔板前后的压差利用该式计算流量，如果流量系数 C_0已知，可直接计算；若 C_0未知，可通过试差法计算；②孔板流量计的特点为恒截面，变压差；③对于标准孔板流量计，其流量系数 C_0与流体在管内流动的雷诺数 Re（注意：不是用 u_0计算的孔口处 Re_0）、孔面积与管截面积比 A_0/A 有关，$C_0 \sim Re \sim A_0/A$ 的关系曲线在单对数坐标中标绘（类似于双对数坐标中湍流摩擦系数 $\lambda \sim Re \sim \varepsilon/d$ 的关系曲线），A_0/A 一定时，C_0随 Re 的增大而减小，当 Re 增大到一定值（Re_c）后，C_0不再随 Re 变化，使用时应尽量使 $Re > Re_c$，以保证 C_0为常数；④设计孔板流量计时应选择适当的面积比 A_0/A 以期兼顾到 U 形压差计适宜的读数和允许的压力降，一般使 C_0为 0.6～0.7 较为合适。

注释［17］①转子流量计为截面式流量计，由转子受力平衡时在锥管中悬浮位置的刻度直接读取流量，若使用条件与刻度标定状态（液体为 20℃的水，密度以 $1000 kg/m^3$计；气体为 20℃、101.3kPa 的空气，密度为 $1.2 kg/m^3$）不符，则应根据流量方程进行刻度换算，详见表 1-2；②由流量方程的推导过程可知其特点：恒压差，恒环隙流速，变截面，由恒流速可进一步引申为恒能量损失；③转子流量计必须垂直安装在管路中。

➤ **流体流动阻力**

注释［18］流体在均匀直管内做定态流动时，$\sum W_f = \left(\frac{p_1}{\rho} + z_1 g\right) - \left(\frac{p_2}{\rho} + z_2 g\right)$，故无论是直管阻力还是局部阻力，流体流动阻力均表现为流体总势能的降低，当管道水平放置时，流动阻力恰好等于两截面的静压能之差，这也反映出流动阻力的实质：流体流动过程中的机械能损失，将导致流体压力的降低。

注释［19］①直管阻力产生的主要根源在于流体黏性所造成的质点内摩擦，并非流体与管壁的摩擦而引起；②此式为计算直管阻力的通式，层流、湍流均适用，也与管道的放置方式（水平、倾斜、垂直）无关；③应用此式时需知摩擦系数 λ，因不同流型下 λ 获取方式不同，所以计算直管阻力时应先计算 Re，判断流型，再计算（层流时）或查图（湍流时）得到 λ；④常用化工管道的绝对粗糙度 ε 可从数据表中查取，通常为一范围，考虑到管道长期使用后管壁的粗糙程度会加剧，因此在计算时 ε 宜取大一些。

注释［20］①局部阻力是流体流经管件、阀门等局部地方由于流道的急剧变化使流动边界层分离而引起；②边界层分离是黏性流体在逆压梯度推动下发生倒流的现象，其后果是产生大量旋涡，造成较大能量损失。

注释［21］①局部阻力可采用阻力系数法或当量长度法进行计算，两种方法均为近似计算法，其中的局部阻力系数或当量长度均由实验测定，故两种方法的计算结果会有差别，工程中可以接受；②阀门、管件的局部阻力系数或当量长度，也与流体流动状态有关，图表中给出的均是在湍流条件的实测值；③常用的局部阻力系数：进口阻力系数 $\zeta_{进口}=0.5$，出口阻力系数 $\zeta_{出口}=1$；④采用阻力系数法计算突然扩大或突然缩小局部阻力时，流速一律采用细管中的大速度。

注释［22］①管路总阻力计算时需注意细节：a. 若管路由不同管径的管段组成，因流体在各管内的流速不同，故应分别计算再加和；b. 需将发生在两截面间的所有局部阻力都考虑进去，除了管件和阀门外，还要注意是否有进口与出口阻力问题；c. 管路流动阻力的影响因素及减阻措施见 1.2.6 节，在总阻力中，一般长距离输送以直管阻力为主，车间管路则往往以局部阻力为主，故需具体问题具体分析，针对性地采取减阻措施。

注释 [23] ①雷诺数为无量纲数群，是反映流体流动状态的重要参数；②Re 的物理意义为表征流体流动中惯性力与黏性力之比，分析如下：$Re=\frac{d\rho u}{\mu}=\frac{\rho u^2}{\mu u/d}=\frac{Gu}{\mu u/d}$，其中 G 为质量流速，Gu 表示单位时间通过单位管截面的动量，其与单位面积的惯性力成正比，u/d 反映流体内部的速度梯度，$\mu u/d$ 与剪应力即单位面积的黏性力成正比，故 Re 反映惯性力与黏性力之比；③Re 标志着流体流动的湍动程度，Re 越大，表示惯性力越大，黏性力越小，则流体的湍动程度越高；④已知质量流量时，用质量流速 G 计算 Re 更加方便。

注释 [24] ①根据 Re 的大小判断流型及区域：a. 当 $Re\leqslant 2000$ 时，流动为层流，此区为层流区；b. 当 $2000<Re<4000$ 时，流动可能是层流，也可能是湍流，此区为过渡区；c. 当 $Re\geqslant 4000$ 时，流动为湍流，此区为湍流区。注意：将流动分为 3 个区域：层流区、过渡区、湍流区，但流型只有两种：层流与湍流；②层流与湍流的详细比较见表 1-1，二者的本质区别在于湍流存在质点径向的脉动（速度 u 及压力 p 等参数具有脉动性），而层流则没有；③由于湍流时质点混合剧烈，有利于传热与传质，故湍流流动在化工操作中更加普遍。

注释 [25] 总体而言，都可以将流动摩擦系数 λ 理解为是 Re 及管壁相对粗糙度的函数，$\lambda=f(Re,\varepsilon/d)$（Moody 摩擦系数图给出了 $\lambda\sim Re\sim\varepsilon/d$ 的关系曲线），但各区域又有所不同。

注释 [26] 层流区，$\lambda=f(Re)=64/Re$，仅与 Re 有关，而与 ε/d 无关，即在该区域流动阻力主要是由于流体黏性造成的内摩擦而引起，由于流动较缓，流体与管壁凸出物碰撞引起的损失可忽略不计。

注释 [27] 过渡区及湍流区，$\lambda=f(Re,\varepsilon/d)$，与 Re 及 ε/d 均有关，具体规律是：ε/d 一定时，λ 随 Re 的增大而减小；Re 一定时，λ 随 ε/d 的增加而增大。在该范围内，流体黏性造成的内摩擦及流体与管壁凸出物碰撞均造成流动阻力，刚进入过渡区时，流体流速并不大，此时仅是较高的凸出物对流动阻力有影响，而较低的凸出物影响较弱，这在摩擦系数图中的表现就是高 ε/d 下的各条线有差别，而低 ε/d 下的各条线趋于一致；随着湍流区 Re 的增大，层流内层减薄，较低的凸出物对流动的阻碍也越来越明显，故低 ε/d 下各条线之间的差别也变大。

注释 [28] 完全湍流区，$\lambda=f(\varepsilon/d)$，仅与 ε/d 有关，而与 Re 无关，并且 ε/d 越大，进入该区域的临界 Re 就越小，相应的 λ 越大。在该区域内，Re 增大到一定程度后，层流内层足够薄以使壁面凸出物完全暴露于湍流主体中，流体与凸出物碰撞的能量损失占主要部分，而由于流体黏性内摩擦引起的阻力可以忽略，Re 也就不再影响 λ。

注释 [29] ①将层流区及完全湍流区的 λ 代入直管阻力通式中，可得到流动阻力与流速的关系：层流区，$W_f\propto u$；完全湍流区，ε/d 一定时，$W_f\propto u^2$（阻力平方区）；由此可以推之，湍流区，$W_f\propto u^{1\sim 2}$；显然，流动阻力总是随着流速的增加而增大；②在层流区与湍流区，λ 随 Re 增加而下降，但这并不意味着阻力随 Re 的增加而降低，由上述分析可知，阻力仍随 u（Re）的增加而增大。

注释 [30] 采用当量直径计算非圆形管道流动阻力时，仅是 Re 及 W_f 中的 d 用 d_e 替代，而计算流速时仍需用实际流通面积，而不能用 d_e 计算。

➤ **管路计算**

注释 [31] 管路计算是连续性方程、伯努利方程及阻力计算式的联用来解决流体输送问题，所涉及的参数分为 3 类：①管路配置：管子 d、ε、l，管件、阀门 $\sum\zeta$ 等；②输送动力：总势能差（$\Delta p/\rho+zg$），输送设备 W_e；③输送量 q_V。

注释 [32] 对简单管路定性分析，可以获得对管路系统的重要认识：a. 管路中局部阻力系数的增大，将导致管内流量减小；b. 流体为连续性介质，管路中任一处发生变化必将带来整体变化：上游阻力的增大使下游压力下降，下游阻力的增大使上游压力上升，故可根据压力的变化判断管路系统状况。

注释 [33] 并联管路及分支管路的特点及分析见 1.2.7，将伯努利方程与管路特点相结合，即可进行复杂管路的计算。

注释 [34] ①经济合理的管径是根据适宜流速来确定的，流速的大小对设备费及操作费的影响规律总体相反，故应以总费用最低为原则获得适宜流速，这种从经济核算角度确定适宜参数的方法在工程中被广泛采用，如吸收中的适宜液气比、蒸馏中的适宜回流比等，经济管径的确定方法是：首先在流体适宜流速范围选择一流速，由流量初算管径，再根据管子标准进行圆整，最后核算实际流速是否仍在适宜范围内，此为化工管道设计的基本方法；②如果流体输送是借助于两截面的总势能差来实现，管路设计时需确定上游截面的 z_1 或 p_1；③如果流体输送是由输送设备提供机械能，管路设计时需选用一台合适的输送设备，应确定所需的外加功 W_e或压头 H_e，由此选择输送设备的型号。

注释 [35] ①操作型计算之一，是在管路状况一定的条件下确定输送量 q_V，也即求取流速 u，若已知流动处于完全湍流区（λ 为常数）或层流区（$\lambda=64/Re$），则可将 λ 代入伯努利方程中解析求解；若流动区域未知，则采用试差法求解，通常将 λ 作为试差变量（因 λ 变化范围小），且将完全湍流区的 λ 值作为试差初值；若流体的黏度较大或管径很小，也可初设流动为层流，计算出 u 后再校核是否为层流。②操作型计算之二，是在管路状况一定的条件下为完成一定的输送任务，核算某项技术指标，如 z_1、p_1 或 W_e等，此时可利用伯努利方程直接求解。

1.1.2 流体输送机械

➤ **离心泵**

注释 [36] ①离心泵无自吸能力，启动前需灌泵，以避免发生气缚现象，如果泵安装位置低于液位，则可自动灌泵，无须人工操作；②吸入管路入口处安装单向底阀，以防止停泵后吸入管路中的液体外流。

注释 [37] ①叶轮是离心泵的核心部件，是将原动机的能量传给液体的给能装置。离心泵采用后弯叶片，原因在于此时泵提供的理论压头中静压头占比高，且能量损失小，也即能量利用率高；②蜗壳形的泵壳，实现了流体动能到静压能的转换，其为转能装置，同时也减少了能量损失；③常用的轴封装置有填料密封和机械密封两种，后者的密封性能优于前者，但造价高。

注释 [38] ①离心泵的输液量与泵的结构、尺寸及转速等有关；②离心泵压头是指单位重量的液体经泵后获得的能量，其值与泵的结构、尺寸、转速及流量有关；③泵效率体现泵对外加能量的利用程度，反映了泵内的容积损失、水力损失和机械损失的总影响。

注释 [39] ①离心泵的压头与密度无关，在泵进口与出口截面间列伯努利方程且忽略能量损失，有 $H=\Delta z+\Delta u^2/2g+\Delta p/\rho g$，其中 Δz、Δu^2 与 ρ 无关，而流体所受的离心力与其密度成正比，由离心力作用而产生的 Δp 也将正比于 ρ，所以 $\Delta p/\rho g$ 与密度无关，也即压头与密度无关；②轴功率与密度成正比，因此，当所输送液体密度增加时，需注意选配的电机是否合适。

注释 [40] ①此为离心泵转速变化的比例定律，成立的条件是转速变化率在±20%以内，此时认为转速改变前后泵效率不变，液体离开叶轮的速度三角形相似；②根据比例定律，可将某一转速下的泵特性曲线转换为另一转速下的泵特性曲线，注意：这并不代表在实际管路中工作点下参数也成比例变化。

注释 [41] ①泵的特性曲线图上需标注泵型号及转速；②泵的压头一般随流量的增大而降低，但下降幅度不及流量的增幅，故使泵轴功率随流量的增大而增加；③启动离心泵时应关闭出口阀，以降低启动功率保护电机；④离心泵存在最高效率点，它是在泵设计时在一定的流量下，设计合适的叶片弯曲角度（装置角）以使水力损失最小、效率最高，故该点称为离心泵的设计点，离心泵铭牌上参数即为设计点下的值，最高效率的 92%左右为泵的高效区，应尽量在该范围内使用泵。

注释 [42] ①管路特性曲线（方程）表示在特定管路系统中液体输送量与所需压头的关系，反映了管路对能量的需求，方程表明，管路所需压头随流量的增大而增加；②曲线截距与两贮槽间的总势能差（Δz、Δp、ρ）有关，陡度与管路阻力状况有关，高阻较为陡峭，低阻较为平坦；③方程中 $B=\lambda\dfrac{8}{\pi^2 g}\dfrac{l+\sum l_e}{d^5}$仅适用于上下游截面均为大液面，且泵吸入管路与压出管路等径的情况，如不符合，则应根据伯努利方程具体推导，最终整理为 $H_e \sim q_V$ 的函数形式。

注释 [43] ①离心泵在管路中的实际工作状况由泵和管路共同决定，为泵特性曲线（方程）与管路特性曲线（方程）的交点；②工作点影响因素分析见 1.2.10 节。

注释 [44] ①改变出口阀门开度是最简便易行的流量调节方法，但关小阀门实质上是人为增大阻力来适应泵的特性达到流量减小的目的，所以额外增加了能量消耗，经济上不合理；②当流量为 q_V时，若管路所需的压头为 H_e，泵提供的压头为 H，则因关小阀门而多消耗的压头为 $\Delta H=H-H_e$，为此多消耗的轴功率为 $\Delta N=q_V\Delta H\rho g/\eta$。

注释 [45] ①转速调节无额外阻力，经济性好，尤其是现在变频调速技术的广泛应用，使转速调节成为一种便捷、节能的调节方式；②特别提醒：当泵安装在特定管路中求取转速改变后的新参数时，两种转速下工作点的参数一般不服从比例定律，不能仅按比例计算，应将泵特性方程根据比例定律换算为新转速下的特性方程，再与管路特性方程结合，确定新工作点下的流量及压头。

注释 [46] ①当需要较大幅度调节流量或压头时可采用多台泵组合操作，离心泵的串并联本质上也是通过改变泵的特性来改变工作点，尚需注意的是，受管路特性制约，泵串联时工作点的压头与单泵相比并不是成倍的变化，泵并联时工作点的流量与单泵相比也并不是成倍的变化，都需要先获得串联泵或并联泵的特性方程（曲线），再与管路特性方程（曲线）联立，确定新工作点下的流量及压头；②多级离心泵类似于多台泵串联，双吸离心泵类似于两台泵并联，而多级泵及双吸泵结构更紧凑、安装操作也方便，故选用泵时宜选多级泵及双吸泵来代替泵的串并联。

注释 [47] ①有效汽蚀余量或实际汽蚀余量：a. 反映离心泵运行时远离汽蚀状态的程度，其值越大，泵离汽蚀越远；b. 其值与吸入管路状况及流量有关，而与泵无关；②必需汽蚀余量：a. 反映泵的抗汽蚀性能，其值越小，泵抗汽蚀性能越好；b. 其值与泵的结构尺寸及流量有关，是泵本身特性，与管路无关；③泵正常操作时，有效汽蚀余量必大于必需汽蚀余量。

注释 [48] ①在贮槽液面与泵入口截面间列伯努利方程，并将泵入口参数与必需汽蚀余量关联，获得了泵最大允许安装高度的计算式；②该式应用：a. 设计时以此值确定泵的安装位置（为安全计，再降低 0.5～1m）；b. 判断泵操作时是否发生汽蚀：若 $H_{g实}$ 低于 $H_{g允}$，则不会发生汽蚀；③设计时应以使用过程中可能达到的最大流量［此时 $(NPSH)_r$ 大］及最高温度（饱和蒸气压 p_v 高）计算 $H_{g允}$，以使泵操作更加安全；④为避免汽蚀发生，应设法减小吸入管路阻力，设计时可选用较大的吸入管径（大于压出管径）、缩短吸入管长度、减少管路中的管件，并将调节阀安装在压出管线上。

注释 [49] 选用离心泵时依据的基本参数是流量和压头，应使泵提供值略大于管路所需值，且在高效工作区，若多台泵都能满足流量和压头的要求，则应比较管路输送量下对应的效率，选用其中效率最高者；若被输送液体的密度大于水的密度，还需核算轴功率，以选配电机。

注释 [50] ①气缚现象：若泵内存有空气（启动前未灌泵，或运转时吸入管路及泵漏气），由于空气的密度远小于液体的密度，叶轮旋转产生的离心力小，叶轮中心处所形成的低压不足以将贮槽内的液体吸入泵内，此时虽然叶轮旋转，但也不能吸排液体，此为气缚现象；②汽蚀现象：当叶轮入口处的最低压强降至输送液体的饱和蒸气压时，液体部分汽化，含气泡的液体进入叶轮高压区后，气泡迅速凝聚或破裂，气泡的消失产生局部真空，周围液体以高速涌向该处，产生局部冲击力，导致叶轮损坏，此为离心泵的汽蚀现象；③离心泵的汽蚀具有危害性，应设法避免，详见 1.2.11 节。

注释 [51] 泵的扬程即为压头，而升扬高度是指泵将流体从低位送至高位时两液面间的高度差 Δz，升扬高度包含在扬程中。

注释 [52] 泵的工作点是泵特性曲线与管路特性曲线的交点，设计点是泵的最高效率点，泵在使用时应使其工作点接近于设计点。

注释 [53] 管路特性曲线是管路所需的 $H_e \sim q_V$ 关系，反映需方（管路）的要求；而泵特性曲线是泵提供的 $H \sim q_V$ 关系，反映供方（泵）的能力。

➤ 其他类型化工用泵

注释 [54] ①往复式泵是通过活塞或活柱的往复运动，改变泵缸内容积和压力，将液体吸入和排出；②往复式泵的流量与泵缸尺寸、冲程及往复次数有关，仅取决于泵的特性：a. 单动往复式泵的流量不均匀，采用双动或多缸往复式泵可改善流量均匀性；b. 流量调节方法：旁路调节（通过调旁路阀的开度来改变主管流量），或改变往复次数、冲程；③往复式泵提供的压头仅取决于管路特性，而与泵的尺寸及流量等无关；④往复式泵有自吸能力，启动时应全开出口阀。

注释 [55] 往复式泵与旋转式泵均属于正位移泵，这类泵的共同特点是流量仅与泵特性有关，压头仅与管路特性有关，而离心泵的流量与压头是由管路特性和泵特性共同决定的。

注释 [56] 旋涡泵特性（与离心泵的差异）：①旋涡泵的压头随流量的增大而陡降，故使泵轴功率随流量的增大而较快下降（离心泵轴功率随流量的增大而增加）；②启动旋涡泵时应全开泵出口阀，以降低启动功率保护电机（离心泵启动前应关闭出口阀）；③因小流量下压头很高，故旋涡泵采用旁路调节流量更加经济（离心泵多采用出口阀调节流量）。

注释［57］各种化工用泵的性能比较见1.2.9节，总体而言，选泵的类型时，大流量、低压头的场合优选离心泵；小流量、高压头的场合优选往复式泵、旋转式泵及旋涡泵，旋转式泵比往复式泵的流量更小，尤其适用于高黏度液体。

➤ **气体输送机械**

注释［58］离心通风机结构特点（与离心泵的差异）：①通风机叶轮直径较大，叶片数目多且短，叶片有前弯、径向及后弯3种（离心泵为后弯叶片）；②通风机出口截面多为矩形，但高压通风机为圆形（离心泵为圆形）。

注释［59］①离心通风机的全风压是指单位体积的气体流经风机后获得的能量，其值与气体的密度有关（注意与离心泵压头的不同），风机性能是以101.3kPa、20℃空气（$\rho_0=1.2\text{kg/m}^3$）为介质测定的，使用条件不符时需换算为标定状态下的全风压（$p_{T0}=p_T\rho_0/\rho=1.2p_T/\rho$），才可以选风机；②全风压为静风压与动风压之和，在离心通风机中，气体出口速度很大，故动风压占比较大；③轴功率公式中注意q_V与p_T相对应，即应为同一状态下的数值。

注释［60］离心通风机的特性曲线与离心泵相比，多了静风压与流量$p_s \sim q_V$的关系线，由图可直观看出动风压在全风压中占较大比例，体现了通风机的功能：较大的气体输送量。

注释［61］罗茨鼓风机类似于齿轮泵，具有正位移特性，其风量与转速成正比，流量采用旁路调节或改变转速。

注释［62］①往复式压缩机中气体压缩比较高，伯努利方程不再适用，需用热力学知识解决；②等温压缩时消耗的外功最小，故往复式压缩机多设有冷却系统，以使其接近等温压缩。

注释［63］①为避免活塞与气缸端部发生碰撞，泵缸左端留有余隙，但余隙的存在使吸入气体量减少，气缸的容积利用率降低；②由此式可知，余隙系数一定时，气体压缩比越高，容积系数越小，为提高气缸容积利用率及避免润滑油失效，通常压缩比大于8时，宜采用多级压缩，各级间加冷却器，以使压缩过程更接近于等温压缩。

1.2　疑难解析

1.2.1　对黏性及黏度的理解

工程中所遇到的流体均为实际流体，实际流体区别于固体的特性之一是具有黏性。库仑曾做实验证实流体黏性的存在。在一金属圆板中扎以细金属丝，将圆板吊在流体中，扭转金属丝使圆板旋转某一角度，然后放开，圆板则往返旋转摆动，且随时间的延长，摆动不断衰减，最终圆板停止不动，这种现象正是流体具有黏性的表现。实验在不同的流体中进行，结果发现，在气体中圆板衰减速度很慢，在液体中则很快，这表明不同流体具有不同的黏性。众所周知，水不能润湿蜡，如果在圆板表面均匀涂上一层蜡，是否可以减缓金属圆板在水中运动的衰减呢？实验证明，圆板涂蜡后对衰减影响甚微，表明流体与固体壁面间并没有相对运动，其黏性取决于流体内部的内摩擦性。

实际流体在流动时，其内部会产生内摩擦力（剪切力），当流速不大时将导致流体分层流动（层流）。相毗邻的两流体层，由于速度不同，动量也就不同。高速流体层中一些分子由于本身的运动及分子间的引力进入低速流体层，与速度较慢的分子碰撞使其加速，动量增大；同时，低速流体层中一些分子也会进入高速流体层使其减速，动量减小。由于流体层之间的分子交换使动量由高速流体层向低速流体层传递。流体的黏性正是这种分子间引力和分子运动与碰撞造成动量传递的宏观表现。

黏度是表征流体黏性大小的物理量，同一流体的黏度与温度关系较大，而与压力关系不大。温度对液体和气体黏度的影响是截然不同的。液体的黏度随温度的升高而减小；气体的黏度随温度的升高而增大。二者的差异是由它们在微观分子结构上的不同所造成。对于液体，分子紧密排列，分子间距较小，产生黏性的主要原因在于液体分子间的引力。随温度的升高，分子远离，引力减小，导致黏性降低，则表征其大小的黏度减小。对于气体，分子间距较大，产生黏性的主要原因在于气体分子本身的运动。随温度的升高，分子运动加快，碰撞加剧，导致其黏性增大，则黏度增大。

1.2.2 U形压差计读数所反映的意义

流体静力学基本方程的应用之一是测量流体两点的压力差，常用的压差计是U形压差计。图1-1所示的倾斜管路，密度为ρ的流体从中流过，在两截面1、2处连接U形压差计，指示剂密度为ρ_0，其读数为R。现分析U形压差计读数所反映的意义。

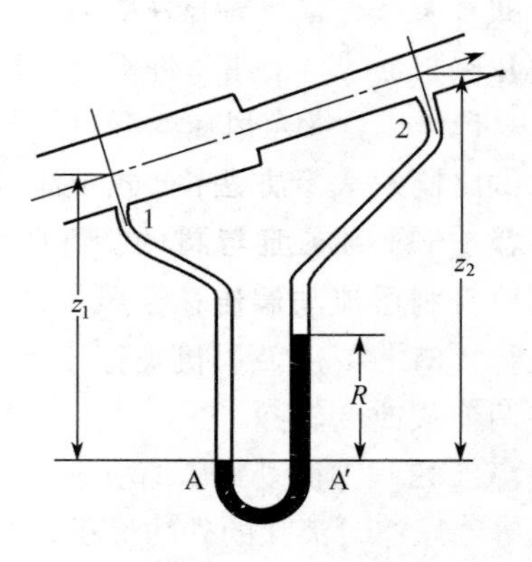

图1-1 U形压差计读数的意义

图中A—A′为等压面，又

$$p_A=p_1+\rho g z_1$$

$$p_{A'}=p_2+\rho g(z_2-R)+\rho_0 gR$$

故有 $p_1+\rho g z_1=p_2+\rho g(z_2-R)+\rho_0 gR$

整理得
$$(p_1+\rho g z_1)-(p_2+\rho g z_2)=(\rho_0-\rho)gR \tag{1-1}$$

或
$$\left(\frac{p_1}{\rho}+z_1 g\right)-\left(\frac{p_2}{\rho}+z_2 g\right)=\frac{(\rho_0-\rho)gR}{\rho} \tag{1-1a}$$

当$z_1=z_2$时，
$$p_1-p_2=(\rho_0-\rho)gR \tag{1-2}$$

由此可见，对于倾斜管路，U形压差计读数反映的是两截面流体的静压能与位能总和之差值，静压能、位能均为流体的势能，因此，U形压差计的读数实际反映两截面流体的总势能差。当管路水平放置时，U形压差计仅测得静压能差或压力差。

结合伯努利方程进一步分析。在截面1、2间列伯努利方程

$$z_1 g+\frac{1}{2}u_1^2+\frac{p_1}{\rho}=z_2 g+\frac{1}{2}u_2^2+\frac{p_2}{\rho}+\sum W_f$$

变形
$$\left(\frac{p_1}{\rho}+z_1 g\right)-\left(\frac{p_2}{\rho}+z_2 g\right)=\left(\frac{1}{2}u_2^2-\frac{1}{2}u_1^2\right)+\sum W_f \tag{1-3}$$

将式(1-3)代入式(1-1a)中，得

$$\left(\frac{1}{2}u_2^2-\frac{1}{2}u_1^2\right)+\sum W_f=\frac{(\rho_0-\rho)gR}{\rho} \tag{1-4}$$

可见，对于流体流动系统，U形压差计的读数又反映了两截面流体的动能差与能量损失之和，对于等径管路，U形压差计的读数仅反映管路的能量损失（阻力），该值与流体的流量、管路的直径、长度等因素有关，而与管路的放置状况（倾斜角度）无关。

1.2.3 伯努利方程使用注意事项

伯努利方程与连续性方程反映了流体流动的基本规律，使用伯努利方程，可以解决流体输送与流量测量等实际问题。解题时需注意以下几个问题。

① 应根据题意画出流动系统的示意图，标明流动方向，定出上、下游截面，明确衡算

范围。要求所选取的截面应与流体的流动方向相垂直，并且两截面间流体是定态连续流动，截面宜选在已知量多、计算方便处。此外，还应选定位能基准面，要求基准水平面必须与地面平行，为计算方便，宜选两截面中位置较低的截面为基准水平面。若截面不是水平面，而是垂直于地面，则基准面应选为过管中心线的水平面。

② 能量衡算基准不同，伯努利方程的形式也有多样。进行计算时，可选用其中任一基准列伯努利方程，但必须注意相应的能量形式，不得混淆。

③ 注意伯努利方程中各项的意义。以单位质量流体为基准的伯努利方程为例，其中 zg、$\frac{1}{2}u^2$、$\frac{p}{\rho}$ 分别表示单位质量流体在某截面上所具有的位能、动能和静压能，它们是状态参数，与截面处的流动参数有关；而 W_e、$\sum W_f$ 分别为单位质量流体在两截面间获得和消耗的能量，它们是过程函数，其值与流体从上游截面到下游截面的路径密切相关。

④ 计算时要注意各物理量的单位保持一致，尤其在计算静压能时，p_1、p_2 不仅单位要一致，同时表示方法也应一致，或同为绝压，或同为表压。

1.2.4　管内层流与湍流的比较

管内层流与湍流是流体流动的两种类型，二者在诸多方面存在差异，见表 1-1。

表 1-1　管内层流与湍流的比较

流型	层流	湍流
判据	$Re \leqslant 2000$	$Re \geqslant 4000$
质点运动方式	平行于管轴的直线运动，质点不存在径向混合和碰撞	不规则杂乱运动，质点彼此碰撞和混合，径向上质点的脉动是湍流的基本特征
剪应力与动量通量	黏性应力符合牛顿黏性定律 $\tau = -\mu \frac{d\dot{u}}{dr}$ （μ 为流体的物性） 动量传递由分子运动造成，通量较小	黏性应力＋湍流应力 $\tau = -(\mu + e)\frac{d\dot{u}}{dr}$ （e 为非流体的物性，而与流动状况有关） 动量传递由分子运动与质点脉动所造成，且后者远大于前者，通量较大
管内速度分布	$\dot{u} = \frac{\Delta p}{4\mu l}(R^2 - r^2) = u_{max}\left[1 - \left(\frac{r}{R}\right)^2\right]$ 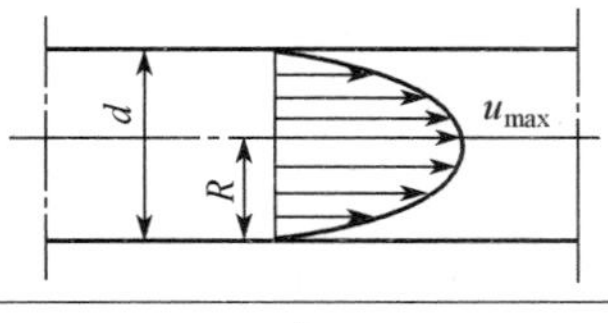	$\dot{u} = u_{max}\left(1 - \frac{r}{R}\right)^n$　（$n = 1/7$ 常用） 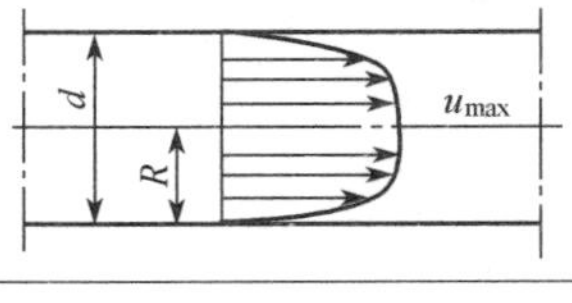
平均速度	$\bar{u} = \frac{1}{2}u_{max}$	$\bar{u} \approx 0.817u_{max}$　（$n = 1/7$ 时）
边界层	层流层厚度等于管半径	层流内层-过渡层-湍流主体
摩擦系数	λ 仅与 Re 有关，且 $\lambda = \frac{64}{Re}$	$\lambda = f(Re, \varepsilon/d)$ 完全湍流区：λ 仅与 ε/d 有关
流动阻力	$W_f \propto u$	$W_f \propto u^{1\sim2}$ 完全湍流区：$W_f \propto u^2$

1.2.5　阻力对管内流动的影响

实际流体具有黏性，在流动时会产生内摩擦力，消耗一定的能量，因而造成能量损失

(阻力)。

如图 1-2 所示，流体在等径倾斜直管中作定态流动。

在 1—1′和 2—2′截面间列伯努利方程，有

$$z_1 g+\frac{1}{2}u_1^2+\frac{p_1}{\rho}=z_2 g+\frac{1}{2}u_2^2+\frac{p_2}{\rho}+W_f$$

因管路直径相同，$u_1=u_2$，有

$$W_f=\left(\frac{p_1}{\rho}+z_1 g\right)-\left(\frac{p_2}{\rho}+z_2 g\right) \tag{1-5}$$

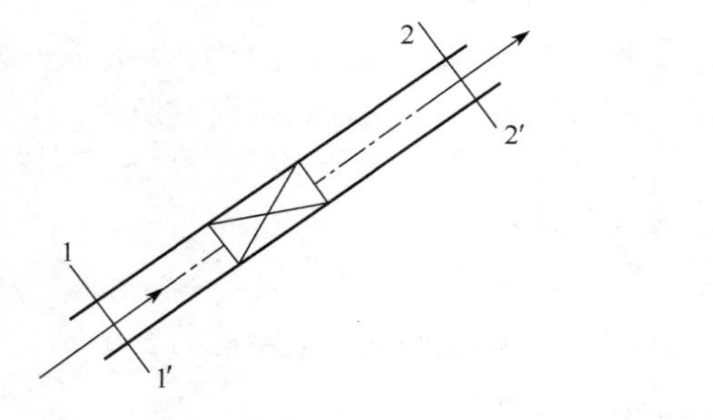

图 1-2 流体流动阻力

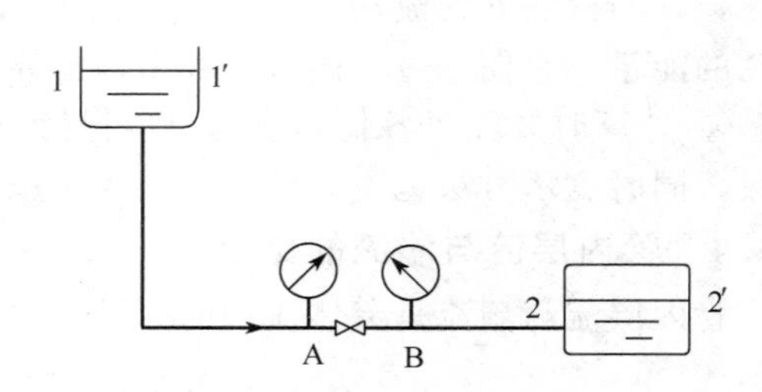

图 1-3 简单管路输送系统

若管路为水平，则

$$W_f=\frac{p_1-p_2}{\rho} \tag{1-5a}$$

由此可见，无论管路水平安装还是倾斜安装，流体的流动阻力均表现为势能的减少，仅当水平安装时，流动阻力恰好等于两截面的静压能之差。一般，对于指定管路，两截面的高度 z_1、z_2 为定值，因此，当由于某些原因而引起阻力变化时，必导致截面处流体压力的变化，这也是流体流动与固体运动的本质区别：固体运动由于摩擦而使速度减小，流体流动因为内摩擦而使压力变化。

以下通过简单管路系统进一步说明。如图 1-3，设两贮槽内液位保持恒定，各管段直径相同，液体作定态流动。当阀门开度变化时，将导致管路中任一处压力的变化。分析如下(设阀门开度减小)：

① 在截面 1—1′与 2—2′间考察，两截面的总机械能之差不变，若阀门关小，则阀门局部阻力系数 ζ 增大，必导致管内流速 u 减小，流量减小；

② 在截面 1—1′与 A 之间考察，流速降低使两截面间的流动阻力 $\sum W_{f,1-A}$ 减小，则 A 截面处流体的压力 p_A 将升高；

③ 在截面 B 与 2—2′之间考察，流速降低同样导致两截面间的流动阻力 $\sum W_{f,B-2}$ 减小，则 B 截面处流体的压力 p_B 将降低。

由此可看出阻力对管内流动的影响：当阀门关小时，其局部阻力增大，使管路中流量减小，同时使阀上游压力上升，下游压力下降。可见，流体连续流动的管路中任一处的变化，必将带来总体的变化，因此必须将管路系统当作整体考虑。

1.2.6 流体流动阻力影响因素及减阻措施

管路的总能量损失包括直管阻力（或沿程阻力，即流体流经直管的能量损失）和局部阻力（流体流经管件、阀门等局部的能量损失），一般由下式计算

$$\sum W_f = W_f + W'_f = \left(\lambda \frac{l}{d} + \sum\zeta\right)\frac{\mu^2}{2} \tag{1-6}$$

或

$$\sum W_f = W_f + W'_f = \lambda \frac{l + \sum l_e}{d}\frac{\mu^2}{2} \tag{1-6a}$$

显然，流体的流动阻力与摩擦系数 λ、管径 d、管长 l、局部阻力系数 $\sum\zeta$（或 $\sum l_e$）及流速 u 有关。摩擦系数越小、管径越大、管路越短、局部阻力系数越小或流速 u 越低，则流动阻力越小。其中，摩擦系数 λ 又是相对粗糙度 ε/d 与雷诺数 Re 的函数，流体层流流动时，λ 与 ε/d 无关，仅与 Re 有关，且 $\lambda=64/Re$；完全湍流时，λ 与 Re 无关，仅与 ε/d 有关，当 ε/d 一定时，λ 为常数。故有

层流区

$$\sum W_f = \frac{32\mu(l + \sum l_e)u}{\rho d^2} \propto u \tag{1-7}$$

完全湍流区

$$\sum W_f = \lambda \frac{l + \sum l_e}{d}\frac{u^2}{2} \propto u^2 \tag{1-7a}$$

综合上述分析，可知影响流体流动阻力的诸因素及相应的减阻措施。

① 流速是影响流动阻力的主要因素，层流时，阻力与流速的一次方成正比；完全湍流时，阻力与流速的平方成正比，故应减小流速。但在输送量一定的情况下，降低流速就必须增大管径，这将使设备费用增加，因此需综合考虑两因素，合理选择流体流动的适宜流速。

② 对流动阻力而言，l/d 也是不可忽视的因素，尤其是长距离输送的时候，因此应简化管路，减少管道长度，并选用经济合理的管径。

③ 摩擦系数。管材的相对粗糙度也很重要，应及时清除管道中的杂物，尽量减少管壁的腐蚀，以降低管内壁的粗糙度，使摩擦系数降低。此外，现在又有了通过添加减阻剂减少流体流动阻力的节能措施。减阻剂为某些高分子聚合物，添加极少的量，即可改变摩擦系数 λ 与 Re 的关系，使 λ 小于纯液体时的相应值，使流动阻力下降。减阻效果与管径、减阻剂的种类及浓度等因素有关，一般当 Re 超过某一临界值后才有明显效果，且减阻效果随流速的增加而提高。据报道，对世界各地的 20 条输油管线统计，使用减阻剂后，平均减阻达 37.2%；对工业用水（热水）减阻试验表明，加入 0.0044%的减阻剂，可使阻力减小 20%以上。

④ 管件、阀门等局部阻力。去除不必要的管件、阀门等，以减少流体流动的局部阻力。对于车间管路，总阻力中局部阻力比例较大，此法更加明显。

⑤ 流体的物性，主要是黏度。对于液体，一般可在泵前预热，减小其黏度，此措施特别适用于加热流体所消耗的能量远小于用来克服黏度大而增加的摩擦损失的场合，如长距离输送高黏度的油品，但此时应考虑对泵汽蚀性能带来的影响。

1.2.7　复杂管路的特点及分析

常见的复杂管路有并联管路、分支管路及汇合管路。

（1）并联管路　如图 1-4 所示，其特点为：

① 主管的流量为各支管流量之和，对于不可压缩性流体，则有

$$q_V = q_{V1} + q_{V2} + q_{V3} \tag{1-8}$$

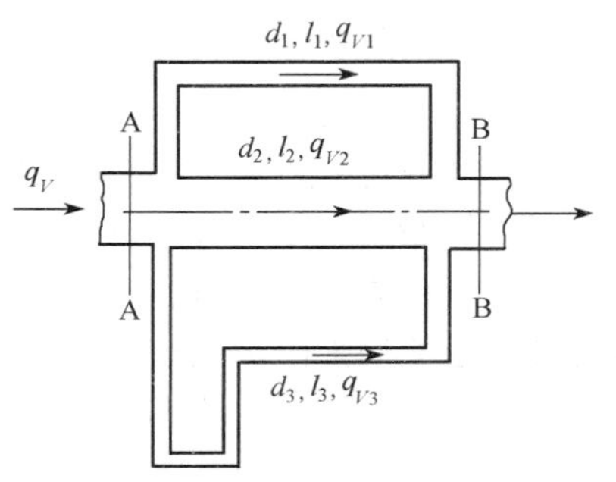

图 1-4　并联管路

② 并联管路中各支管的能量损失均相等，即

$$\sum W_{f1}=\sum W_{f2}=\sum W_{f3}=\sum W_{f,AB} \tag{1-9}$$

尚需说明，并联管路各支管的能量损失相等，只表明通过每一支管的单位质量流体的机械能损失相等，但由于通过各支管的流量不一定相等，所以各支管中单位时间所消耗的总机械能（全部质量流体）也不一定相同，即流量大的支管，其总机械能损失也大，反之亦然。在应用伯努利方程时，通常以单位质量的流体作为基准，因此，计算并联管路阻力时，应任选一根支管计算，而绝不能将各支管阻力加和在一起作为并联管路的阻力。

联立式(1-8) 及式(1-9)，即可以解决并联管路的计算问题。如可根据各支路状况，判断其中的流量分配。

对于任意支管

$$\sum W_{fi}=\lambda_i\frac{(l+\sum l_e)_i}{d_i}\times\frac{u_i^2}{2}=\lambda_i\frac{(l+\sum l_e)_i}{d_i}\times\frac{1}{2}\left(\frac{4q_{Vi}}{\pi d_i^2}\right)^2=\frac{8\lambda_i q_{Vi}^2(l+\sum l_e)_i}{\pi^2 d_i^5}$$

则各支路的流量比

$$q_{V1}:q_{V2}:q_{V3}=\sqrt{\frac{d_1^5}{\lambda_1(l+\sum l_e)_1}}:\sqrt{\frac{d_2^5}{\lambda_2(l+\sum l_e)_2}}:\sqrt{\frac{d_3^5}{\lambda_3(l+\sum l_e)_3}} \tag{1-10}$$

由此可知，在并联管路中，各支管的流量比与管径、管长、摩擦系数及局部阻力状况有关。支管越长、管径越小、摩擦系数越大，其流量越小，反之亦然。若各支路的 d、λ 相同，且支路中局部阻力份额较大，即$\sum l_e \gg l$，则流量比仅与各支路的局部阻力状况$\sum l_e$有关；当各支路的$\sum l_e$相等时，各支路的流量比接近 1，即流量均匀分布。显然，对于并联管路，流量均匀分配是以大阻力为代价的，计算说明详见例 1-15。

(2) 分支与汇合管路　分支与汇合管路如图 1-5、图 1-6 所示。以分支管路为例，分析其特点。

图 1-5　分支管路　　图 1-6　汇合管路

① 总管流量等于各支管流量之和，对于不可压缩性流体，有

$$q_V=q_{V,A}+q_{V,B} \tag{1-11}$$

② 虽然各支管的流量不等，但在分支处 O 点的总机械能为一定值，表明流体在各支管流动终了时的总机械能与能量损失之和必相等，即

$$\frac{p_A}{\rho}+z_A g+\frac{1}{2}u_A^2+\sum W_{f,OA}=\frac{p_B}{\rho}+z_B g+\frac{1}{2}u_B^2+\sum W_{f,OB} \tag{1-12}$$

汇合管路的特点与分支管路类似。流体在分支或汇合处，除因流速大小及方向的改变造成局部能量损失外，还有各流股之间的动量交换而引起的能量转移。此处的能量变化可按流体流过三通的局部阻力处理。一般，长距离管路输送流体时，其他阻力较大，分支或汇合处的局部能量变化常常忽略不计。

现以流体由一根总管分流至两条支路的情况（见图 1-7）为例，对分支管路进行定性分析。

设初始阀 A、阀 B 全开，现将阀 A 关小，则

① 在截面0与2之间考察，阀A关小，则阀门局部阻力系数ζ_A增大，必导致该支路流速u_2减小，流量q_{V2}减小，使其上游分支处0点流体压力p_0升高；

② 在截面0与3之间考察，由于0点流体压力p_0升高，阀B开度不变，阻力状况不变，因而该支路的流量q_{V3}增加；

③ 在截面1与0之间考察，由于1截面的总机械能不变，而0点流体压力p_0升高，因而总流量q_V减少。

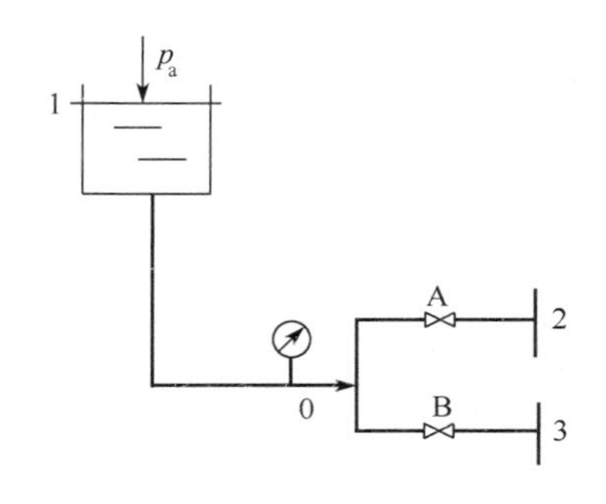

图1-7 分支管路系统

由此可知，关小阀门使所在的支管流量下降，与之平行的支管流量上升，但总流量仍然减少。与简单管路中分析相同（见1.2.5），流体作为连续介质，分支状况变化，也会带来总体的变化。

现看一种特殊情况：假若某一分支管路系统中总管阻力忽略不计，则管路系统的总阻力以支管阻力为主，可认为分支处0点的总机械能与截面1处的相同，近似为常数，此时开、关某一支路的阀门，只会带来该支路流量的变化，而对其他支路的流量几乎没有影响；同样，增加其他支路，对原各支路流量也无影响。

1.2.8 孔板流量计与转子流量计的比较

孔板流量计与转子流量计是化工生产中使用广泛的两种流量计，表1-2对二者进行比较。

表1-2 孔板流量计与转子流量计的比较

类型	孔板流量计	转子流量计
原理	利用流体通过节流元件(孔板)时所产生的压力差实现流量测量，为差压式流量计	转子在流体中受力平衡时，通过转子在锥管中悬浮的高度反映流量的大小，为变截面式流量计
特点	恒流通面积、变压差	恒压差、恒环隙流速而变流通面积
流量方程	$q_V=u_0A_0=C_0A_0\sqrt{\dfrac{2\Delta p}{\rho}}=C_0A_0\sqrt{\dfrac{2Rg(\rho_0-\rho)}{\rho}}$	$q_V=C_RA_R\sqrt{\dfrac{2(\rho_f-\rho)V_fg}{\rho A_f}}$
使用及优缺点	(1)结构简单，制造与安装方便，但能量损失较大，测量范围窄； (2)需安装在均匀流段，上游长度至少为$10d$，下游长度为$5d$	(1)读数方便，流动阻力小，测量范围较宽，适用性广，尤其适用于小流量的测量； (2)必须垂直安装在管路上； (3)有刻度换算问题，换算关系 $\dfrac{q_{V2}}{q_{V1}}=\sqrt{\dfrac{\rho_1(\rho_f-\rho_2)}{\rho_2(\rho_f-\rho_1)}}$

1.2.9 泵的类型与特点

离心泵是化工生产中应用最为广泛的一种，与其他类型泵相比，在性能与操作等方面存在异同，将它们进行比较，列于表1-3中。

1.2.10 管路特性与离心泵特性分析

当把一台离心泵安装在特定的管路中时，实际的压头与流量不仅与离心泵本身的特性有关，还与管路的特性有关，即由泵的特性与管路的特性共同决定。管路特性表示在特定的管路系统中，为完成一定的输液量与所需压头的关系，反映了输送管路对泵的能量要求；泵特性则表示在一定输送量下泵所提供的压头，反映了泵本身的能力。只有泵所提供的流量和压头与管路中所需的相吻合时，才是该泵在特定管路中的真实工作状况，即为工作点。可见，对于带泵管路，管路特性或泵特性任一变化，都会带来整个输送系统的流量与压头的变化。

表 1-3 各种化工用泵比较

类型		离心式泵		正位移式(容积式)泵	
		离心泵	旋涡泵	往复式泵	旋转式泵
				往复泵、计量泵、隔膜泵	齿轮泵、螺杆泵
性能	特性	流量、压头与泵特性及管路特性均有关		流量仅取决于泵特性,而压头仅取决于管路特性	
	流量	大	小	较小	小
	压头	中等	较高	高	较高
	效率	稍低	低	高	较高
操作	自吸能力	没有	部分型号有	有	有
	启动	出口阀关闭	出口阀全开	出口阀全开	出口阀全开
	流量调节	小幅度调出口阀,大幅度调转速	旁路阀调节	小幅度调旁路阀,大幅度调往复频率或冲程	小幅度调旁路阀,大幅度调转速
适用场合		低压头、大流量的液体	高压头、小流量清洁液体	小流量、高压头的液体	小流量、高压头的液体,尤适合于高黏度液体

(1) 离心泵特性 H-q_V　当泵的结构(叶轮的直径、叶片弯曲程度等)一定时,离心泵特性主要与泵的转速有关,其变化关系符合比例定律。当然,对同一型号的泵,切削叶轮直径,也会带来泵性能的变化,其变化关系符合切割定律,叶轮直径对泵性能的影响与转速的影响相似。图 1-8 中,泵 1 为某一转速下泵的特性曲线,泵 2 给出的是转速减小时泵的新特性曲线,工作点由 M 移至 M_1。特别说明,当泵的转速(或叶轮直径)变化时,仅就泵本身特性而言,流量与其成正比,而在实际管路中的泵,并不存在比例关系,还必须考虑管路特性,即此时的实际流量应由泵的新特性曲线与管路特性曲线的交点所决定,见例 1-21。

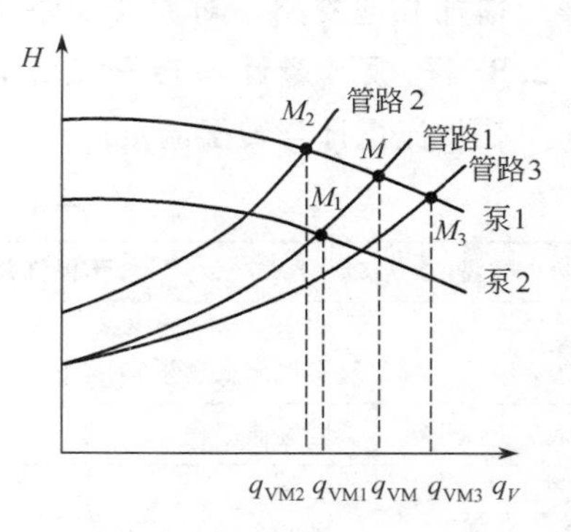

图 1-8　工作点的变化

(2) 管路特性 H_e-q_V　对一定的输送管路系统进行分析,有

$$H_e=\Delta z+\frac{\Delta p}{\rho g}+\lambda\ \frac{8}{\pi^2 g}\frac{l+\sum l_e}{d^5}q_V^2$$

令
$$A=\Delta z+\frac{\Delta p}{\rho g},\quad B=\lambda\ \frac{8}{\pi^2 g}\frac{l+\sum l_e}{d^5}$$

则管路特性方程为
$$H_e=A+Bq_V^2 \tag{1-13}$$

曲线的截距 A 与两贮槽间液位差 Δz、操作压力差 Δp 及被输送流体的密度 ρ 有关,曲线的陡度 B 与管路的阻力状况有关(当流动进入阻力平方区时,B 为常数),即改变 Δz、Δp、ρ 或管路的阻力状况,均会引起管路特性的变化。图 1-8 中,管路 1 为原管路特性曲线,管路 2 为阻力状况不变而 A 增大(Δz 增大或 Δp 增大)时的管路新特性曲线,工作点由 M 移至 M_2;管路 3 为 A 不变而减小阻力(如阀门开大)时的管路新特性曲线,工作点由 M 移至 M_3。尚需说明,管路系统一定时,A 不变,故一般均通过调节出口阀门改变管路特性曲线来改变工作点。

1.2.11　离心泵的汽蚀问题

离心泵在运转时,若由于某些原因使叶轮中心附近的压力降至输送温度下液体的饱和蒸气压或以下时，将会发生汽蚀现象，给离心泵操作带来严重后果：泵产生噪声和振动，叶轮被剥蚀破坏，泵流量及压头下降。将一台离心泵安装在管路中时，是否发生汽蚀是由泵本身和吸入装置两方面因素决定的。

有效汽蚀余量 $(NPSH)_a$ 是指泵吸入装置给予离心泵入口处液体的静压头与动压头之和超出蒸气压头的那一部分，其值仅与吸入管路有关，而与泵无关，故又称为装置汽蚀余量。

$$(NPSH)_a=\frac{p_1}{\rho g}+\frac{u_1^2}{2g}-\frac{p_v}{\rho g} \tag{1-14}$$

式中，p_1 为泵入口处的绝压，Pa；u_1 为泵入口处的液体流速，m/s；p_v 为输送温度下液体的饱和蒸气压，Pa。

必需汽蚀余量 $(NPSH)_r$ 是指泵在给定的转速和流量下所必需的汽蚀余量，实际反映了泵入口到叶轮内最低压力点的能量损失，其值与泵本身的结构有关，而与管路状况无关。

当离心泵在一定管路中运行时，可根据有效汽蚀余量与必需汽蚀余量的大小，判断泵运行状况。

$(NPSH)_a>(NPSH)_r$，泵不发生汽蚀；

$(NPSH)_a=(NPSH)_r$，泵开始发生汽蚀；

$(NPSH)_a<(NPSH)_r$，泵严重汽蚀。

提高离心泵抗汽蚀性能有两种途径：一种是改进泵本身的结构参数或结构型式，使泵具有尽可能小的必需汽蚀余量 $(NPSH)_r$；另一种是合理地设计泵前吸入管路及泵安装位置，使泵入口处有足够大的有效汽蚀余量 $(NPSH)_a$。以下讨论通过后一种途径即提高 $(NPSH)_a$ 的具体办法。

如图1-9，在 0—0′与 1—1′截面间列伯努利方程，有

$$\frac{p_0}{\rho g}=H_g+\frac{p_1}{\rho g}+\frac{u_1^2}{2g}+\sum h_{f,0-1}$$

变形得

$$\frac{p_1}{\rho g}+\frac{u_1^2}{2g}=\frac{p_0}{\rho g}-H_g-\sum h_{f,0-1} \tag{1-15}$$

将式(1-15)代入式(1-14)，可得

$$(NPSH)_a=\frac{p_0-p_v}{\rho g}-H_g-\sum h_{f,0-1} \tag{1-16}$$

式中，H_g 为离心泵安装高度，m；p_0 为贮槽液面上方的绝压，Pa；$\sum h_{f,0-1}$ 为吸入管路的压头损失，m。

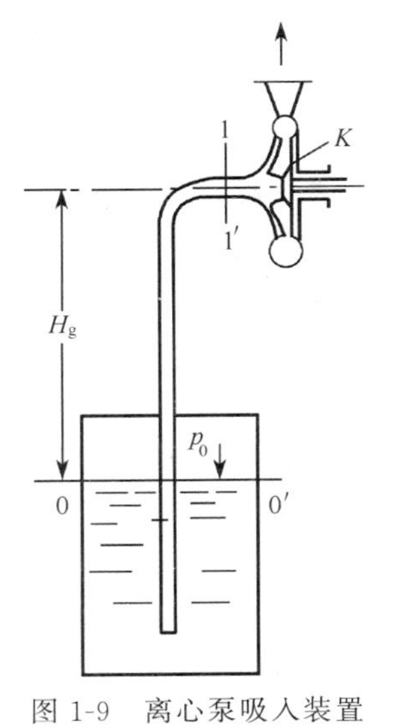

图1-9　离心泵吸入装置

由此可得提高 $(NPSH)_a$ 的若干措施：

① 降低泵的安装高度 H_g，如有必要，可将泵吸上装置改为倒灌装置；

② 若工艺许可，可增大贮槽内液面上方的压力 p_0；

③ 降低吸入管路的阻力 $\sum h_{f,0-1}$，如缩短吸入管路，尽量减少弯头等管件，适当选择大吸入管径以降低流速等；

④ 若待输送的是高温液体或易挥发的溶剂，可预先降温（降低 p_v）后再输送；

⑤ 避免泵前贮槽液面的大幅度下降。

在上述诸多措施中，降低离心泵的安装高度是其中最重要的一种，因此，在离心泵使用

时，需特别注意泵的安装高度问题。

1.2.12 工程研究方法

在研究流体流动与输送问题时，采用了多种工程研究方法，如量纲分析法、过程分解法、当量法等。

（1）量纲分析法　量纲分析法是化工中解决工程实际问题常用的方法，在本章中分析流体湍流流动的能量损失时，即采用了量纲分析法。

量纲分析法是建立在实验基础上的方法。对于许多工程实际问题，涉及的变量较多，过程较复杂，一般很难从理论上进行描述，通常采用实验研究方法。量纲分析法不需要对过程机理有深入的理解，只需尽可能地分析并正确地列出影响过程的主要变量，再通过无量纲化减少变量的数目，最后通过实验确定具体的函数关系。采用量纲分析法规划实验时，用无量纲数群代替单个变量，可大大减少实验工作量，并且实验中不需要采用真实的物料或实际的设备尺寸，只需借助模拟物料在实验室的小型设备中进行实验，其结果具有普遍意义，可以推广应用于实际的化工设备或其他物料。

（2）过程分解或变量分离法　过程分解或变量分离法也是解决工程问题的基本方法之一。工程实际问题比较复杂，影响因素也是多方面的，可将整个过程分解为若干个互相独立或互相关联较弱的子过程，分别研究各子过程的自身规律，再将各子过程联系起来对该过程综合分析，这就是过程分解法。研究带泵管路的工作状况时，即采用了过程分解法。对于带泵管路，实际的流量与压头是由管路特性与泵特性共同决定的，管路或泵任一变化，都会带来整个输送系统的变化。对该过程分析时，是将此过程分解为管路和泵两个子系统，分别研究管路特性和泵的特性，再将二者联立求解，从而确定带泵管路的实际工作状态。此外，描述离心泵的汽蚀特性时，提出了有效汽蚀余量与必需汽蚀余量两个概念，也是将汽蚀现象的影响因素分为设备（泵）与管路两方面考虑。

（3）当量法　在计算流体流动阻力时，对非圆形管路采用了圆形管路的处理方法，引入了当量直径；对管件、阀门的局部阻力，采用直管阻力的计算方法，引入了当量长度，这些都是当量法的具体体现。该法是工程上借助已有的理论对复杂问题做近似处理的一种方法，并不十分准确，但在工程中不追求结果的精度而仅注重简捷和实用时，该法还是可取的。必须指出，用简单过程替代复杂过程时，只能是在某个或某些方面等效，不可能在所有方面等效。例如，用当量直径将非圆形管路折合圆形管路计算流动阻力时，二者仅在阻力方面等效，而在流通面积方面并不等效，即此时流通面积不能用当量直径计算，必须用实际面积。

1.3 工程案例

1.3.1 伯努利方程的应用——航海奇案的审判

事情发生在1912年的秋天，一艘当时世界上最大的远洋巨轮“奥林匹克”号，正在茫茫的大海上航行。距它100m左右的海面上，一艘比它小得多的铁甲巡洋船“豪克”号与它几乎是平行地疾驶着。突然，“豪克”号像着了魔似的，扭转船头径直向“奥林匹克”号冲去。情急之中，两船的水手们赶紧打舵，但无论他们怎样操纵也没有用，只能眼睁睁地看着“豪克”号的船头向“奥林匹克”号的船舷撞去，结果撞出了一个大洞。在法庭审理这桩奇案时，“豪克”号被判为有过失的一方。然而，这个判决是错误的。

我们可以根据流体流动原理分析这次事故的原因。由伯努利方程可知，流体流动时，其动能与静压能可以相互转换，速度大的一侧压力低，而速度小的一侧压力大。根据这一原理，两条船并排行驶时，由于内侧船舷中间的流道较狭窄，水流比两船的外侧快，因此水对内侧的压力比对外侧压力要小。于是，船内外侧的压力差像一双无形的巨手，把两船推在一起，造成碰撞事故。由于“豪克”号船吨位小，所以被推得快，看起来是小船撞了大船。此后，两船相距很近而高速行驶便成了航海“大忌”。事实上，当时两船若能及时采取制动措施迅速减速，这场事故也许是可以避免的。

1.3.2　烟囱的工作原理

工业中燃烧炉烟囱的设计即遵循流体流动原理。图1-10为燃烧炉自然排烟系统的示意图，要使烟气从炉内排除，必须克服排烟系统的一系列阻力。烟气之所以能克服这些阻力，是由于烟囱能在其底部（2—2′面）形成吸力（真空）。若炉膛尾部（1—1′面）的压力为大气压，则在两截面间压力差的作用下，高温烟气就可经排烟烟道流进烟囱底部，最后由烟囱排至大气中。

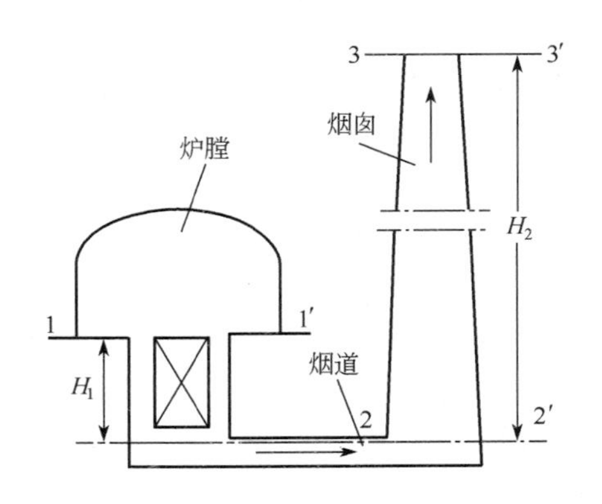

图1-10　燃烧炉排烟系统示意图

设烟气的密度为$\rho_{烟}$，空气的密度为$\rho_{空}$，烟气在烟囱中的平均流速为u。在烟囱底部2—2′截面与顶部3—3′截面间列伯努利方程

$$z_2 g+\frac{1}{2}u_2^2+\frac{p_2}{\rho_{烟}}=z_3 g+\frac{1}{2}u_3^2+\frac{p_3}{\rho_{烟}}+\sum W_{f,2-3} \tag{1-17}$$

若忽略烟囱直径的变化，则$u_2=u_3$，且

$$p_3=p_a-\rho_{空} g H_2 \tag{1-18}$$

$$\sum W_{f,2-3}=\lambda\ \frac{H_2}{d}\frac{u^2}{2} \tag{1-19}$$

将式(1-18)、式(1-19)代入式(1-17)中，有

$$\frac{p_2}{\rho_{烟}}=H_2 g+\frac{p_a-\rho_{空} g H_2}{\rho_{烟}}+\lambda\ \frac{H_2}{d}\frac{u^2}{2}$$

得

$$p_a-p_2=\left[(\rho_{空}-\rho_{烟})g-\frac{\lambda}{d}\frac{\rho_{烟} u^2}{2}\right]H_2 \tag{1-20}$$

可见，当$\rho_{烟}<\rho_{空}$时，轻的烟气在烟囱内产生向上的自然运动，从而在烟囱底部造成真空，形成烟囱的吸力，将炉膛内的烟气抽出，这就是烟囱能“拔烟”的原理。烟囱吸力的大小取决于其高度H_2和空气、烟气的密度差（$\rho_{空}-\rho_{烟}$）以及烟囱直径d。H_2或（$\rho_{空}-\rho_{烟}$）或d越大，则吸力越大。

1.3.3　管路安装问题

某化工厂有一台鼓风机，其轴瓦需用冷却水冷却，用量约在$10m^3/h$，出口水温为20℃，冷却水直接排入地沟。在其附近有一吸收罐，需连续加水稀释，用量在$5m^3/h$左右。为此对轴瓦冷却系统进行改造，将鼓风机的冷却水，一部分引入吸收罐，其余的水再排至地沟，构成图1-11所示的分支管路。要求如下：

① 为确保鼓风机的正常运转，流经轴瓦的冷却水量不得少于$10m^3/h$；

② 多余水的排出口附近不能安装阀门，以免被误关闭，造成事故；

③ 吸收罐的加水量应根据需要经常改变。

管路的基础数据如下：阀 A 全开时，1 截面处压力表读数为 150kPa，各段的管径相同，均为 $\phi57\text{mm}\times3.5\text{mm}$，绝对粗糙度为 0.3mm，各段的管长（包括所有局部阻力的当量长度）分别为：总管 1—2 段，28m，支管 2—4 段，20m（其中 2—3 段，3—4 段各 10m），支管 2—5 段，12m。

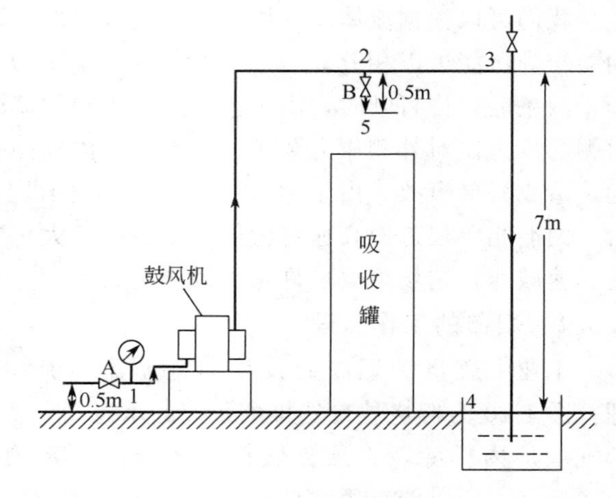

图 1-11 鼓风机轴瓦冷却系统

现分析该流程的合理性：

① 在支管 2—4 段中不加阀门，以避免发生事故；而在支管 2—5 段中安装调节阀，以满足吸收罐中用水量可随时调节的要求。

② 核算 2 截面的势能，考察阀 B 打开后水是否可以流出。

设阀 B 关闭，以流量 $10\text{m}^3/\text{h}$ 为基准，则管内流速

$$u=\frac{q_V}{\frac{\pi}{4}d^2}=\frac{10/3600}{0.785\times0.05^2}=1.42\text{m/s}$$

在 2 和 4 截面间列伯努利方程

$$z_2g+\frac{1}{2}u_2{}^2+\frac{p_2}{\rho}=z_4g+\frac{1}{2}u_4{}^2+\frac{p_4}{\rho}+\sum W_{\text{f},2-4}$$

其中，$z_2=7\text{m}$，$z_4=0$，$u_4=0$，$p_4=0$（表压）。

水的黏度以 $1\times10^{-3}\text{Pa}\cdot\text{s}$ 计，密度以 1000kg/m^3 计，则

$$Re_1=\frac{d\rho u}{\mu}=\frac{0.05\times1000\times1.42}{1\times10^{-3}}=7.1\times10^4$$

相对粗糙度
$$\frac{\varepsilon}{d}=\frac{0.3}{50}=0.006$$

查得摩擦系数
$$\lambda_1=0.033$$

$$\sum W_{\text{f},2-4}=\lambda_1\frac{l+\sum l_e}{d}\frac{u^2}{2}=0.033\times\frac{20}{0.05}\times\frac{1.42^2}{2}=13.3\text{J/kg}$$

所以

$$p_2=\rho\left[(z_4-z_2)\ g-\frac{1}{2}u_2^2+\sum W_{\text{f},2-4}\right]$$
$$=1000\times\left(-7\times9.81-\frac{1}{2}\times1.42^2+13.3\right)=-56.4\text{kPa}$$

以 5 截面为基准，则 2 截面的势能为

$$\frac{p_2}{\rho}+z_2g=-\frac{56.4\times10^3}{1000}+0.5\times9.81=-51.5\text{J/kg}\ (<0)$$

故当阀门 B 打开时，不能放出水来而只能吸进空气，其原因在于 3—4 段有虹吸作用，在 2 处造成了较大的负压。为此，可在 3 截面处加一放空阀（见图 1-11），破坏 3—4 段的虹

吸作用，使 3 处压力为大气压。

③ 核算 1 截面处压力，考察流量是否满足要求。

a. 当总管流量为 $10m^3/h$，支管 2—5 段中流量为 $5m^3/h$ 时，在 1 和 5 截面间列伯努利方程

$$z_1 g+\frac{1}{2}u_1^2+\frac{p_1}{\rho}=z_5 g+\frac{1}{2}u_5^2+\frac{p_5}{\rho}+\sum W_{f,1-5}$$

其中，$z_1=0.5m$，$z_5=6.5m$，$u_1=1.42m/s$，$u_5=0$，$p_5=0$（表压）。

支管中流速

$$u_{25}=\frac{q_{V_2}}{\frac{\pi}{4}d^2}=\frac{5/3600}{0.785\times 0.05^2}=0.71m/s$$

$$Re_2=\frac{d\rho u_{25}}{\mu}=\frac{0.05\times 1000\times 0.71}{1\times 10^{-3}}=3.55\times 10^4$$

查得摩擦系数 $\lambda_2=0.034$

$$\sum W_{f,1-5}=W_{f,1-2}+W_{f,2-5}=\lambda_1\frac{(l+\sum l_e)_{1-2}}{d}\frac{u_1^2}{2}+\lambda_2\frac{(l+\sum l_e)_{2-5}}{d}\frac{u_{25}^2}{2}$$

$$=0.033\times\frac{28}{0.05}\times\frac{1.42^2}{2}+0.034\times\frac{12}{0.05}\times\frac{0.71^2}{2}=20.7J/kg$$

所以

$$p_1=\rho\left[(z_5-z_1)\ g-\frac{1}{2}u_1^2+\sum W_{f,1-5}\right]$$

$$=1000\times\left[(6.5-0.5)\ \times 9.81-\frac{1}{2}\times 1.42^2+20.7\right]=78.5kPa\text{（表压）}$$

b. 当总管流量为 $10m^3/h$，支管 2—3 段中流量为 $5m^3/h$ 时，在 1、3 截面间列伯努利方程

$$z_1 g+\frac{1}{2}u_1^2+\frac{p_1}{\rho}=z_3 g+\frac{1}{2}u_3^2+\frac{p_3}{\rho}+\sum W_{f,1-3}$$

其中，$z_1=0.5m$，$z_3=7m$，$u_1=1.42m/s$，$u_3=0.71m/s$，$p_3=0$（表压）。

支管 2—3 段中流速及摩擦系数与支管 2—5 段中相同，则

$$\sum W_{f,1-3}=W_{f,1-2}+W_{f,2-3}=\lambda_1\frac{(l+\sum l_e)_{1-2}}{d}\frac{u_1^2}{2}+\lambda_2\frac{(l+\sum l_e)_{2-3}}{d}\frac{u_{23}^2}{2}$$

$$=0.033\times\frac{28}{0.05}\times\frac{1.42^2}{2}+0.034\times\frac{10}{0.05}\times\frac{0.71^2}{2}=20.4J/kg$$

所以　$$p_1=\rho\left[(z_3-z_1)g+\frac{1}{2}(u_3^2-u_1^2)+\sum W_{f,1-3}\right]$$

$$=1000\times\left[(7-0.5)\times 9.81+\frac{1}{2}\times(0.71^2-1.42^2)+20.4\right]=83.4kPa$$

综合以上两种情况可知，只要保证 1 截面处表压超过 83.4kPa，即可保证流量的要求。由工艺条件可知，当阀 A 全开时，1 截面处表压为 150kPa，适当关小该阀门，维持该处表压在 83.4kPa 以上，即可使总管中的流量达 $10m^3/h$ 以上，支管 2—5 段中流量达 $5m^3/h$ 以上，满足工艺要求。

上述分析表明，该流程合理、可行。

1.3.4　离心泵汽蚀问题

某石化公司所属的动力车间，为配合技改项目，新建了一座循环水塔，设计总循环水量为6600m^3/h，采用4台离心泵并联操作。投产运行后发现，4台离心泵出口压力表指针均存在不同程度的摆动，机组有较大的振动和噪声，吸水池液面扰动严重，并浮有大量的气泡。停泵进行检修，发现叶轮表面锈迹斑斑呈蜂窝状，说明腐蚀严重。根据上述情况，技术人员做出判断：此离心泵在操作中发生了汽蚀现象，并对该系统进行了故障分析，提出了相应的技改方案。

1.3.4.1　原因分析

在"疑难解析"1.2.11中已说明，当有效汽蚀余量$(NPSH)_a \leqslant$必需汽蚀余量$(NPSH)_r$时，泵将会发生汽蚀现象。本输水系统发生汽蚀的可能原因如下。

(1) 操作流量过大　该离心泵输水系统，原设计时单台循环水量为2200m^3/h，但在实际运行中，发现用户用水量大大超过了设计值，平均每台泵的流量达到了2800m^3/h。由于流量的增大，泵吸入管路阻力增大，使泵入口处压力降低，由式(1-14)可知，有效汽蚀余量$(NPSH)_a$将减小，同时，流量的增大使泵的必需汽蚀余量$(NPSH)_r$增大，两方面因素均可能导致汽蚀现象发生。

(2) 吸水池结构不合理　本系统的吸水池结构如图1-12所示。经分析，该吸水池存在不当之处。吸水池前的封闭流道，宽1.5m，管道底部距吸水池底2.3m，形成急剧落差，同时，流道进入吸水池采用了直角结构，流道突然扩大，致使液流在该部位产生瀑布效应，形成旋涡，增大了流动阻力。

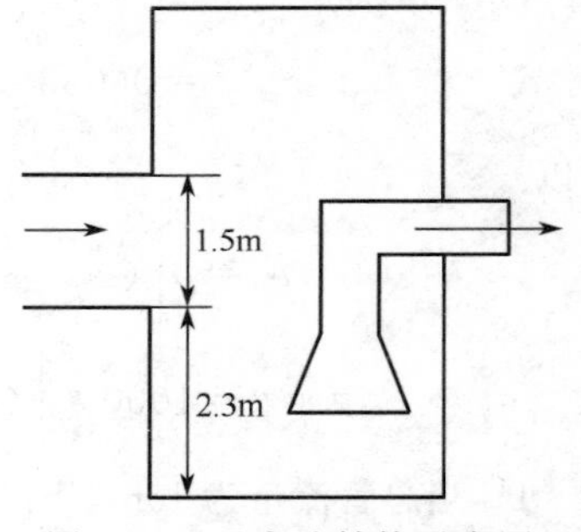

图1-12　吸水池结构示意图

(3) 循环水温度过高　进入吸水池前的循环水冷却不够充分，使吸水池中水温仍有40～50℃。温水进入吸水池时容易产生一定量的气泡，这些气泡随池内旋涡进入叶轮，在高压液体作用下，气泡会凝结或破裂，同时，温水的饱和蒸气压较大，使$(NPSH)_a$减小，也易使汽蚀现象产生。

由上述分析可知，造成循环水泵汽蚀的主要原因是泵的流量过大、形状尺寸不当的吸水池内产生旋涡以及池内存在大量的气泡。

1.3.4.2　技改方案

针对上述问题，可对本系统进行如下改造。

(1) 改造吸水池　在吸水池中加装导流板式隔墙，并将进水流道的突然扩大结构改为渐扩结构，消除急剧落差，使液流平稳进入吸水池。

(2) 切削叶轮直径　对4台循环水泵的叶轮进行切削，将原来的大叶轮（直径为480mm）切削为小叶轮（直径为450mm）使流量减至2200m^3/h。这既保证了水泵的平稳运行，又大大降低了能耗。

(3) 加强冷却系统　对循环水的冷却系统采取措施，使水温降低。

(4) 更换叶轮材质　当受使用条件所限不可能完全避免汽蚀时，可更换抗汽蚀性能强的材料制造的叶轮，延长使用寿命。对于此泵组，改铸铁叶轮为不锈钢叶轮，如0Cr13Ni4Mo，使用该材质的叶轮在汽蚀工况下运行也收到了良好的效果。

（5）增大泵吸入管路面积　改造吸入管路，增大流通面积，使吸入管路的阻力降低。

对本系统，由于改造吸水池的工程量较大，周期长，会影响到生产，故优先采用其他快捷方案。采取上述措施后，使问题得到了很好的解决，恢复了离心泵的正常操作。

1.4　例题详解

【例 1-1】　U 形压差计指示液的选取

如图 1-13 所示，水在水平管道中流过，为测得管路中 A、B 间的压力差，在两点间安装一 U 形压差计。若已知所测压力差最大不超过 5kPa，问指示液选用四氯化碳（密度为 1590kg/m^3）还是汞更合适？

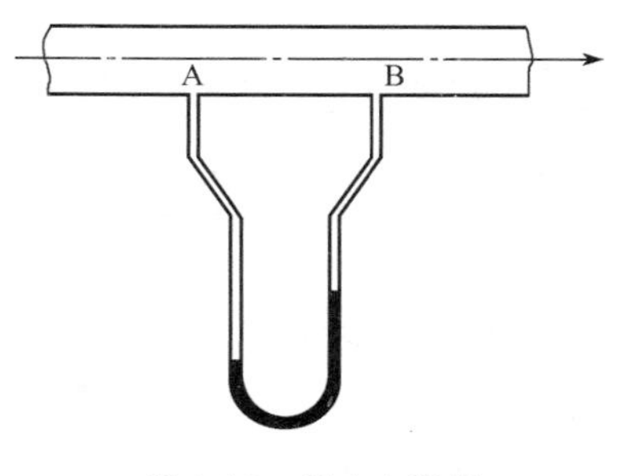

图 1-13　例 1-1 附图

解　由 U 形压差计测量压力差的公式

$$p_A - p_B = (\rho_0 - \rho) g R$$

得

$$R = \frac{p_A - p_B}{(\rho_0 - \rho) g}$$

当指示液为四氯化碳时，U 形压差计的最大读数为

$$R_1 = \frac{p_A - p_B}{(\rho_{0,1} - \rho) g} = \frac{5 \times 1000}{(1590 - 1000) \times 9.81} = 0.86\text{m}$$

当指示液为汞时，U 形压差计的最大读数为

$$R_2 = \frac{p_A - p_B}{(\rho_{0,2} - \rho) g} = \frac{5 \times 1000}{(13600 - 1000) \times 9.81} = 0.04\text{m}$$

显然，用汞作为指示液时，最大读数较小，易造成读数不准确，故选用四氯化碳为指示液比较合适。

讨论　压力差一定时，U 形压差计的读数与指示液种类密切相关，一般要求指示液有良好的化学稳定性，与被测流体不互溶，不发生化学反应，且其密度合适。通常，指示液密度与被测流体密度越接近，R 值越大，读数误差越小，但 R 也不能太大，还要兼顾到 U 形压差计的量程范围。

【例 1-2】　微压差的测量

用 U 形压差计测量某气体流经水平管道时两截面的压力差，指示液为水，密度为 1000kg/m^3，其读数 R 为 20mm。为了提高测量精度，改用双液体 U 形管压差计，指示液 A 为含 40％乙醇的水溶液，密度为 920kg/m^3，指示液 C 为煤油，密度为 850kg/m^3。问其读数为多少？若改用斜管压差计，倾斜角为 30°，指示液为乙醇，密度为 789kg/m^3，则其读数又为多少？

解　用 U 形压差计测量时，因被测流体为气体，则有

$$p_1 - p_2 \approx R g \rho_0$$

用双液体 U 形管压差计测量时有

$$p_1 - p_2 = R' g (\rho_A - \rho_C)$$

因为所测压力差相同，联立以上二式，可得双液体 U 形管的读数

$$R'=\frac{\rho_0}{\rho_A-\rho_C}R=\frac{1000}{920-850}\times 20=286\text{mm}$$

若用斜管压差计测量

$$p_1-p_2\approx\rho'_0 gR''\sin\alpha$$

故有

$$R''=\frac{\rho_0}{\rho'_0}\frac{R}{\sin\alpha}=\frac{1000}{789}\times\frac{20}{\sin 30^\circ}=51\text{mm}$$

讨论 双液体U形管压差计和斜管压差计均可以放大读数，因此当被测流体的压力或压力差较小时，为提高读数的精确程度，可选用以上两种压差计，其中双液体U形管压差计更适用于测量微小压力或压力差的场合。

【例1-3】 复式U形压差计

如图1-14所示，用一复式U形压差计测量流体流过管路A、B两点的压力差。已知流体的密度为ρ，指示液的密度为ρ_0，且两U形管指示液之间的流体与管内流体相同。已知两个U形压差计的读数分别为R_1、R_2，试推导A、B两点压力差的计算式。

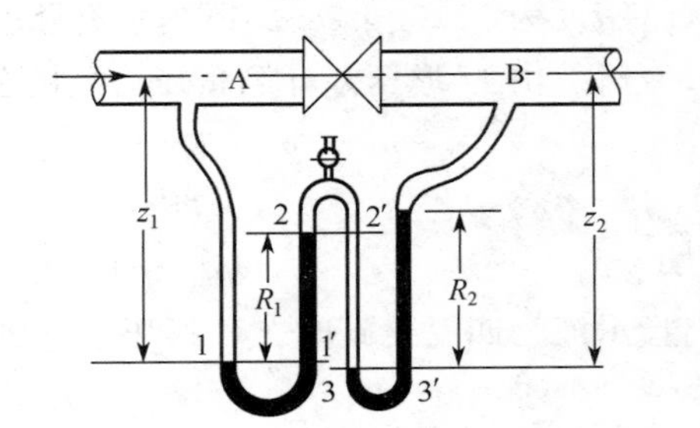

图1-14 例1-3附图

解 图中1—1'、2—2'、3—3'均为等压面，根据等压面原则，进行压力传递。

对于1—1'面：$p_1=p'_1=p_A+\rho gz_1$

对于2—2'面：$p_2=p'_2=p'_1-\rho_0 gR_1=p_A+\rho gz_1-\rho_0 gR_1$

对于3—3'面：$p_3=p'_2+\rho g[z_2-(z_1-R_1)]=p_A+\rho gz_2-(\rho_0-\rho)gR_1$

而

$$p'_3=p_B+\rho g(z_2-R_2)+\rho_0 gR_2=p_B+\rho gz_2+(\rho_0-\rho)gR_2$$

所以

$$p_A+\rho gz_2-(\rho_0-\rho)gR_1=p_B+\rho gz_2+(\rho_0-\rho)gR_2$$

整理得

$$p_A-p_B=(\rho_0-\rho)g(R_1+R_2)$$

讨论 由以上推导可得出结论，当复式U形压差计各指示液之间的流体与被测流体相同时，复式U形压差计与一个单U形压差计测量效果相同，且读数为各U形压差计读数之和。因此，当被测压力差较大时，可采用多个U形压差计串联组成的复式压差计。

【例1-4】 远距离液位的测量

为了确定容器中某油品的液位，采用图1-15所示的测量装置。测量时控制压缩氮气的流量，使观察器内有少许气泡逸出。吹气管内的压力用U形压差计测量，指示液为水银。当分别由a管和b管送氮气时，其读数分别为$R_1=115\text{mm}$及$R_2=40\text{mm}$。已知$z_1-z_2=1.2\text{m}$，试计算该油品的密度及液位高度z_1。

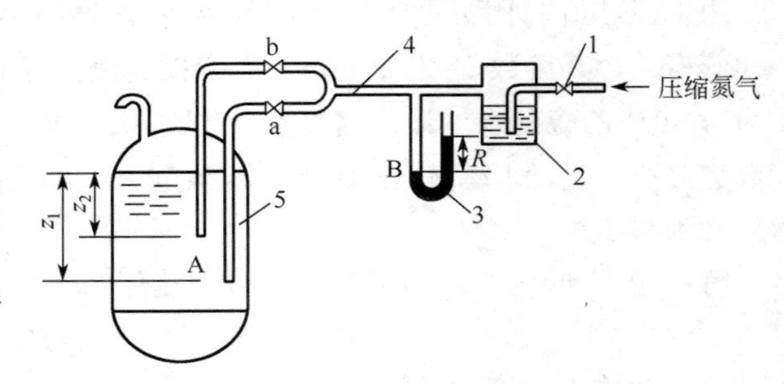

图1-15 例1-4附图

1—调节阀；2—鼓泡观察器；3—U形压差计；4—吹气管；5—贮罐

解　观察器中只有少许气泡产生，表明氮气在管内的流速很小，可近似认为处于静止状态。由于管道中充满氮气，其密度较小，故可近似认为容器内吹气管出口 A 处的压力等于 U 形压差计 B 处的压力，即 $p_A \approx p_B$。

而
$$p_A = p_a + \rho g z_1, \quad p_B = p_a + \rho_0 g R_1$$

所以
$$z_1 = \frac{\rho_0}{\rho} R_1, \quad z_2 = \frac{\rho_0}{\rho} R_2$$

将 z_1、z_2 两式相减并整理，得

$$\rho = \frac{R_1 - R_2}{z_1 - z_2} \rho_0 = \frac{0.115 - 0.04}{1.2} \times 13600 = 850 \text{kg/m}^3$$

则液位高度
$$z_1 = \frac{\rho_0}{\rho} R_1 = \frac{13600}{850} \times 0.115 = 1.84 \text{m}$$

讨论　利用流体静力学基本原理，不仅可进行现场容器内液位的测量，还可实现远距离液位测量。上述测量中，所通入气体可以是氮气，也可以是其他惰性气体（如空气等）；在操作时，该气体必是流动的，以免贮槽中液体倒灌进入吹气管中。

【例 1-5】　流向判断

两贮罐中均装有密度为 800kg/m^3 的油品，用一根管路连通（见图 1-16）。两贮罐的直径分别为 1.2m 和 0.48m，贮罐 1 中的真空度为 1.2×10^4 Pa 且维持恒定，贮罐 2 与大气相通。当阀门 F 关闭时，贮罐 1、2 内的液面高度分别为 2.4m，1.8m。试判断阀门开启后油品的流向，并计算平衡后两贮罐新的液面高度。

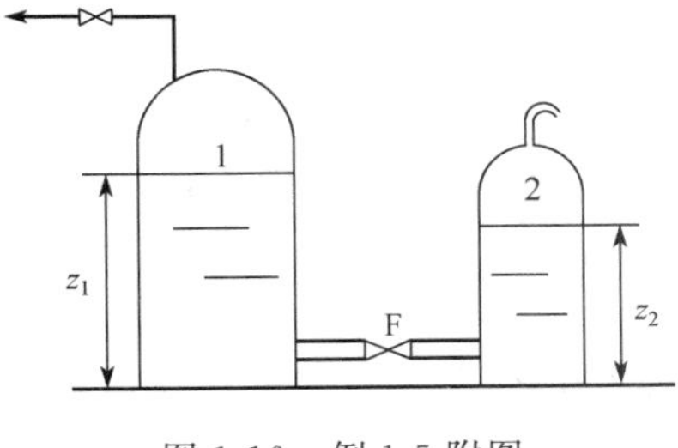

图 1-16　例 1-5 附图

解　比较两贮罐液面处总势能即静压能与位能之和的大小。

贮罐 1：
$$\frac{p_1}{\rho} + z_1 g = \frac{1.013 \times 10^5 - 1.2 \times 10^4}{800} + 2.4 \times 9.81 = 135.2 \text{J/kg}$$

贮罐 2：
$$\frac{p_2}{\rho} + z_2 g = \frac{1.013 \times 10^5}{800} + 1.8 \times 9.81 = 144.3 \text{J/kg}$$

因 $\frac{p_1}{\rho} + z_1 g < \frac{p_2}{\rho} + z_2 g$，故阀门开启后油品将从贮罐 2 向贮罐 1 流动。

设平衡时，贮罐 1 的液位上升了 h_1，贮罐 2 的液位下降了 h_2，二者满足如下关系

$$\frac{\pi}{4} D_1^2 h_1 = \frac{\pi}{4} D_2^2 h_2$$

$$h_2 = \frac{D_1^2}{D_2^2} h_1 = \left(\frac{1.2}{0.48}\right)^2 h_1 = 6.25 h_1$$

平衡时，两贮罐液面处总势能应相等，即

$$\frac{p_1}{\rho} + (z_1 + h_1) g = \frac{p_2}{\rho} + (z_2 - h_2) g$$

$$\frac{p_1}{\rho} + (z_1 + h_1) g = \frac{p_2}{\rho} + (z_2 - 6.25 h_1) g$$

整理得

$$h_1=\frac{\frac{p_2-p_1}{\rho}+(z_2-z_1)g}{7.25g}=\frac{\frac{1.2\times10^4}{800}+(1.8-2.4)\times9.81}{7.25\times9.81}=0.13\text{m}$$

$$h_2=6.25h_1=0.81\text{m}$$

故平衡时，两贮罐的液位高度分别为

$$z'_1=z_1+h_1=2.4+0.13=2.53\text{m}$$
$$z'_2=z_2-h_2=1.8-0.81=0.99\text{m}$$

讨论 两截面间存在位能差或静压能差，均可促使流体流动，因此应比较二者之和即总势能的大小，来判断流体的流动方向，流体总是由高势能向低势能流动；平衡时，两处的总势能相等，即符合静力学基本方程。

【例 1-6】 分层器界面的确定

图 1-17 所示为油水分层器，油水混合液以很小的流量从中流过，其中的油水界面靠倒 U 形管（Π 形管）调节。已知 $\rho_{油}=780\text{kg/m}^3$，$\rho_{水}=1000\text{kg/m}^3$，$u_{水}=0.2\text{m/s}$，水在管路中流动的能量损失忽略不计。试求：(1) 阀 a 关，阀 b、c 开时，油水界面高度 H；(2) 阀 a、b、c 均开时，油水界面高度 H；(3) 阀 a 关、阀 b 开、阀 c 关时，Π 形管中液面的高度为多少？［设此时分层器中油水界面 H 为 (1) 中计算值］

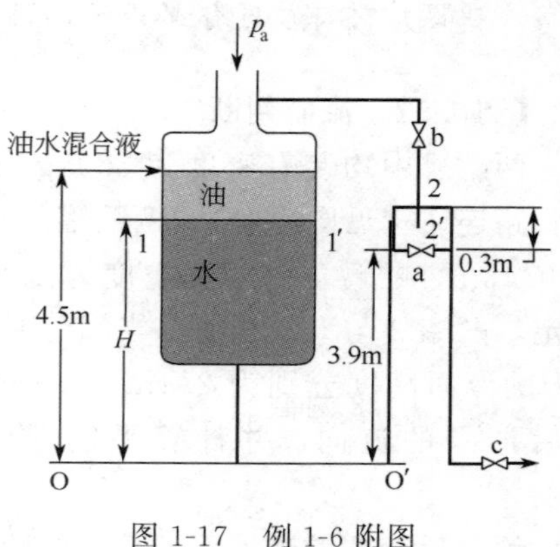

图 1-17 例 1-6 附图

解 (1) 当阀 a 关，阀 b、c 开时，水从 Π 形管高位流过。

以分层器中油水界面为 1—1′截面，连通管与输送管相交处为 2—2′截面，在 1—1′与 2—2′截面间列伯努利方程

$$\frac{p_1}{\rho g}+\frac{1}{2g}u_1^2+z_1=\frac{p_2}{\rho g}+\frac{1}{2g}u_2^2+z_2$$

式中，$p_1=p_a+\rho_{油}g(4.5-H), u_1=0, z_1=H$；$p_2=p_a$，$u_2=0.2\text{m/s}$，$z_2=4.2\text{m}$。代入上式得

$$\frac{p_a+\rho_{油}g(4.5-H)}{\rho g}+H=\frac{p_a}{\rho g}+\frac{0.2^2}{2g}+4.2$$

$$\frac{780\times(4.5-H)}{1000}+H=\frac{0.2^2}{2\times9.81}+4.2$$

解得

$$H=3.15\text{m}$$

(2) 当阀 a、b、c 均打开时，水从 Π 形管低位流过。

计算过程同上。在油水界面 1—1′面与阀 a 和连通管连接处 2—2′面间列伯努利方程，有

$$\frac{p_1}{\rho g}+\frac{1}{2g}u_1^2+z_1=\frac{p_2}{\rho g}+\frac{1}{2g}u_2^2+z_2$$

此时，$z_2=3.9\text{m}$，其他参数同上。

代入数据
$$\frac{780\times(4.5-H')}{1000}+H'=\frac{0.2^2}{2\times9.81}+3.9$$

解得
$$H'=1.78\text{m}$$

（3）当阀a关、阀b开、阀c关时，流体处于静止状态。

设Ⅱ形管中液面距基准面OO′的高度为h。由静力学基本方程，有
$$\rho_{油}g\times(4.5-3.15)+\rho_{水}g\times3.15=\rho_{水}gh$$

解得
$$h=4.2\text{m}$$

则Ⅱ形管中水位高出油水界面　$\Delta h=4.2-3.15=1.05\text{m}$

讨论　本题为分层器工作原理，根据阀门的开、关可以调节Ⅱ形管的高度，从而控制分层器中油水界面的位置；也可以设置多个控制Ⅱ形管高度的阀门，以获得多个油水界面高度。

【例1-7】　倾斜管路中的U形压差计

如图1-18所示，水在倾斜管路中流动，其流量为$11\text{m}^3/\text{h}$。已知粗管、细管的内径分别为50mm、40mm，1、2两截面间粗管、细管的长度均为2m，两截面的垂直距离为0.3m，管内摩擦系数均为0.03，突然缩小的局部阻力系数为0.18，试计算：（1）1、2两截面间的压力差；（2）U形压差计的读数（指示液为汞）；（3）若保持水的流量及其他条件不变，而将管路水平放置，则U形压差计的读数及1、2两截面间的压力差又为多少？

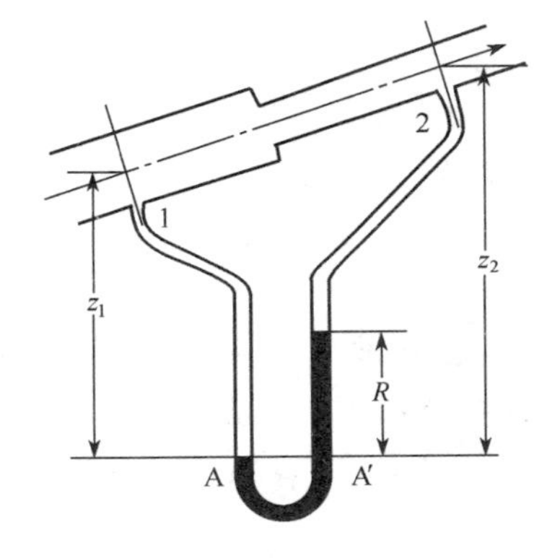

图1-18　例1-7附图

解　（1）在1、2两截面间列伯努利方程，有
$$z_1g+\frac{1}{2}u_1^2+\frac{p_1}{\rho}=z_2g+\frac{1}{2}u_2^2+\frac{p_2}{\rho}+\sum W_{\text{f},1-2}$$

变形得
$$p_1-p_2=\rho\left[g(z_2-z_1)+\frac{1}{2}(u_2^2-u_1^2)+\sum W_{\text{f},1-2}\right]$$

其中
$$z_2-z_1=0.3\text{m}$$
$$u_1=\frac{q_V}{0.785d_1^2}=\frac{11/3600}{0.785\times0.05^2}=1.56\text{m/s}$$
$$u_2=\left(\frac{d_1}{d_2}\right)^2u_1=\left(\frac{50}{40}\right)^2\times1.56=2.44\text{m/s}$$
$$\sum W_{\text{f},1-2}=\lambda\ \frac{l_1}{d_1}\frac{u_1^2}{2}+\zeta\ \frac{u_2^2}{2}+\lambda\ \frac{l_2}{d_2}\frac{u_2^2}{2}$$
$$=0.03\times\frac{2}{0.05}\times\frac{1.56^2}{2}+0.18\times\frac{2.44^2}{2}+0.03\times\frac{2}{0.04}\times\frac{2.44^2}{2}=6.46\text{J/kg}$$

所以
$$p_1-p_2=\rho[(z_2-z_1)g+\frac{1}{2}(u_2^2-u_1^2)+\sum W_{\text{f},1-2}]$$
$$=1000\left[0.3\times9.81+\frac{1}{2}\times(2.44^2-1.56^2)+6.46\right]=11.16\text{kPa}$$

（2）U形压差计示值直接反映两截面总势能差，即

$$\frac{(\rho_0-\rho)gR}{\rho}=\left(\frac{p_1}{\rho}+z_1g\right)-\left(\frac{p_2}{\rho}+z_2g\right) \tag{1}$$

$$R=\frac{(p_1+\rho g z_1)-(p_2+\rho g z_2)}{(\rho_0-\rho)g}=\frac{11.16\times10^3-1000\times9.81\times0.3}{(13600-1000)\times9.81}=0.067\text{m}$$

或者由“疑难解析”中分析可知，U形压差计示值又反映两截面间流体流动阻力与动能差之和。

$$\frac{(\rho_0-\rho)gR}{\rho}=\sum W_{f,1-2}+\frac{1}{2}(u_2^2-u_1^2)$$

$$R=\frac{\rho}{(\rho_0-\rho)g}\left[\sum W_{f,1-2}+\frac{1}{2}(u_2^2-u_1^2)\right]$$

$$=\frac{1000}{(13600-1000)\times9.81}\times\left[6.46+\frac{1}{2}\times(2.44^2-1.56^2)\right]=0.067\text{m}$$

（3）当水流量及其他条件不变而将管路水平放置时，由于水流速及流动阻力未发生变化，而U形压差计示值又反映两截面间流体流动阻力与动能差之和，因此其读数不变，仍为0.067m。

由式(1)，此时 $z_1=z_2$，则两截面的压力差为

$$p_1-p_2=(\rho_0-\rho)gR=(13600-1000)\times9.81\times0.067=8.28\text{kPa}$$

讨论 以上计算表明，对于一定的管路，无论如何放置，在流量及管路其他条件不变的情况下，流体流动阻力均相同，因此U形压差计的读数相同，但两截面间的压力差随管路放置方式不同而变化。

【例1-8】 压力及流速的计算

如图1-19所示，水由敞口高位槽通过内径为25mm的管道输送到容器C中。已知管路全部能量损失为$8.5\frac{u^2}{2}$（不包括管路进、出口能量损失，单位为J/kg）。设两槽液面保持不变，摩擦系数为0.025。已知R_1、R_2、R_3分别为80mm、50mm、32mm，ρ_1、ρ_2、ρ_3分别为1000kg/m³、1590kg/m³、13600kg/m³。试求：（1）A、B、C各处的压力；（2）管内水的流量；（3）若阀门开度不变，欲使流量增加10%，高位槽液面应比原来升高多少？（4）若关小阀门，使R_2变为30mm，则B点的压力变为多少？

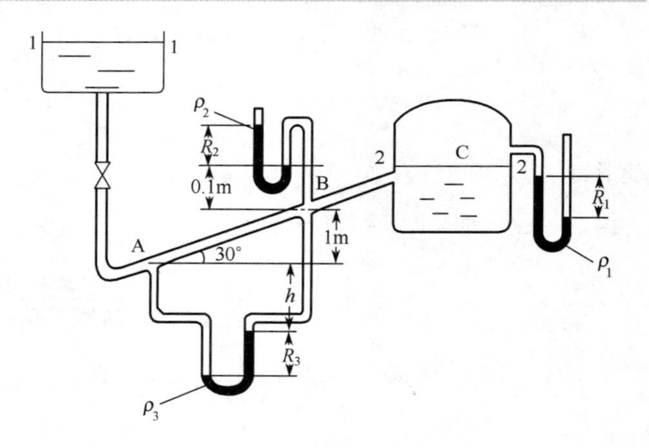

图1-19 例1-8附图

解 （1）U形压差计1实际测得的是C处的真空度。由等压面 $p_C+\rho_1 gR_1=p_a$，所以

$$p_C=-\rho_1 gR_1=-1000\times0.08\times9.81=-784.8\text{Pa（表压）}=784.8\text{Pa（真空度）}$$

U形压差计2实际测得的是B处的表压。

$$p_a+\rho_2 gR_2=p_B-0.1\rho g$$

所以　$p_B=\rho_2 gR_2+0.1\rho g=(1590\times0.05+0.1\times1000)\times9.81=1761\text{Pa}$（表压）

对于U形压差计3

$$p_A+\rho g(R_3+h)=p_B+\rho g(1+h)+\rho_3 gR_3$$

所以　$p_A=p_B+1\times\rho g+(\rho_3-\rho)R_3 g$

$=1761+1\times1000\times9.81+(13600-1000)\times0.032\times9.81=15.53\text{kPa}$（表压）

（2）对于等径管路，AB间U形压差计3实际测得的是流体流过该段的能量损失，即

$$\lambda\frac{l_{AB}}{d}\frac{u^2}{2}=\frac{R_3(\rho_3-\rho)g}{\rho}$$

其中
$$l_{AB}=\frac{1}{\sin30^\circ}=2\text{m}$$

故
$$u=\sqrt{\frac{2dR_3(\rho_3-\rho)g}{\lambda l_{AB}\rho}}=\sqrt{\frac{2\times0.025\times0.032\times(13600-1000)\times9.81}{0.025\times2\times1000}}=2\text{m/s}$$

水流量
$$q_V=\frac{\pi}{4}d^2u=0.785\times0.025^2\times2=9.81\times10^{-4}\text{m}^3/\text{s}$$

（3）设高位槽液面为1—1截面，容器C液面为2—2截面，且为基准水平面。在1—1截面～2—2截面之间列伯努利方程

$$\frac{p_1}{\rho g}+\frac{u_1^2}{2g}+z_1=\frac{p_2}{\rho g}+\frac{u_2^2}{2g}+z_2+\sum h_{f,1-2}$$

式中，$p_1=0$（表），$u_1=u_2\approx0$，$z_2=0$。

$$\sum h_{f,1-2}=8.5\times\frac{u^2}{2g}+(\zeta_i+\zeta_o)\frac{u^2}{2g}=8.5\times\frac{u^2}{2g}+(0.5+1)\times\frac{u^2}{2g}=10\frac{u^2}{2g}$$

代入，得
$$z_1=\frac{p_2}{\rho g}+10\frac{u^2}{2g}$$

当流量增加10%时，设高位槽液位为z'_1，水在管内的流速为u'，同理有

$$z'_1=\frac{p_2}{\rho g}+10\frac{u'^2}{2g}$$

其中
$$u'=1.1u=1.1\times2=2.2\text{m/s}$$

所以
$$z'_1-z_1=10\times\frac{u'^2-u^2}{2g}=\frac{10}{2\times9.81}\times(2.2^2-2^2)=0.43\text{m}$$

（4）当R_2变为30mm时，U形压差计2右管液面距B点距离变为

$$\Delta h=0.1+\frac{0.05-0.03}{2}=0.11\text{m}$$

所以　$p'_B=\rho_2 gR'_2+0.11\rho g=(1590\times0.03+0.11\times1000)\times9.81=1547\text{Pa}$（表压）

讨论　由本题可知，①利用U形压差计可测量流体的表压（B点）、真空度（C点）以及两点间的压力差（AB间）；②对于等径的管路，两点间U形压差计读数反映了流体流经该段阻力的大小。

【例1-9】　小流量的测量

某种不溶于水的气体以一定流量稳定流过如图1-20所示的流量测量装置。已知气体密

度为 $1.25\mathrm{kg/m^3}$，黏度为 $2\times10^{-5}\mathrm{Pa\cdot s}$，ab 段管内径为 10mm，其中有一锐孔，总长为 15m（包括锐孔的局部阻力当量长度）。假定通过此装置时气体密度不变。试求：(1) 当 $H=25\mathrm{mm}$ 时，气体的流量为多少？(2) 若维持气体的质量流量不变，而其压力变为原来的 0.8 倍，则 H 将变为多少？

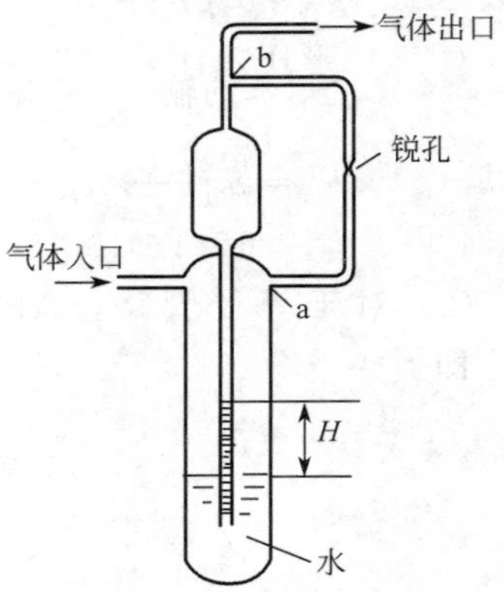

图 1-20 例 1-9 附图

解 (1) 本题附图所示为气体小流量测量装置，通过测量气体流经锐孔前后的压力差计算流速。由于 ab 段管径较小，可设气体在其中的流动为层流，则气体流经 ab 段的压力损失可用哈根-泊谡叶方程表示，有

$$\Delta p=\frac{32\mu lu}{d^2}$$

又由静力学方程 $\Delta p=\rho_0 gH$

故
$$u=\frac{\Delta pd^2}{32\mu l}=\frac{\rho_0 gHd^2}{32\mu l}=\frac{1000\times9.81\times0.025\times0.01^2}{32\times2\times10^{-5}\times15}=2.55\mathrm{m/s}$$

校核雷诺数
$$Re=\frac{du\rho}{\mu}=\frac{0.01\times2.55\times1.25}{2\times10^{-5}}=1594(<2000)$$

Re 小于 2000，为层流流动，假设成立，以上计算正确。

气体的流量

$$q_V=\frac{\pi}{4}d^2u=0.785\times0.01^2\times2.55=2.0\times10^{-4}\mathrm{m^3/s}=0.72\mathrm{m^3/h}$$

(2) 当气体压力变化时，其密度随之变化，且

$$\rho'=\frac{p'}{p}\rho=0.8\rho$$

又因为气体的质量流量不变，故体积流量

$$q'_V=\frac{\rho}{\rho'}q_V=\frac{1}{0.8}q_V$$

则流速
$$u'=\frac{1}{0.8}u$$

此时 $Re'=\frac{du'\rho'}{\mu}=\frac{du\rho}{\mu}=1594(<2000)$，气体仍为层流流动，则

$$\frac{H'}{H}=\frac{\Delta p'}{\Delta p}=\frac{u'}{u}=\frac{1}{0.8}$$

所以
$$H'=\frac{1}{0.8}H=\frac{25}{0.8}=31.3\mathrm{mm}$$

讨论 确定流体流量的大小，一般采用试差计算。当管径较小或流体黏度较大时，可先假设为层流流动，由哈根-泊谡叶方程计算出流速，再校核流型。

【例 1-10】 流量的确定

20℃苯由高位槽流入贮槽中，两槽均为敞口，两槽液面恒定且相差 5m。输送管路总长为 100m（包括所有局部阻力的当量长度）。试求：(1) 若选用 $\phi38\mathrm{mm}\times3\mathrm{mm}$ 的钢管（$\varepsilon=$

0.05mm)，则苯的输送量为多少？(2) 若选用相同规格的光滑管，湍流时摩擦系数可按 $\lambda=\frac{0.3164}{Re^{0.25}}$ 计算，则苯的输送量又为多少？

解 (1) 以高位槽液面为 1—1′截面，贮槽液面为 2—2′截面，且以 2—2′为基准面，在两截面间列伯努利方程

$$\frac{p_1}{\rho}+\frac{1}{2}u_1^2+z_1g=\frac{p_2}{\rho}+\frac{1}{2}u_2^2+z_2g+\sum W_{f,1-2}$$

式中，$z_1=5\text{m}$，$u_1=u_2\approx0$，$p_1=p_2=0$（表压），$z_2=0$。简化得

$$z_1g=\sum W_{f,1-2}$$

即
$$z_1g=\lambda\frac{l+\sum l_e}{d}\times\frac{u^2}{2}$$

代入数据
$$5\times9.81=\lambda\times\frac{100}{0.032}\times\frac{u^2}{2}$$

化简得
$$\lambda u^2=0.0314 \qquad (1)$$

需试差求解：设流动已进入阻力平方区，由 $\frac{\varepsilon}{d}=\frac{0.05}{32}=0.00156$，查得 $\lambda=0.022$，以此为初值，由式(1) 得 $u=1.19\text{m/s}$。查得 20℃苯物性 $\rho=879\text{kg/m}^3$，$\mu=0.737\text{mPa}\cdot\text{s}$

$$Re=\frac{d\rho u}{\mu}=\frac{0.032\times879\times1.19}{0.737\times10^{-3}}=4.54\times10^4$$

查图，得 $\lambda=0.026$，与假设值有差别。

再设 $\lambda=0.026$，由式(1)得 $u=1.10\text{m/s}$

$$Re=\frac{0.032\times879\times1.10}{0.737\times10^{-3}}=4.20\times10^4$$

查图，得 $\lambda=0.026$，与假设值相符，所得流速 $u=1.10\text{m/s}$ 正确。

则苯的流量 $q_V=\frac{\pi}{4}d^2u=0.785\times0.032^2\times1.10=8.84\times10^{-4}\text{m}^3/\text{s}$

(2) 选用光滑管时，设流动为湍流，将 $\lambda=\frac{0.3164}{Re^{0.25}}$ 代入式(1)，有

$$\frac{0.3164}{Re^{0.25}}u^2=0.0314$$

$$u=\sqrt[1.75]{\frac{0.0314}{0.3164}\times\left(\frac{d\rho}{\mu}\right)^{0.25}}=\sqrt[1.75]{\frac{0.0314}{0.3164}\times\left(\frac{0.032\times879}{0.737\times10^{-3}}\right)^{0.25}}=1.21\text{m/s}$$

验证：$Re=\frac{0.032\times879\times1.21}{0.737\times10^{-3}}=4.58\times10^4$，为湍流，以上计算正确。

苯的流量 $q_V=\frac{\pi}{4}d^2u=0.785\times0.032^2\times1.21=9.73\times10^{-4}\text{m}^3/\text{s}$

讨论 确定流体流量的大小，一般采用试差计算。在进行试差计算时，由于 λ 值的变化范围小，通常以 λ 为试差变量，且将流动处于阻力平方区时的 λ 值设为初值。基本步骤为：假设 λ，由试差方程计算流速 u，再计算 Re，并结合 ε/d 查出 λ 值，若该值与假设值

相等或相近，则原假设值正确，计算出的 u 有效，否则，重新假设 λ，直至满足要求为止。

尚需说明，若已知流动处于阻力平方区或层流区，则无需试差，可直接由解析法求解。

【例 1-11】 虹吸管

用一虹吸管将 80℃热水从高位槽中抽出，两容器中水面恒定。已知 AB 长 7m，BC 长 15m（均包括局部阻力的当量长度），管路内径为 20mm，摩擦系数可取为 0.023。试求：(1) 当 $H_1=3\text{m}$ 时，水在管内的流量；(2) 在管子总长不变的情况下，欲使流量增加 20%，则 H_1 应为多少？(3) 当 $H_1=3\text{m}$，AB 总长不变时，管路顶点 B 可提升的最大高度。

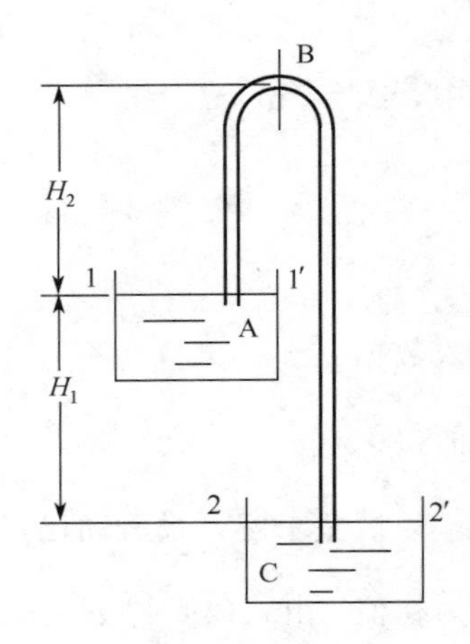

图 1-21 例 1-11 附图

解 (1) 如图 1-21 所示，在 1—1′截面与 2—2′截面间列伯努利方程

$$z_1 g+\frac{1}{2}u_1^2+\frac{p_1}{\rho}=z_2 g+\frac{1}{2}u_2^2+\frac{p_2}{\rho}+\sum W_{\text{f},1-2}$$

式中，$z_1=3\text{m}$；$u_1=u_2\approx 0$；$p_1=p_2=0$（表压）；$z_2=0$。

简化 $$z_1 g=\sum W_{\text{f},1-2}=\lambda\frac{(l+\sum l_\text{e})_{1-2}}{d}\times\frac{u^2}{2}$$

流速 $$u=\sqrt{\frac{2z_1 gd}{\lambda(l+\sum l_\text{e})_{1-2}}}=\sqrt{\frac{2\times 3\times 9.81\times 0.02}{0.023\times 22}}=1.53\text{m/s}$$

流量 $$q_V=\frac{\pi}{4}d^2u=0.785\times 0.02^2\times 1.53=4.80\times 10^{-4}\text{m}^3/\text{s}=1.73\text{m}^3/\text{h}$$

(2) 欲提高流量，需增大两容器中水位的垂直距离 H_1。

此时 $$u'=1.2u=1.2\times 1.53=1.84\text{m/s}$$

$$H'_1 g=\sum W'_{\text{f},1-2}=\lambda\frac{(l+\sum l_\text{e})_{1-2}}{d}\times\frac{u'^2}{2}$$

所以 $$H'_1=\lambda\frac{(l+\sum l_\text{e})_{1-2}}{d}\frac{u'^2}{2g}=0.023\times\frac{22}{0.02}\times\frac{1.84^2}{2\times 9.81}=4.37\text{m}$$

(3) H_1 一定时，B 点的位置愈高，其压力愈低。当 p_B 降至同温度下水的饱和蒸气压时，水将汽化，流体不再连续，以此确定管路顶点提升的最大高度。

查得 80℃水的饱和蒸气压为 47.38kPa，密度为 977.8kg/m³。在 1—1′截面与 B 截面间列伯努利方程

$$z_1 g+\frac{1}{2}u_1^2+\frac{p_1}{\rho}=z_\text{B}g+\frac{1}{2}u_\text{B}^2+\frac{p_\text{B}}{\rho}+\sum W_{\text{f},1-\text{B}}$$

简化 $$\frac{p_1}{\rho}+z_1 g=z_\text{B}g+\frac{1}{2}u_\text{B}^2+\frac{p_\text{B}}{\rho}+\sum W_{\text{f},1-\text{B}}$$

$$H_{2,\max}=\frac{p_1-p_\text{B}}{\rho g}-\frac{u_\text{B}^2}{2g}-\lambda\frac{(l+\sum l_\text{e})_{1-\text{B}}}{d}\frac{u_\text{B}^2}{2g}$$

$$=\frac{(101.3-47.38)\times 10^3}{977.8\times 9.81}-\left(1+0.023\times\frac{7}{0.02}\right)\times\frac{1.53^2}{2\times 9.81}=4.54\text{m}$$

讨论　虹吸管是实际工作中经常遇到的管路，由以上计算可知：

① 输送量与两容器间的距离有关，距离越大，流量越大；

② 虹吸管的顶点不宜过高，以避免液体在管路中汽化，尤其是输送温度较高、易挥发的液体时更需注意。

【例 1-12】　局部阻力系数的测定

在图 1-22 所示的实验装置上，采用四点法测量突然扩大的局部阻力系数。细管与粗管的尺寸分别为 $\phi 38\text{mm}\times 4\text{mm}$、$\phi 68\text{mm}\times 3\text{mm}$。当水的流量为 $12\text{m}^3/\text{h}$ 时，两 U 形压差计中读数分别为 $R_1=260\text{mm}$，$R_2=554\text{mm}$（指示液为水银）。假设 $W_{f,1-2}=W_{f,2-0}$，$W_{f,0-3}=W_{f,3-4}$，试求突然扩大的局部阻力系数 ζ。

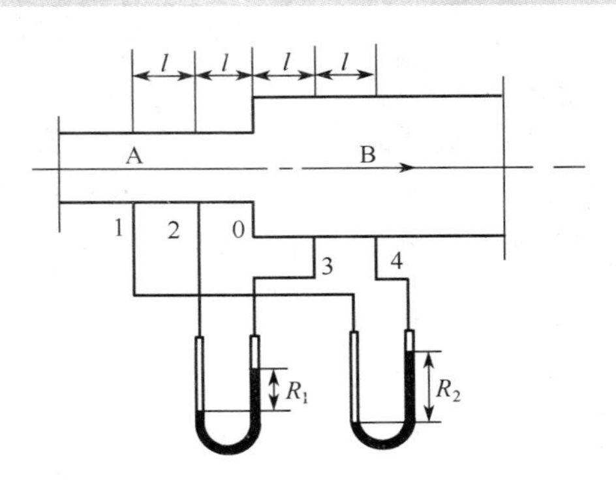

图 1-22　例 1-12 附图

解　找出突然扩大局部阻力与各管段阻力之间的关系。由图可知

$$\sum W_{f,2-3}=W_{f,2-0}+W'_f+W_{f,0-3} \tag{1}$$

$$\sum W_{f,1-4}=W_{f,1-2}+\sum W_{f,2-3}+W_{f,3-4} \tag{2}$$

由式(1) 得

$$W_{f,2-0}+W_{f,0-3}=\sum W_{f,2-3}-W'_f$$

即

$$W_{f,1-2}+W_{f,3-4}=\sum W_{f,2-3}-W'_f \tag{3}$$

将式(3)代入式(2)中，得突然扩大的局部阻力

$$W'_f=2\sum W_{f,2-3}-\sum W_{f,1-4} \tag{4}$$

利用 2、3 间及 1、4 间 U 形压差计求取 $\sum W_{f,2-3}$ 及 $\sum W_{f,1-4}$。

在 2—3 截面间列伯努利方程

$$z_2 g+\frac{1}{2}u_2^2+\frac{p_2}{\rho}=z_3 g+\frac{1}{2}u_3^2+\frac{p_3}{\rho}+\sum W_{f,2-3}$$

所以

$$\sum W_{f,2-3}=\frac{1}{2}(u_2^2-u_3^2)+\frac{p_2-p_3}{\rho}$$

其中

$$u_2=\frac{q_V}{0.785d_2^2}=\frac{12/3600}{0.785\times 0.03^2}=4.72\text{m/s}$$

$$u_3=\left(\frac{d_2}{d_3}\right)^2 u_2=\left(\frac{0.03}{0.062}\right)^2\times 4.72=1.11\text{m/s}$$

$$p_2-p_3=R_1(\rho_0-\rho)g=0.26\times(13600-1000)\times 9.81=32.1\text{kPa}$$

代入，得

$$\sum W_{f,2-3}=42.62\text{J/kg}$$

同理，在 1—4 截面间列伯努利方程

$$\sum W_{f,1-4}=\frac{1}{2}(u_1^2-u_4^2)+\frac{p_1-p_4}{\rho}$$

$$p_1-p_4=R_2(\rho_0-\rho)g=0.554\times(13600-1000)\times 9.81=68.5\text{kPa}$$

代入，得

$$\sum W_{f,1-4}=79.02\text{J/kg}$$

将 $\sum W_{f,2-3}$、$\sum W_{f,1-4}$ 代入式(4)中，得突然扩大的局部阻力 $W'_f=6.22\text{J/kg}$

又 $$W'_f=\zeta\frac{u_2^2}{2}$$

所以局部阻力系数 $$\zeta=\frac{2W'_f}{u_2^2}=\frac{2\times6.22}{4.72^2}=0.558$$

讨论 局部阻力系数通常由实验测定，利用上述四点法可测得突然扩大的局部阻力系数。除此方法外，还可以仅通过测量1—4截面的能量损失来获得突然扩大的局部阻力系数。过程为：根据流量计算出直管段1—0及0—4的能量损失，用测得1—4截面的总能量损失减去其中直管段的能量损失，即为突然扩大的局部能量损失，进而获得局部阻力系数。用四点法测定局部阻力系数，所用数据均源于实验，因而误差较小。

【例 1-13】 文丘里管

如图1-23所示，敞口高位槽A中的水流经一喉径为14mm的文丘里管，将槽B中密度为1400kg/m³的浓碱液抽吸至管内混合成稀碱液送入槽C。输水管的规格为ϕ57mm×3mm，从A至文丘里喉径M处管路总长为20m（包括所有局部阻力的当量长度），摩擦系数可取为0.025。试确定：（1）当水量为8m³/h时，文丘里喉径M处的真空度为多少？（2）分析判断槽B的浓碱液能否被抽吸至文丘里管内。如果能，吸入量的大小与哪些因素有关？

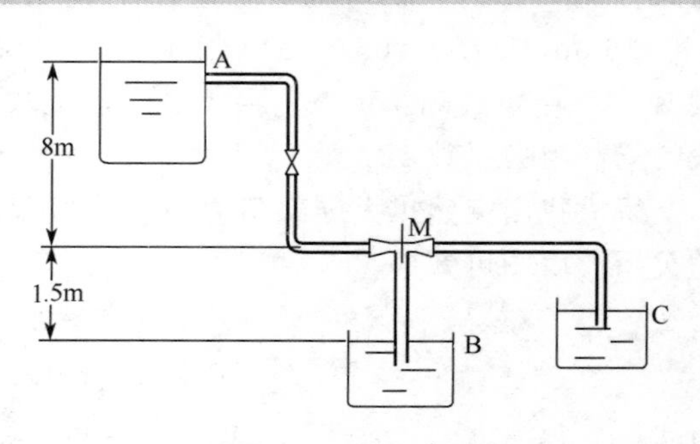

图 1-23 例 1-13 附图

解 （1）在高位槽A与喉管处M截面间列伯努利方程，并以喉管中心线为基准面

$$z_Ag+\frac{1}{2}u_A^2+\frac{p_A}{\rho_1}=z_Mg+\frac{1}{2}u_M^2+\frac{p_M}{\rho_1}+\sum W_{f,A-M}$$

其中，$z_A=8\text{m}$；$p_A=0$（表压）；$u_A\approx0$；$z_M=0$。

喉管流速 $$u_M=\frac{q_V}{0.785d_M^2}=\frac{8/3600}{0.785\times0.014^2}=14.4\text{m/s}$$

管内流速 $$u=\frac{q_V}{0.785d^2}=\frac{8/3600}{0.785\times0.051^2}=1.09\text{m/s}$$

阻力 $$\sum W_{f,A-M}=\lambda\frac{(l+\sum l_e)u^2}{d\quad 2}=0.025\times\frac{20}{0.051}\times\frac{1.09^2}{2}=5.82\text{J/kg}$$

代入伯努利方程，并简化

$$z_Ag=\frac{1}{2}u_M^2+\frac{p_M}{\rho_1}+\sum W_{f,A-M}$$

所以 $$p_M=\rho_1\left(z_Ag-\frac{1}{2}u_M^2-\sum W_{f,A-M}\right)=1000\times(8\times9.81-\frac{1}{2}\times14.4^2-5.82)$$

$$=-3.16\times10^4\text{Pa(表压)}=3.16\times10^4\text{Pa(真空度)}$$

（2）对于支管MB，以B槽液面为基准，文丘里喉管处的总势能

$$\frac{p_M}{\rho_2}+z_Mg=\frac{101.3\times10^3-3.16\times10^4}{1400}+1.5\times9.81=64.5\text{J/kg}$$

碱液槽 B 截面处的总势能

$$\frac{p_B}{\rho_2}+z_B g=\frac{101.3\times10^3}{1400}=72.4\text{J/kg}$$

因
$$\frac{p_B}{\rho_2}+z_B g>\frac{p_M}{\rho_2}+z_M g$$

故碱液能被抽吸至文丘里管内。

在碱液槽 B 与喉管处 M 截面间列伯努利方程

$$z_B g+\frac{1}{2}u_B^2+\frac{p_B}{\rho_2}=z_M g+\frac{1}{2}u_M^2+\frac{p_M}{\rho_2}+\sum W_{f,B-M}$$

简化
$$\frac{p_B}{\rho_2}=z_M g+\frac{1}{2}u_M^2+\frac{p_M}{\rho_2}+\lambda\,\frac{(l+\sum l_e)_{BM}}{d_{BM}}\frac{u_M^2}{2}$$

解得
$$u_M=\left[2\,\frac{(p_B-p_M)/\rho_2-z_M g}{1+\lambda(l+\sum l_e)_{BM}/d_{BM}}\right]^{\frac{1}{2}}$$

由此可知，碱液的吸入量与碱液槽中的压力 p_B、文丘里喉管处压力 p_M、碱液槽的相对位置 z_M、吸入管的直径 d_{BM}、总管长 $(l+\sum l_e)_{BM}$及碱液的密度 ρ_2 等有关。

讨论　由以上计算可知：

① 流体能否流动或流向判断实质上是静力学问题，应比较总势能的大小；

② 流体一旦流动，其能量转化关系服从伯努利方程，此时 p_M 将发生变化，应按汇合管路重新计算；

③ 利用水在文丘里喉管处的节流作用而形成低压可将其他流体抽吸并输送，此为喷射泵工作原理。

【例 1-14】　管路综合计算

如图 1-24 所示，水由高位槽通过管路流向低位槽，两槽均为敞口，且液位恒定，管路中装有孔板流量计和截止阀。已知管子规格为 ϕ57mm×3.5mm，直管与局部阻力当量长度（不包括截止阀）的总和为 50m。孔板流量计的流量系数为 0.65，孔径与管内径之比为 0.6。截止阀某一开度时，测得 $R=0.21$m，$H=0.10$m，U 形压差计的指示液均为汞。设流动进入完全湍流区，且摩擦系数为 0.025，试求：(1) 阀门的局部阻力系数；(2) 两槽液面间的垂直距离 Δz；(3) 若将阀门关小使流量减半，设流动仍为完全湍流，且孔板流量计的流量系数不变，则 H 与 R 变为多少？(4) 定性分析阀门关小时，阀前、后压力 p_C、p_D如何变化？

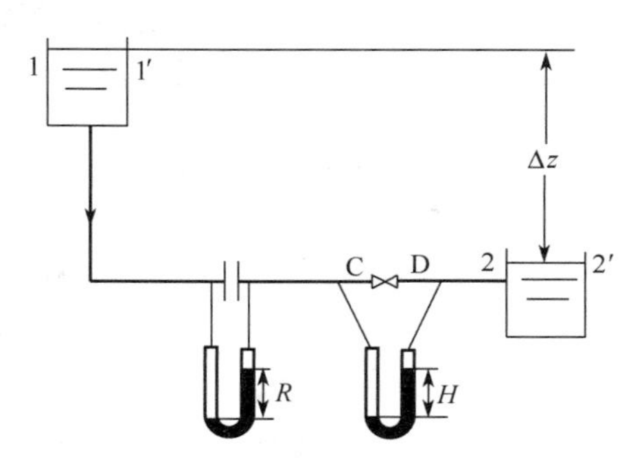

图 1-24　例 1-14 附图

解　(1) 由孔板流量计流量方程

$$u_0=C_0\sqrt{\frac{2\Delta p}{\rho}}=C_0\sqrt{\frac{2Rg(\rho_0-\rho)}{\rho}}$$

根据连续性方程，管中流速

$$u=\left(\frac{d_0}{d}\right)^2 u_0=C_0\left(\frac{d_0}{d}\right)^2\sqrt{\frac{2Rg(\rho_0-\rho)}{\rho}}=0.65\times0.6^2\sqrt{\frac{2\times0.21\times9.81\times(13600-1000)}{1000}}=1.69\text{m/s}$$

对于截止阀，U 形压差计测得的是阀门的局部阻力，即

$$W_{f,阀}=\zeta\frac{u^2}{2}=\frac{\Delta p}{\rho}=\frac{Hg(\rho_0-\rho)}{\rho}$$

所以
$$\zeta=\frac{2Hg(\rho_0-\rho)}{\rho u^2}=\frac{2\times0.1\times9.81\times(13600-1000)}{1000\times1.69^2}=8.66$$

（2）在高位槽 1—1′与水槽 2—2′间列伯努利方程，且以 2—2′为基准面，有

$$z_1 g+\frac{1}{2}u_1^2+\frac{p_1}{\rho}=z_2 g+\frac{1}{2}u_2^2+\frac{p_2}{\rho}+\sum W_{f,1-2}$$

其中，$p_1=p_2=0$（表压），$u_1=u_2\approx0$，$z_1=\Delta z$，$z_2=0$。简化得

$$\Delta z g=\sum W_{f,1-2} \tag{1}$$

又
$$\sum W_{f,1-2}=W_{f1}+W_{f,阀}=\lambda\frac{l+\sum l_e}{d}\frac{u^2}{2}+\frac{Hg(\rho_0-\rho)}{\rho}$$

$$=0.025\times\frac{50}{0.05}\times\frac{1.69^2}{2}+\frac{0.1\times9.81\times(13600-1000)}{1000}=48.06\text{J/kg}$$

所以
$$\Delta z=\frac{\sum W_{f,1-2}}{g}=\frac{48.06}{9.81}=4.90\text{m}$$

（3）阀关小后，对于孔板流量计，当 C_0 不变时，$u_0\propto\sqrt{R}$，所以

$$R'=\left(\frac{u'_0}{u_0}\right)^2 R=\left(\frac{1}{2}\right)^2\times0.21=0.0525\text{m}=52.5\text{mm}$$

阀关小后，在 1—1′与 2—2′间列伯努利方程，简化式仍为式(1)，即此时管路总能量损失不变，但阀门阻力与其他阻力的相对大小发生变化。

$$\Delta z g=\sum W_{f,1-2}=W'_{f1}+W'_{f,阀}$$

$$W'_{f1}=\lambda\frac{l+\sum l_e}{d}\frac{u'^2}{2}=0.025\times\frac{50}{0.05}\times\frac{(1.69/2)^2}{2}=8.93\text{J/kg}$$

故
$$W'_{f,阀}=\sum W_{f,1-2}-W'_{f1}=48.06-8.93=39.13\text{J/kg}$$

又
$$W'_{f,阀}=\frac{\Delta p'}{\rho}=\frac{H'g(\rho_0-\rho)}{\rho}$$

所以
$$H'=\frac{\rho W'_{f,阀}}{g(\rho_0-\rho)}=\frac{1000\times39.13}{9.81\times(13600-1000)}=0.317\text{m}=317\text{mm}$$

（4）阀关小后，阀前压力 p_C 上升，阀后压力 p_D 下降。

在 1—1′与 C 间列伯努利方程，并简化

$$z_1 g+\frac{p_1}{\rho}=\frac{1}{2}u_C^2+\frac{p_C}{\rho}+\sum W_{f,1-C}$$

得
$$\frac{p_C}{\rho}=z_1 g+\frac{p_1}{\rho}-\frac{1}{2}u_C^2-\sum W_{f,1-C}=z_1 g+\frac{p_1}{\rho}-\left[\lambda\frac{(l+\sum l_e)_{1C}}{d}+1\right]\frac{u_C^2}{2}$$

阀关小时，流速 u_C 下降，故 p_C 上升。

在 D 与 2—2′间列伯努利方程，并简化

$$\frac{p_D}{\rho}+\frac{1}{2}u_D^2=z_2 g+\sum W_{f,D-2}$$

得
$$\frac{p_D}{\rho}=z_2g+\sum W_{f,D-2}-\frac{u_D^2}{2}=z_2g+\left[\lambda\frac{(l+\sum l_e)_{D2}}{d}-1\right]\frac{u_D^2}{2}$$

阀关小时，流速 u_D 下降，且 $\lambda\frac{(l+\sum l_e)_{D2}}{d}-1>0$ ［因 $(l+\sum l_e)_{D2}$ 中已包括突然扩大的能量损失］，故 p_D 下降。

讨论　由计算可知：

① 就本题的管路系统，阀门关小时，总阻力不变，但局部阻力增大，因而除阀门以外的其他阻力相应减少；

② 阀门关小，局部阻力增大，使上游压力上升，下游压力下降。

【例 1-15】　管路综合计算

如图 1-25 所示，用离心泵将密闭贮槽 A 中的常温水送往密闭高位槽 B 中，两槽液面维持恒定。输送管路为 ϕ108mm×4mm 的钢管，全部能量损失为 $40\times\frac{u^2}{2}$ (J/kg)。A 槽上方的压力表读数为 0.013MPa，B 槽处 U 形压差计读数为 30mm。垂直管段上 C、D 两点间连接一空气倒 U 形压差计，其示数为 170mm。取摩擦系数为 0.025，空气的密度为 1.2kg/m³，试求：(1) 泵的输送量；(2) 单位重量的水经泵后获得的能量；(3) 若不用泵而是利用 A、B 槽的压力差输送水，为完成相同的输水量，A 槽中压力表读数应为多少？

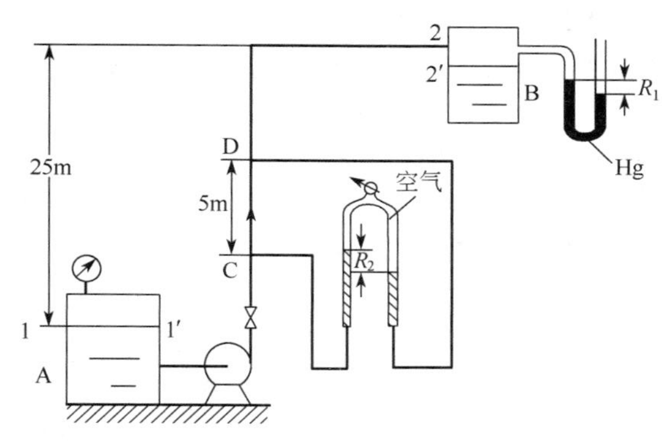

图 1-25　例 1-15 附图

解　(1) C、D 间倒 U 形压差计实际测得的是水流经该段的能量损失，即

$$\lambda\frac{l}{d}\frac{u^2}{2}=\frac{R_2g(\rho-\rho_{空气})}{\rho}$$

故
$$u=\sqrt{\frac{2dR_2g(\rho-\rho_{空气})}{\lambda l\rho}}=\sqrt{\frac{2\times0.1\times0.17\times9.81\times(1000-1.2)}{0.025\times5\times1000}}=1.63\text{m/s}$$

输水量
$$q_V=\frac{\pi}{4}d^2u=0.785\times0.1^2\times1.63=0.0128\text{m}^3/\text{s}=46.1\text{m}^3/\text{h}$$

(2) 单位重量的水经泵后获得的能量即为外加压头。

在 A 槽液面 1—1′截面与 B 槽管出口外侧 2—2′截面间列伯努利方程

$$z_1+\frac{1}{2g}u_1^2+\frac{p_1}{\rho g}+H_e=z_2+\frac{1}{2g}u_2^2+\frac{p_2}{\rho g}+\sum h_{f,1-2}$$

其中，$z_1=0$，$u_1=u_2\approx0$，$p_1=0.013$MPa（表压），$z_2=25$m。

$$p_2=-\rho_{Hg}gR_1=-13600\times9.81\times0.03=-4\text{kPa}\ （表压）$$

$$\sum h_{f,1-2}=40\times\frac{u^2}{2g}=40\times\frac{1.63^2}{2\times9.81}=5.42\text{m}$$

故
$$H_e=z_2+\frac{p_2-p_1}{\rho g}+\sum h_{f,1-2}=25+\frac{-4\times10^3-0.013\times10^6}{1000\times9.81}+5.42=28.7\text{m}$$

（3）若利用A、B槽的压力差输送水，仍在1—1′截面与2—2′截面间列伯努利方程

$$z_1+\frac{1}{2g}u_1^2+\frac{p_1'}{\rho g}=z_2+\frac{1}{2g}u_2^2+\frac{p_2}{\rho g}+\sum h_{f,1-2}$$

简化

$$\frac{p_1'}{\rho g}=z_2+\frac{p_2}{\rho g}+\sum h_{f,1-2}$$

所以

$$p_1'=\rho g\left(z_2+\frac{p_2}{\rho g}+\sum h_{f,1-2}\right)$$

$$=1000\times9.81\times\left(25-\frac{4\times10^3}{1000\times9.81}+5.42\right)=294.4\text{kPa（表压）}$$

即为完成相同的输水量，A槽中压力表读数应为294.4kPa。

讨论 在化工生产过程中，常用离心泵来输送液体。此外，也可用压缩空气或压缩氮气给设备加压，利用压力差来输送液体。

【例1-16】 并联管路的流量分配

如图1-26所示，在两个相同的塔中，各填充高度为1m和0.7m的填料，并用相同钢管并联组合，两支路管长均为5m，管内径均为0.2m，摩擦系数均为0.02，各支管中均安装一个闸阀。塔1、塔2的局部阻力系数分别为10和8。已知管路总流量始终保持在$0.3m^3/s$，试求：（1）当阀门全开（$\zeta_C=\zeta_D=0.17$）时，两支管的流量比和并联管路能量损失；（2）阀门D关小至两支路流量相等时，并联管路能量损失；（3）当将两阀门均关小至$\zeta_C=\zeta_D=20$时，两支路的流量比及并联管路能量损失。

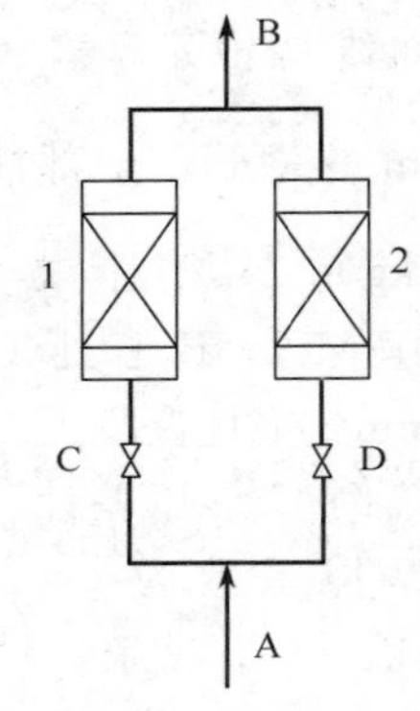

图1-26 例1-16附图

解 （1）根据并联管路特点，总流量为各支路流量之和，有

$$q_V=q_{V1}+q_{V2}=\frac{\pi}{4}d^2u_1+\frac{\pi}{4}d^2u_2$$

$$u_1+u_2=\frac{4q_V}{\pi d^2}=\frac{4\times0.3}{3.14\times0.2^2}=9.55\text{m/s} \tag{1}$$

又并联管路各支路的能量损失相等，$\sum W_{f1}=\sum W_{f2}$

即

$$\left(\lambda\frac{l_1}{d}+\sum\zeta_1\right)\frac{u_1^2}{2}=\left(\lambda\frac{l_2}{d}+\sum\zeta_2\right)\frac{u_2^2}{2}$$

$$\frac{u_1^2}{u_2^2}=\frac{\lambda\frac{l_2}{d}+\sum\zeta_2}{\lambda\frac{l_1}{d}+\sum\zeta_1}=\frac{0.02\times\frac{5}{0.2}+8+0.17}{0.02\times\frac{5}{0.2}+10+0.17}=0.813$$

所以

$$\frac{u_1}{u_2}=0.9 \tag{2}$$

即两支路的流量比

$$\frac{q_{V1}}{q_{V2}}=\frac{u_1}{u_2}=0.9$$

式(2)与式(1)联立，得 $u_1=4.53\text{m/s}$， $u_2=5.02\text{m/s}$

并联管路的能量损失

$$\sum W_f=\left(\lambda\frac{l_1}{d}+\sum\zeta_1\right)\frac{u_1^2}{2}=\left(0.02\times\frac{5}{0.2}+10+0.17\right)\times\frac{4.53^2}{2}=109.5\text{J/kg}$$

（2）两支路的流量相等时

$$q_{V1}=\frac{1}{2}q_V=\frac{1}{2}\times0.3=0.15\text{m}^3/\text{s}$$

$$u_1=\frac{q_{V1}}{0.785d^2}=\frac{0.15}{0.785\times0.2^2}=4.78\text{m/s}$$

并联管路的能量损失

$$\sum W_f=\left(\lambda\frac{l_1}{d}+\sum\zeta_1\right)\frac{u_1^2}{2}=\left(0.02\times\frac{5}{0.2}+10+0.17\right)\times\frac{4.78^2}{2}=121.9\text{J/kg}$$

（3）当将两阀门均关小至 $\zeta_C=\zeta_D=20$ 时

$$\frac{u_1^2}{u_2^2}=\frac{\lambda\frac{l_2}{d}+\sum\zeta_2}{\lambda\frac{l_1}{d}+\sum\zeta_1}=\frac{0.02\times\frac{5}{0.2}+8+20}{0.02\times\frac{5}{0.2}+10+20}=0.934$$

所以

$$\frac{u_1}{u_2}=0.97\tag{3}$$

即两支路的流量比

$$\frac{q_{V1}}{q_{V2}}=\frac{u_1}{u_2}=0.97$$

式(3)与式(1)联立，得　　$u_1=4.70\text{m/s}$，　$u_2=4.85\text{m/s}$

并联管路的能量损失

$$\sum W_f=\left(\lambda\frac{l_1}{d}+\sum\zeta_1\right)\frac{u_1^2}{2}=\left(0.02\times\frac{5}{0.2}+10+20\right)\times\frac{4.70^2}{2}=336.9\text{J/kg}$$

讨论　并联管路中各支路的流量分配与管路状况有关，支管越长、管径越小或阻力系数越大，其流量越小。在不均匀并联管路中串联大阻力元件，可以提高流量分配的均匀性，其代价是能耗的增加。

【例 1-17】　分支管路的计算

如图 1-27 所示，从自来水总管接一管段 AB 向实验楼供水，在 B 处分成两路各通向一楼和二楼。两支路各安装一截止阀，出口分别为 C 和 D。已知管段 AB、BC 和 BD 的长度分别为 100m、10m 和 20m（包括直管长度及管件的当量长度，但不包括阀门的当量长度），管内径皆为 30mm。假定总管在 A 处的表压为 0.343MPa，不考虑分支点 B 处的动能交换和能量损失，且可认为各管段内的流动均进入阻力平方区，摩擦系数皆为 0.03，试求：（1）D 阀关闭，C 阀全开（$\zeta=6.4$）时，BC 管的流量为多少？（2）D 阀全开，C 阀关小至流量减半时，BD 管的流量为多少？总管流量又为多少？

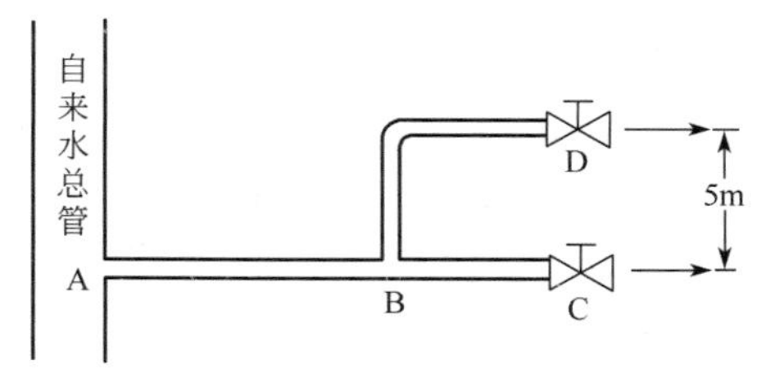

图 1-27　例 1-17 附图

解　（1）D 阀关闭时，为简单管路。

在 A—C 截面（阀门出口内侧）列伯努利方程

$$z_A g+\frac{p_A}{\rho}+\frac{u_A^2}{2}=z_C g+\frac{p_C}{\rho}+\frac{u_C^2}{2}+\sum W_{f,A-C}$$

其中，$z_A=z_C$，$u_A=u_C$，$p_C=0$（表压）。

$$\sum W_{f,A-C}=\left(\lambda\frac{l_{AB}+l_{BC}}{d}+\zeta_C\right)\frac{u_C^2}{2}$$

所以
$$\frac{p_A}{\rho}=\left(\lambda\frac{l_{AB}+l_{BC}}{d}+\zeta_C\right)\frac{u_C^2}{2}$$

$$u_C=\sqrt{\frac{2p_A}{\rho}\Big/\left(\lambda\frac{l_{AB}+l_{BC}}{d}+\zeta_C\right)}=\sqrt{\frac{2\times3.43\times10^5}{1000}\Big/\left(0.03\times\frac{100+10}{0.03}+6.4\right)}=2.43\text{m/s}$$

则BC管的流量

$$q_{V,BC}=\frac{\pi}{4}d^2u_C=0.785\times0.03^2\times2.43=1.72\times10^{-3}\text{m}^3/\text{s}$$

（2）D阀全开，C阀关小至流量减半时

$$q_{V,A}=q_{V,BC}+q_{V,BD}$$

$$u_A=u_C+u_D=\frac{2.43}{2}+u_D=1.215+u_D \tag{1}$$

在A—D截面（阀门出口内侧）列伯努利方程，且不计分支点B处能量损失，有

$$z_A g+\frac{p_A}{\rho}+\frac{u_A^2}{2}=z_D g+\frac{p_D}{\rho}+\frac{u_D^2}{2}+\sum W_{f,A-D}$$

其中，$z_A=0$，$z_D=5\text{m}$，$p_D=0$（表压）。

$$\sum W_{f,A-D}=\lambda\frac{l_{AB}}{d}\frac{u_A^2}{2}+\left(\lambda\frac{l_{BD}}{d}+\zeta_D\right)\frac{u_D^2}{2}$$

所以
$$\frac{p_A}{\rho}+\frac{u_A^2}{2}=z_D g+\lambda\frac{l_{AB}}{d}\frac{u_A^2}{2}+\left(\lambda\frac{l_{BD}}{d}+\zeta_D+1\right)\frac{u_D^2}{2}$$

$$\frac{3.43\times10^5}{1000}=5\times9.81+\left(0.03\times\frac{100}{0.03}-1\right)\frac{u_A^2}{2}+\left(0.03\times\frac{20}{0.03}+6.4+1\right)\frac{u_D^2}{2}$$

化简得
$$49.5u_A^2+13.7u_D^2=294 \tag{2}$$

式(2)与式(1)联立，得

$$u_D=1.15\text{m/s},\quad u_A=2.36\text{m/s}$$

所以BD管流量 $q_{V,BD}=\frac{\pi}{4}d^2u_D=0.785\times0.03^2\times1.15=8.12\times10^{-4}\text{m}^3/\text{s}$

总管流量 $q_{V,A}=\frac{\pi}{4}d^2u_A=0.785\times0.03^2\times2.36=1.67\times10^{-3}\text{m}^3/\text{s}$

讨论 对于分支管路，调节支路中的阀门（阻力），不仅改变了各支路的流量分配，同时也改变了总流量。本题为总管阻力为主的分支管路，此时改变支路的阻力，对总流量影响不大。

【例1-18】 孔板流量计的设计型计算

20℃甲苯在ϕ57mm×3.5mm的钢管中流过。为测量其流量，拟在管路中安装一标准孔板

流量计，采用角接取压法用 U 形压差计测量孔板前后的压力差，且以水银为指示液。现已知甲苯流量范围为 $12\sim20m^3/h$，并希望在最大流量下压差计读数不超过 640mm。试确定孔板孔径。

解　孔板流量计孔径的确定，需采用试差法求解。设计合理的流量计，应使测量范围内流量系数 C_0 为常数，且在 0.6～0.7 之间为宜。

设 $C_0=0.64$，且认为 $Re>Re_C$（Re 界限值），由 C_0 与 Re、A_0/A_1 关系曲线，查得 $A_0/A_1=0.33$。

$$d_0=d_1\sqrt{0.33}=50\times\sqrt{0.33}=28.7\text{mm}$$

核算最大流量下压差计的读数：

查得 20℃ 甲苯的密度为 867kg/m^3，黏度为 $0.675\times10^{-3}\text{Pa}\cdot\text{s}$。由孔板流量计流量方程可得

$$R=\left(\frac{q_{V,\max}}{C_0A_0}\right)^2\frac{\rho}{2g(\rho_0-\rho)}=\left(\frac{20/3600}{0.64\times0.785\times0.0287^2}\right)^2\times\frac{867}{2\times9.81\times(13600-867)}$$
$$=0.625\text{m}<0.64\text{m}$$

满足要求。

核算 Re 是否大于 Re 界限值，即 C_0 是否在常数区。以最小流量核算

$$u_1=\frac{q_{V,\min}}{0.785d_1^2}=\frac{12/3600}{0.785\times0.05^2}=1.70\text{m/s}$$

$$Re=\frac{d_1\rho u_1}{\mu}=\frac{0.05\times867\times1.70}{0.675\times10^{-3}}=1.1\times10^5>Re_C=1\times10^5$$

满足要求。

故可取孔径 $d_0=28.7\text{mm}$。

本题也可以先根据最大流量确定孔径的大小，再核算 A_0/A_1。

讨论　孔板流量计为压差式流量计，系利用流体流经孔板前后产生的压力差来实现流量测量。在设计孔板流量计时，若选择较小的孔径，则使流体的孔速提高，U 形压差计读数增大，提高了测量精度，但同时也使流体流经孔板的能量损失增大，因此设计时应选择适当的面积比 A_0/A_1 以期兼顾到 U 形压差计适宜的读数和允许的压力降，一般以流量系数 C_0 在 0.6～0.7 之间为设计原则。尚需说明，孔板流量计的设计型计算与操作型计算均需采用试差的方法。

【例 1-19】　管路特性曲线

如图 1-28 所示，用离心泵将水由贮槽 a 送往高位槽 b，两槽均为敞口，且液位恒定。已知输送管路为 $\phi45\text{mm}\times2.5\text{mm}$，在出口阀门全开的情况下，整个输送系统管路总长为 20m（包括所有局部阻力的当量长度），摩擦系数可取为 0.02。在输送范围内该泵的特性方程为 $H=18-6\times10^5q_V^2$（q_V 的单位为 m^3/s，H 的单位为 m）。试求：(1) 阀门全开时离心泵的流量与压头；(2) 现关小阀门使流量减为原来的 90%，写出此时的管路特性方程，并计算由于阀门开度减少而多消耗的功率（设泵的效率为 62%，且忽略其变化）。

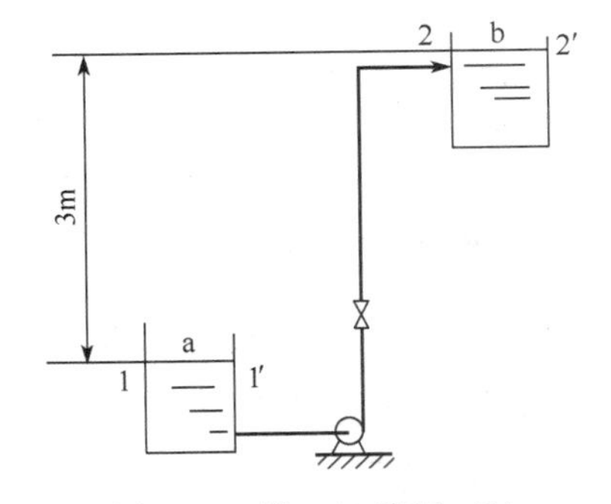

图 1-28　例 1-19 附图 (1)

解 (1) 设管路特性方程为

$$H_e = A + Bq_V^2$$

其中

$$A = \Delta z + \frac{\Delta p}{\rho g} = 3\text{m}$$

$$B = \lambda\frac{8}{\pi^2 g}\frac{l+\sum l_e}{d^5} = 0.02\times\frac{8}{3.14^2\times 9.81}\times\frac{20}{0.04^5} = 3.23\times 10^5$$

故管路特性方程为 $H_e = 3 + 3.23\times 10^5 q_V^2$

而离心泵特性方程为 $H = 18 - 6\times 10^5 q_V^2$

二式联立，可得阀门全开时离心泵的流量与压头：

$$q_V = 4.03\times 10^{-3}\text{m}^3/\text{s},\ H = 8.25\text{m}$$

(2) 在图 1-29 中，阀门全开时的管路特性曲线为 1 所示，工作点为 M；阀门关小后的管路特性曲线为 2 所示，工作点为 M'。

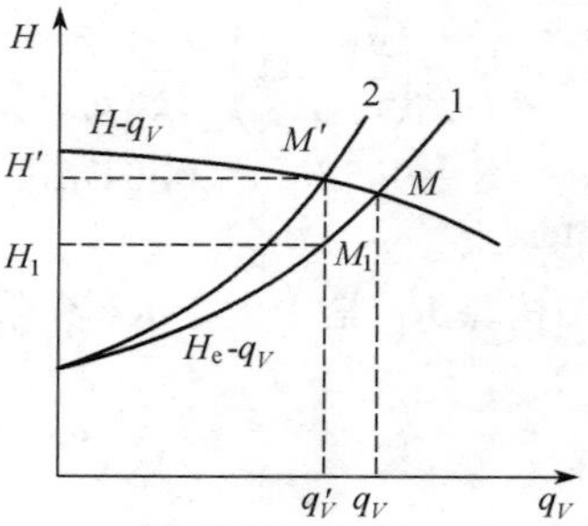

图 1-29 例 1-19 附图 (2)

关小阀门后 M'流量与压头分别为

$$q'_V = 0.9q_V = 0.9\times 4.03\times 10^{-3} = 3.63\times 10^{-3}\text{m}^3/\text{s}$$

$$H' = 18 - 6\times 10^5 q'^2_V = 18 - 6\times 10^5\times(3.63\times 10^{-3})^2 = 10.09\text{m}$$

设此时的管路特性方程为 $H_e = A' + B'q_V^2$，由于截面状况没有改变，故 $A' = 3$ 不变，但 B' 值因关小阀门而增大。此时工作点 M'应满足管路特性方程，即

$$10.09 = 3 + B'\times 0.00363^2$$

解得 $B' = 5.38\times 10^5$

因此关小阀门后的管路特性方程为

$$H_e = 3 + 5.38\times 10^5 q_V^2$$

当阀门全开且流量 $q'_V = 3.63\times 10^{-3}\text{m}^3/\text{s}$ 时，管路所需的压头

$$H_1 = 3 + 3.23\times 10^5 q'^2_V = 3 + 3.23\times 10^5\times(3.63\times 10^{-3})^2 = 7.26\text{m}$$

而离心泵提供的压头 $H' = 10.09\text{m}$，显然，由于关小阀门而损失的压头为

$$\Delta H = H' - H_1 = 10.09 - 7.26 = 2.83\text{m}$$

则多消耗在阀门上的功率

$$\Delta N = \frac{q'_V\Delta H\rho g}{\eta} = \frac{3.63\times 10^{-3}\times 2.83\times 1000\times 9.81}{0.62} = 162.5\text{W}$$

讨论 离心泵调节流量常用的方法是调节出口阀门的开度，这种方法操作简便、灵活，流量可以连续变化，但阀门关小时，增加了管路的阻力，使增大的压头用于消耗阀门的附加阻力上，额外消耗了功率，经济上不合理。

【例 1-20】 离心泵工作点的变化

用离心泵将水从贮槽送至高位槽中（见图 1-30），两槽均为敞口，试判断下列几种情况下泵流量、压头及轴功率如何变化。试求：(1) 贮槽中水位上升；(2) 将高位槽改为高压容器；(3) 改送密度大于水的其他液体，高位槽为敞口；(4) 改送密度大于水的其他液体，高位槽为高压容器。

（设管路状况不变，且流动处于阻力平方区）

解　上述各种情况下离心泵的特性曲线均不变，但管路特性曲线发生变化。

设管路特性方程为

$$H_e = A + Bq_V^2 = \Delta z + \frac{\Delta p}{\rho g} + Bq_V^2$$

当管路状况不变，且流动处于阻力平方区时，曲线的陡度 B 不变，现考察各种情况下曲线截距 A 的变化。

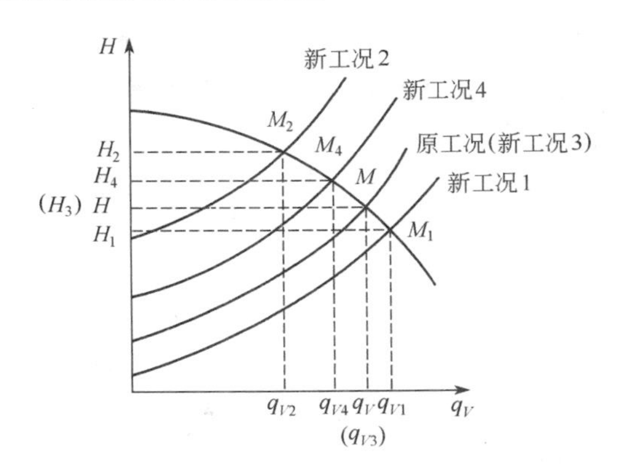

图 1-30　例 1-20 附图

（1）贮槽中水位上升时，两液面间的位差减小，$A = \Delta z + \frac{\Delta p}{\rho g} = \Delta z$ 下降，管路特性曲线平行下移，如新工况 1 所示，工作点由 M 移至 M_1，故 q_{V1} 上升，H_1 下降，结合泵性能，轴功率 N_1 随流量的增大而增大；

（2）将高位槽改为高压容器时，现 $p_2 > 0$（表），$A = \Delta z + \frac{\Delta p}{\rho g}$ 上升，管路特性曲线平行上移，如新工况 2 所示，工作点由 M 移至 M_2，故 q_{V2} 下降，H_2 上升，N_2 下降；

（3）当高位槽为敞口时，虽然被输送流体的密度变化，但 $A = \Delta z + \frac{\Delta p}{\rho g} = \Delta z$ 不变，故管路特性曲线不变，工作点不变，即　$q_{V3} = q_V$，$H_3 = H$，但轴功率随流体密度的增大而增大；

（4）当高位槽为高压容器时，被输送流体的密度变大，与（2）中输送水比较，$A = \Delta z + \frac{\Delta p}{\rho g}$ 下降，管路特性曲线平行下移，故 $q_{V4} > q_{V2}$，$H_4 < H_2$，轴功率随流量及密度的增大而增大。

讨论　输送系统发生变化时，管路特性曲线将随之变化，导致工作点的变化。特别注意被输送流体密度发生变化对工作点的影响：流体密度变化时，离心泵的特性曲线不变，但随两截面间压力差的不同，管路特性曲线变化不同；当 $\Delta p = 0$ 时，管路特性曲线不变，故流量及压头均不变，但轴功率随密度的增大而增大；当 $\Delta p > 0$ 时，管路特性曲线随密度的增大而下移，使流量增大，压头减小，轴功率随流量及密度的增大而增大；当 $\Delta p < 0$ 时，结论则相反。

【例 1-21】　循环管路特性方程及泵的压头

如图 1-31 所示的循环输水管路，其中安装一台离心泵，在操作范围内该泵的特性方程可表示为　$H = 18 - 6 \times 10^5 q_V^2$（式中 q_V 的单位为m^3/s，H 的单位为 m）。泵吸入管路长 10m，压出管路长 50m（均包括所有局部阻力的当量长度）。管径均为 $\phi 46mm \times 3mm$，摩擦系数可取为 0.02。试求：（1）管路中水的循环量；（2）泵入口处真空表及出口处压力表读数（MPa）；（3）分析说明，当阀门关小时，泵入口真空表及出口压力表读数、

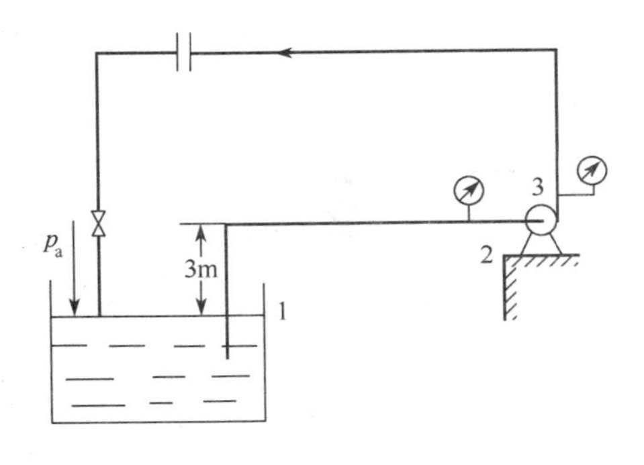

图 1-31　例 1-21 附图（1）

管路总能量损失及泵的轴功率如何变化？

解 （1）对于循环系统，离心泵提供的压头全部用于克服管路的压头损失，故管路特性方程

$$H_e=\sum h_f=\lambda\frac{l+\sum l_e}{d}\frac{u^2}{2g}=\lambda\frac{8}{\pi^2 g}\frac{l+\sum l_e}{d^5}q_V^2$$
$$=0.02\times\frac{8}{3.14^2\times 9.81}\times\frac{10+50}{0.04^5}q_V^2=9.68\times10^5 q_V^2 \quad (1)$$

结合泵特性方程 $H=18-6\times10^5 q_V^2$

得工作点下流量与压头 $q_V=3.387\times10^{-3}\ \mathrm{m^3/s}$，$H=11.1\mathrm{m}$，故管路中水的循环量为$3.387\times10^{-3}\ \mathrm{m^3/s}$。

（2）以水面为1截面，泵入口处为2截面，且以1截面为基准面，在两截面间列伯努利方程，有

$$\frac{p_1}{\rho g}+\frac{u_1^2}{2g}+z_1=\frac{p_2}{\rho g}+\frac{u_2^2}{2g}+z_2+\sum h_{f,1-2}$$

其中，$p_1=0$（表压），$u_1\approx0$，$z_1=0$，$z_2=3\mathrm{m}$，

$$u_2=\frac{4q_V}{\pi d^2}=\frac{4\times3.387\times10^{-3}}{3.14\times0.04^2}=2.70\mathrm{m/s}$$

$$\sum h_{f,1-2}=\lambda\frac{l+\sum l_e}{d}\frac{u_2^2}{2g}=0.02\times\frac{10}{0.04}\times\frac{2.70^2}{2\times9.81}=1.86\mathrm{m}$$

则
$$p_2=\rho g\left(-\frac{u_2^2}{2g}-z_2-\sum h_{f,1-2}\right) \quad (2)$$
$$=1000\times9.81\times\left(-\frac{2.70^2}{2\times9.81}-3-1.86\right)=-5.13\times10^4\mathrm{Pa}=-0.0513\mathrm{MPa}(\text{表压})$$

即离心泵入口真空表的读数为0.0513MPa。

以泵出口处为3截面，在2与3截面间列伯努利方程，并忽略两截面的位压头差及压头损失，简化有

$$H_e=\frac{p_3-p_2}{\rho g} \quad (3)$$

所以
$$p_3=p_2+\rho g H_e=-5.13\times10^4+1000\times9.81\times11.1$$
$$=5.76\times10^4\mathrm{Pa}=0.0576\mathrm{MPa}$$

即离心泵出口压力表的读数为0.0576MPa。

（3）当阀门关小时，泵入口真空表读数减小，出口压力表读数增大，管路总能量损失增大，泵的轴功率减小。分析如下：

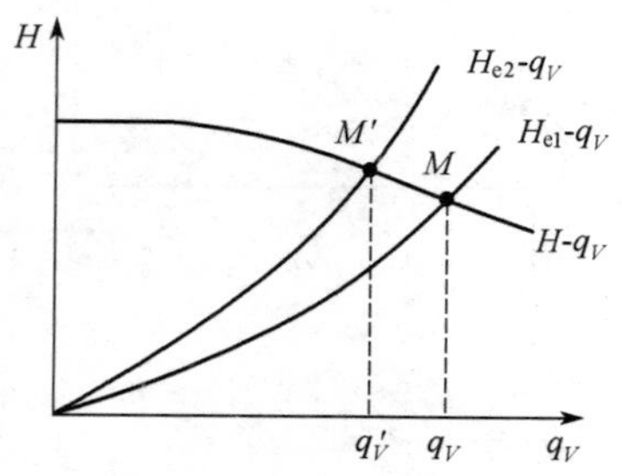

图1-32 例1-21附图（2）

阀门关小时，管路局部阻力增大，工作点由M变为M'（见图1-32），流量减少，压头增加。由式(2)可知，当流速减小时，泵入口处p_2增大，真空表读数减小；根据式(3)，压头升高，同时p_2增大，故泵出口处p_3增大，即压力表读数增大；循环管路，离心泵提供的压头全部用于克服管路的压头损失，因此管路的总能量损失随压头的增加而增加；由离心泵的特性曲线可知，泵的轴功率随流量的减小而减小。

讨论　对于循环流动系统，泵所提供的能量全部消耗于管路的阻力。

【例 1-22】　离心泵流量调节方法比较

如图 1-33 所示，用离心泵将密度为 $975kg/m^3$ 的某水溶液由密闭贮槽 A 送往敞口高位槽 B，贮槽 A 中气相真空度为 450mmHg。已知输送管路内径为 50mm，在出口阀门全开的情况下，整个输送系统管路总长 $l+\sum l_e=50m$，摩擦系数为 0.03。查取该离心泵的样本，当 $n=2900r/min$ 时，可将 $6\sim15m^3/h$ 流量范围内的特性曲线表示为 $H=16.08-0.0233q_V^2$（q_V 的单位为 m^3/h，H 的单位为 m）。试求：(1) 若要求流量为 $10m^3/h$，此台离心泵能否完成输送任务？(2) 关小出口阀门，将输送量减至 $8m^3/h$，泵的输送功率减少的百分数（泵效率变化可忽略）；(3) 若采用改变离心泵转速的方法将输送量减至 $8m^3/h$，则转速应为多少？此时泵的输送功率减少的百分数又为多少？

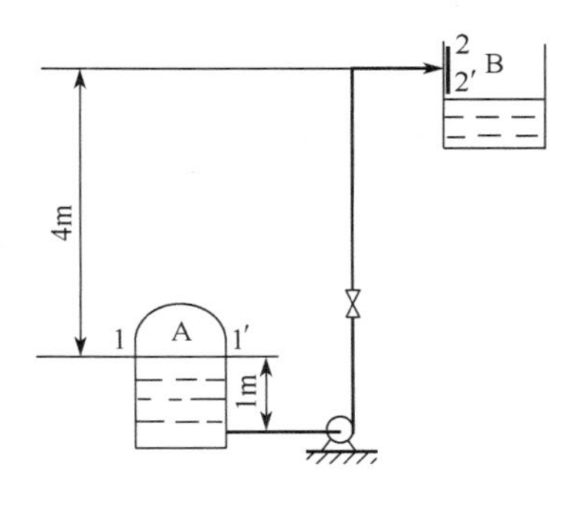

图 1-33　例 1-22 附图 (1)

解　(1) 以 A 槽液面为 1—1′截面，B 槽管出口外侧为 2—2′截面，且以 1—1′截面为基准面。在 1—1′截面～2—2′截面间列伯努利方程

$$z_1+\frac{1}{2g}u_1^2+\frac{p_1}{\rho g}+H_e=z_2+\frac{1}{2g}u_2^2+\frac{p_2}{\rho g}+\sum h_{f,1-2}$$

其中，$p_1=-450mmHg=-\frac{450}{760}\times1.013\times10^5=-6\times10^4Pa$（表压）；$z_1=0$；$u_1=u_2\approx0$；$p_2=0$（表压）；$z_2=4m$。

$$u=\frac{q_V}{\frac{\pi}{4}d^2}=\frac{10/3600}{0.785\times0.05^2}=1.415m/s$$

$$\sum h_{f,1-2}=\lambda\frac{l+\sum l_e}{d}\frac{u^2}{2g}=0.03\times\frac{50}{0.05}\times\frac{1.415^2}{2\times9.81}=3.06m$$

所以
$$H_e=z_2-\frac{p_1}{\rho g}+\sum h_{f,1-2}=4+\frac{6\times10^4}{975\times9.81}+3.06=13.33m$$

或写出阀门全开时的管路特性方程

$$H_e=A+Bq_V^2=\Delta z+\frac{\Delta p}{\rho g}+\lambda\frac{8}{\pi^2 g}\frac{l+\sum l_e}{d^5}q_V^2$$
$$=\left(4+\frac{6\times10^4}{975\times9.81}\right)+0.03\times\frac{8}{3.14^2\times9.81}\times\frac{50}{0.05^5}q_V^2$$
$$=10.27+3.97\times10^5q_V^2\quad(q_V\text{ 单位 }m^3/s)$$

或
$$H_e=10.27+0.0306q_V^2\quad(q_V\text{ 单位 }m^3/h)\tag{1}$$

当 $q_V=10m^3/h$ 时，管路所需的压头

$$H_e=10.27+0.0306q_V^2=10.27+0.0306\times10^2=13.33m$$

而当 $q_V=10m^3/h$ 时，离心泵提供的压头

$$H=16.08-0.0233q_V^2=16.08-0.0233\times10^2=13.75m$$

因为 $H>H_e$，故此泵可以完成输送任务。

（2）关小出口阀门改变流量，工作点如图 1-34 中 B 点所示，此时泵提供的压头

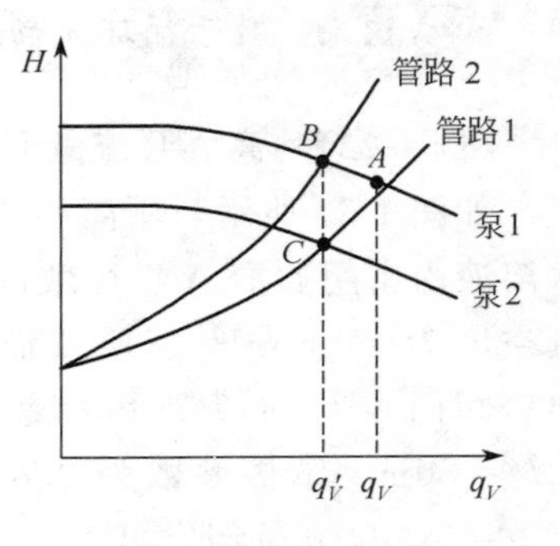

图 1-34 例 1-22 附图（2）

$$H_B=16.08-0.0233q_V^2=16.08-0.0233\times 8^2=14.59\text{m}$$

泵输送功率减少百分数为

$$\frac{N_A-N_B}{N_A}=1-\frac{N_B}{N_A}=1-\frac{\dfrac{q_{VB}H_B\rho g}{\eta}}{\dfrac{q_{VA}H_A\rho g}{\eta}}=1-\frac{q_{VB}H_B}{q_{VA}H_A}$$

$$=1-\frac{8\times 14.59}{10\times 13.75}=15.1\%$$

注意：此处 H_A 应是离心泵提供的压头，而不是管路所需的压头。

（3）降低离心泵转速改变流量，工作点如图 1-34 中 C 点所示。此时管路特性方程不变，故由式(1) 可得该点的压头

$$H_C=10.27+0.0306q_V^2=10.27+0.0306\times 8^2=12.23\text{m}$$

求取新转速下泵的特性方程。设转速减少率小于 20%，由比例定律

$$\frac{q_V'}{q_V}=\frac{n'}{n},\qquad \frac{H'}{H}=\left(\frac{n'}{n}\right)^2$$

得

$$q_V=\frac{n}{n'}q_V',\quad H=\left(\frac{n}{n'}\right)^2H'$$

代入原转速下的泵特性方程中

$$\left(\frac{n}{n'}\right)^2H'=16.08-0.0233\left(\frac{n}{n'}q_V'\right)^2$$

得新转速下的泵特性方程

$$H'=16.08\left(\frac{n'}{n}\right)^2-0.0233q_V'^2 \tag{2}$$

将新工作点 C：$q_{VC}=8\text{m}^3/\text{h}$，$H_C=12.23\text{m}$ 代入式(2)，得

$$\frac{n'}{n}=0.924$$

即

$$n'=0.924n=0.924\times 2900=2680\text{r/min}$$

此时 $\dfrac{\Delta n}{n}=0.076=7.6\%<20\%$，比例定律适用。

泵输送功率减少百分数为

$$\frac{N_A-N_C}{N_A}=1-\frac{N_C}{N_A}=1-\frac{q_{VC}H_C}{q_{VA}H_A}=1-\frac{8\times 12.23}{10\times 13.75}=28.8\%$$

讨论 由本题可知：

① 改变出口阀门开度或离心泵转速，均可实现流量调节，但前者消耗的能量大，后者不额外增加阻力，能量利用率高，经济性好，因此，在条件许可的情况下，应尽量采用此方法；

② 对于带泵管路，当离心泵的转速改变时，其流量并不是成比例变化，应结合管路特性确定新的工作点。

【例 1-23】 离心泵组合方式的选择

用离心泵从水池向敞口高位槽供水，两槽液位差为 12m。输送管路为 $\phi 48\text{mm}\times3.5\text{mm}$，管路中用一闸阀调节流量，管路总长为 25m（包括除闸阀外的所有局部阻力的当量长度），摩擦系数取为 0.024。设泵的特性方程为 $H=40-8\times10^5 q_V^2$（q_V 单位为 m^3/s，H 单位为 m），试求：(1) 若采用单台离心泵输送，当闸阀全开（$\zeta=0.17$）时，水的输送量为多少？(2) 若采用两台型号相同的离心泵组合输送，当闸阀全开时，两泵串联或并联时的输送量分别为多少？(3) 仍采用两台离心泵组合输送，而将闸阀关小至 $\zeta'=40$，则两泵串联或并联时的输送量又为多少？

解 (1) 闸阀全开时管路特性方程

$$H_e=\Delta z+\frac{\Delta p}{\rho g}+\sum h_f=\Delta z+\frac{\Delta p}{\rho g}+\left(\lambda\frac{l+\sum l_e}{d}+\zeta\right)\frac{8}{\pi^2 g d^4}q_V^2$$

$$=12+\left(0.024\times\frac{25}{0.041}+0.17\right)\times\frac{8}{3.14^2\times9.81\times0.041^4}q_V^2$$

$$=12+4.33\times10^5 q_V^2 \tag{1}$$

与泵特性方程联立　$$12+4.33\times10^5 q_V^2=40-8\times10^5 q_V^2$$

得单泵输送量　$$q_V=4.77\times10^{-3}\ \text{m}^3/\text{s}$$

(2) 闸阀全开　两台泵串联时，流量相同压头加倍，故串联泵的特性方程

$$H_串=2\times(40-8\times10^5 q_V^2)=80-16\times10^5 q_V^2 \tag{2}$$

与管路特性方程联立　$$12+4.33\times10^5 q_V^2=80-16\times10^5 q_V^2$$

得串联泵输送量　$$q_{V串1}=5.78\times10^{-3}\ \text{m}^3/\text{s}$$

当两台泵并联时，压头相同流量加倍，故并联泵的特性方程

$$H_并=40-8\times10^5\left(\frac{q_V}{2}\right)^2=40-2\times10^5 q_V^2 \tag{3}$$

与管路特性方程联立　$$12+4.33\times10^5 q_V^2=40-2\times10^5 q_V^2$$

得并联泵输送量　$$q_{V并1}=6.65\times10^{-3}\ \text{m}^3/\text{s}$$

比较之　$$q_{V并1}>q_{V串1}$$

(3) 将闸阀关小至 $\zeta'=40$ 时，管路特性方程

$$H_e=\Delta z+\frac{\Delta p}{\rho g}+\left(\lambda\frac{l+\sum l_e}{d}+\zeta'\right)\frac{8}{\pi^2 g d^4}q_V^2$$

$$=12+\left(0.024\times\frac{25}{0.041}+40\right)\times\frac{8}{3.14^2\times9.81\times0.041^4}q_V^2$$

$$=12+1.60\times10^6 q_V^2 \tag{4}$$

两台泵串联时，管路特性方程与泵特性方程联立

$$12+1.6\times10^6 q_V^2=80-16\times10^5 q_V^2$$

得串联泵输送量　$$q_{V串2}=4.61\times10^{-3}\ \text{m}^3/\text{s}$$

两台泵并联时，管路特性方程与泵特性方程联立

$$12+1.6\times10^6 q_V^2=40-2\times10^5 q_V^2$$

得并联泵输送量　$q_{V并2}=3.94\times10^{-3}\ \text{m}^3/\text{s}$

比较之　$$q_{V串2}>q_{V并2}$$

讨论 通过本题计算可知，与单泵比较而言，离心泵的串并联均可以提高管路流量与压头，但并不是成比例增加。对于低阻管路系统（本题中，闸阀 $\zeta=0.17$），其管路特性曲线较平坦，泵并联操作的流量及压头大于串联操作的流量及压头；对于高阻管路系统（闸阀 $\zeta=40$），其管路特性曲线较陡峭，泵串联操作的流量及压头大于并联操作的流量及压头，如图 1-35 所示。

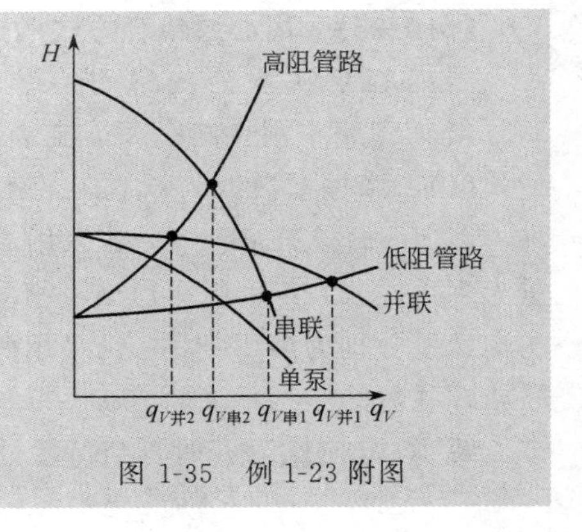

图 1-35 例 1-23 附图

【例 1-24】 离心泵允许安装高度的影响因素

用 IS65-50-125 型离心泵将贮槽中液体送出，要求输送量为 $15m^3/h$，已知吸入管路为 $\phi57mm\times3.5mm$，估计吸入管路的总长为 15m（包括所有局部阻力的当量长度），摩擦系数取为 0.03，且认为流动进入阻力平方区。试求下列几种情况下泵的允许安装高度（当地大气压为 101.3kPa）。(1) 敞口贮槽中为 30℃水；(2) 敞口贮槽中为热盐水（密度为 $1060kg/m^3$，饱和蒸气压为 47.1kPa)；(3) 密闭贮槽中为上述热盐水，其中气相真空度为 30kPa。

解 查离心泵样本，当输水量为 $15m^3/h$ 时，该泵的必需汽蚀余量 $(NPSH)_r=2.0m$。

管内流速
$$u=\frac{q_V}{\frac{\pi}{4}d^2}=\frac{15/3600}{0.785\times0.05^2}=2.12m/s$$

吸入管路阻力
$$\sum h_{f,0-1}=\lambda\frac{l+\sum l_e}{d}\frac{u^2}{2g}=0.03\times\frac{15}{0.05}\times\frac{2.12^2}{2\times9.81}=2.06m$$

(1) 敞口贮槽中为 30℃水时，查得其饱和蒸气压为 4.247kPa，密度为 $995.7kg/m^3$。则允许安装高度

$$H_{g允}=\frac{p_0-p_v}{\rho g}-(NPSH)_r-\sum h_{f,0-1}=\frac{(101.3-4.247)\times10^3}{995.7\times9.81}-2-2.06=5.88m$$

(2) 敞口贮槽中为热盐水时，允许安装高度

$$H_{g允}=\frac{p_0-p_v}{\rho g}-(NPSH)_r-\sum h_{f,0-1}=\frac{(101.3-47.1)\times10^3}{1060\times9.81}-2-2.06=1.15m$$

(3) 密闭贮槽中为热盐水时，允许安装高度

$$H_{g允}=\frac{p_0-p_v}{\rho g}-(NPSH)_r-\sum h_{f,0-1}=\frac{(101.3-30-47.1)\times10^3}{1060\times9.81}-2-2.06=-1.73m$$

即泵需安装在液面下低于 1.73m 的位置。

讨论 离心泵的允许安装高度与吸入管路阻力、贮槽中溶液上方压力 p_0 及被输送液体的饱和蒸气压 p_v 有关。吸入管路阻力越大，允许安装高度越低，因此应尽量减少吸入管路阻力。由本题计算可知，当吸入管路阻力一定时，液体的饱和蒸气压越大，贮槽中溶液上方压力越小，允许安装高度越低。一般在贮槽中溶液上方压力低，或输送温度高、沸点低的液体时，允许安装高度可能为负值，此时泵应安装在液面位置之下。

【例 1-25】 离心泵的选用

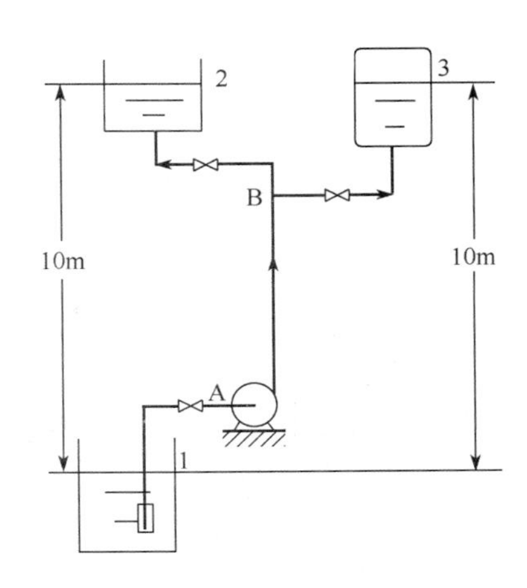

图 1-36　例 1-25 附图

如图 1-36 所示，用离心泵将贮槽中密度为 1200kg/m^3 的溶液（其他物性与水相近）同时输送至两个高位槽中。已知密闭容器上方的表压为 15kPa。在各阀门全开的情况下，吸入管路长度为 12m（包括所有局部阻力的当量长度，下同），管径为 60mm；压出管路：总管 AB 的长度为 18m，管径为 60mm，支管 B→2 的长度为 15m，管径为 50mm，支管 B→3 的长度为 10m，管径为 50mm。要求向高位槽 2 及 3 中的最大输送量分别为 4.2×10^{-3} m^3/s 及 3.6×10^{-3} m^3/s。管路摩擦系数可取为 0.03，当地大气压为 100kPa。（1）试选用一台合适的离心泵；（2）若在操作条件下溶液的饱和蒸气压为 8.5kPa，确定泵的安装高度；（3）若用图中吸入管线上的阀门调节流量，可否保证输送系统正常操作？管路布置是否合理？为什么？

解　（1）选泵　计算完成最大输送量时管路所需要的压头。因该泵同时向两个高位槽送液体，应分别计算管路所需压头，以较大压头作为选泵的依据。

各管路中流速：

B→2 支路

$$u_{B2}=\frac{q_{V2}}{\frac{\pi}{4}d_2^2}=\frac{4.2\times10^{-3}}{0.785\times0.05^2}=2.14\text{m/s}$$

B→3 支路

$$u_{B3}=\frac{q_{V3}}{\frac{\pi}{4}d_3^2}=\frac{3.6\times10^{-3}}{0.785\times0.05^2}=1.83\text{m/s}$$

总管流量与流速

$$q_V=q_{V2}+q_{V3}=4.2\times10^{-3}+3.6\times10^{-3}=7.8\times10^{-3}\text{m}^3/\text{s}=28.1\text{m}^3/\text{h}$$

$$u=\frac{q_V}{\frac{\pi}{4}d_1^2}=\frac{7.8\times10^{-3}}{0.785\times0.06^2}=2.76\text{m/s}$$

在贮槽 1 与高位槽 2 间列伯努利方程

$$z_1+\frac{1}{2g}u_1^2+\frac{p_1}{\rho g}+H_{e2}=z_2+\frac{1}{2g}u_2^2+\frac{p_2}{\rho g}+\sum h_{f,1-2}$$

其中，$p_1=p_2=0$（表压）；$z_1=0$；$u_1=u_2\approx0$；$z_2=10$m。

$$\sum h_{f,1-2}=\sum h_{f,1-B}+\sum h_{f,B-2}=\lambda\frac{(l+\sum l_e)_{1B}}{d_1}\times\frac{u^2}{2g}+\lambda\frac{(l+\sum l_e)_{B2}}{d_2}\times\frac{u_{B2}^2}{2g}$$

$$=0.03\times\frac{12+18}{0.06}\times\frac{2.76^2}{2\times9.81}+0.03\times\frac{15}{0.05}\times\frac{2.14^2}{2\times9.81}=7.92\text{m}$$

所以
$$H_{e2}=z_2+\sum h_{f,1-2}=10+7.92=17.92\text{m}$$

在贮槽 1 与高位槽 3 间列伯努利方程

$$z_1+\frac{1}{2g}u_1^2+\frac{p_1}{\rho g}+H_{e3}=z_3+\frac{1}{2g}u_3^2+\frac{p_3}{\rho g}+\sum h_{f,1-3}$$

其中，$p_1=0$（表压）；$p_3=15$kPa（表压）；$z_1=0$；$u_1=u_3\approx0$；$z_3=10$m。

$$\sum h_{f,1-3}=\sum h_{f,1-B}+\sum h_{f,B-3}=\lambda\frac{(l+\sum l_e)_{1B}}{d_1}\times\frac{u^2}{2g}+\lambda\frac{(l+\sum l_e)_{B3}}{d_3}\times\frac{u_{B3}^2}{2g}$$

$$=0.03\times\frac{12+18}{0.06}\times\frac{2.76^2}{2\times9.81}+0.03\times\frac{10}{0.05}\times\frac{1.83^2}{2\times9.81}=6.85\text{m}$$

所以
$$H_{e3}=z_3+\frac{p_3}{\rho g}+\sum h_{f,1-2}=10+\frac{15\times10^3}{9.81\times1200}+6.85=18.12\text{m}$$

比较之，取压头 $H_e=18.12\text{m}$。

因所输送的液体与水相近，可选用清水泵。根据流量 $q_V=28.1\text{m}^3/\text{h}$，$H_e=18.12\text{m}$，查泵性能表，选用 IS65-50-125 型水泵，其性能为：流量 $30\text{m}^3/\text{h}$，压头 18.5m，效率 68%，轴功率 2.22kW，必需汽蚀余量 3m，配用电机容量 3kW，转速 2900r/min。

因所输送液体密度大于水，需核算功率。

最大输送量 $q_V=28.1\text{m}^3/\text{h}<30\text{m}^3/\text{h}$，轴功率 $N<2.22\text{kW}$，以 $N=2.22\text{kW}$ 进行核算

$$N'=\frac{\rho'}{\rho}N=\frac{1200}{1000}\times2.22=2.66\text{kW}<3\text{kW}$$

故所配电机容量够用，该泵合适。

（2）确定安装高度　吸入管路压头损失

$$\sum h_{f,1-A}=\lambda\frac{(l+\sum l_e)_{1A}}{d_1}\frac{u^2}{2g}=0.03\times\frac{12}{0.06}\times\frac{2.76^2}{2\times9.81}=2.33\text{m}$$

则泵允许安装高度

$$H_{g允}=\frac{p_0-p_v}{\rho g}-(NPSH)_r-\sum h_{f,1-A}=\frac{100\times10^3-8.5\times10^3}{1200\times9.81}-3-2.33=2.44\text{m}$$

为安全计，再降低 0.5m，故实际安装高度应低于 $(2.44-0.5)=1.94\text{m}$。

（3）用吸入管线上的阀门调节流量不合适，因为随阀门关小，吸入管路阻力增大，使泵入口处压力降低，可能降至操作条件下该溶液的饱和蒸气压以下，泵将发生汽蚀现象而不能正常操作。该管路布置不合理，因底部有底阀，吸入管路中无需再加阀门。若离心泵安装在液面下方，为便于检修，通常在吸入管路上安装阀门，但正常操作时，该阀应处于全开状态，而不能当作调节阀使用。

讨论　选泵的基本依据是流量与压头，泵所提供的流量与压头应大于管路所需之值，对于输送密度大于水的其他液体，若选用清水泵，还需核算功率。泵的安装与使用要得当，以避免汽蚀现象的发生。

1.5 习题精选

一、选择题

1. 空气在内径一定的圆管中定态流动，若空气质量流量一定，当空气温度降低时，其 Re 值将（　　）。

A. 减小　　B. 增大　　C. 不变　　D. 无法确定

2. 牛顿黏性定律适用于（　　）。

A. 牛顿型流体的层流流动　　B. 牛顿型流体的湍流流动

C. 牛顿型流体的层流和湍流流动　　D. 理想流体的层流和湍流流动

3. 附图表明，管中的流体处于（　　）。

A. 静止

B. 向上流动

C. 向下流动

D. 无法确定

选择题3附图

4. 流体在管内层流流动时，其摩擦系数不可能是（　　）。

A. 0.06　　B. 0.05

C. 0.04　　D. 0.03

5. 当流体流动处于湍流区时，随着流体流速的提高，摩擦系数及直管阻力的变化规律是（　　）。

A. 摩擦系数减小，直管阻力减小　　B. 摩擦系数减小，直管阻力增大

C. 摩擦系数增大，直管阻力减小　　D. 摩擦系数增大，直管阻力增大

6. 当流体流动处于完全湍流区时，以下与直管阻力无关的有（　　）项。

①流体流速　②流体的密度　③流体的黏度　④管长

⑤管径　⑥管子放置方式　⑦管壁粗糙度

A. 1　B. 2　C. 3　D. 4

7. 对于非圆形管道的当量直径 d_e，以下说法错误的是（　　）。

A. 可用 d_e 计算 Re　　B. 可用 d_e 计算相对粗糙度

C. 可用 d_e 计算流速　　D. 可用 d_e 计算流动阻力

8. 如附图所示的输水管路：

(1) 若水静止，则U形管指示液两侧液面（　　）。

A. 一样高　　B. 左高右低

C. 左低右高　　D. 无法确定

(2) 若水由A流向B，且流动阻力可忽略，则U形管指示液两侧液面（　　）。

A. 一样高　　B. 左高右低

C. 左低右高　　D. 无法确定

(3) 若水由A流向B，且流动阻力可忽略，随水流量的增加，U形压差计读数 R（　　）。

A. 不变　　B. 增加

C. 减少　　D. 不定

选择题8附图

9. 如附图所示，高位槽液面保持恒定，液体以一定流量流经管路，ab与cd两段长度相等，管径与管壁粗糙度相同，则

(1) U形压差计读数（　　）。

A. $R_1>R_2$　　B. $R_1<R_2$

C. $R_1=R_2$　　D. 无法确定

(2) 压强差（　　）。

A. $\Delta p_{ab}>\Delta p_{cd}$　　B. $\Delta p_{ab}<\Delta p_{cd}$

C. $\Delta p_{ab}=\Delta p_{cd}$　　D. 无法确定

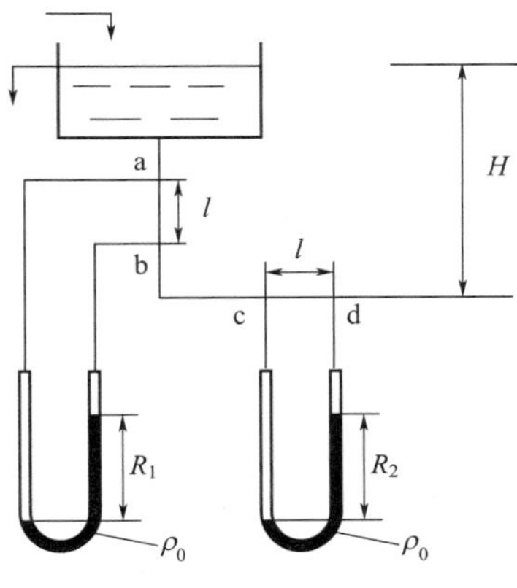

选择题9附图

10. 在层流流动中，若流体的总流量相同，则规格（管径与管长）相同的两根管子并联时的机械能损失是串联时的（　　）倍。

A. 2　　B. 1　　C. 0.5　　D. 0.25

11. 关于标准孔板流量计的流量系数 C_0，如下表述错误的是（　　）。

A. C_0 与雷诺数 Re 及面积比 A_0/A 均有关　　B. 随 Re 的增加，C_0 先减小后恒定

C. C_0 随面积比 A_0/A 的增加而减小　　D. Re 界限值随面积比 A_0/A 的增加而增大

12. 转子流量计的主要特点是（　　）。

A. 恒截面、恒压差　　B. 恒环隙流速、恒压差

C. 变截面、变压差　　D. 变环隙流速、恒压差

13. 离心泵铭牌上标注的扬程是指（　　）。

A. 功率最大时的扬程　　B. 流量最大时的扬程

C. 泵的最大扬程　　D. 效率最高时的扬程

14. 用离心泵将水池的水抽吸到水塔中，若离心泵操作在正常范围内，开大出口阀门将导致（　　）。

A. 送水量增加，整个管路能量损失增大　　B. 送水量增加，整个管路能量损失减小

C. 送水量增加，泵的轴功率下降　　D. 送水量增加，泵的轴功率不变

15. 某台离心泵启动一段时间后，发现泵入口处的真空度逐渐降为零，泵出口处的压力表示数也逐渐降为零，此时泵完全打不出水。发生故障的原因可能是（　　）。

A. 泵安装高度过高　　B. 吸入管路堵塞

C. 压出管路堵塞　　D. 吸入管路漏气

16. 如在测定离心泵特性曲线时，错误地将压力表安装在调节阀之后，则操作时压力表的示数将（　　）。

A. 随入口真空表读数的增大而减小　　B. 随流量的增大而减小

C. 随流量的增大而增大　　D. 随泵压头的增大而增大

17. 为避免泵汽蚀现象发生，以下措施中错误的是（　　）。

A. 降低离心泵的安装高度　　B. 采用较大的吸入管径

C. 减少吸入管路长度　　D. 在吸入管路上安装调节阀

18. 现用齿轮泵输送某种液体，采用旁路调节方式。若将旁路阀关小，而其他条件保持不变，则齿轮泵提供的压头将（　　）。

A. 不变　　B. 增加　　C. 减少　　D. 无法确定

19. 以下各种泵中，启动前需全开出口阀的有（　　）个。

①离心泵　　②往复泵　　③螺杆泵　　④旋涡泵

A. 1　　B. 2　　C. 3　　D. 4

20. 离心通风机全风压的意义是（　　）。

A. 单位质量的气体通过风机获得的机械能　　B. 单位重量的气体通过风机获得的机械能

C. 单位体积的气体通过风机获得的机械能　　D. 单位时间内气体通过风机获得的机械能

二、填空题

1. 用倒 U 形压差计测量水流经管路中两截面的压力差，指示剂为空气，现将指示剂改为油，若流向不变，则 R ________。

2. 流体静力学基本方程应用条件是________________。

3. 如附图所示，在两密闭容器A、B的上、下方各连接一U形压差计，指示液相同，密度均为ρ_0。容器及连接管中流体相同，其密度为ρ。当用下方U形压差计读数表示时，$p_A-p_B=$______；当用上方U形压差计读数表示时，$p_A-p_B=$______，则R_1与R_2的关系为______。

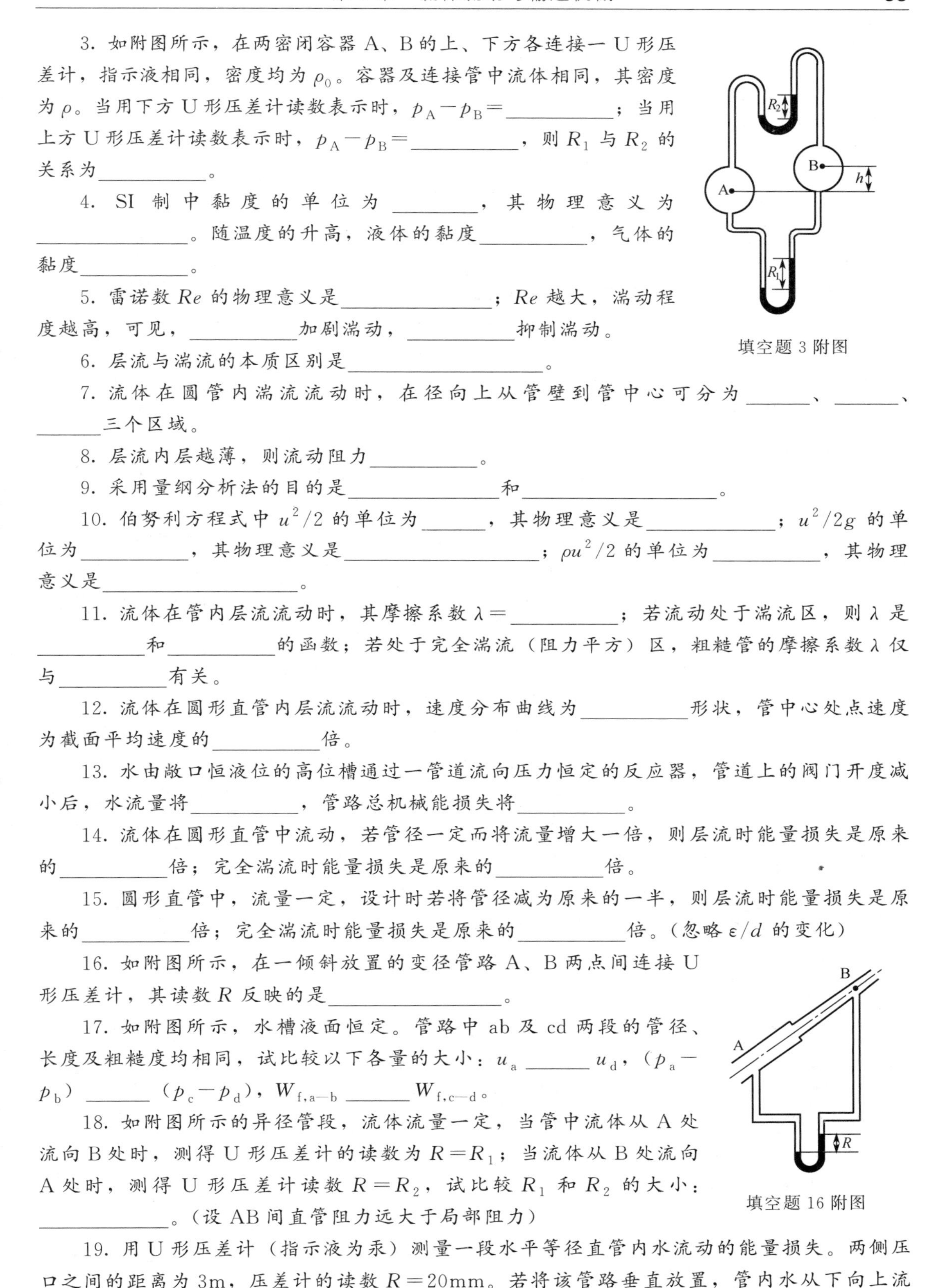

填空题3附图

4. SI制中黏度的单位为______，其物理意义为______。随温度的升高，液体的黏度______，气体的黏度______。

5. 雷诺数Re的物理意义是______；Re越大，湍动程度越高，可见，______加剧湍动，______抑制湍动。

6. 层流与湍流的本质区别是______。

7. 流体在圆管内湍流流动时，在径向上从管壁到管中心可分为______、______、______三个区域。

8. 层流内层越薄，则流动阻力______。

9. 采用量纲分析法的目的是______和______。

10. 伯努利方程式中$u^2/2$的单位为______，其物理意义是______；$u^2/2g$的单位为______，其物理意义是______；$\rho u^2/2$的单位为______，其物理意义是______。

11. 流体在管内层流流动时，其摩擦系数$\lambda=$______；若流动处于湍流区，则λ是______和______的函数；若处于完全湍流（阻力平方）区，粗糙管的摩擦系数λ仅与______有关。

12. 流体在圆形直管内层流流动时，速度分布曲线为______形状，管中心处点速度为截面平均速度的______倍。

13. 水由敞口恒液位的高位槽通过一管道流向压力恒定的反应器，管道上的阀门开度减小后，水流量将______，管路总机械能损失将______。

14. 流体在圆形直管中流动，若管径一定而将流量增大一倍，则层流时能量损失是原来的______倍；完全湍流时能量损失是原来的______倍。

15. 圆形直管中，流量一定，设计时若将管径减为原来的一半，则层流时能量损失是原来的______倍；完全湍流时能量损失是原来的______倍。（忽略ε/d的变化）

16. 如附图所示，在一倾斜放置的变径管路A、B两点间连接U形压差计，其读数R反映的是______。

填空题16附图

17. 如附图所示，水槽液面恒定。管路中ab及cd两段的管径、长度及粗糙度均相同，试比较以下各量的大小：u_a ______ u_d，(p_a-p_b) ______ (p_c-p_d)，$W_{f,a-b}$ ______ $W_{f,c-d}$。

18. 如附图所示的异径管段，流体流量一定，当管中流体从A处流向B处时，测得U形压差计的读数为$R=R_1$；当流体从B处流向A处时，测得U形压差计读数$R=R_2$，试比较R_1和R_2的大小：______。（设AB间直管阻力远大于局部阻力）

19. 用U形压差计（指示液为汞）测量一段水平等径直管内水流动的能量损失。两侧压口之间的距离为3m，压差计的读数$R=20$mm。若将该管路垂直放置，管内水从下向上流动，且流量不变，则此时压差计的读数 $R'=$ ________ mm，水流过该管段的能量损失为 ________ J/kg。

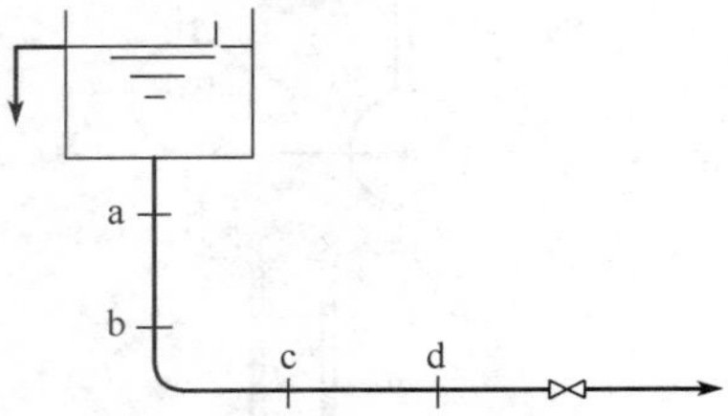

填空题 17 附图 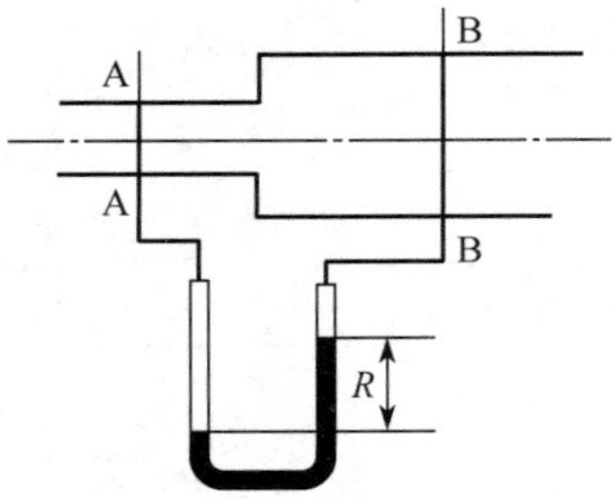　　填空题 18 附图 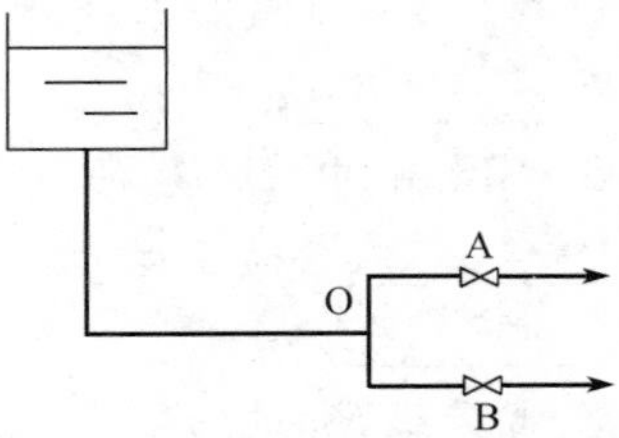　　填空题 21 附图

20. 有一并联管路，其两支管的流量、流速、管径、管长及流动能量损失分别为 q_{V1}、u_1、d_1、l_1、W_{f1} 和 q_{V2}、u_2、d_2、l_2、W_{f2}。已知 $d_1=2d_2$，$l_1=3l_2$，流体在两支管中均为层流流动，则 $W_{f1}/W_{f2}=$ ________，$q_{V1}/q_{V2}=$ ________，$u_1/u_2=$ ________。

21. 如附图所示的分支管路，当阀 A 关小时，分支点压力 p_O ________，分支管流量 q_{VA} ________，q_{VB} ________，总管流量 q_{VO} ________。

22. 某孔板流量计用水测得 $C_0=0.64$，现用于测量 $\rho=900\text{kg/m}^3$、$\mu=0.8\text{mPa}\cdot\text{s}$ 液体的流量，此时 C_0 ________ 0.64（>，=，<）（设 Re 超过界限值）。

23. 某孔板流量计，当水流量为 q_V 时，U 形压差计读数 $R=600\text{mm}$（指示液 $\rho_0=3000\text{kg/m}^3$），若改用 $\rho_0=6000\text{kg/m}^3$ 的指示液，水流量不变，则读数 R 变为 ________ mm。

24. 用孔板流量计测量流体流量时，随流量的增加，孔板前后的压差值将 ________；若改用转子流量计，则转子前后压差值将 ________。

25. 当喉径与孔径相同时，文丘里流量计的流量系数 C_V 比孔板流量计的流量系数 C_0 ________，文丘里流量计的能量损失比孔板流量计的能量损失 ________。（大、小）

26. 某 LZB-40 型气体转子流量计，量程范围为 $6\sim60\text{m}^3/\text{h}$，实际使用时空气的温度为 40℃，则在使用条件下，实际的流量上限为 ________ m^3/h，下限为 ________ m^3/h。

27. 离心泵开车前必须先灌泵，其作用是为了防止 ________，而后需关闭出口阀再启动，其目的是 ________；离心泵的安装高度不当，会发生 ________。

28. 用离心泵输送某种液体，离心泵的结构及转速一定时，其输送量取决于 ________。

29. 管路特性方程 $H=A+Bq_V^2$ 中，A 代表 ________，Bq_V^2 代表 ________。

30. 用离心泵将江水送往敞口高位槽。现江水上涨，若管路情况不变，则离心泵流量 ________，轴功率 ________，管路总能量损失 ________。

31. 现用离心泵向高压容器输送液体，若将高压容器改为常压，其他条件不变，则该泵输送的液体量 ________，轴功率 ________。

32. 离心泵在两容器间输送液体，当被输送液体的密度增加时，

（1）若两容器均敞口，则离心泵的流量 ________，压头 ________，轴功率 ________；

（2）若低位槽敞口，高位槽内为高压，则离心泵的流量 ________，压头 ________，轴功率 ________。

33. 离心泵用出口阀门调节流量实质上是改变________曲线，用改变转速调节流量实质上是改变________曲线。

34. 对于附图所示的测定离心泵特性曲线的实验装置，当阀门开度一定时：

（1）若贮槽中水位上升，则流量________，压头________，泵入口真空表读数________，出口压力表读数________；

（2）若离心泵的转速提高，则流量________，压头________，泵入口真空表读数________，出口压力表读数________。

填空题 34 附图

35. 用离心泵输送常温下水。已知泵的性能为：$q_V=0.05\text{m}^3/\text{s}$ 时，$H=20\text{m}$；管路特性为：$q_V=0.05\text{m}^3/\text{s}$ 时，$H_e=18\text{m}$，则实际操作时在该流量下，消耗在调节阀上的压头为________，多消耗的有效功率为________。

36. 已知转速为 n_1 时，离心泵的特性方程为 $H_1=f(q_{V1})$，则转速为 n_2 时，泵的特性方程将变为________。

37. 用离心通风机将质量流量为 q_m 的空气送入某加热器中，由 20℃加热到 100℃。若将该通风机从加热器前移至加热器后，则通风机的风量将________，全风压将________。

38. 往复泵、旋转泵等正位移泵，其流量取决于________，而压头取决于________。

39. 属于正位移式泵，除往复泵以外，还有________、________等型式，它们的流量调节通常采用________方法。

40. 对于往复压缩机，当气体压缩比一定时，若余隙系数增大，则容积系数________，吸气量________。

三、计算题

1. 一敞口贮槽中装有油（密度为 917kg/m^3）和水，液体总深度为 3.66m，其中油深为 3m。试计算油水分界处及贮槽底面的压力，分别用绝压和表压表示。（当地大气压为 101.3kPa）

2. 如附图所示，用 U 形压力计测量容器内液面上方的压力，指示液为水银。已知该液体密度为 900kg/m^3，$h_1=0.3\text{m}$，$h_2=0.4\text{m}$，$R=0.4\text{m}$。试求：（1）容器内的表压；（2）若容器内的表压增大一倍，压力计的读数 R'。

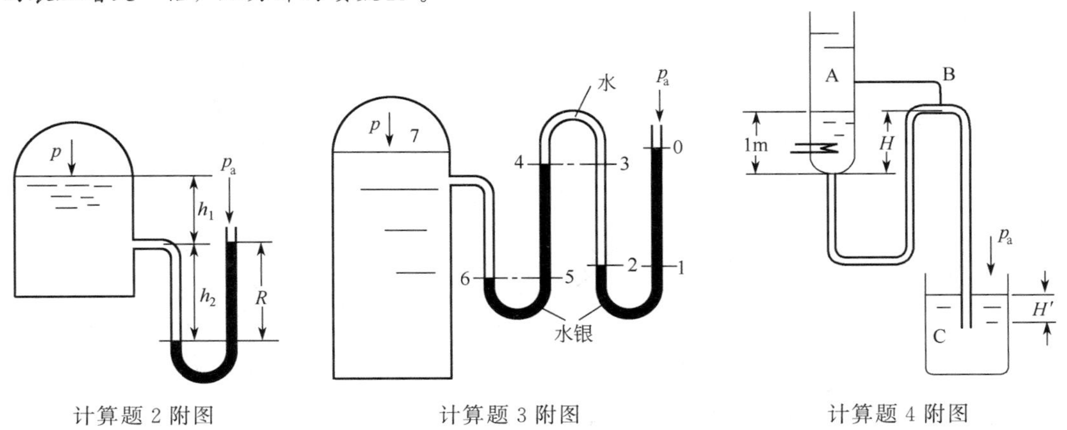

计算题 2 附图　　计算题 3 附图　　计算题 4 附图

3. 如附图所示，用复式压差计测量某蒸汽锅炉液面上方的压力，指示液为水银，两 U

形压差计间充满水。相对于某一基准面，各指示液界面高度分别为 $z_0=2.0\text{m}$，$z_2=0.7\text{m}$，$z_4=1.8\text{m}$，$z_6=0.6\text{m}$，$z_7=2.4\text{m}$。试计算锅炉内水面上方的蒸汽压力。

4. 精馏塔底部用蛇管加热使液体汽化，液体的饱和蒸气压为 $1.093\times10^5\text{Pa}$，液体密度为 950kg/m^3。采用 Π 形管出料，Π 形管顶部与塔内蒸气空间用一细管 AB 连通（见附图）。试求：(1) 为保证塔底液面高度不低于 1m，Π 形管高度 H 应为多少？(2) 为防止塔内蒸气由连通管逸出，Π 形管出口液封高度 H' 至少应为多少？

5. 如附图所示，两直径相同的密闭容器中均装有乙醇（密度为 800kg/m^3），底部用一连通器相连。容器 1 液面上方的表压为 104kPa，液面高度为 5m；容器 2 液面上方的表压为 126kPa，液面高度为 3m；试判断阀门开启后乙醇的流向，并计算平衡后两容器新的液面高度。

6. 附图所示的是丙烯精馏塔的回流系统，丙烯由贮槽回流至塔顶。丙烯贮槽液面恒定，其液面上方的压力为 2.0MPa（表压），精馏塔内操作压力为 1.3MPa（表压）。塔内丙烯管出口处高出贮槽内液面 30m，管内径为 140mm，丙烯密度为 600kg/m^3。现要求输送量为 $40\times10^3\text{kg/h}$，管路的全部能量损失为 150J/kg（不包括出口能量损失），试核算该过程是否需要泵。

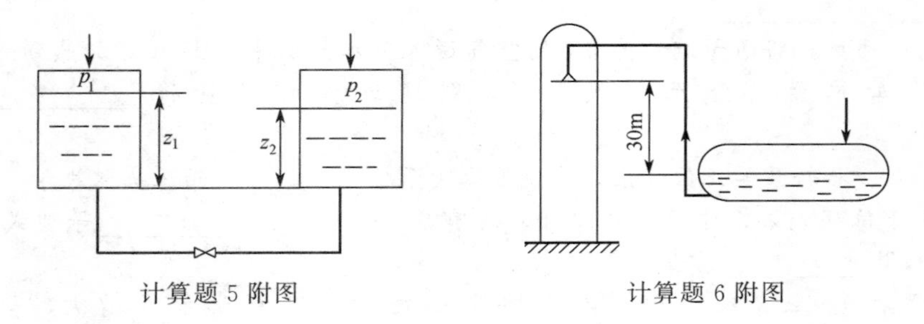

计算题 5 附图　　　　计算题 6 附图

7. 如附图所示，水由高位槽经管道从喷嘴流入大气，水槽中水位恒定。已知 $d_1=125\text{mm}$，$d_2=100\text{mm}$，喷嘴内径 $d_3=75\text{mm}$，U 形压差计的读数 $R=80\text{mmHg}$。若忽略水在管路中的流动阻力，求水槽的高度 H 及喷嘴前压力表读数。

8. 如附图所示，水从倾斜直管中流过，在 A 与 B 截面间接一空气压差计，其读数 $R=10\text{mm}$，A、B 间距离为 1m。试求：(1) A、B 两点的压差；(2) 若管路水平放置而流量不变，压差计读数及两点的压差有何变化？

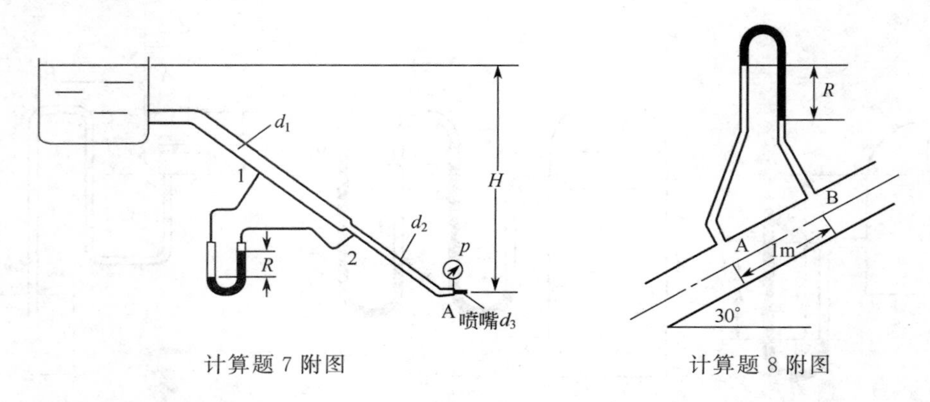

计算题 7 附图　　　　计算题 8 附图

9. 欲测定液体的黏度，通常可采用测量其通过毛细管的流速与压降的方法。已知待测液体的密度为 912kg/m^3，毛细管内径为 2.22mm，长为 0.1585m，测得液体的流量为

$5.33\times10^{-7}m^3/s$ 时，其压力损失为 131mmH$_2$O（水的密度为 996kg/m^3）。不计端效应，试计算液体的黏度。

10. 如附图所示，水在 ϕ57mm×3mm 的倾斜管路中流过，管路中装有 U 形压差计，其读数为 94mmHg。AB 段管长为 5m，阀门的局部阻力系数为 5，管内摩擦系数为 0.025。试求：(1) AB 两截面间的压力差；(2) 水在管中的流量；(3) 若保证水的流量及其他条件不变，而将管路水平放置，则 U 形压差计的读数及 AB 两截面间的压力差有何变化？

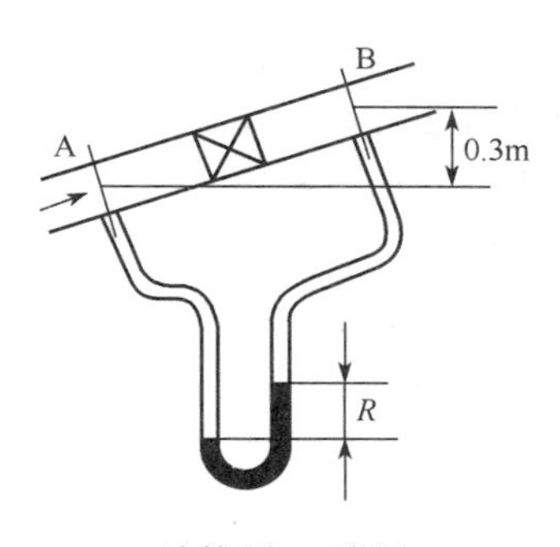

计算题 10 附图

11. 如附图所示。用压缩空气将密度为 1200kg/m^3 的碱液自低位槽送至高位槽，两槽的液面维持恒定。管子规格为 ϕ60mm×3.5mm，各管段的能量损失分别为 $\sum W_{f,AB}=\sum W_{f,CD}=u^2$，$\sum W_{f,BC}=1.5u^2$ (J/kg)（u 为碱液在管内的流速）。两 U 形压差计中的指示液均为水银，$R_1=60$mm，$h=100$mm。试求 (1) 压缩空气的压力 p_1；(2) U 形压差计读数 R_2。

12. 如附图所示的输水管路系统，测得 A、B 两点的表压分别为 0.2MPa 和 0.15MPa。已知管子的规格为 ϕ89mm×4.5mm，A、B 间管长为 40m，A、B 间全部局部阻力的当量长度为 20m。设输送条件下水的密度为 1000kg/m^3，黏度为 1mPa·s，摩擦系数与雷诺数的关系为 $\lambda=\dfrac{0.3164}{Re^{0.25}}$。试求：(1) A、B 间的压头损失；(2) 若在 A、B 间连接一 U 形压差计，指示液为汞，则其读数为多少？(3) 管路中水的流量。

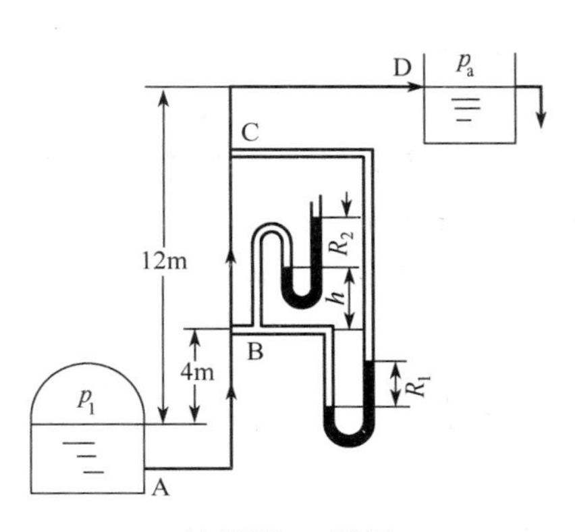

计算题 11 附图

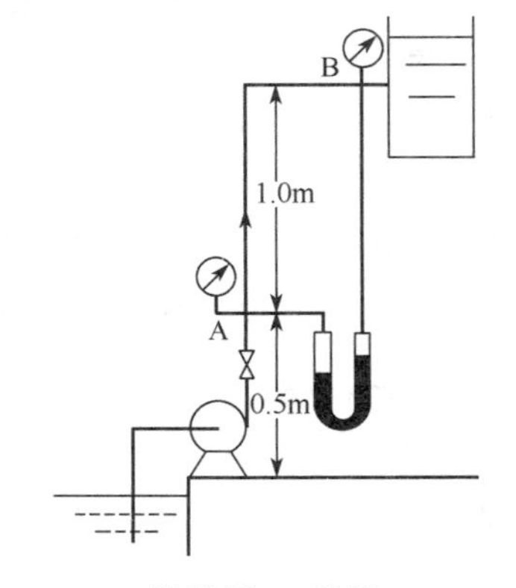

计算题 12 附图

13. 某厂有一蒸汽锅炉，每小时产生烟道气 360000m^3，通过烟囱排至大气中。烟囱底部气体压强较地面上的大气压强低 25mmH$_2$O。设烟囱是由钢板铆接而成的圆筒，内径为 3.5m，烟囱中气体的平均温度为 260℃，在此温度下烟道气的平均密度为 0.6kg/m^3，平均黏度为 0.028mPa·s。大气的温度为 20℃，在此温度下，在烟囱高度范围内，大气的平均密度为 1.15 kg/m^3。问此烟囱需多少米高？(设相对粗糙度 $\varepsilon/d=0.0004$)

14. 密度为 800kg/m^{3}的油在水平管中做层流流动。已知管内径为 50mm，管长为 120m（包括所有局部阻力的当量长度），管段两端的压力分别为 $p_1=1$MPa，$p_2=0.95$MPa（均为表压）。已测得距管中心 $r=0.5R$（R 为管子的内半径）处的点速度为 0.8m/s，试确定该油品的黏度。

15. 附图所示为溶液的循环系统，循环量为 $3m^3/h$，溶液的密度为 $900kg/m^3$。输送管内径为 25mm，容器内液面至泵入口的垂直距离为 3m，压头损失为 1.8m，离心泵出口至容器内液面的压头损失为 2.6m。试求：(1) 管路系统需要离心泵提供的压头；(2) 泵入口处压力表读数。

16. 如附图所示，将密度为 $920kg/m^3$，黏度为 0.015Pa·s 的液体利用位差从贮槽 A 送入贮槽 B，A、B 槽中气相表压分别为 57kPa、60kPa。管路为 $\phi22mm\times2mm$ 的钢管，其长度（包括所有局部阻力的当量长度）为 25m。试求管内液体流量。

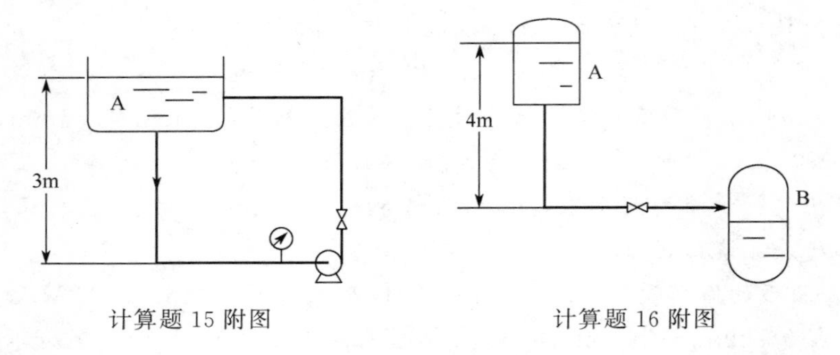

计算题 15 附图　　计算题 16 附图

17. $\rho=1000kg/m^3$、$\mu=1.31mPa\cdot s$ 的冷却水由高位槽送往常压冷却塔喷淋（见附图），输送管尺寸为 $\phi89mm\times4.5mm$，直管及全部局部阻力当量长度之和为 120m，设湍流时摩擦系数可按 $\lambda=\dfrac{0.3164}{Re^{0.25}}$ 计算，试求冷却水流量。

18. 从设备排出的废气在放空前通过一个洗涤塔，以除去其中的有害物质，流程如附图所示。气体流量为 $3600m^3/h$，废气的物理性质与 50℃ 的空气相近，在鼓风机吸入管路上装有 U 形压差计，指示液为水，其读数为 60mm。输气管与放空管的内径均为 250mm，管长与管件、阀门的当量长度之和为 55m（不包括进、出塔及管出口阻力），放空口与鼓风机进口管水平面的垂直距离为 15m，已估计气体通过洗涤塔填料层的压力损失为 2.45kPa。管壁的绝对粗糙度取为 0.15mm，大气压力为 101.3kPa。试求鼓风机的有效功率。

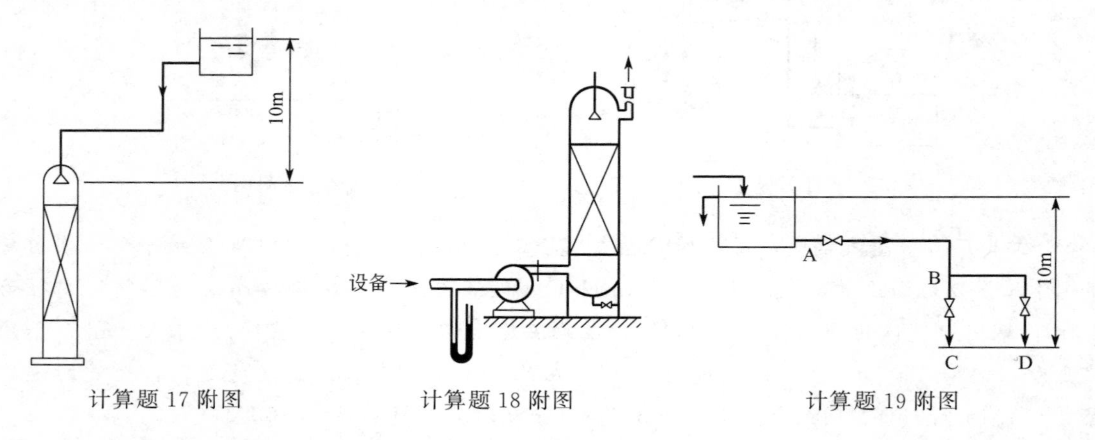

计算题 17 附图　　计算题 18 附图　　计算题 19 附图

19. 如附图所示，高位槽中水分别从 BC 与 BD 两支路排出，其中水面维持恒定。高位槽液面与两支管出口间的距离为 10m。AB 管段的内径为 38mm、长为 28m；BC 与 BD 支管的内径相同，均为 32mm，长度分别为 12m、15m（以上各长度均包括管件及阀门全开时的当量长度）。各段摩擦系数均可取为 0.03。试求：(1) BC 支路阀门全关而 BD 支路阀门全开时的流量；(2) BC 支路与 BD 支路阀门均全开时各支路的流量及总流量。

20. 一锐孔直径为 0.06m 的孔板流量计，安装在直径为 0.154m 的管道中。密度为 $878kg/m^3$、黏度为 3.6mPa·s 的石油流过此管道，测得孔板两侧的压力差为 142kPa。试计算石油的流量。

21. 用离心泵将常温水从蓄水池送至常压高位槽（如附图所示）。管路的尺寸为 $\phi57mm\times3.5mm$，直管长度与所有局部阻力的当量长度之和为 240m，其中水池面到 A 点的长度为 60m，摩擦系数取为 0.022。输水量用孔板流量计测量，孔板孔径为 20mm，流量系数为 0.63，U 形压差计读数为 0.48m，两 U 形压差计的指示液均为汞。试求：(1) 每千克水从泵所获得的净功；(2) A 截面处 U 形压差计读数 R_1；(3) 若将常压高位槽改为高压高位槽，则 U 形压差计读数 R_1、R_2 如何变化？

22. 如附图所示的输水实验装置，已知泵进、出管路直径相同，内径均为 65mm，两水池液面间的垂直距离为 15m，孔板流量计的孔径为 25mm，流量系数为 0.62。已测得孔板流量计 U 形压差计 $R_1=0.4m$，泵进、出口间 U 形压差计 $R_2=1.5m$，指示液均为汞。试求：(1) 泵的有效功率；(2) 管路系统的总压头损失；(3) 写出此管路特性方程。

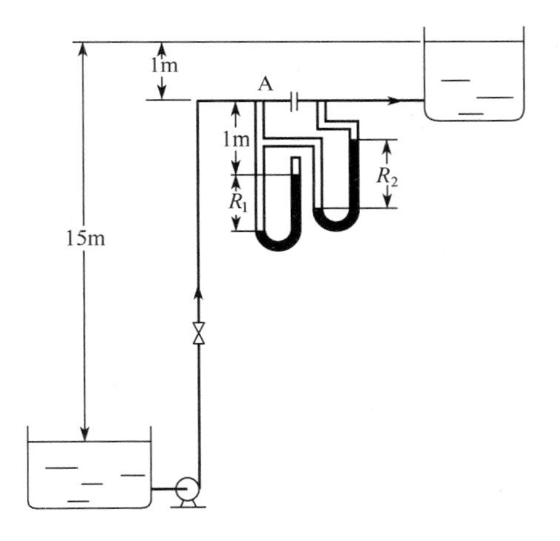

计算题 21 附图

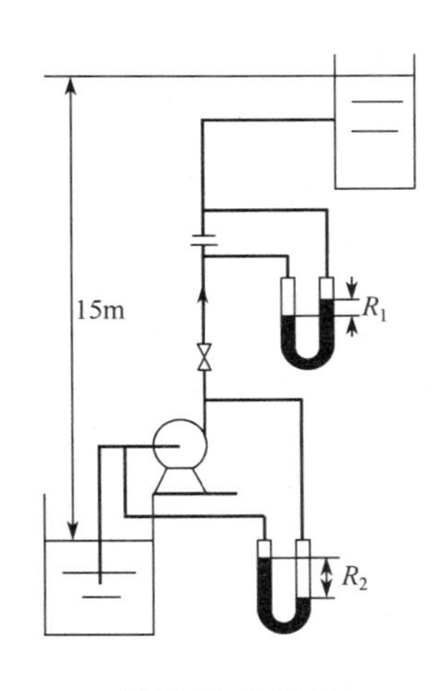

计算题 22 附图

23. 用离心泵将水从敞口贮槽送至密闭高位槽。高位槽中的气相表压为 98.1kPa，两槽液位相差 10m，且维持恒定。已知该泵的特性方程为 $H=40-7.2\times10^4q_V^2$（H 单位为 m，q_V 单位为 m^3/s），当管路中阀门全开时，输水量为 $0.01m^3/s$，且流动已进入阻力平方区。试求：(1) 管路特性方程；(2) 若阀门开度及管路其他条件等均不变，而改为输送密度为 $1200kg/m^3$ 的碱液，求碱液的输送量。

24. 将河水用两台型号相同的离心泵串联输送至高位槽，流程如附图所示。管内径均为 100mm，吸入管路长为 45m（包括所有局部阻力的当量长度），摩擦系数取为 0.024，泵入口处真空表读数为 40kPa。已知单泵的特性方程为 $H=20-5q_V^2$（H 单位为 m，q_V 单位为 m^3/min），试求：(1) 输

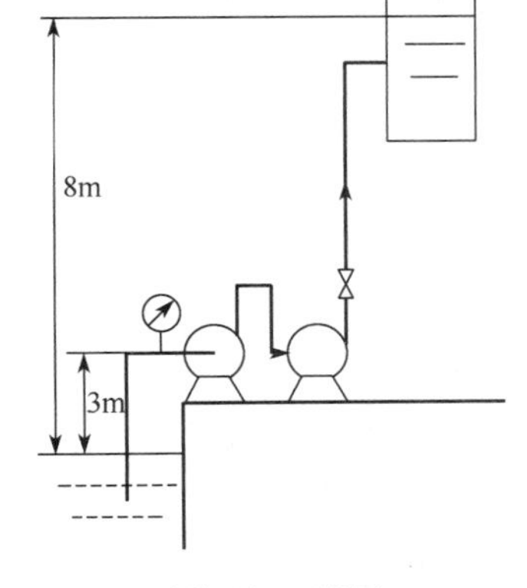

计算题 24 附图

水量；(2) 串联泵的有效功率。

25. 如附图所示，用离心泵将某减压精馏塔塔底的釜液送至贮槽，泵位于塔底液面以下 2m 处。已知塔内液面上方的真空度为 500mmHg，且液体处于沸腾状态。吸入管路全部压头损失为 0.8m，釜液的密度为 $890kg/m^3$，所用泵的必需汽蚀余量为 2.0m，问此泵能否正常操作？

26. 如附图所示，用离心泵将密度为 $1200kg/m^3$ 的溶液，从一敞口贮槽送至表压为 57kPa 的高位槽中。贮槽与容器的液位恒定。输液量用孔径为 20mm、流量系数为 0.65 的孔板流量计测量，水银 U 形压差计的读数为 460mm。已知输送条件下离心泵的特性方程为 $H=40-0.031q_V^2$（q_V 单位为 m^3/h，H 单位为 m）。试求：(1) 离心泵的输液量(m^3/h)；(2) 管路特性方程；(3) 若泵的转速提高 5%，则泵的有效功率为多少(kW)？

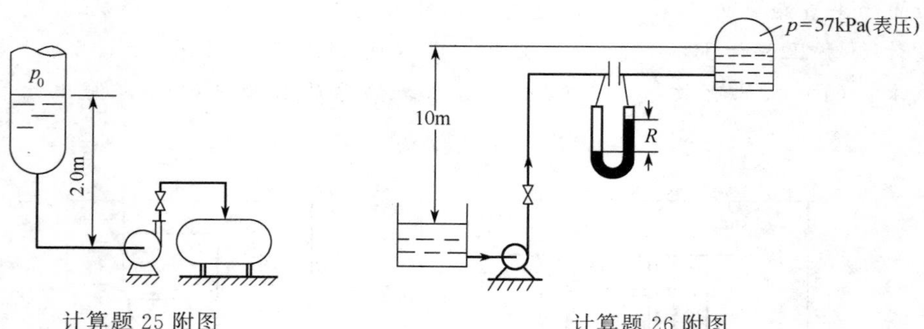

计算题 25 附图　　计算题 26 附图

27. 用离心泵将 20℃的清水从一敞口贮槽送到某设备中，泵入口及出口分别装有真空表和压力表。已知泵吸入管路的压头损失为 2.4m，动压头为 0.25m，水面与泵吸入口中心线之间的垂直距离为 2.5m，操作条件下泵的必需汽蚀余量为 4.5m。试求：(1) 真空表的读数，kPa；(2) 当水温从 20℃ 升至 50℃（此时水的饱和蒸气压为 12.34 kPa，密度为 $988.1kg/m^3$）时，发现真空表和压力表的读数跳动，流量骤然下降，试判断出了什么故障，并提出排除措施。(当地大气压为 101.3 kPa)

28. 用内径为 120mm 的钢管将河水送至一蓄水池中，要求输送量为 $60\sim100m^3/h$。水由池底部进入，池中水面高出河面 25m。管路的总长度为 80m，其中吸入管路为 24m（均包括所有局部阻力的当量长度），设摩擦系数 λ 为 0.028。试选用一台合适的泵，并确定安装高度。设水温为 20℃，大气压力为 101.3kPa。

符号说明

英文	意义	计量单位	英文	意义	计量单位
A	面积	m^2	G	质量流速	$kg/(m^2\cdot s)$
C_0	流量系数		H、H_e	压头	m
D	叶轮直径	m	H_g	泵安装高度	m
d	管径	m	h_f	压头损失	m
d_0	孔径	m	l	长度	m
e	涡流黏度	Pa·s	l_e	当量长度	m

英文	意义	计量单位
$(NPSH)_a$	有效汽蚀余量	m
$(NPSH)_r$	必需汽蚀余量	m
N	轴功率	W
N_e	有效功率	W
n	转速	r/min
p	压力	Pa
p_a	大气压	Pa
Δp_f	压力损失	Pa
p_T	全风压	Pa
p_s	静风压	Pa
p_k	动风压	Pa
p_v	饱和蒸气压	Pa
q_V	体积流量	m^3/s
q_m	质量流量	kg/s
R	通用气体常数	kJ/(kmol·K)
Re	雷诺数	
R	半径	m
T	热力学温度	K
t	温度	℃
u	平均速度	m/s
$\dot{u}$	点速度	m/s
W_e	有效功	J/kg
W_f	能量损失	J/kg
w	质量分数	
y	摩尔分数	
z	高度	m

希文	意义	计量单位
δ	厚度	m
ε	绝对粗糙度	m
ε	余隙系数	
γ	绝热指数	
ζ	局部阻力系数	
η	效率	
λ	摩擦系数	
λ_0	容积系数	
μ	黏度	Pa·s
ν	运动黏度	m^2/s
ρ	密度	kg/m^3
τ	剪应力	Pa

第2章 非均相物系分离

2.1 联系图

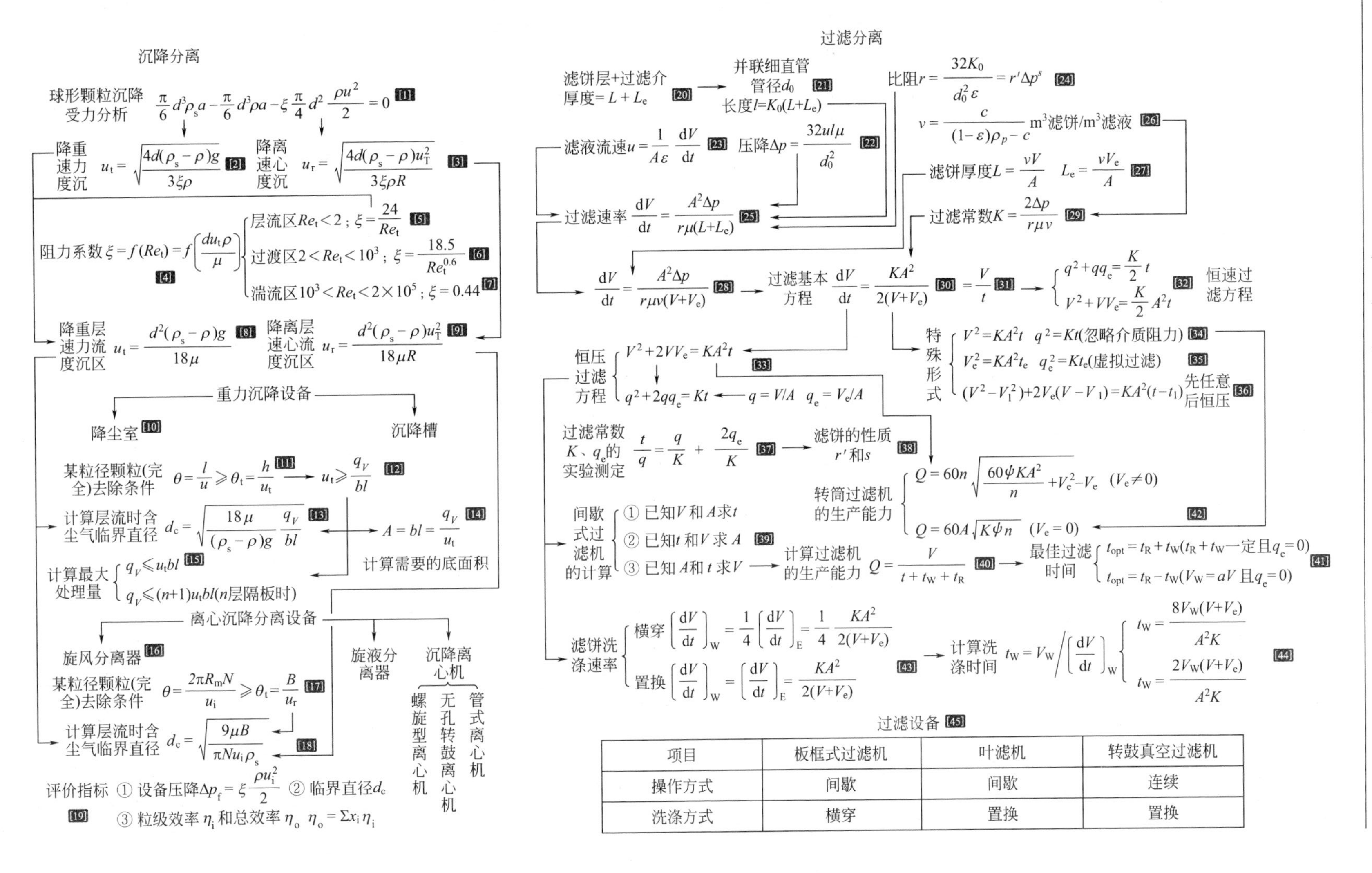

项目	板框式过滤机	叶滤机	转鼓真空过滤机
操作方式	间歇	间歇	连续
洗涤方式	横穿	置换	置换

联系图注释

➤ 沉降

注释 [1] ①球形颗粒作匀速沉降运动时的受力平衡通式：场力－浮力－阻力＝0，对重力场或离心力场均适用，a 为重力或离心加速度；②阻力正比于颗粒在垂直于沉降运动方向的平面上的投影面积；③可以把浮力归为阻力，于是，场力＝阻力。

注释 [2]、[3] ①是颗粒沉降速度的通用表达式，由［1］所述受力平衡式而来；②“通用”的含义是该式适用于沉降运动的各个区域：层流区、过渡区和湍流区，但各区域阻力系数计算方法不同。

注释 [4] ①阻力系数ξ是颗粒的球形系数 ψ 和颗粒雷诺数 Re_t的函数：$\xi=f(Re_t,\psi)$，这一关系非常类似于第 1 章中的 $\lambda=f(Re,\varepsilon/d)$ 和 $C_0=f(Re,A_0/A)$ 关系；当 Re_t一定时，ψ越小则ξ越大；②球形颗粒的 ψ 等于 1，其ξ仅是 Re_t的函数（以下所述，如不作特别说明，颗粒均是指球形颗粒）；③计算 Re_t时要注意，$Re_t=du_t\rho/\mu$，其中速度用颗粒的沉降速度，密度用流体的密度，不能用颗粒的密度。

注释 [5] ①是颗粒沉降运动处在层流区时（$Re_t<2$）的阻力系数计算式，可由理论推导或实验得到；②该式形式上类似于第 1 章所学层流时直管摩擦系数计算式（$\lambda=64/Re$），它们在双对数坐标系中都表现为一条倾斜的直线；③这时的沉降运动可看作是流体沿颗粒表面作低速爬流，沉降运动阻力以表面阻力为主。

注释 [6] ①是颗粒沉降运动处在过渡区时（$2<Re_t<1000$）的阻力系数计算式，由实验得到；②该式在形式上类似于第 1 章所学适用于光滑管中湍流时的帕拉修斯公式（$\lambda=0.3164/Re^{0.25}$），它们在双对数坐标系中都表现为一条逐渐变缓的曲线；③这时颗粒表面附近流体发生边界层分离，表面阻力和形体阻力在总阻力中的占比相当；④沉降运动处在层流区和过渡区时，虽然阻力系数随着 Re_t的增加而下降，但阻力是增加的。

注释 [7] ①是颗粒沉降运动处在湍流区时（$1000<Re_t<2\times10^5$）的阻力系数，由实验得到；②这时的$\xi\sim Re_t$线是一条水平线，就好像直管内湍流流动进入了阻力平方区；③这时的沉降运动阻力以形体阻力为主；④当 $Re_t>2\times10^5$ 时，颗粒表面的边界层由层流发展为湍流，促进了边界层内的动量传递，使颗粒表面的边界层分离点后移，尾流区缩小，造成以形体阻力为主的沉降运动阻力大幅降低（这在实验结果上表现为阻力系数由 0.44 突然降为 0.1）。

注释 [8] ①是重力沉降运动处在层流区时的沉降速度计算式，是［2］与［5］联立的结果；类似地，［2］与［6］、［2］与［7］中公式与数据联立，可分别得到过渡区和湍流区沉降速度的计算式；②由这些式子可以看出的沉降速度影响因素：颗粒的性质和尺寸、流体的性质；不能看出的影响因素：颗粒形状、壁效应、干扰沉降、分子热运动；③因为不同区域的沉降速度公式不同，而沉降问题的解决总是要使用沉降速度公式的，所以沉降问题的解决必须试差；这时试的不是某个变量的数值，而是沉降运动所属区域。

注释 [9] 是离心沉降运动处在层流区时的沉降速度计算式，是［3］与［5］联立的结果，其中 u_T是颗粒的圆周速度，R 是颗粒所在圆的半径。

注释 [10] ①该设备为气、固的相对运动和分开提供必要的空间；②受重力加速度的限制，需要的空间往往很大，故它是一种庞大而低效的设备，一般只能除去几十微米以上的颗粒。

注释 [11] 是某种粒径的颗粒被降尘室 100％地捕集下来的条件（式）：气流（或颗粒）在降尘室内的停留时间（l/u）大于这种颗粒由室顶沉降到室底需要的时间（h/u_t）。

注释 [12] 由 [11] 所述条件可得该条件式：气流中沉降速度大于气体流量（处理量）与底面积之比的颗粒才能100%地被降尘室捕集下来。

注释 [13]～[15] ①可分别用于解决与降尘室有关的三类工程问题，这三类问题可以概括为：条件式 [12] 中的三个变量 [即临界颗粒直径 d_c（等同于 u_t）、底面积 $A(bl)$、处理量 q_V] 二求一；②这三类问题的答案均与降尘室的高度无关，但设计降尘室时不能把这个高度定得过小，否则会使已沉降到室底的颗粒重新被卷起；③解这三类问题时，都要用到沉降速度 u_t 的计算公式，但是因为 u_t 在这三类问题中均为未知数，所以"u_t→Re_t→沉降运动所处区→选用沉降速度公式→u_t"这条路线中存在"死循环"，所以解这三类问题都需要试差；④试差过程为："假定沉降运动处在某区→选用沉降速度公式→u_t→Re_t，检验"。

注释 [16] ①该设备利用含尘气体的动能形成离心力场，使颗粒在旋转气流中发生离心沉降，可以把低至5μm的颗粒捕集下来；②设备体积小，可内置于其他大容积的设备内；③标准型号者各部分尺寸服从一定的比例关系：例如圆锥与圆筒高度之比为1∶1、排气管与圆筒直径之比为1∶2、出灰口与圆筒直径之比为1∶4等。

注释 [17] ①是某种粒径的颗粒被100%捕集下来的条件（式）：气流（或颗粒）在旋风分离器内的停留时间大于这种颗粒由离器壁最远处到达器壁需要的时间；②该条件式的得出使用了以下假定：a. 器内外螺旋气流速度恒等于进口气速 u_i；b. 最大沉降距离等于进气口宽度 B；③理解该条件式还要注意：a. 离心沉降是颗粒在外螺旋气流中运动时沿径向的分运动，沉降速度 u_r 的方向是沿径向的；b. 气流的停留时间等于气流外螺旋线的长度与速度之比，这个长度用外螺旋线的平均半径 R_m 表示，这个半径等于颗粒圆周运动的平均半径；④对于标准旋风分离器，外螺旋气流圈数 N 常取为5。

注释 [18] ①是旋风分离器临界颗粒直径的计算式，该式的得出除了要使用 [17] 中的假定外，还要假定旋风分离器中的离心沉降运动处在层流区，所以原则上讲使用该式时也要试差；②该式表明，器身越细（B 越小、u_i 越大），则临界直径越小，除尘效果越好（但实际上器身不能过细，过细会造成过大的压降，而且易使更多沉降到器壁的颗粒被气流重新卷起）。

注释 [19] ①评价指标中有压降，压降数据是为旋风分离器选择离心通风机（用于输送含尘气体进出）型号的重要依据（离心通风机是不易使气体获得高压的设备，故旋风分离器的压降不能过高，一般以几百至几千帕为宜）；②压降可以表示为气体入口动能的某一倍数，标准旋风分离的这个倍数是8，根据这个倍数和上述适宜的压降范围可以估算出适宜的入口气体流速为10～25m/s。③作为评价指标的效率有粒级效率和总效率之分，粒级效率是指某一粒径（范围）的颗粒被捕集下来的百分数，总效率是各粒级效率按粒径分布规律的平均值。

➤ 过滤

注释 [20] 滤饼层（厚度为 L）和过滤介质对滤液的通过都有阻力，假定过滤介质的阻力相当于厚度为 L_e 的滤饼层的阻力，于是滤液需要通过的滤饼层的总厚度为 $L+L_e$。

注释 [21] 滤饼层结构非常复杂，为便于表示其流动阻力，将其看作一组平行排列的细直管，直管的内径是 d_0，长度 l 是滤饼层总厚度的某一倍数 K_0。

注释 [22] 假定滤液在上述细直管内的流动为层流，则流动阻力可以用哈根-泊肃叶方程表示。

注释 [23] ①定义滤液流速 u：单位时间内通过滤饼层中单位空隙面积的滤液体积，其中 ε

是滤饼的空隙率，A 是滤液通过的滤饼层的横截面积，也称为过滤面积；②这个流速就是［21］中所述那组细直管中液体的流速；③用微分式来定义这个流速的原因是它是随时间变化的，在过滤过程中随着滤饼厚度的逐渐增加，滤液流速越来越慢。

注释［24］①是滤饼比阻 r 的定义式，式中的几个变量均可视为滤饼的结构参数，所以比阻是滤饼结构的反映；②比阻可以理解为代表了单位厚度的滤饼层对滤液流动的阻力大小；③很多种滤饼具有可压缩性，即滤饼的结构与过滤压差 Δp 有关，这就造成了滤饼的比阻与压差有关，常用模型 $r=r'\Delta p^s$ 表示它们之间的关系（其中 r' 是单位压差下的比阻，s 是滤饼的压缩性指数）；④s 的数值一般在 0～1 之间，数值越大说明滤饼的可压缩性越强，$s=0$ 的滤饼其比阻与压差无关，称为不可压缩滤饼。

注释［25］①过滤速率的表达式，是［21］～［24］联立的结果，表示单位时间内获得的滤液体积，也是滤液通过滤饼层的流量；②在过滤过程中，因为滤饼越来越厚，所以过滤速率有逐渐减小的趋势。

注释［26］①过滤就是把悬浮液分成滤液和滤饼，v 就是所得滤饼与所得滤液体积之比，或每得到 $1m^3$ 滤液可得滤饼的体积；②v 的值可用悬浮液的质量浓度 c（kg 颗粒/m^3 悬浮液）和滤饼的空隙率 ε 通过该式计算得到。

注释［27］①一定厚度的滤饼层（L 和 L_e）对应着一定的滤饼体积（AL 和 AL_e），也就对应着一定的滤液体积（V 和 V_e）。这二者满足正比关系：$AL=vV$，$AL_e=vV_e$；②通过 v，该式把滤饼的厚度 L 和 L_e 用滤液的体积 V 和 V_e 表示，这样做是因为生产上更关心的是滤液的体积，而不是滤饼的厚度。

注释［28］①用滤液体积表示过滤速率（滤液流量），V 是截止到某一时刻总共获得的滤液体积，该式表示的就是该时刻的过滤速率；②由该式可以看出过滤过程进行得快与慢的三方面影响因素：a. 物料与产品的性质［悬浮液（v）、滤液（μ）、滤饼（r，v）］；b. 操作条件（Δp）；c. 设备［A 和 $V_e(L_e,q_e)$］。

注释［29］定义过滤常数 $K(m^2/s)$，它是对过滤过程有影响的因素中所有强度性质的组合，反映了物料与产品的性质以及操作条件对过滤过程的影响，其值越大，过滤进行得越快。

注释［30］①过滤基本方程，也就是用 K、V 和 A 写出的过滤速率表达式，其中 K 包含了所有对过滤过程有影响的强度性质，而 A 和 V 则是对过滤过程有影响的容量性质；②该式描述了过滤过程的基本规律，其中显而易见的是过滤过程总是有逐渐放慢的趋势的。

注释［31］①虽然过滤过程有变慢的趋势，但可以不变慢，这就是恒速过滤，$dV/dt=V/t$；②虽然恒速过滤时悬浮液侧的压强是不断升高的，但它的实现并不需要人为地操控压强，只需要用一台恒流泵，例如隔膜泵或螺杆泵，输送悬浮液至过滤机即可；③这些具有正位移特性的泵的流量不随管路特性的变化而变化，即滤饼增厚不会影响悬浮液流量，悬浮液流量恒定也就是滤液流量恒定了。

注释［32］①恒速过滤方程是把恒速条件 $dV/dt=V/t$ 用于过滤基本方程直接得到的结果，既可以用滤液总体积（V）来写，也可以用通过单位过滤面积上获得的滤液体积（q）来写；②因为该方程中的过滤常数 K 是个变量，而不是像恒压过滤方程中的 K 是个常数，所以该方程的一个重要用途就是由已知的恒速过滤时间和相应的滤液体积求出恒速过滤结束时的 K，这就为紧随其后进行的恒压过滤的计算准备好了一个条件。

注释［33］①恒压过滤方程（可以分别用 V 和 q 来写）是把过滤基本方程在恒压条件下进

行积分的结果，积分的上、下限是时间：0→某个过滤时间 t；滤液体积：0→所得滤液体积 V；②因为是在恒压条件下积分，所以 K 是一个不随时间变化的常数，这是恒压过滤一个重要特点；③恒压过滤是通过在过滤过程中维持悬浮液侧和滤液侧的压强均不变实现的，这在生产中一般不需要任何特殊措施。

注释［34］是过滤介质阻力可以忽略时（$V_e=q_e=0$）的恒压过滤方程，这时不但方程的形式简单，而且各变量之间的比例关系明确，而后者正是很多题目所问。

注释［35］①是虚拟过滤（获得厚度与过滤介质阻力相当的滤饼层的过滤过程）的恒压过滤方程，可由过滤基本方程在恒压条件下积分得到；②积分上、下限分别为过滤时间：0→t_e；滤液体积：0→V_e；③有的计算题，给定的就是 t_e 和 V_e，用这个方程可以求出 K，这样才能进行后续的计算。

注释［36］①是先进行任意方式的过滤再进行恒压过滤时的恒压过滤方程，可由过滤基本方程在恒压下积分得到，积分是针对后进行的（从 t_1 开始的）恒压过滤进行的，积分上、下限分别为过滤时间：t_1→t；滤液体积：V_1→V；②需要注意的是，这里的 t_1 和 V_1 分别是先进行的任意过滤过程的过滤时间和所得滤液体积，t 和 V 分别是整个过滤过程的总时间和滤液总体积。③“先任意”的意思是先进行的一段过滤可以是恒压，也可以是恒速，或其他；④常见的一种题型是“先恒速再恒压”，一般会给定恒速阶段的过滤时间 t_1 和滤液量 V_1，据此可用恒速过滤方程求出该阶段结束时的 K，它就是后继的恒压过滤过程的 K。

注释［37］①是通过恒压过滤实验测定过滤常数 K 和 q_e 的原理式，由恒压过滤方程变形而来，变形的目的是把恒压过滤方程 $q\sim t$ 的非线性关系转换成 $t/q\sim q$ 的线性关系，这样便于处理实验数据得到 K 和 q_e；②据此测定的 K 和 q_e 可用于过滤机的设计（需要实验条件，例如悬浮液种类、浓度以及操作压差等，与设计条件相同）。

注释［38］为研究滤饼的性质，可以在多个不同的压差下进行实验，得到多个压差下的 K，然后用［29］得到这些差压下的滤饼比阻 r，进而可用［24］得到滤饼的 r' 和 s。

注释［39］①是间歇过滤机恒压过滤时计算问题的三种基本类型，即过滤面积 A、滤液量 V 和过滤时间 t 由二求一，都要使用过滤方程解决；②对于常见的板框过滤机，当问题是由 A 求 V 或 t 这两类时，A 可能并不直接给定，而是需要由给定的滤框尺寸计算得到，这时要注意过滤面积并不等于滤框的面积（长×宽），而是其2倍；③对于板框过滤机，当问题是由 V 求 A 或 t 这两类时，V 可能并不直接给定，而是需要由滤饼的体积（滤框的容积）和 v 计算得到（$V_{饼}=vV$），或由生产能力反算出（［40］）；④对于板框过滤机，当问题是由 V 和 t 求 A 时，要求的最终结果可能是框的个数 n，这时仍然要注意过滤面积是滤框面积的2倍，即应该用 $A=2n$（长×宽）来求滤框的个数。

注释［40］①求间歇过滤机生产能力的问题是上述由 A 和 t 求 V 问题的继续；②间歇过滤机的生产能力是指它在单位时间内可获得的滤液体积，应该基于一个操作周期求出，即用在一个操作周期中获得的滤液体积除以这个周期的总时间，这个总时间等于过滤、洗涤和辅助时间之和。

注释［41］①最佳过滤时间是指使间歇过滤机的生产能力达到最大的过滤时间，存在最佳过滤时间的原因是滤液量和总时间随过滤时间的增加而同时增长；②当洗涤时间与辅助时间之和一定且过滤介质阻力可以忽略不计时，最佳过滤时间等于辅助时间与洗涤时间之和；③当洗涤剂用量是滤液量的某一倍数时，最佳过滤时间等于辅助时间与洗涤时间之差；④当不洗涤滤饼时，以上两种情形的最佳过滤时间均等于辅助时间。

注释 ［42］将转筒过滤机旋转一周的工作过程视为过滤面积为 A、过滤时间为 ψ/n 的间歇过滤的一个周期，则前面给出的恒压过滤方程在此可用，用于表示转筒转一周可获得的滤液体积 V，进而导出转筒过滤生产能力（nV）的表达式。

注释 ［43］①对于横穿洗涤，因为洗涤剂通过的路径长度是过滤终了时滤液路径长度的2倍，且洗涤面积是过滤面积的1/2，所以在相同压差的推动下，黏度与滤液相同的洗涤剂通过滤饼层的速率只有过滤终了时滤液通过速率的1/4；②置换洗涤时，因为洗涤剂的路径长度和洗涤面积与滤液的路径长度和过滤面积均相同，所以洗涤速率与过滤终了时的过滤速率相等。

注释 ［44］由洗涤速率表达式可得洗涤时间的计算式，要注意式中的面积 A 是过滤面积，V 是过滤终了时所得滤液的体积。

注释 ［45］各种过滤机的结构和工作原理不同，这决定了它们操作方式和洗涤方式的不同。

2.2 疑难解析

2.2.1 颗粒沉降运动中的阻力

颗粒与流体之间的相对运动可以有三种情况：①颗粒静止，流体对其做绕流；②流体静止，颗粒做沉降运动；③两者都运动但保持一定的相对速度。就两者之间的作用力来说，上述三种情况并无本质区别。以下以颗粒静止、流体对其做绕流来分析流体对颗粒的作用力，即颗粒做沉降运动时所受到的曳力（阻力）。

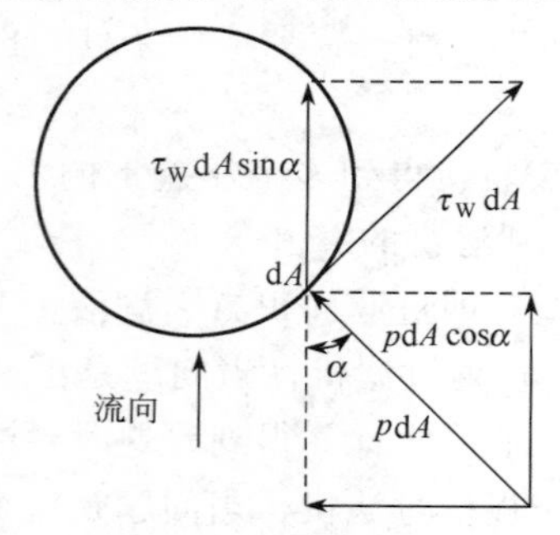

图 2-1 颗粒沉降运动受力分析

图2-1表示流体以均速绕过一球形颗粒时颗粒的受力情况。考虑颗粒表面上面积为 dA 的一个微元，它分别受到与其相切的剪力 $\tau_W dA$ 和与其垂直的压力 $p dA$。这两种力都会对颗粒与流体之间的相对运动构成阻碍作用。将剪力 $\tau_W dA$ 在流动方向上的分量 $\tau_W dA\sin\alpha$ 沿颗粒表面积分，可得该颗粒所受剪力在流动方向上的总和，此系由于流体的黏性而引起的摩擦阻力。将压力 $p dA$ 在流动方向上的分力 $p dA\cos\alpha$ 沿整个颗粒表面积分可得

$$\oint_A p\cos\alpha\, dA = \oint_A (p+\rho g z)\cos\alpha\, dA - \oint_A \rho g z\cos\alpha\, dA \tag{2-1}$$

式(2-1) 等号右端第一项在流体力学上称为形体阻力，所以形体阻力源于颗粒前、后方压强的差别；第二项则是人们所熟知的浮力。与浮力不同的是，摩擦阻力和形体阻力都会随着颗粒与流体相对运动速度的不同而不同。当相对运动处在层流区时，流体黏性引起的摩擦阻力占主导地位；运动处在过渡区时，摩擦阻力和形体阻力贡献相当；当运动处于湍流区时，流体黏度对运动基本无影响，形体阻力占主导地位。

2.2.2 如何理解降尘室的处理量取决于其底面积，而与高度无关

降尘室的处理量是指在规定的临界颗粒直径下单位时间内流过降尘室的气体量上限。这一上限可按照“气体在降尘室内的停留时间等于直径为临界直径的颗粒从室顶沉降至室底所需要的时间”来确定。停留时间等于降尘室的体积除以气体的体积流量，即

$$\theta=\frac{bhl}{q_V} \tag{2-2}$$

可见停留时间正比于降尘室高度；而沉降时间显然也正比于降尘室的高度，即

$$\theta_t=\frac{h}{u_t} \tag{2-3}$$

如此，这两个时间的比值便与降尘室的高度无关，而这一比值等于1时的气体量 q_V 就是与临界直径对应的处理量。该比值的取值与高度无关，这就是降尘室的处理量与其高度无关的直接原因。该处理量的计算式可由式(2-3)除以式(2-2)并令 $\theta=\theta_t$ 得到：

$$q_V=blu_t \tag{2-4}$$

可见，处理量 q_V 正比于降尘室的长与宽，或者说正比于降尘室底面积。这一结论可以理解为：降尘室越宽，则水平气速越低，气体在室内停留时间越长；降尘室越长，停留时间当然也越长。所以，底面积越大，停留时间就越长，就越有利于颗粒的沉降，所以气体处理量就越大。

降尘室因此而常被设计成扁平形状，或内部设置多层水平隔板，以增大降尘面积。但降尘室高度不能太低，或内部隔板间距不能太小，否则易造成已沉降下来的颗粒又被气流重新卷起。

2.2.3　旋风分离器临界直径的影响因素

教材中导出了旋风分离器的临界颗粒直径计算式：

$$d_c=\sqrt{\frac{9\mu B}{\pi N\rho_s u_i}} \tag{2-5}$$

式中，u_i 为气流在设备入口处的流速。

由式(2-5) 似乎得出这样的结论：入口气速越高，或者说气体处理量越大，临界直径就越小，分离效果越好。“入口气速越高则颗粒在器内受到的离心力越大”似乎支持这个结论。果真如此吗？事实上，在旋风分离器内近壁处静压最高，筒体中心处压力最低，且这种低压内旋流由排气管入口一直延伸至锥底。因此，在操作过程中，已经沉降到器壁或落入灰斗的颗粒会被气流重新卷起，器内气流速度越高，这种卷起现象就越严重，大大影响分离效率。这一因素在推导式(2-5) 时是不曾被考虑的。为此，工业设计中，遇到气体处理量过大的情形，往往采用多台旋风分离器并联操作的方案，以降低气体在器内的切向速度。

由式(2-5) 还可以看出，入口宽度越小（则器身直径越小），则临界直径越小。这可以理解为气流旋转直径越小，颗粒在器内受到的离心力就越大。旋风分离器也因此都被设计成细长形。但是，实际操作中并不是器身越细长就越好。压降是旋风分离器的另一重要技术指标，其值当然是越低越好，这不仅关系到其自身的动力消耗，而且受限于整个工艺过程的总压降指标。器身越细长，则旋风分离器的压降就越大。

所以，式(2-5) 所隐含的处理量越大分离效率就越高这一结论是不正确的，也不是器身直径越小越好。

2.2.4　恒压过滤方程的应用

恒压过滤方程 $V^2+2VV_e=KA^2t$ 所涉及的物理量有：过滤常数 K 和 V_e、过滤时间 t、滤液量 V 和过滤面积 A。这些变量的出现决定了恒压过滤方程可应用于如下几个方面。

(1) 过滤时间、过滤面积、滤液量的计算　在过滤常数已知的情况下，这三个量需要指定两个，才能利用恒压过滤方程求出另外一个。具体地说，这里又可以分为以下三种常见

情况。

① 在指定的操作条件（过滤时间）和规定的生产能力（一个操作周期可得滤液量或单位时间内可得滤液量）下，求算过滤机的规模（过滤面积）——过滤机的设计型计算。

② 对已有过滤机（过滤面积已知），根据操作条件（过滤时间）求算生产能力（一个操作周期可得滤液量或单位时间内可得滤液量）——过滤机的操作型计算。

③ 对已有过滤机（过滤面积已知），由规定的生产能力（一个操作周期可得滤液量或单位时间内可得滤液量）确定适当的操作条件（过滤时间）——过滤机的操作型计算。

（2）洗涤速率和洗涤时间的计算　对恒压过滤方程微分可得

$$\frac{\mathrm{d}V}{\mathrm{d}t}=\frac{KA^2}{2(V+V_e)} \tag{2-6}$$

可见，在过滤常数已知的情况下，由过滤终了时所得滤液量可得此时滤液通过滤饼层的速率$(\mathrm{d}V/\mathrm{d}t)_E$，并由此（根据洗涤方式）可定出洗涤液通过滤饼层的速率——洗涤速率$(\mathrm{d}V/\mathrm{d}t)_W$，即在滤液和洗涤液黏度相近的情况下：

横穿洗涤时
$$\left(\frac{\mathrm{d}V}{\mathrm{d}t}\right)_W=\frac{1}{4}\left(\frac{\mathrm{d}V}{\mathrm{d}t}\right)_E$$

置换洗涤时
$$\left(\frac{\mathrm{d}V}{\mathrm{d}t}\right)_W=\left(\frac{\mathrm{d}V}{\mathrm{d}t}\right)_E$$

最后，根据洗涤液用量可求洗涤时间。

（3）过滤常数的实验测定　上述恒压过滤方程的另外一种形式是

$$q^2+2qq_e=Kt \tag{2-7}$$

式(2-7)两端同除以Kq可得

$$\frac{t}{q}=\frac{q}{K}+\frac{2q_e}{K} \tag{2-8}$$

用恒压过滤实验测定不同过滤时间对应的q值。以t/q对q作图，由所得直线斜率和截距可得过滤常数K和q_e。还可根据不同压力下的实验结果求出滤饼的压缩性指数等物理量（见例题2-6）。

可见，过滤方程的用途是多方面的，既可用于过滤机的设计和操作计算，也可用于过滤常数的实验测定和滤饼性质的理论研究。

2.2.5　过滤速率表达式的导出——工程上处理复杂问题的参数综合法

在层流假定条件下，滤液通过滤饼层的流速可以用哈根-泊谡叶方程描述。据此可导出过滤速率的表达式如下

$$\frac{\mathrm{d}V}{\mathrm{d}t}=\frac{\varepsilon d_0^2A^2\Delta p}{32\mu v(V+V_e)}=\frac{2K_0S_0^2(1-\varepsilon)^2A^2\Delta p}{\varepsilon^3\mu v(V+V_e)} \tag{2-9}$$

式中，d_0为孔道的当量直径；K_0为孔道实际长度与滤饼厚度的比值；ε为滤饼层的空隙率；v为滤饼体积与滤液体积之比；S_0为滤饼的比表面积。从理论上考虑，为计算过滤速率必须通过实验测定这4个滤饼层参数。这样做不仅实验工作量大，而且结果也未必可靠。为此，定义滤饼比阻r如下，它综合反映了滤饼的性质对过滤过程的影响

$$r=\frac{32}{\varepsilon d_0^2}=\frac{\varepsilon^3}{2K_0S_0^2(1-\varepsilon)^2} \tag{2-10}$$

进一步定义过滤常数$K=\dfrac{2\Delta p}{\mu rv}$，则过滤速率可以如下简单的形式表达

$$\frac{\mathrm{d}V}{\mathrm{d}t}=\frac{A^2K}{2\ (V+V_e)} \tag{2-11}$$

以 K 为常数对式(2-11) 进行积分，即可得恒压过滤方程。可见，过滤常数 K 包含了影响过滤速率的诸多因素，通过引入这一常数，复杂的过滤速率计算问题首先从形式上得以简化。这里，采用了一种工程上常用的处理复杂问题的方法——参数综合法。为避免测定多个不易准确测量的参数以及由此带来的大量实验工作，将数学描述中几个同类型的参数合并成一个新的参数（如比阻 r 和常数 K），这样就简单、明了地将主要变量与结果之间的关系表达出来了。再以实验测定这些新参数（见例题 2-6），就可以获得用于指导设备设计和操作计算的方程式。

就认识和理论分析过程的基本规律而言，人们希望将影响过程的因素逐个找出，并加以分析和研究；而就工程应用而言，则最好将多个难以测定的参数组合成少数易于测定的新参数，用指定条件下确定新参数的间接实验（测定 r 和 K）代替测定真实参数的直接实验（测定 d_0、K_0、ε、S_0）。

2.3 工程案例

小水酿大灾的原因

2003 年 8 月，多年的枯水河——陕西省渭河流域发生连续降雨，造成严重的洪涝灾害。据有关部门统计，全省有 1080 万亩（1 亩 $=666.6\mathrm{m}^2$）农作物受灾，225 万亩绝收，受灾人口 515 万人，直接经济损失达 82.9 亿元，是渭河流域 50 多年来最为严重的洪水灾害。然而，与这场 50 年一遇、造成如此严重经济损失的洪水联系在一起的却是如下难以理解的数字：当年渭河洪峰最高流量 $3700\mathrm{m}^3/\mathrm{s}$，只相当于五年一遇的洪水！如此小水酿大灾的原因是什么呢?

水量不大却出现了高水位，以至发生洪灾，其原因只能是河床升高了，由此便容易想到：渭河流道内泥沙淤积很严重。遇仙河口桥是渭河防护大堤上一座非常普通的桥，由于泥沙的淤积，这座桥在 1969 年和 1974 年先后两次加高，共达到了 6.4m。堤防的不断加高使渭河演变成一条地上悬河。然而，事实上渭河在历史上并不是一条淤积严重的河流。记者通过查询陕西省水利志发现，从春秋战国时期到 1960 年的 2500 年间，河床淤积厚度仅为 16m，平均每 100 年才淤积 0.6m。那么为什么近四十几年来渭河的泥沙淤积速度变得如此之快了呢？人们将探寻答案的目光投向了位于潼关以东 100 公里处的三门峡水电站，而潼关正是渭河水汇入黄河之处（见图 2-2)。

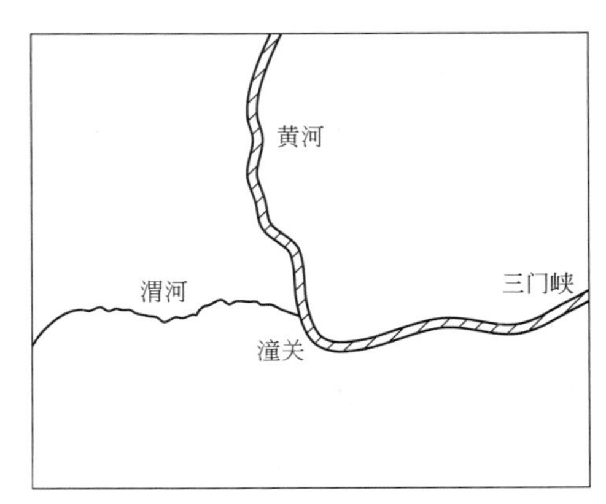

图 2-2　渭河、黄河、潼关、三门峡的地理位置

号称“万里黄河第一坝”的三门峡水库，是新中国成立后治黄规划中确定的第一期重点项目，1957 年开始动工，1960 年开始蓄水发电。该工程的投入使用虽然给黄河下游防洪、灌溉、发电等方面带来了巨大效益，但也加快了上游地区的河床升高速度。其原因可以从以下两方面来说明。

① 三门峡蓄水造成潼关高程长时间居高不下。"潼关高程"是水利学上的一个名词，是指黄河在陕西潼关的水位高度。黄河在三门峡河段的自然水位只有285m左右，而三门峡水库在建成之后的40多年里，常年蓄水的平均水位一直保持在316m左右，抬升了30多米。三门峡库区水位的升高必然导致潼关高程的升高。另外，三门峡库区长时间蓄水使得潼关至三门峡这段河道内泥沙淤积速度加快，该段河床升高。据水利部的历史资料，1960年工程蓄水，到1962年2月，水库就淤积了15亿吨泥沙，到1964年11月，总计淤积了50亿吨。这是三门峡导致潼关高程升高的另一个原因。2003年10月22日（汛期过后），当记者在潼关水文站采访时发现，当天的潼关高程是327.94m，而1960年只有323.40m。

② 潼关高程长时间居高不下，导致渭河长时间泥沙淤积严重，河床迅速升高。渭河水自带有泥沙，但可通过水流经潼关带入黄河，即渭河对其河床高度应该有自衡能力。但潼关高程的升高使这种自衡能力被破坏。由流体流动的原理可知，下游（潼关）水位的升高必然使上游（渭河）水流速放慢，水在渭河内停留时间因此而增加。由沉降槽的工作原理可知，颗粒在沉降槽内被捕集的条件是流体在其中的停留时间要大于颗粒在其中沉降至槽底所需要的时间。流体停留时间越长，沉降至槽底的颗粒就越多。据此不难理解，渭河水流速度放慢是其河床升高的直接原因，而导致这一结果的最初原因，则是三门峡库区的长年高位蓄水。

当初，基于对上游水土保持的乐观估计，设计师对三门峡大坝是按高坝大库设计的，没有设计泄流排沙孔洞。事实上，设计上的缺陷在三门峡水库刚刚投入使用的时候，就已经逐步显露。由于没有充分考虑泥沙可能带来的危害，三门峡水库刚投入运行，就出现了严重的淤积问题。1964年和1969年，三门峡水库先后进行了两次改建，主要是增设泄流排沙的通道，以缓解淤积程度。但即便是这样，三门峡上游的泥沙淤积问题还是无法得到根本解决，这才导致了如今小水酿大灾的局面。两年前，已有多位水利工程学专家力主三门峡停止蓄水，全年畅水，放弃发电。目前，为缓解上游泥沙淤积问题，有关部门已采取了一定的应对措施，其中最主要的是将三门峡水库蓄水水位由常年保持的316m下调至305m。

2.4 例题详解

【例2-1】 颗粒沉降速度的影响因素

某球形颗粒直径为40μm，密度为4000kg/m³，在水中做重力沉降。试求：(1) 该颗粒在20℃水中的沉降速度为多少？(2) 直径为80μm的该类颗粒在20℃水中的沉降速度为多少？(3) 直径为40μm的该类颗粒在50℃的水中沉降速度为多少？(4) 与直径为40μm的球形颗粒同体积的立方体颗粒在20℃水中的沉降速度为多少？

解 (1) 20℃时水的黏度为1×10^{-3}Pa·s。假设颗粒沉降运动处在层流区，用Stokes公式计算沉降速度如下：

$$u_t=\frac{d^2(\rho_s-\rho)g}{18\mu}=\frac{(40\times10^{-6})^2\times(4000-1000)\times9.81}{18\times1\times10^{-3}}=0.0026\text{m/s}$$

校核沉降运动是否处在层流区：$Re_t=\frac{du_t\rho}{\mu}=\frac{40\times10^{-6}\times0.0026\times1000}{1\times10^{-3}}=0.104(<2)$

所以，该颗粒沉降运动的确处在层流区，以上计算有效。

(2) 颗粒直径加倍而其他条件均不变。假定此时沉降运动仍处于层流区，由Stokes公式可知$u'_t\propto d^2$，于是

$$u'_t=4u_t=4\times0.0026=0.0104\text{m/s}$$

校核沉降运动是否处在层流区：由于颗粒雷诺数正比于颗粒直径与沉降速度的乘积，故

$$Re'_t=2\times4\times0.104=0.832(<2)$$

所以，该颗粒沉降运动仍处在层流区，以上计算有效。

（3）50℃时水的黏度为 $0.549\times10^{-3}\text{Pa·s}$，密度 $\rho=988\text{kg/m}^3$。假设沉降运动处在层流区，由 Stokes 公式可知

$$\frac{u'_t}{u_t}=\frac{\rho_s-\rho'}{\rho_s-\rho}\frac{\mu}{\mu'}=\frac{4000-988}{4000-1000}\times\frac{1}{0.549}=1.83\qquad u'_t=1.83\times0.0026=0.0047\text{m/s}$$

校核沉降运动是否处在层流区：$Re'_t=\dfrac{du'_t\rho}{\mu'}=\dfrac{40\times10^{-6}\times0.0047\times988}{0.549\times10^{-3}}=0.34(<2)$

所以，该颗粒沉降运动的确处在层流区，以上计算有效。

（4）因该立方体颗粒与上述球形颗粒体积相等，故该颗粒的当量直径与球形颗粒直径相同，$d_e=40\mu\text{m}$。立方体颗粒的边长为

$$w=\left(\frac{\pi}{6}d_e^3\right)^{1/3}=\left(\frac{3.14}{6}\right)^{1/3}\times40=32.2\mu\text{m}$$

立方体颗粒的形状系数为

$$\Phi_s=\frac{\pi d^2}{6w^2}=\frac{3.14\times40^2}{6\times32.2^2}=0.807$$

为求立方体颗粒沉降速度表达式，列该颗粒受力平衡方程式如下

$$w^3\rho_s g-w^3\rho g-\xi A\frac{\rho u_t^2}{2}=0$$

式中，A 为立方体颗粒的最大投影面积，$A=\sqrt{2}w^2$。

$$u_t=2^{1/4}\sqrt{\frac{w(\rho_s-\rho)g}{\xi\rho}}$$

由试差法求沉降速度，设沉降速度 $u_t=0.0018\text{m/s}$，则颗粒雷诺数

$$Re_t=\frac{du_t\rho}{\mu}=\frac{40\times10^{-6}\times0.0018\times1000}{1\times10^{-3}}=0.072$$

根据形状系数 0.807 查《化工原理》（第四版）（杨祖荣）教材中图 2-2，可得$\xi=500$

$$u_t=2^{1/4}\sqrt{\frac{w(\rho_s-\rho)g}{\xi\rho}}=2^{1/4}\sqrt{\frac{32.2\times10^{-6}\times(4000-1000)\times9.81}{500\times1000}}=0.00164\text{m/s}$$

再设 $u_t=0.00164\text{m/s}$，则 $Re_t=\dfrac{du_t\rho}{\mu}=\dfrac{40\times10^{-6}\times0.00164\times1000}{1\times10^{-3}}=0.0656$

查得 $\xi=520$，故 $u_t=2^{1/4}\sqrt{\dfrac{w(\rho_s-\rho)g}{\xi\rho}}=2^{1/4}\sqrt{\dfrac{32.2\times10^{-6}\times(4000-1000)\times9.81}{520\times1000}}=0.00161\text{m/s}$

近两次计算结果接近，试差结束，沉降速度为 0.00161m/s。

讨论　颗粒在流体中具有一定的沉降速度是实现颗粒与流体分离的基础。颗粒的沉降速度与多种因素有关，如颗粒的形状、尺寸、性质及流体的性质等，此外，尚有器壁效应、颗粒浓度等。这些因素都会对沉降分离设备的设计和操作结果产生影响。

【例 2-2】 多层降尘室对分离过程的强化

采用降尘室回收常压炉气中所含球形固体颗粒。降尘室底面积为 $10m^2$，高 1.6m。操作条件下气体密度为 $0.5kg/m^3$，黏度为 $2.0\times10^{-5}Pa\cdot s$，颗粒密度为 $3000kg/m^3$。气体体积流量为 $5m^3/s$。试求：(1) 可完全回收的最小颗粒的直径；(2) 如将降尘室改为多层结构以完全回收 20μm 的颗粒，求多层降尘室的层数及层间距。

解 (1) 设沉降运动处在层流区，则能完全回收的最小颗粒直径

$$d_{\min}=\sqrt{\frac{18\mu}{g\ (\rho_s-\rho)}\frac{q_V}{lb}}=\sqrt{\frac{18\times2\times10^{-5}}{9.81\times\ (3000-0.5)}\times\frac{5}{10}}=78.2\mu m$$

校核：最小颗粒的沉降速度 $u_t=\frac{q_V}{bl}=\frac{5}{10}=0.5m/s$

$Re=\frac{d_{\min}u_t\rho}{\mu}=\frac{78.2\times10^{-6}\times0.5\times0.5}{2\times10^{-5}}=0.978(<2)$，沉降运动确处于层流区。

(2) 20μm 的颗粒也要能全部回收，所需要的降尘面积可按下式计算（直径为 78.2μm 的颗粒尚能处于层流区，20μm 的颗粒沉降也一定处在层流区）

$$(bl)'=\frac{18\mu q_V}{g(\rho_s-\rho)d_{20}^2}=\frac{18\times2\times10^{-5}}{9.81\times(3000-0.5)}\times\frac{5}{(20\times10^{-6})^2}=153m^2$$

需要降尘面积为 $153m^2$，所以降尘室应改为 16 层（15 块隔板），实际降尘面积为 $160m^2$，层间距为 0.1m。

讨论 就设备结构参数而言，降尘室的处理量主要取决于其底面积而与高度无关。这是工业降尘室通常被制成扁平形状的原因。由本题可以看出，当处理量一定时，欲完全分离出更小的粒径也必须扩大降尘室的底面积。对已有降尘室，这通常是通过将单层结构改为多层结构来实现的。

【例 2-3】 降尘室的设计和操作计算

用降尘室来除去某股气流中的粉尘，粉尘密度为 $4300kg/m^3$。操作条件下气体流量为 $10000m^3/h$，黏度为 $0.03mPa\cdot s$，密度为 $1.45kg/m^3$。(1) 若要求净化后的气体中不含直径大于 50μm 的尘粒，求所需要的降尘室面积为多少？若采用多层降尘室，降尘室底面宽 1.2m，长 2.0m，则需要隔板几层？(2) 若气流中颗粒均匀分布，使用该降尘室操作，则直径为 25μm 颗粒被除去的百分数是多少？(3) 若增加原降尘室内隔板数（不计其厚度），使其总层数增加一倍，而使能被完全除去的最小颗粒尺寸不变，则生产能力如何变化？

解 (1) 沉降速度为 u_t 的颗粒能被完全除去的条件由式(2-4) 给出

$$lb\geqslant\frac{q_V}{u_t}$$

设直径为 50μm 的颗粒沉降运动处在层流区，则其沉降速度

$$u_t=\frac{d^2(\rho_s-\rho)g}{18\mu}=\frac{(50\times10^{-6})^2\times(4300-1.45)\times9.81}{18\times0.03\times10^{-3}}=0.195m/s$$

校核：$Re_t=\frac{du_t\rho}{\mu}=\frac{50\times10^{-6}\times0.195\times1.45}{0.03\times10^{-3}}=0.47<2$，沉降运动的确处在层流区。

达到 $10000m^3/h$ 生产能力，且使直径为 50μm 以上的颗粒完全被除去所需要的底面积为

$$lb=\frac{q_V}{u_t}=\frac{10000}{3600\times0.195}=14.25\mathrm{m}^2$$

n 层隔板将降尘室隔为 $n+1$ 层，$(n+1)\times2\times1.2=14.25$，则 $n=4.94$，取 $n=5$。即 5 层隔板，将降尘室分为 6 层。

(2) 该降尘室能将直径为 50μm 颗粒完全去除。直径为 25μm 的颗粒中，入室时离某层底面较近的颗粒也可被除去。这些颗粒应该满足的具体条件是：沉降时间≤停留时间。其中满足："沉降时间等于停留时间"的颗粒是刚好被除去的，设其在入口处离底面的高度为 h'。如果入室时固体颗粒在气体中均布，则直径为 25μm 的颗粒能被除去的百分数：

$$\varphi=\frac{h'}{h}$$

式中，h 为多层降尘室的层高。入室时高度为 h' 的 25μm 颗粒沉降时间为：h'/u'_t。根据沉降时间等于停留时间，有

$$\frac{h'}{u'_t}=\frac{l}{u}=\frac{h}{u_t}$$

$$\varphi=\frac{h'}{h}=\frac{u'_t}{u_t}=\frac{d_{25}^2}{d_{50}^2}=\left(\frac{25}{50}\right)^2=25\%$$

注：已知直径为 50μm 的颗粒沉降处于层流区，则直径为 25μm 的颗粒沉降也处于层流区。

(3) 降尘室层数增加一倍时，总的降尘底面积就变为原来的 2 倍。

$$lb=\frac{q_V}{u_t},\qquad \frac{q'_V}{q_V}=\frac{(lb)'}{lb}=2$$

即降尘室处理量为原来的 2 倍。

讨论 降尘室设计型问题是指在规定的生产能力（含尘气体流量）和分离要求（处理后气体中不含直径大于某值的颗粒）下，求所需的降尘室底面积；而操作型问题是指在降尘室尺寸一定的情况下预测操作结果（对本题而言，就是某一直径颗粒能被除去的百分数）。由本题求解过程可以看出，设计降尘室时，其底面积的大小取决于指定的生产能力和指定的分离要求。操作中，某种颗粒能被除去的百分数主要取决于其直径与该降尘室临界颗粒直径的相对大小。

【例 2-4】 标准旋风分离器的计算

用直径为 500mm 的标准旋风分离器处理某股含尘气流。已知尘粒的密度为 $2600\mathrm{kg/m^3}$，气体的密度为 $0.8\mathrm{kg/m^3}$、黏度为 $2.4\times10^{-5}\mathrm{Pa\cdot s}$。若含尘气体的处理量为 $2000\mathrm{m^3/h}$（操作条件下），求：(1) 临界直径及气体通过该旋风分离器时的压降；(2) 若入口气体中含尘量为 $3.0\times10^{-3}\ \mathrm{kg/m^3}$，而操作中每小时收集的尘粒量为 5.2kg，求该旋风分离器的总效率。

解 (1) 对于标准旋风分离器，可根据其直径算出其进气口尺寸。

进气口宽度：$B=\frac{D}{4}=\frac{500}{4}=125\mathrm{mm}$；进气口高度：$h=\frac{D}{2}=250\mathrm{mm}$

器内气流切向速度等于气流进口速度：$u_T=u_i=\frac{q_V}{Bh}=\frac{2000}{3600\times0.125\times0.25}=17.78\mathrm{m/s}$

气流在标准旋风分离器内旋转圈数取为 5。假设具有临界直径的颗粒在器内沉降运动处

在层流区，则临界直径可计算如下

$$d_c=\sqrt{\frac{9\mu B}{\pi N\rho_s u_i}}=\sqrt{\frac{9\times2.4\times10^{-5}\times0.125}{3.14\times5\times2600\times17.78}}=6.1\times10^{-6}\text{m}=6.1\mu\text{m}$$

气流平均旋转半径：$R_m=\frac{D-B}{2}=\frac{500-125}{2}=187.5\text{mm}$

器内颗粒沉降速度：$u_r=\frac{d_c^2(\rho_s-\rho)u_T^2}{18\mu R_m}=\frac{(6.1\times10^{-6})^2\times(2600-0.8)\times17.78^2}{18\times2.4\times10^{-5}\times0.1875}=0.377\text{m/s}$

该直径颗粒雷诺数为：$Re_0=\frac{d_c u_r\rho}{\mu}=\frac{6.1\times10^{-6}\times0.377\times0.8}{2.4\times10^{-5}}=0.077(<2)$

该直径颗粒在器内沉降运动确处在层流区，以上计算有效。

气体通过旋风分离器的压降：$\Delta p_f=\xi\frac{\rho u_i^2}{2}$

对于标准旋风分离器，阻力系数等于 8，则 $\Delta p_f=8\times\frac{0.8\times17.78^2}{2}=1011.6\text{Pa}$

（2）旋风分离器的总效率：$\eta_o=\frac{\text{进、出口气体质量浓度之差}}{\text{进口气体质量浓度}}=\frac{C_1-C_2}{C_1}$

其中，$C_1=3.0\times10^{-3}\text{kg/m}^3$，$C_2=3.0\times10^{-3}-\frac{5.2}{2000}=4\times10^{-4}\text{kg/m}^3$

则

$$\eta_o=\frac{3\times10^{-3}-4\times10^{-4}}{3\times10^{-3}}=86.7\%$$

讨论 评价旋风分离器主要看两项指标，一是分离效率；二是压降。由临界直径的计算公式可以看出，器内气流速度高则临界直径小，分离效率高，但压降也增大。旋风分离器的操作中便会遇到高效率与高压降这一对矛盾，而标准旋风分离器便是这一对矛盾调和的产物。标准旋风分离器各部件尺寸服从一定的比例关系，也正是因为如此，器内气流圈数和阻力系数常取为固定的常数。

【例 2-5】 旋风分离器的并联操作

采用标准旋风分离器进行含尘气体分离操作。在气体处理量和要求临界直径不变的情况下，求分别采用一台、两台并联、三台并联操作时，旋风分离器的直径之比及材料费之比。设颗粒离心沉降处在层流区，材料费用与旋风分离器直径的平方成正比。

解 入口处气速 $u_i=\frac{q_V}{hB}=\frac{q_V}{(D/2)(D/4)}=\frac{8q_V}{D^2}$，代入临界直径表达式

$$d_c=\sqrt{\frac{9\mu B}{\pi N\rho_s u_i}}=\sqrt{\frac{9\mu D^3}{32\pi N\rho_s q_V}}$$

解得

$$D=\left(\frac{32\pi N\rho_s q_V d_c^2}{9\mu}\right)^{1/3}$$

一台并联时：$q_{V1}=q_V$；两台并联时：$q_{V2}=0.5q_V$；三台并联时：$q_{V3}=q_V/3$

三种方案旋风分离器直径之比为

$$D_1:D_2:D_3=q_{V1}^{1/3}:q_{V2}^{1/3}:q_{V3}^{1/3}=1^{1/3}:0.5^{1/3}:(1/3)^{1/3}=1:0.794:0.693$$

材料费之比为

$$P_1 : P_2 : P_3 = D_1^2 : 2D_2^2 : 3D_3^2 = 1 : 2\times0.794^2 : 3\times0.693^2 = 1 : 1.261 : 1.441$$

讨论　采用并联操作虽然使每台分离器的直径减小了，但由于台数的增加，总材料费用仍高于非并联时的情况。再考虑到设备加工费等因素，并联方案的设备投资高于单台方案是必然的。但实际生产中很多装置还是采用了并联方案，主要原因有二：①在处理气体量相同的情况下，单台方案的压降要高于并联压降；②虽然从临界直径表达式来看气速越高临界直径越小，但单台设备的高气速并不一定能带来高的分离效率，因为高气速易造成已经沉降的颗粒又被重新卷起。

【例 2-6】　过滤常数的测定

对某固体颗粒悬浮液用板框过滤机进行恒压过滤实验。过滤面积为 $4.4\times10^{-2}\,m^2$。已知获得 $1m^3$ 滤液可得滤饼体积 $0.025m^3$。操作温度下滤液的黏度为 0.9mPa・s。过滤过程在三个不同的压差下进行，不同过滤时刻所得滤液体积如表 2-1 所示。求三个过滤压力下的过滤常数 K 和滤饼比阻，并求滤饼的压缩性指数 s。

表 2-1　恒压过滤实验滤液体积与过滤时间

过滤压差/kPa	所得滤液体积与对应时间									
	0.5L	1.0L	1.5L	2.0L	2.5L	3.0L	3.5L	4.0L	4.5L	5.0L
100/kPa	6.8s	19.0s	34.6s	53.4s	76.0s	102.0s	131.2s	163.0s		
200/kPa	6.3s	14.0s	24.2s	37.0s	51.7s	69.0s	88.8s	110.0s	134.0s	160.0s
350/kPa	4.4s	9.5s	16.3s	24.6s	34.7s	46.1s	59.0s	73.0s	89.4s	107.3s

解　将过滤方程式 $q^2+2qq_e=Kt$ 两边同除以 Kq，可得

$$\frac{t}{q}=\frac{1}{K}q+\frac{2q_e}{K}$$

可见，以 t/q 对 q 作图，所得直线斜率为 $1/K$，截距为 $2q_e/K$。根据表 2-1 所列实验数据，可得不同时刻的 q 值，即可作图，并进行线性回归，结果如图 2-3 所示。根据各直线斜率和截距可求得各压差下过滤常数 K 和 q_e，结果如表 2-2 所示。

由 $t_e=\dfrac{q_e^2}{K}$ 可求得各压差下的 t_e 值，由 $K=\dfrac{2\Delta p}{\mu r v}$ 可求得各压差下的滤饼比阻 r，结果也示于表 2-2 中。根据 $r=r'\Delta p^s$，在双对数坐标系中以 Δp 为横坐标、r 为纵坐标作图，结果如图 2-4 所示。该直线的斜率为 0.226，此即为滤饼的压缩性指数 s；截距的反对数为 9.77×10^{12}，此即为单位压差下的滤饼比阻 r'（计算时压差单位以 Pa 计）。

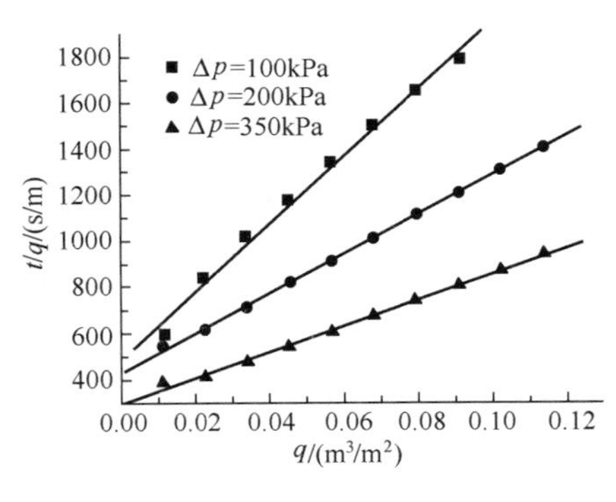

图 2-3　例 2-6 附图（1）

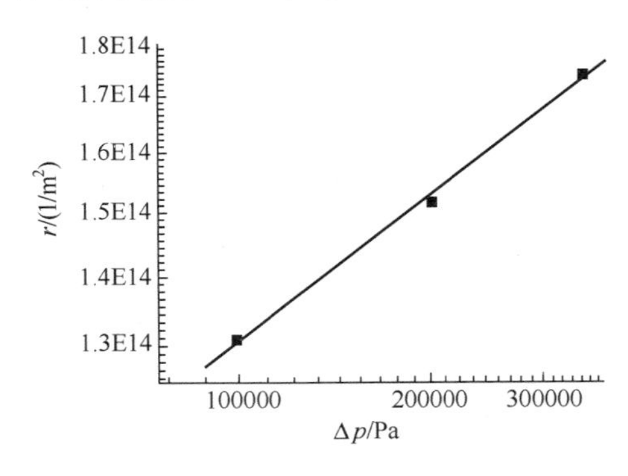

图 2-4　例 2-6 附图（2）

表 2-2 过滤实验数据处理结果

过滤压差/kPa	直线斜率/(s/m²)	直线截距/(s/m)	K/(m²/s)	q_e/m	t_e/s	r/(1/m²)
100	14703.4	485.6	6.8×10^{-5}	0.0165	4.00	1.31×10^{14}
200	8560.9	431.0	1.17×10^{-4}	0.0252	5.43	1.52×10^{14}
350	5598.7	297.5	1.79×10^{-4}	0.0266	3.95	1.74×10^{14}

讨论 过滤常数 K 和 q_e 是工业过滤机设计工作必需的重要参数，由于滤饼层和过滤介质内部结构的复杂性，这两个参数都需要由实验来测定。本题介绍了 K 和 q_e 测定实验的基本原理和数据处理方法。需要说明的是，K 和 q_e 都与过滤压差有关，实验工作应该在与工业生产条件（压差、温度、过滤介质等）相同的情况下进行。也可以在几个不同压差下测定几组 K 和 q_e 值，然后如本例题这样找出比阻与过滤压差之间的关系，则实验结果将具有更广的使用范围。

【例 2-7】 板框过滤机的设计计算

拟采用板框过滤机在 0.1MPa、20℃下过滤某固体悬浮液，要求每小时至少得到 10m³ 的滤液。已知获得每千克滤液的同时可得 0.03kg 的颗粒，每立方米滤饼中含固相 1503kg。相同条件下的小型过滤实验测得过滤常数 K 为 0.6m²/h，过滤介质阻力忽略不计。过滤终了时用 20℃清水洗涤滤饼，洗涤液量为所得滤液量的 10%。卸渣、整理、重装等辅助时间为 30min。若采用长、宽均为 600mm 板框，问：(1) 至少要配多少个这样的板框才能完成指定的生产任务？(2) 框的厚度为多少？

解 (1) 应该按最大生产能力进行设计。对板框式过滤机，如滤布阻力可以忽略，则当满足条件：辅助时间＝过滤时间＋洗涤时间＝30min 时，过滤机具有最大的生产能力。

忽略滤布阻力的过滤基本方程：$V^2=KA^2t$，则过滤时间为 $t=\dfrac{V^2}{KA^2}$

板框过滤机滤饼洗涤时间：$t_W=\dfrac{8VV_W}{KA^2}=\dfrac{0.8V^2}{KA^2}$（洗涤水量等于滤液量的 1/10）

则

$$t+t_W=30\text{min}=1800\text{s}=1.8\frac{V^2}{KA^2}$$

每个操作周期恰好为 1h，因此上式中 V 代入 10m³，可得所需要的过滤面积

$$A=\left(\frac{10^2}{1000\times0.6/3600}\right)^{0.5}=24.5\text{m}^2$$

则过滤框的个数

$$m=\frac{24.5}{0.6\times0.6\times2}=34$$

(2) 由所给已知条件知，每千克滤液对应于 0.03kg 的颗粒，每立方米滤饼对应于 1503kg 的颗粒，所以每立方米滤液对应的滤饼体积为

$$v=\frac{0.03\times1000}{1503}=0.02\text{m}^3\ 滤饼/\text{m}^3\ 滤液$$

假定过滤过程一直进行到滤渣充满框时为止。一个操作周期所得滤液量 $V=10\text{m}^3$，在此期间获得的滤饼体积

$$V_{cake}=Vv=10\times0.02=0.2\text{m}^3$$

框的厚度为
$$\frac{0.2}{34\times0.6\times0.6}=0.016\text{m}$$

讨论　板框式过滤机设计的主要内容就是要确定板框的个数和框的厚度，计算的出发点是过滤基本方程。计算应按生产能力达到最大这一原则来进行，框的厚度应按滤渣充满全框计算。

【例 2-8】　采用助滤剂提高过滤机生产能力

采用某板框过滤机恒压过滤某悬浮液，滤饼不洗涤，每一个操作周期中用于卸渣、清理、重装等辅助时间为 20min。已知过滤常数 $K=0.3\text{m}^2/\text{h}$、$q_e=0.2\text{m}^3/\text{m}^2$，过滤 1.5h 时滤框全部被充满。现于过滤前在滤布上预涂一层助滤剂，其厚度为滤框厚度的 5%，预涂该助滤剂耗时 5min。涂了助滤剂后过滤介质与助滤剂层阻力之和比未涂时过滤介质的阻力降低了约 40%，试比较预涂前后过滤机生产能力的变化（设一个操作周期中滤渣充满全框）。

解　由恒压过滤基本方程 $q^2+2qq_e=Kt$　可解得

$$q=-q_e+\sqrt{q_e^2+Kt}$$

将已知量 $t=1.5\text{h}$、$K=0.3\text{m}^2/\text{h}$、$q_e=0.2\text{m}^3/\text{m}^2$ 代入上式可得原工况下一个操作周期内单位过滤面积所得滤液量 $q=0.5\text{m}^3/\text{m}^2$。涂助滤剂后，设过滤介质＋助滤剂构成的阻力所相当的滤液体积为 q'_e（m^3/m^2），并考虑到 $L_e=vq_e$，$L'_e=vq'_e$，可得如下关系：

$$q'_e=(1-40\%)q_e=0.12\text{m}^3/\text{m}^2$$

涂助滤剂后，框的实际厚度减小，一个操作周期中滤饼体积要减小，而滤饼体积与一个操作周期所得滤液量（V）或 q 值成正比。所以

$$\frac{q'}{q}=\frac{\text{厚度}'}{\text{厚度}}=\frac{1-5\%\times2}{1}=0.9\qquad q'=0.9q=0.45\text{m}^3/\text{m}^2$$

将 q'_e 和 q' 代入过滤方程式，求得预涂后的过滤时间

$$t'=\frac{q'^2+2q'q'_e}{K}=\frac{0.45^2+2\times0.45\times0.12}{0.3}=1.035\text{h}$$

生产能力之比
$$\frac{Q'}{Q}=\frac{q'A/(t'+t_D)}{qA/(t+t_D)}=0.9\times\frac{1.5\times60+20}{1.035\times60+20+5}=1.14$$

讨论　过滤操作时，滤浆中固体颗粒的行为主要有两种，一是进入过滤介质内部，阻塞介质孔道；二是形成滤饼。这两种行为构成了除过滤介质之外的过滤阻力。工业上常采用助滤剂来减小滤浆颗粒所造成的过滤阻力。本题采用了预涂法来施用助滤剂，即将助滤剂颗粒先配成悬浮液，在过滤介质表面滤出一层由助滤剂构成的滤饼，然后进行正式过滤。此法可以防止过滤介质孔道被细小的颗粒堵塞，减小过滤阻力。本例计算结果说明了由此而带来的过滤机生产能力的提高。但若过滤是为了回收滤饼，则不能采用预涂方式。

【例 2-9】　转筒真空过滤机的计算

在表压 200kPa 下用一小型板框压滤机进行某悬浮液的过滤实验，测得过滤常数 $K=1.25\times10^{-4}\text{m}^2/\text{s}$，$q_e=0.02\text{m}^3/\text{m}^2$。今要用一转筒过滤机过滤同样的悬浮液，滤布与板框过滤实验时亦相同。已知滤饼不可压缩，操作真空度为 80kPa。转速为 0.5r/min，转筒在滤浆中的浸入分数为 1/3，转筒直径为 1.5m，长为 1m。试求：（1）转筒真空过滤机的生产能力为多少

(m^3 滤液/h)?(2) 如滤饼体积与滤液体积之比为0.2，转筒表面的滤饼最终厚度为多少毫米?

解 (1) 由题意可知，滤布阻力不能忽略。转筒过滤的压差 $\Delta p'=80\text{kPa}$，板框过滤的压差为 $\Delta p=200\text{kPa}$，又由于滤饼不可压缩，压缩性指数等于零，于是

$$\frac{K'}{K}=\frac{\Delta p'}{\Delta p}=\frac{80}{200} \qquad K'=0.4K=0.4\times1.25\times10^{-4}=5\times10^{-5}\text{m}^2/\text{s}$$

由于转筒过滤机所用滤布与板框过滤时相同，且滤饼不可压缩，所以 $q'_e=q_e$。

转筒转速：$n=0.5\text{r/min}=0.00833\text{r/s}$；转筒面积：$A=\pi dl=3.14\times1.5\times1=4.71\text{m}^2$；浸入分数 $\Psi=1/3$；

$$V_e=q_eA=0.02\times4.71=0.0942\text{m}^3$$

$$V_h=3600nqA=3600n\left(\sqrt{V_e^2+\frac{\Psi}{n}KA^2}-V_e\right)$$

$$=3600\times0.00833\left(\sqrt{0.0942^2+\frac{1}{3\times0.00833}\times5\times10^{-5}\times4.71^2}-0.0942\right)$$

$$=4.1\text{m}^3\ 滤液/\text{h}$$

(2) 一个操作周期中生成的滤饼将被刮掉，因此计算滤饼厚度应以一个周期为基准。在一个操作周期中，过滤时间为

$$t_F=\Psi t_C=\frac{\Psi}{n}=\frac{1}{3\times0.00833}=40\text{s}$$

由过滤基本方程可求出一个周期内产生的滤液量

$$V^2+2VV_e=KA^2t_F, \qquad V^2+2VV_e-KA^2t_F=0$$

$$V=\frac{-2V_e+\sqrt{4V_e^2+4KA^2t_F}}{2}=\frac{-2\times0.0942+\sqrt{4\times0.0942^2+4\times5\times10^{-5}\times4.71^2\times40}}{2}$$

$$=0.1365\text{m}^3\ 滤液$$

一个周期内生成的滤饼体积为 Vv，则滤饼厚度为

$$L=\frac{Vv}{A}=\frac{0.1365\times0.2}{4.71}\times1000=5.8\text{mm}$$

讨论 恒压过滤方程式对恒压操作的板框式过滤机和转鼓真空过滤机都适用。但对于后者，需要将“全部时间、部分面积”转化为“全部面积、部分时间”，即在恒压过滤方程式中采用整个转筒的表面积作为过滤面积、用 $t_F=\Psi\theta_C=\Psi/n$ 作为一个操作周期中的过滤时间。进行了如此转换，则连续操作的转筒过滤机的生产能力和滤饼厚度都可按间歇过滤机进行计算。

2.5 习题精选

一、选择题

1. 为了测定过滤常数 K 和 q_e，需要进行（　　）过滤实验；为了测定滤饼的压缩性指数，需要进行（　　）过滤实验。

A. 多个压差下的恒压过滤实验；一个压差下的恒压过滤实验

B. 一个压差下的恒压过滤实验；一个压差下的恒压过滤实验

C. 多个压差下的恒压过滤实验；多个压差下的恒压过滤实验

D. 一个压差下的恒压过滤实验；多个压差下的恒压过滤实验。

2. 为向进行恒速过滤的过滤机输送悬浮液，应该选用（　　）。

A. 开式离心泵　　B. 螺杆泵　　C. 齿轮泵　　D. 漩涡泵

3. 如果板框过滤机的板和框用符号表示为：a——非洗涤板、b——滤框、c——洗涤板，则这些板与框正确的组装顺序为（　　）。

A. acbacbacbacba　　B. bacbacbacbacb　　C. abcbabcbabcba　　D. cbabcbabcbabc

4. 板框过滤机在进行洗涤时，洗涤液的行程可以大致用如下哪一项描述（　　）。

A. 非洗涤板—滤饼—洗涤板　　B. 洗涤板—滤饼—非洗涤板

C. 滤饼—非洗涤板—洗涤板　　D. 滤饼—洗涤板—非洗涤板

5. 板框过滤机在进行过滤时，滤液的行程可以大致用如下哪一项描述（　　）。

A. 滤饼—滤布—（非）洗涤板　　B. 滤布—滤饼—（非）洗涤板

C. 滤饼—（非）洗涤板—滤布　　D. （非）洗涤板—滤饼—滤布

6. 某板框过滤机有24个长、宽均为800mm的滤框，其过滤面积和洗涤面积分别为（　　）。

A. $30.72m^2$、$30.72m^2$　　B. $30.72m^2$、$15.36m^2$

C. $15.36m^2$、$15.36m^2$　　D. $15.36m^2$、$30.72m^2$

7. 滤饼的比阻大小主要受哪些因素的影响（　　）。

A. 颗粒的比表面积和悬浮液的浓度　　B. 滤饼的厚度和滤饼的空隙率

C. 颗粒的比表面积和滤饼的空隙率　　D. 滤饼的厚度和悬浮液的浓度

8. 在恒速过滤过程中，如下各项中不会随时间变化而变化的是（　　）。

A. 滤饼的比阻　B. 过滤压差　C. 过滤常数 K　D. 所得滤液体积与过滤时间之比

9. 若过滤介质的阻力可忽略不计，转筒真空过滤机的生产能力 Q、刮渣时滤饼的厚度 L 与转筒转速 n 之间的关系为（　　）。

A. $Q \propto n$，$L \propto n^{-1}$　　B. $Q \propto n$，$L \propto n$

C. $Q \propto n^{1/2}$，$L \propto n^{-1/2}$　　D. $Q \propto n^{1/2}$，$L \propto n^{1/2}$

10. 一般来说，当颗粒沉降运动处在层流区时，随着颗粒雷诺数的增大，阻力系数和运动阻力（　　）。

A. 都增大　　B. 都减小　　C. 前者增大、后者减小　　D. 前者减小、后者增大

11. 在公式 $q_V = u_t A (A = bl)$ 中，u_t 是指（　　）。

A. 具有临界直径的颗粒的沉降速度　　B. 直径最大的颗粒的沉降速度

C. 颗粒在降尘室内的平均沉降速度　　D. 气体在降尘室内的流速

12. 如下哪项措施不能提高降尘室的生产能力（　　）。

A. 降低气体温度　　B. 增加降尘室的长度

C. 增加降尘室的高度　　D. 增大要求的临界颗粒直径

13. 某一降尘室在某一气体流量下能100%分离出来的最小颗粒直径为50mm，则直径为30mm的颗粒被去除的百分数与（　　）最接近。

A. 100%　　B. 60%　　C. 36%　　D. 18%

14. 有人说，虽然都是离心沉降，但旋风分离器直径越小分离越好，而离心机直径越大分离越好。这个说法（　　）。

A. 完全错误

B. 虽然关于旋风分离器的结论不正确，但关于离心机的正确

C. 虽然关于旋风分离器的结论正确，但关于离心机的不正确

D. 虽然结论正确，但没有把前提条件说出来

15. 一般来说，进行旋风分离器的设计或选型时，(　　) 是人为指定的。

A. 压降　　B. 临界颗粒直径　　C. 分割直径　　D. 总效率

16. 在推导旋风分离器临界颗粒直径计算公式时，没有使用的假定是（　　）。

A. 颗粒沉降运动处在 Stokes 区（层流区）

B. 气体在器内的流动是层流的

C. 外螺旋气流的速度等于进气口处的气速

D. 气流中颗粒的最大沉降距离等于进气口宽度

二、填空题

1. 用板框过滤机在恒压下过滤悬浮液。若滤饼不可压缩，且过滤介质阻力可忽略不计。

(1) 当其他条件不变，过滤面积加倍，则获得的滤液量为原来的__________倍。

(2) 当其他条件不变，过滤时间减半，则获得的滤液量为原来的__________倍。

(3) 当其他条件不变，过滤压强差加倍，则获得的滤液量为原来的__________倍。

2. 评价旋风分离器的三项重要技术指标是__________、__________和__________。

3. 在相同的操作压力下，当洗涤液与滤液的黏度相同时，板框式过滤机的洗涤速率 $\left(\frac{dV}{dt}\right)_W$ 是最终过滤速率 $\left(\frac{dV}{dt}\right)_E$ 的__________，其原因是洗涤液通过的滤饼层厚度和面积分别是过滤终了时的__________和__________。

4. 将下列三种过滤机与其对应的操作方式和洗涤方式连线。

连续操作　　　　　　　　间歇操作

板框过滤机　　叶滤机　　转鼓真空过滤机

横穿洗涤　　　　　　　　置换洗涤

5. 降尘室用隔板分层后，若要求能够被 100% 去除的颗粒直径不变，则其生产能力__________，颗粒沉降速度__________，颗粒被收集所需要沉降时间__________。

6. 在下列各因素中，与过滤常数 K 无关的是__________和__________。

滤液的黏度；滤浆的浓度；滤饼的压缩性指数；过滤面积；滤饼层的空隙率；滤饼层的厚度

7. 对间歇过滤机，当滤布阻力可以忽略不计时，生产能力达到最大的条件是____________________；提高转鼓真空过滤机的转速使其生产能力__________，但有可能使形成的滤饼层太__________而不易__________。

8. 升高气体温度能够使降尘室的生产能力__________，原因是____________________。

9. 降尘室和旋风分离器的临界颗粒直径是指____________________。

10. 与颗粒沉降速度有关的颗粒性质有：__________、__________、__________。

11. 恒压过滤方程是基于滤液在__________中处于__________流动形态的假定而导出的。

12. 板框过滤机中，过滤介质阻力可忽略不计时，若其他条件不变，滤液黏度增加一倍，则得到等体积滤液时的过滤速度是原来的__________倍；若其他条件不变，$2t$ 时刻的过滤速度是 t 时刻过滤速度的__________倍。

13. 在降尘室中，若气体处理量增加一倍，则能被分离出来的最小颗粒直径变为原来的__________倍；若原无隔板的降尘室内加入两层隔板，则在相同处理量下能被分离出来的最

小颗粒直径是原来的__________。(假定该降尘室内颗粒沉降处在层流区)

三、计算题

1. 一种测量液体黏度的方法是测定金属球在其中沉降一定距离所用时间。现测得密度为 $8000kg/m^3$、直径为5.6mm钢球在某种密度为 $920kg/m^3$ 油品中重力沉降300mm的距离所用的时间为12.1s，问此种油品的黏度是多少?

2. 某球形产品颗粒直径为 $50\mu m$，密度为 $1100kg/m^3$。求：(1) 该类颗粒在250℃的静止空气中的沉降速度；(2) 在某标准旋风分离器中的径向沉降速度，此时该类颗粒被250℃的空气流以22m/s的切向速度带入器内，气流在器内的平均旋转半径为0.6m。

3. 降尘室长6m、宽3m、高2m，用于处理密度为 $0.6kg/m^3$、黏度为0.032mPa·s的含尘气体。操作条件下气体流量为 $23500m^3/h$。已知颗粒密度为 $4000kg/m^3$。假设气体入室时颗粒在气流中均匀分布。试分别求直径为 $100\mu m$ 和 $50\mu m$ 的颗粒在此降尘室能够被除去的百分数。

4. 某股常压、20℃的含尘空气，其流量为 $5000m^3/h$，其所含尘粒的密度为 $2000kg/m^3$，欲用降尘室处理，要求净化后气流中不含直径大于 $12\mu m$ 的颗粒，试求需要的降尘总面积。若所用降尘室底面长5m、宽3.2m，则这样的降尘室需要设置多少块隔板方能完成上述净化任务。

5. 流量为15000kg/h、温度为350℃的含尘空气用长6m、宽2.1m、高1.8m且含有4层隔板的降尘室进行净化处理。已知尘粒密度为 $2000kg/m^3$，求：(1) 能被完全除去的最小颗粒直径；(2) 若将该股空气先降温至50℃再送入降尘室，则能被完全除去的最小颗粒直径为多少?(3) 降温至50℃后，为使临界颗粒直径不变，则气体的质量流量变为多少?

6. 原用一个旋风分离器处理含尘气体，因分离效率不高，拟改用多个旋风分离器并联操作，其型式及各部分尺寸的比例不变，气体进口速度也不变。求分别采用两台及三台并联操作时，每台分离器的直径是单台操作时的多少倍，可分离的临界直径是原来的多少倍?(假定颗粒在器内沉降运动处在层流区)

7. 工厂的气流干燥器送出 $12000m^3/h$、温度为70℃的含尘热空气，尘粒密度为 $2000kg/m^3$，采用标准旋风分离器除尘。试求器身直径分别为1600mm和1000mm时理论上能被完全除去的最小颗粒直径和旋风分离器压降。

8. 过滤面积为 $0.1m^2$ 的板框过滤机在60kPa的压差下处理某悬浮液。开始400s得到滤液 $5.0\times10^{-4}m^3$，又过600s，得到另外 $5.0\times10^{-4}m^3$ 的滤液。操作条件下滤液黏度为1mPa·s。试求：(1) 该压差下的过滤常数 K 和 q_e；(2) 再收集 $5.0\times10^{-4}m^3$ 滤液所需时间；(3) 若获得每立方米滤液所得到的滤饼体积为 $0.06m^3$，则滤饼比阻为多少?

9. 一小型板框过滤机共有12个框，每框尺寸为0.25m×0.25m。用此过滤机在压差为200kPa下处理某悬浮液，滤饼充满滤框时对应的过滤时间为1.5h，所得滤液体积为200L。一个操作周期中洗涤和其他辅助时间之和为1h。若滤饼不可压缩，且忽略过滤介质的阻力，求：(1) 洗涤速率 (m^3/s)；(2) 若过滤压差变为原来的1.5倍，则此时过滤机的生产能力为多少?(m^3 滤液/h)(设洗涤液黏度与滤液黏度相同，洗涤压差与过滤压差相同)

10. 拟用一板框过滤机过滤某悬浮液，过滤压差为330kPa，与此对应的过滤常数为 $K=8.2\times10^{-5}m^2/s$、$q_e=0.01m^3/m^2$。设计每一操作周期中在0.8h内得到 $9m^3$ 的滤液。已知滤饼不可压缩，且每立方米滤液可得滤饼 $0.03m^3$。求：(1) 过滤面积；(2) 若操作压差提高至500kPa，现有一台板框过滤机，框的尺寸为600mm×600mm×25mm，要求每操作周

期仍得到 $9m^3$ 的滤液，至少需要多少个框？过滤时间为多少？

11. 一转筒过滤机，其转速为 0.5r/min，此条件下过滤机的生产能力为 $3m^3$ 滤液/h。现要求将生产能力提至 $4.5m^3$ 滤液/h，试求：(1) 转速应提至多少？(2) 提速后每一操作周期中形成的滤饼厚度是原来的多少倍？设滤布阻力可忽略不计。

12. 一转筒过滤机的总过滤面积为 $3m^2$，其中浸没在悬浮液中的部分占 30%。转筒转速为0.5r/min。已知的有关数据如下：滤饼体积与滤液体积之比 $0.23m^3/m^3$；滤饼比阻 $2\times 10^{12}/m^2$；滤液黏度1.0×10^{-3} Pa·s；转筒内绝压 30kPa；滤布阻力相当于 2mm 厚度滤饼的阻力。试计算：(1) 过滤机的生产能力；(2) 每一操作周期中形成的滤饼厚度。

符号说明

英文	意义	计量单位
a	颗粒的比表面积	m^2/m^3
	或加速度	m/s^2
A	面积	m^2
b	降尘室宽度	m
B	旋风分离器进口宽度	m
C	气体含尘浓度	kg/m^3
d	颗粒直径	m
d_0	孔道当量直径	m
D	设备直径	m
F	作用力	N
g	重力加速度	m/s^2
h	降尘室或进气口高度	m
K	过滤常数	m^2/s
K_0	孔道实际长度与滤饼厚度之比	
l	降尘室长度	m
L	滤饼厚度	m
m	滤框个数	
n	转速	r/min
N	气流旋转圈数	
p	压强	Pa
Δp	压强降或过滤推动力	Pa
q	单位过滤面积获得的滤液体积	m^3/m^2
q_V	体积流量	m^3/s
Q	过滤机的生产能力	m^3/h
r	滤饼比阻	$1/m^2$
r'	单位压差下的滤饼比阻	$1/m^2$
Re	雷诺数	
s	滤饼的压缩性指数	
S	表面积	m^2
t	过滤时间	s
T	操作周期或回转周期	s
u	流速或过滤速度	m/s
v	滤饼体积与滤液体积之比	
V	滤液体积	m^3
w	立方体边长	m
z	位高	m

希文	意义	计量单位
ε	床层空隙率	
ξ	阻力系数	
η	分离效率	
θ	降尘室内气体停留时间	s
θ_t	沉降时间	s
μ	流体黏度或滤液黏度	Pa·s
ρ	密度	kg/m^3
Φ_s	颗粒球形度	
Ψ	转筒浸没度	
τ	剪应力	N/m^2

下标	意义
c	离心的
d	阻力的
e	当量的，有效的
E	过滤终了时的
F	过滤的
g	重力的
i	进口的
min	最小的
r	径向的
s	固相的
t	终端的
T	切向的
W	洗涤的

第3章 传热

3.1 联系图

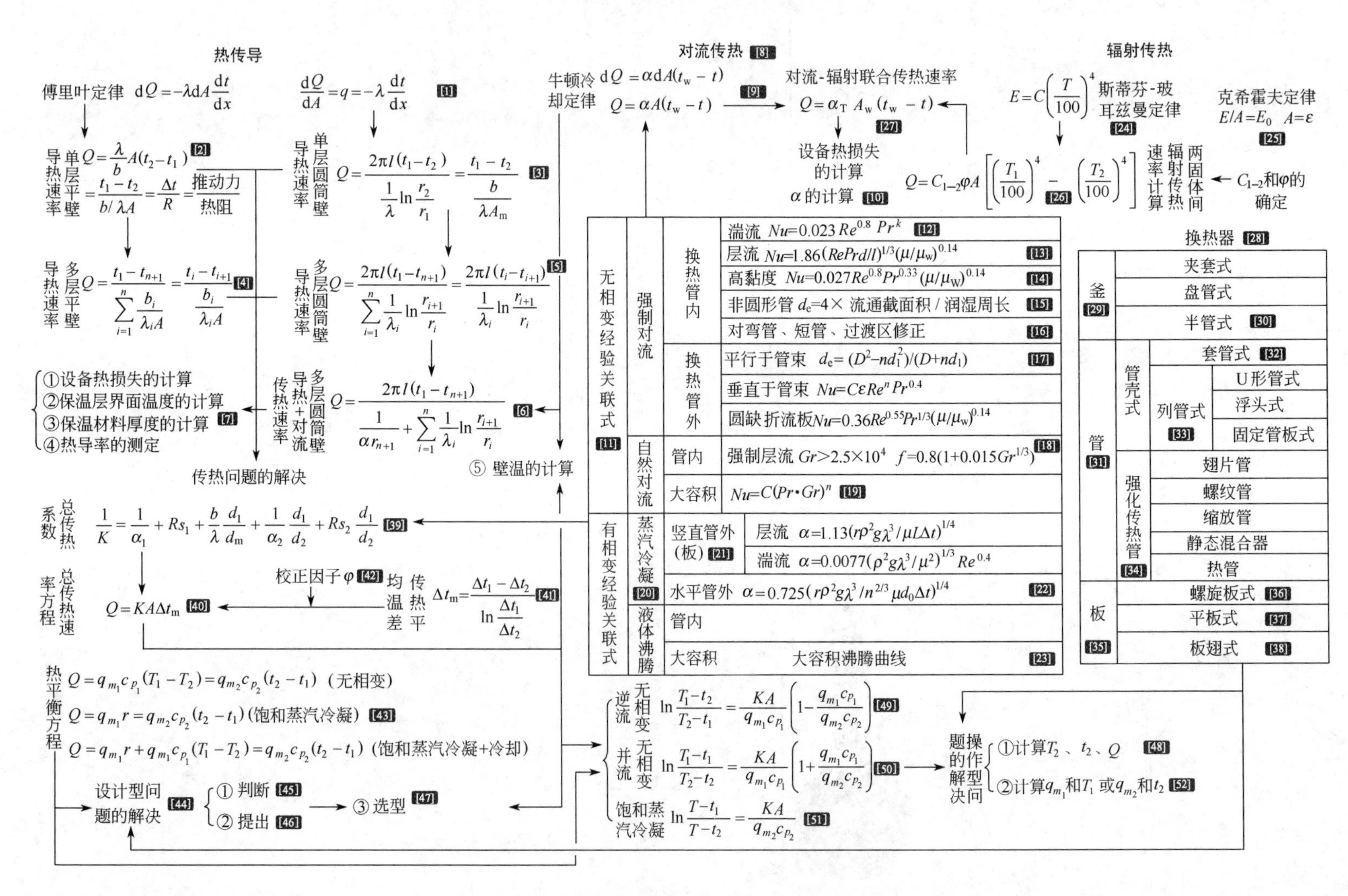

热传导
傅里叶定律 $dQ=-\lambda dA\frac{dt}{dx}$
$\frac{dQ}{dA}=q=-\lambda\frac{dt}{dx}$ [1]
单层平壁导热速率 $Q=\frac{\lambda}{b}A(t_2-t_1)=\frac{t_1-t_2}{b/\lambda A}=\frac{\Delta t}{R}=\frac{推动力}{热阻}$ [2]
单层圆筒壁导热速率 $Q=\frac{2\pi l(t_1-t_2)}{\frac{1}{\lambda}\ln\frac{r_2}{r_1}}=\frac{t_1-t_2}{\frac{b}{\lambda A_m}}$ [3]
多层平壁导热速率 $Q=\frac{t_1-t_{n+1}}{\sum_{i=1}^{n}\frac{b_i}{\lambda_i A}}=\frac{t_i-t_{i+1}}{\frac{b_i}{\lambda_i A}}$ [4]
多层圆筒壁导热速率 $Q=\frac{2\pi l(t_1-t_{n+1})}{\sum_{i=1}^{n}\frac{1}{\lambda_i}\ln\frac{r_{i+1}}{r_i}}=\frac{2\pi l(t_i-t_{i+1})}{\frac{1}{\lambda_i}\ln\frac{r_{i+1}}{r_i}}$ [5]
多层圆筒导热+对流传热速率 $Q=\frac{2\pi l(t_1-t_{n+1})}{\frac{1}{\alpha r_{n+1}}+\sum_{i=1}^{n}\frac{1}{\lambda_i}\ln\frac{r_{i+1}}{r_i}}$ [6]
①设备热损失的计算
②保温层界面温度的计算
③保温材料厚度的计算 [7]
④热导率的测定
⑤ 壁温的计算
传热问题的解决
对流传热 [8]
牛顿冷却定律 $dQ=\alpha dA(t_w-t)$ $Q=\alpha A(t_w-t)$
[9]
对流-辐射联合传热速率 $Q=\alpha_T A_w(t_w-t)$ [27]
设备热损失的计算
α的计算 [10]
无相变经验关联式 [11]
强制对流
换热管内
湍流 $Nu=0.023Re^{0.8}Pr^k$ [12]
层流 $Nu=1.86(RePrd/l)^{1/3}(\mu/\mu_w)^{0.14}$ [13]
高黏度 $Nu=0.027Re^{0.8}Pr^{0.33}(\mu/\mu_W)^{0.14}$ [14]
非圆形管 $d_e=4\times$ 流通截面积 / 润湿周长 [15]
对弯管、短管、过渡区修正 [16]
换热管外
平行于管束 $d_e=(D^2-nd_1^2)/(D+nd_1)$ [17]
垂直于管束 $Nu=C\varepsilon Re^n Pr^{0.4}$
圆缺折流板 $Nu=0.36Re^{0.55}Pr^{1/3}(\mu/\mu_w)^{0.14}$
自然对流
管内 强制层流 $Gr>2.5\times10^4$ $f=0.8(1+0.015Gr^{1/3})$ [18]
大容积 $Nu=C(Pr\cdot Gr)^n$ [19]
有相变经验关联式
蒸汽冷凝 [20]
竖直管外(板) [21] 层流 $\alpha=1.13(r\rho^2g\lambda^3/\mu L\Delta t)^{1/4}$
湍流 $\alpha=0.0077(\rho^2g\lambda^3/\mu^2)^{1/3}Re^{0.4}$
水平管外 $\alpha=0.725(r\rho^2g\lambda^3/n^{2/3}\mu d_0\Delta t)^{1/4}$ [22]
液体沸腾
管内
大容积 大容积沸腾曲线 [23]
辐射传热
$E=C\left(\frac{T}{100}\right)^4$ 斯蒂芬-玻耳兹曼定律 [24]
克希霍夫定律 $E/A=E_0$ $A=\varepsilon$ [25]
$Q=C_{1-2}\varphi A\left[\left(\frac{T_1}{100}\right)^4-\left(\frac{T_2}{100}\right)^4\right]$ [26] 两固体间辐射传热速率计算
C_{1-2}和φ的确定
换热器 [28]
釜 [29] 夹套式 盘管式 半管式 [30]
管 [31]
管壳式 套管式 [32]
列管式 [33] U形管式 浮头式 固定管板式
强化传热管 [34] 翅片管 螺纹管 缩放管 静态混合器 热管
板 [35] 螺旋板式 [36] 平板式 [37] 板翅式 [38]
总传热系数 $\frac{1}{K}=\frac{1}{\alpha_1}+Rs_1+\frac{b}{\lambda}\frac{d_1}{d_m}+\frac{1}{\alpha_2}\frac{d_1}{d_2}+Rs_2\frac{d_1}{d_2}$ [39]
总传热速率方程 $Q=KA\Delta t_m$ [40]
平均传热温差 $\Delta t_m=\frac{\Delta t_1-\Delta t_2}{\ln\frac{\Delta t_1}{\Delta t_2}}$ [41]
校正因子φ [42]
热平衡方程
$Q=q_{m_1}c_{p_1}(T_1-T_2)=q_{m_2}c_{p_2}(t_2-t_1)$ (无相变)
$Q=q_{m_1}r=q_{m_2}c_{p_2}(t_2-t_1)$ (饱和蒸汽冷凝) [43]
$Q=q_{m_1}r+q_{m_1}c_{p_1}(T_1-T_2)=q_{m_2}c_{p_2}(t_2-t_1)$ (饱和蒸汽冷凝+冷却)
设计型问题的解决 [44]
① 判断 [45]
② 提出 [46]
③ 选型 [47]
逆流无相变 $\ln\frac{T_1-t_2}{T_2-t_1}=\frac{KA}{q_{m_1}c_{p_1}}\left(1-\frac{q_{m_1}c_{p_1}}{q_{m_2}c_{p_2}}\right)$ [49]
并流无相变 $\ln\frac{T_1-t_1}{T_2-t_2}=\frac{KA}{q_{m_1}c_{p_1}}\left(1+\frac{q_{m_1}c_{p_1}}{q_{m_2}c_{p_2}}\right)$ [50]
饱和蒸汽冷凝 $\ln\frac{T-t_1}{T-t_2}=\frac{KA}{q_{m_2}c_{p_2}}$ [51]
操作型问题的解决
①计算T_2、t_2、Q [48]
②计算q_{m_1}和T_1或q_{m_2}和t_2 [52]

联系图注释

➤ 热传导

注释［1］①描述一维热传导规律的傅里叶规律指出，温度场某处的导热热通量正比于该处的温度梯度；②形式和内容上都类似于第1章的牛顿黏性定律（动量通量正比于速度梯度）；③比例系数λ称为热导率，其物理意义与黏度相似，都是物质微观粒子热运动情况的宏观反映，都是单位梯度产生的传递通量，都属于物质基本物理性质中的传递性质；④与黏度不同的是，热导率的概念对气、液、固三种相态均适用（黏度只适用于气体和液体），它们的热导率数值分别大致处在：气体—10^{-2}～10^{-1}、液体—10^{-1}、绝热材料—10^{-2}～10^{-1}、建筑材料—10^{-1}～1、金属—1～10^2 W/(m·℃）范围内。

注释［2］①单层平壁一维定态热传导速率计算式，是对傅里叶定律表达式积分的结果，积分时假定：a. 定态传热，导热速率Q（导热热流量）处处相等；b. 材料热导率不随温度而变化，λ处处相等；②可将λ/b视作导热过程的传热系数，它的物理含义类似于对流传热系数、辐射传热系数和总传热系数；③Q可在形式上表示为推动力与热阻之比，这类似于电流、电压和电阻的关系；④由该式可见，λ与温度无关时，导热平壁内温度在热流方向上按线性规律下降；当λ与温度满足常见的线性关系时［$\lambda=\lambda_0(1+kt)$］，平壁内温度按抛物线规律下降。

注释［3］①单层圆筒壁一维定态热传导速率计算式，由傅里叶定律针对内与外半径分别为r_1和r_2、内与外表面温度分别为t_1和t_2的圆筒壁积分而来；②这个表达式可以用半径来写，也可以用A_m（内、外表面积的对数平均值）来写，但在解题时使用前者更方便，因为通常都采用直径而不是表面积表示圆筒的规格；③圆筒壁定态导热与平壁的一个重要区别是，平壁的Q与q均处处相等，而圆筒壁仅Q处处相等，q由里向外逐渐减小；④即使材料热导率不随温度而变，壁内温度也不是按线性而是按对数规律下降的（梯度也逐渐减小）。

注释［4］、［5］①多层平壁和多层圆筒壁一维定态热传导速率计算式，通过对各层壁的导热速率连等式（因为定态，所以连等）使用等比定理得出（假定相邻壁之间接触良好，无接触热阻）；②推动力和阻力均具有加和性：导热速率＝∑各层推动力/∑各层热阻＝∑任意几层推动力/∑这几层热阻＝任意一层推动力/该层热阻；③使用这两个式子不仅可以在计算Q时避免使用不易知晓的中间温度，而且可以在算出Q后用它反求中间温度；④计算多层圆筒壁的Q时最易犯的错误是写错各层的内、外半径。

注释［6］①是将外表面向周围空间自然对流散热过程考虑在内的设备热损失计算式，通过令［5］＝［9］并使用等比定理得到（相等是因为过程定态，对流传热的热量等于热传导的热量）；②采用该式解决圆筒壁散热问题，可以避免使用不易知晓的保温层外表面温度，而是使用易知晓的环境温度；③该式分母显示，随着保温层厚度增加，保温层的热阻增大，但同时也在增大的保温层外表面积使对流传热热阻减小，这种此消彼长的关系使总热阻存在极小值，与此对应的就是保温层存在临界半径r_c($r_c=\lambda/\alpha$)。

注释［7］对本课程而言，研究热传导问题，导出其Q的计算式的目的是为了解决这四个问题以及壁温计算的问题，此外还要服务于总传热系数K的计算。

➤ 对流传热

注释［8］①不同于作为传热的三种基本方式之一的热对流，对流传热是指流体与固体壁面之间的传热过程；②理解对流传热需要注意以下几个“三”：a. 对流传热中的流体可能处于这三种状态之一：静止、层流、湍流，不同状态下对流传热机理是不同的；b. 对流传热的热流来自于以下三方面的贡献：微观粒子的运动、由密度差造成的环流、质点的脉动和旋涡运动；c. 热流要穿过以下三个区域：层流内层、过渡区、湍流主体。

注释［9］①是对流传热速率的经验表达，可以针对微元传热面或换热器的整个传热面写出；针对后者来写时，表达式中的壁温和流体温度均指换热器进、出口的平均值；②对流传热是复杂的物理过程，该定律却给出了形式很简单的描述，众多影响因素被包含在了对流传热系数 α 之中；③对 α 有影响的因素分属这五个方面：流体的基本物理性质、引起流体运动的原因、流动状态、传热面情况（形状、尺寸、放置方式）、是否发生相变。

注释［10］①几乎所有 α 计算式的获得都借助了实验，而且其中绝大部分是完全通过实验获得的；②因为影响因素众多，而且有些因素的影响无法量化于公式中（例如圆形管与非圆形管、是否有相变等），所以实验研究是分多种情况分别进行的，这就导致了 α 的计算式数量多。

注释［11］①无相变 α 的计算式几乎都是基于量纲分析的结果，通过做实验、处理数据而获得的无量纲特征数表达式；②四个特征数分别有各自的物理含义：a. Nu 是待定特征数，同时也是流动把传热系数（相比于纯粹的导热传热系数）提高的倍数；b. Pr 反映了流体物理性质的影响；c. Re 是流体湍动程度的反映；d. Gr 代表了自然对流运动的强度；③使用这些计算式时要注意三个符合：a. 情形符合（表中的每一行都是一种情形）；b. 特征数数值符合（实验范围）（例如 $Re>10000$，$0.6<Pr<160$）；c. 特征物理量（定性温度、特征尺寸、特征流速）的取法符合（公式发布者的规定）。

注释［12］①这是最常用的 α 计算式，由该式可得出的几个推论也值得注意：a. 管径一定时，α 与流量或流速的 0.8 次方成正比；b. 流量一定时，α 与管径的 1.8 次方成反比；c. 流速一定时，α 与管径的 0.2 次方成反比；②Pr 数的指数 k 在流体被加热时取得较大（0.4），被冷却时取得较小（0.3），引入这种差异是对如下这个不当做法的修正：计算时采用的是易知晓的流体主体温度（的平均值）而不是层流内层的温度作为定性温度［对流传热的效果主要与层流内层的厚度有关，流速一定时该厚度取决于该处流体的黏度，因此就与该处的温度而不是主体温度密切相关，详细的解释见《化工原理》（杨祖荣，化学工业出版社，2021年）（以下直接称为"教材"）］。

注释［13］、［14］①这两式均存在黏度修正项，其必要性亦如［12］中所述；②更为甚者，层流时换热管内流体温度分布更宽［或者说层流内层温度（黏度）与流体主体温度（黏度）差异更大］；高黏度时这两处的黏度差异也更大；③修正项中壁温（黏度）不易确定，故常这样简化处理：液体被加热时取其值为 1.05，被冷却时取 0.95。

注释［15］～［18］①这几种情形 α 的确定办法都是先用其他情形的公式计算，然后对结果进行修正；②借用别的情形下的经验公式有时计算结果可靠性很差，经验公式最好还是采用专用的。

注释［19］①对于常见的圆形管，水平放置时特征尺寸为管外径，竖直放置时特征尺寸为管长；②由实验结果得到 C 和 n 的值，发现在不同的 $Pr \cdot Gr$ 值范围内 C 和 n 的取值应该是不同的，详见教材。

注释［20］①蒸汽冷凝传热系数计算式的原始形式是理论推导建立的（然后用实验对式中的参数进行了修正），而不是（像无相变那样）量纲分析的结果，因此它们没有以无量纲特征数的形式呈现；②这些计算式中的定性温度要取膜温（但相变焓采用饱和温度下的），物性要采用冷凝液的，因为该过程的热阻完全集中于冷凝液膜内（上述理论推导过程也确实只考虑了冷凝液膜的物理性质和厚度对传热的影响）。

注释 [21] ①蒸汽冷凝于竖直管外或板上时，冷凝液膜运动可能由层流发展为湍流，故存在这两种不同情形下的 α 计算公式；②情形判据是雷诺数（$Re=4\alpha L\Delta t/r\mu$），计算其值需要待求的 α，所以这时的 α 计算需要试差；③这是一种情形试差，可先假定液膜运动为层流，用层流公式计算出 α，然后计算 Re，如其值小于1800，则层流假定成立；否则采用湍流公式计算。

注释 [22] ①换热管不可能很粗，故冷凝液膜在水平管外运动行程不可能很长，发展为湍流的可能性很小，所以这种情形下 α 的计算式只有层流的，计算过程无需试差；②式中的 n 是冷凝换热管束在竖直方向上的管排数，对于水平单（排）管，$n=1$。

注释 [23] ①一般来说，大容积沸腾的 α 比无相变时高很多，这是沸腾产生的大量气泡脱离壁面时对壁面附近液体的强烈搅动造成的；②理解了"①"，就容易理解大容积沸腾曲线各段的走势和特点。

➤ **热辐射**

注释 [24] ①物体的发射能力正比于其绝对温度的4次方，这个比例系数对黑体来说就是黑体的辐射常数，$C_0=5.669\text{W}/(\text{m}^2\cdot\text{K}^4)$，对灰体来说就是灰体的辐射系数 C，二者之比等于灰体的黑度 ε，即 $C=\varepsilon C_0$；②这里存在的4次方关系可以解释为什么生产中在常温或接近于常温时辐射传热量微不足道，但在高温下却可以成为重要甚至主要的传热方式。

注释 [25] ①克希霍夫定律的内容是 $E/A=E_0$，再考虑黑度的定义（$E/E_0=\varepsilon$），可获得 $A=\varepsilon$ 这个推论；②该定律的内容和推论都说明，一个物体如果善于发出辐射能，那么它一定也善于吸收辐射能；③黑度是本节最重要的物理量之一，它体现着物体本身的性质和表面状况对热辐射的影响，希望物体（或设备）多发出或多吸收辐射能时，均应采用黑度尽可能大的材料（或物体），反之应采用黑度小的。

注释 [26] ①是两灰体间辐射传热速率计算式，由斯蒂芬-玻耳兹曼定律推导而来；②要注意该式包含的对辐射传热有影响的（不同于热传导和对流传热的）独特因素：a. 温度的4次方的差，而不是温差；b. 一个物体发出的热辐射线对另一物体的投射角，体现于角系数中；c. 物体发出或吸收辐射线的能力，通过黑度 ε 体现在了总辐射系数 $C_{1\text{-}2}$ 中；③角系数和总辐射系数的大小与两物体的相对位置有关，教材中给出了5种不同的情形，概括地说就是三"包围"、两"相对"，这其中只有一种情形的 $C_{1\text{-}2}$ 仅与一种物体的 ε 有关（很大的2包围1），也仅有一种情形的角系数 φ 小于1（面积有限的两平面相对）；④由该式可见，削弱两物体间辐射传热的措施：a. 降低物体1或2的黑度；b. 采用黑度小的物体来遮热。

注释 [27] ①这里的"联合"有"加和"的意思，即联合传热的热量等于对流传热的热量+辐射传热的热量，"加和"的理由是同一个传热面既在进行对流传热，也在进行辐射传热；②应用实例：a. 设备外表面的散热速率等于其向周围空间的自然对流传热速率加上热辐射传热速率；b. 加热炉或锅炉炉膛中炉管的吸热速率等于周围烟气向它的对流传热速率加上周围炉墙向它的辐射传热速率；③以上所说"加和"通过这两个传热过程的 α 相加体现在计算过程中，这个"和"称为"对流-辐射联合传热"系数 α_C，其值或计算式只能通过实验获得；④要注意"对流-辐射联合传热"中的对流是自然对流时 α_C 与设备外表面温度的相关性，这可能会使计算过程变得比较复杂，甚至需要试差。

➤ **换热器**

注释 [28] ①换热器是化工生产装置中台数可能仅次于泵的一大类单元设备，台数多的原因是生产中传热任务（加热、冷却、换热）的普遍存在；②按基本结构的不同，工业换热器可以分为三类：釜式、管壳式、板式；③换热器的评价指标主要有：传热系数的高低、紧凑程度（单位体积设备中容积的传热面积）、易清洗程度、耐压程度等。

注释［29］①这里的釜是指生产装置中的容器型设备，如釜式反应器、配料槽、贮罐等，其中的物料需要被加热或冷却时，存在这三种常见的实现方式：内设盘管、外包夹套、外绕半管；②由于“釜”这种基本结构不符合流体间传热的原理，所以这类换热器各方面性能都很差：传热系数低、紧凑程度低、耐压程度低；③釜内流体的加热或冷却不局限于这三种方式，当热负荷较大以至于以上三种方式不能满足要求时，应该采用外置的专用换热器（以下两大类）。

注释［30］①把一根圆管沿其轴向一分为二，其中之一就是一条半管，如附图1及附图2所示；②把一根半管缠绕在釜的外壁上，将二者焊接在一起，就构成了半管式换热器，如附图1及附图2所示；向半管内通入加热剂或冷却剂就可以实现对釜内流体的加热或冷却；③半管换热器具有管内传热系数高、持料量少、不影响釜内设置搅拌器等优点。

附图1　半管

附图2　半管换热器

注释［31］因为基本传热元件是比较细的管，因此这类换热器最耐高压，传热系数和紧凑程度也高于釜式类，但低于板式类。

注释［32］①因为是唯一一种换热面两侧均具有管式结构的换热器，所以也就是最耐高压的换热器；②其他优点：传热系数较高、可以实现逆流、可以根据需要灵活增减传热面积；③主要缺点：传热面积不大，或者说紧凑程度不够高，不能承担较大的热负荷。

注释［33］①各方面性能均比较适中，是化工装置中的主流换热器；②虽然壳程流体流速较低，但折流板可以使其在较低雷诺数下也达到湍流，故壳程传热系数也较高；③因消除热应力措施的不同而存在三种不同的结构形式：a. 固定管板式，通过在壳体上设置膨胀节消除热应力，但两流体温差超过70℃时效果不佳；b. U形管式，通过换热管弧端的伸缩消除了热应力，管程数一般只能为2，管程清洗难度较大；c. 浮头式，通过浮头的移动完全消除了热应力，且整个管束可以从壳体中抽出，清洗很方便，但造价较高；④既可以采用多管程也可以采用多壳程结构：a. 多壳程的情形并不多见，只有当参与换热的两种流体流量相差很大时才考虑使用；b. 采用多管程是从结构上强化传热的常用措施；请注意同一个换热器在（管程流体流量一定且流动在阻力平方区时）由单管程变为N管程时的变与不变：管程流速变为原来的N倍、α变为原来的$N^{0.8}$倍、压降变为原来的N^3倍、传热面积不变等。

注释［34］①翅片管、螺纹管和缩放管强化传热的原理有二：a. 表面不再顺滑，而是呈现为各种异形，这能对流体起到激湍的作用，减薄边界层厚度，提高 α；b. 异形换热面能提供更大的与流体接触的面积，这就是增大了传热面积；②把翅片设置于换热管两侧之 α 较小的那一侧才能有效强化传热，两侧的 α 相差越大越是如此（例如空冷器，在空气一侧设置翅片）。

注释［35］①基本的传热元件是板，因此两种流体的流道都可以很窄，这使这类换热器的紧凑程度和传热系数均高于另两类换热器，但板结构也决定了其耐压程度不高；②因为紧凑程度高，故特别适合于空间有限的场合，如电器、汽车、船舶、各种飞行器等，在化工中可作为其他大型设备的内置换热器使用。

注释［36］有几个不同于平板和板翅换热器的特点：a. 流道里没有死角，故具有自清洁能力，因而适用于悬浮液和高黏度的液体；b. 热应力很小；c. 流道长而弯曲，因而流动阻力较大。

注释［37］①能被拆卸为一个一个的单片换热板，因此特别容易清洗；②能根据热负荷的需要增、减换热板数，调整传热面积。

注释［38］①是教材中所讲紧凑程度最高且唯一能单台实现三股及以上流体换热的换热器；②非常不易清洗。

➤ **传热问题的解决**

注释［39］①是总传热系数 K 的定义式、计算式，导出过程类似于多层壁热传导的总热阻；②K 的数值大小与计算时采用的传热面积 A 有关，但一个换热器的 KA 值是一定的；③选择（管式换热器）换热管的内还是外表面积作为传热面积不会影响计算结果，但通常还是默认外表面积为传热面积；④该式可以理解为：两流体通过间壁传热时的总热阻等于五项分热阻的加和，其中阻值远大于其余四项的分热阻称为控制热阻；⑤如果存在控制热阻，则 K 的大小就取决于控制热阻，欲强化这样的传热过程，就要设法减小其控制热阻，这可能要设法提高原本很小的 α，或清洗换热器。

注释［40］①是本章的核心方程，由描述微元中总传热过程的微分方程积分得到，推导过程中使用了对数平均温差的定义式和热量衡算式等；②虽然教材中只是以逆流为例导出了该式，但它同样适用于并流、错流、复杂流等其他流动形式（流动形式对传热过程的影响会体现在 K 和 Δt_m 的具体数值上）；③对于换热面两侧面积不同的换热器（例如套管或列管式换热器），K 和 A 的取值必须基于同一侧（或同一个换热面）的面积；④A 是换热器的传热面积，也可以理解为是流体与换热管的接触面积，不是管程流通截面积，不能用 $n\pi d^2/4$ 而是用 $n\pi dl$ 求 A。

注释［41］①是换热器的平均传热温差定义式、计算式，仅适用于逆流和并流这两种流动形式，其中的两个 Δt 分别是换热器两端的热、冷流体温差；②“对数平均”区别于算术平均的一个特点是平均值总是接近于参与计算的两数中较小的那个，两者相差越大越是如此（其中一个趋近于 0 时，对数平均值也趋近于 0），这个特点决定了并流的平均温差总是小于逆流的；③“对数平均”是在推导总传热速率方程的过程中产生的，所以是客观规律决定了对数平均的存在，而不是人为的选择。

注释［42］①对于采用（逆流或并流之外）其他流动形式的换热器，平均温差等于逆流时的值再乘以校正因子 φ，即 $\Delta t_m=\varphi\Delta t_{m逆}$；②这个校正因子的大小取决于所采用的具体流动形式或者换热器的结构，以及两种流体在换热器进、出口处的温度，而与设计者对两种流体所走管、壳程的选择情况无关；③可通过查找教材中的算图获取这个校正因子；④一般来说，采用其他流动形式是为了提高 α（从而提高 K），但要以损失平均温差 Δt_m 为代价（因为 $\varphi<1$），最终能否强化传热要看 K 与 Δt_m 的乘积是否得到提高；⑤换热器设计和选型者可以通过在结构、流动形式以及流体出口温度等方面做出的不同选择影响 φ 的大小，最好使其值大于 0.9，绝不能低于 0.8；⑥当换热面的某一侧温度恒定（例如饱和水蒸气冷凝为同温的饱和液体排出时），无论另一侧的流体在换热器内作怎样的流动，平均温差都用［41］计算（也可以理解为这时 φ 恒等于 1）。

注释［43］①是这三种情形下换热器热量衡算方程：a. 换热面两侧均变温；b. 一侧变温另一侧恒温；c. 一侧变温另一侧先恒温再变温；②确切地说，式中的 Q 是流体流过换热器时单位时间内吸收或放出的热量，在换热器运行达到定态时，这个 Q 等于传热量，也就是［40］中的 Q，于是总传热速率方程可以与热量衡算方程联立；③二者可以联立的另一理由是 K 通过 α 与衡算式中的流量 q_m 建立关系；④以上提到的两个方程还可以与 Δt_m 的计算式联立，因为它们有共同的变量 T 和 t（解决传热问题，就是联立这几个方程解决传热的设计型和操作型问题）。

注释［44］①解决这类问题就是要根据指定的传热任务给出满足要求的换热器，传热任务的给定方式通常是规定把某一流量的某种流体由某个温度升（降）至某个温度；②这类问题可以理解为未知数只有一个，就是换热器的 A，所以解决问题时虽然以上多个方程都需要使用，但不需要联立，顺序使用它们即可；③在实际工作中解决这类问题时，往往需要人为选定一些变量的值，如冷却剂出口温度、管程流速等，计算过程才能进行；但在解习题时，这些变量的值往往作为已知条件由出题者给出。

注释［45］判断一台已有的换热器能否完成规定的传热任务，判据可以是以下两个条件之一：a. $A_{实际}>A_{需要}$；b. $Q_{传}>Q_{需要}$。

注释［46］①提出完成某项传热任务需要的换热器结构参数，例如列管式换热器的换热管长度（l）、根数（n）和管程数（N）（往往是设计者或出题者指定其中之一，通过计算确定两个）；②换热管长度未知时，因为（没有长径比）不能选定计算公式，所以解这样的问题原则上需要试差。

注释［47］①为某项传热任务的完成从候选的系列换热器中选择一台合适的；②选型是通过上述的“提出”和（反复）“判断”完成的：提出需要的结构参数后，到候选换热器中挑选参数与之接近者，判断挑出的换热器能否完成任务；如果不能或不合适，则需要重新挑选判断，所以选型是一项需要反复试算的工作；③选型是要挑选一台合适的换热器，不是单纯的“判断”问题，所以选型标准要比判断标准更高一些：a. $A_{实际}>A_{需要}$；b. 要有合适的裕度，一般要求 $A_{实际}/A_{需要}=1.15\sim1.25$；c. 压降要满足工艺的要求，不能过高。

注释［48］①传热第一类操作型问题，就是对已有换热器使用一定的操作条件，求运行的结果；②换热器的“已有”就是换热器的传热面积、换热管长度等结构参数已知；③操作条件在此主要是指两流体的流量和入口温度，运行结果是指两流体的出口温度 T_2、t_2 和传热速率 Q。

注释［49］～［51］①操作型问题的待求量有多个，它们同时出现在多个方程中，于是就需要把这些方程联立，这三式是当流动形式分别为逆流、并流、一侧恒温（蒸汽冷凝）时将平均温差计算式、热量衡算式、总传热速率方程三式联立的结果；②对于第一类操作型问题，这三式都是线性方程（未知数 T_2 和 t_2 仅出现在对数项中），只要再与热量衡算式（也是线性方程）联立一下即可解出未知数，无需试差；③对于这三种情形之外的流动形式（错流、各种折流），因为平均温差校正因子 φ 与待求的 T_2 和 t_2 之间的复杂关系，第一类操作型问题的解决需要试差；④如果一侧恒温，另一侧无论是多么复杂的折流，第一类操作问题的解决都不需要试差，直接用［51］即可。

注释［52］①传热第二类操作问题也是针对已有换热器的，需要根据部分操作条件（例如 q_{m_1}、T_1、t_1）和部分指定的结果（T_2）求需要的部分操作条件（q_{m_2}）和部分运行结果（t_2）；②对这类问题，未知量除了 q_{m_2} 和 t_2 外，还有 Q 和 K，所以解决这类问题需要联立的不仅是解第一类问题时联立的那三个方程，还需要把 $K \sim \alpha \sim q_m(u)$ 的关系也拉进来，这将使［49］～［51］成为非线性方程（对数项里和外均有未知数），于是逆、并、一侧恒温这三种简单流动形式下的第二类操作型问题的解决也将需要试差；③当平均温差能近似用算术平均表示时，上述原本需要试差才能解的问题有可能不再需要试差。

3.2　疑难解析

3.2.1　传热速率的普遍表达形式

传热速率是在传热设备中单位时间内传递的热量。寻求传热速率的描述方法及其影响因素构成了传热这一章的基本内容之一。

（1）推动力-阻力表示法　在自然界和工业生产中，任何一个过程得以进行都有其原因。如流体流动的原因在于流体在上、下游位置的机械能有所不同；流动过程中发生动量传递过程的原因在于流体层之间质点运动速度不同；发生热量传递过程的原因在于同一物体的不同部位或两物体的温度不同。通常把对这些原因的定量表达称为过程进行的推动力，如传热过程中的温度差。使过程停止的原因同使过程进行的原因与生俱来，过程的阻力就是对这一原因的定量表达。推动力和阻力是过程进行中的一对矛盾，两者的相对大小与过程进行的快慢直接有关。因此，过程进行的速率通常用过程进行的推动力和阻力之比来表示，对传热过程亦如此。

$$\text{传热速率}=\frac{\text{传热推动力}}{\text{传热阻力}} \tag{3-1}$$

事实上，本章所有传热速率表达式都可以写成这种形式。如对于通过平壁的热传导过程，传热速率可以写为

$$Q=\frac{\Delta t}{b/\lambda A}=\frac{\text{推动力}}{\text{阻力}} \tag{3-2}$$

对于流体与固体壁面之间的对流传热，其传热速率可以写为

$$Q=\frac{t_{\mathrm{w}}-t}{1/\alpha A} \tag{3-3}$$

两固体之间的辐射传热，其传热速率可以写为

$$Q=\frac{\left(\frac{T_1}{100}\right)^4-\left(\frac{T_2}{100}\right)^4}{1/(C_{1-2}\varphi A)} \tag{3-4}$$

对于两种流体通过壁面的总的热交换过程，其热交换速率可写为

$$Q=\frac{\Delta t_{\mathrm{m}}}{1/KA} \tag{3-5}$$

各种传热过程的影响因素不同，因而传热速率的具体表达式也不同。但上述这几个传热速率的表达式都将不同部位温度的差别作为传热的推动力，而将其他所有因素都归结于传热过程的阻力。用推动力与阻力之比的形式来表达传热速率有助于理解传热过程的本质。

（2）传热系数-传热面积-传热温差表示法　通过前面的分析，还可以得到传热速率的另一种表示方法，即无论对于热传导、对流传热、辐射传热，还是两流体通过壁面的换热过程，其速率都可以表示为

$$传热速率=传热系数\times传热面积\times传热温差 \tag{3-6}$$

其中，把材料热导率与其厚度的比值定义为热传导过程的传热系数；热辐射传热过程的温差是指两物体绝对温度4次方的差。这种表示法便于直接计算传热速率，并有利于分析工程上强化传热过程的措施。

传热系数、传热面积和温差是影响传热速率的三大要素。工程上强化传热过程也主要是从这三方面考虑，但它们扮演的角色在不同场合的重要性是不同的，因此在不同的场合强化传热过程的突破点也有所不同。

3.2.2 传热过程推动力与阻力的加和性

如果将热传导、对流传热和热辐射看作是基本传热过程，则工业生产中的热交换、热损失等过程都是由这三个基本过程按串联的方式组合而成的。可以采用相同的方法导出这些热交换、热损失过程速率的表达式。

（1）通过多层壁的定态热传导

$$Q=\frac{\Delta t_1}{R_1}=\frac{\Delta t_2}{R_2}=\cdots=\frac{\Delta t_n}{R_n}=\frac{\sum_{i=1}^{n}\Delta t_i}{\sum_{i=1}^{n}R_i}=\frac{t_1-t_{n+1}}{\sum_{i=1}^{n}\frac{b_i}{\lambda_i A_i}} \tag{3-7}$$

（2）管内流动流体的热损失　如图3-1所示，管外包有一层保温层，该热损失过程由四个基本传热过程串联组成，分别如下。

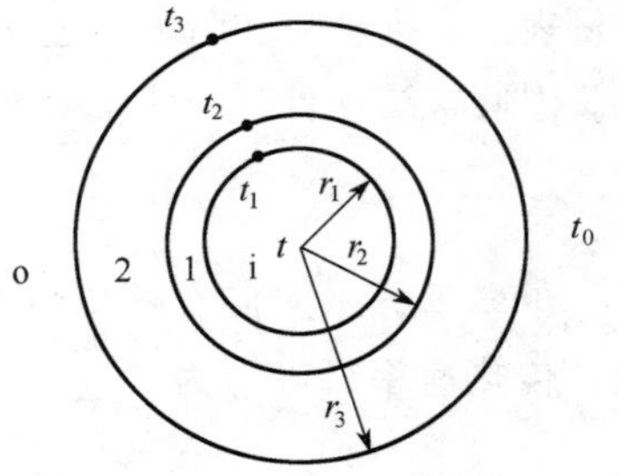

图3-1　管内流体热损失速率分析

① 管内流体与管内壁的对流传热，其传热速率为

$$Q=\alpha_i A_i(t-t_1)=\frac{t-t_1}{1/\alpha_i A_i} \tag{3-8}$$

② 通过管壁的热传导，其传热速率为

$$Q=\frac{2\pi\lambda_1 l(t_1-t_2)}{\ln\frac{r_2}{r_1}}=\frac{t_1-t_2}{\frac{1}{2\pi\lambda_1 l}\ln\frac{r_2}{r_1}} \tag{3-9}$$

③ 通过保温层的热传导，其传热速率为

$$Q=\frac{2\pi\lambda_2 l(t_2-t_3)}{\ln\frac{r_3}{r_2}}=\frac{t_2-t_3}{\frac{1}{2\pi\lambda_2 l}\ln\frac{r_3}{r_2}} \tag{3-10}$$

④ 保温层外壁与周围环境的自然对流传热，其传热速率为

$$Q=\alpha_o A_o(t_3-t_0)=\frac{t_3-t_0}{1/(2\pi r_3 l\alpha_o)} \tag{3-11}$$

过程达到定态时，各基本传热过程的速率相等，因此热损失速率可以写为

$$Q=\frac{t-t_1}{\frac{1}{2\pi r_1 l\alpha_i}}=\frac{t_1-t_2}{\frac{1}{2\pi\lambda_1 l}\ln\frac{r_2}{r_1}}=\frac{t_2-t_3}{\frac{1}{2\pi\lambda_2 l}\ln\frac{r_3}{r_2}}=\frac{t_3-t_0}{\frac{1}{2\pi r_3 l\alpha_o}}=\frac{2\pi l\ (t-t_0)}{\frac{1}{r_1\alpha_i}+\frac{1}{\lambda_1}\ln\frac{r_2}{r_1}+\frac{1}{\lambda_2}\ln\frac{r_3}{r_2}+\frac{1}{r_3\alpha_o}}$$

该式便于直接用于热损失的计算。另外，该式还可以改写为如下形式

$$Q=\frac{t-t_0}{\frac{1}{\alpha_i A_i}+\frac{b_1}{\lambda_1 A_{m1}}+\frac{b_2}{\lambda_2 A_{m2}}+\frac{1}{\alpha_o A_o}} \tag{3-12}$$

式(3-12) 分母中四项可看作分别是四个基本传热过程的热阻。上式中各量的意义如图 3-1 所示。

(3) 管内流体与管外流体的换热过程　这一换热过程由三个基本的传热过程串联组成，即管内流体与管内壁的强制对流传热、通过管壁的热传导、管外流体与管外壁的强制对流传热。按照与前面类似的方法可以导出换热过程速率为

$$Q=\frac{T-t}{\frac{1}{\alpha_i A_i}+\frac{b}{\lambda_1 A_m}+\frac{1}{\alpha_o A_o}} \tag{3-13}$$

式(3-13) 中分子是三个基本传热过程的推动力之和，分母中的三项分别是它们的热阻。

(4) 辐射热损失　设有一温度很高的平板 1，它主要以热辐射的方式向周围环境 2 散热。为减小这种散热速率，现在其正前方放置另一平板 3，则此时热损失过程由两个基本的传热过程串联而成，分别是

① 平板 1 对平板 3 的辐射传热　$Q_{1-3}=\dfrac{\left(\dfrac{T_1}{100}\right)^4-\left(\dfrac{T_3}{100}\right)^4}{\dfrac{1}{C_{1-3}\varphi_{13}A_1}}$　(3-14)

② 平板 3 对周围环境 2 的辐射传热　$Q_{3-2}=\dfrac{\left(\dfrac{T_3}{100}\right)^4-\left(\dfrac{T_2}{100}\right)^4}{\dfrac{1}{C_{3-2}\varphi_{32}A_3}}$　(3-15)

定态情况下，热损失速率与这两步传热速率相等

$$Q=Q_{1-3}=Q_{3-2}=\frac{\left(\frac{T_1}{100}\right)^4-\left(\frac{T_3}{100}\right)^4}{\frac{1}{C_{1-3}\varphi_{13}A_1}}=\frac{\left(\frac{T_3}{100}\right)^4-\left(\frac{T_2}{100}\right)^4}{\frac{1}{C_{3-2}\varphi_{32}A_3}}=\frac{\left(\frac{T_1}{100}\right)^4-\left(\frac{T_2}{100}\right)^4}{\frac{1}{C_{1-3}\varphi_{13}A_1}+\frac{1}{C_{3-2}\varphi_{32}A_3}} \tag{3-16}$$

该式中，分子是两个基本传热过程的推动力之和，分母则是它们的阻力之和。

综上所述，如果一个传热过程由多个基本传热过程串联组合而成，则该传热过程速率等于其推动力与阻力之比。其中推动力等于各基本传热过程推动力之和；热阻也等于各基本传热过程的热阻之和。这种传热速率表示法不仅避免了计算时求取中间温度，而且对分析各热阻对传热过程影响的相对大小，从而有效地强化传热过程具有重要的指导作用。

3.2.3 对流传热过程的影响因素分析

流体流过固体壁面的对流传热是一个复杂的物理过程，其复杂性主要源于流动（特别是湍流）的复杂性，对流传热速率的大小直接取决于流体流动状况。影响流动状况的因素包括：引起流动的原因、流体本身的性质、传热面的情况和流动类型等。

(1) 流动状况　首先要考虑的是流动型态，流动型态不同，对流传热的机理是不同的。

层流时，由于径向不存在流体质点的随机脉动，垂直于流动方向的热流只能以热传导的方式通过整个流体层；湍流时，湍流主体和过渡层中流体质点在径向的随机脉动对通过这两层的热流有重要贡献（称为涡流传热），但此时热流通过层流底层时仍以纯热传导的方式，因为该层中不存在质点的随机脉动。由于层流底层通常是很薄的，加上涡流传热在湍流主体和过渡层中的重要作用，所以湍流时对流传热速率大大强于层流时的情况。

同样是在湍流的情况下，流体湍动程度的大小可以有不同，导致层流底层厚度不同。湍动程度越大，则层流底层越薄，对流传热速率越大。这是流动状况影响的另一种体现。

（2）引起流动的原因　可以有强制对流和自然对流两种。前者是指流体在诸如泵、风机或机械能差等外界因素的作用下产生的宏观流动；后者是指在传热过程中因流体冷热部分密度不同而引起的流体运动。在强制对流中热阻通常集中于壁面附近的层流底层，热流以热传导的方式通过该层，流体主体的温度比较均匀；而在自然对流中，流体依靠近壁处与远壁处之间大范围的环流实现传热，流体温度分布应该存在于壁面与流体主体之间的整个范围内。流体在强制对流中如果达到湍流，则其层流底层是很薄的，热流通过该层时的导热阻力很小，因此其传热速率远大于自然对流。

工程上为强化对流传热过程（减小其热阻），一般都采用强制对流传热，在管式或板式换热器中便是如此。有时存放于槽内的物料需要被加热或冷却，也要采取设置搅拌桨或外换热器的方式来造成强制对流。设备的热损失（在外壁温度不太高时）通常是其外壁与周围大气之间的自然对流造成的。

（3）流体的性质　流体的性质对层流底层中的热传导和自然对流中的环流速度有影响，因而对对流传热过程有重要影响。流体的黏度越小、层流底层越薄、热导率越大，则导热性能越好；比热容越大，则相同流体温变时吸收（或放出）的热量越多；流体的密度越大，则惯性力越大，层流底层越薄。

流体的物理性质对对流传热过程的影响具体地体现在不同性质的流体在对流传热系数上的差别。气体的热导率远小于液体，因而前者对流传热系数远小于后者；石油加工过程中，常产生高温但黏度也非常高的重油（其黏度可达到水的100倍），其对流传热系数远小于水或其他轻质油，成为该物流热能回收过程的控制热阻；在原子能工业中常采用液态金属作为加热剂，主要是利用其热导率大、热容大的特点。

（4）传热面的情况　包括传热面表面形状、流道尺寸、传热面摆放方式等因素。传热面表面形状直接影响着流体的湍动程度。波纹状、翅片状或其他异型表面能够使流体在很小的雷诺数时即达到湍流，或使流体获得比换热面为平滑面时更大的湍动程度。在流道中加入各种添加物也可以取得类似的效果。流量一定时，流道截面越大，则流体的湍动程度越低；另外，短的流道更有利于传热，其原理在于流动入口段中湍动程度大，层流底层很薄。自然对流传热时，传热面的垂直与水平、上与下等摆放方式的不同都会影响环流的速度，从而影响传热效果。

影响对流传热过程的因素是复杂多样的，在对该过程的数学描述中，这些因素都集中于对流传热系数这一物理量中。

3.2.4　两物体间辐射传热的影响因素分析

当两物体的温度不同时，它们除了以热传导、对流两种方式进行传热外，还有热辐射的贡献，在某些情况下后者还能成为主要的传热途径。热辐射独特的机理使其过程表现出与其他两种传热方式完全不同的规律。

（1）温度的影响　两物体之间的辐射热交换源自两者表面温度不同而导致的发射能力的差别。由 Stefan-Boltzmann 定律可知，物体发射能力正比于其表面绝对温度的四次方，因而辐射传热速率正比于两者表面绝对温度四次方的差。因此，在同样温差下，高温时辐射传热的推动力远大于导热和对流的推动力。这一特点使得热辐射在物体温度较低时对传热的贡献并不大，而在高温时却不能忽视它的存在，有时它还能成为主要的传热方式。用热电偶测量在管内流动的高温气体时，热电偶与管内壁的热辐射传热使热电偶表面的温度明显低于被测气体的真实温度。这种情况在气体温度不太高时则不会出现。在工业锅炉或加热炉中，炉管受热主要依赖于炉膛内壁或烟气与管外壁之间的辐射传热。

（2）辐射面几何位置的影响　一种固体表面在一定温度下的发射能力是一定的，但其发出的辐射能被另一物体吸收多少则与两固体表面的方位和距离有密切的关系。这两个因素对辐射传热过程的影响以角系数的形式反映在了两固体辐射传热速率的计算式中。而角系数取决于一个表面对另一个表面的投射角 γ，投射角越小则角系数越小。由于地球的自转轴与其绕太阳公转运行时所在的黄道面不垂直（夹角约为 $66°33'$），这造成了在一年里的不同时间太阳对地球上同一地区的投射角不同，该地区在一年里不同时间接受太阳辐射能的数量也就不同，从而形成了地球上“冬去春来、寒来暑往”的四季变迁。

（3）固体表面的性质　由 Stefan-Boltzmann 定律可知，固体的发射能力不仅与其温度有关，而且还受固体表面黑度的影响。由此不难理解两固体间辐射传热速率的大小与两固体表面的黑度有关，这一影响关系以总辐射系数的形式被反映在了两固体辐射传热速率的计算式中。一般而言，两固体的黑度越大，则总辐射系数越大，两者之间辐射传热速率越大。为增加某些设备对周围物体的辐射传热，可在其表面涂以黑度很大的油漆；而对于需要减小辐射传热速率的设备则往往在其表面涂以黑度很小的银、铝等材料。

（4）辐射表面之间介质的影响　这一因素并没有在两固体辐射传热速率的计算式中反映出来，因为推导该式时假定了两表面之间的介质都是透热体。但由于很多气体具有吸收和发出辐射能的能力，因此它们的存在对两固体之间的辐射传热必然是有影响的。著名的温室气体效应是由地球大气层中存在的某些气体造成的，这些气体包括二氧化碳、甲烷、水蒸气等。这些气体能够使来自太阳的辐射能顺利通过，却对发自地球的辐射能具有很强的吸收作用（太阳和地球发出辐射能的波长范围不同）。随着人类使用化石能源数量的日益增多，地球大气层中二氧化碳的浓度越来越高，因此大气层对地球的“保温”作用越来越明显，全球气候变暖便由此而生。

3.2.5　逆流、并流和其他流型的比较

① 从平均传热温差大小这个角度来讲，在换热器内可能存在的各种流动形式中，逆流和并流可以看成是两种极端的情况，即在流体进、出口温度一定的情况下，逆流的平均温差最大，并流的平均温差最小，其他流型（错流和各种折流）的平均温差介于两者之间。

② 平均温差代表了换热器中两种流体热交换过程的推动力。因此，就提高传热过程推动力而言，逆流优于其他流型，并流最差。在传热系数一定的情况下，采用逆流可以较小的传热面积完成相同的换热任务，或在传热面积一定情况下传递更多的热量。

③ 从另一个角度讲，逆流可节省加热剂或冷却剂的用量，或多回收热量。现以加热为例说明，加热器中流体温度分布如图 3-2 所示，根据热平衡方程有：

逆流时，$q_{m_1}=\dfrac{q_{m_2}c_{p_2}(t_2-t_1)}{c_{p_1}(T_1-T_2)}$

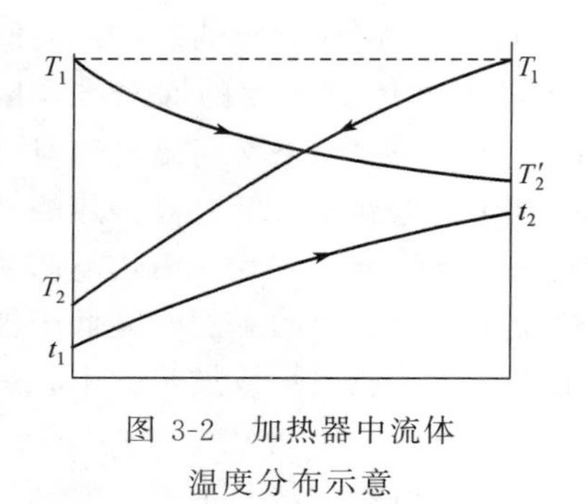

图 3-2　加热器中流体温度分布示意

并流时，$q'_{m_1}=\dfrac{q_{m_2}c_{p_2}(t_2-t_1)}{c_{p_1}(T_1-T'_2)}$

由于逆流时 T_1-T_2 可以大于 T_1-t_2（即热流体出口温度可能低于冷流体出口温度），而并流时 $(T_1-T'_2)_{\max}=T_1-t_2$（即热流体出口温度不可能低于冷流体出口温度）。所以，在一定的加热任务下，采用逆流可能会在较小的加热剂用量下完成任务。当然，若用逆流代替并流而节省了加热剂或冷却剂用量，则其传热平均温差未必比原先并流时大。

如果操作的目的是为回收热量，则在流体流量一定的情况下，逆流操作时热流体的温降可以比并流时大，所以回收的热量可以比并流时多。

④ 并流在某些方面也优于逆流。例如，工艺上要求冷流体被加热时不得超过某一温度或热流体被冷却时不得低于某一温度，则宜采用并流。

⑤ 采用复杂流型的目的是为了提高对流传热系数，从而提高总传热系数，借此来达到提高传热速率或减小传热面积的目的，但这是以牺牲平均温差为代价的。此时，就需要在提高 K 值和降低温差这两方面加以权衡。温差校正因子 φ 代表了某种流型在给定工况下接近逆流的程度。综合利弊，最好使 φ 大于 0.9，绝对不能使 φ 低于 0.8。

⑥ 当换热过程中一种流体发生相变，则可能其温度保持不变。此时，不论何种流型，只要进、出口温度相同，平均温差均相等。

3.2.6　总传热速率方程与热平衡方程的联解

传热过程的计算主要分为设计型问题和操作型问题两类。设计型问题要求根据热负荷确定传热面积（或换热器型号）。在此，热负荷的确定需要热平衡方程，而传热面积必须通过传热速率方程求得。因此，解决传热过程的设计型问题需要求解热平衡方程和传热速率方程。

操作型问题最常见的类型是在传热设备已经确定的情况下，根据已知的传热面积、传热系数和流体流量求出两种流体在换热器出口处的温度值。显然，单独使用热平衡方程或传热速率方程都无法解出这两个未知数，必须联立求解这两个方程才能解决问题。事实上，正是流体的四个温度值将这两个描述传热过程规律的方程式联系起来了，这为联立求解提供了可能性。针对操作型问题，以下讨论如何方便地联立求解热平衡方程和传热速率方程。

① 当两流体在换热器中逆流流动且都不发生相变时，单位时间内热流体放出的热量等于通过换热器传递的热量，于是

$$Q=q_{m_1}c_{p_1}(T_1-T_2)=KA\Delta t_{\mathrm{m}} \tag{3-17}$$

将式中 Δt_{m} 展开可得

$$Q=q_{m_1}c_{p_1}(T_1-T_2)=KA\frac{(T_1-t_2)-(T_2-t_1)}{\ln\dfrac{T_1-t_2}{T_2-t_1}}=KA\frac{(T_1-T_2)-(t_2-t_1)}{\ln\dfrac{T_1-t_2}{T_2-t_1}} \tag{3-18}$$

考虑热平衡方程 $q_{m_1}c_{p_1}(T_1-T_2)=q_{m_2}c_{p_2}(t_2-t_1)$，可得$\dfrac{q_{m_1}c_{p_1}}{q_{m_2}c_{p_2}}=\dfrac{t_2-t_1}{T_1-T_2}$，代入上式可得

$$\ln\frac{T_1-t_2}{T_2-t_1}=\frac{KA}{q_{m_1}c_{p_1}}\left(1-\frac{q_{m_1}c_{p_1}}{q_{m_2}c_{p_2}}\right) \tag{3-19}$$

该式中虽然含有对数项，但实际上它是一个关于 T_2 和 t_2 的线性方程，可以方便地与热平衡方程联立求解得到 T_2 和 t_2。

② 当两流体在换热器中并流流动且都不发生相变时，可以类似地导出

$$\ln\frac{T_1-t_1}{T_2-t_2}=\frac{KA}{q_{m_1}c_{p_1}}\left(1+\frac{q_{m_1}c_{p_1}}{q_{m_2}c_{p_2}}\right) \tag{3-20}$$

该式也可方便地与热平衡方程联立求解从而得到 T_2 和 t_2。

③ 当在换热器中一侧流体不发生相变，且在另一侧蒸气冷凝为同温度下的饱和液体时，$T_1=T_2=T$，由

$$Q=q_{m_2}c_{p_2}(t_2-t_1)=KA\Delta t_{\mathrm{m}}$$

可得

$$Q=q_{m_2}c_{p_2}(t_2-t_1)=KA\frac{(T-t_1)-(T-t_2)}{\ln\dfrac{T-t_1}{T-t_2}}=KA\frac{t_2-t_1}{\ln\dfrac{T-t_1}{T-t_2}} \tag{3-21}$$

$$\ln\frac{T-t_1}{T-t_2}=\frac{KA}{q_{m_2}c_{p_2}} \tag{3-22}$$

在已知冷流体流量和总传热系数的情况下，由式(3-22) 可直接求加热蒸汽温度 T 或冷流体的出口温度 t_2。

3.2.7　传热过程中的热阻分析

总传热系数的倒数代表了两流体热交换过程的总热阻。由管壳式换热器总传热系数的定义式

$$\frac{1}{K}=\frac{1}{\alpha_1}+R_{s_1}+\frac{b}{\lambda}\frac{d_1}{d_{\mathrm{m}}}+\frac{1}{\alpha_2}\frac{d_1}{d_2}+R_{s_2}\frac{d_1}{d_2} \tag{3-23}$$

可以看出，总热阻是五种基本热阻的加和，即管外流体的对流传热热阻、管外表面的污垢热阻、管壁热阻、管内表面污垢热阻、管内流体的对流传热热阻。由于换热管一般都选用热导率很大的材料制成，因此管壁热阻往往很小，可以忽略不计。污垢热阻源于流体在换热管内、外表面沉积而形成的垢层，由于其热导率往往很小，因此热阻值可能很大。但是在一台换热器投入运行的初期，污垢热阻值还是很小的。对流传热的热阻与对流传热系数对应，因此它与换热器的结构、流体的种类及流量都有密切的关系。

由该式可以看出，在这些热阻项中，如果某项的值远大于其他项，则总热阻值就近似等于该项热阻值（如污垢热阻可以忽略时，总传热系数在数值上接近于小的对流传热系数值），称该项热阻为控制热阻。针对一台换热器，可以通过实验测出一定流量下两流体在其进、出口处的温度值，据此可算出平均温差 Δt_{m}，再根据传热速率方程求出总热阻值（$1/K$）。在不同的管程和壳程流体流量下进行实验，根据总热阻值随两种流体流量的变化情况可确定换热器中两流体热交换过程的控制热阻。

① 如果管程流体流量的变化能使总热阻（或总传热系数）发生显著变化，而壳程流体的流量对总热阻值影响很小，则换热过程的控制热阻为管程中流体的对流传热；反之，如果总热阻值基本不受管程流体流量变化的影响，却对壳程流体流量的变化很敏感，则换热过程的控制热阻为壳程中流体的对流传热。

② 如果两流体的流量变化均对总热阻值有显著的影响，则说明换热过程同时受两个对流传热过程的控制。

③ 如果两流体的流量变化均不能明显改变总热阻值，则说明此时污垢热阻值远大于对流传热热阻值，污垢热阻为换热过程的控制热阻。当然，此时还需要根据两流体的性质等因素来确定哪侧的污垢热阻是“真正的控制热阻”，以便采取针对性措施。

正确地分析两流体换热过程的控制热阻对工程上强化传热过程具有重要的意义。只有设法降低控制热阻值才能够有效提高总传热系数，从而大大提高总传热速率。

3.2.8 工程上强化传热过程的措施

在工程上，换热器传热过程的强化就是要有效地提高总传热速率。由总传热速率方程可知，强化传热可从提高总传热系数、提高传热面积、提高平均传热温差三方面入手。但是在不同的工作场合，强化措施的着眼点并不完全相同。

在换热器的研究工作中，研究人员主要考虑采用什么样的传热面形状来提高单位体积的传热面积和流体的湍动程度。近年来，为提高工程实践中的传热效果，新型传热面不断被开发出来，如各种翅片管、波纹管、波纹板、板翅、静态混合器等，以及其他各种异型表面。采用这些新型传热面往往能收到一举两得的效果，即既增加了单位体积的传热面积，又可在操作过程中使流体的湍动程度大大增加。

在工艺设计工作中，设计人员主要考虑如何根据选定的传热温差和热负荷来确定换热器的传热面积。此时，完成更大热负荷（传热速率）就意味着必须采用大尺寸的换热器了。另外，在大型工业装置中，有时需要多台换热器来共同负担某项热负荷，这时还需要设计人员给出合理的换热面积安排方案，以期安全、经济地完成换热任务。

在换热器的操作过程中，传热面积是确定的，操作人员主要考虑通过增大总传热系数（或减小总热阻）及增大温差来提高传热速率。前已述及，如果存在控制热阻，减小总热阻需要针对控制热阻来进行，为此可以采取的措施如下。

① 如果物料易使换热表面结垢，则应设法减缓成垢并及时清洗换热表面。

② 提高流体流速或湍动程度。常用的具体措施有：增加其流量（对列管式换热器，可保持流量不变，通过增加管程数或壳程挡板数来提高流速）、在流道中放入各种添加物、采用热导率更大的流体等。当然，生产中的工艺物流流量不可随意更改，提高其流量以减小热阻便不现实。

增大传热温差的常用具体措施如下。

① 采用温位更高的加热剂或温位更低的冷却剂。

② 提高加热剂或冷却剂的流量。有时，加热剂或冷却剂的对流传热并非控制热阻，但增加其流量还是能有效改善传热效果。这是因为加热剂流量增加使其在换热器出口处温度升高；冷却剂流量增加使其在出口处温度降低，这些都能使换热器平均温差增大。

强化换热器传热过程途径很多，但每一种都是以多消耗制造成本、流体输送动力或有效能为代价的。因此，在采取强化措施时，要综合考虑制造费用、能量消耗等诸多因素。强化传热固然重要，但不计成本地一味提高传热速率很可能导致得不偿失。

3.2.9 工业上常用间壁式换热器性能比较

由于工业换热过程所涉及的物料种类多种多样，操作温度和压力的差别也很大，所以对换热器的要求也是多种多样的。每种换热器都有其适用和不适用的场合，因此换热器类型的选择就是一个很重要的问题。通常选择换热器类型时需要注意以下几个问题。

① 满足工艺要求。不论是换热器的设计还是选型，都必须符合生产工艺的要求，即考虑流体性质（特别是腐蚀性）、操作温度、操作压力、允许的压降和结垢情况等。

② 传热性能要好。尽量采用逆流，尽量使两种流体的对流传热系数相近，以保证获得较大的总传热系数。

③ 结构简单、紧凑，造价低。

④ 安装、检修、清洗方便。

表3-1中给出了工业上常用的各种间壁式换热器的性能比较。由于它们各自都有其独特的优点，所以在生产中皆有一定的适用场合，也都有其不容忽视的缺点，需要依据其性能特点选择使用。

表3-1　常用间壁式换热器主要性能比较

换热器型式	传热性能		加工性能		维护性能	紧凑性	金属用量
	两侧皆为高流速的可能性	实现严格逆流的可能性	用钢或塑料制造的可能性	铸铁及脆性材料制造可能性	检修、清洗的方便性	单位体积容纳传热面积大小	单位传热面积所需金属用量
蛇管沉浸式	⊗	×	○	○	×	○	○
蛇管喷淋式	⊗	×	○	○	⊗	○	○
不可拆卸的套管式	○	○	○	×	×	×	×
可拆卸的套管式	○	○	○	○	○	×	×
固定管板列管式	⊗	⊗	○	×	○	⊗	⊗
有补偿圈的列管式	⊗	⊗	○	×	○	⊗	⊗
浮头列管式	⊗	⊗	○	⊗	○	⊗	⊗
螺旋板式	○	○	○	⊗	⊗	○	○
板式	○	⊗	○	×	○	○	○
板翅式	○	⊗	○	×	×	○	○

注：○—完全满足要求；⊗—部分满足要求；×—不符合要求。

3.3　工程案例

3.3.1　多级压缩机故障原因分析

（1）基本情况　北京某化工厂从日本引进的年产18万吨低密度高压聚乙烯装置，共有三条生产线，其中的主要设备有：一次压缩机（C-1），二次压缩机（C-2），混合器（V-1），反应器（R-3）和高、低压分离器（V-2、D-10）等，其工艺过程如图3-3所示。本案例所要讨论的C-1系往复对称平衡型六级乙烯气体压缩机，它分低压侧（Ⅰ、Ⅱ、Ⅲ级）和高压侧（Ⅳ、Ⅴ、Ⅵ级）两部分。通过前三级将乙烯气体的压力升高到33×10^2kPa，然后与压力相近的补充乙烯气混合，进入高压侧升压至$(230\sim280)\times10^2$kPa，最后与高压循环气一起经V-1送往C-2压缩机继续升压。

装置于1976年投产，稳定运行了8年。但从1984年2月开始，二、三线上的C-1压缩机操作运行出现了异常情况，主要表现为：

① Ⅳ级和Ⅴ级出口压力超高，且Ⅴ级尤为严重，一般为$(150\sim160)\times10^2$kPa，最高可

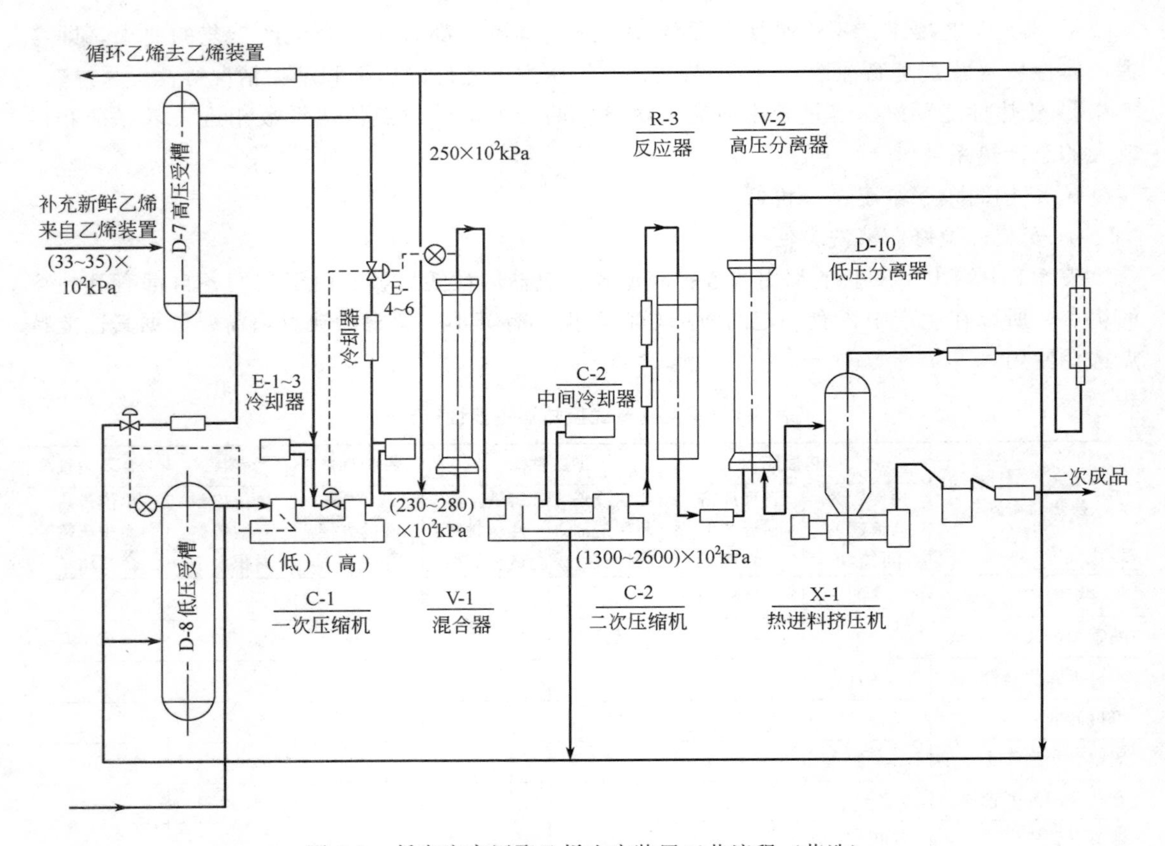

图 3-3 低密度高压聚乙烯生产装置工艺流程（节选）

达 180×10² kPa，而其正常操作压力仅为（95～115）×10² kPa；

② Ⅵ级出口压力由于Ⅴ级出口安全阀的动作而大幅降低，约为（150～180）×10² kPa，而其正常值为（230～260）×10² kPa；

③ 上述高压侧压力值不仅异常，而且出现大幅度波动的情况，又是周期性的，大约每20～30min 变化一次。

当出现Ⅴ级压力过高，一般采用系统降压，操作情况有所好转。但其压力超过 160×10² kPa 时，Ⅵ级出口压力可降至 130×10² kPa 以下，此时正常生产难以维持，只能紧急停车了。

（2）事故原因分析　故障出现后，有关技术人员对 C-1 压缩机进行了变工况复算，结果表明，该压缩机机械设计合理，故障原因应该从生产过程中去寻找。多级压缩机在运行时，级间和最终压力的稳定获得是以级间气量平衡为条件的，即某级吸入的气体体积应等于其前一级排出的气体体积，一旦由于某种原因破坏该级吸入体积时，应该会反映在上一级的出口压力上。C-1 乙烯气体压缩机Ⅴ级出口压力之所以超高，从气量供求关系及稳定流动的观点看，就是Ⅴ级排出的气体Ⅵ级“吃不了”，即其吸气量太少。

某级的吸气量可用下式计算

$$V=\lambda_p\lambda_V\lambda_T n V_h$$

式中，λ_p 为压力系数；λ_T 为温度系数；λ_V 为容积系数；n 为曲轴转速，r/min；V_h 为汽缸行程容积，m³。

由该式可知，Ⅵ级吸、排气阀故障，Ⅴ级排气系统产生低聚物堵塞（管路阻力损失过大，压缩比增加，导致压力系数和容积系数的下降）都可能导致吸气量减小。但现场工作人员通过拆检Ⅴ、Ⅵ级的吸、排气阀和吹扫Ⅴ级排气系统，排除了这些问题出现的可能性。

多级压缩机一般都在级与级之间设置中间冷却器，被压缩的气体经其冷却可降低温度，降低压缩功耗。若某两级之间的冷却器工作效果不佳，则会使下一级的吸气温度升高，温度系数下降，导致实际吸气量减小，并出现上一级排气压力过高的情况。这会不会是C-1压缩机工作出现故障的原因呢？现场工作人员发现，与1978年正常运行时的25℃相比，1984年C-1压缩机出现故障时其Ⅵ级吸气温度高达45℃。看来是级间冷却器出了问题。经现场工作人员测算，在气体质量流量、传热面积和冷却水进、出口温度相同的情况下，位于Ⅴ级和Ⅵ级之间的冷却器E-5在1984年故障时的传热系数比1978年正常操作时低了65%。因冷却效果不佳，乙烯气体温度降不下来，Ⅵ级吸气温度必然升高，温度系数下降，吸气量减小，Ⅴ级排气压力超高。

沿着这条线索，厂方在1984年6月对三条生产线C-1高压侧的级间冷却器（套管式换热器）进行了装置开工8年来的第一次清理。清理时发现换热管外表面结垢严重，污垢层厚达3mm，而且被严重腐蚀。经对这些换热器彻底除垢，再开工运行，结果发现压缩机运行果然平稳起来，压力波动明显减小，周期大大缩短，且压力变化曲线和数据与1976年装置刚开车时正常操作工况相当接近。

以上分析了Ⅴ级排气压力超高的原因，但这怎么会导致Ⅵ级排气压力降低，甚至降至120×10^2kPa以下呢？往复式压缩机具有“背压操作”的特点，其排气压力取决于下游设备的压力。当Ⅴ级由于冷却效果不佳而排气压力超过155×10^2kPa时，安全阀起跳，大量高压气体放空，使Ⅵ级吸气量更少。虽有来自V-2的循环气返回至V-1前，但整个排气系统内气体量大大减少，而C-2压缩机连续运转，致使Ⅵ级和V-1之间“供不应求”，使V-1压力降低，即“背压较低”。当Ⅴ级排压超过此背压时，高压气体将同时顶开Ⅵ级的吸、排气阀，不经压缩直接穿过Ⅵ级汽缸进入管网，这便是Ⅵ级排气压力大幅度降低的原因。

C-1故障运行时还发现高压侧压力呈现周期性波动，其原因又是什么呢？级间和终端排气压力的变化只是一个表面现象，透过现象看本质，其根本原因还是在于高压侧级间冷却能力下降，致使温度工况不稳定，气量供求关系周期性变化（平衡—供过于求—缓和—供不应求—平衡）。正是这种供求关系的周期性变化导致高压侧压力也呈现周期性变化。

根据对前述故障发生原因的分析，为彻底消除故障隐患，有关技术人员提出如下改进措施：①采用水处理新工艺，保证中间冷却器用水水质，从根本上解决换热器的结垢和腐蚀问题；②定期检修和清理中间冷却器；③重新设计高效的换热器，适当增大传热面积；④运行中可适当提高冷却水的流量。

换热器是工业生产中最常用的设备之一，其操作效果的好与坏不仅仅关系到相关物流本身的状态，而且对其他设备的操作状态和运行结果也有重要的影响。由换热器结垢引起传热效果不佳而导致其他设备故障或异常工况的事例还有：离心泵的汽蚀、吸收塔吸收率下降、精馏塔回流温度过高等。换热器的阻垢、清洗是工业生产中长期存在、备受关注的一个难题。

3.3.2　换热器以小替大改善换热效果

在某化工产品的生产装置中，混合液在分解塔中进行反应时，放出大量的热量，若不及时移走，分解塔内温度将持续上升，会产生过量焦油，这不但会使产品质量下降，甚至堵塞管道造成事故。国内该类生产装置大都采用蒸发冷却的方式来移走反应热（即塔内温度靠液体自身的蒸发来维持，一般维持在88℃左右）。只有北方某厂采用外循环冷却的方式，即将塔内液体用泵抽出，经塔外一双管程列管换热器用冷却水（走管程）冷却后循环回入分解塔，所用的换热器 A 的主要参数为：壳径 1m，双管程，换热管 ϕ38mm×2.5mm、长 2.5m，换热管数 370 根，总传热面积 100m^2。

1974 年，该厂欲将塔内温度降至 60℃操作，这一改变要求冷却器热负荷增至 4×10^5kJ/h。更换一个传热面积更大的换热器是最容易想到的办法，但这无疑要增加一大笔设备投资。技术人员又想到了仍使用原换热器但增大混合液（走壳程）循环量的办法，因为这样可以提高冷却器的传热系数，总传热速率当然能够获得提高。于是该厂实施了使用原换热器 A、更换大泵、将混合液循环量提高至原来 3 倍的技改措施。结果发现，换热效果并未得到明显改善，换热器 A 的热负荷仅略有提高。鉴于这种情况，厂方又实施了第二种技改措施，即将原换热器 A 更换为一个传热面积更大的换热器 B，其主要参数为：壳径 1m，双管程，换热管 ϕ25mm×2.5mm、长 3m，换热管数 1234 根，总传热面积 213.6m^2。结果发现，采用该换热器的换热效果还不如使用换热器 A 时。于是厂方就此问题向有关专家寻求解决办法。该专家通过在现场收集数据，并进行了大量的技术指标核算，终于找到了问题的症结所在。现将该专家的分析过程简述如下。

虽然换热器 A 和 B 的换热面积不小，但这是以直径很大的壳内安置过多的换热管来获得的，这使得该换热器管程和壳程的流通截面都很大，故换热管两侧的对流传热系数都很低。据测算，对换热器 A，管内冷却水和管外混合液雷诺数分别只有 700 和 350，即都处于层流流动状态，用层流流动的公式计算对流传热系数，加上污垢热阻后的总传热系数仅为 75W/(m^2·K)。即使将混合液循环量提高至原来的 3 倍，壳侧的雷诺数也仅为 1000 左右，对应的总传热系数也仅为 87W/(m^2·K)，提高不大。

原换热器 A 和换热面积更大的换热器 B 都因流通截面积过大，导致传热系数很低而不可用。于是该专家从厂家废品库内找出了壳径为 270mm、内装 48 根 ϕ25mm×2.5mm 换热管、总传热面积仅为 37.5m^2 的换热器两台（C）。通过计算发现，虽然换热器 C 的传热面积只有换热器 A 的 37.5%，但由于壳径小，管数少，流通截面积小，因而流速很高，管内、外的对流传热系数分别可达 450W/(m^2·K) 和 600W/(m^2·K)，加上污垢热阻和足够的安全系数，总传热系数可达 250W/(m^2·K) 以上，其 KA 值远较换热器 A 和 B 的大。于是该专家提出了用 C 替代 A 和 B 的方案。厂家抱着试试看的心理实施了该方案，结果果然如该专家所料，用面积仅为 37.5m^2 的 C 取代面积为 100m^2 的 A 后，换热效果不但没有下降，反而有了大幅度的提高，生产能力相应地提高了 75%，完全达到了改造的目标。

此案例表明，考察一台换热器的工作能力不能单纯只考虑其传热面积，传热面积和总传热系数的乘积 KA 才能真正代表一台换热器工作能力。因为存在如下的关系：A～管数～流通截面积～流速～传热系数，故列管换热器的 K 值和 A 值往往“此涨彼消”，过大的传热面积往往由于流体流量的“不匹配”而导致过低的 K 值，结果是换热效果大大低于主观预期。

3.4　例题详解

【例 3-1】　保温层的临界半径

ϕ25mm×2.5mm 的钢管，外包有热导率为 0.4W/(m·K) 的保温材料，以减少热损失。已知钢管外壁温度 $t_1=320℃$，环境温度 $t_0=20℃$。求保温层厚度分别为 10mm、20mm、27.5mm、40mm、50mm、60mm、70mm 时，每米管长的热损失及保温层外表面温度 t_2。已知保温层外表面与环境的对流传热系数为 $10W/(m^2 \cdot K)$，保温层与钢管接触良好。

解 通过圆筒壁的热传导速率为：$Q=\dfrac{2\pi l\lambda(t_1-t_2)}{\ln(r_2/r_1)}$

保温层外表面与环境的自然对流传热速率为：$Q=\alpha A_2(t_2-t_0)=2\pi l r_2\alpha(t_2-t_0)$

当热损失过程达到定态时，每米管长的热损失可表示为

$$\frac{Q}{l}=\frac{t_1-t_2}{\dfrac{1}{2\pi\lambda}\ln\dfrac{r_2}{r_1}}=\frac{t_2-t_0}{\dfrac{1}{2\pi r_2\alpha}}=\frac{t_1-t_0}{\dfrac{1}{2\pi\lambda}\ln\dfrac{r_2}{r_1}+\dfrac{1}{2\pi r_2\alpha}}$$

由该式可根据给定的保温层厚度计算每米管长的热损失，并可求出保温层外表面的温度 t_2。将给定的数据代入式中计算，结果列于表 3-2。

表 3-2 例 3-1 附表

保温层厚度/mm	10	20	27.5	40	50	60	70
保温层半径 r_2/mm	22.5	32.5	40	52.5	62.5	72.5	82.5
总热阻/$(m^2 \cdot K/W)$	0.941	0.870	0.861	0.874	0.895	0.919	0.944
热损失 Q/l/(W/m)	318.8	344.8	348.4	343.2	335.2	326.4	317.8
外表面温度 t_2/℃	245.3	188.7	158.6	123.9	105.3	91.6	81.2

讨论 对于“通过保温层的热传导＋保温层外表面自然对流”这一热损失过程，当保温层厚度增大时，一方面是导热热阻 $\dfrac{1}{2\pi\lambda}\ln\dfrac{r_2}{r_1}$ 增加，另一方面是自然对流传热热阻 $\dfrac{1}{2\pi r_2\alpha}$ 下降（对此可以理解为其传热面积在增大）。随保温层厚度增加热损失速率是增加还是减小取决于这两项热阻之和是增大还是减小。由本题附表可以看出，当保温层半径小于 40mm 时，随其厚度增加总热阻是下降的，因而热损失是增加的。当保温层半径大于 40mm 时，则正好出现相反的情况。总热阻的这种变化规律说明其值随保温层厚度的变化存在一个极小值，与该极值对应的保温层半径 r_c 可由总热阻对保温层半径求导并令表达式等于零求出，即

$$\frac{d\sum R}{dr_2}=\frac{1}{2\pi}\left(\frac{1}{\lambda r_2}-\frac{1}{\alpha r_2^2}\right)=0,\qquad r_c=\frac{\lambda}{\alpha}=40mm$$

称此为保温层的临界半径。因此，保温层并不总是越厚越好，当其半径在小于上述临界值的范围内变化时，保温层越厚保温效果越差。

【例 3-2】 设备热损失的计算方法及多种保温材料的合理使用

ϕ50mm×5mm 的不锈钢管，其材料热导率为 $21W/(m \cdot K)$；管外包厚 40mm 的石棉，其材料热导率为 $0.25W/(m \cdot K)$。试求：(1) 若管内壁温度为 330℃，保温层外壁温度为 105℃，试计算每米管长的热损失。(2) 若在石棉外再包一层厚度为 40mm、热导率为 $0.04W/(m \cdot K)$ 的保温材料，已知环境温度为 $t_0=20℃$，保温层外表面与环境对流传热系数近似认为不变，试求热损失减少的百分数，并求此时保温层外表面的温度。(3) 若将热导率为 $0.04W/(m \cdot K)$ 的保温材料放在里层，而将热导率为 $0.25W/(m \cdot K)$ 的保温层放在

外层，两层材料的厚度仍都是 40mm，则每米管长的热损失为多少？

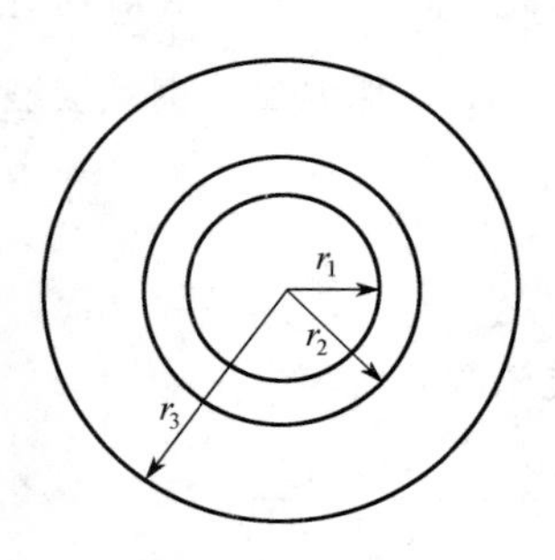

图 3-4　例 3-2 附图（1）

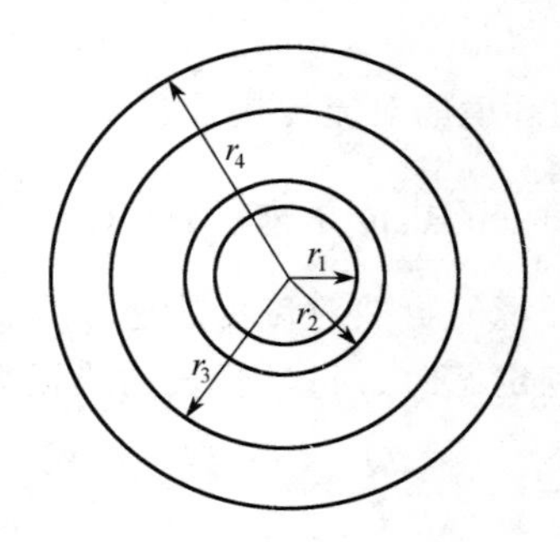

图 3-5　例 3-2 附图（2）

解　(1) 这是通过两层圆筒壁的热传导问题，各层的半径为（见图 3-4）：管内半径 $r_1=20\text{mm}=0.02\text{m}$，管外半径 $r_2=25\text{mm}=0.025\text{m}$，（管外半径＋保温层厚度）$r_3=0.025+0.04=0.065\text{m}$。

每米管长的热损失：$\dfrac{Q}{l}=\dfrac{2\pi(t_1-t_3)}{\dfrac{1}{\lambda_1}\ln\dfrac{r_2}{r_1}+\dfrac{1}{\lambda_2}\ln\dfrac{r_3}{r_2}}=\dfrac{2\times3.14\times(330-105)}{\dfrac{1}{21}\ln\dfrac{25}{20}+\dfrac{1}{0.25}\ln\dfrac{65}{25}}=368.9\text{W/m}$

(2) 由 (1) 的结果可求保温层外表面与环境的对流传热系数。该过程的对流传热速率为

$$Q=\alpha A(t_3-t_0)=\alpha 2\pi r_3 l(t_3-t_0)$$

传热过程达到定态时，这一速率与 (1) 中通过两层圆筒壁热传导速率相等，即

$$\frac{Q}{l}=\frac{2\pi(t_1-t_3)}{\dfrac{1}{\lambda_1}\ln\dfrac{r_2}{r_1}+\dfrac{1}{\lambda_2}\ln\dfrac{r_3}{r_2}}=368.9=\alpha 2\pi r_3(t_3-t_0)$$

由此解得　　$\alpha=10.63\text{W}/(\text{m}^2\cdot\text{K})$

依题意，此传热系数仍可用于第 (2) 中，此时是“三层圆筒壁热传导＋保温层外壁与环境的对流传热”过程。对流传热速率可写成推动力与阻力之比的形式

$$Q'=\frac{t_4-t_0}{1/\alpha A'}=\frac{t_4-t_0}{1/\alpha 2\pi r_4 l}=\frac{2\pi(t_4-t_0)}{1/\alpha r_4 l}$$

外保温层半径 $r_4=r_3+40=105\text{mm}$（见图 3-5）。定态时，各步传热速率相等，于是

$$Q'=\frac{2\pi l(t_1-t_2)}{\dfrac{1}{\lambda_1}\ln\dfrac{r_2}{r_1}}=\frac{2\pi l(t_2-t_3)}{\dfrac{1}{\lambda_2}\ln\dfrac{r_3}{r_2}}=\frac{2\pi l(t_3-t_4)}{\dfrac{1}{\lambda_3}\ln\dfrac{r_4}{r_3}}=\frac{2\pi l(t_4-t_0)}{\dfrac{1}{\alpha r_4}}$$

可得

$$\frac{Q'}{l}=\frac{2\pi(t_1-t_0)}{\dfrac{1}{\lambda_1}\ln\dfrac{r_2}{r_1}+\dfrac{1}{\lambda_2}\ln\dfrac{r_3}{r_2}+\dfrac{1}{\lambda_3}\ln\dfrac{r_4}{r_3}+\dfrac{1}{\alpha r_4}}$$

$$=\frac{2\times3.14\times(330-20)}{\dfrac{1}{21}\ln\dfrac{25}{20}+\dfrac{1}{0.25}\ln\dfrac{65}{25}+\dfrac{1}{0.04}\ln\dfrac{105}{65}+\dfrac{1}{10.63\times0.105}}=116.7\text{W/m}$$

即

$$\frac{Q'}{l}=\frac{2\pi(t_1-t_4)}{\dfrac{1}{\lambda_1}\ln\dfrac{r_2}{r_1}+\dfrac{1}{\lambda_2}\ln\dfrac{r_3}{r_2}+\dfrac{1}{\lambda_3}\ln\dfrac{r_4}{r_3}}=116.7\text{W/m}$$

可解得　$t_4=t_1-116.7\times\left(\frac{1}{\lambda_1}\ln\frac{r_2}{r_1}+\frac{1}{\lambda_2}\ln\frac{r_3}{r_2}+\frac{1}{\lambda_3}\ln\frac{r_4}{r_3}\right)\Big/(2\pi)=36.4℃$

（3）由题意，两种材料位置互换后热损失的计算式与原来基本相同，只要将原式中两种材料热导率的位置互换即可

$$\frac{Q''}{l}=\frac{2\pi(t_1-t_0)}{\frac{1}{\lambda_1}\ln\frac{r_2}{r_1}+\frac{1}{\lambda_3}\ln\frac{r_3}{r_2}+\frac{1}{\lambda_2}\ln\frac{r_4}{r_3}+\frac{1}{\alpha r_4}}$$

$$=\frac{2\times3.14\times(330-20)}{\frac{1}{21}\ln\frac{25}{20}+\frac{1}{0.04}\ln\frac{65}{25}+\frac{1}{0.25}\ln\frac{105}{65}+\frac{1}{10.63\times0.105}}=72.9\text{W/m}$$

热损失减少的百分数为：$\frac{Q'-Q''}{Q'}=\frac{116.7-72.9}{116.7}\times100\%=37.5\%$

讨论　当有两种材料同时用于设备或管道的保温时，将绝热性能好（热导率小）的材料放在里层可获得较好的保温效果。其原因可以通过下面的推导结果说明。当热导率大的材料放在里层时，本题中第二层和第三层材料热阻的加和为：$(R_2+R_3)=\frac{1}{\lambda_2}\ln\frac{r_3}{r_2}+\frac{1}{\lambda_3}\ln\frac{r_4}{r_3}$；当热导率小的材料放在里层时，第二层和第三层材料热阻的加和为：$(R_2+R_3)'=\frac{1}{\lambda_3}\ln\frac{r_3}{r_2}+\frac{1}{\lambda_2}\ln\frac{r_4}{r_3}$。将两者进行比较：$(R_2+R_3)'-(R_2+R_3)=\left(\frac{1}{\lambda_3}-\frac{1}{\lambda_2}\right)\ln\frac{r_3^2}{r_2r_4}$，可见，当两种材料厚度相同时，该式值总是大于零的。

【例 3-3】　对流传热系数的影响因素

水在一定的流量下通过某列管换热器的管程，利用壳程水蒸气冷凝可以将水的温度从25℃升至75℃。现场测得此时水在管程的对流传热系数为1100W/(m^2·K)，且已知水在管内的流动已达到湍流。试求：(1) 与水质量流量相同的空气通过此换热器管程时的对流传热系数为多少？已知该股空气的定性温度为140℃。(2) 若与水质量流量相同的苯以同样的初始温度通过此换热器管程，问此时苯通过管程的对流传热系数为多少？已知苯的定性温度为60℃。(3) 在水质量流量一定的情况下，现拟采用一个传热面积与原换热器相同的新换热器，新换热器中换热管长度与原换热器相同，但其内径只有原换热管的1/2。试问水在该换热器管程的对流传热系数为多少？假设水的定性温度不变。(4) 若水在原换热器管程中流动时的雷诺数为10000，现欲提高水的出口温度，拟采用一换热面积为原换热器5倍的列管换热器，该换热器换热管的长度和内、外径均与原换热器相同（长径比达200），问采用该换热器能够将水的出口温度提高吗？

解　(1) 水在定性温度50℃下的物性为：$c_p=4174$J/(kg·K)，$\lambda=0.647$W/(m·K)，$\mu=5.49\times10^{-4}$Pa·s；空气在定性温度140℃下的物性为：$c'_p=1013$J/(kg·K)，$\lambda'=0.0349$W/(m·K)，$\mu'=2.37\times10^{-5}$Pa·s，$\rho'=0.854$kg/m^3。

空气在定性温度下的黏度小于水，所以同样质量流量下空气在换热管内流动时的雷诺数大于水的值，因此空气的流动状况也为湍流，两者的对流传热系数皆可用下式计算：

$$\alpha=0.023\frac{\lambda}{d}\left(\frac{du\rho}{\mu}\right)^{0.8}\left(\frac{c_p\mu}{\lambda}\right)^{0.4}=0.023\frac{(\rho u)^{0.8}c_p^{0.4}\lambda^{0.6}}{d^{0.2}\mu^{0.4}} \tag{1}$$

空气与水的对流传热系数之比可由式（1）得出

$$\frac{\alpha'}{\alpha}=\left(\frac{c'_p}{c_p}\right)^{0.4}\left(\frac{\lambda'}{\lambda}\right)^{0.6}\left(\frac{\mu}{\mu'}\right)^{0.4}=\left(\frac{1013}{4174}\right)^{0.4}\times\left(\frac{0.0349}{0.647}\right)^{0.6}\times\left(\frac{5.49}{0.237}\right)^{0.4}=0.345$$

即空气在同样质量流量下的对流传热系数为 $\alpha'=0.345\times1100=380\text{W}/(\text{m}^2\cdot\text{K})$

（2）苯在定性温度 60℃下物性为：$c_p=1800\text{J}/(\text{kg}\cdot\text{K})$，$\lambda=0.146\text{W}/(\text{m}\cdot\text{K})$，$\mu=3.90\times10^{-4}\text{Pa}\cdot\text{s}$。

在水和苯的质量流量相同的情况下，由于此时苯的黏度小于水的黏度，所以苯在管内流动时的雷诺数大于水的雷诺数，故苯在换热管内的流动也达到湍流。两者的对流传热系数皆可用下式计算

$$\alpha=0.023\frac{\lambda}{d}\left(\frac{du\rho}{\mu}\right)^{0.8}\left(\frac{c_p\mu}{\lambda}\right)^{0.4}=0.023\frac{(\rho u)^{0.8}c_p^{0.4}\lambda^{0.6}}{d^{0.2}\mu^{0.4}}$$

苯与水的对流传热系数之比可由上式得出

$$\frac{\alpha'}{\alpha}=\left(\frac{c'_p}{c_p}\right)^{0.4}\left(\frac{\lambda'}{\lambda}\right)^{0.6}\left(\frac{\mu}{\mu'}\right)^{0.4}=\left(\frac{1800}{4174}\right)^{0.4}\times\left(\frac{0.146}{0.647}\right)^{0.6}\times\left(\frac{0.549}{0.39}\right)^{0.4}=0.335$$

即苯在同样质量流量下的对流传热系数为：$\alpha'=0.335\times1100=368.5\text{W}/(\text{m}^2\cdot\text{K})$

（3）两种换热器传热面积相同，即 $n\pi dl=n'\pi d'l$，由此可得两换热器换热管根数之比

$$\frac{n'}{n}=\frac{d}{d'}=2 \tag{2}$$

相同质量流量时水流经两种换热管的流速之比

$$\frac{u'}{u}=\frac{nd^2}{n'd'^2}=2 \tag{3}$$

可见，水在新换热器换热管中仍处于湍流状态。由式(1)～式(3) 三式可得两种换热管中对流传热系数之比为

$$\frac{\alpha'}{\alpha}=\left(\frac{u'}{u}\right)^{0.8}\left(\frac{d}{d'}\right)^{0.2}=2^{0.8}\times2^{0.2}=2$$

$$\alpha'=2\alpha=2\times1100=2200\text{W}/(\text{m}^2\cdot\text{K})$$

（4）新换热器的换热管规格与原换热器的相同，而换热面积是原换热器的 5 倍，说明新换热器换热管的根数是原来的 5 倍，则管程流通截面积是原来的 5 倍，流速是原来的 1/5，雷诺数就只有原来的 1/5，即 $Re'=2000$。此时水在换热管内的流动处于层流状态，管程对流传热系数的计算式为

$$\alpha'=1.86\frac{\lambda}{d}\left(\frac{d\mu\rho}{\mu}\right)^{1/3}\left(\frac{c_p\mu}{\lambda}\right)^{1/3}\left(\frac{d}{l}\right)^{1/3}$$

两种情况下对流传热系数之比为（水在定性温度下的 $Pr=3.54$）

$$\frac{\alpha'}{\alpha}=\frac{1.86}{0.023}\times\frac{2000^{1/3}}{10000^{0.8}}\times\frac{3.54^{1/3}}{3.54^{0.4}}\times\left(\frac{1}{200}\right)^{1/3}=0.10$$

虽然新换热器的传热面积是原来换热器的 5 倍，但其管程对流传热系数只有原换热器的 1/10。鉴于该换热器的总传热系数主要取决于管程的对流传热系数，采用此换热器不但不能使水的出口温度上升，反而会使其值明显降低。

讨论　流体流过换热面时对流传热系数 α 的大小与流体的物理性质和换热面形状、尺寸等因素都有密切关系。由于气体和液体在物性上的极大差异，一般而言液体流过换热管时的 α 远较气体大（实际换热器中空气流速较本题低许多，其 α 值较本题还要小很多）；即使同为液体，物性的差异对 α 同样有明显影响。换热面的尺寸对 α 大小的影响也很明显，在流体流量和换热面积一定的情况下，在列管式换热器中采用较细的换热管能够获得较高的管程 α。由此而带来的另一益处是设备的结构更加紧凑，而不利的方面则是管程流动阻力的大幅度增加。换热面积较大的换热器往往具有较大的流通截面，因此对对流传热而言的流动状况就较差，甚至会发生流型的转变而导致 α 的急剧下降。在换热器的设计和选用工作中，不能盲目地追求“安全”而采用过多的换热管以增大换热面积，其结果很可能是得不偿失。

【例 3-4】 水平管外和垂直管外蒸汽冷凝传热系数的比较

120℃的饱和水蒸气在一根 ϕ25mm×2.5mm、长 1m 的管外冷凝，已知管外壁温度为80℃。分别求该管垂直和水平放置时的蒸汽冷凝传热系数。

解　(1) 当管垂直放置时，冷凝传热系数的计算方法取决于冷凝液在管外沿壁面向下流动时的流动型态。但现其流动型态未知，故需采取试差的办法。假定冷凝液为层流流动，则

$$\alpha_{垂直}=1.13\left(\frac{r\rho^2 g\lambda^3}{\mu l\Delta t}\right)^{1/4}$$

膜温为 (80+120)/2=100℃，此温度下水的物性为：$\rho=958.4\text{kg/m}^3$；$\mu=0.283\text{mPa}\cdot\text{s}$；$\lambda=0.683\text{W/(m}\cdot\text{K)}$。冷凝温度为 120℃，此温度下水的相变焓为：$r=2205.2\text{kJ/kg}$。将这些数据代入上式得

$$\alpha_{垂直}=1.13\times\left[\frac{2205.2\times10^3\times958.4^2\times9.81\times0.683^3}{0.283\times10^{-3}\times1\times(120-80)}\right]^{1/4}=5495.3\text{W/(m}^2\cdot\text{K)}$$

应根据此计算结果校核冷凝液膜的流动是否为层流。冷凝液膜流动雷诺数计算如下

$$Re=\frac{d_o u\rho}{\mu}=\frac{d_o G}{\mu}=\frac{(4S/\pi d_o)(q_m/S)}{\mu}=\frac{4Q/r\pi d_o}{\mu}=\frac{4\alpha_{垂直}\pi d_o l\Delta t/r\pi d_o}{\mu}=\frac{4\alpha_{垂直}l\Delta t}{r\mu}$$

将相关数据代入上式可得：$Re=\dfrac{4\times5495.3\times1\times(120-80)}{2205.2\times10^3\times0.283\times10^{-3}}=1409(<1800)$

层流假定成立，以上计算有效。

(2) 当管水平放置时，直接用如下公式计算蒸汽冷凝传热系数

$$\alpha_{水平}=0.725\left(\frac{r\rho^2 g\lambda^3}{\mu d_o\Delta t}\right)^{1/4}$$

将已知数据代入上式可求得

$$\alpha_{水平}=0.725\times\left[\frac{2205.2\times10^3\times958.4^2\times9.81\times0.683^3}{0.283\times10^{-3}\times0.025\times(120-80)}\right]^{1/4}=8866.7\text{W/(m}^2\cdot\text{K)}$$

讨论　对同一根管，水平放置时的蒸汽冷凝传热系数要高于其垂直放置时的值。其原因在于，冷凝传热主要热阻集中于冷凝液，管子垂直放置时冷凝液膜沿壁面流下，行程很长，可能积存、发展得很厚；而对于水平管，冷凝液膜行程很短，不可能很厚。事实上，由这两种对流传热系数的计算公式可得到两种情况下对流传热系数的差别

$$\frac{\alpha_{水平}}{\alpha_{垂直}}=\frac{0.725}{1.13}\left(\frac{l}{d_o}\right)^{0.25}$$

【例 3-5】 对数平均温差的特性

热、冷流体在换热器两端的温差分别以 Δt_1、Δt_2 表示。如果 $\Delta t_1+\Delta t_2=100℃$，试分析 Δt_1、Δt_2 的相对大小对传热平均温差的影响。

解　分别取 $\Delta t_1=99℃$、95℃、90℃、80℃、70℃、60℃、50℃，$\Delta t_2=1℃$、5℃、10℃、20℃、30℃、40℃、50℃，计算传热对数平均温差 Δt_m，结果在图 3-6 中给出。该图横坐标为热、冷流体在换热器两端温差的比值，纵坐标即为 Δt_m。

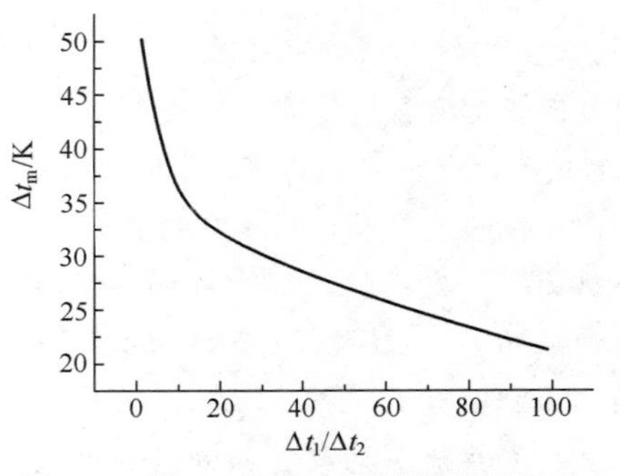

图 3-6　例 3-5 附图：两端温差的相对大小对平均温差的影响

讨论　从图 3-6 中可以看出，当 $\Delta t_1+\Delta t_2$ 为定值时，换热器两端换热温差的比值越大，其对数平均值越小。在冷、热流体的进、出口温度相同的情况下，并流操作时换热器两端换热温差的比值必定大于逆流，此即逆流操作推动力大于并流的原因。另外，当任何一端的温差接近于零时，其平均温差也将趋近于零。因此，换热器某端两流体温差过小对换热器的操作而言是不合理的。

【例 3-6】 总传热系数和污垢热阻的求取

生产中，以 297kPa（绝压）的饱和水蒸气为加热剂，在列管式换热器中将水预热。已知水在换热器中以 0.3m/s 流速流过其管程，换热管规格为 ϕ25mm×2.5mm。蒸汽侧污垢热阻和管壁热阻忽略不计，蒸汽冷凝传热系数为 10000W/(m²·K)。试求：（1）换热器刚投入运行时，能将水由 20℃升温至 80℃，求此时换热器的总传热系数；（2）换热器运行一年后，由于水侧污垢积累，出口水温只能升至 70℃，求此时的总传热系数及水侧的污垢热阻（水蒸气侧的对流传热系数可认为不变）。

解　（1）水的定性温度为 $(20+80)/2=50℃$，在此温度下水的物性为：$\rho=988.1\ \mathrm{kg/m^3}$，$c_p=4.174\mathrm{kJ/(kg\cdot K)}$，$\lambda=0.648\mathrm{W/(m\cdot K)}$，$\mu=0.549\mathrm{mPa\cdot s}$，则

$$Re=\frac{du\rho}{\mu}=\frac{0.02\times0.3\times988.1}{0.549\times10^{-3}}=10799$$

$$Pr=\frac{c_p\mu}{\lambda}=\frac{4.174\times10^3\times0.549\times10^{-3}}{0.648}=3.536$$

水侧对流传热系数

$$\alpha_2=0.023\frac{\lambda}{d}Re^{0.8}Pr^{0.4}=0.023\times\frac{0.648}{0.02}\times10799^{0.8}\times3.536^{0.4}=2081\mathrm{W/(m^2\cdot K)}$$

$$\frac{1}{K}=\frac{1}{\alpha_1}+\frac{1}{\alpha_2}\frac{d_1}{d_2}=\frac{1}{10000}+\frac{1}{2081}\times\frac{25}{20}=7.01\times10^{-4}\mathrm{m^2\cdot K/W},\ K=1427\ \mathrm{W/(m^2\cdot K)}$$

（2）刚投入运行时，总传热速率为 $Q=KA\Delta t_m=q_{m_2}c_{p_2}(t_2-t_1)$；一年后，总传热速率为 $Q'=K'A\Delta t'_m=q_{m_2}c_{p_2}(t'_2-t_1)$，则 $\dfrac{K'}{K}=\dfrac{t'_2-t_1}{t_2-t_1}\dfrac{\Delta t_m}{\Delta t'_m}$。

查得 297kPa 的水蒸气温度为 $T=133.3℃$，则

$$\Delta t_m=\frac{(T-t_1)-(T-t_2)}{\ln\dfrac{T-t_1}{T-t_2}}=\frac{80-20}{\ln\dfrac{133.3-20}{133.3-80}}=80℃$$

$$\Delta t'_m=\frac{(T-t_1)-(T-t_2)}{\ln\dfrac{T-t_1}{T-t_2}}=\frac{70-20}{\ln\dfrac{133.3-20}{133.3-70}}=86℃$$

于是 $\dfrac{K'}{K}=\dfrac{70-20}{80-20}\times\dfrac{80}{86}=0.775$，　　$K'=0.775K=0.775\times1427=1106\text{W}/(\text{m}^2\cdot\text{K})$

由总传热系数的定义式$\dfrac{1}{K'}=\dfrac{1}{\alpha'_1}+\dfrac{1}{\alpha'_2}\dfrac{d_1}{d_2}+R_{s2}\dfrac{d_1}{d_2}$，可得

$$R'_{s2}=\left(\frac{1}{K'}-\frac{1}{\alpha'_1}-\frac{1}{\alpha'_2}\frac{d_1}{d_2}\right)\frac{d_2}{d_1}$$

已知蒸汽冷凝传热系数保持不变，忽略温度变化对物性的影响，则水的对流传热系数也不变。将已知数据代入上式可得

$$R'_{s2}=\left(\frac{1}{1106}-\frac{1}{10000}-\frac{1}{2081}\times\frac{25}{20}\right)\times\frac{20}{25}=1.63\times10^{-4}\text{m}^2\cdot\text{K/W}$$

也可按如下方法求出污垢热阻

$$R'_{s2}=\left(\frac{1}{K'}-\frac{1}{K}\right)\frac{d_2}{d_1}=\left(\frac{1}{1106}-\frac{1}{1427}\right)\times\frac{20}{25}=1.63\times10^{-4}\text{m}^2\cdot\text{K/W}$$

讨论　换热器运行一段时间后，在换热表面会有污垢积存，此垢层构成了两流体换热的附加热阻，使换热器的总传热系数下降，工作能力下降。其外在表现是：热流体的出口温度上升，或冷流体的出口温度下降。污垢热阻值难以估计和直接测量，但可按如下方法求出：根据换热器的运行条件（传热面积、流体流量、流体入口温度）和运行结果（流体出口温度）求出总传热系数，然后由其定义式求出污垢热阻。

【例 3-7】　列管换热器的设计型问题

一列管式冷凝器，换热管规格为 ϕ25mm×2.5mm，其有效长度为 3.0m。冷却剂以 0.7m/s 的流速在管内流过，其温度由 20℃升至 50℃。流量为 5000kg/h、温度为 75℃的饱和有机蒸气在壳程冷凝为同温度的液体后排出，冷凝潜热为 310kJ/kg。已测得蒸气冷凝传热系数为 800W/(m^2·K)，冷却剂的对流传热系数为 2500W/(m^2·K)。冷却剂侧的污垢热阻为 0.00055m^2·K/W，蒸气侧污垢热阻和管壁热阻忽略不计。试计算该换热器的传热面积，并确定该换热器中换热管的总根数及管程数。[已知冷却剂的比热容为 2.5kJ/(kg·K)，密度为 860kg/m^3]

解　有机蒸气冷凝放热量：$Q=q_{m_1}r=\dfrac{5000}{3600}\times310\times10^3=4.31\times10^5\text{W}$

传热平均温差
$$\Delta t_m=\frac{50-20}{\ln\dfrac{75-20}{75-50}}=38℃$$

总传热系数

$$\frac{1}{K}=\frac{1}{\alpha_1}+\frac{1}{\alpha_2}\frac{d_1}{d_2}+R_{s2}\frac{d_1}{d_2}=\frac{1}{800}+\frac{1}{2500}\times\frac{25}{20}+0.00055\times\frac{25}{20}=2.44\times10^{-3}\text{m}^2\cdot\text{K/W}$$

$$K=410\text{W}/(\text{m}^2\cdot\text{K})$$

所需传热面积
$$A=\frac{Q}{K\Delta t_m}=\frac{4.31\times10^5}{410\times38}=27.7\text{m}^2$$

冷却剂用量 $$q_{m_2}=\frac{Q}{c_{p_2}(t_2-t_1)}=\frac{4.31\times10^5}{2.5\times10^3\times(50-20)}=5.75\text{kg/s}$$

每程换热管数由冷却剂总流量和每管中冷却剂的流量求出

$$n_i=\frac{q_{m_2}}{\frac{\pi}{4}d^2u\rho_2}=\frac{5.75}{0.785\times0.02^2\times0.7\times860}=30$$

每管程的传热面积 $A_i=n_i\pi d_o l=30\times3.14\times0.025\times3.0=7.07\text{m}^2$

管程数 $N=\frac{A}{A_i}=\frac{27.7}{7.07}=3.92$

取管程数 $N=4$

总管数 $n=Nn_i=120$ 根

讨论 换热器的设计型问题是要根据热负荷及其他给定条件来确定换热器的传热面积及其他参数，进而确定换热器的型号。热负荷即被加热（或被冷却）流体的吸（放）热量。为解决设计型问题，需要设计人员根据经验人为指定一些工艺参数，如加热或冷却剂的出口温度、污垢热阻、流体流速等。由于换热器型号未定，无法准确计算传热系数，故解决换热器设计型问题需要试差［详见《化工原理》（第四版 杨祖荣主编）教材 3.6.3 节］。本例在给定对流传热系数的情况下进行计算，因而只是实际试差过程中的一个“循环”。

【例 3-8】 换热器的操作型问题

在传热面积为 3.5m² 的换热器中用冷却水冷却某有机溶液。冷却水流量为 5000kg/h，入口温度为 20℃，比热容为 4.17kJ/(kg·K)；有机溶液的流量为 3800kg/h，入口温度为 80℃，比热容为 2.45kJ/(kg·K)。已知有机溶液与冷却水逆流接触，两流体对流传热系数均为 2000W/(m²·K)。(1) 试分别求两流体的出口温度？(2) 欲通过提高冷却水流量的方法使有机溶液出口温度降至 36℃，试求冷却水流量应达到多少？（设冷却水对流传热系数与其流量的 0.8 次方成正比）

解 (1) 总传热系数近似用下式计算

$$K=\frac{1}{\frac{1}{\alpha_1}+\frac{1}{\alpha_2}}=\frac{1}{\frac{1}{2000}+\frac{1}{2000}}=1000\text{W/(m}^2\cdot\text{K)}$$

由式 (3-19) 可得

$$\ln\frac{T_1-t_2}{T_2-t_1}=\ln\frac{80-t_2}{T_2-20}=\frac{KA}{q_{m_1}c_{p_1}}\left(1-\frac{q_{m_1}c_{p_1}}{q_{m_2}c_{p_2}}\right)=\frac{1000\times3.5}{3800\times2450/3600}\times\left(1-\frac{3800\times2450}{5000\times4170}\right)=0.75 \tag{1}$$

热平衡方程 $$\frac{q_{m_1}c_{p_1}}{q_{m_2}c_{p_2}}=\frac{3800\times2450}{5000\times4170}=0.447=\frac{t_2-t_1}{T_1-T_2}=\frac{t_2-20}{80-T_2} \tag{2}$$

联立求解式 (1) 和式 (2) 可得 $T_2=39.8℃$，$t_2=38.0℃$。

(2) 新工况下的总传热系数

$$K'=\frac{K\left(\frac{1}{\alpha_1}+\frac{1}{\alpha_2}\right)}{\frac{1}{\alpha_1}+\frac{1}{\alpha_2(q'_{m_2}/q_{m_2})^{0.8}}}=\frac{2K}{1+\frac{1}{(q'_{m_2}/q_{m_2})^{0.8}}}$$

新工况下

$$\ln\frac{T_1-t'_2}{T'_2-t_1}=\frac{2KA}{\left[1+\frac{1}{\left(\frac{q'_{m_2}}{q_{m_2}}\right)^{0.8}}\right]q_{m_1}c_{p_1}}\left(1-\frac{q_{m_1}c_{p_1}}{\frac{q'_{m_2}}{q_{m_2}}q_{m_2}c_{p_2}}\right)$$

将已知数据代入上式

$$\ln\frac{80-t'_2}{36-20}=\frac{2\times1000\times3.5}{\left[1+\frac{1}{\left(\frac{q'_{m_2}}{q_{m_2}}\right)^{0.8}}\right]\times3800\times\frac{2450}{3600}}\left(1-\frac{3800\times2450}{\frac{q'_{m_2}}{q_{m_2}}\times5000\times4170}\right)\tag{3}$$

新工况下热平衡方程

$$\frac{q_{m_1}c_{p_1}}{\frac{q'_{m_2}}{q_{m_2}}q_{m_2}c_{p_2}}=\frac{3800\times2450}{\frac{q'_{m_2}}{q_{m_2}}\times5000\times4170}=\frac{t'_2-t_1}{T_1-T'_2}=\frac{t'_2-20}{80-36}\tag{4}$$

联立试差求解式（3）和式（4），可得 $q'_{m_2}/q_{m_2}=1.427$，$t'_2=33.8℃$。所以，冷却水流量需要提高至 $q'_{m_2}=1.427\times5000=7135\text{kg/h}$。

讨论　换热器的操作型计算有两类，第一类是预测两流体的出口温度（如本例题第 1 问）；第二类是根据指定的被加热（或被冷却）流体的出口温度，计算加热剂（或冷却剂）的用量。两类操作型计算都需要联立求解式（3-19）和热平衡方程，第一类计算无需试差，而第二类计算必须试差。两类计算都有重要的工程实际意义。

【例 3-9】　*KA* 值——换热器工作能力的综合反映

拟用 150℃的饱和水蒸气将流量为 90000kg/h 的某溶液产品由 25℃升温到 35℃。现有一台单管程列管式换热器，换热管规格为 ϕ25mm×2.5mm，传热面积为 15m²。已知蒸汽在其壳程冷凝，传热系数为 12000W/(m²·K)；溶液走管程，其对流传热系数估计为 330W/(m²·K)，比热容为 1.9kJ/(kg·K)。壳程污垢热阻和管壁热阻忽略不计，管程污垢热阻估计为 0.0001m²·K/W。试问这台换热器是否能够满足上述换热要求？如不能满足换热要求，采用加隔板的方式将该换热器变为双管程换热器，问能否满足换热要求？（注：由于黏度较大，溶液在管程流动为层流，故其对流传热系数与流速的 1/3 次方成正比）

解　在指定的溶液进、出口温度及饱和蒸汽温度下，换热器对数平均温差为

$$\Delta t_m=\frac{35-25}{\ln\frac{150-25}{150-35}}=120℃$$

该换热器的热负荷为：$Q=q_{m_2}c_{p_2}(t_2-t_1)=\frac{90000}{3600}\times1900\times(35-25)=475000\text{W}$

由总传热速率方程可得完成指定换热任务所需要换热器的 *KA* 值为

$$(KA)_{需要}=\frac{Q}{\Delta t_m}=\frac{475000}{120}=3958\text{W/K}$$

原换热器的总传热系数可计算如下

$$K=1\Big/\left(\frac{1}{\alpha_1}+R_{s2}\frac{d_1}{d_2}+\frac{1}{\alpha_2}\frac{d_1}{d_2}\right)=1\Big/\left(\frac{1}{12000}+0.0001\times\frac{25}{20}+\frac{1}{330}\times\frac{25}{20}\right)=250\text{W/(m}^2\cdot\text{K)}$$

故该换热器的 *KA* 值为：$KA=15\times250=3750\text{W/K}$。该换热器所具有的 *KA* 值小于完成换

热任务所需要的 KA 值，故这一单管程换热器不合用。

现将原换热器由单管程改造成为双管程，则在换热面积和溶液流量不变的情况下溶液流速变为原来的 2 倍，其对流传热系数变为

$$\alpha'_2=2^{1/3}\alpha_2=1.26\times330=416\text{W/(m}^2\cdot\text{K)}$$

总传热系数：$K'=1\Big/\left(\dfrac{1}{\alpha_1}+R_{s2}\dfrac{d_1}{d_2}+\dfrac{1}{\alpha'_2}\dfrac{d_1}{d_2}\right)=1\Big/\left(\dfrac{1}{12000}+0.0001\times\dfrac{25}{20}+\dfrac{1}{416}\times\dfrac{25}{20}\right)=311\text{W/(m}^2\cdot\text{K)}$

则该双管程换热器的 $K'A$ 值为：$K'A=15\times311=4665\text{W/K}$，其值大于完成换热任务所需要的 KA 值，故改造为双管程换热器方案可行。

讨论 由总传热速率方程可以看出，换热器的工作能力不仅与其传热面积有关，而且还与总传热系数有关。因此在换热器设计和选型工作中，常以两者的乘积来代表换热器的工作能力。由本例可以看出，在换热面积不变的情况下，换热器结构的稍许改进就使总传热系数显著增加，使原本不合用的换热器能够完成换热任务。这一结果生动地反映了“KA 值是换热器工作能力的综合反映”这一观点。当然，本例属于饱和蒸汽在壳程冷凝成饱和液体这一情况，由单管程改为双管程不会造成传热平均推动力的损失。但这种改造未必在所有情况下都能成功，有时采用多管程可能使对数平均温差校正因子很小，而由此带来的传热系数增加又不很显著，则这种改造很可能得不偿失。

【例 3-10】 流动方式对换热器热回收能力的影响

生产中有一股温度高达 300℃、流量为 30t/h 的重油。现利用另一股温度为 120℃、流量为 50t/h 的轻油回收重油中的热量。热回收过程在一传热面积为 240m^2 的列管式换热器中进行，其总传热系数为 150W/(m^2·K)。已知重油和轻油的比热容分别为 2.5kJ/(kg·K) 和 2.0kJ/(kg·K)，试比较两股流体在换热器中分别逆流和并流流动时轻油从重油中回收热量的多少。

解 两股物流的热容流率比：$\dfrac{q_{m_1}c_{p_1}}{q_{m_2}c_{p_2}}=\dfrac{30\times2.5}{50\times2.0}=0.75$

欲求回收热量多少必须知道重油或轻油在换热器出口的温度，因此本题是换热器的操作型计算问题。前面已经导出，逆流时和并流时，流体的进出口温度、KA 值、热容流率之间的关系分别如式（3-19）和式（3-20）所示。将相关数据代入可得

逆流时：$\ln\dfrac{T_1-t_2}{T_2-t_1}=\ln\dfrac{300-t_2}{T_2-120}=\dfrac{KA}{q_{m_1}c_{p_1}}\left(1-\dfrac{q_{m_1}c_{p_1}}{q_{m_2}c_{p_2}}\right)$

$$=\frac{150\times240}{30\times1000\times2500/3600}\times(1-0.75)=0.432$$

并流时：$\ln\dfrac{T_1-t_1}{T_2-t_2}=\ln\dfrac{300-120}{T_2-t_2}=\dfrac{KA}{q_{m_1}c_{p_1}}\left(1+\dfrac{q_{m_1}c_{p_1}}{q_{m_2}c_{p_2}}\right)$

$$=\frac{150\times240}{30\times1000\times2500/3600}\times(1+0.75)=3.024$$

这两个方程可分别与热平衡方程

$$\frac{q_{m_1}c_{p_1}}{q_{m_2}c_{p_2}}=\frac{t_2-t_1}{T_1-T_2}=\frac{t_2-120}{300-T_2}=0.75$$

联立求解，得到两种流动方式下重油出口温度 T_2 和轻油出口温度 t_2，进而可由热平衡方程计算出回收热量，结果列于表 3-3 中。

表 3-3　例 3-10 附表

流动方式	进口温度/℃	出口温度/℃	平均传热温差/℃	回收热量/kW
逆流	$T_1=300$	$T_2=176.9, t_2=212.3$	71.3	2564.6
并流	$t_1=120$	$T_2=202.1, t_2=193.4$	56.6	2039.6

讨论　冷、热流体在换热器中的流动方式对换热结果有重要影响。逆流操作时换热的平均推动力高于并流操作，这是两种流动方式的操作结果不同的唯一原因所在。在换热器的设计或选型问题中，采用逆流方式的益处是因较大的平均传热温差而带来传热面积下降；在热量回收这样的操作型问题中，采用逆流操作意味着在固定传热面积下热回收量的增加。

【例 3-11】　饱和水蒸气作为加热剂时传热过程的调节

某列管式换热器用压力为 140kPa（绝压）的饱和水蒸气加热管内空气，能使空气温度由 20℃升至 80℃，空气在管内流动达到湍流。现空气流量增加一倍，则空气出口温度变为多少？为使空气出口温度仍保持在 80℃，采用提高蒸汽压力的方法，则饱和蒸汽压力应提高至多少？（忽略蒸汽温度变化对冷凝传热系数的影响）

解　(1) 查得 140kPa（绝压）下饱和水蒸气的温度为 $T=109.2$℃。空气对流传热系数远小于水蒸气冷凝传热系数，因此当空气流量加倍时

$$\frac{K'}{K}\approx\frac{\alpha'}{\alpha}=2^{0.8}=1.74$$

对于饱和蒸汽冷凝为饱和液体这一过程，由

$$Q=KA\Delta t_{\mathrm{m}}=KA\frac{t_2-t_1}{\ln[(T-t_1)/(T-t_2)]}=q_{m_2}c_{p_2}(t_2-t_1)$$

可得

$$\ln\frac{T-t_1}{T-t_2}=\frac{KA}{q_{m_2}c_{p_2}}$$

所以

$$\frac{\ln[(T-t_1)/(T-t'_2)]}{\ln[(T-t_1)/(T-t_2)]}=\frac{K'}{K}\frac{q_{m_2}}{q'_{m_2}}\approx1.74\times0.5=0.87$$

$$\ln\frac{T-t_1}{T-t'_2}=0.87\ln\frac{T-t_1}{T-t_2}=0.87\ln\frac{109.2-20}{109.2-80}=0.971$$

由此解得

$$t'_2=75.4℃$$

(2) 求使流量加倍了的空气出口温度仍维持在 80℃所需要的蒸汽温度 T''，此时

$$K''=K',\qquad q'_{m_2}=q''_{m_2}$$

所以

$$\frac{\ln[(T''-t_1)/(T''-t_2)]}{\ln[(T-t_1)/(T-t'_2)]}=\frac{K''}{K'}\frac{q'_{m_2}}{q''_{m_2}}=1$$

即

$$\ln\frac{T''-t_1}{T''-t_2}=\ln\frac{T''-20}{T''-80}=0.971$$

解得 $T''=116.6$℃，对应饱和蒸汽压力为 180kPa（绝压）。

讨论　饱和水蒸气是工业中最常用的加热介质。采用饱和蒸汽的加热器最简便的调节方法是改变饱和蒸汽压力，从而改变其温度。对于本例，当空气流量加倍时，其出口温度有下降的趋势。这时，只要将蒸汽阀门开大，使冷凝器中蒸汽压力达到 180kPa（绝压），就能将蒸汽温度提高至 116.6℃，这就提高了传热温差，从而使空气出口温度维持不变。相反，生产中蒸汽压力的下降将导致加热效果不佳。

【例 3-12】　生产中提高传热量的最简捷手段——提高加热剂或冷却剂流量

有一逆流操作的列管式换热器，壳程热流体为空气，其对流传热系数 $\alpha_1=100\text{W}/(\text{m}^2\cdot\text{K})$；冷却水走管内，其对流传热系数 $\alpha_2=2000\text{W}/(\text{m}^2\cdot\text{K})$。已测得冷、热流体的进、出口温度为：$t_1=20℃$、$t_2=85℃$、$T_1=100℃$、$T_2=70℃$。两种流体的对流传热系数均与各自流速的 0.8 次方成正比。忽略管壁及污垢热阻。(1) 其他条件不变，当空气流量增加一倍时，求水和空气的出口温度 t'_2 和 T'_2，并求现传热速率 Q' 比原传热速率 Q 增加的倍数。(2) 其他条件不变，当冷却水流量增加一倍时，求水和空气的出口温度 t'_2 和 T'_2，并求现传热速率 Q' 比原传热速率 Q 增加的倍数。

解　类似于例 3-8，为求冷、热流体的出口温度，需要联立求解如下两个方程

$$\frac{q_{m_1}c_{p_1}}{q_{m_2}c_{p_2}}=\frac{t_2-t_1}{T_1-T_2}$$

$$\ln\frac{T_1-t_2}{T_2-t_1}=\frac{KA}{q_{m_1}c_{p_1}}\left(1-\frac{q_{m_1}c_{p_1}}{q_{m_2}c_{p_2}}\right)$$

在原工况中

$$\frac{q_{m_1}c_{p_1}}{q_{m_2}c_{p_2}}=\frac{t_2-t_1}{T_1-T_2}=\frac{85-20}{100-70}=2.167$$

$$K=1\Big/\left(\frac{1}{\alpha_1}+\frac{1}{\alpha_2}\right)=1\Big/\left(\frac{1}{100}+\frac{1}{2000}\right)=95.2\text{W}/(\text{m}^2\cdot℃)$$

(1) 当空气流量加倍时，由上面的结果可知

$$\ln\frac{T_1-t'_2}{T'_2-t_1}=\frac{K'A}{q'_{m_1}c_{p_1}}\left(1-\frac{q'_{m_1}c_{p_1}}{q_{m_2}c_{p_2}}\right)$$

其中

$$\frac{q'_{m_1}c_{p_1}}{q_{m_2}c_{p_2}}=\frac{2q_{m_1}c_{p_1}}{q_{m_2}c_{p_2}}=2\times2.167=4.334$$

$$K'=1\Big/\left(\frac{1}{2^{0.8}\alpha_1}+\frac{1}{\alpha_2}\right)=1\Big/\left(\frac{1}{2^{0.8}\times100}+\frac{1}{2000}\right)=160.2\text{W}/(\text{m}^2\cdot℃)$$

于是

$$\left(\ln\frac{T_1-t'_2}{T'_2-t_1}\right)\Big/\left(\ln\frac{T_1-t_2}{T_2-t_1}\right)=\frac{K'}{K}\frac{q_{m_1}}{q'_{m_1}}\frac{1-4.334}{1-2.167}=\frac{160.2}{95.2}\times0.5\times\frac{1-4.334}{1-2.167}=2.40$$

原工况中

$$\ln\frac{T_1-t_2}{T_2-t_1}=\ln\frac{100-85}{70-20}=-1.204$$

所以

$$\ln\frac{T_1-t'_2}{T'_2-t_1}=2.40\times(-1.204)=-2.89\qquad t'_2=101.112-0.0556T'_2$$

新工况下的热量衡算：$t'_2=t_1+\dfrac{q'_{m_1}c_{p_1}}{q_{m_2}c_{p_2}}(T_1-T'_2)=20+4.334(100-T'_2)$

$$t'_2=453.4-4.334T'_2$$

以上两线性方程联立求解可得：$T'_2=82.3℃$，$t'_2=96.5℃$

$$\frac{Q'}{Q}=\frac{K'\Delta t'_{\text{m}}}{K\Delta t_{\text{m}}}=\frac{q'_{m_1}c_{p_1}(T_1-T'_2)}{q_{m_1}c_{p_1}(T_1-T_2)}=2\times\frac{100-82.34}{100-70}=1.18$$

(2) 气体流量保持不变而冷却水流量加倍时

$$\frac{q_{m_1}c_{p_1}}{q'_{m_2}c_{p_2}}=\frac{q_{m_1}c_{p_1}}{2q_{m_2}c_{p_2}}=0.5\times2.167=1.084$$

$$K'=1\Big/\left(\frac{1}{\alpha_1}+\frac{1}{2^{0.8}\alpha_2}\right)=1\Big/\left(\frac{1}{100}+\frac{1}{2^{0.8}\times 2000}\right)=97.2\text{W}/(\text{m}^2\cdot ℃)$$

$$\left(\ln\frac{T_1-t'_2}{T'_2-t_1}\right)\Big/\left(\ln\frac{T_1-t_2}{T_2-t_1}\right)=\frac{K'}{K}\frac{1-1.084}{1-2.167}=0.0735$$

由
$$\ln\frac{T_1-t_2}{T_2-t_1}=\ln\frac{100-85}{70-20}=-1.204$$

可得
$$\ln\frac{T_1-t'_2}{T'_2-t_1}=-0.0885,\qquad t'_2=118.3-0.915T'_2$$

由新工况下的热量衡算可得：$t'_2=t_1+\frac{q_{m_1}c_{p_1}}{q'_{m_2}c_{p_2}}(T_1-T'_2)=20+1.084(100-T'_2)$

以上两线性方程联立求解，可得：$T'_2=59.8℃$，$t'_2=63.6℃$

两种工况下的传热速率之比

$$\frac{Q'}{Q}=\frac{K'\Delta t'_{\text{m}}}{K\Delta t_{\text{m}}}=\frac{q'_{m_1}c_{p_1}(T_1-T'_2)}{q_{m_1}c_{p_1}(T_1-T_2)}=\frac{100-59.8}{100-70}=1.34$$

讨论　在（2）中，当水流量加倍时，总传热系数仅获得了2%的增长，但总传热速率却增加了34%；而在（1）中，由于空气流量的加倍，总传热系数获得了68%的增长，但总传热速率仅增加了14%。这些结果源于流体流量对过程传热推动力的影响。本例中，水的对流传热系数远大于空气的对流传热系数，水的流量加倍不能使总传热系数有显著增加，但却使传热推动力增加了31%，它是（2）中传热速率增长34%的主要原因。生产中，提高加热剂或冷却剂的流量是强化传热过程的最简捷手段。

【例3-13】　污垢热阻的影响与改进措施

一传热面积为20m^{2}的列管式换热器，换热管规格为ϕ25mm×2.5mm。新换热器在其壳程用110℃的饱和水蒸气将在管程中流动的某溶液由20℃加热至83℃。溶液的处理量为2.5×10^{4}kg/h，比热容为4kJ/(kg·K)。蒸汽侧污垢热阻忽略不计。（1）若该换热器使用一年后，由于溶液侧污垢热阻的增加，溶液的出口温度只能达到75℃，试求污垢热阻值；（2）若要使出口温度仍维持在83℃，拟采用提高加热蒸汽温度的办法，问加热蒸汽温度应升高至多少？

解　原工况条件下的对数平均温差：$\Delta t_{\text{m}}=\dfrac{t_2-t_1}{\ln\dfrac{T-t_1}{T-t_2}}=\dfrac{83-20}{\ln\dfrac{110-20}{110-83}}=52.3℃$

此操作条件下的总传热系数可用总传热速率方程计算如下：

$$K=\frac{Q}{A\Delta t_{\text{m}}}=\frac{q_{m_2}c_{p_2}(t_2-t_1)}{A\Delta t_{\text{m}}}=\frac{25000\times 4000\times(83-20)/3600}{20\times 52.3}=1673\text{W}/(\text{m}^2\cdot\text{K})$$

（1）使用一年后，溶液出口温度下降至75℃，此时的对数平均温差为：

$$\Delta t'_{\text{m}}=\frac{t_2-t_1}{\ln\dfrac{T-t_1}{T-t_2}}=\frac{75-20}{\ln\dfrac{110-20}{110-75}}=58.2℃$$

总传热系数：

$$K'=\frac{Q'}{A\Delta t'_m}=\frac{q_{m_2}c_{p_2}(t'_2-t_1)}{A\Delta t'_m}=\frac{25000\times4000\times(75-20)/3600}{20\times58.2}=1312.5\text{W/(m}^2\cdot\text{K)}$$

总传热系数的下降系污垢存在于换热表面所致，它给传热过程增加了一层热阻。由于传热过程的总热阻为总传热系数的倒数，因此两个不同时期总传热系数倒数之差即为换热表面当前污垢热阻值。考虑到本题中污垢存在于换热管内表面，故

$$R_s=\left(\frac{1}{K'}-\frac{1}{K}\right)\frac{d_2}{d_1}=\left(\frac{1}{1312.5}-\frac{1}{1673}\right)\times\frac{20}{25}=1.31\times10^{-4}\ \text{m}^2\cdot\text{K/W}$$

(2) 在现条件下仍要使溶液出口温度为 83℃，换热过程所应具有传热温差为：

$$\Delta t''_m=\frac{Q}{K'A}=\frac{q_{m_2}c_{p_2}(t_2-t_1)}{K'A}=\frac{25000\times4000\times(83-20)/3600}{20\times1312.5}=66.7℃$$

即

$$\Delta t''_m=\frac{t_2-t_1}{\ln\frac{T''-t_1}{T''-t_2}}=66.7$$

由此解得：

$$T''=123.1℃$$

讨论 在生产过程中常采用饱和水蒸气作为加热剂。运行一段时间后如发现被加热流体温度不能达到原值，则可能的原因有：

(1) 水蒸气侧 ①水蒸气的压力降低了（温度降低了）；②水蒸气中混有不凝气且没有及时排放；③形成的冷凝液没有及时排放。

(2) 被加热流体侧 ①流体的性质发生变化（如黏度升高）；②流体的流量加大了（换热器热负荷加重）；③流体的入口温度降低了；④该侧换热表面结垢。

如果能够确信污垢的存在是主要原因，则最彻底的解决方法是马上对换热面进行清洗。如果暂时无法进行清洗，可以通过提高加热剂流量或温度（如本例中提高饱和蒸气压力）的方法来暂时维持加热量。

【例 3-14】 列管式换热器的管程数对传热效果的影响

在双管程的列管冷凝器中用饱和水蒸气预热有机溶剂，蒸汽在壳程中冷凝为同温度的饱和水。溶剂走管内。已知：

水蒸气，温度 120℃，冷凝相变焓为 $r=2236$kJ/kg，冷凝传热系数 10000W/(m^2·K)；

溶剂，流量 45t/h，入口温度 42℃，出口温度 82℃，平均温度下的比热容 2.2kJ/(m^2·K)；

换热器，管子规格 ϕ25mm×2.5mm，换热管材热导率 45W/(m·K)，以管外表面积为基准的传热面积 65m^2。换热器壳体没有保温，四周环境温度 15℃，壳外表面积 12m^2，外壳至周围环境的自然对流传热系数为 14.5W/(m^2·K)。试求：(1) 忽略壳壁热阻，估计蒸汽的冷凝量 (kg/h)；(2) 若换热管两侧无污垢，试求管内溶剂的对流传热系数；(3) 若将上述双管程的换热器改为四管程，而换热管总根数不变，并假定溶剂的流量、入口温度、蒸汽温度、蒸汽的冷凝传热系数均不变，溶剂物性变化可忽略，试求溶剂的出口温度。（假定双管程时管内流动为湍流状态）

解 (1) 两种传热过程导致壳程内蒸汽冷凝

加热管程的有机溶剂：

$$Q=q_{m_2}c_{p_2}(t_2-t_1)=\frac{45\times10^3}{3600}\times2.2\times10^3\times(82-42)=1.1\times10^6\text{ W}$$

由于外壳壁与周围环境的自然对流传热而产生的热损失：

$$Q_T=\alpha_T A_W(T_W-t_0)$$

因为蒸汽冷凝传热系数远高于自然对流传热系数，所以外壳壁温度与蒸汽温度很接近。则

$$Q_T=14.5\times12\times(120-15)=1.83\times10^4\,\mathrm{W}$$

蒸汽冷凝量 $q_{m_1}=\dfrac{Q+Q_T}{r}=\dfrac{1.1\times10^6+1.83\times10^4}{2236\times10^3}=0.5\mathrm{kg/s}=1800\mathrm{kg/h}$

（2）对数平均温差：$\Delta t_m=\dfrac{t_2-t_1}{\ln\dfrac{T-t_1}{T-t_2}}=\dfrac{82-42}{\ln\dfrac{120-42}{120-82}}=55.6℃$

总传热系数：

$$K=\frac{Q}{A\Delta t_m}=\frac{1.1\times10^6}{65\times55.6}=304.4\mathrm{W/(m^2\cdot K)}$$

由

$$\frac{1}{K}=\frac{1}{\alpha_1}+\frac{1}{\alpha_2}\frac{d_1}{d_2}+\frac{b}{\lambda}\frac{d_1}{d_m}=\frac{1}{10000}+\frac{1}{\alpha_2}\frac{25}{20}+\frac{0.0025}{45}\times\frac{25}{22.5}=\frac{1}{304.4}$$

解得：

$$\alpha_2=400.2\mathrm{W/(m^2\cdot K)}$$

（3）将换热器由双管程改为四管程，管程流通截面积变为原来的1/2倍，流速变为原来的2倍，所以对流传热系数变为原来的$2^{0.8}$倍：

$$\alpha'=2^{0.8}\alpha=1.74\times400.2=696.3\mathrm{W/(m^2\cdot K)}$$

$$\frac{1}{K'}=\frac{1}{\alpha_1}+\frac{1}{\alpha'_2}\frac{d_1}{d_2}+\frac{b}{\lambda}\frac{d_1}{d_m}=\frac{1}{10000}+\frac{1}{696.3}\times\frac{25}{20}+\frac{0.0025}{45}\times\frac{25}{22.5}=1.96\times10^{-3}\ \mathrm{m^2\cdot K/W}$$

解得：

$$K'=511\mathrm{W/(m^2\cdot K)}$$

对于饱和蒸汽冷凝为同温度的饱和液体，且另一侧流体不发生相变的过程，由式（3-21）

$$\ln\frac{T-t_1}{T-t'_2}=\frac{K'A}{q_{m_2}c_{p_2}}$$

可得

$$\ln\frac{120-42}{120-t'_2}=\frac{511\times65}{45\times10^3\times2.2\times10^3/3600}=1.208$$

解得：

$$t'_2=96.7℃$$

讨论 列管换热器常在封头内设置隔板以增加管程数，使管程流速增加，对流传热系数增加（湍流情况下，管程α与管程数的0.8次方成正比），从而使总传热系数获得增加。这是工业上常采用的强化列管换热器传热过程的方法。但该方法可能带来的不利影响是：①对数平均推动力减小（两侧流体均无相变化时）；②流动阻力大大增加。

【例3-15】 设计工作对换热器抗干扰能力与调节余地的影响

某生产过程需要用套管式换热器将一定量的溶液由100℃冷却至30℃，已估计出溶液的对流传热系数为300 W/(m² · K)。冷却剂的入口温度为20℃，其出口温度是需要设计人员指定的。现有两种方案可供选择：①逆流操作，冷却剂出口温度选为50℃，已估计出此种情况下其对流传热系数为1000 W/(m² · K)；②逆流操作，冷却剂出口温度选为30℃。换热器投入运行后，热流体的入口温度会有变化，一般采用改变冷却剂流量的方法来调节，以维持热流体出口温度不变。问按上述哪种方案设计或选用的换热器投入运行后调节余地更大？假定溶液和冷却剂的对流传热系数都与其流量的0.8次方成正比。忽略管壁热阻和污垢热阻。

解 两种方案区别在于所选冷却剂出口温度不同，即冷却剂流经换热器的温差不同，这一不同导致冷却剂流量、换热器的传热平均温差、总传热系数、换热面积的不同。根据已知条件，可将两种方案下这些物理量及与其对应量的比值求出。以下以方案①为例进行计算

$$\frac{q_{m_1}c_{p_1}}{q_{m_2}c_{p_2}}=\frac{t_2-t_1}{T_1-T_2}=\frac{50-20}{100-30}=0.429$$

$$\Delta t_{\mathrm{m}}=\frac{(100-50)-(30-20)}{\ln\dfrac{100-50}{30-20}}=24.9℃$$

$$K=1\bigg/\left(\frac{1}{\alpha_1}+\frac{1}{\alpha_2}\right)=1\bigg/\left(\frac{1}{300}+\frac{1}{1000}\right)=231\mathrm{W/(m^2\cdot K)}$$

方案②的计算结果直接在表 3-4 中给出。

表 3-4 例 3-15 附表

方案	冷却剂出口温度/℃	冷却剂温升/℃	冷却剂流量/(kg/s)	传热温差/℃	总传热系数/[W/(m²·K)]	传热面积/m²	KA 值/(W/K)
①	50	30	—	24.9	231	—	—
②	30	10	—	30.8	263	—	—
①/②	—	3	1/3	0.804	0.878	1.41	1.24

另外，根据式(3-19)

$$\ln\frac{T_1-t_2}{T_2-t_1}=\frac{KA}{q_{m_1}c_{p_1}}\left(1-\frac{q_{m_1}c_{p_1}}{q_{m_2}c_{p_2}}\right)=\ln\left(\frac{100-50}{30-20}\right)=1.61 \tag{1}$$

$$t_2=t_1+\frac{q_{m_1}c_{p_1}}{q_{m_2}c_{p_2}}(T_1-T_2)=20+0.429(100-T_2) \tag{2}$$

为考察两换热器调节余地，现假定溶液入口温度变为 130℃，针对以上两种方案，通过联立求解线性方程（1）和（2），确定不同冷却剂流量增长倍数（q'_{m_2}/q_{m_2}）对应的溶液出口温度 T'_2，计算结果在图3-7中给出。可以看出，当溶液入口温度由 100℃升至 130℃时，采用按方案①设计或选择的换热器只需将冷却剂流量增加为原来的 1.4 倍，即可保持溶液出口温度不变；而采用方案②的换热器时，冷却剂流量却需增加为原来的 3.5 倍。

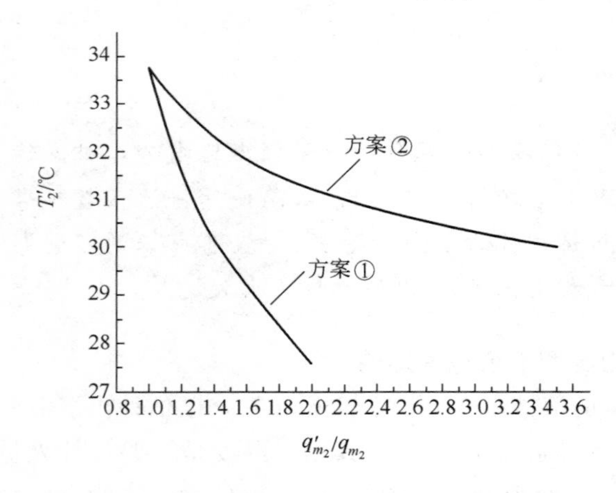

图 3-7 冷却剂流量变化对热流体出口温度的影响

讨论 本例题说明，在换热器的设计或选型中，如果冷却剂出口温度选择过低（对冷却而言）或加热剂出口温度选择过高（对加热而言），虽然可以获得较大传热温差从而节省换热面积，但操作时冷却剂（或加热剂）的用量也会显著增加，并且对换热器的调

节也比较难以实现，或者说该换热器的生产潜力较小。反之，在生产过程中如果发现加热或冷却剂流经换热器前、后温度变化较大，则说明换热器的热阻较小（KA 值大），该换热器还有较大的调节余地。

【例 3-16】 壁温的计算

生产中用一换热管规格为 ϕ25mm×2.5mm（钢管）的列管换热器回收裂解气的余热。用于回收余热的介质水在管外达到沸腾，其传热系数为 10000W/(m^2·K)。该侧压力为 2500kPa（表压）。管内走裂解气，其温度由 580℃下降至 472℃，该侧的对流传热系数为 230W/(m^2·K)。若忽略污垢热阻，试求换热管内、外表面的温度。

解 对于热回收过程，当传热达到定态时

$$Q=\alpha_2 A_2(T-T_w)=\frac{\lambda A_m}{b}(T_w-t_w)=\alpha_1 A_1(t_w-t)=KA\Delta t_m$$

式中，T、t 为热、冷流体在换热器内的平均温度；T_w、t_w 为换热管内、外壁的平均温度。

由该式可得平均壁温计算式如下

$$T_w=T-\frac{Q}{\alpha_2 A_2}\qquad t_w=t+\frac{Q}{\alpha_1 A_1}$$

所以，为求壁温，需要计算换热器的传热速率 Q，为此需要求总传热系数和平均温差。以外表面为基准的总传热系数计算如下

$$\frac{1}{K}=\frac{1}{\alpha_1}+\frac{b}{\lambda}\frac{d_1}{d_m}+\frac{1}{\alpha_2}\frac{d_1}{d_2}=\frac{1}{10000}+\frac{0.0025}{45}\times\frac{25}{22.5}+\frac{1}{230}\times\frac{25}{20}=5.6\times10^{-3}\ \mathrm{m^2\cdot K/W}$$

$$K=178.7\ \mathrm{W/(m^2\cdot K)}$$

水侧温度为 2500kPa（表压）下饱和水蒸气的温度，查饱和水蒸气表可得该温度为 $t=$ 226℃。平均温差为

$$\Delta t_m=\frac{(T_1-t)-(T_2-t)}{\ln\dfrac{T_1-t}{T_2-t}}=\frac{(580-226)-(472-226)}{\ln\dfrac{580-226}{472-226}}=297℃$$

该换热器的传热速率为：$Q=KA\Delta t_m=178.7\times297A_1=53074A_1$ W

裂解气在换热器内平均温度为：$T=\dfrac{T_1+T_2}{2}=\dfrac{580+472}{2}=526℃$

代入 T_w 表达式可得

$$T_w=T-\frac{53074A_1}{230A_2}=526-\frac{53074}{230}\times\frac{25}{20}=237.6℃$$

$$t_w=t+\frac{53074A_1}{10000A_1}=226+\frac{53074}{10000}=231.3℃$$

讨论 本例中，换热管一侧是水与管壁的沸腾传热，另一侧是气体的无相变对流传热，两过程的传热系数相差很大 [分别为 10000W/(m^2·K)、230W/(m^2·K)]，换热器的总传热系数 [178.7 W/(m^2·K)] 接近于气体的对流传热系数。即两侧对流传热系数相差较大时，总传热系数接近小的对流传热系数，或者说换热总热阻主要取决于大

的热阻。计算结果表明，换热管内、外表面温度很接近，这是由于管壁材料热导率通常很大；另外，管壁温度接近于沸腾水（对流传热系数很高）的温度，这是因为水侧热阻很小，该侧热边界层内的温度降很小。

【例 3-17】 换热器串联操作与并联操作的比较

有一列管式换热器，共有 85 根 ϕ25mm×2.5mm、长 6m 的钢制换热管，采用 120℃的饱和水蒸气加热流经管程的某种油品。已知蒸汽在壳程冷凝时的传热系数为 12000W/(m^2·K)，油的平均比热容为 2.1kJ/(kg·K)。在原操作条件下，该换热器可将流量为 2.5×10^{4}kg/h 的油品由 40℃升温至 80℃。现由于生产任务的调整，油品流量变为原来的 2 倍。(1) 在此流量下仍采用原换热器操作，则油品出口温度将变为多少？(2) 若要使油的出口温度仍为 80℃，采用串联或并联另一台换热器的方法，且该换热器仍采用 85 根 ϕ25mm×2.5mm 的换热管。问串联或并联两种方法所需要换热管的长度各为多少？（设油品对流传热系数与其流量的 0.8 次方成正比）

解 在原操作条件下，换热器中平均传热温差为：$\Delta t_m=\dfrac{80-40}{\ln(80/40)}=57.7℃$

传热面积：
$$A=n\pi dl=85\times3.14\times0.025\times6=40\text{m}^2$$
总传热系数
$$K=\frac{q_{m_2}c_{p_2}(t_1-t_2)}{A\Delta t_m}=\frac{\dfrac{2.5\times10^4}{3600}\times2.1\times10^3\times(80-40)}{40\times57.7}=252.7\text{W/(m}^2\cdot\text{K)}$$

由总传热系数的定义式：$\dfrac{1}{K}=\dfrac{1}{\alpha_1}+\dfrac{b}{\lambda}\dfrac{d_1}{d_m}+\dfrac{1}{\alpha_2}\dfrac{d_1}{d_2}$ 可求油在管内的对流传热系数 α_2
$$\alpha_2=\frac{1}{\dfrac{1}{K}-\dfrac{1}{\alpha_1}-\dfrac{b}{\lambda}\dfrac{d_1}{d_m}}\frac{d_1}{d_2}=\frac{1}{\dfrac{1}{252.7}-\dfrac{1}{12000}-\dfrac{0.0025}{45}\times\dfrac{25}{22.5}}\times\frac{25}{20}=328.0\text{W/(m}^2\cdot\text{K)}$$

(1) 当油的流量增加一倍时，油侧对流传热系数及总传热系数变为
$$\alpha'_2=2^{0.8}\alpha_2=1.741\times328.0=571.0\text{W/(m}^2\cdot\text{K)}$$
$$\frac{1}{K'}=\frac{1}{\alpha_1}+\frac{b}{\lambda}\frac{d_1}{d_m}+\frac{1}{\alpha'_2}\frac{d_1}{d_2}=\frac{1}{12000}+\frac{0.0025}{45}\times\frac{25}{22.5}+\frac{1}{571.0}\times\frac{25}{20}$$
$$K'=427\text{W/(m}^2\cdot\text{K)}$$

由式(3-22) 可得
$$\ln\frac{T-t_1}{T-t'_2}=\frac{K'A}{q'_{m_2}c_{p_2}}$$
该方程中只有一个未知数 t'_2，可以解得
$$t'_2=T-\frac{T-t_1}{\exp\left(\dfrac{K'A}{q'_{m_2}c_{p_2}}\right)}=120-\frac{120-40}{\exp\left(\dfrac{427\times40}{25000\times2\times2100/3600}\right)}=75.5℃$$

(2) 如果采用并联方案，则需要与原有换热器并联一台相同的换热器，这样正好能使新工况下油的出口温度达到原来的要求。这是因为此时油的流量加倍，新工况下各有 50%的油品流入了新、旧两台换热器，则这两台换热器的工作情况将与原工况下旧换热器的情况完全相同。

若采用串联一台换热器的方式，则新（B)、旧（A）两台换热器可以看作是一台换热管较原换热器更长的新换热器（C)。换热器 C 的油侧对流传热系数及总传热系数与油量加倍

时原换热器的总传热系数相等。用换热器C将加倍了的流量由40℃升温到80℃所需传热面积计算为

$$A'=\frac{q'_{m2}c_{p_2}(t_2-t_1)}{K'\Delta t_m}=\frac{2\times\dfrac{2.5\times10^4}{3600}\times2.1\times10^3\times(80-40)}{427\times57.7}=47.35\text{m}^2$$

即只要串联一台传热面积为7.35m² 的换热器即可。依题意，其换热管长为

$$l'=\frac{7.35}{40}\times6=1.1\text{m}$$

讨论　当被加热的物料流量增加时，在指定出口温度的情况下（如本例中的80℃），换热器的热负荷无疑是要成比例增加的。尽管流量的增加使总传热系数有明显增加，但被加热流体的出口温度仍要低于流量增加前的数值（如本例中的75.5℃），其原因在于某种流体流量的增加不会使换热器的总传热系数成比例地增加。例如，在本例中油流量的加倍并不能使其对流传热系数及换热器的总传热系数加倍。

当由于流量的增加而使换热器的热负荷增加时，为使被加热物料出口温度维持不变，可以采取串联或并联换热器的方式。由本例可以看出，串联操作能够在较小的换热面积下达到同样的加热效果，这是因为串联操作能够利用流量增加而带来的总传热系数增加这一有利因素。当然，串联比并联操作需要付出更多的输送功。

【例3-18】　装置开工阶段贮槽内料液升温所需要时间的计算

某生产装置在开工阶段需要将一贮槽内的油品预热升温后送往下游设备。采用加热面积为6m² 的夹套来加热（见图3-8），加热剂为120℃的饱和水蒸气。开始加热时贮槽内已盛装2×10^4kg、比热容为1.97kJ/(kg·K）的油。在预热过程中，贮槽的进、出油品流量相等，皆为4000kg/h，油品进口温度始终为20℃。由于设置搅拌器，升温过程中贮槽内油品温度均一。夹套的总传热系数估计为800W/(m²·K)。试求：(1) 若油品初始温度为20℃，则将其升温到80℃所需要的时间为多少？(2) 这种加热方式能使油品达到的最高温度为多少？(3) 现欲缩短升温时间而再采用一个位于贮槽外、换热面积为15m² 的列管式换热器（见图3-9），油品在贮槽和该换热器之间的循环量为6000kg/h，也采用120℃的饱和水蒸气作为加热剂，该换热器的总传热系数估计为360W/(m²·K)。当该列管式换热器和上述夹套同时工作时，将油品由20℃升温至80℃所需要的时间为多少？(4) 这种升温方式能使油品达到的最高温度为多少？

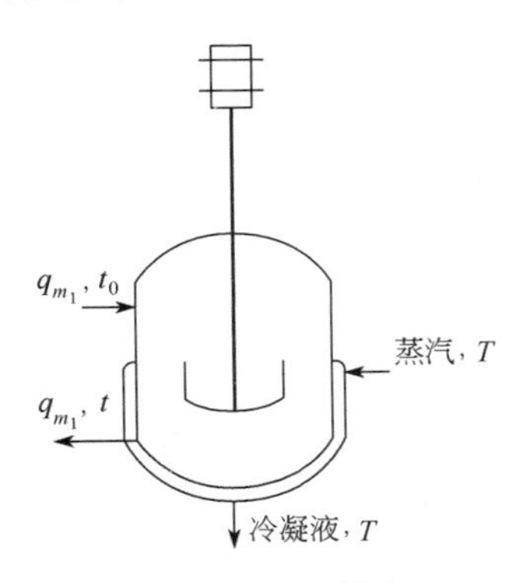

图3-8　例3-18附图 (1)

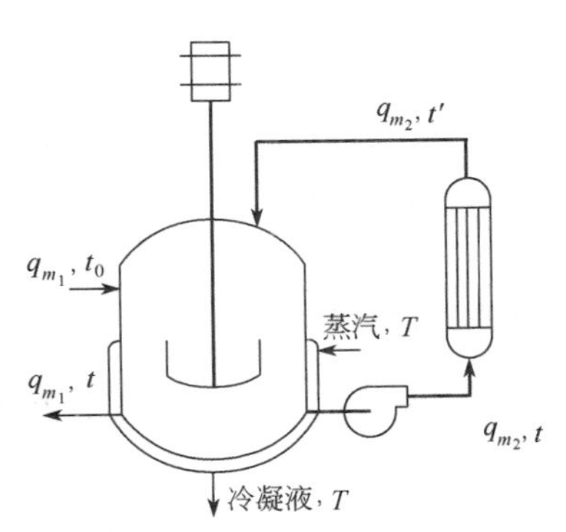

图3-9　例3-18附图 (2)

解　(1) 设某时刻贮槽内油品温度为 t，加热蒸汽通过夹套向油品传热量为 $K_1A_1(T-t)$；单位时间内外加油品带入的焓为 $q_{m_1}c_pt_0$，排出油品的带出焓为 $q_{m_1}c_pt$。设经过 $d\tau$ 时间后贮槽内油品温度变化为 dt，以槽内油品为衡算对象进行热量衡算

$$K_1A_1(T-t)d\tau+q_{m_1}c_pt_0d\tau=q_{m_1}c_ptd\tau+Mc_pdt$$

$$d\tau=\frac{Mc_pdt}{(K_1A_1T+q_{m_1}c_pt_0)-(K_1A_1+q_{m_1}c_p)t}=\frac{dt}{a-bt}$$

其中　$$a=\frac{K_1A_1T+q_{m_1}c_pt_0}{Mc_p}=\frac{800\times6.0\times120+4000\times1970\times20/3600}{20000\times1970}=0.0157$$

$$b=\frac{K_1A_1+q_{m_1}c_p}{Mc_p}=\frac{800\times6.0+4000\times1970/3600}{20000\times1970}=1.77\times10^{-4}$$

将上式积分可得

$$\tau=-\frac{1}{b}\ln\frac{a-bt_{80}}{a-bt_{20}}=-\frac{1}{1.77\times10^{-4}}\ln\frac{0.0157-1.77\times10^{-4}\times80}{0.0157-1.77\times10^{-4}\times20}=11674s=3.24h$$

(2) 求油品可达到的最高温度可用两种方法。一是在上式中令升温时间为无穷大，所得油品温度即为其最高温度

$$t=\frac{a-(a-bt_{20})e^{-b\tau}}{b}$$

当 $\tau=\infty$ 时，　$$t=t_{max}=\frac{a}{b}=\frac{0.0157}{1.77\times10^{-4}}=88.7℃$$

二是列出对贮槽内油品的定态热量衡算式，由该式求出的油品温度即为最高温度

$$K_1A_1(T-t)=q_{m_1}c_p(t-t_0)$$

$$t=\frac{K_1A_1T+q_{m_1}c_pt_0}{K_1A_1+q_{m_1}c_p}=\frac{800\times6.0\times120+4000\times1970\times20/3600}{800\times6.0+4000\times1970/3600}=88.7℃$$

(3) 设置外加热器后（见图 3-9），对贮槽内油品进行热量衡算，可得如下微分方程式

$$K_1A_1(T-t)d\tau+q_{m_1}c_pt_0d\tau+q_{m_2}c_pt'd\tau=q_{m_1}c_ptd\tau+q_{m_2}c_ptd\tau+Mc_pdt$$

上式中引入了新的变量 t'，需要将其消去。事实上，上式中 $q_{m_2}c_p(t'-t)$ 为单位时间内油品从列管换热器获得的热量，其值应等于列管换热器的传热速率，即

$$q_{m_2}c_p(t'-t)=K_2A_2\Delta t_{m_2}=K_2A_2\frac{t'-t}{\ln\dfrac{T-t}{T-t'}}$$

由此可得：　$$\ln\frac{T-t}{T-t'}=\frac{K_2A_2}{q_{m_2}c_{p_2}}=\frac{360\times15}{6000\times1970/3600}=1.645$$

$$t'=0.193t+96.83$$

将此式代入原微分方程可得：　$$d\tau=\frac{dt}{a'-b't}$$

其中，$a'=0.0238$，$b'=2.603\times10^{-4}$。将上式积分得到将油品由 20℃升温至 80℃所需要时间为

$$\tau=-\frac{1}{b'}\ln\frac{a'-b't'_1}{a'-b't_0}=-\frac{1}{2.603\times10^{-4}}\ln\frac{0.0238-2.603\times10^{-4}\times80}{0.0238-2.603\times10^{-4}\times20}=7039s\approx1.96h$$

(4) 按照与 (2) 相同的方法可求出槽内油品的最高温度为

$$t'=t_{\max}=\frac{a'}{b'}=\frac{0.0238}{2.603\times10^{-4}}=91.4℃$$

讨论　在化工生产中，当需要将物料加热升温至某指定温度，或需要将物料温度维持在某一较高水平时，经常采取的方法是在该物料贮槽内设置“内”换热器，如夹套和各种盘管等。但此时传热面积受到贮槽容积的限制不可能很大，因而传热速率不会太高。这一缺点的表现为：在装置开工阶段物料的升温时间很长，或物料的最高温度（物料的定态温度）达不到生产工艺规定的水平。在贮槽外设置换热器以提高外界向物料供热的速率，是解决这些问题的有效方法。

【例 3-19】　热辐射对管道内气体温度测量结果的影响及改进措施

用热电偶测量管道内空气的温度。已知所用热电偶的黑度为 0.6，气体对热电偶接头的对流传热系数为 $40\mathrm{W/(m^2\cdot K)}$。试求下列两种情况下由于热电偶与管壁的热辐射而造成的测量误差：(1) 热电偶的读数为 88℃，管内壁温度为 80℃；(2) 热电偶的读数为 480℃，管内壁温度为 432℃；(3) 采用哪些措施可以减小测量误差？

解　在测量过程达到稳定时，气体以对流传热方式传递给热电偶接头的热量等于接头以辐射方式传递给管壁的热量。据此，热平衡方程可以写为

$$\alpha_{\mathrm{a-b}}(T_{\mathrm{a}}-T_{\mathrm{b}})=C_{\mathrm{b-w}}\varphi\left[\left(\frac{T_{\mathrm{b}}}{100}\right)^4-\left(\frac{T_{\mathrm{w}}}{100}\right)^4\right] \tag{1}$$

式中，下标 a 指管道内气体；b 指热电偶；w 指管内壁。管道包围热电偶接头，角系数 φ 取 1，而总辐射系数 $C_{\mathrm{b-w}}=\varepsilon_{\mathrm{b}}C_0$（热电偶与管壁相比表面积很小，$A_1/A_2\approx0$）。该式表明，热电偶与管壁存在温差，从而在两者之间存在辐射传热，这是气体温度与热电偶温度之间存在偏差的原因。

(1) 将相关数据代入上述热平衡方程式，可得

$$40[T_{\mathrm{a}}-(88+273.15)]=0.6\times5.669\times\left[\left(\frac{88+273.15}{100}\right)^4-\left(\frac{80+273.15}{100}\right)^4\right]$$

解此方程可得：$T_{\mathrm{a}}=362.39\mathrm{K}$，即空气的真实温度为 89.24℃。此时，由于热电偶与管内壁之间的热辐射而造成气体温度测量误差仅为 1.24℃。

(2) 将相关数据代入上述热平衡方程式，可得

$$40[T_{\mathrm{a}}-(480+273.15)]=0.6\times5.669\times\left[\left(\frac{480+273.15}{100}\right)^4-\left(\frac{432+273.15}{100}\right)^4\right]$$

解此方程可得：$T_{\mathrm{a}}=816.51\mathrm{K}$，即空气的真实温度为 543.36℃。此时，由于热电偶与管内壁之间的热辐射而造成气体温度测量误差高达 63.36℃。

(3) 由本例热平衡方程可看出，减小测量误差可以从以下三方面入手。

① 增大空气对测温点的对流传热系数。由于受自身物理性质的制约，气体的对流传热系数低则几十瓦/(平方米·开)，高则不过 $100\mathrm{W/(m^2\cdot K)}$，因此这项措施对降低测量误差的作用是非常有限的。

② 提高管内壁温度，以减小管壁与热电偶之间的辐射传热。为此，可以在安装热电偶的管道处加强保温，使用保温效果好的材料或加厚此处的保温层。

③ 采用带有遮热管的抽气式热电偶，其结构如图 3-10 所示。气体以对流方式与遮热管的传热速率等于遮热管与气体管道壁面的辐射传热速率。

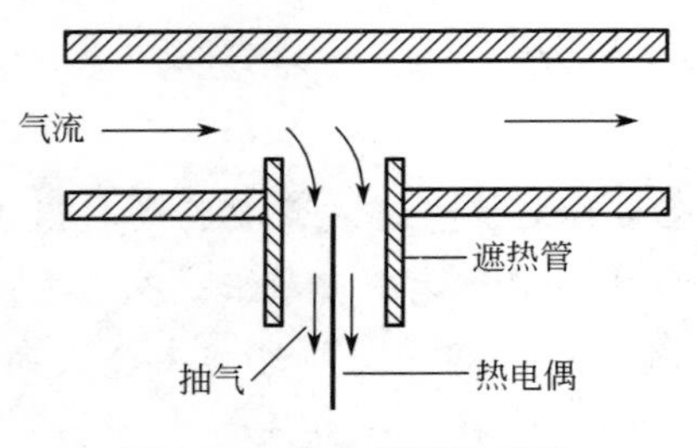

图 3-10 热电偶结构示意

$$\alpha_{a-c}(T_a-T_c)=C_{c-w}\varphi\left[\left(\frac{T_c}{100}\right)^4-\left(\frac{T_w}{100}\right)^4\right] \quad (2)$$

式中，下标 c 指遮热管。另外，气体对热电偶的对流传热速率与热电偶对遮热管的辐射传热速率相等，于是

$$\alpha_{a-b}(T_a-T_b)=C_{b-c}\varphi\left[\left(\frac{T_b}{100}\right)^4-\left(\frac{T_c}{100}\right)^4\right] \quad (3)$$

按如下条件求解以上两个方程：气体的真实温度仍为 543.36℃；由于抽气作用，气体对热电偶的对流传热系数增至 90W/(m^2·K)；气体对遮热管的对流传热系数亦为 90W/(m^2·K)；气体管壁温度仍为 432℃；遮热管及热电偶的黑度均为 0.6。求解热平衡方程（2）可得遮热管温度为：$T_c=774.18$K，即 501.03℃。将此结果代入热平衡方程（3）可求得热电偶温度 $T_b=798.57$K，即 525.42℃。可见，采用带有遮热管的抽气式热电偶测量气体温度的绝对误差由 63.36℃降为 17.94℃。

讨论 *在物体温度较低时，热辐射对总传热的贡献不大，而在高温时该机理对传热的贡献将会明显地表现出来。这一现象在本例题中的表现是，用不带遮热管的热电偶测量高温气体时误差很大。这是由于温度很高的热电偶接头与气体管道壁面之间热辐射传热速率很高，使得热电偶接头处温度明显低于气体温度。显然，提高气体对热电偶接头的对流传热系数可以提高其温度；加强热电偶附近管道的保温能够提高管壁温度，削弱接头与管壁的辐射传热，从而提高接头温度。采用带遮热管的抽气式热电偶，对流传热系数明显升高，遮热管的温度也明显高于气体管道壁面温度，从而大大削弱了接头的辐射散热。另外，遮热管的黑度对上述辐射传热速率也是有影响的，采用黑度更小的材料制作遮热管能进一步减小测量误差。*

【例 3-20】 隔热板减小辐射热损失

室内有一高为 0.5m、宽 1.0m 的铸铁炉门，其表面温度为 650℃，室内温度为 30℃。试求：(1) 由于炉门热辐射而散失的热量；(2) 为减小辐射热损失，在炉门对面与其很近距离处放置一块同样尺寸、同样材料的平板作为隔热板，则散热量为多少？(3) 若将上述隔热板更换为同样尺寸且已氧化了的铝板，散热量为多少？(4) 若在上述铝板外侧很近距离处再加一块同样尺寸和材料的铝板，则散热量为多少？假定炉门温度保持不变。

解 两固体之间的辐射传热速率可用下式计算

$$Q_{1-2}=C_{1-2}\varphi_{1-2}A\left[\left(\frac{T_1}{100}\right)^4-\left(\frac{T_2}{100}\right)^4\right]$$

(1) 未加隔热屏时，炉门被四周墙壁包围，两者之间的辐射传热属“很大的物体 2 包围物体 1”，则 $C_{1-2}=\varepsilon_1 C_0$、角系数 $\varphi_{1-2}=1$；查得铸铁黑度 $\varepsilon_1=0.78$，则

$$Q_{1-2}=0.78\times5.669\times1\times0.5\times1\times\left[\left(\frac{650+273.15}{100}\right)^4-\left(\frac{30+273.15}{100}\right)^4\right]=15870\text{W}$$

(2) 放置隔热板 3 后，辐射传热过程可表示为：炉门 1→隔热板 3→墙壁 2。炉门辐射散热量就是它对隔热板的辐射传热量（1→3）

$$Q_{1-3}=C_{1-3}\varphi_{1-3}A\left[\left(\frac{T_1}{100}\right)^4-\left(\frac{T_3}{100}\right)^4\right]$$

炉门与隔热板相距很近，其辐射可看作是在两极大的平面间进行，于是

$$C_{1-3}=\frac{C_0}{1/\varepsilon_1+1/\varepsilon_3-1}=\frac{5.669}{1/0.78+1/0.78-1}=3.62$$

其角系数 $\varphi_{1-3}=1$。隔热板对周围墙壁的辐射传热量（3→2）为

$$Q_{3-2}=C_{3-2}\varphi_{3-2}A\left[\left(\frac{T_3}{100}\right)^4-\left(\frac{T_2}{100}\right)^4\right]$$

其中，$C_{3-2}=\varepsilon_3 C_0=0.78\times5.669=4.42$，$\varphi_{3-2}=1$。过程达到定态时，$Q=Q_{1-3}=Q_{3-2}$，于是

$$C_{3-2}\varphi_{3-2}A\left[\left(\frac{T_3}{100}\right)^4-\left(\frac{T_2}{100}\right)^4\right]=C_{1-3}\varphi_{1-3}A\left[\left(\frac{T_1}{100}\right)^4-\left(\frac{T_3}{100}\right)^4\right]\tag{1}$$

将已知数据代入式(1)，可求出隔热板温度 $T_3=758.87\text{K}=485.72℃$

增加一个铸铁隔热板时辐射热损失

$$Q_{1-3}=3.62\times1\times0.5\times\left[\left(\frac{650+273.15}{100}\right)^4-\left(\frac{758.87}{100}\right)^4\right]=7143\text{W}$$

或根据式(3-16) 直接求 Q，不必求中间温度

$$Q=Q_{1-3}=Q_{3-2}\frac{\left(\frac{T_1}{100}\right)^4-\left(\frac{T_2}{100}\right)^4}{\frac{1}{C_{1-3}\varphi_{13}A_1}+\frac{1}{C_{3-2}\varphi_{32}A_3}}=\frac{\left(\frac{650+273.15}{100}\right)^4-\left(\frac{30+273.15}{100}\right)^4}{\frac{1}{3.62\times1\times0.5}+\frac{1}{4.42\times1\times0.5}}=7143\text{W}$$

（3）如果隔热板为氧化的铝板，其黑度为 $\varepsilon_3=0.15$，则

$$C_{1-3}=\frac{C_0}{1/\varepsilon_1+1/\varepsilon_3-1}=\frac{5.669}{1/0.78+1/0.15-1}=0.816$$

$$C_{3-2}=\varepsilon_3 C_0=0.15\times5.669=0.85$$

将已知数据代入式(1)，可求出此时隔热板温度 $T_3=774.61\text{K}=501.46℃$

则隔热板为铝板时辐射热损失量为

$$Q_{1-3}=0.816\times1\times0.5\times\left[\left(\frac{650+273.15}{100}\right)^4-\left(\frac{774.61}{100}\right)^4\right]=1494\text{W}$$

或根据式(3-16) 直接求 Q，不必求中间温度。

（4）在上述铝板很近处再加以一块同样的铝板 4，则整个辐射传热过程可表示为：炉门 1→铝板 3→铝板 4→墙壁 2。其中 1→3 及 3→4 均为两极大平面间进行的辐射传热，其角系数为 1，而总辐射系数为

$$C_{1-3}=\frac{C_0}{1/\varepsilon_1+1/\varepsilon_3-1}=\frac{5.669}{1/0.78+1/0.15-1}=0.816$$

$$C_{3-4}=\frac{C_0}{1/\varepsilon_4+1/\varepsilon_3-1}=\frac{5.669}{1/0.15+1/0.15-1}=0.46$$

4→2 是“很大的物体 2 包围物体 4”的辐射传热，角系数为 1，总辐射系数为 $C_{4-2}=\varepsilon_4 C_0=0.15\times5.669=0.85$。定态时：$Q_{1-3}=Q_{3-4}=Q_{4-2}$，于是

$$C_{1-3}\varphi_{1-3}A\left[\left(\frac{T_1}{100}\right)^4-\left(\frac{T_3}{100}\right)^4\right]=C_{3-4}\varphi_{3-4}A\left[\left(\frac{T_3}{100}\right)^4-\left(\frac{T_4}{100}\right)^4\right]$$

$$=C_{4-2}\varphi_{4-2}A\left[\left(\frac{T_4}{100}\right)^4-\left(\frac{T_2}{100}\right)^4\right]$$

以上是关于两块铝板温度（T_3 和 T_4）的二元方程组，将已知数据代入可解得

$$T_3=854.9\text{K}=581.7℃, T_4=662.81\text{K}=389.7℃$$

此时，辐射热损失量为

$$Q_{1-3}=0.816\times1\times0.5\times\left[\left(\frac{650+273.15}{100}\right)^4-\left(\frac{854.9}{100}\right)^4\right]=784\text{W}$$

或根据式（3-16）直接求 Q，不必求中间温度。

讨论 高温时热辐射往往对传热过程有重要的贡献，工业生产中由此而引起的热损失不容忽视。在散热物体周围设置隔热板，使散热物体向周围“大环境”的辐射传热转变为向很近的物体辐射。这种转变不仅使辐射传热的总辐射系数减小，而且隔热板的温度也高于周围的“大环境”，因而能减少辐射热损失。此题的计算结果还表明，所用隔热板的材料和个数对减小辐射热损失有重要影响，隔热板的黑度越小、层数越多，则辐射热损失越小。

3.5 习题精选

一、选择题

1. 与空气的热导率很低的特点无关的选项是（　　）。

A. 保温材料往往比较“轻”　　B. 新的棉衣（被）穿（盖）起来很暖和

C. 主要在夏天使用的空调室内机靠近室顶安装更合理一些

D. 建筑物的窗户采用双层玻璃

2. 某工业炉的炉壁由建筑砖、耐火砖和保温砖共三层围成。如果砖的放置方案合理，炉正常运行时，哪层砖两侧的温差最大？（　　）

A. 最里层　　B. 中间层　　C. 最外层　　D. 一样大

3. 有人说，“工业上蒸汽管道的保温层和常用电线的绝缘层，都是越厚越好”。这个说法（　　）。

A. 用传热学的知识分析是正确的，而且符合实际情况

B. 用传热学的知识分析是正确的，但不符合实际情况

C. 用传热学的知识分析是不正确的，但符合实际情况

D. 用传热学的知识分析是不正确的，而且不符合实际情况

4. 在工业换热器中，空气的对流传热系数远小于水的对流传热系数，主要原因是（　　）。

A. 空气的热导率远小于水　　B. 空气的黏度远小于水

C. 空气的湍动程度远小于水的　　D. 空气的密度远小于水的

5. 某流体以湍流流过固体壁面，与之发生定态对流传热，则层流内层、过渡区域、湍流主体这三个区域相比，（　　）。

A. 传热速率相等，热阻相等　　B. 传热速率逐渐增大，热阻依次减小

C. 传热速率逐渐减小，热阻依次增大　　D. 传热速率相等，热阻依次减小

6. 某低黏度流体在长径比大于 50 的圆形直换热管内湍流流动，关于对流传热系数 α 与管内径 d 之间的关系，如下描述正确的是（　　）。

A. 流体流量一定时，$\alpha \propto d^{1.8}$；流体流速一定时，$\alpha \propto d^{0.2}$

B. 流体流量一定时，$\alpha \propto d^{-0.2}$；流体流速一定时，$\alpha \propto d^{-1.8}$

C. 流体流量一定时，$\alpha \propto d^{-1.8}$；流体流速一定时，$\alpha \propto d^{-0.2}$

D. 流体流量一定时，$\alpha \propto d^{0.2}$；流体流速一定时，$\alpha \propto d^{1.8}$

7. 一般来说，饱和水蒸气的冷凝传热系数要明显高于乙醇蒸气的，不能被视为合理的原因的是（　　）。

A. 液态水的热导率明显高于液态乙醇的

B. 液态水的密度大于液态乙醇的

C. 水的相变焓明显高于乙醇的

D. 水蒸气比乙醇蒸气更易冷凝（液体乙醇较易挥发）

8. 不是灰体特点的选项是（　　）。

A. 辐射能力强的灰体，吸收能力就弱

B. 能以相同的吸收率吸收所有波长的热辐射线

C. 吸收率与黑度在数值上相等

D. 辐射能力小于黑体的辐射能力

9. 用热电偶测量管道内流动的高温气体的温度，如下哪项措施不能减小测量误差？（　　）

A. 给热电偶加一个遮热罩　　B. 加强热电偶所在的管段保温

C. 给热电偶表面涂上黑度较小的涂层　　D. 条件允许话，减小气体流量

10. 对于一个套管式换热器来说，其基于换热管外表面的总传热系数 K_o 与其基于换热管内表面的总传热系数 K_i 相比，（　　）。

A. $K_o > K_i$　　B. $K_o < K_i$　　C. $K_o = K_i$　　D. 无法确定

11. 在两流体逆流流动的某换热器中，两端的传热温差分别为 Δt_1 和 Δt_2。如果 Δt_1 远大于 Δt_2，则该换热器的平均传热温差（　　）。

A. 接近于 Δt_1　　B. 接近于 Δt_2　　C. 接近于 $(\Delta t_1 + \Delta t_2)/2$　　D. 无法确定

12. 在一列管式换热器中利用走壳程的水沸腾回收锅炉烟气的热量，产生压强为1MPa的水蒸气，烟气的温度由580℃降至470℃。该换热器换热管管壁温度与（　　）最接近。

A. 100℃　　B. 200℃　　C. 400℃　　D. 500℃

13. 在一个固定管板列管式换热器中用冷却水将高温空气冷却，为减小热应力，应安排（　　）。

A. 热空气走管程，冷却水走壳程　　B. 热空气走壳程，冷却水走管程

C. 以上两种安排没有区别　　D. 条件不足，无法判断

14. 在一列管式换热器中用冷却水将某种溶剂冷却，为设计该换热器或选型，（　　）不需要设计者直接指定。

A. 溶剂的流速　　B. 管程数　　C. 冷却水的出口温度　　D. 换热管的长度

15. 为强化传热，将一个列管式换热器由单管程改为双管程，其他条件不变，则该换热器的传热速率是原来的（　　）倍。

A. 1～2　　B. 2～3　　C. 3～4　　D. 2～4

16. 你学了①釜式（供釜内流体的加热或冷却）、②管式和③板式换热器，现请将它们的紧凑程度和传热系数按从高到低排序（　　）。

A. 紧凑程度③>②>①，传热系数③>②>①

B. 紧凑程度③＜②＜①，传热系数③＞②＞①

C. 紧凑程度③＜②＜①，传热系数③＜②＜①

D. 紧凑程度③＞②＞①，传热系数③＜②＜①

17. 在一列管式换热器中，壳程为饱和水蒸气冷凝以加热管程中的空气。若空气流量增大20%，为保证空气出口温度不变，一般来说，如下各种办法哪种是有效的？（　　）

A. 在壳程增设折流板　　B. 开大冷凝液排放阀

C. 开大蒸汽入口阀　　D. 将蒸汽的进口由冷凝器的上部改在其下部

18. 在一套管式换热器中，用冷却水使某高温气体温度降低。如将冷却水的流量提高，则（　　）。

A. 总传热系数和热负荷都可能获得明显提高

B. 总传热系数不会获得明显提高，热负荷可能获得明显提高

C. 总传热系数可能获得明显提高，热负荷不会获得明显提高

D. 总传热系数和热负荷都不可能获得明显提高

19. 在某套管式换热器中用饱和水蒸气将在内管内流动的空气加热。现空气的流量增加，要使空气的出口温度保持不变，如下哪项措施肯定无效？（　　）

A. 提高水蒸气的压强　B. 增加套管的长度　C. 减小内管的直径　D. 减小外管的直径

二、填空题

1. 在通过三层平壁的定态热传导过程中，各层平壁厚度相同，接触良好。若第一层两侧温度分别为150℃和100℃，第三层外表面温度为50℃，则这三层平壁的热导率λ_1、λ_2、λ_3之间的关系为________________。

2. 一包有石棉泥保温层的蒸汽管道，当石棉泥受潮后，其保温效果应__________，原因是________________________________。

3. 由多层等厚平壁构成的保温层中，如果某层材料的热导率越大，则该层的热阻就越____________；其两侧的温度差越____________。

4. 在厚度一定的圆筒壁定态热传导过程中，由内向外通过各等温面的传热速率Q将__________，由内向外通过各等温面的热通量q将__________。（增大、减小、不变）

5. 蒸汽冷凝现象有____________冷凝和____________冷凝之分；工业冷凝器都是按____________冷凝来设计的；大容积液体沸腾现象有____________沸腾和____________沸腾之分，工业上的沸腾传热装置一般是按____________沸腾设计的。

6. 在对流传热系数的数群关联式中，____________代表了流动类型和湍动程度对对流传热的影响；____________代表了流体的物性对对流传热过程的影响；____________代表了自然对流对对流传热的贡献。

7. 在开发或使用传热系数的关联式时，需要确定的特征物理量是____________、____________和____________。

8. 水在管内作湍流流动，若使流速提高至原来的2倍，则其对流传热系数约为原来的__________倍；若管径改为原来的1/2而流量保持不变，则其对流传热系数约为原来的__________倍。

9. 在无相变强制对流传热过程中，热阻主要集中在____________；在蒸汽冷凝传热过程中，热阻主要集中在____________。

10. 饱和蒸汽冷凝时，壁温与饱和蒸汽的温差越大，则冷凝传热系数越__________；液

体核状沸腾时，壁温与饱和液体的温差越大，则沸腾传热系数越________。

11. 计算冷凝传热系数时，关联式中的Δt是指________________________________，蒸汽冷凝相变焓按____________的温度取，其余物性按____________温度取。

12. 通常，蒸汽在水平管外的冷凝传热系数________________垂直管外的冷凝传热系数，其原因是________________________________；蒸汽冷凝于水平管束时的传热系数____________冷凝于单根水平管时，其原因是____________________________。

13. 工业上为提高冷凝器冷凝传热效果，在操作时需要及时排放冷凝器内积存的____________和____________。

14. 克希霍夫定律的物理含义可以从两方面来理解：一是灰体的____________与____________之比等于__________________________；二是灰体的____________与____________在数值上相等。

15. 两灰体表面间的辐射传热速率与________、________、________、________有关。

16. 在高温物体附近设置隔热板是削弱______________________散热的有效方法。挡板材料的____________越低，散热量越小。

17. 比较不同情况下列管式换热器平均传热推动力的大小。

(1) 逆流与并流：两流体均发生温度变化，两种流型下两流体进口温度相同，出口温度也相同，则$\Delta t_{m并流}$______________$\Delta t_{m逆流}$；

(2) 逆流与并流：一侧流体恒温（如蒸汽冷凝），另一侧流体温度发生变化，两种流型下两流体进口温度相同，出口温度也相同，则$\Delta t_{m并流}$______________$\Delta t_{m逆流}$；

(3) 逆流与1-2折流：两流体均发生温度变化，两种流型下两流体进口温度相同，出口温度也相同，则$\Delta t_{m1\text{-}2折流}$______________$\Delta t_{m逆流}$；

(4) 逆流与1-2折流：一侧流体恒温（如蒸汽冷凝），另一侧流体温度发生变化，两种流型下两流体进口温度相同，出口温度也相同，$\Delta t_{m1\text{-}2折流}$______________$\Delta t_{m逆流}$。

18. 用冷却水将一定量的热流体由100℃冷却至40℃，冷却水入口温度为15℃。在设计列管式换热器时，指定两流体逆流流动，关于冷却水出口温度的选择有两种方案：方案a是令冷却水出口温度为30℃；方案b是冷却水出口温度为28℃。则两种方案冷却水用量比较：q_{m_a}______________q_{m_b}；所需传热面积比较：A_a______________A_b。

19. 通过一换热器，用饱和水蒸气加热水，可使水的温度由20℃升高到80℃。现发现水的出口温度降低了，经检查水的入口温度和流量均无变化，则引起出口水温下降的原因可能有：____________________；____________________；____________________；____________________。

20. 利用水在逆流操作的套管式换热器中冷却某物料，要求热流体的进、出口温度保持一定。现由于冷却水进口温度升高，为保证完成生产任务，采用提高冷却水流量的办法，则与原来相比，其结果是：换热器的传热速率__________、总传热系数__________、对数平均温度差__________。（增大、减小、不变）。

21. 工业上使用列管式换热器时，需要根据流体的性质和状态确定其是走管程还是走壳程。一般来说，蒸汽走____________；易结垢的流体走____________；有腐蚀性的流体走____________；高压流体走____________；黏度大或流量小的流体走____________。

22. 将列管式换热器由单管程改为多管程是为了______________________，但这可能使__________减小，并且____________________________也将增大。通常是在列管式换热器的__________内设置__________来实现多管程。

23. 列管式换热器中，用饱和水蒸气加热空气，则换热管管壁温度接近于________的温度，而总传热系数接近于__________的对流传热系数。

24. 消除列管式换热器热应力的常用方法有三种，即在壳体上加________、采用________结构或采用________式结构。

25. 用冷却水在套管式换热器中将高温气体冷却，水走管内、气体走环隙。为强化传热，应在内管的________侧装翅片，因为____________________________。

26. 为提高列管式换热器壳程传热系数，在壳程设置了______________板和______________板。

27. 工业上常用的换热器中，通过“管”来进行换热的有______换热器、______换热器；通过“板”来进行换热的有________换热器、________换热器、________换热器。

28. 翅片管是从两方面实现对传热过程的强化作用的，一是增大了__________；二是________________________。

三、计算题

1. 平壁炉炉壁由两种材料构成。内层为130mm厚的某种耐火材料，外层为250mm厚的某种普通建筑材料。此条件下测得炉内壁温度为820℃，外壁温度为115℃。为减少热损失，在普通建筑材料外面又包一层厚度为50mm的石棉，其热导率为0.22W/(m·K)。包石棉后测得的各层温度为：炉内壁820℃、耐火材料与普通建筑材料交界面为690℃，普通建筑材料与石棉交界面为415℃，石棉层外侧为80℃。问包石棉层前后单位传热面积的热损失分别为多少？

2. 炉壁由绝热砖A和普通砖B组成。已知绝热砖热导率$\lambda_A=0.25$W/(m·K)，其厚度为210mm；普通砖热导率$\lambda_B=0.75$W/(m·K)。当绝热砖放在里层时，各处温度如下：t_1未知，$t_2=210$℃，$t_3=60$℃，$t_b=15$℃。其中t_1指内壁温度，t_b指外界大气温度。外壁与大气的对流传热系数为$\alpha=10$W/(m^2·K)。(1) 求此时单位面积炉壁的热损失和温度t_1；(2) 如将两种砖的位置互换，假定互换前后t_1、t_b及α均保持不变，求此时的单位面积热损失及t_2和t_3。

3. 在外径为120mm的蒸汽管道外面包两层不同材料的保温层。包在里面的保温层厚度为60mm，两层保温材料的体积相等。已知管内蒸汽温度为160℃，对流传热系数为10000W/(m^2·K)；保温层外大气温度为28℃，保温层外表面与大气的自然对流传热系数为16 W/(m^2·K)。两种保温材料的热导率分别为0.06W/(m·K)和0.25W/(m·K)。钢管管壁热阻忽略不计。试求：(1) 热导率较小的材料放在里层，该管道每米管长的热损失为多少？此时两保温层表面处的温度各是多少？(2) 热导率较大的材料放在里层，该管道每米管长的热损失为多少？此时两保温层表面的温度各是多少？

4. 水在一定流量下流过某套管换热器的内管，温度可从20℃升至80℃，此时测得其对流传热系数为1000W/(m^2·K)。试求同样体积流量的苯通过换热器内管时的对流传热系数为多少？已知两种情况下流动皆为湍流，苯进、出口的平均温度为60℃。

5. 用实验来研究污垢对传热的影响。采用ϕ28mm×1mm的铜管，水在管内流动，水蒸气在管外冷凝。总传热系数K在很宽的流速范围内可用如下方程表示：

对于清洁管
$$\frac{1}{K}=0.0002+\frac{1}{500u^{0.8}}$$

对于结垢的管　$$\frac{1}{K}=0.0007+\frac{1}{500u^{0.8}}$$

其中 $\alpha=500u^{0.8}$ 为水与管壁间对流传热系数的经验式，单位是 $W/(m^2 \cdot K)$，u 为水的流速，m/s。试求污垢热阻和蒸汽冷凝传热系数。（换热管壁很薄，可近似按平壁处理，且铜的热导率很大，管壁热阻忽略不计）

6. 某套管式换热器由 ϕ48mm×3mm 和 ϕ25mm×2.5mm 的钢管制成。两种流体分别在环隙和内管中流动，分别测得对流传热系数为 α_1 和 α_2。若两流体流量保持不变并忽略出口温度变化对物性的影响，且两种流体的流动总保持湍流，试求将内管改为 ϕ32mm×2.5mm 的管子后两侧的对流传热系数分别变为原来的多少倍。

7. 某套管式换热器由 ϕ57mm×3.5mm 的内管和 ϕ89mm×4.5mm 的外管构成（均为钢制），甲醇以 5000kg/h 的流量在内管流动，温度由60℃降至30℃，其与内管管壁的对流传热系数为 1500 $W/(m^2 \cdot K)$。冷却水在环隙流动，其进、出口温度分别为20℃和35℃。甲醇和冷却水逆流流动，忽略热损失和污垢热阻。试求：（1）冷却水用量（kg/h）；（2）所需要套管长度。

甲醇物性数据：$c_{p1}=2.6$kJ/(kg·K)；

水的物性数据：$c_{p2}=4.18$kJ/(kg·K)；$\rho_2=996.3$kg/m^3；$\lambda_2=0.603$W/(m·K)；$\mu_2=0.845\times10^{-3}$Pa·s；

换热管管材热导率 $\lambda=45$W/(m·K)。

8. 一列管式换热器由 ϕ25mm×2.5mm 的换热管组成，总传热面积为 3m^2。需要在此换热器中用初温为12℃的水将某油品由205℃冷却至105℃，且水走管内。已知水和油的质量流量分别为 1100kg/h 和 1250kg/h，比热容分别为 4.18kJ/(kg·℃) 和 2.0kJ/(kg·℃)，对流传热系数分别为 1800$W/(m^2 \cdot K)$ 和 260$W/(m^2 \cdot K)$。两流体逆流流动，忽略管壁和污垢热阻。（1）计算说明该换热器是否合用？（2）在夏季，当水的初温达到28℃时，该换热器是否仍然合用？（假设传热系数不变）。

9. 一列管冷凝器，换热管规格为 ϕ25mm×2.5mm，其有效长度为 3.0m。水以 0.65m/s 的流速在管内流过，其温度由20℃升至40℃。流量为4600kg/h、温度为75℃的饱和有机蒸气在壳程冷凝为同温度的液体后排出，冷凝潜热为 310kJ/kg。已知蒸气冷凝传热系数为 820$W/(m^2 \cdot K)$，水侧污垢热阻为 0.0007$m^2 \cdot K/W$。蒸气侧污垢热阻和管壁热阻忽略不计。试核算该换热器中换热管的总根数及管程数。

10. 某套管换热器由 ϕ25mm×2.5mm 的内管和 ϕ48mm×3mm 的外管构成，长 2m。管间通入120℃的饱和水蒸气加热管内空气，使空气温度由25℃升至85℃。已知空气质量流量为48kg/h，换热器外界环境温度为20℃。求（1）该换热器空气侧的对流传热系数；（2）加热蒸汽的用量。空气比热容取 $c_p=1.0$kJ/(kg·K)。外管外壁与周围环境的对流传热系数可按下式计算：

$$\alpha=9.4+0.052(t_w-t_a)\ W/(m^2 \cdot K)$$

式中，t_w 为外管壁温,℃；t_a 为周围环境温度。饱和蒸汽冷凝相变焓取为 $r=2232$kJ/kg。（提示：蒸汽冷凝传热系数远大于管内空气强制对流和环境中空气自然对流传热系数）

11. 116℃的饱和水蒸气在一单管程列管式换热器的壳程冷凝，一定流量的空气在管程湍流流动，其温度由20℃升至80℃。设总传热系数近似等于空气对流传热系数。（1）操作中若空气流量增加20%，为保持空气出口温度不变，问加热蒸汽温度应提高至多少摄氏度？（2）若采用一双管程的换热器，其换热管管径和总管数与原换热器相同，则为完成相同的换热任务，所需要换热管长度为原换热器的多少倍？（忽略气体温度变化对其物性的影响）

12. 在某四管程的列管式换热器中，采用120℃的饱和水蒸气加热初温为20℃的某种溶液。溶液走管程，流量为70000kg/h，在定性温度下其物性为：黏度3.0×10^{-3}Pa·s，比热容1.8kJ/(kg·K)，热导率0.16W/(m·K)。溶液侧污垢热阻估计为6×10^{-4} m²·℃/W，蒸汽冷凝传热系数为10000 W/(m²·K)，管壁热阻忽略不计。换热器的有关数据为：换热管直径ϕ25mm×2.5mm，管数120，换热管长6m。试求溶液的出口温度。

13. 有一蒸汽冷凝器，蒸汽在其壳程中冷凝传热系数为10000W/(m²·K)，冷却水在其管程中的对流传热系数为1000W/(m²·K)。已测得冷却水进、出口温度分别为t_1=30℃、t_2=35℃。现将冷却水流量增加一倍，问蒸汽冷凝量将增加多少？已知蒸汽在饱和温度100℃下冷凝，且水在管程中流动均达到湍流。(忽略污垢热阻和管壁热阻)

14. 用套管换热器每小时冷凝甲苯蒸气1000kg，冷凝温度为110℃，冷凝相变焓为363kJ/kg，冷凝传热系数α_1=10000W/(m²·K)。换热器的内管尺寸为ϕ57mm×3.5mm，外管尺寸为ϕ89mm×3.5mm，有效长度为5m。冷却水初温为16℃，以3000kg/h的流量进入内管，其比热容为4.174kJ/(kg·K)，黏度为1.11mPa·s，密度为995kg/m³。忽略管壁热阻、污垢热阻及热损失。求：(1) 冷却水出口温度；(2) 管内水的对流传热系数α_2；(3) 若将内管改为ϕ47mm×3.5mm的钢管，长度不变，冷却水的流量及进口温度不变，问蒸气冷凝量变为原来的多少倍？

15. 一单壳程双管程列管式换热器中，用130℃的饱和水蒸气将36000kg/h的乙醇水溶液从25℃加热到80℃。列管换热器由90根ϕ25mm×2.5mm、长3m的钢管管束组成，乙醇水溶液走管程，饱和水蒸气走壳程。已知钢的热导率为45W/(m·K)，乙醇水溶液在定性温度下的密度为880kg/m³，黏度为1.2×10^{-3}Pa·s，比热容为4.02kJ/(kg·K)，热导率为0.42W/(m·K)，水蒸气的冷凝传热系数为10000W/(m²·K)，忽略污垢热阻及热损失。试问：(1) 此换热器能否完成任务？(2) 若乙醇水溶液流量增加20%，而溶液进口温度、饱和水蒸气压力不变的条件下，仍用原换热器，乙醇水溶液的出口温度变为多少？(乙醇水溶液的物性可视为不变)

16. 两台完全相同的单管程列管式换热器，用水蒸气在壳程冷凝以加热管程内的空气。若加热蒸汽压力相同，空气进、出口温度t_1和t_2也分别相同，问(1) 将两台换热器串联操作及并联操作(见本题附图)，哪种方案生产能力大，相差多少倍？(并联时空气均匀分配于两换热器中)；(2) 由以上求出的生产能力之比，计算两方案由于流动阻力引起的总压降比为多大。(注：蒸汽冷凝传热系数远大于空气的对流传热系数；不计换热器进、出口及连接管线所引起的压降；空气在换热管内流动均按湍流考虑；直管摩擦阻力系数用柏拉修斯方程计算)

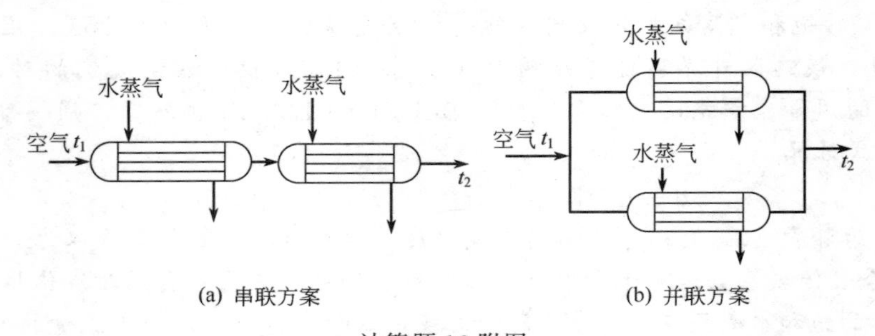

(a) 串联方案　　(b) 并联方案

计算题16附图

17. 在单管程逆流列管式换热器中用水冷却空气。水和空气的进口温度分别为25℃及115℃。在换热器使用的初期，水和空气的出口温度分别为48℃和42℃；使用一年后，由于污垢热阻的影响，在水的流量和入口温度不变的情况下，其出口温度降至40℃。不计热损失。求（1）空气出口温度变为多少？（2）总传热系数变为原来的多少倍；（3）若使水流量增大一倍，而空气流量及两流体入口温度都保持不变，则两流体的出口温度变为多少？（提示：水的对流传热系数远大于空气）

18. 在列管式换热器中用饱和水蒸气来预热某股料液。料液走管内，其入口温度为295K，料液比热容为4.0kJ/(kg·K)，密度为1100kg/m^3；饱和蒸汽在管外冷凝，其冷凝温度395K。当料液流量为$1.76\times10^{-4}m^3/s$，其出口温度为375K；当料液流量为$3.25\times10^{-4}m^3/s$时，其出口温度为370K。假定料液在管内流动达到湍流，蒸汽冷凝传热系数为3.4kW/(m^2·K)，且保持不变，忽略管壁热阻和污垢热阻。试求该换热器的传热面积。

19. 在传热面积为5m^2的换热器中用冷却水冷却某溶液。冷却水流量为1.5kg/s，入口温度为20℃，比热容为4.17kJ/(kg·K)；溶液的流量为1kg/s，入口温度为78℃，比热容为2.45kJ/(kg·K)。已知溶液与冷却水逆流流动，两流体的对流传热系数均为1800 W/(m^2·K)。（1）试分别求两流体的出口温度。（2）现溶液流量增加30%，欲通过提高冷却水流量的方法使溶液出口温度仍维持原值，试求冷却水流量应达到多少？（设冷却水和溶液的对流传热系数均与各自流量的0.8次方成正比，忽略管壁热阻和污垢热阻）

20. 两无限大平行平面进行辐射传热，已知两平面材料的黑度分别为0.32和0.78。若在这两个平面间放置一个黑度为0.04的无限大抛光铝板以减少辐射传热量，试求在原两平面温度不变的情况下由于插入铝板而使辐射传热量减少的百分数。

符号说明

英文	意义	计量单位
A	传热面积	m^2
b	平壁厚度	m
c_p	流体的比热容	kJ/(kg·K)
C	(总)辐射系数	W/(m^2·K^4)
d	管径	m
G	质量流速	kg/(m^2·s)
K	总传热系数	W/(m^2·K)
l	管长	m
M	质量	kg
n	管子根数	
N	管程数	
Nu	努塞尔数	
Pr	普朗特数	
q	热通量	W/m^2
q_m	质量流量	kg/s
Q	传热速率	W
r	汽化或冷凝相变焓	kJ/kg
R	导热热阻	K/W
R	反射率	
Re	雷诺数	
R_s	污垢热阻	m^2·K/W
S	流通截面积	m^2
t	冷流体温度	℃
T	热流体温度	℃
T	绝对温度	K
r	管或保温层半径	m
u	流速	m/s
Δt	传热温差	℃
希文	**意义**	**计量单位**
α	对流传热系数	W/(m^2·K)
λ	热导率	W/(m·K)
φ	角系数	
ρ	密度	kg/m^3
μ	黏度	Pa·s
τ	时间	s或h
ε	黑度	
下标	**意义**	
e	当量	
m	平均	
w	壁面	
i	管内	
o	管外	
n	平(圆筒)壁层数	

第4章 蒸发

4.1 联系图

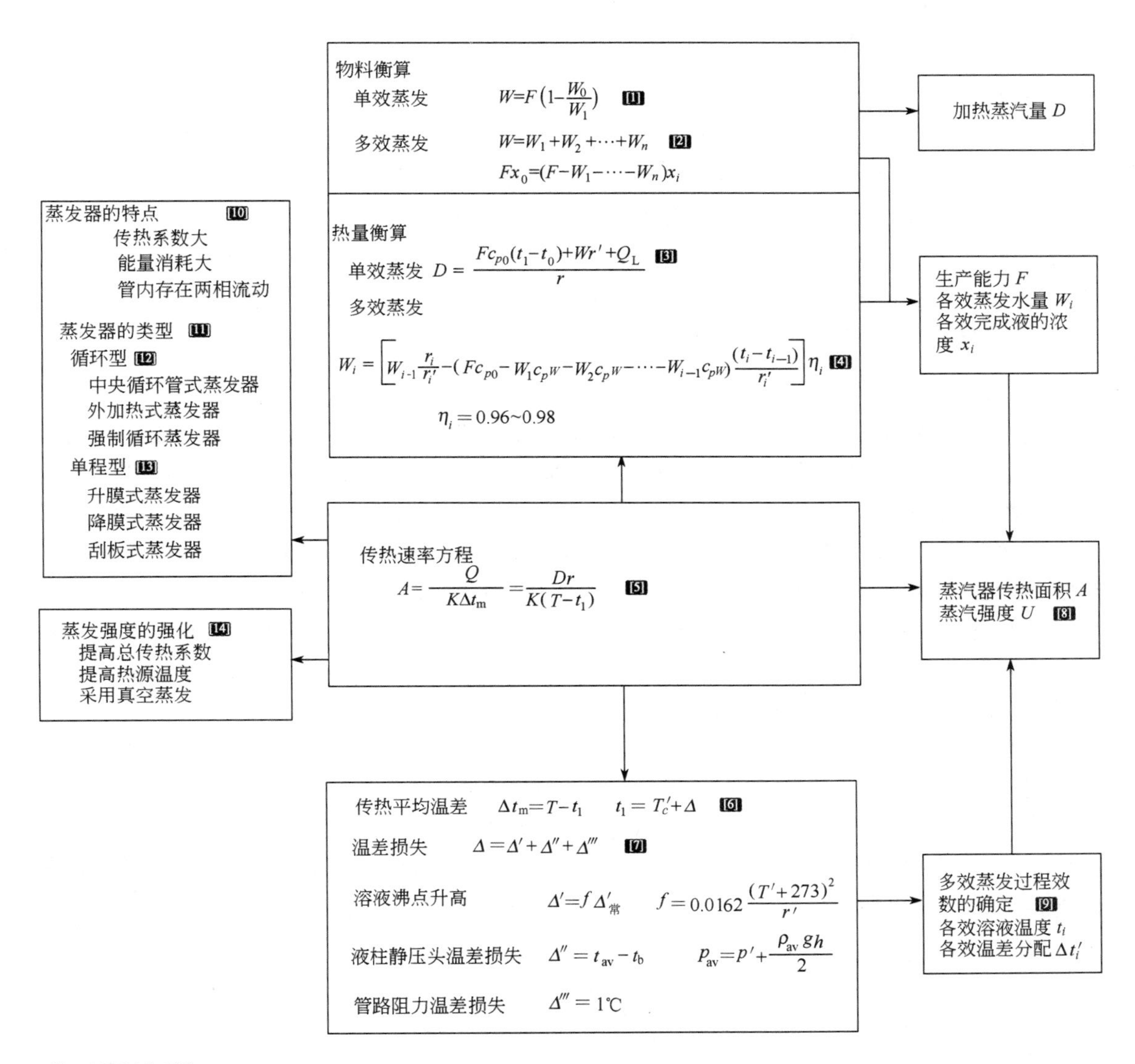

联系图注释

物料衡算

注释 [1] ①单效蒸发是蒸发产生的二次蒸汽直接冷凝，不再利用的操作；②本式可通过对单效蒸发器进行溶质的物料衡算而得；③由本式可计算得到单效蒸发过程水的蒸发量或求得完成液的浓度。

注释 [2] ①若将二次蒸汽作为下一效加热蒸汽，并将多个蒸发器串联，此蒸发过程即为多效蒸发；②多效蒸发通常有下列操作流程：a. 并流流程；b. 逆流流程；c. 平流流程；③多效蒸发过程中生产给定的总蒸发水量分配于各个蒸发器中，而只有第一效才使用加热蒸汽，故加热蒸汽的经济性较单效蒸发大大提高；④蒸发过程的总蒸发量可根据物料衡算求出；

⑤可根据经验设定各效蒸发量，再估算各效溶液浓度。通常：a. 可按各效蒸发量相等的原则设定；b. 并流加料的蒸发过程，由于有自蒸发现象，则可按如下比例设定：$W_1:W_2:W_3=1:1.1:1.2$；⑥通常原料液浓度 w_0 和完成液浓度 w_n 为已知值，而中间各效浓度未知，由本式只能求出总蒸发水分量和各效的平均水分蒸发量（W/n），而各效蒸发量和浓度需根据物料衡算和热量衡算确定。

热量衡算

注释 [3] ①本式可通过对单效蒸发器进行热量衡算而得；②通过热量衡算可求得加热蒸汽用量；③若原料由预热器加热至沸点后进料，且蒸汽的汽化潜热随压力变化不大，并不计热损失，则有 $D/W=1$，即蒸发 1kg 水需要约 1kg 加热蒸汽，实际操作中由于存在热损失等原因，$D/W\approx1$。

注释 [4] ①本式可通过对多效蒸发过程的第 i 效进行热量衡算而得；②式中 η_i 称为热利用系数，量纲为 1，η_i 值根据经验选取，一般为 0.96～0.98。

传热速率方程

注释 [5] ①蒸发器的传热面积可通过传热速率方程求得；②Q 为蒸发器的热负荷，可通过对加热器进行热量衡算求得，若忽略热损失，即为加热蒸汽冷凝放出的热量；③蒸发器的总传热系数 K 计算公式与传热过程计算相似，但由于蒸发过程中，加热面处溶液中的水分汽化，浓度上升，溶质易析出，并包裹固体杂质，形成污垢，所以污垢热阻往往成为蒸发器总热阻中的主要部分；④为降低污垢热阻，工程中常采用的措施有：a. 加快溶液循环速度；b. 在溶液中加入晶种和微量的阻垢剂等；⑤蒸发器的传热温差的计算与一般换热器的计算差别较大，将在［6］、［7］中展开讨论。

注释 [6]、[7] ①在蒸发器的加热室一侧为蒸汽冷凝，另一侧为液体沸腾，其传热平均温度差可写为（$T-t_1$）；②溶液的沸点不仅受蒸发器内液面压力影响，而且受溶液浓度、液位深度等因素影响；③因溶质的存在，一定压强下水溶液的沸点比纯水高，其差值称为溶液的沸点升高，以 Δ' 表示；④影响 Δ' 的主要因素有：a. 溶液的性质，有机物溶液的 Δ' 较小，无机物溶液的 Δ' 较大；b. 溶液的浓度，稀溶液的 Δ' 不大，但随浓度增高 Δ' 值增高较大；⑤当蒸发操作在减压条件下进行时，若数据不足，Δ' 的计算可利用校正系数 f 进行修正；⑥蒸发器操作需维持一定液位，这样液面下的压强将随液位深度而升高，即液面下的沸点比液面处的沸点高，其差值即为液柱静压头引起的温度差损失，以 Δ'' 表示，通常以液层中部处的压强进行计算；⑦由于管道阻力的影响，二次蒸汽从分离室到冷凝器之间的压降所造成的温度差损失，以 Δ''' 表示，此值通常难以计算，一般可取经验值为 1℃。

注释 [8] ①蒸发器的传热面积可通过传热速率方程求得；②蒸发强度是指单位时间单位传热面积上所蒸发的水量；③蒸发强度可用于评价蒸发器的优劣，对于一定的蒸发任务而言，蒸发强度越大，则所需的传热面积越小，即设备的投资就越低；④由传热速率方程可知，提高蒸发强度的主要途径是提高总传热系数和传热温度差。

注释 [9] ①多效蒸发的计算依据和原理是物料衡算、热量衡算及传热速率方程；②多效蒸发的主要计算内容是各效蒸发水量、加热蒸汽消耗量及传热面积；③由于多效蒸发的效数多，计算中未知数量也多，所以计算远较单效蒸发复杂，计算时常采用试差法；④多效蒸发计算出的各效传热面积需相等，因蒸发器传热面积不等，会给加工安装等带来不便；⑤多效蒸发的主要设计计算步骤为：a. 根据物料衡算求出总蒸发量，并设定各效蒸发量，估算各效溶液浓度；b. 应用热量衡算求出各效的加热蒸汽用量和蒸发水量；c. 按照各效传热面积相等的原则分配各效的有效温度差，并根据传热速率方程求出各效的传热面积；d. 校核各效传热面积是否相等，若不相等需重新分配各效的有效温度差，重新计算，直到相等或相近时为止。

蒸发器

注释 [10] ①蒸发操作中溶剂的汽化速率取决于传热速率，故蒸发操作属于传热过程，蒸发设备亦为传热设备；②蒸发操作的分类：a. 按操作压力分，可分为常压、加压和减压（真空）蒸发操作；b. 按效数分，可分为单效蒸发和多效蒸发；c. 按蒸发模式分，可分为间歇蒸发和连续蒸发；③蒸发器与一般换热器相比，有以下特点：a. 传热系数大，蒸发过程的加热室一侧是蒸汽冷凝，另一侧为溶液沸腾，两侧均有相变过程，其总传热系数比无相变的传热过程要高；b. 能量消耗大，由于溶剂汽化潜热很大，所以蒸发过程是一个高能耗的单元操作，节能操作是蒸发过程必须考虑的重要问题；c. 管内存在两相流动，蒸发器内溶液在管内流动过程中发生沸腾，产生的气泡与溶液一起流动，出现气-液两相流动，其传热机理更为复杂。

注释 [11] ①蒸发器主要由加热室、流动管道和分离室组成；②蒸发器有多种结构形式，可分为循环型和单程型两类；③蒸发装置除蒸发器外，主要附属设备有除沫器、冷凝器和真空装置。

注释 [12] ①常用的循环型蒸发器主要有：a. 中央循环管式蒸发器；b. 外加热式蒸发器；c. 强制循环蒸发器；②中央循环管式蒸发器在垂直的加热管束中央有一根直径较大的中央循环管，这样形成了混合液在管束中向上而在中央循环管向下的自然循环流动；③中央循环管蒸发器结构简单、加工费用低，适用于黏度适中、结垢不严重及腐蚀性不大的物料；④外加热式蒸发器将加热器与分离室分开安装，可获得较高的循环速度，利于减轻结垢，以提高传热系数；⑤强制循环蒸发器使用循环泵进行强制循环，传热系数大，可处理黏度较大、易结垢或结晶的物料，但该蒸发器的动力消耗较大。

注释 [13] ①单程型蒸发器内的物料沿加热管壁成膜状流动，一次通过加热器即达浓缩要求，停留时间短，适用于热敏性物料的蒸发过程；②常用的单程型蒸发器主要有：a. 升膜式蒸发器；b. 降膜式蒸发器；c. 刮板式蒸发器；③升膜式蒸发器的加热室由一根或数根垂直长管组成，长径比通常为100～150，生成的二次蒸汽在管内带动料液沿管内壁成膜状向上流动，适宜处理蒸发量较大，热敏性、黏度不大及易起沫的溶液；④降膜式蒸发器内溶液经分布后，沿管壁成膜状向下流动，可用于蒸发黏度较大、浓度较高的溶液；⑤降膜式蒸发器的设计要点是：a. 尽量使料液在加热管内壁形成均匀液膜；b. 不能让二次蒸汽由加热管上端窜出；⑥刮板式蒸发器由加热夹套和刮板组成，溶液在重力和旋转刮板的作用下，在内壁形成下旋薄膜，完成蒸发过程，适用于高黏度、热敏性和易结晶、结垢的物料。

注释 [14] ①提高蒸发强度的措施可以从提高总传热系数和传热温差两方面进行；②提高总传热系数，可以考虑改善溶液的性质、沸腾状况、操作条件以及蒸发器的结构等；③提高传热温差可以提高热源的温度，如选用加压蒸汽、高温导热油、熔盐或改用电加热，一般加热蒸汽压力不超过0.8MPa；④提高传热温差还可以采用真空蒸发，以降低溶液沸点，增大传热推动力，但溶液沸点降低，黏度会增高，总传热系数将下降。

4.2 疑难解析

4.2.1 蒸发器与换热器的比较

蒸发操作是将溶液中挥发性溶剂与不挥发性溶质分离的过程，其实质是在间壁两侧分别进行蒸汽冷凝和液体沸腾的传热过程，传热速率决定着溶剂的汽化速率，故蒸发器也是一种换热器。同时，由于蒸发过程需要消耗大量蒸汽使溶剂汽化，存在着溶液沸点升高的现象，浓缩时可能结垢或析出晶体等特殊性，因此，蒸发器普遍具有以下特点。

（1）换热系数高，能量消耗大　由于在间壁两侧都有相变化，蒸发器的传热系数较高，一般为500～3000W/(m^2・℃)，最大可达5000W/(m^2・℃)，远远大于普通换热器的传热系数。欲使溶剂汽化，需提供大量的温位较高的加热蒸汽作为热源，能量消耗巨大。而对于普通换热器，其热源可以是低温位的蒸汽、热水等。

（2）设备结构复杂，种类繁多　随着溶液浓度提升，其沸点升高，黏度增大，需改进蒸发器的结构、提高循环速度，以提高传热速率。这都要求蒸发器内的结构与普通换热器有所不同，通常蒸发器主要由加热室、流动管路和分离室组成。目前，工业中广泛应用的蒸发器有数十种，分为循环型和单程型两大类。单程型蒸发器主要有升膜式、降膜式、升-降膜式和刮板式蒸发器，循环型蒸发器主要有中央循环管式、悬筐式、外热式和列文式蒸发器等。在选用时，应综合考虑物料的黏度、热敏性、腐蚀性、析晶和结垢情况以及生产处理量等要求。

（3）管内流动形态复杂　在蒸发器中常出现管内气液两相同时流动的情况，因溶液性质、设备结构及操作条件的不同，而出现气泡流、塞状流、翻腾流、环状流和雾流等不同的流动型式，从而对管内流动阻力和传热系数带来不同的影响。而普通换热器内一般仅为气相或液相的单相流动。

（4）操作方式多样　实际生产中，还多采用真空蒸发，使溶液的沸点降低，以增加传热推动力。另外，为了提高加热蒸汽的经济性、降低能耗，还可选用多效蒸发、热泵蒸发或将额外蒸汽引出等操作。

4.2.2 蒸发过程溶液的沸点升高

在蒸发器内，溶液的沸点不仅取决于冷凝器的操作压力，而且受溶液的性质与浓度、蒸发器内液位深度与管路阻力等因素的影响。

由拉乌尔定律可知，溶液中由于溶质的存在，使溶剂组分的蒸气压比纯溶剂低，因而在一定压力下，溶液的沸点要高于纯溶剂的沸点，这种现象称为沸点升高。另外，由于蒸发器内液柱静压头及管路阻力损失的存在，造成液面下的压力要高于冷凝器的操作压力，产生一定的温度差损失，使溶液的沸点进一步升高。

在蒸发器的设计及选用时，溶液的沸点升高问题是不容忽视的，尤其是随着溶液被浓缩，沸点升高更为显著。以50%的NaOH水溶液为例，常压下沸点为143℃，而此压力下纯水的沸点为100℃，故因浓度变化而引起的沸点升高已达43℃之多，这使蒸发过程的传热推动力大大减小。

在实际过程中，由蒸发器内液柱静压头及管路阻力引起的温差损失可估算获取或选用经验值。对于因溶液浓度引起的沸点升高，可由近似公式法或杜林法则进行计算，近似公式法计算方法可参见教材。

杜林法则认为在一定的压力范围内，溶液沸点与压强呈线性关系，如图 4-1、图 4-2 所示。图 4-1 为不同浓度 NaOH 水溶液的沸点图，图中的对角线为溶液浓度为零的沸点线，其他浓度料液的沸点线与其近似平行，并随浓度增加而向上平移。因此，只需求得相应操作压力下水的沸点，即可通过内插法查得不同浓度下 NaOH 水溶液的沸点。

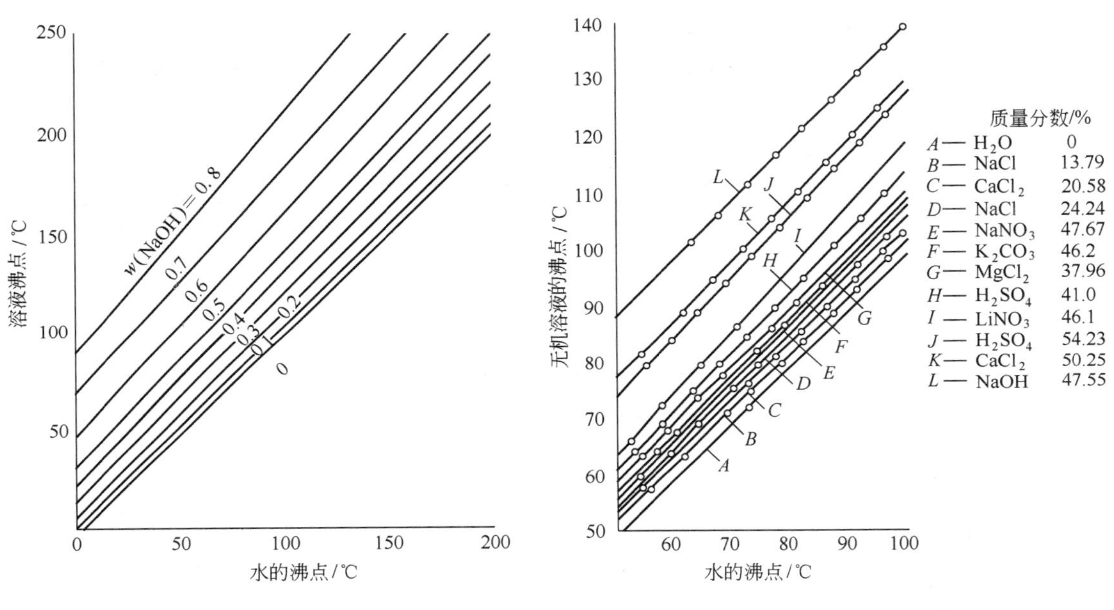

图 4-1 NaOH 水溶液的沸点

图 4-2 无机物水溶液的沸点

4.2.3 蒸发过程的强化途径

蒸发过程的强化可以通过提高传热系数及增大传热温差来实现。

(1) 提高传热系数 依据溶液性质、沸腾情况及操作条件选择适宜的蒸发器类型，同时，改善溶液流动状况、提高循环速度、及时排放不凝性气体及定期清理蒸发器等，都可使蒸发器保持较高的传热系数，提高生产强度。

(2) 提高传热温差

① 真空蒸发 采用真空蒸发可以降低溶液的沸点，增大传热推动力，提高装置的处理能力，还可以使一些热敏性物料不会因温度过高而分解或变质。同时，因蒸发操作温度的降低，其热损失也将随之减小。另外，真空蒸发可降低对加热热源的要求，从而可利用一些低温位的蒸汽。但是，随着溶液沸点的降低，其黏度增大，使得传热系数下降。此外，真空装置的使用也使设备投资和操作费用相应增加。

② 高温热源 可以通过使用高温位的热源，如提高加热蒸汽的压力，来提高传热推动力，但是一般加热蒸汽压力不宜超过 0.6～0.8MPa。

由以上分析可见，蒸发过程传热温差的增大、生产能力的提高，都是以能量消耗增加为代价的。

4.2.4 单效蒸发与多效蒸发的比较

蒸发过程的能量消耗较大，其主要操作费是使大量溶剂汽化所需的能量，通常将加热蒸汽的经济性作为评价其优劣的重要指标。在实际过程中，常采用多效蒸发操作提高加热蒸汽的利用率。下面对单效蒸发与多效蒸发性能加以比较。

(1) 加热蒸汽的经济性　多效蒸发是将前一效蒸发器汽化的二次蒸汽作为热源通入次一效蒸发器。这样，虽是多个蒸发器串联，但只需第一效使用外供加热蒸汽作为热源。因此，同单效蒸发相比，使用相同的外供蒸汽量，多效蒸发可以使更多的溶剂汽化，蒸汽的经济性大大提高。理论上，蒸汽的经济性应与效数相对应，即单效为 1，双效为 2，依此类推。根据生产实际，可得单效蒸发与多效蒸发蒸汽经济性的经验值，如表 4-1 所示。由表可知，蒸汽的经济性，随着效数的增加而增长，但其涨幅与效数并非线性关系，随着效数增加，其提高幅度减小。

表 4-1　单效蒸发与多效蒸发蒸汽经济性的经验值

效数	W/D 理论值	W/D 实际值	效数	W/D 理论值	W/D 实际值
单效	1	0.91	四效	4	3.33
双效	2	1.75	五效	5	3.70
三效	3	2.50			

(2) 溶液的温差损失　在单效蒸发与多效蒸发内均存在着温差损失，若二者操作条件相同，即加热蒸汽压力、单效和多效的末效蒸发室的操作压力相同，多效蒸发过程的有效温差要小于单效蒸发过程，图 4-3 为单效、双效与三效蒸发的有效温差及温差损失的变化趋势，图中阴影部分为各效的温差损失，空白部分为有效温度差。由图可见，效数越多，有效温差越小。

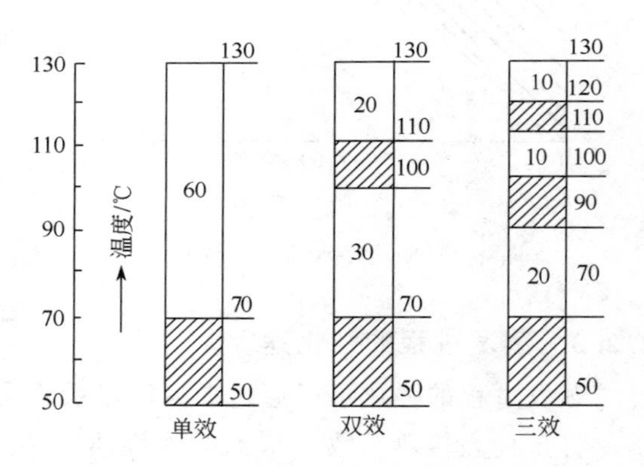

图 4-3　单效、双效与三效蒸发的有效温差及温差损失的变化趋势

4.2.5 多效蒸发流程的确定

(1) 多效蒸发效数的确定　随着蒸发效数的增加，温差损失将增加，有效温差减小，且各效的有效温差亦将明显减小，若蒸发效数无限增多，传热温差将逐渐趋近于零，使蒸发过程无法进行。另外，蒸汽的经济性与效数也并非呈正比例关系，随着效数增加，经济性提高的幅度逐渐减小，由此带来的设备费用的增加更为显著。因此，多效蒸发的效数不宜过多，并不是效数越多越好，应合理选择，力求使设备费用和操作费用之和最小。一般对于沸点升高较大的电解质溶液，如 NaOH 水溶液，其效数通常可为 2～3 效；对于沸点升高较小的非电解质溶液，如蔗糖水溶液，其效数通常为 4～6 效，值得注意的是，应保证各效的有效温差不小于 5～7℃。

(2) 多效蒸发操作流程的选用　多效蒸发的操作流程根据加热蒸汽与料液的流向不同，通常有并流加料、逆流加料和平流加料三种，现对其进行比较，如表 4-2 所示。

表 4-2 多效蒸发操作流程比较

项目	并流加料	逆流加料	平流加料
	溶液与蒸汽同方向流过各效	溶液与蒸汽呈反方向流过各效	蒸汽依次流过各效，溶液每效单独流动
优点	① 前一效的压力高于次一效，溶液借此压力自动流入次一效；②前一效的温度高于次一效，溶液因过热而自蒸发(闪蒸)	溶液的浓度越大，蒸发的温度也越高，各效黏度接近，传热系数变化不大	浓缩液自各效分别取出，以克服当蒸发时有结晶析出而带来的结晶体在各效间的输送问题
缺点	次一效较前一效的浓度高，沸点低，从而黏度大，传热系数低	① 各效间的溶液需要用泵输送；② 进料没有自蒸发	操作复杂，工艺条件不易稳定
适用范围	流程简便，易于稳定，应用较广	适用黏度随浓度和温度变化较大的溶液，而不适于热敏性物料的蒸发	适用于处理易结晶溶液的蒸发，还可用于同时浓缩两种或两种以上的不同水溶液

4.3 工程案例

烧碱蒸发系统的技术改造

工业烧碱的制备需利用蒸发操作浓缩金属阳极电解产物，从而制取产品碱，其生产工艺流程如图 4-4 所示。

加热蒸汽直接进入两个Ⅰ效蒸发器，两个Ⅰ效蒸发器产生的二次蒸汽汇合后，一部分进入Ⅱ效蒸发器，一部分进浓效蒸发器；Ⅱ效蒸发器产生的二次蒸汽作为Ⅲ效蒸发器的加热介质；Ⅲ效和浓效蒸发器产生的二次蒸汽经真空系统冷凝后排走形成真空。蒸发料液经上料泵打入两个Ⅰ效蒸发器，Ⅰ效蒸发器内物料借压差进入Ⅱ效蒸发器；Ⅱ效蒸发器内物料经循环泵打入悬液分离器分盐后，一部分进Ⅱ效蒸发器继续循环，一部分进入Ⅲ效蒸发器；Ⅲ效蒸发器内物料经循环泵打入悬液分离器分盐后，一部分进Ⅲ效蒸发器继续循环，一部分进入浓效蒸发器；浓效蒸发器内物料经循环泵打入悬液分离器分盐后，未达到出碱浓度要求的物料继续进浓效蒸发器循环，达到出碱浓度要求的物料作为蒸发产品则进入冷却、澄清工序作进一步处理。

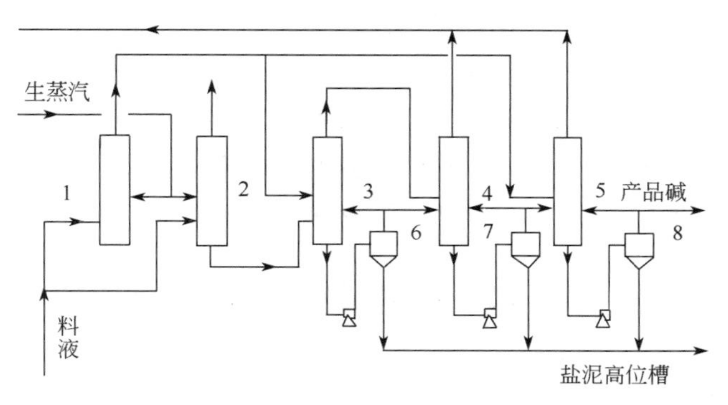

图 4-4 三效五体顺流两段蒸发装置工艺流程

1，2—Ⅰ效蒸发器；3—Ⅱ效蒸发器；

4—Ⅲ效蒸发器；5—浓效蒸发器；6～8—悬液分离器

某碱厂原生产工艺的处理量为 3.5 万吨/年，其中两个Ⅰ效蒸发器及浓效蒸发器的传热面积为 $140m^2$，Ⅱ效蒸发器及Ⅲ 效蒸发器的传热面积为 $280m^2$，料液进料温度范围为 85～

100℃，加热蒸汽压力范围为0.4～0.5MPa，Ⅲ效和浓效的真空度约为50kPa。在实际生产中，为完成生产任务，直接采用加热蒸汽作为浓效蒸发器的加热介质，以保证产品碱质量。现因电解处理能力提高，产量达5.2万吨/年，从而需对整个烧碱蒸发装置进行改造。针对原工艺生产能力不足的问题主要进行了以下几点改造措施。

(1) 调整蒸发器传热面积　在调整过程中，适当增加了Ⅰ效及浓效蒸发器的传热面积，选取两个Ⅰ效蒸发器的传热面积为220m^2，Ⅱ效、Ⅲ效及浓效蒸发器的传热面积为240m^2，使各效的传热面积比例基本接近。这样，克服了由于浓效加热室面积过小，料液在效内滞留时间过长的问题。同时，改进加热室及分离室的结构，减缓蒸发器内的结盐速率、延长洗效周期。

(2) 提高加热蒸汽压力　增设蒸汽锅炉，以解决蒸汽压力低、蒸汽供给不足的问题，提高有效温差，确保生产蒸汽供给。

(3) 提高浓效真空度　为降低蒸发真空系统下水的温度，重新布置浓效真空管道，以减少真空管路沿程摩擦阻力和局部阻力；并新建配套的凉水塔，使得真空度由原来的50kPa提高到85kPa左右，从而使浓效的加热介质可采用Ⅰ效蒸发器产生的二次蒸汽，以节省加热蒸汽用量，提高加热蒸汽的经济性。

(4) 提高原料进料温度　将改造过程中淘汰的蒸发器加热室改做原料液的预热器，增大传热面积，并充分利用两台Ⅰ效蒸发器的蒸汽冷凝水，使蒸发料液的预热温度提高到120℃左右。根据资料介绍，料液预热温度每升高1℃，加热蒸汽消耗就会降低17kg/t，料液预热温度越接近其沸点（约为130℃），加热蒸汽消耗就越低。

经改造的蒸发系统实现了长周期的稳定运行，满足了生产能力扩大的需要。通过以上实例分析可得出以下结论。

(1) 增大有效传热温差，利用低温蒸汽　在改造过程中，提高了加热蒸汽压力和冷凝器内的真空度，有效地增加传热温差，提高蒸发效率。同时，因浓效蒸发器操作真空度的提高，降低了蒸发器内溶液的沸点，使Ⅰ效蒸发器产生的二次蒸汽可作为加热介质，替代了原工艺中直接使用的加热蒸汽，大大地降低了能耗。

(2) 强化蒸发器传热过程，优化调整加热面积　调整了原工艺中传热面积差别较大的蒸发器，尤其是浓效蒸发器，使各效蒸发器的传热面积基本相近，生产能力匹配；并对蒸发器的结构进行改进，强化了蒸发管内的流动情况，加大了分离空间，使得各效蒸发器在处理能力和结盐情况方面都得到了良好的改善，从而使蒸发过程的处理能力大为提高。

(3) 充分利用系统热能，提高原料预热温度　充分地利用了改造中淘汰的设备及Ⅰ效蒸发器的蒸汽冷凝水的热量，强化了原料预热器的换热效果，使进料温度提高了30℃左右，进一步提高了加热蒸汽的经济性，降低了生产成本。

4.4 例题详解

【例4-1】 溶液的沸点升高

当冷凝器内压力为40kPa时，试用近似公式法计算下列溶液的沸点升高，并与杜林法则的计算结果进行比较。(1) 40%（质量分数）的NaOH水溶液；(2) 24.2%（质量分数）的NaCl水溶液。

解 (1) 用近似公式法计算

查饱和水蒸气表，当$p'=40$kPa时，$T'=75.0$℃，$r'=2312$kJ/kg

查常压下无机物水溶液的沸点表，40%的 NaOH 水溶液的沸点为 $t_A=128.4℃$，则有

$$\Delta'_{常}=128.4-100=28.4℃$$

由近似公式法进行计算

$$f=0.0162\frac{(T'+273)^2}{r'}=0.0162\times\frac{(75+273)^2}{2312}=0.85$$

$$\Delta'=f\Delta'_{常}=0.85\times 28.4=24.1℃$$

溶液的沸点为

$$t_1=T'+\Delta'=75.0+24.1=99.1℃$$

按杜林法则计算，查 NaOH 水溶液沸点图，40%的 NaOH 水溶液在 40kPa 下的沸点为 100℃，则有

$$\Delta'=100-75=25℃$$

溶液的沸点为

$$t_1=100℃$$

（2）用近似公式法计算

查常压下无机物水溶液的沸点表，24.2%的 NaCl 水溶液的沸点为 $t_A=106.6℃$，则有

$$\Delta'_{常}=106.6-100=6.6℃$$

由近似公式法进行计算

$$\Delta'=f\Delta'_{常}=0.85\times 6.6=5.6℃$$

溶液的沸点为

$$t'_1=T'+\Delta'=75.0+5.6=80.6℃$$

按杜林法则计算，查无机物水溶液沸点图，24.2%的 NaCl 水溶液在 40kPa 下的沸点为 81℃，则

$$\Delta'=81-75=6℃$$

溶液的沸点为

$$t_1=81℃$$

讨论　杜林法则和近似公式法是工程中计算溶液沸点升高的常用方法，应用杜林法则的计算结果较为准确，但需要有相应的已知数据，求取较烦。与之相比，近似公式法计算简便，但计算值有一定误差。由以上计算实例可知，其准确度尚可满足工程计算的需要。

【例 4-2】　液柱静压头引起的温度差损失

现有一蒸发器内液层高度为 3m，溶液的密度为 $1400kg/m^3$，试计算下列操作条件下，因液柱静压头引起的温度差损失。(1) 二次蒸汽的压力为常压（101.3kPa）；(2) 二次蒸汽的压力为 40kPa。

解　(1) 二次蒸汽的压力为常压时，液层的平均压力为

$$p_{av}=p'+\frac{\rho_{av}gL}{2}=101.3+\frac{1400\times 9.81\times 3\times 10^{-3}}{2}=121.9kPa$$

查饱和水蒸气表，得 121.9kPa 下水的沸点为 104.9℃，101.3kPa 下水的沸点为 100.0℃，则有：

$$\Delta''=104.9-100=4.9℃$$

(2) 二次蒸汽的压力为 40kPa 时，液层的平均压力为

$$p_{av}=p'+\frac{\rho_{av}gL}{2}=40+\frac{1400\times9.81\times3\times10^{-3}}{2}=60.6\text{kPa}$$

查饱和水蒸气表，得 60.6kPa 下水的沸点为 85.9℃，得 40kPa 下水的沸点为 75.0℃，则有

$$\Delta''=85.9-75.0=10.9℃$$

讨论 由上述结果可知，在同样液层高度的蒸发器内，操作压力越低，因液柱静压头引起的温度差损失越显著。

【例 4-3】 加热蒸汽消耗量的计算

用一单效蒸发器将 2000kg/h 的 NaOH 水溶液由 15%浓缩到 30%（均为质量分数）。已知加热蒸汽压力为 362kPa（绝压），蒸发室内压力为常压（101.3kPa），溶液沸点为 118℃，比热容为 3.6kJ/(kg·℃)，热损失计为 15kW，不考虑溶液浓缩热，试计算下列情况下所需加热蒸汽消耗量和单位蒸汽消耗量：(1) 进料温度为 20℃；(2) 沸点进料。

解 (1) 进料温度为 20℃ 水分蒸发量

$$W=F\left(1-\frac{x_0}{x_1}\right)=2000\times\left(1-\frac{0.15}{0.30}\right)=1000\text{kg/h}$$

加热蒸汽消耗量 D_1

查饱和水蒸气表，得压力为 362kPa 和常压下水的汽化潜热分别为：$r=2149$kJ/kg，$r'=2258$kJ/kg

$$D_1=\frac{Fc_{p0}(t_1-t_0)+Wr'+Q_L}{r}$$

$$=\frac{2000\times3.6\times(118-20)+1000\times2258+15\times3600}{2149}=1404\text{kg/h}$$

单位蒸汽消耗量

$$\frac{D_1}{W}=\frac{1404}{1000}=1.40$$

(2) 沸点进料 加热蒸汽消耗量 D_2

$$D_2=\frac{Wr'+Q_L}{r}=\frac{1000\times2258+15\times3600}{2149}=1076\text{kg/h}$$

单位蒸汽消耗量

$$\frac{D_2}{W}=\frac{1076}{1000}=1.08$$

讨论 由本例计算结果可以看出，原料液的温度愈高，加热蒸汽的消耗量愈小，单位蒸汽消耗量愈少。

【例 4-4】 单效蒸发器传热面积计算

用一单效蒸发器连续蒸发 NaOH 水溶液，已知进料量为 2400kg/h，进料浓度为 10%，完成液的浓度为 40%（均为质量分数），沸点进料，溶液的密度为 1300kg/m³，加热蒸汽压

力为400kPa（绝压），冷凝器操作压力为常压，加热管内液层高度为3m，蒸发器的传热系数为1500W/(m²·℃)，蒸发器的热损失为加热蒸汽量的5%，不考虑溶液浓缩热，试计算水分蒸发量、加热蒸汽消耗量和蒸发器传热面积。

解　(1) 水分蒸发量

$$W=F\left(1-\frac{x_0}{x_1}\right)=2400\times\left(1-\frac{0.1}{0.4}\right)=1800\text{kg/h}$$

(2) 加热蒸汽消耗量　查饱和水蒸气表，当$p=400\text{kPa}$时，$T=143.4℃$，$r=2138\text{kJ/kg}$；当$p'=101.3\text{kPa}$时，$T'=100℃$，$r'=2258\text{kJ/kg}$

$$D=\frac{Wr'+Q_L}{r}=\frac{Wr'}{0.95r}=\frac{1800\times 2258}{0.95\times 2138}=2000\text{kg/h}$$

单位蒸汽消耗量

$$\frac{D}{W}=\frac{2000}{1800}=1.11$$

(3) 溶液的沸点　查常压下无机物水溶液的沸点表，40%的NaOH水溶液的沸点为$t_A=128.4℃$，则有

$$\Delta'=128.4-100=28.4℃$$

液层的平均压力为

$$p_{av}=p'+\frac{\rho_{av}gL}{2}=101.3+\frac{1300\times 9.81\times 3\times 10^{-3}}{2}=120.4\text{kPa}$$

查饱和水蒸气表，得120.4kPa下对应水的沸点为104.6℃，则有

$$\Delta''=104.6-100=4.6℃$$

因管路阻力造成的温度差损失，取为：$\Delta'''=1℃$，则有

$$t_1=T'+\Delta'+\Delta''+\Delta'''=100+28.4+4.6+1=134.0℃$$

(4) 传热面积　总传热系数$K=1500\text{W/(m}^2\cdot℃)$

$$A=\frac{Q}{K\Delta t_m}=\frac{Dr}{K(T-t_1)}=\frac{2000\times 2138\times 10^3}{1500\times(143.4-134.0)\times 3600}=84.2\text{m}^2$$

【例4-5】　蒸发操作的调节

在例4-4所示蒸发过程，若其他条件不变，处理量增大至3000kg/h，试求：(1) 若冷凝器内的压力仍为常压，加热蒸汽的压力和蒸汽消耗量各为多少？(2) 若加热蒸汽的压力维持不变，其用量将为多少？冷凝器的操作压力将为多少？

解　(1) 改变加热蒸汽压力　水蒸发量

$$W=F\left(1-\frac{x_0}{x_1}\right)=3000\times\left(1-\frac{0.1}{0.4}\right)=2250\text{kg/h}$$

总换热量

$$Q=Dr=\frac{Wr'}{0.95}=\frac{2250\times 2258}{0.95\times 3600}=1486\text{kW}$$

由$Q=KA\Delta t_m=KA(T-t_1)$得

$$T=t_1+\frac{Q}{KA}=134.0+\frac{1486\times 10^3}{1500\times 84.2}=145.8℃$$

蒸汽消耗量

查饱和水蒸气表，得沸点为145.8℃水蒸气的压力为425kPa，汽化潜热为2132kJ/kg

$$D=\frac{Wr'}{0.95r}=\frac{2250\times 2258}{0.95\times 2132}=2508\text{kg/h}$$

单位蒸汽消耗量

$$\frac{D}{W}=\frac{2508}{2250}=1.11$$

（2）改变冷凝器内的操作压力　水分蒸发量

$$W=F\left(1-\frac{x_0}{x_1}\right)=3000\times\left(1-\frac{0.1}{0.4}\right)=2250\text{kg/h}$$

冷凝器内操作压力的确定，需进行试差计算，设冷凝器内操作压力为93kPa。

查饱和水蒸气表，当 $p'=93\text{kPa}$ 时，$T'=97.4℃$，$r'=2265\text{kJ/kg}$

加热蒸汽消耗量

$$D'=\frac{Wr'+Q_L}{r}=\frac{Wr'}{0.95r}=\frac{2250\times 2265}{0.95\times 2138}=2509\text{kg/h}$$

单位蒸汽消耗量

$$\frac{D'}{W}=\frac{2509}{2250}=1.12$$

溶液的沸点升高

$$\Delta'=f\Delta'_{常}=0.0162\times\frac{(97.4+273)^2}{2265}\times 28.4=27.9℃$$

液层的平均压力为

$$p_{av}=p'+\frac{\rho_{av}gL}{2}=93+\frac{1300\times 9.81\times 3\times 10^{-3}}{2}=112.1\text{kPa}$$

查饱和水蒸气表，得112.1kPa下水的沸点为102.5kPa，则有

$$\Delta''=102.5-97.4=5.1℃$$

因管路阻力造成的温度差损失，取为：$\Delta'''=1℃$，则有

$$t'_1=T'+\Delta'+\Delta''+\Delta'''=97.4+27.9+5.1+1=131.4℃$$

传热面积

$$A'=\frac{Q'}{K\Delta t'_m}=\frac{Dr'}{K(T-t'_1)}=\frac{2509\times 2138\times 10^3}{1500\times(143.4-131.4)\times 3600}=82.8\text{m}^2$$

因 $A'\approx A$，与实际传热面积足够接近，试差结果有效。可取冷凝器内操作压力为93kPa。

讨论　采用高温热源或真空蒸发操作都可以增大传热温差，从而提高蒸发强度。这两种强化措施，在处理条件变化不大的情况下，单位蒸汽消耗量基本相同，但高温热源的使用，要求蒸汽具有更高的热温位，冷凝器内的真空操作需要辅以真空设备及相应能耗。由此可知，无论高温热源或真空操作，蒸发过程的强化，处理能力的提高，都是以能量消耗为代价的。

【例4-6】　多效蒸发的计算及比较

现将10%的NaOH水溶液浓缩到50%（均为质量分数），进料量为20000kg/h，沸点进料，原料液的比热容为3.76kJ/(kg·℃)，加热蒸汽压力800kPa（绝压），冷凝器操作压力

为 20kPa，试计算：(1) 若采用三效并流蒸发器（见图 4-5），且各效面积相等，已知各效的传热系数分别为 $K_1=2000\mathrm{W/(m^2\cdot ℃)}$、$K_2=1500\mathrm{W/(m^2\cdot ℃)}$、$K_3=1000\mathrm{W/(m^2\cdot ℃)}$，各效因液柱静压头引起的温度差损失分别为 1℃、2℃、5℃，因管路流动阻力引起的温度差损失均为 1℃，无额外蒸汽引出。问各效蒸发器的传热面积为多少，蒸汽的消耗量及其经济性、有效温差及蒸发强度各为多少？(2) 若采用单效蒸发器，设蒸发情况与三效蒸发过程的末效相同，蒸发器的传热系数为 $K=1000\mathrm{W/(m^2\cdot ℃)}$，因液柱静压头引起的温度差损失为 5℃，因管路流动阻力引起的温度差损失为 1℃，无额外蒸汽引出。问蒸发器的传热面积及蒸汽的消耗量为多少。与三效并流蒸发相比，蒸发过程的有效温差、蒸汽经济性及蒸发强度有何变化？

解　(1) 三效并流蒸发器

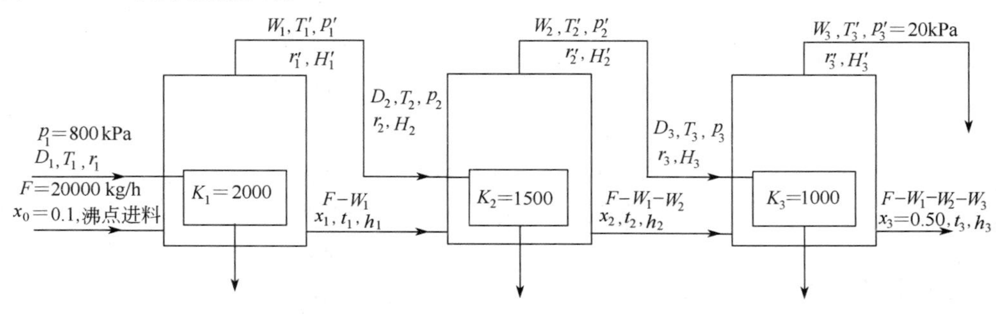

图 4-5　例 4-6 附图

① 总蒸发量

$$W=F\left(1-\frac{x_0}{x_1}\right)=20000\times\left(1-\frac{0.1}{0.5}\right)=16000\mathrm{kg/h}$$

② 各效的蒸发量及完成液浓度　设各效蒸发量的初值，三效并流操作时

$$W_1:W_2:W_3=1:1.1:1.2$$

又

$$W=W_1+W_2+W_3$$

解得：$W_1=4848\mathrm{kg/h}$；$W_2=5333\mathrm{kg/h}$；$W_3=5819\mathrm{kg/h}$

由物料衡算，可求出各效溶液的浓度为

$$x_1=\frac{Fx_0}{F-W_1}=\frac{20000\times0.1}{20000-4848}=0.132$$

$$x_2=\frac{Fx_0}{F-W_1-W_2}=\frac{20000\times0.1}{20000-4848-5333}=0.204$$

$$x_3=0.5$$

③ 各效溶液沸点　以等压降原则，设定各效压力，则

$$\Delta p=\frac{800-20}{3}=260\mathrm{kPa}$$

即：$p_1'=800-260=540\mathrm{kPa}$，$p_2'=540-260=280\mathrm{kPa}$，$p_3'=20\mathrm{kPa}$

查饱和水蒸气表，可得

$$p_1=800\mathrm{kPa},\ T_1=170.4℃,\ r_1=2053\mathrm{kJ/kg}$$
$$p_1'=540\mathrm{kPa},\ T_1'=154.5℃,\ r_1'=2104\mathrm{kJ/kg}$$
$$p_2'=280\mathrm{kPa},\ T_2'=130.9℃,\ r_2'=2175\mathrm{kJ/kg}$$
$$p_3'=20\mathrm{kPa},\ T_3'=60.1℃,\ r_3'=2355\mathrm{kJ/kg}$$

查常压下无机物水溶液的沸点表，可得：

13.2%的 NaOH 水溶液的沸点近似为 $t_{A1}=104.3℃$，则有 $\Delta'_{常1}=4.3℃$

20.4%的 NaOH 水溶液的沸点近似为 $t_{A2}=108.3℃$，则有 $\Delta'_{常2}=8.3℃$

50%的 NaOH 水溶液的沸点近似为 $t_{A3}=142.8℃$，则有 $\Delta'_{常3}=42.8℃$

由近似公式法计算溶液的沸点升高，有

$$\Delta'_1=f_1\Delta'_{常1}=0.0162\times\frac{(154.5+273)^2}{2104}\times4.3=6.1℃$$

$$\Delta'_2=f_2\Delta'_{常2}=0.0162\times\frac{(130.9+273)^2}{2175}\times8.3=10.1℃$$

$$\Delta'_3=f_3\Delta'_{常3}=0.0162\times\frac{(60.1+273)^2}{2355}\times42.8=32.9℃$$

故：

$$\Delta_1=\Delta'_1+\Delta''_1+\Delta'''_1=6.1+1+1=8.1℃$$

$$\Delta_2=\Delta'_2+\Delta''_2+\Delta'''_2=10.1+2+1=13.1℃$$

$$\Delta_3=\Delta'_3+\Delta''_3+\Delta'''_3=32.9+5+1=38.9℃$$

则有：

$$t_1=T'_1+\Delta_1=154.5+8.1=162.6℃$$

$$t_2=T'_2+\Delta_2=130.9+13.1=144.0℃$$

$$t_3=T'_3+\Delta_3=60.1+38.9=99.0℃$$

④ 各效蒸发量及加热蒸汽量

$$\eta_1=0.98-0.7(x_1-x_0)=0.98-0.7\times(0.132-0.1)=0.958$$

$$\eta_2=0.98-0.7(x_2-x_1)=0.98-0.7\times(0.204-0.132)=0.930$$

$$\eta_3=0.98-0.7(x_3-x_2)=0.98-0.7\times(0.5-0.204)=0.773$$

则：$W_1=\eta_1\dfrac{D_1r_1}{r'_1}=0.958\times\dfrac{D_1\times2053}{2104}=0.935D_1$

$$W_2=\eta_2\frac{D_2r_2+(Fc_{p0}-W_1c_{pW})(t_1-t_2)}{r'_2}$$

$$=0.930\times\frac{W_1\times2104+(20000\times3.76-4.18\times W_1)\times(162.6-144.0)}{2175}$$

$$=0.866W_1+598.1$$

$$W_3=\eta_3\frac{D_3r_3+(Fc_{p0}-W_1c_{pW}-W_2c_{pW})(t_2-t_3)}{r'_3}$$

$$=0.773\times\frac{W_2\times2175+(20000\times3.76-4.18\times W_1-4.18\times W_2)\times(144.0-99.0)}{2355}$$

$$=0.652W_2-0.062W_1+1110.8$$

又

$$W_1+W_2+W_3=W=16000\text{kg/h}$$

联立解得：

$$W_1=5870\text{kg/h},\ D_1=6278\text{kg/h}$$

$$W_2=5680\text{kg/h},\ W_3=4450\text{kg/h}$$

⑤ 各效的传热面积

$$A_1=\frac{Q_1}{K_1\Delta t_1}=\frac{D_1r_1}{K_1(T_1-t_1)}=\frac{6278\times2053\times10^3}{2000\times(170.4-162.6)\times3600}=229.5\text{m}^2$$

$$A_2=\frac{Q_2}{K_2\Delta t_2}=\frac{W_1r'_1}{K_2(T_2-t_2)}=\frac{5870\times2104\times10^3}{1500\times(154.5-144.0)\times3600}=217.8\text{m}^2$$

$$A_3=\frac{Q_3}{K_3\Delta t_3}=\frac{W_2r_2'}{K_3(T_3-t_3)}=\frac{5680\times2175\times10^3}{1000\times(130.9-99.0)\times3600}=107.6\text{m}^2$$

校核第一次计算结果，三个蒸发器传热面积不等，且各效蒸发量与初值相差较大，需要重新分配各效温差，进行计算。

⑥ 重新分配温差　根据第一次计算结果，重新分配温差

$$\Delta t_1'=(A_1\Delta t_1)\frac{\sum\Delta t_i}{\sum(A_i\Delta t_i)}=\frac{229.5\times7.8\times50.2}{229.5\times7.8+217.8\times10.5+107.6\times31.9}=120℃$$

同理，可得：　$\Delta t_2'=15.3℃$，$\Delta t_3'=22.9℃$

忽略因各效完成液浓度变化，而对溶液沸点升高的影响，重复③～⑤步骤计算，将各沸点和蒸汽温度列于表 4-3。

表 4-3　各效加热蒸汽汇总

效数	加热蒸汽温度 T_i/℃	溶液沸点 t_i/℃	二次蒸汽温度 T_i'/℃	加热蒸汽潜热 r_i/(kJ/kg)	二次蒸汽潜热 r_i'/(kJ/kg)
1	170.4	158.4	150.3	2053	2118
2	150.3	135.0	129.1	2118	2200
3	121.9	93.0	60.1	2200	2355

并解得：　$W_1=5844\text{kg/h}$，$D_1=6338\text{kg/h}$

$W_2=5634\text{kg/h}$，$W_3=4522\text{kg/h}$

计算各效传热面积，有

$$A_1=\frac{D_1r_1}{K_1\Delta t_1'}=\frac{6338\times2053\times10^3}{2000\times12.0\times3600}=150.6\text{m}^2$$

$$A_2=\frac{W_1r_1'}{K_2\Delta t_2'}=\frac{5844\times2118\times10^3}{1500\times15.3\times3600}=149.8\text{m}^2$$

$$A_3=\frac{W_2r_2'}{K_3\Delta t_3'}=\frac{5634\times2200\times10^3}{1000\times22.9\times3600}=150.3\text{m}^2$$

重新计算后的结果与初设值基本一致，各效传热面积比较接近，可认为结果合理，并取传热面积 $A=150\text{m}^2$。

⑦ 有效温差

$$\sum\Delta t_i=12.0+15.3+22.9=50.2℃$$

⑧ 蒸汽的经济性及蒸发强度

$$\frac{W}{D_1}=\frac{16000}{6338}=2.52$$

$$U=\frac{W}{\sum A_i}=\frac{16000}{150.6+149.8+150.3}=35.5\text{kg/(m}^2\cdot\text{h)}$$

（2）单效蒸发器

① 水蒸发量

$$W=F\left(1-\frac{x_0}{x_1}\right)=20000\times\left(1-\frac{0.1}{0.5}\right)=16000\text{kg/h}$$

② 蒸汽消耗量　查饱和水蒸气表，可得

$$p=800\text{kPa},T=170.4℃,r=2053\text{kJ/kg}$$

$$p'=20\text{kPa},T'=60.1℃,r'=2355\text{kJ/kg}$$

$$\eta=0.98-0.7(x-x_0)=0.98-0.7\times(0.5-0.1)=0.70$$

$$D=\frac{Wr'}{\eta r}=\frac{Wr'}{0.7r}=\frac{16000\times2355}{0.7\times2053}=26220\text{kg/h}$$

③ 蒸汽的经济性

$$\frac{W}{D}=\frac{16000}{26220}=0.61$$

④ 溶液沸点升高　查常压下无机物水溶液的沸点表，可得：50%的 NaOH 水溶液的沸点近似为 $t_A=142.8℃$，则有 $\Delta'_{常}=42.8℃$

由近似公式法计算溶液的沸点升高，有

$$\Delta'=f\Delta'_{常}=0.0162\times\frac{(60.1+273)^2}{2355}\times42.8=32.9℃$$

故：
$$t_1=T'+\Delta=T'+\Delta'+\Delta''+\Delta'''=60.1+32.9+5+1=99.0℃$$

⑤ 有效温差

$$\Delta t=T-t_1=170.4-99.0=71.4℃$$

⑥ 传热面积

$$A=\frac{Dr}{K\Delta t}=\frac{26220\times2053\times10^3}{1000\times71.4\times3600}=209.4\text{m}^2$$

⑦ 蒸发强度

$$U=\frac{W}{A}=\frac{16000}{209.4}=76.4\text{kg/(m}^2\cdot\text{h)}$$

讨论　① 多效蒸发器的设计计算是一个较为烦琐的过程，计算量较大，需要进行试差，循环迭代，在实际应用中，可将其编写为程序，利用计算机进行计算；

② 多效蒸发的蒸汽经济性大大高于单效蒸发，降低了热量消耗，节省了操作费用；但其有效温差与蒸发强度要小于单效蒸发，从而要求具有更大的总传热面积。由此可见，多效蒸发的蒸汽经济性的提高是以牺牲设备投资为代价的。

4.5 习题精选

一、选择题

1. 下列蒸发器属于循环型蒸发器的是（　　）。

A. 升膜式蒸发器　　B. 降膜式蒸发器　　C. 列文式蒸发器　　D. 旋转刮片式蒸发器

2. 升膜式蒸发器适用于处理（　　）的物料。

A. 腐蚀性　　B. 热敏性　　C. 黏度很大　　D. 易结晶、结垢

3. 某溶液在 7.4kPa（绝压，下同）下的沸点为 43.5℃，在 70.1kPa 下的沸点为 95℃。已知，水在 7.4kPa 下的沸点为 40℃，在 20kPa 下的沸点为 60℃，在 70.1kPa 下的沸点为 90℃。则此溶液在 20kPa 下的沸点为（　　）。

A. 60℃　　B. 61.8℃　　C. 64.1℃　　D. 69.3℃

4. 蒸发操作中，引起沸点升高的因素是（　　）。（本题多选）

A. 溶液浓度的影响　　B. 流动阻力的影响

C. 液柱静压头的影响　　D. 加热蒸汽压力的影响

5. 以三效蒸发为例的多效蒸发操作中料液的流向形式有（　　）。（本题多选）

A. 并流加料　　B. 逆流加料　　C. 错流加料　　D. 平流加料

6. 蒸发过程中，提高传热平均温差的方法有（　　）。（本题多选）

A. 提高加热蒸汽的压力　　B. 降低加热蒸汽的压力

C. 提高冷凝器的操作压力　　D. 降低冷凝器的操作压力

二、填空题

1. 对于蒸发过程，提高传热温差的有效措施是__________和__________。

2. 同单效蒸发相比，多效蒸发的优点是__________。

3. 单效蒸发过程的二次蒸汽温度低于加热蒸汽温度，是因__________和__________造成的。

4. 多效蒸发的操作流程有__________、__________和__________，对于处理黏度随温度变化较大的溶液多采用__________。

5. 采用单效蒸发过程将10%的 KNO_3 溶液浓缩到50%（均为质量分数），处理量为4000kg/h，则蒸发水量为______ kg/h，冷凝器常压操作，若加热蒸汽温度为130℃，溶液沸点为113℃，则总温差损失为______℃。

6. 现有一面积为130m^2的单效蒸发器，将15%的 KNO_3 溶液浓缩到45%（均为质量分数），处理量为6000kg/h，沸点进料，蒸发器的传热系数为1000W/(m^2·℃)，二次蒸汽的汽化潜热为2340kJ/kg，则蒸发水量为__________ kg/h，有效传热温差为__________℃。

7. 用三效并流蒸发器，将6000kg/h的某种料液由23.4%浓缩到52%（均为质量分数），设各效蒸发量的关系为 $W_1 : W_2 : W_3 = 1 : 1.1 : 1.2$，则第二效蒸发器的蒸发量为__________ kg/h，第二效蒸发器的完成液浓度为__________。

三、计算题

1. 现有一蒸发器将9000kg/h的NaOH水溶液由10%浓缩到30%（均为质量分数），已知加热蒸汽压力为400kPa，冷凝器常压操作，进料温度为25℃，溶液的沸点为123℃，溶液的比热容为3.76kJ/(kg·℃)，热损失取为80kW。试计算：

（1）所需加热蒸汽消耗量和单位蒸汽消耗量；

（2）若改为沸点进料，加热蒸汽消耗量和单位蒸汽消耗量为多少？

2. 试分别应用近似公式法和杜林法则计算，20%的NaOH水溶液（质量分数）在30kPa下的沸点升高。

3. 用单效蒸发器浓缩 $CaCl_2$ 溶液，已知完成液的浓度为40%（质量分数），加热蒸汽的压力为300kPa，冷凝器操作压力为50kPa，蒸发器内的液层高度为2m，溶液的密度为1350kg/m^3。试计算：（1）此时溶液的沸点；（2）传热的有效温差。

4. 用单效蒸发器将5%的NaOH水溶液浓缩到30%（均为质量分数），进料量为5000kg/h，沸点进料，加热蒸汽压力为400kPa（绝压），冷凝器操作压力为20kPa。已知蒸发器的传热系数为1100W/(m^2·℃)，蒸发器内的液层高度为2.5m，溶液的密度为1300kg/m^3。蒸发器的热损失为加热蒸汽量的5%。试求蒸发器的传热面积和加热蒸汽消耗量。

5. 设计连续操作的双效并流蒸发器，将15%的NaOH水溶液浓缩到45%（均为质量分数），进料量为 24000 kg/h，沸点进料，加热蒸汽采用 500kPa（绝压）的饱和水蒸气，冷凝器操作压力为 40kPa。已知各效传热面积相等，传热系数分别为 $K_1=1500\mathrm{W/(m^2 \cdot ℃)}$、$K_2=900\mathrm{W/(m^2 \cdot ℃)}$，原料液的比热容为 3.55kJ/(kg·℃)。若不计因液层高度引起的沸点升高，不考虑稀释热和热量损失，且无额外蒸汽引出。试求加热蒸汽消耗量和蒸发器的传热面积。

符号说明

英文	意义	计量单位
A	传热面积	m^2
c_p	比热容	kJ/(kg·℃)
D	加热蒸汽消耗量	kg/h
f	校正系数	
F	进料量	kg/h
g	重力加速度	m/s^2
K	总传热系数	$W/(m^2 \cdot ℃)$
n	效数	
p	蒸汽压力	Pa
Q	传热速率	W
r	汽化热	kJ/kg
t	溶液温度	℃
T	蒸汽温度	℃
U	生产强度	$kg/(m^2 \cdot h)$
W	蒸发量	kg/h
x	溶液的质量分数	

希文	意义	计量单位
Δ	温度差损失	℃
η	热利用系数	
ρ	密度	kg/m^3

下标	意义
1,2,3	效数序号
a	常压
c	冷凝
L	热损失
av	平均

第5章 气体吸收

5.1 联系图

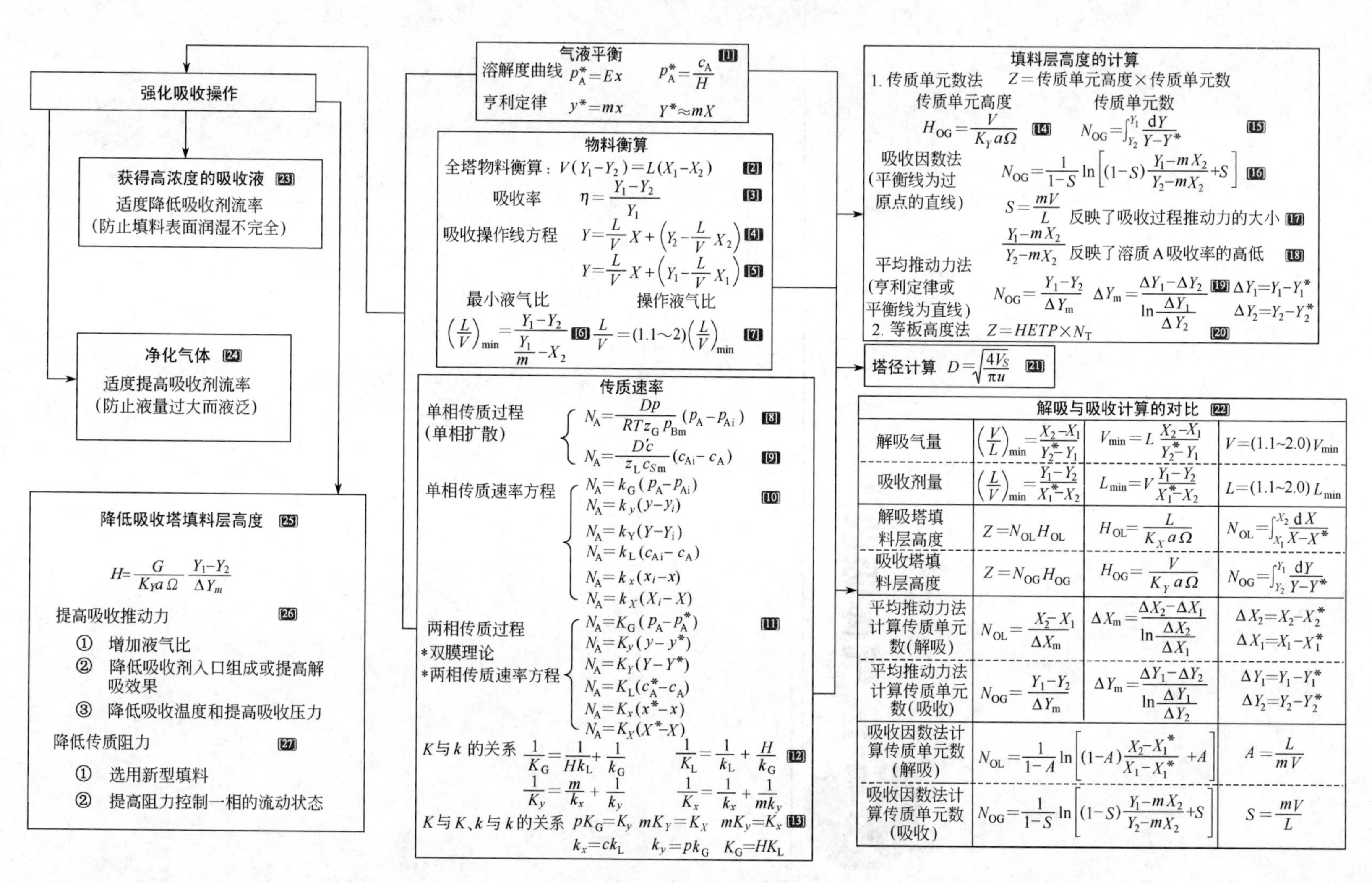

解吸与吸收计算的对比 [22]			
解吸气量	$\left(\frac{V}{L}\right)_{min}=\frac{X_2-X_1}{Y_2^*-Y_1}$	$V_{min}=L\frac{X_2-X_1}{Y_2^*-Y_1}$	$V=(1.1\sim2.0)V_{min}$
吸收剂量	$\left(\frac{L}{V}\right)_{min}=\frac{Y_1-Y_2}{X_1^*-X_2}$	$L_{min}=V\frac{Y_1-Y_2}{X_1^*-X_2}$	$L=(1.1\sim2.0)L_{min}$
解吸塔填料层高度	$Z=N_{OL}H_{OL}$	$H_{OL}=\frac{L}{K_X a\Omega}$	$N_{OL}=\int_{X_1}^{X_2}\frac{dX}{X-X^*}$
吸收塔填料层高度	$Z=N_{OG}H_{OG}$	$H_{OG}=\frac{V}{K_Y a\Omega}$	$N_{OG}=\int_{Y_2}^{Y_1}\frac{dY}{Y-Y^*}$
平均推动力法计算传质单元数(解吸)	$N_{OL}=\frac{X_2-X_1}{\Delta X_m}$	$\Delta X_m=\frac{\Delta X_2-\Delta X_1}{\ln\frac{\Delta X_2}{\Delta X_1}}$	$\Delta X_2=X_2-X_2^*$ $\Delta X_1=X_1-X_1^*$
平均推动力法计算传质单元数(吸收)	$N_{OG}=\frac{Y_1-Y_2}{\Delta Y_m}$	$\Delta Y_m=\frac{\Delta Y_1-\Delta Y_2}{\ln\frac{\Delta Y_1}{\Delta Y_2}}$	$\Delta Y_1=Y_1-Y_1^*$ $\Delta Y_2=Y_2-Y_2^*$
吸收因数法计算传质单元数(解吸)	$N_{OL}=\frac{1}{1-A}\ln\left[(1-A)\frac{X_2-X_1^*}{X_1-X_1^*}+A\right]$		$A=\frac{L}{mV}$
吸收因数法计算传质单元数(吸收)	$N_{OG}=\frac{1}{1-S}\ln\left[(1-S)\frac{Y_1-mX_2}{Y_2-mX_2}+S\right]$		$S=\frac{mV}{L}$

联系图注释

➤ 气体吸收

注释 [1] ①对于单组分等温的物理吸收，在压力和温度一定的条件下，气液达到平衡时气相组成与液相组成关系是单值函数，该关系通过实验获得，一般以列表、图线（溶解度曲线）和方程表达。因气液相组成有多种表示，所以气液平衡关系的溶解度曲线和平衡方程也是多种。② 亨利定律方程中的 E、H 和 m 分别称为亨利系数、溶解度系数和相平衡常数，它们都与物系（溶剂和溶质）和操作条件（温度）有关，相平衡常数还与压力有关。当物系一定，温度降低，E、H 和 m 分别降低、增加和降低，气体的溶解度增加。压力提高，m 减少，气体的溶解度提高。③从相平衡的角度看，低温和高压有利于吸收，但吸收的操作温度和压力通常还要考虑后续的吸收速率、解吸过程，以及前后工序的操作条件等因素。④在应用亨利定律时注意 E、H 和 m 的单位，如 $p_A^*=Ex$ 中，E 与 p_A^* 的单位要保持一致；H 的单位由 p_A^* 与 c_A 的单位决定，通常为 $\mathrm{kmol/(m^3 \cdot kPa)}$；$m$ 为无量纲特征数。

注释 [2] ①全塔物料衡算式物理意义为吸收过程中气相溶质的减少等于液相溶质的增加。该物料衡算式使用时，注意其灵活性，例如进入吸收塔可能是多股液体或多股气体，其物理意义没变，仅仅是物流股数增加。②该式通常用于给定吸收剂组成和吸收任务（吸收率），求一定组成的混合气体，采用一定的液气比吸收，经吸收操作可以获得的吸收液组成。③全塔物料衡算是约束气液组成和物流流量的重要公式，如目标为了使吸收塔顶气相组成最小，靠加大吸收剂用量和增加塔高的办法，塔顶气体组成趋于与塔顶吸收剂进口组成相平衡，但塔底的吸收液组成受全塔物料衡算约束，并不一定与进塔气体组成相平衡。

注释 [3] ① 吸收塔的分离效果通常用该式表达，η 称为吸收率或回收率。通常根据生产任务规定吸收率，由此式可以求出离开吸收塔的气体组成 Y_2，然后通过 [2] 式求出吸收塔的吸收液组成。②通常吸收操作追求最大吸收率，影响最大吸收率的因素有很多，如吸收剂入口组成一定，操作液气比越大，吸收率越大；操作液气比一定，吸收剂入口组成越低，吸收率越大；当吸收剂入口组成和操作液气比一定，操作温度越低、压力越高，吸收率越大。③吸收率是设计者设定的，但是一定要小于最大吸收率，否则无论如何也达不到所期望的吸收效果。

注释 [4]、[5] ①这两个方程是针对逆流吸收过程，分别通过塔内某截面到塔底和塔顶做物料衡算所得，两个方程是等价的，方程体现的是塔内任意一截面上气相组成与液相组成关系的变化规律，其线为逆流吸收操作线。②该方程不受平衡关系和塔型约束，对低浓度定态吸收过程，操作线是直线，且通过塔底和塔顶两点，斜率为液气比，液气比是吸收设计和操作最重要的参数。③注意当塔内某位置有其他液体或气体进入或流出时，吸收塔的操作线将分割成多段，但每一段的操作线均为直线，其斜率是通过物料衡算得到的每一段的液气比（注意一定是塔内的），塔内段与段之间的气液相组成是连续的。④该操作线对于高浓度的吸收过程也适用，但因沿塔高气液流量变化，故操作线非直线。

注释 [6]、[7] ①如前所说，吸收的操作液气比是吸收设计过程非常重要的操作参数，工程上是以操作过程总费用最经济为目标而确定的，液气比增加，设备费减少，而操作费增加，考虑过程总费用最低确定适宜（操作）液气比。首先确定操作的极限情况，即推动力为零，塔高无穷（前提是一定物系和分离任务），这就是最小液气比的定义，这一处理方法同样用在精馏过程确定操作回流比中。②操作液气比为最小液气比大于 1 的倍数，根据经验选择倍数为 1.1～2.0，其实对于有些体系也并非按这一倍数设计，还要考虑物系的腐蚀性、平衡关系和后续解吸负荷等因素。③由最小液气比确定的操作液气比，进而算得吸收塔的液体喷淋量 L。值得注意的是，对于填料塔 L 一定要大于填料润湿最小值；对于板式塔，要有一个适宜的持液量。④确定适宜的液气比是为了更经济地完成一定的分离任务，并不是吸收操作不能在更小的液气比下进行，当液气比小于最小液气比时，操作可以进行，只是分离效果达不到规定的要求。

注释 [8]、[9] ①这两个方程分别是基于有主体流动贡献下的溶质 A 由气相主体到达相界面和由相界面到达液相主体的气相和液相单相扩散速率方程，或单相吸收速率方程。②其方程本身直接应用于吸收设计的情况较少，工程上常常采用参数综合法，以气相扩散为例，令 $k_G=\dfrac{Dp}{RTz_G p_{Bm}}$，$k_G$称为气相传质系数，这样吸收速率 N_A＝传质系数×推动力，按传递规律也可表达为 N_A＝推动力/传质阻力，传质系数的倒数为传质阻力，这样处理过程也为后续研究相际传质过程提供了简捷思路。③从该方程也可看出，影响传质系数的因素包括操作条件（温度和压力）、物系性质（D）和流动状态（z_G），为后续量纲分析法获得传质系数提供指导，同时需要指出的是提高传质速率需要提高流体的湍动程度，即减少虚拟层流膜厚 z_G。

注释 [10] ①因吸收气液相组成表示多样，所以吸收传质速率方程对应多样，这六个方程分别为气相或液相单相传质速率方程。②单相传质速率方程与间壁传热过程的冷热流体相对壁面对流传热速率方程类似：a. 气、液相传质系数 k_G 和 k_L 与对流传热系数 α_1 和 α_2 相当，都代表传递过程对传递速率的影响因素；b. 传递机理也相当，对流传质是以分子扩散和涡流扩散方式进行，对流传热是以热传导和热对流方式进行；c. 它们都可以通过量纲分析的经验式获得。

注释 [11] ①气液两相相际传质速率方程，也称总传质速率方程，它们是基于双膜理论的几点假设建立的，其形式成功地避开气液截面组成，总传质速率方程也可写出 N_A＝总传质推动力/总传质阻力，与间壁对流传热总传热速率方程所不同的是推动力不是简单的两流体温度差，而是一相主体组成与另一相相平衡的组成差，总传质阻力也遵循多步串联过程各阻力加和的规则，但由于传质过程的气液两相组成不同，各相传质阻力与总阻力一定要与推动力一一对应，如以 $p_A-p_A^*$ 为推动力，总传质阻力为 $1/K_G$，气相传质阻力为 $1/k_G$，液相传质阻力为 $1/Hk_L$，而以 $c_A^*-c_A$为推动力，总传质阻力为 $1/K_L$，气相传质阻力为 H/k_G，液相传质阻力为 $1/k_L$。②使用总传质速率方程时，气液平衡关系为直线，总传质系数为常数，否则即使气液相传质系数为常数，总传质系数也将随组成变化。

注释 [12] 根据单相传质阻力占总阻力的百分数确定吸收过程为气膜控制、液膜控制还是双膜控制，分析吸收过程的控制因素，对于选择设备类型和操作条件是非常重要的。如用水吸收空气中的 CO_2，常温常压下吸收过程为气膜控制，我们常常采取加压、降温、高液气比等措施来减少气膜阻力，比如压力很高的情况下，水吸收二氧化碳可能变为液膜控制了。由此可以看出，一个吸收体系是气膜控制还是液膜控制与操作条件有关，有时改变操作条件，控制步骤将发生变化。

注释 [13] 气相总传质系数与液相总传质系数之间、气相传质系数与液相传质系数之间、不同推动力对应下的气相总传质系数之间以及不同推动力对应下的液相总传质系数之间都可以通过气相总压、液相总浓度以及相平衡常数或溶解度系数相关联，这样根据现有实验条件安排容易测定的某传质系数，就可方便获得所要的目标传质系数。

注释 [14] ①对于化工过程影响因素多的复杂情况，有时采用过程分解法，如吸收过程中填料塔的填料层高度计算，推导出填料层高度计算通式：填料层高度=传质单元高度×传质单元数，如以气相为例：$H=H_{OG}\times N_{OG}$。②$H_{OG}=\dfrac{V}{K_Y a\Omega}$为气相总传质单元高度的定义式，单位是 m。其物理意义反映了吸收设备效能的高低，由吸收过程的设备条件决定，即填料性能或传质阻力，a 有效相际传质面积（与填料几何结构有关）小，填料性能差，传质阻力大（$1/K_Y$）。

注释 [15] ①以气相为例，传质单元数定义为 $N_{OG}=\int_{Y_2}^{Y_1}\dfrac{dY}{Y-Y^*}$。②其物理意义为完成一定分离任务的难易程度，即任务重，推动力小，传质单元数大。

注释 [16] ①当气液平衡关系为过原点的直线时，从传质单元数的定义出发，将平衡关系代入，整理为 $N_{OG}=f\left(S,\dfrac{Y_1-mX_2}{Y_2-mX_2}\right)$，由该方程可直接求传质单元数，也可在单对数坐标下获得不同 S 值下的一族曲线，直接查图获得传质单元数。②用方程求传质单元数注意避免 $S=1$ 的情况，用曲线查图求传质单元数要避免 $S>0.75$ 或$\dfrac{Y_1-mX_2}{Y_2-mX_2}<20$ 读数误差大的情况。③当已知 H、H_{OG}、Y_1、X_2、Y_2、m 时，求 L/V。可先由 H 和 H_{OG}求出 N_{OG}，再结合$\dfrac{Y_1-mX_2}{Y_2-mX_2}$值用试差法求 S，最后计算出 L/V。也可利用关系曲线，根据已经求出的 N_{OG}及$\dfrac{Y_1-mX_2}{Y_2-mX_2}$，在图中读出 S 值（若点不在线上，可利用相邻的两个 S 值数学插值计算）。④$N_{OG}=f\left(S,\dfrac{Y_1-mX_2}{Y_2-mX_2}\right)$ 的关系曲线最为突出优势是可以直观简捷处理吸收的操作型计算和分析问题，详见教材。⑤$N_{OL}=f\left(A,\dfrac{Y_1-mX_2}{Y_1-mX_1}\right)$与 $N_{OG}=f\left(S,\dfrac{Y_1-mX_2}{Y_2-mX_2}\right)$具有相同的函数形式，故关系图也适用，只是 N_{OG}换成 N_{OL}，S 换成 A，$\dfrac{Y_1-mX_2}{Y_2-mX_2}$换成$\dfrac{Y_1-mX_2}{Y_1-mX_1}$。当 $A=1$，即操作线与平衡线平行时，$N_{OG}=N_{OL}$。

注释 [17] ① $S=\dfrac{m}{L/V}$，S 称为解吸（脱吸）因数，其数值等于平衡线斜率与吸收操作线斜率的比，其倒数为 A，称为吸收因数。②S 的数值大小体现了吸收过程推动力的大小，Y_1、X_2、Y_2一定，增大液气比，S 减小，操作线远离平衡线，吸收推动力增加，N_{OG}减少，H 降低，设备费降低，但这是以增加操作费为代价的（L 大，吸收剂量增加，不仅动力消耗大，后续再生负荷也加大了，且再生成本是吸收过程的主要成本）。故 S 值的设计要适中，工业推荐 0.5～0.8。

注释 [18] ① $\dfrac{Y_1-mX_2}{Y_2-mX_2}$的大小反映了吸收率的高低，当操作条件一定时，其值越大，吸收率越高，N_{OG}越大，填料层高度越高。吸收率对传质单元数的影响，与传热一章中传热效率对传热单元数的影响类似，[16] 中的③提到传质单元数法的优势，也是类似于传热单元数法常用于处理冷热流体都是变温时的操作问题。②当吸收过程采用纯吸收剂时，传质单元数与溶质的吸收率、相平衡常数和操作液气比有关，与气体进口组成 Y_1 无关。

注释 [19] ①平均推动力法求传质单元数适用于平衡线是直线的情况，其实质与吸收因数法相同，只是形式不同而已，当吸收条件相同时，两种方法计算得到的传质单元数是相同的。②当已知 H、H_{OG}、Y_1、X_2时，求 Y_2。可由 H 和 H_{OG}先求出 N_{OG}，再用试差法求 Y_2。先设$\frac{\Delta Y_1}{\Delta Y_2}<2$，用算数平均值（$\Delta Y_1+\Delta Y_2$)/2 代替对数平均值$\frac{\Delta Y_1-\Delta Y_2}{\ln\frac{\Delta Y_1}{\Delta Y_2}}$，由此求出 Y_2，然后再验算所设的是否正确。若不满足假设，只能用迭代试差计算 Y_2。

注释 [20] ①求填料层高度除了前面所讲的传质单元数法外，还有一类方法是依据理论级的概念计算填料层高度，即等板高度法。这类方法既适用于板式塔，也适用于填料塔，把在这两种塔中进行的吸收过程均用多级逆流的理论级模型表达，设填料层由 N 级组成，混合气由塔底进入经过 N 级从塔顶第一级离开，吸收剂从塔顶进入第 1 级，逆流与混合气进行传质，从第 N 级离开塔底。若离开某一级的气液组成达到平衡，则称该级为一个理论级或一个理论板，完成一定的分离任务需要 N_T个理论级或 N_T个理论板。则填料层高度 $H=HETP\times N_T$。②$HETP$ 为等板高度，单位是 m。等板高度定义为完成一个理论级（板）所需的填料层高度。$HETP=f$（物系性质、操作条件、填料特性参数)，通常由实验测得或经验公式计算。③等板高度法计算填料层高度关键是要计算理论级数，理论级数可通过图解法和解析法获得，图解法与后续精馏一章梯级图解法计算理论板数一样，而解析法通过气液平衡关系（直线方程）和操作线关系（相邻两个理论级的气相组成与液相组成关系，由物料衡算获得)，逐级迭代运算，整理得到 $N_T=\frac{1}{\ln A}\left[\left(1-\frac{1}{A}\right)\frac{Y_1-mX_2}{Y_2-mX_2}+\frac{1}{A}\right]$，$Y_1$为混合气进塔底溶质组成，$Y_2$为混合气离开塔顶气体组成，$X_2$为吸收剂从塔顶进入的组成。④$N_T=\frac{1}{\ln A}\left[\left(1-\frac{1}{A}\right)\frac{Y_1-mX_2}{Y_2-mX_2}+\frac{1}{A}\right]$与传质单元数法求 N_{OG}的公式类似，并且也可用算图获得理论级数。

注释 [21] 吸收塔塔径的计算如同管路直径计算，塔径与气体体积流量 V_s和空塔气速 u 有关，气体体积流量受吸收塔操作条件影响，常取塔内平均压力下的体积流量，而空塔气速首先用埃克特（Eckert）通用关联图计算出液泛气速，再根据流体物性，考虑一个安全系数，确定空塔气速。

注释 [22] ①吸收与解吸是气体分离过程的有机整体，吸收过程操作有变化，必然引起解吸过程结果的变化，反之也是如此。整个吸收分离过程的经济成本主要在于解吸的成本，也就是吸收剂再生的成本，所以在吸收分离过程的设计和操作中，解吸操作参数的设计和操作是非常重要的。但是，由于解吸过程在传质方向、推动力、传质阻力、填料层的高度计算等诸多方面与吸收的情况非常类似或有相同的处理手段，所以并不过多赘述，只是要强调解吸和吸收的不同点。②解吸的传质方向与吸收的相反，溶质从液相向气相传递；解吸的推动力是负的吸收推动力，即液相相平衡的气相组成与实际气相组成差或液相组成与实际气相相平衡的液相组成差；解吸的操作条件与吸收的相反，减压和高温有利于解吸；解吸操作线在平衡线的下方，浓端在塔顶，稀端在塔底；解吸设计问题首先是确定最小气液比，然后设定适宜气液比，进而计算出解吸的载气用量。③解吸与吸收共同点是填料层的高度计算同样可以用传质单元数法，例如 $H=H_{OL}\times N_{OL}$，传质单元高度和传质单元数的定义、物理意义和计算方法类似于吸收过程。

注释［23］工业应用气体吸收操作主要有两个目的，制备溶液和净化气体。①若吸收塔塔高和填料一定，气体处理量和进口组成由前一工序决定，若希望得到浓溶液，则理论上采用较小的液气比，即小的液量，但其液体流率要大于保证填料全部润湿的最低流率。②当在较小液相流率下操作时，出现液相温度升高、填料表面未全部润湿等问题，通常采用部分吸收液再循环流程。如工业用水吸收二氧化氮制硝酸，在同等吸收剂用量的情况下，通常采取部分吸收液从塔底经冷却再循环回塔顶与新鲜吸收剂混合的办法克服上述问题，但这样全范围的部分吸收液再循环操作会引起严重的返混，造成吸收推动力降低，工业多采用分段循环，段数越多推动力降低的程度越小，返混程度减弱。③多段循环流程对应的操作线是由多段的直线构成，每段的液气比不同，液体在混合点满足物料衡算，段间气液相组成在塔内连续变化。

注释［24］工业上用吸收剂净化混合气时，希望离开吸收塔塔顶的气相组成越小越好，在塔高和吸收剂组成等一定的情况下，采用较大的液气比不失为最方便的方法。但需要注意以下几点：液量过大，吸收塔压降增加，动力消耗大，同时液量过大也使得吸收剂再生的负荷加大，大大增加了整个吸收过程的成本；另外，液量过大还容易产生液泛等不正常现象，严重时无法进行操作。

虽然单组分等温吸收过程比较简单，但其中的工程观点和综合因素影响的分析十分重要。

注释［25］吸收操作设计的主要任务是计算填料层高度，$H=f$（分离任务、操作条件、填料特性），由前面传质单元数法 $H=\frac{G}{K_Ya\Omega}\frac{Y_1-Y_2}{\Delta Y_m}$ 可知，在吸收分离任务（Y_2或吸收率）一定下，降低填料层高度的出发点可以从两个方面入手——提高吸收过程推动力和降低传质阻力。

注释［26］提高吸收过程的推动力，既可以靠提高吸收操作的液气比，又可以靠改变平衡条件（吸收温度和压力），另外还可以靠提高吸收塔一端推动力来实现（如降低 X_2）。

①当操作条件、吸收剂组成、混合气体流量和溶质组成一定时，完成一定的分离任务，采用提高液气比的办法，吸收操作线远离平衡线，吸收塔整体推动力增加，所需传质单元数降低，填料层高度降低。正如前面［6］、［7］所讲，这是以操作费提高为代价的。②若通过冷却吸收剂等手段使得进入吸收塔的液体温度降低或增加吸收压力，则改变了平衡条件，使得塔内气液组成偏离平衡状态加大，吸收推动力增加，同样获得填料层高度降低的结果。③当吸收操作条件、操作液气比、混合气体流量和溶质组成一定时，完成一定的分离任务，使吸收剂进口组成尽可能低，这样塔顶吸收推动力提高了，全塔推动力也将提高，同样使传质单元数降低，填料层高度降低，但吸收剂进口组成的降低是以深度解吸能耗增加为代价的。所以，吸收剂进口组成技术上小于等于与出塔气体组成相平衡的液相组成，即$X_2\leqslant\frac{Y_2}{m}$，综合考虑再生费用和设备费优化设计 X_2。

综上所述，吸收过程的三个参数 L、T、X_2对设计与操作都有非常重要的影响。

注释［27］吸收过程的阻力$=f$（填料性能、流动状态），同时还要明确一个重要观点即吸收过程总阻力等于串联过程各步传质阻力的加和。①由双膜理论可知，吸收过程总阻力等于气膜和液膜两个虚拟膜的传质阻力的和，若某一相传质阻力大，则该相传质过程为两相传质过程的控制步骤，总传质阻力近似等于该相传质阻力。②降低某相传质阻力，可通过改善填料性能和提高该相流体湍动程度实现。

5.2 疑难解析

5.2.1 亨利定律多种形式的应用场合，亨利系数 E、溶解度常数 H 和相平衡常数 m 的关系及它们的影响因素

表示气液平衡关系的亨利定律可以写成多种形式，如：

$$p_A^* = Ex \tag{5-1}$$

$$p_A^* = \frac{c_A}{H} \tag{5-2}$$

$$y^* = mx \tag{5-3}$$

气液平衡关系尽管表达形式多种，但本质上都反映低浓度下气液平衡时气液两相组成的关系，只不过是气液相组成表达方式不同，可根据使用目的加以选择。

讨论溶解度问题，用式(5-2) 是根本，测量溶质溶解度的实验通常是在一定压力和定容的条件下进行，故表示溶质在溶剂中的溶解度或表述溶解度曲线时常采用式(5-2)。在压力不太高、溶质和溶剂种类一定的情况下，溶解度常数 H 取决于体系的温度和溶液总浓度，而与压力无关，所以，以分压为纵坐标，摩尔分数 x 或摩尔浓度 c_A 为横坐标的溶解度曲线不因压力变化而变化。另外，当吸收总压力变化时，溶质组分分压随之发生变化，所以用分压最能表示气体的特征，故气相组成采用分压 p_A 表达的亨利定律公式(5-1) 或式(5-2) 通常用于讨论有关概念问题和分析吸收过程，如用溶质的气相分压来确定传质过程进行的方向、极限和推动力的大小更容易理解吸收过程进行的本质，而溶质的气相分率 y 毕竟表示的是气相中溶质与惰性组分的配比，不能说明气相中溶质绝对量的大小。

在对吸收过程进行物料衡算时，采用摩尔分数 y、x 比较方便，所以吸收计算用到相平衡关系常采用式(5-3)。

值得注意的是对于一定的物系，亨利系数 E、溶解度常数 H 及相平衡常数 m 的大小都能反映溶质在溶剂中溶解度的大小，它们之间有一定的关系，且它们受温度等因素的影响。

当溶液为稀溶液时，可推导出

$$\frac{1}{H} \approx \frac{EM_S}{\rho_S},\ m = \frac{E}{p}$$

式中，ρ_S 为溶剂的密度，kg/m^3；M_S 为溶剂的摩尔质量，kg/kmol。

当溶质和溶剂一定、压力不太高时，对于大多数物系，E 和 H 随温度而变化，温度上升，E 值增大，H 降低，气体溶解度降低。相平衡常数 m 不仅随温度变化，而且也随压力变化，温度降低或总压升高，m 值变小。

通过比较不同物系 E、H 和 m 的数值大小，可估计气体溶解的难易程度。难溶气体 E 和 m 值很大，H 值很小；易溶气体 E 和 m 值很小，H 值很大。

5.2.2 分子扩散通量 J_A、净传递速率 N 及传质速率 N_A 的关系

分子扩散通量 J_A 即分子扩散速率，对于双组分的混合物，只要流体内部存在浓度梯度，就存在分子扩散，单位时间内组分 A 通过单位面积扩散的物质量为 J_A。它是分子微观运动的宏观结果，它所传递的纯 A 组分或纯 B 组分的量通过菲克定律表达。

在单组分吸收过程中，混合气体中的溶质 A 不断由气相主体扩散到气液相界面处，在界面处被液体溶剂溶解，而组分 B 不被溶剂所吸收，被界面截留，由于液相不能向相界面

提供组分 B，造成了相界面气相一侧附近总压降低，使气相主体与相界面间产生一小压差，促使 A、B 混合气体由气相主体向相界面处流动。此流动为总体流动，而该总体流动是因分子扩散本身引起的宏观流动，不是依靠外力的流动，此总体流动使组分 A 和组分 B 具有相同的传递方向，如图 5-1 所示。

传质速率 N_A 是指因分子扩散和总体流动而造成的单位时间、单位面积传递物质 A 的量。由于总体流动是因分子扩散引起的，所以，也可以认为传质速率 N_A 是分子扩散造成组分 A 总传递的物质量。

净传递速率 N 是分子扩散 A、分子扩散 B 和因分子扩散引起的总体流动这三股质量流的总和。它考察的对象既包括 A 组分又包括 B 组分，数值上等于传质速率 N_A 与 N_B 的和。

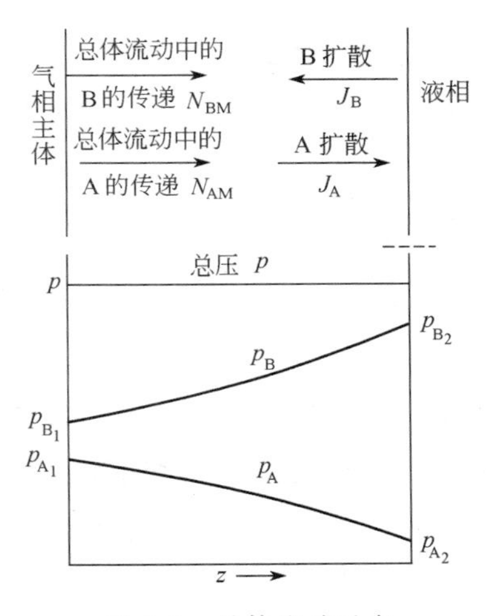

图 5-1　总体流动示意

5.2.3　分子扩散系数的物理意义及影响因素

分子扩散系数或扩散系数是物质的传递特性，数值上等于单位浓度梯度下的分子扩散通量，即

$$D=\frac{-J_A}{\frac{dc_A}{dz}} \tag{5-4}$$

其值通过实验或经验公式获得。它的大小与物系、温度、压力等因素有关，组分在液体中的扩散系数还与总浓度有关。

由气体在某一温度 T_0、压力 p_0 下的扩散系数 D_0 可推算其他温度 T、压力 p 下的扩散系数 D，具体计算式如下

$$D=D_0\frac{p_0}{p}\left(\frac{T}{T_0}\right)^{3/2} \tag{5-5}$$

对于液体，已知某一温度 T_0、压力 p_0 下的扩散系数 D_0，则其他温度 T、压力 p 下的扩散系数 D 为

$$D=D_0\frac{T}{T_0}\frac{\mu_0}{\mu} \tag{5-6}$$

5.2.4　菲克定律、傅里叶定律和牛顿黏性定律的类似性

由分子的微观运动引起的动量、热量和质量传递现象存在类似性，见表 5-1。

表 5-1　动量、热量和质量传递现象的比较

项目	动量传递	热量传递	质量传递
物理量的不均匀导致传递	速度梯度	温度梯度	浓度梯度
传递方向均为梯度的反方向	高速度向低速度	高温向低温	高浓度向低浓度
数学模型描述（传递现象规律的基本定律）	牛顿黏性定律 $\tau=-\mu\frac{du}{dy}$	傅里叶定律 $q=-\lambda\frac{dt}{dy}$	菲克定律 $J_A=-D\frac{dc_A}{dy}$

续表

项目	动量传递	热量传递	质量传递
传递的物理量与梯度的关系(线性关系)	两流体层的剪应力与速度梯度成正比	热量通量与温度梯度成正比	扩散通量与浓度梯度成正比
基本定律的系数 只是状态的函数与传递的物理量或梯度无关	动力黏度 μ 为动量传递物性常数,反映了流体的流动特性,其值越大,流体产生的剪应力越大,流动阻力就越大	热导率 λ 为热传导的物性常数,反映了物质的导热能力,其值越大,导热速率越快	扩散系数 D 为分子扩散的物性常数,反映了物质扩散传递的特性,其值系数越大,传递能力越强

5.2.5 与传热过程相比较，吸收（或解吸）过程的方向、极限和推动力有什么特点

无论是流体还是固体内部，只要有温度差就有传热，传热过程进行的方向是由高温向低温。而吸收（或解吸）过程的方向取决于一相浓度与另一相平衡浓度的大小，相平衡影响过程进行的方向，温度降低或压力提高有可能改变过程进行的方向，可能会使过程由解吸（溶质由液相向气相传递）变为吸收（溶质由气相向液相传递）。

对于逆流传热过程，如图 5-2 所示，当传热面积足够大，且冷流体流量与比热容的乘积远远大于热流体流量与比热容的乘积时，热流体被冷却的极限温度 $T_{2,\min}$ 为冷流体的进口温度 t_1，见图 5-2（a）。而当热流体流量与比热容的乘积远远大于冷流体流量与比热容的乘积时，冷流体被加热的极限温度 $t_{2,\max}$ 为热流体的进口温度 T_1，见图 5-2（b）。对于逆流吸收过程，当塔高无限，且少量的吸收剂时，在塔底吸收达到平衡，但极限浓度 $x_{1,\max}$ 并不等于 y_1，而是 $x_{1,\max}=y_1/m$，如图 5-3 所示；少量的气体，大量的吸收剂，吸收在塔顶达到平衡，但混合气体的极限浓度 $y_{2,\min}$ 不等于 x_2，而是 $y_{2,\min}=mx_2$，如图 5-4 所示。无论是在塔顶还是塔底平衡，极限浓度与平衡关系有关。

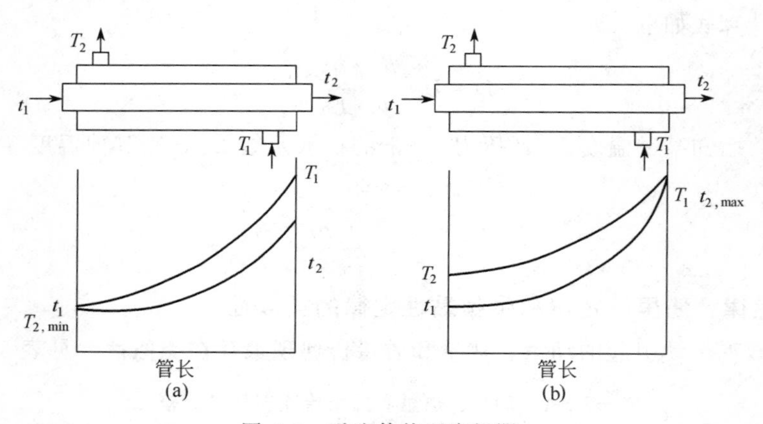

图 5-2 逆流传热温度极限

两温度不同的流体传热，过程推动力为两流体的温度差（$T-t$）；而吸收过程推动力不能直接为两相中某组分的浓度差，而是一相实际浓度与另一相平衡浓度差，实际浓度偏离平衡浓度越大，推动力越大，推动力大小仍然与平衡关系有关。推动力可以以气相浓度为基准，也可以以液相浓度为基准，浓度还可以采用不同的方式表示，如 $p_A-p_A^*$、$y-y^*$、x^*-x、$c_A^*-c_A$。

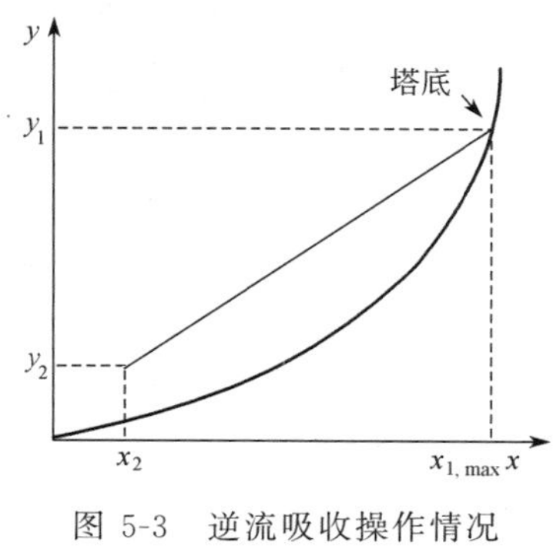

图 5-3 逆流吸收操作情况
（塔高无限，少量吸收剂）

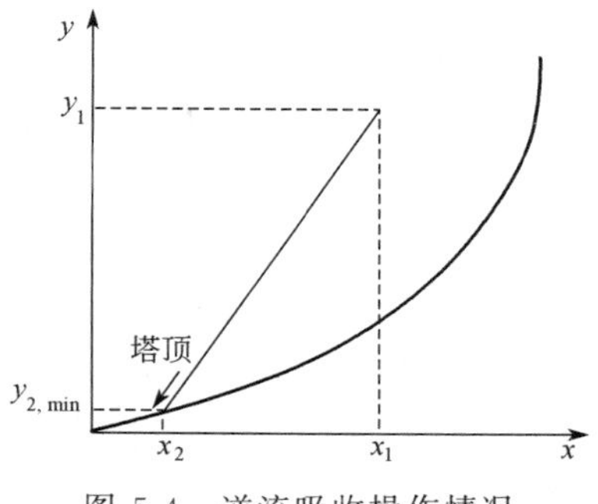

图 5-4 逆流吸收操作情况
（塔高无限，大量吸收剂）

总之，吸收与传热相比，吸收过程进行的方向、极限和推动力都与相平衡有关，这是吸收过程与传热过程最大的差别。

5.2.6 应用吸收传质速率方程的注意点及传质速率方程的选择原则

吸收传质速率方程一般表达式为

$$传质速率=传质系数\times传质推动力=\frac{传质推动力}{传质阻力}$$

应用吸收传质速率方程要注意传质系数、传质阻力与推动力及单位的对应关系，相互之间的关系和单位要保持一致。例如，推动力为 $p_A-p_A^*$，单位为 kPa；总传质阻力为$1/K_G$，气膜传质阻力为$\frac{1}{k_G}$，液膜传质阻力为$\frac{1}{Hk_L}$，各项传质阻力的单位均为 $m^2\cdot s\cdot kPa/kmol$。而以 $c_A^*-c_A$（单位为 $kmol/m^3$）表示推动力时，总传质阻力为$\frac{1}{K_L}$，气膜传质阻力$\frac{H}{k_G}$，液膜传质阻力为$\frac{1}{k_L}$，各项传质阻力的单位均为 s/m。

吸收传质速率方程（见吸收联系图）如此多，应根据使用方便的原则选择适当的方程。例如，为避免界面浓度，应选择总传质速率方程。但要注意，吸收过程若为定态操作，且操作条件一定时，通常认为 k_G 和 k_L 为常数，在整个吸收过程中气相和液相组成沿吸收塔内填料层不同位置而变化，平衡关系符合亨利定律或为直线，总传质系数 K_G 和 K_L 才为常数。当总传质系数沿填料层不同位置随组成变化时，不宜采用总传质速率方程，但对于易溶气体（气膜控制的吸收过程，$K_G\approx k_G$）或难溶气体（液膜控制的吸收过程，$K_L\approx k_L$），也可采用相应的总传质速率方程。对于中等溶解度的气体，且平衡关系为非直线的体系，不宜采用总传质速率方程。

5.2.7 从传质阻力的角度分析在吸收过程中有时采用吸收液部分循环流程的优势

依据双膜理论，吸收过程可看作是一组分通过另一停滞组分的扩散过程，即单向扩散过程。由单相内传质速率方程

$$气相\ N_A=k_G(p_A-p_{Ai}),\ k_G=\frac{Dp}{RTz_Gp_{Bm}}$$

$$液相\ N_A=k_L(c_{Ai}-c_A),\ k_L=\frac{D'c}{z_Lc_{Sm}}$$

可知流体流动速度或湍动程度增加，有效膜厚 z_G、z_L 减少，气相或液相传质系数 k_G、k_L 增大，传质系数的倒数为传质阻力，故传质阻力减少。通常工程上采用提高流速或流体湍动程度的办法来强化吸收过程，如吸收液部分循环，在新鲜吸收剂用量一定的条件下，部分吸收液与新鲜吸收剂混合一起进入吸收塔，塔内液体流量增加，对于液膜控制的吸收过程，液相传质系数提高，总吸收传质系数增加，即总传质阻力减少。吸收液部分再循环的另一用处是原吸收剂的喷淋量不足时使用。但值得注意的是吸收液部分循环带来的问题，吸收剂进口溶质浓度增加，吸收塔顶的推动力减少，吸收总推动力减少，若总传质阻力降低的程度大于吸收总推动力减少的程度，这一操作措施对强化吸收过程是有利的。

5.2.8 双膜理论的意义

双膜理论的主要观点是相互接触的气液两相存在一稳定的相界面，界面的两侧各有一层静止的膜层，在该膜层内组分以分子扩散的形式传质；气液两相传质的阻力都集中在该膜层，膜层以外流体充分湍动，浓度梯度为零；相界面上没有传质阻力。

根据双膜理论，在定态的等摩尔反向扩散中

$$k_G=\frac{D}{RTz_G} \tag{5-7}$$

在定态的单向扩散中：

$$k_G=\frac{Dp}{RTz_G p_{Bm}} \tag{5-8}$$

从式（5-7）、式（5-8）可以看出 $k_G \propto D$，流体在吸收过程中多为湍流流动，而此情况下，实验证明 $k_G \propto D$ 的关系不符合实验结果；另外气液稳定的相界面是否存在也有人提出质疑；同时相界面处气液能否达到相平衡也值得进一步研究。尽管如此，双膜理论仍应用至今，它的意义在于：

① 双膜理论将复杂的吸收过程简化，给出了两相内传质系数的表达式，便于用实验测定；

② 双膜理论认为传质阻力集中在两个有效膜内，这样，可以将整个吸收过程的传质阻力看成是两相传质阻力的加和，此即串联阻力的概念。尽管人们对稳定相界面和界面阻力忽略有疑问，但串联阻力的概念对控制吸收过程和强化吸收过程有非常大的指导意义。

5.2.9 逆流和并流吸收过程操作线、平均推动力及最小液气比的比较

和逆流吸收一样，并流吸收操作线也可通过物料衡算获得。与逆流吸收操作线相同，并流吸收操作线也为通过以塔顶和塔底浓度为端点的直线，同样在平衡线之上，影响因素也相同（包括操作液气比和混合气体进口组成及吸收剂进口浓度）。不同之处如图 5-5 所示，并流吸收操作线为 AB，逆流吸收操作线为 CD，两者在进出口气液两相浓度相同的情况下，逆流吸收的平均推动力大于并流吸收平均推动力。但要注意当平衡线斜率很小时，即相平衡常数很小时，并流吸收的平均推动力与逆流吸收的平均推动力相差较小。

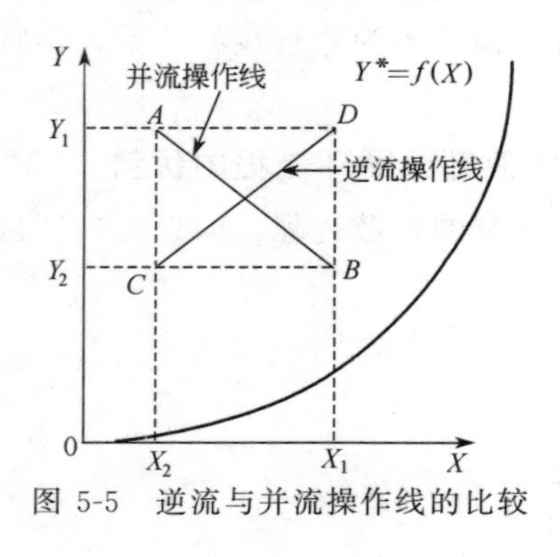

图 5-5 逆流与并流操作线的比较

当逆流与并流的操作条件相同时，并且完成相同的分离任务，并流操作的最小吸收剂用量为 $L_{\min,并流}=V\dfrac{Y_1-Y_2}{\dfrac{Y_2}{m}-X_2}$，而逆流操作的最小吸收剂用量为 $L_{\min,逆流}=$

$V\dfrac{Y_1-Y_2}{\dfrac{Y_1}{m}-X_2}$，因 $Y_1>Y_2$，故并流操作的最小液气比大于逆流吸收操作的最小液气比。

5.2.10　适宜操作液气比选择的出发点

选择适宜的操作液气比应从液气比的极限及液气比对操作费用和设备费用的影响等方面全面考虑。理论上存在一个最小液气比，当物系和操作条件一定时，对于规定的吸收任务（吸收率 η 或 Y_2），在最小液气比下操作，塔高无限。实际操作液气比应大于最小液气比。液气比增加，一方面塔高降低了，设备费降低；另一方面，由于吸收是以分离为目的的，吸收过程的完整流程包括吸收与解吸过程，所以，液气比增加，吸收剂用量增加，不仅吸收的操作费用增加，解吸的设备和操作费用也增加。这是因为吸收剂用量的增加会带来解吸塔解吸负荷的增加和难度。为保证吸收剂进口组成不变，通常采用提高解吸温度或解吸气量的办法，这样解吸的设备和操作费用就要增加。除此之外，通过计算发现，吸收操作液气比的增加，塔高下降，但其值下降到一定程度后随液气比的减少其下降幅度逐渐变小，即采用增加液气比降低塔高这一措施不总是有效的。综上所述，吸收操作液气比有一最经济值，是最小液气比的一个倍数，具体的倍数应依据总费用最低的原则而定。

值得注意的是适宜操作液气比必须保证在操作条件下，填料表面被液体充分润湿，即保证单位塔截面上单位时间内流下的液体量不得小于某一最低允许值，否则，提供气液有效传质的表面积降低，吸收程度下降。

5.2.11　吸收过程与间壁式传热过程的异同点

表 5-2 列出了吸收与间壁式传热过程的异同点。

表 5-2　吸收与间壁式传热过程的比较

项目		吸收过程	间壁式传热过程
相似	传递机理	涡流扩散与分子扩散的总和	热传导与对流传热的总和
	工程处理方法（都采用膜模型的方法）	将复杂的对流传质过程简化为靠近界面的静止层的分子扩散	将复杂的对流传热过程简化为靠近壁面的虚拟层流层的导热
	总速率方程＝总推动力/总阻力＝总传递系数×总推动力	推动力为浓度差	推动力为温度差
		总阻力为总传质系数的倒数	总阻力为总传热系数的倒数
		总阻力为过程涉及的气相对流传质与液相对流传质阻力的加和	总阻力为过程涉及的冷流体对流传热、导热和热流体对流传热三步阻力的加和
	传递过程对应的传递系数特征数表达式	传质系数 k_G、k_L，代表单相流体传质情况，传质系数可用无量纲关联式 $Sh=f(Re、Sc)$ 求取	对流传热系数 α_i、α_0，代表单相流体一侧流体传热的情况，对流传热系数可用关联式 $Nu=f(Re、Pr)$ 求取
相异	推动力和传递极限	吸收传质的推动力为一相浓度与另一相相平衡浓度的差，吸收平衡时，两相浓度并不相等，而是两相浓度达到平衡	推动力为温度差，热量传递平衡时，两流体温度相同
	壁温与界面浓度	吸收过程界面两侧直接接触，两相的流动相互影响，界面浓度难测	间壁两侧对流传热过程互相独立，壁温可以测量
	速率方程	推动力是两相浓度差，与相平衡有关，且浓度又可用多种形式表达，致使吸收过程速率方程形式多种多样，速率方程较为复杂	推动力为 $T-t$，故传热过程速率方程较为简单

5.2.12 吸收因数法与平均推动力法求传质单元数的条件与区别

吸收因数法与对数平均推动力法求传质单元数同样要求平衡线和吸收操作线为直线，两种方法本质相同，只是形式不同。对数平均推动力法计算传质单元数逆流和并流均适用，以气相总传质单元数为例

$$N_{OG}=\int_{Y_2}^{Y_1}\frac{dY}{Y-Y^*}=\frac{Y_1-Y_2}{\Delta Y_m},\quad \Delta Y_m=\frac{\Delta Y_1-\Delta Y_2}{\ln\dfrac{\Delta Y_1}{\Delta Y_2}}$$

而吸收因数法计算逆流和并流各有其传质单元数公式。

逆流吸收
$$N_{OG}=\frac{1}{1-S}\ln\left[(1-S)\frac{Y_1-mX_2}{Y_2-mX_2}+S\right]$$

式中，Y_1、Y_2 分别为气相进、出口组成；X_2、X_1 分别为液相进、出口组成；Y^* 为与实际液相组成相平衡的气相组成。

并流吸收
$$N_{OG}=\frac{1}{1+S}\ln\frac{Y_1-mX_2}{Y_2-mX_2}$$

式中，Y_1、Y_2 分别为气相进、出口组成；X_2、X_1 分别为液相进、出口组成。

但当已知吸收塔气液相进出口三个浓度时，使用吸收因数法更为方便。吸收因数法常用于操作计算或操作分析，如分析吸收率、液气比及操作温度等参数对传质单元数影响时，采用吸收因数法，特别是利用吸收因数图更为直观。

特别要注意的是当平衡线与吸收操作线平行时，不能使用吸收因数法。当平衡线与操作线平行时，传质单元数可采用式(5-9) 计算

$$N_{OG}=\frac{Y_1-Y_2}{Y_1-Y_1^*}=\frac{Y_1-Y_2}{Y_2-Y_2^*} \tag{5-9}$$

式中，Y_1^*、Y_2^* 分别为与液相出、进组成 X_1 和 X_2 成相平衡的气相组成。

5.2.13 为什么工程上常采用传质单元高度反映吸收设备的分离效能？

体积传质系数与传质单元高度同样反映了设备分离效能，但传质单元高度的单位与填料层高度单位相同，避免了传质系数单位的复杂换算；另外体积传质系数随流体流量的变化较大，一般 $K_{Ya}\propto V^{0.7\sim0.8}$，而传质单元高度受流体流量变化的影响很小，$H_{OG}=\dfrac{V}{K_{Ya}\Omega}\propto V^{0.3\sim0.2}$，所以用传质单元高度反映吸收设备分离效能更为客观。通常 H_{OG} 的变化在0.15～1.5m 范围内，具体数值通过实验测定。

5.2.14 从降低吸收过程总费用的角度看吸收剂的选择

吸收一章通常在前面要交代吸收剂的选择原则，其中有两条，一是吸收剂溶解度大，其二是吸收剂对溶质的溶解能力对温度的变化反应要灵敏。吸收一章全部学完后，会发现吸收剂的选择对降低整个吸收过程的费用是至关重要的。

吸收剂溶解度大，吸收剂对溶质的吸收能力强，相平衡常数小，当吸收处理气体量和溶质含量一定时，采用相同的吸收剂量，完成一定的吸收率，溶解度大的吸收剂所需吸收塔填料层高度低，故设备费低；另外一方面，若吸收设备一定，完成相同的吸收任务，其他操作条件相同，因 $L_{min}=V\dfrac{Y_1-Y_2}{\dfrac{Y_1}{m}-X_2}$，故溶解度大（相平衡常数 m 小）的所需吸收剂最小用量

少，实际吸收剂用量也少，节省了吸收剂用量，同时也降低了流体输送的动力消耗，吸收的操作费用大大降低。不仅如此，对解吸过程而言，吸收剂用量少，也减少了解吸塔的负荷，降低了解吸的费用，解吸费用主要包括解吸过程对吸收液加热所需的热量及惰性气体消耗量。

要求吸收剂溶解度对温度的变化反应灵敏，即吸收过程在低温下进行，对溶质的溶解度要大，但在较高温度的解吸过程，随温度的升高，吸收剂对溶质的溶解度要迅速降低。整个吸收过程的能耗主要在解吸过程，在解吸所用载气量一定的条件下，若吸收剂的溶解度对温度变化反应灵敏，溶液温度稍有增加，溶解度便大大下降，相平衡常数大大降低，就可达到一定的解吸率，而所需温升小，则对应的供热量少，即降低了解吸能耗，从而降低了整个吸收过程的费用。

因吸收剂对溶质的溶解性对吸收费用影响如此之大，所以，在实际工业吸收过程中，人们对吸收剂的选择和研究十分重视，如二氧化碳脱除过程，吸收剂从无机吸收剂水发展到有机吸收剂甲醇、聚乙二醇二甲醚、碳酸丙烯酯及 *N*-甲基吡咯烷酮等。吸收剂选择很重要的一个方面是要考虑吸收过程总费用降低的问题。

5.3 工程案例

5.3.1 吸收剂及吸收-解吸工艺的改造

合成氨生产过程除电解法外，不管用何种原料制得的粗原料气中都含有硫化物、一氧化碳、二氧化碳等气体，这些物质都是氨合成催化剂的毒物，在进行氨合成之前，需将它们彻底清除。二氧化碳的脱除，简称为脱碳，是一个典型的且广泛应用的吸收工艺过程，吸收方法有物理吸收、化学吸收和物理化学吸收。就物理吸收来讲，其工艺过程也是发展变化的，该变化过程反映了人们将吸收理论具体应用到化工生产以实现过程强化的技术发展沿革。

20 世纪 60 年代以前，工业上以氮气和氢气为原料合成氨主要是为了生产尿素，脱碳工艺大部分采用传统的加压水洗和常压淋降式汽提解吸。由于二氧化碳在水中溶解度不大，所以吸收效率不高，如何提高脱碳效率，靠加大水量，流体输送动力消耗很大，且水量消耗也大，操作费用高。20 世纪 70 年代初南京化工集团研究院开发了 PC（碳酸丙烯酯，propylene carbonate）技术，该技术的核心是以碳酸丙烯酯为吸收剂。两个小氮肥厂首先用该方法代替水洗脱碳，由于 PC 法在工艺上与水洗法相同，故改造过程涉及的流程和设备相同，较为方便。并且，以碳酸丙烯酯为脱碳吸收剂，一般为同条件下水吸收能力的 4 倍，达到与水洗相同的吸收率，溶剂消耗量大大减少，流体动力消耗减少。两个小氮肥厂用 PC 法代替水洗法脱二氧化碳的工业试验装置获得成功，取得了明显的节能效果和经济效益。

随着经济发展的需要，要求提高合成氨和尿素生产能力，同时也有工艺要求尿素联产碱等产品。这就要求不仅脱碳的效率要高，同时对二氧化碳的回收数量和质量提出了高要求，以满足尿素联产碱的工艺需求。至 20 世纪 70 年代末先后有 100 多个厂家使用了 PC 技术，而这些厂家的生产工艺是尿素联产碱的，在原设备和工艺的基础上单纯将水洗法改为 PC 法，经过 2 年多实践，人们逐渐发现此简单的改良还有一些问题。一是碳酸丙烯酯吸收剂损耗较大；二是采用了 PC 吸收剂，出现了净化气“跑高”问题，即二氧化碳离开吸收塔含量高，加大了铜洗的负荷，这导致操作费用的增加和氨损耗增大。

针对上述问题对 PC 技术进行剖析，碳酸丙烯酯吸收剂损耗较大是由于该系统是在原来水脱碳系统基础上直接改造而来，用碳酸丙烯酯替代水作为吸收剂，是从无机吸收剂转换为有机吸收剂，碳酸丙烯酯的蒸气压高，且 PC 回收系统不完善所致；净化气中二氧化碳含量高的原因是 PC 吸收剂再生效果不好或吸收剂冷却差，根本原因是 PC 吸收二氧化碳的能力降低了。

为此，在设备和工艺两方面作了一些改革。为提高 PC 吸收剂的吸收能力，防止二氧化碳跑高，将原常压解吸改为真空解吸，解吸压力降低，解吸推动力加大，解吸效果好，循环 PC 溶剂浓度降低，进而提高了吸收推动力；且淋降式解吸塔改为筛板或填料塔，使得解吸能力进一步提高；降低循环溶剂的温度；吸收塔内采用全截面均匀分布的气体和液体分布器，部分或全部采用规整填料，提高通气量以强化气液接触效率，加大气液传质面积，结果大大提高了吸收塔的吸收效果，降低了净化气中二氧化碳浓度，减轻了后续铜洗负荷。

与水相比，碳酸丙烯酯的蒸气压高，常压解吸改为真空解吸，因 PC 回收系统不完善，造成溶剂碳酸丙烯酯损失增大，吸收剂成本增加。为从根本上解决这一问题，采用复合溶剂法，即对 PC 吸收剂进行改良，向 PC 吸收剂直接添加复合溶剂的相关组分，在原 PC 技术上过渡为 PC 复合工艺，复合 PC 吸收剂的蒸气压降低，吸收剂的损耗大大降低。

另外一方面，实验证明复合溶剂的选择性和吸收能力优于纯溶剂，特别是在高压下，对二氧化碳的溶解度显著提高，故脱碳效率进一步提高或相同的脱碳率可节省溶剂。总之，采用复合 PC 技术，二氧化碳净化度高，吸收剂损耗和电力消耗都得以降低。PC 法和复合溶剂法运行情况比较见表 5-3。

表 5-3 PC 法和复合溶剂法的比较

项目	PC 法	复合溶剂法	项目	PC 法	复合溶剂法
CO_2 净化度/%	0.5	0.8	电耗/kW	145	100
溶剂损耗/kg	1.5	0.75	操作成本/元	85	60

上述碳酸丙烯酯复合溶剂脱碳工艺技术沿革说明，吸收剂在吸收过程中所起的作用非常重要，吸收剂的特性既决定吸收效果，也决定解吸效果，同时它是决定能耗和操作费用的主要因素。一个完整的吸收过程是由吸收和解吸联合构成，解吸差直接影响吸收过程，吸收过程的操作费用中解吸费用占大部分，故降低操作费用，重在降低溶剂的解吸费用，提高吸收剂溶解性能、降低吸收剂用量、减少吸收剂损失等目标是关键。

5.3.2 吸收塔的设计

目前，全球每年排放的 SO_2 大约为 3 亿吨，主要来源于化工、电力和冶炼等行业。SO_2 的排放严重污染了大气，影响人体的健康，产生酸雨，危及农作物。因此，治理 SO_2 排放问题十分重要。根据国家环保总局规定 SO_2 排放总量要逐渐降低，所以部分单位对 SO_2 排放超标的设备进行改造。

某金属冶炼厂冶炼炉排放的含有 SO_2 1%（摩尔分数，下同）的混合气体用清水在装有陶瓷拉西环的填料塔逆流吸收，经过一段时间分析吸收塔尾气 SO_2 超标，工厂组织技术人员分析原因，并采取方便而又有效的措施进行改造（原来要求尾气排放 SO_2 不超过 0.1%，当时的排放组成是 0.5%，原设计液气比为 10，操作条件下平衡关系为 $Y^*=8.0X$）。

首先分析 SO_2 超标的原因，从两方面入手。一种可能是操作条件不当，如因管路等原因引起气量和液量的变化，使得吸收操作采用的液气比变小，也可能是矿石组成变化含硫量增加导致进塔组成提高，吸收剂温度高了，吸收压力低了；二是设备方面出了问题，传质系数下降，传质阻力增大。针对可能的原因进行检测确定，对进气量和清水量检测发现波动很小，分析矿石组成变化也不大，按设计时的富裕程度出口 SO_2 不可能超标。当时正值冬季，不可能是清水温度变化所致，吸收压力为常压没有变化。唯一可能是填料使用时间长，有破损，液体分布不均，填料性能下降，传质阻力增加。

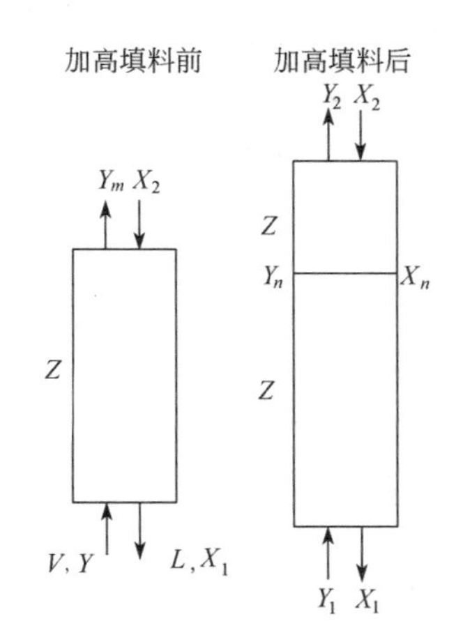

图 5-6　填料层高度计算示意

采取什么措施控制 SO_2 超标，有人首先提出增加清水流量。这一措施看起来应该有效又方便，但也有人反对，理由是对于清水吸收 SO_2 的体系，溶解度适中，气、液两相的阻力都不能忽略，这样双膜控制的吸收过程，提高液体流量，传质系数能提高，但只有提高很大总传质系数才能显著增加，何况在填料已经破碎的情况下，若采用较大的喷淋量很可能引起液泛，该措施不宜采取。

也有人提出加高一段填料，并采用新型填料，小试实验测得新型填料传质单元高度为0.8m。那么增加填料层的高度为多少米才能使得 SO_2 达到排放标准呢？通过图 5-6 设计计算如下。

原塔：

$$Z=H_{OG}N_{OG}$$

对于加高填料层高度后的原塔部分，其气量和传质系数没变化，故传质单元高度 H_{OG} 不变，塔高未变，所以传质单元数 N_{OG} 没变化。吸收温度可以认为近似不变，所以，解吸因数 S 不变。即

原塔段：

$$N_{OG}=\frac{1}{1-S}\ln\left[(1-S)\frac{Y_1}{Y_m}+S\right] \tag{5-10}$$

加高后的原塔段

$$N'_{OG}=\frac{1}{1-S}\ln\left[(1-S)\frac{Y_1-mX_n}{Y_n-mX_n}+S\right] \tag{5-11}$$

$$S=\frac{m}{\frac{L}{V}}=\frac{8}{10}=0.8$$

由式(5-10)、式(5-11)得到

$$\frac{Y_1}{Y_m}=\frac{Y_1-mX_n}{Y_n-mX_n} \tag{5-12}$$

添加的塔高段：

$$N''_{OG}=\frac{1}{1-S}\ln\left[(1-S)\frac{Y_n}{Y_2}+S\right] \tag{5-13}$$

对添加的塔高段作物料衡算：

$$(Y_n-Y_2)V=LX_n \tag{5-14}$$

$$(Y_n-Y_2)V/L=X_n \tag{5-15}$$

将式（5-15）代入式（5-12），整理得

$$Y_n=\frac{(Y_1+SY_2)-\frac{SY_1Y_2}{Y_m}}{\frac{Y_1}{Y_m}(1-S)+S} \tag{5-16}$$

由式(5-16)得：

$$Y_n=\frac{(0.01+0.8\times0.001)-\frac{0.8\times0.01\times0.001}{0.005}}{\frac{0.01}{0.005}\times(1-0.8)+0.8}=0.0077$$

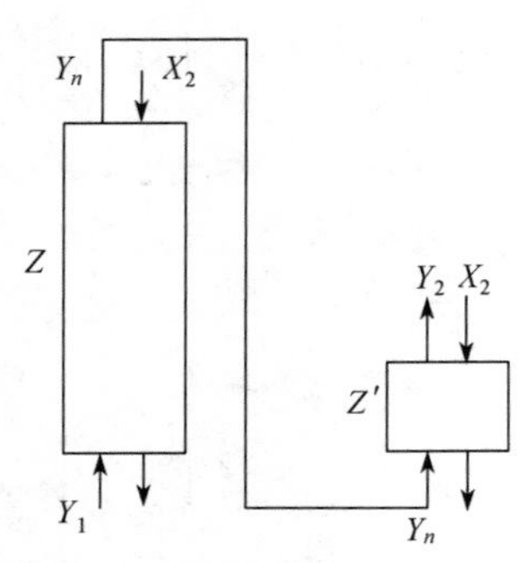

图 5-7 填料层高度计算示意

将式(5-16)代入式(5-13)，并将已知条件代入，得到

$$N''_{OG}=\frac{1}{1-0.8}\ln\left[(1-0.8)\frac{0.0077}{0.001}+0.8\right]=4.24$$

添加塔高 $Z'=N''_{OG}\cdot H'_{OG}=4.24\times0.8=3.4\text{m}$

即在原塔的基础上增加3.4m的塔段，但这一方案有人提出质疑，增加塔高会带来清水离心泵扬程不够的问题，要解决此问题还要在原离心泵的管路上串联一个离心泵或换一台扬程大的离心泵，若这样，不如在原吸收流程中增加一个小吸收塔，其塔直径与原塔的塔径相同，同时填料还用新型填料，增加一台离心泵，采用清水。流程如图5-7，具体塔高设计如下

$$N_{OG}=\frac{1}{1-S}\ln\left[(1-S)\frac{Y_n}{Y_2}+S\right]$$

$$N_{OG}=\frac{1}{1-0.8}\ln\left[(1-0.8)\times\frac{0.005}{0.001}+0.8\right]=2.9$$

串联塔的塔高 $Z'=0.8\times2.9=2.3\text{m}$。对于当地低廉的水价来说，该方案较为经济，若水价高，要进行具体的经济核算。

最后技术改造方案确定串联一段2.3m装有新型填料的塔，经过实际运行，对吸收塔出口混合气体进行测试，发现二氧化硫排放浓度达到了原工艺要求。

5.4 例题详解

【例5-1】 亨利定律及对亨利系数等的影响

在绝压为100kPa、20℃下将氨气通入100g水中，平衡后测得溶液中含有1g的氨，液相上方氨的分压为780Pa，试求：(1) 该条件下的溶解度系数 H、亨利系数 E、相平衡常数 m；(2) 若温度不变，总压为200kPa（表压），求 H、E、m（外界大气压为100kPa)；(3) 温度提高到40℃，氨的平衡分压为980Pa，求 H、E、m。

解 (1) 由亨利定律可知：$p_A^*=Ex$

式中

$$x=\frac{\frac{1}{17}}{\frac{1}{17}+\frac{100}{18}}=0.0105$$

故亨利系数为

$$E=\frac{p_A^*}{x}=\frac{780}{0.0105}=7.43\times10^4\text{Pa}$$

由亨利定律另一种形式可知：$y^*=mx$

其中

$$y=\frac{p_A}{p}=\frac{780}{100000}=0.0078$$

故相平衡常数为

$$m=\frac{y^*}{x}=\frac{0.0078}{0.0105}=0.743$$

由亨利定律另一种形式 $p_A^*=\frac{c_A}{H}$，其中

$$c_A=\frac{\frac{1}{17}}{\frac{1+100}{1000}}=0.582\text{kmol/m}^3$$

故溶解度系数为　$$H=\frac{c_A}{p_A^*}=\frac{0.582}{780}=7.46\times10^{-4}\text{kmol/(m}^3\cdot\text{Pa)}$$

另外，也可通过 E、H、m 之间的关系式计算：

由公式　$$\frac{1}{H}\approx\frac{EM_S}{\rho_S}$$

可知　$$H=\frac{\rho_S}{EM_S}=\frac{1000}{7.43\times10^4\times18}=7.48\times10^{-4}\text{kmol/(m}^3\cdot\text{Pa)}$$

由公式　$$m=\frac{E}{p}=\frac{7.43\times10^4}{100\times10^3}=0.743$$

（2）物系和吸收温度没有变化，故亨利系数 E 和溶解度常数 H 不变，但系统总压变化，

故相平衡常数变化　$$m'=\frac{E}{p'}=\frac{7.43\times10^4}{(200+100)\times10^3}=0.248$$

（3）温度变化　$$E=\frac{p_A^*}{x}=\frac{980}{0.0105}=9.33\times10^4\text{Pa}$$

$$H=\frac{c_A}{p_A^*}=\frac{0.582}{980}=5.94\times10^{-4}\text{kmol/(m}^3\cdot\text{Pa)}$$

$$m=\frac{E}{p}=\frac{9.33\times10^4}{100\times10^3}=0.933$$

讨论　从以上计算结果看，亨利系数 E、溶解度常数 H 和相平衡常数 m 与物系温度有关，温度升高，亨利系数、相平衡常数增加，溶解度系数降低。相平衡常数还与系统总压有关，且压力增加，相平衡常数降低，所以提到相平衡常数，必须指明系统的压力。

【例 5-2】　平衡关系的应用

二氧化碳分压为 50.65kPa 的二氧化碳-空气混合气体与二氧化碳摩尔浓度为 0.01kmol/m^3 的水溶液接触，系统温度为 25℃，气液平衡关系为 $p_A^*(\text{kPa})=1.66\times10^5x$。试求：（1）上述情况下过程是吸收还是解吸？并以气相分压差和液相摩尔浓度差表示过程的推动力；（2）若将上述混合气体与二氧化碳摩尔浓度为 0.005kmol/m^3 的水溶液接触，以液相摩尔浓度差表示的过程推动力为多少？（3）若系统温度为 50℃，气液平衡关系为 $p_A^*(\text{kPa})=2.87\times10^5x$，指出过程是吸收还是解吸？并以液相摩尔浓度差表示过程的推动力。

解　（1）由液相浓度 c_A 与 x 的关系 $x=\dfrac{c_A}{\dfrac{\rho_S}{M_S}+c_A}$

得　$$x=\frac{0.01}{\frac{1000}{18}+0.01}=1.8\times10^{-4}$$

由气液平衡关系得到 $p_A^* = 1.66\times10^5\times1.8\times10^{-4} = 29.88\text{kPa}$

已知 $p_A = 50.65\text{kPa}$，因 $p_A > p_A^*$，所以过程为吸收过程。

以气相分压差表示的吸收过程推动力为 $p_A - p_A^* = 50.65 - 29.88 = 20.77\text{kPa}$

平衡时液相摩尔浓度 c_A^* 由 $H = \dfrac{\rho_S}{EM_S}$ 得到

$$H = \frac{1000}{1.66\times10^5\times18} = 3.35\times10^{-4}\text{kmol/(m}^3\cdot\text{kPa)}$$

$$c_A^* = Hp_A = 3.35\times10^{-4}\times50.65 = 0.017\text{kmol/m}^3$$

以液相摩尔浓度差表示的吸收过程推动力为 $c_A^* - c_A = 0.017 - 0.01 = 0.007\text{kmol/m}^3$

（2）当混合气与二氧化碳摩尔浓度为 0.005kmol/m^3 的水溶液接触时，c_A^* 没变化，故液相摩尔浓度差表示的吸收过程推动力为 $c_A^* - c_A = 0.017 - 0.005 = 0.012\text{kmol/m}^3$。

（3）50℃时，$H = \dfrac{1000}{2.87\times10^5\times18} = 1.94\times10^{-4}\text{kmol/(m}^3\cdot\text{kPa)}$

$$c_A^* = Hp_A = 1.94\times10^{-4}\times50.65 = 0.0098\text{kmol/m}^3$$

$c_A^* < c_A$，所以该过程为解吸过程，以液相摩尔浓度差表示的解吸推动力为 $c_A - c_A^* = 0.01 - 0.0098 = 2\times10^{-4}\ \text{kmol/m}^3$。

讨论 从上述计算结果看，当液相浓度或气相浓度变化，过程方向和推动力将变化；操作温度和压力变化，使相平衡关系变化，也会引起过程方向及推动力变化。相平衡关系是判断吸收过程进行方向和推动力计算的重要基础，低温和高压有利于吸收过程。

【例 5-3】 吸收速率及影响因素

在 101.3kPa、25℃下用水吸收混合空气中的甲醇蒸气，气相主体中含甲醇蒸气 0.15（摩尔分数，下同），已知水中甲醇的浓度很低，其平衡分压可认为是零。假设甲醇蒸气在气相中的扩散阻力相当于 2mm 厚的静止空气层，（1）求吸收速率；（2）若吸收在 45℃下进行，其他条件不变，吸收速率又如何？（3）若吸收仍维持原条件，但气相主体中含甲醇蒸气 0.01，吸收速率如何？（已知 25℃时甲醇在空气中的扩散系数为 $1.54\times10^{-5}\text{m}^2/\text{s}$）

解 （1）已知本题为甲醇蒸气通过静止空气层的单向扩散，且空气中甲醇蒸气浓度较高，要考虑总体流动的影响。

101.3kPa、25℃下吸收速率即为单相扩散速率：$N_A = \dfrac{Dp}{RTz}\ln\dfrac{p_{B_2}}{p_{B_1}}$

或
$$N_A = \frac{Dp}{RTzp_{Bm}}(p_{A_1} - p_{A_2})$$

式中
$$p_{Bm} = \frac{p_{B_2} - p_{B_1}}{\ln\dfrac{p_{B_2}}{p_{B_1}}}$$

已知：气相主体中溶质甲醇蒸气分压为 $p_{A_1} = 0.15\times101.3 = 15.20\text{kPa}$

空气（惰性组分）的分压 $p_{B_1} = p - p_{A_1} = 101.3 - 15.20 = 86.10\text{kPa}$

气液界面上的甲醇蒸气分压为 $p_{A_2} = 0$

气液界面上的空气（惰性组分）分压 $p_{B_2} = p - p_{A_2} = 101.3\text{kPa}$，$z = 0.002\text{m}$，$T = 298\text{K}$，

$D=1.54\times10^{-5}\mathrm{m^2/s}$，$p=101.3\mathrm{kPa}$

漂流因子
$$\frac{p}{p_{\mathrm{Bm}}}=\frac{p}{\dfrac{p_{\mathrm{B_2}}-p_{\mathrm{B_1}}}{\ln\dfrac{p_{\mathrm{B_2}}}{p_{\mathrm{B_1}}}}}=\frac{101.3}{\dfrac{101.3-86.10}{\ln\dfrac{101.3}{86.10}}}=1.08$$

$$N_{\mathrm{A}}=\frac{Dp}{RTzp_{\mathrm{Bm}}}(p_{\mathrm{A_1}}-p_{\mathrm{A_2}})=\frac{1.54\times10^{-5}}{8.314\times298\times0.002}\times1.08\times(15.20-0)\times10^3$$
$$=5.11\times10^{-2}\mathrm{mol/(m^2\cdot s)}=5.11\times10^{-5}\mathrm{kmol/(m^2\cdot s)}$$

（2）若吸收温度为 45℃，因 $D=D_0\dfrac{p_0}{p}\left(\dfrac{T}{T_0}\right)^{3/2}$，$D\propto T^{1.5}$

而
$$N_{\mathrm{A}}=\frac{Dp}{RTzp_{\mathrm{Bm}}}(p_{\mathrm{A_1}}-p_{\mathrm{A_2}}),\ N_{\mathrm{A}}\propto T^{0.5}$$

所以
$$N'_{\mathrm{A}}=N_{\mathrm{A}}\times\left(\frac{T'}{T}\right)^{0.5}=5.11\times10^{-5}\times\left(\frac{318}{298}\right)^{0.5}=5.28\times10^{-5}\mathrm{kmol/(m^2\cdot s)}$$

（3）气相主体中含甲醇蒸气 0.01

$$p_{\mathrm{A_1}}=0.01\times101.3=1.013\mathrm{kPa}$$
$$p_{\mathrm{B_1}}=p-p_{\mathrm{A_1}}=101.3-1.013=100.3\mathrm{kPa}$$
$$p_{\mathrm{A_2}}=0$$
$$p_{\mathrm{B_2}}=p-p_{\mathrm{A_2}}=101.3\mathrm{kPa}$$

漂流因子
$$\frac{p}{p_{\mathrm{Bm}}}=\frac{p}{\dfrac{p_{\mathrm{B_2}}-p_{\mathrm{B_1}}}{\ln\dfrac{p_{\mathrm{B_2}}}{p_{\mathrm{B_1}}}}}=\frac{101.3}{\dfrac{101.3-100.3}{\ln\dfrac{101.3}{100.3}}}=1.005$$

溶质在气相中浓度较低，漂流因子接近于 1，总体流动的影响可忽略不计。

$$N_{\mathrm{A}}=\frac{Dp}{RTzp_{\mathrm{Bm}}}(p_{\mathrm{A_1}}-p_{\mathrm{A_2}})=\frac{1.54\times10^{-5}}{8.314\times298\times0.002}\times(1.013-0)\times10^3$$
$$=3.15\times10^{-3}\mathrm{mol/(m^2\cdot s)}=3.15\times10^{-6}\mathrm{kmol/(m^2\cdot s)}$$

讨论　从本题计算结果中可以看出，当气相浓度较高时，总体流动对吸收速率的影响不容忽视，当气相浓度较低，总体流动的影响可忽略不计。吸收温度的改变对吸收速率有影响，温度不但改变了平衡条件，对扩散系数也有影响。

【例 5-4】　物料衡算

填料吸收塔内，用清水吸收混合气体中的溶质 A，操作条件下体系的相平衡常数 m 为 3，进塔气体含溶质组成为 0.05（摩尔比），当操作液气比为 5 时，（1）计算逆流操作时气体出口与液体出口极限浓度；（2）并流操作时气体出口与液体出口极限浓度；（3）若相平衡常数 m 为 5，操作液气比为 3 时，再分别计算逆流和并流操作时气体出口与液体出口极限浓度。

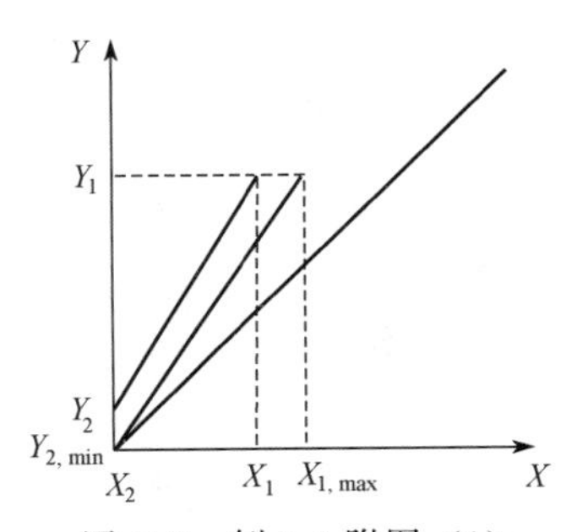

图 5-8　例 5-4 附图（1）

解　（1）逆流操作时（见图 5-8）　因平衡线斜率 m 为 3，操作液气比 L/V 为 5，$L/V>m$，故当填料层为无限高时，平衡线与操作线相交于塔顶，通过平衡关系可求出气体出口极限浓度：

$$Y_{2,\min}=mX_2=0$$

液体出口极限浓度可通过物料衡算求得：

$$X_{1,\max}=X_2+\frac{V}{L}(Y_1-Y_{2,\min})=0+\frac{1}{5}(0.05-0)=0.01$$

（2）并流操作时　当填料层为无限高时，气体和液体从塔顶进入，平衡线与操作线必相交于塔底，通过平衡线方程与并流操作线方程的交点求出气体和液体出口极限浓度：

并流操作线方程　$Y=Y_1-\frac{L}{V}(X-X_2)=0.05-5X$

平衡线方程　$Y^*=mX=3X$

两方程联立求解　$Y_{2,\min}=0.0188$

$$X_{1,\max}=0.00625$$

（3）逆流操作时（见图 5-9）　因平衡线斜率 m 为 5，操作线液气比 L/V 为 3，$L/V<m$，故当填料层为无限高时，平衡线与操作线相交于塔底，通过平衡关系可求出液体出口极限浓度：

$$X_{1,\max}=\frac{Y_1}{m}=\frac{0.05}{5}=0.01$$

气体出口极限浓度可通过物料衡算求得：

$$Y_{2,\min}=Y_1-\frac{L}{V}(X_{1,\max}-X_2)=0.05-3\times0.01=0.02$$

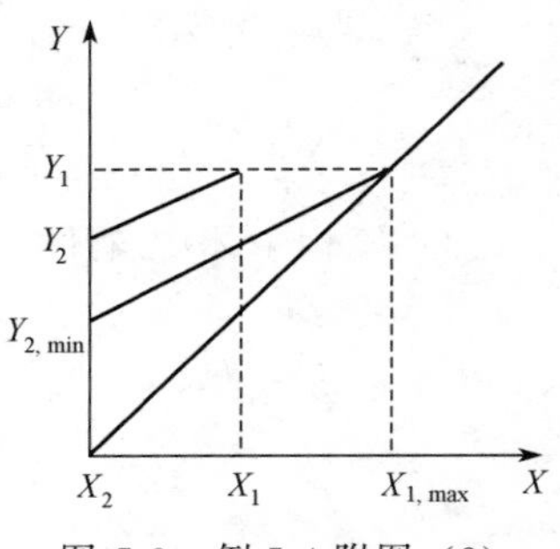

图 5-9　例 5-4 附图（2）

并流操作时：当填料层为无限高时，气体和液体从塔顶进入，平衡线与操作线仍相交于塔底，通过平衡线方程与并流操作线方程的交点求出气体和液体出口极限浓度：

并流操作线方程

$$Y=Y_1-\frac{L}{V}(X-X_2)=0.05-3X$$

平衡线方程

$$Y^*=mX=5X$$

两方程联立求解　$Y_{2,\min}=0.03125$

$$X_{1,\max}=0.00625$$

讨论　从该题计算结果可以看出，吸收塔逆流操作，吸收过程达到的平衡点与操作线和平衡线的斜率密切相关，受相平衡的约束；而并流定会在塔底达吸收平衡，且吸收条件相同时，逆流的气体吸收程度大于并流，逆流所得的吸收液极限浓度高于并流的吸收液极限浓度。故工业上大多采用逆流操作。

【例 5-5】　传质推动力、阻力、传质速率及影响因素

填料吸收塔某截面上气液组成分别为 $Y=0.05$（摩尔比，下同）、$X=0.01$，气相和液相分体积传质系数分别为 $k_Ya=0.03\text{kmol/(m}^3\cdot\text{s)}$、$k_Xa=0.03\ \text{kmol/(m}^3\cdot\text{s)}$，相平衡关系为 $Y^*=4X$，试确定：（1）该界面处气液两相传质总推动力、总阻力、传质速率及各相阻力的分配；（2）降低吸收温度，若相平衡关系变为 $Y^*=0.1X$，两相组成和体积传质系数都不变，气、液两相传质总推动力、传质总阻力、传质速率及各相阻力分配的变化；（3）若

已知气相传质系数 $k_Ya \propto V^{0.7}$，$Y^*=4X$ 时，气体流量增加一倍时，总传质阻力变为多少？
(4) 若已知气相传质系数 $k_Ya \propto V^{0.7}$，相平衡关系为 $Y^*=0.1X$，气体流量增加一倍时，总传质阻力变为多少？

解　(1) 传质总推动力、传质总阻力、传质速率及各相阻力的分配

传质总推动力：

以气相摩尔比表示为　$\Delta Y=Y-mX=0.05-4\times0.01=0.01$

以液相摩尔比表示为　$\Delta X=\dfrac{Y}{m}-X=0.05/4-0.01=0.0025$

传质总阻力：

与气相摩尔比推动力相对应的

$$\frac{1}{K_Ya}=\frac{m}{k_Xa}+\frac{1}{k_Ya}=\frac{4}{0.03}+\frac{1}{0.03}=166.7\text{m}^3\cdot\text{s/kmol}$$

$$K_Ya=0.006\text{kmol/(m}^3\cdot\text{s)}$$

与液相摩尔比推动力相对应的

$$\frac{1}{K_Xa}=\frac{1}{k_Xa}+\frac{1}{mk_Ya}=\frac{1}{0.03}+\frac{1}{4\times0.03}=41.7\text{m}^3\cdot\text{s/kmol}$$

$$K_Xa=0.024\text{kmol/(m}^3\cdot\text{s)}$$

或　$$K_Xa=mK_Ya=0.006\times4=0.024\text{kmol/(m}^3\cdot\text{s)}$$

传质速率：

$$N_A=K_Ya\Delta Y=0.006\times0.01=6\times10^{-5}\ \text{kmol/(m}^3\cdot\text{s)}$$

或　$$N_A=K_Xa\Delta X=0.024\times0.0025=6\times10^{-5}\ \text{kmol/(m}^3\cdot\text{s)}$$

各相阻力的分配：

气相传质阻力占总阻力的分数 $\dfrac{1}{k_Ya}\Big/\dfrac{1}{K_Ya}=\dfrac{\frac{1}{0.03}}{166.7}=0.199=20\%$，液相传质阻力占总阻力的分数 $\dfrac{m}{k_Xa}\Big/\dfrac{1}{K_Ya}=\dfrac{\frac{4}{0.03}}{166.7}=80\%$

当相平衡常数为 4 时，气相传质阻力占总阻力的 20%，吸收过程为液膜控制。

(2) 降低吸收温度，相平衡关系变为 $Y^*=0.1X$

传质总推动力：

以气相摩尔比表示为　$\Delta Y=Y-m'X=0.05-0.1\times0.01=0.049$

以液相摩尔比表示为　$\Delta X=\dfrac{Y}{m'}-X=\dfrac{0.05}{0.1-0.01}=0.49$

传质总阻力：

与气相摩尔比推动力相对应的

$$\frac{1}{K_Ya}=\frac{m'}{k_Xa}+\frac{1}{k_Ya}=\frac{0.1}{0.03}+\frac{1}{0.03}=36.7\text{m}^3\cdot\text{s/kmol}$$

$$K_Ya=0.027\text{kmol/(m}^3\cdot\text{s)}$$

与液相摩尔比推动力相对应的

$$\frac{1}{K_Xa}=\frac{1}{k_Xa}+\frac{1}{m'k_Ya}=\frac{1}{0.03}+\frac{1}{0.1\times0.03}=366.7\text{m}^3\cdot\text{s/kmol}$$

$$K_Xa = 0.0027\text{kmol}/(\text{m}^3 \cdot \text{s})$$

或 $$K_Xa = m'K_Ya = 0.027 \times 0.1 = 0.0027\text{kmol}/(\text{m}^3 \cdot \text{s})$$

传质速率：

$$N_A = K_Ya\Delta Y = 0.027 \times 0.049 = 1.323 \times 10^{-3}\text{kmol}/(\text{m}^3 \cdot \text{s})$$

或 $$N_A = K_Xa\Delta X = 0.0027 \times 0.49 = 1.323 \times 10^{-3}\ \text{kmol}/(\text{m}^3 \cdot \text{s})$$

各相阻力的分配：

气相传质阻力占总阻力的分数$\frac{1}{k_Ya}\Big/\frac{1}{K_Ya} = \frac{1}{0.03}/36.7 = 0.908 = 91\%$，液相传质阻力占总阻力的分数$\frac{m'}{k_Xa}\Big/\frac{1}{K_Ya} = \frac{0.1}{0.03}/36.7 = 9\%$。

(3) 原工况，相平衡常数为 4 时，传质总阻力为

$$\frac{1}{K_Ya} = 166.7\text{m}^3 \cdot \text{s/kmol}$$

当气量增加 1 倍，总传质总阻力为

$$\frac{1}{K'_Ya} = \frac{m}{k_Xa} + \frac{1}{2^{0.7}k_Ya} = \frac{4}{0.03} + \frac{1}{2^{0.7} \times 0.03} = 154\text{m}^3 \cdot \text{s/kmol}$$

或 $$\frac{1}{K'_Xa} = \frac{1}{k_Xa} + \frac{1}{mk'_Ya} = \frac{1}{0.03} + \frac{1}{4 \times 2^{0.7} \times 0.03} = 38.5\text{m}^3 \cdot \text{s/kmol}$$

两种工况传质阻力之比为

$$\frac{1}{K'_Ya}\Big/\frac{1}{K_Ya} = \frac{154}{166.7} = 92\% \quad \text{或} \quad \frac{1}{K'_Xa}\Big/\frac{1}{K_Xa} = \frac{38.5}{41.7} = 92\%$$

(4) 相平衡常数为 0.1 时，传质总阻力为

$$\frac{1}{K_Ya} = 36.7\text{m}^3 \cdot \text{s/kmol}$$

当气量增加 1 倍，总传质总阻力为

$$\frac{1}{K'_Ya} = \frac{m}{k_Xa} + \frac{1}{2^{0.7}k_Ya} = \frac{0.1}{0.03} + \frac{1}{2^{0.7} \times 0.03} = 23.85\text{m}^3 \cdot \text{s/kmol}$$

或 $$\frac{1}{K'_Xa} = \frac{1}{k_Xa} + \frac{1}{mk'_Ya} = \frac{1}{0.03} + \frac{1}{0.1 \times 2^{0.7} \times 0.03} = 238.5\text{m}^3 \cdot \text{s/kmol}$$

两种工况传质阻力之比为

$$\frac{1}{K'_Ya}\Big/\frac{1}{K_Ya} = \frac{23.85}{36.7} = 65\% \quad \text{或} \quad \frac{1}{K'_Xa}\Big/\frac{1}{K_Xa} = \frac{238.5}{366.7} = 65\%$$

讨论 从 (1) 与 (2) 的计算结果比较看：当温度降低，相平衡常数由 4 变为 0.1，气相传质阻力占总阻力由 20%提高到 91%，吸收过程由液膜控制转化为气膜控制。由此可见，相平衡关系对吸收推动力、总传质阻力及各相传质阻力的分配控制影响很大。

由 (3) 的计算结果可以看出，相平衡常数较大时，传质阻力主要集中在液膜一侧，虽然提高气体流量，气膜传质阻力降低，但传质总阻力降低幅度不大；而从 (4) 的计算结果看，相平衡常数小时，传质阻力主要集中在气膜一侧，故提高气体流量，传质总阻力降低幅度较大。

【例5-6】　吸收剂用量和填料层高度的设计计算

在填料吸收塔内，用清水逆流吸收混合气体中的SO_2，气体流量（标准状态）为$5000m^3/h$，其中含SO_2的摩尔比为0.1，要求SO_2的吸收率为95%，水的用量是最小用量的1.5倍。在操作条件下，系统平衡关系为$Y^*=2.7X$，试求：(1) 水用量；(2) 吸收液出塔溶质组成；(3) 当气相总体积传质系数为$0.2kmol/(m^3\cdot s)$，塔截面积为$0.5m^2$时，所需填料层高度。

解　(1) 本题属于低浓度气体的吸收

$$Y_2=Y_1(1-\eta)=0.1\times(1-0.95)=0.005,\qquad X_2=0$$

$$V=\frac{5000}{22.4}\times(1-0.1)=200.9kmol/h$$

$$L_{min}=V\frac{Y_1-Y_2}{X_1^*-X_2}=\frac{200.9\times(0.1-0.005)}{\frac{0.1}{2.7}-0}=515.3kmol/h$$

实际用水量　$L=1.5L_{min}=1.5\times515.3=773kmol/h$

(2) 吸收液出塔浓度通过全塔物料衡算求得

$$X_1=X_2+\frac{V(Y_1-Y_2)}{L}=0+\frac{200.9\times(0.1-0.005)}{773}=0.0247$$

(3) 平均推动力法

$$Y_1^*=2.7X_1=2.7\times0.0247=0.0667,\qquad Y_2^*=0$$

$$\Delta Y_1=Y_1-Y_1^*=0.1-0.0667=0.0333$$

$$\Delta Y_2=Y_2-Y_2^*=0.005-0=0.005$$

$$\Delta Y_m=\frac{\Delta Y_1-\Delta Y_2}{\ln\frac{\Delta Y_1}{\Delta Y_2}}=\frac{0.0333-0.005}{\ln\frac{0.0333}{0.005}}=0.0149$$

$$N_{OG}=\frac{Y_1-Y_2}{\Delta Y_m}=\frac{0.1-0.005}{0.0149}=6.38$$

$$H_{OG}=\frac{V}{K_Ya\Omega}=\frac{200.9/3600}{0.2\times0.5}=0.558m$$

$$Z=N_{OG}H_{OG}=6.38\times0.558=3.56m$$

脱吸因数法　$S=\frac{mV}{L}=\frac{2.7\times200.9}{773}=0.702$

$$N_{OG}=\frac{1}{1-S}\ln\left[(1-S)\frac{Y_1-mX_2}{Y_2-mX_2}+S\right]$$

$$N_{OG}=\frac{1}{1-0.702}\ln\left[(1-0.702)\times\frac{1}{1-0.95}+0.702\right]=6.37$$

$$H_{OG}=\frac{V}{K_Ya\Omega}=\frac{200.9/3600}{0.2\times0.5}=0.558m$$

$$Z=N_{OG}H_{OG}=6.37\times0.558=3.56m$$

讨论　该题是一个典型的吸收塔设计计算题，从解题过程可以看出，求传质单元数采用平均推动力法和脱吸因数法结果是相同的，但平均推动力法则必须已知气液两相进出口4个浓度，而脱吸因数法只需要3个浓度即可。

【例 5-7】 填料塔的核算问题

在一填料塔内用纯溶剂吸收气体混合物中的某溶质组分，进塔气体溶质组成为 0.01（摩尔比，下同），混合气质量流量为 1400kg/h，平均摩尔质量为 29g/mol，操作液气比为 1.5，在操作条件下气液平衡关系为 $Y^*=1.5X$，当两相逆流操作时，工艺要求气体吸收率为 95%，现有一填料层高度为 7m、塔径为 0.8m 的填料塔，气相总体积传质系数为 $0.088\text{kmol}/(\text{m}^3\cdot\text{s})$，试求：（1）操作液气比是最小液气比的多少倍？（2）出塔液体中溶质的组成；（3）该塔是否合适？

解 （1）
$$Y_2=Y_1(1-\eta)=0.01\times(1-0.95)=0.0005$$

$$\left(\frac{L}{V}\right)_{\min}=\frac{Y_1-Y_2}{X_1^*-X_2}=\frac{Y_1-Y_2}{Y_1/m}=m\eta=1.5\times0.95=1.43$$

$$\frac{\frac{L}{V}}{\left(\frac{L}{V}\right)_{\min}}=\frac{1.5}{1.43}=1.05$$

（2）
$$X_1=X_2+\frac{V}{L}(Y_1-Y_2)=X_2+\frac{V}{L}Y_1\eta=0.01\times\frac{0.95}{1.5}=6.33\times10^{-3}$$

（3）平均推动力法求传质单元数

$$Y_1^*=1.5X_1=1.5\times0.00633=0.0095,\qquad Y_2^*=0$$

$$\Delta Y_1=Y_1-Y_1^*=0.01-0.0095=0.0005$$

$$\Delta Y_2=Y_2-Y_2^*=0.0005-0=0.0005$$

出现
$$\Delta Y_m=\frac{\Delta Y_1-\Delta Y_2}{\ln\frac{\Delta Y_1}{\Delta Y_2}}=\frac{0.0005-0.0005}{\ln\frac{0.0005}{0.0005}}=0$$

从平均推动力 ΔY_m 的物理意义上看，ΔY_m 为全塔的平均推动力，而吸收塔两端的推动力相等 $\Delta Y_1=\Delta Y_2$，且操作线与平衡线斜率相等，$\frac{L}{V}=1.5$，$m=1.5$，即两条线平行，故塔内各截面推动力均相等，$\Delta Y_m=\Delta Y_1=\Delta Y_2=0.0005$。

$$N_{OG}=\frac{Y_1-Y_2}{\Delta Y_m}=\frac{0.01-0.0005}{0.0005}=19$$

脱吸因数法求传质单元数

脱吸因数
$$S=\frac{mV}{L}=\frac{1.5}{1.5}=1$$

由于 $S=1$，式 $N_{OG}=\frac{1}{1-S}\ln\left[(1-S)\frac{Y_1-mX_2}{Y_2-mX_2}+S\right]$分母为 0，不能直接采用该公式计算传质单元数，可从传质单元数基本定义出发，而操作线与平衡线斜率相等，即两条线平行，故塔内各截面推动力均相等，$Y-Y^*=\Delta Y=0.0005$

$$N_{OG}=\int_{Y_2}^{Y_1}\frac{\mathrm{d}Y}{Y-Y^*}=\int_{Y_2}^{Y_1}\frac{\mathrm{d}Y}{\Delta Y}=\frac{\int_{Y_2}^{Y_1}\mathrm{d}Y}{0.0005}$$

$$=\frac{Y_1-Y_2}{0.0005}=\frac{0.01-0.0005}{0.0005}=19$$

传质单元高度：

$$y_1=\frac{Y_1}{1+Y_1}=\frac{0.01}{1+0.01}=0.0099$$

$$V=\frac{1400}{29}\times(1-0.0099)=47.8\text{kmol/h}$$

$$\Omega=0.785\times0.8^2=0.5\text{m}^2$$

$$H_{OG}=\frac{V}{K_Ya\Omega}=\frac{47.8/3600}{0.088\times0.5}=0.30\text{m}$$

$$Z=N_{OG}H_{OG}=19\times0.30=5.7\text{m}$$

即所需填料层高度5.7m，而实际填料层高度为7m，故该塔合适。

讨论　① 这是一道填料层高度核算题，解题目标是求出工艺所需填料层高度，然后与实际填料层高比较，若所需填料层高度小于实际填料层高度，填料塔合适，否则，不合适。此类问题仍属于填料塔设计计算问题。

② 计算传质单元数遇到操作线与平衡线平行时，采用上述办法，也可通过对原平均推动力公式 $\Delta Y_m=\dfrac{\Delta Y_1-\Delta Y_2}{\ln\dfrac{\Delta Y_1}{\Delta Y_2}}$ 和脱吸因数公式 $N_{OG}=\dfrac{1}{1-S}\ln\left[(1-S)\dfrac{Y_1-mX_2}{Y_2-mX_2}+S\right]$ 进行数学处理，采用罗比塔法则进行计算，仍可得相同结果。

【例5-8】　体积传质系数计算

在一填料层高为5m的吸收塔内用清水吸收原料气中丙酮，当操作液气比为2时，丙酮回收率为90%，操作条件下气液平衡关系为 $Y^*=1.05X$。现若采用高效填料，希望在相同的条件下丙酮回收率达到95%，填料的气相总体积传质系数为原来的多少倍？

解

原工况

$$S=\frac{mV}{L}=\frac{1.05}{2}=0.525$$

$$N_{OG}=\frac{1}{1-S}\ln\left[(1-S)\frac{Y_1-mX_2}{Y_2-mX_2}+S\right]$$

$$N_{OG}=\frac{1}{1-S}\ln\left[(1-S)\frac{1}{1-\eta}+S\right]$$

$$N_{OG}=\frac{1}{1-0.525}\ln\left[(1-0.525)\times\frac{1}{1-0.90}+0.525\right]=3.50$$

因为　$Z=N_{OG}H_{OG}$

所以　$H_{OG}=\dfrac{Z}{N_{OG}}=\dfrac{5}{3.50}=1.43$

新工况　$S'=S$

$$N'_{OG}=\frac{1}{1-S}\ln\left[(1-S)\frac{1}{1-\eta'}+S\right]$$

$$N'_{OG}=\frac{1}{1-0.525}\ln\left[(1-0.525)\times\frac{1}{1-0.95}+0.525\right]=4.85$$

$$H'_{OG}=\frac{Z}{N'_{OG}}=\frac{5}{4.85}=1.03$$

又因
$$H_{OG}=\frac{V}{K_Ya\Omega}$$

所以
$$\frac{K_Ya'}{K_Ya}=\frac{H_{OG}}{H'_{OG}}=\frac{1.43}{1.03}=1.39$$

讨论 从该题结果看出，采用新型填料，传质系数得以提高，故吸收效果提高，吸收率提高。

【例 5-9】 吸收剂进口浓度对填料层高度的影响

在一填料吸收塔中用解吸塔再生得到含溶质组成为 0.001（摩尔比，下同）的溶剂吸收混合气中的溶质，气体入塔组成为 0.02，操作在液气比为 1.5 的条件下进行，在操作条件下平衡关系为 $Y^*=1.2X$，出塔气体组成达到 0.002。现因解吸不良，吸收溶剂的入塔溶质组成变为 0.0015。试求：（1）若仍维持原有的吸收率和吸收条件，所需填料层高度变为原来的多少倍？（2）若不增加填料层高度，可采取哪些措施？

解 （1）原工况
$$S=\frac{mV}{L}=\frac{1.2}{1.5}=0.8$$

$$N_{OG}=\frac{1}{1-S}\ln\left[(1-S)\frac{Y_1-mX_2}{Y_2-mX_2}+S\right]$$

$$N_{OG}=\frac{1}{1-0.8}\ln\left[(1-0.8)\times\frac{0.02-1.2\times0.001}{0.002-1.2\times0.001}+0.8\right]=8.52$$

新工况
$$S'=S$$

$$N'_{OG}=\frac{1}{1-S}\ln\left[(1-S)\frac{Y_1-mX'_2}{Y_2-mX'_2}+S\right]$$
$$=\frac{1}{1-0.8}\ln\left[(1-0.8)\times\frac{0.02-1.2\times0.0015}{0.002-1.2\times0.0015}+0.8\right]=14.72$$

吸收剂进口浓度增加，传质单元高度不变，故$\frac{Z'}{Z}=\frac{N'_{OG}}{N_{OG}}=\frac{14.72}{8.52}=1.73$

（2）若不增加填料层高度而提高吸收压力（相平衡常数变小，平衡线变平，操作线不变，吸收推动力增大）、降低吸收温度（同增加压力的作用）、采用较大的操作液气比（增加吸收推动力）或采用高效填料（降低传质阻力，提高总体积传质系数）也可达到原来的吸收率。

讨论 从结果看，吸收剂进口组成变化很小，而对填料层高度的影响却较大，故工业上对解吸的要求较高，但这是以高能耗为代价的。

【例 5-10】 气体和液体流量对吸收塔所需填料层高度设计的影响

在一填料吸收塔内，用清水逆流吸收混合气中的溶质组分，混合气流量为 33.7kmol/(m^2·h)，溶质组分的组成为 0.05（体积分数），清水流量为 24kmol/(m^2·h)，操作液气比为最小液气比的 1.5 倍。吸收过程为气膜控制，气相总体积传质系数 K_Ya 与混合气流量的 0.7 次方成正比，要求溶质吸收率达到 95%，试计算下列情况下，所需填料层高度如何变化？（1）气体流量增加 20%；（2）液体流量增加 20%。

解　$Y_1=\frac{0.05}{1-0.05}=0.0526$，$\frac{V}{\Omega}=33.7\times(1-0.05)=32\text{kmol}/(\text{m}^2\cdot\text{h})$

原工况　$$\frac{L}{V}=1.5\left(\frac{L}{V}\right)_{\min}=1.5\frac{Y_1-Y_2}{X_1^*-X_2}=1.5\frac{Y_1-Y_2}{\frac{Y_1}{m}}=1.5m\eta$$

$$\frac{L}{V}=\frac{24}{32}=1.5\times m\times0.95$$

$$m=0.53$$

$$S=\frac{mV}{L}=\frac{0.53\times32}{24}=0.70$$

$$N_{OG}=\frac{1}{1-S}\ln\left[(1-S)\frac{Y_1-mX_2}{Y_2-mX_2}+S\right]=\frac{1}{1-S}\ln\left[(1-S)\frac{1}{1-\eta}+S\right]$$

$$N_{OG}=\frac{1}{1-0.7}\ln\left[(1-0.7)\times\frac{1}{1-0.95}+0.7\right]=6.34$$

(1) 混合气体流量增加，混合气体中溶质浓度不变，传质单元高度和传质单元数均变化。

因为　$$K_Ya\propto V^{0.7}$$

所以　$$K'_Ya=1.2^{0.7}K_Ya$$

而　$$\frac{V'}{\Omega}=1.2\frac{V}{\Omega}$$

故　$$\frac{H'_{OG}}{H_{OG}}=\frac{\frac{V'}{K'_Ya}}{\frac{V}{K_Ya}}=\frac{V'}{V}\frac{K_Ya}{K'_Ya}=1.2\times\frac{1}{1.2^{0.7}}=1.056$$

$$S'=\frac{mV'}{L}=\frac{0.53\times1.2\times32}{24}=0.848$$

吸收率不变，故　$$N'_{OG}=\frac{1}{1-S'}\ln\left[(1-S')\frac{Y_1-mX_2}{Y_2-mX_2}+S'\right]=\frac{1}{1-S'}\ln\left[(1-S')\frac{1}{1-\eta}+S'\right]$$

$$N'_{OG}=\frac{1}{1-0.848}\ln\left[(1-0.848)\times\frac{1}{1-0.95}+0.848\right]=8.93$$

因为　$$Z=N_{OG}H_{OG}$$

所以　$$\frac{Z'}{Z}=\frac{H'_{OG}}{H_{OG}}\frac{N'_{OG}}{N_{OG}}=1.056\times\frac{8.93}{6.34}=1.49$$

(2) 由于该吸收过程为气膜控制，故增加水流量，传质单元高度不变化，但传质单元数变化。

$$S'=\frac{mV}{L'}=\frac{0.53\times32}{24\times1.2}=0.589$$

吸收率不变，故　$$N'_{OG}=\frac{1}{1-S'}\ln\left[(1-S')\frac{Y_1-mX_2}{Y_2-mX_2}+S'\right]$$

$$N'_{OG}=\frac{1}{1-S'}\ln\left[(1-S')\frac{1}{1-\eta}+S'\right]$$

$$N'_{OG}=\frac{1}{1-0.589}\ln\left[(1-0.589)\times\frac{1}{1-0.95}+0.589\right]=5.29$$

因为
$$Z=N_{OG}H_{OG}$$

所以
$$\frac{Z'}{Z}=\frac{N'_{OG}}{N_{OG}}=\frac{5.29}{6.34}=0.83$$

讨论 该题结果说明：在吸收率不变的条件下，增加混合气体流量，气相传质阻力减少，由于吸收过程为气膜控制，所以总传质阻力减少，即 K_Ya 增加；因气相总体积传质系数 K_Ya 与混合气流量的 0.7 次方成正比，故气相传质单元高度 $H_{OG}=\frac{V}{K_Ya}$ 随混合气量增加而增加。同时气量在增加，操作液气比减少，吸收操作线距平衡线的距离减少，吸收推动力减少，气相传质单元数增加。所以，混合气体流量增加导致填料层高度增加。而增加液体流量，传质单元高度不变，但吸收推动力提高，传质单元数下降，故填料层高度下降。

【例 5-11】 混合气体进口浓度、吸收剂进口浓度对溶质吸收率的影响

在 101.3kPa、25℃的条件下，采用填料塔以清水逆流吸收空气-氨气混合气中的氨气，混合气体体积流率为 $200m^3/(m^2\cdot h)$，混合气进口氨摩尔比为 0.01，清水质量流率 $297kg/(m^2\cdot h)$，吸收率为 90%。操作条件下平衡关系为 $Y^*=1.5X$，若操作条件有下列变化，计算溶质氨气吸收率变为多少？并指出吸收操作线的变化。(1) 混合气进口氨摩尔比增加到 0.02；(2) 吸收剂采用解吸塔解吸后的溶剂，故进塔吸收剂含溶质组成变为 0.001。

解 原工况

$$Y_2=Y_1(1-\eta)=0.01\times(1-0.9)=0.001$$

$$y_1=\frac{Y_1}{1+Y_1}=\frac{0.01}{1+0.01}=0.01$$

$$V=\frac{200(1-0.01)}{22.4}\times\frac{273}{298}=8.10kmol/(m^2\cdot h)$$

$$L=297/18=16.5kmol/(m^2\cdot h)$$

$$\frac{L}{V}=\frac{16.5}{8.10}=2.04\quad S=\frac{mV}{L}=\frac{1.5}{2.04}=0.74$$

$$N_{OG}=\frac{1}{1-S}\ln\left[(1-S)\frac{Y_1-mX_2}{Y_2-mX_2}+S\right]=\frac{1}{1-S}\ln\left[(1-S)\frac{1}{1-\eta}+S\right]$$

$$N_{OG}=\frac{1}{1-0.74}\ln\left[(1-0.74)\times\frac{1}{1-0.90}+0.74\right]=4.64$$

(1) 当操作液气比和填料层高度一定时，若采用纯溶剂进行吸收，由公式 $N_{OG}=\frac{1}{1-S}\ln\left[(1-S)\frac{Y_1-mX_2}{Y_2-mX_2}+S\right]$ 化为 $N_{OG}=\frac{1}{1-S}\ln\left[(1-S)\frac{1}{1-\eta}+S\right]$ 可知，混合气溶质初始浓度变化，传质单元高度不变，则传质单元数不变，所以溶质回收率与混合气溶质初始浓度无关，吸收率仍为 90%。操作线斜率不变，由于吸收率不变，$Y'_1>Y_1$，所以，$Y'_2>Y_2$。由 $X'_1=\frac{V}{L}(Y'_1-Y'_2)+X_2$，$X'_1=\frac{V}{L}(Y'_1\eta)$ 可知 $X'_1>X_1$，故操作线变化如图 5-10 所示。AB

为原操作线，CD 为混合气溶质初始浓度增加后的操作线。

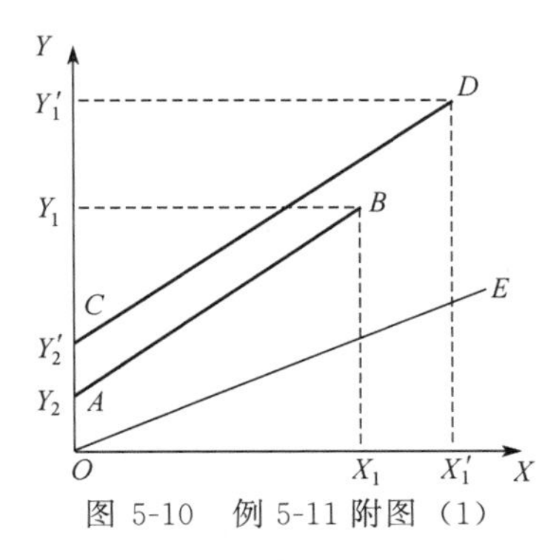

图 5-10　例 5-11 附图（1）

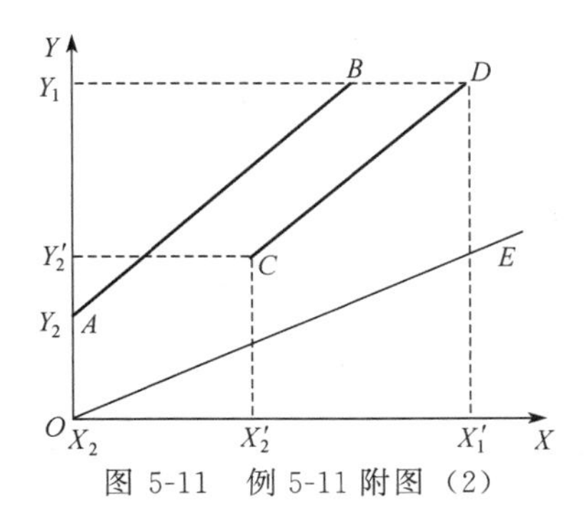

图 5-11　例 5-11 附图（2）

（2）对溶质作物料衡算

$$X'_1=\frac{V}{L}(Y_1-Y'_2)+X'_2=\frac{0.01-Y'_2}{2.04}+0.001$$

逆流吸收传质单元数也可用公式

$$N_{OG}=\frac{1}{1-S}\ln\left[\frac{Y_1-mX'_1}{Y'_2-mX'_2}\right]=\frac{1}{1-0.74}\ln\left[\frac{0.01-1.5X'_1}{Y'_2-1.5\times0.001}\right]$$

当吸收剂进口浓度变化，填料层高度不变，传质单元高度不变，传质单元数不变，故上式化为

$$4.64=\frac{1}{1-0.74}\ln\left[\frac{0.01-1.5X'_1}{Y'_2-1.5\times0.001}\right]$$

即

$$3.34=\frac{0.01-1.5X'_1}{Y'_2-1.5\times0.001}$$

或

$$3.34\times(Y'_2-1.5\times0.001)=0.01-1.5X'_1$$

与方程 $X'_1=\frac{0.01-Y'_2}{2.04}+0.001$ 联立求解得到

$$X'_1=0.0047,\ Y'_2=0.00236$$

$$\eta=\frac{Y_1-Y'_2}{Y_1}=\frac{0.01-0.00236}{0.01}\times100\%=76.4\%$$

讨论　吸收剂进口浓度增加，分离效果变差，混合气出口中溶质浓度增加，溶质吸收率大大降低。操作线斜率不变，但靠近平衡线，吸收推动力下降，$Y'_2>Y_2$，$X'_1>X_1$，故操作线变化如图 5-11 所示，AB 为原操作线，CD 为吸收剂溶质初始浓度增加后的操作线。

【例 5-12】　吸收温度对吸收效果的影响

在一填料吸收塔内，用纯溶剂逆流吸收混合气体中的溶质，可溶组分初始组成为 0.01（摩尔比），操作温度为 30℃，吸收率达到 90%。试求下列两种体系当其操作温度均降低到 10℃时吸收率和吸收推动力的变化，并分析其原因。（1）溶质为 NH_3（已知 10℃下，平衡关系为 $Y^*=0.5X$；30℃下，平衡关系为 $Y^*=1.2X$。温度对气相传质系数 k_Ya 的影响可忽略不计，吸收操作所用液气比为 5），该吸收过程可认为是气膜控制；（2）溶质为 SO_2（已知 10℃下，平衡关系为 $Y^*=8X$；30℃下，平衡关系为 $Y^*=16X$。

温度对液相传质系数 k_Xa 的影响可忽略不计，吸收操作所用液气比为20)，该吸收过程可认为是液膜控制。

解 (1) 原工况 (30℃)

$$S=\frac{mV}{L}=\frac{1.2}{5}=0.24$$

$$N_{OG}=\frac{1}{1-S}\ln\left[(1-S)\frac{Y_1-mX_2}{Y_2-mX_2}+S\right]$$

$$N_{OG}=\frac{1}{1-0.24}\ln\left[(1-0.24)\times\frac{1}{1-0.90}+0.24\right]=2.71$$

$$Y_2=Y_1(1-\eta)=0.01\times(1-0.9)=0.001$$

$$\Delta Y_m=\frac{Y_1-Y_2}{N_{OG}}=\frac{0.01-0.001}{2.71}=0.0033$$

新工况 (10℃)：

因为温度对气相传质系数 k_Ya 的影响可忽略不计，所以对于气膜控制的吸收过程，其 k_Ya 不变，传质单元高度 H_{OG} 不变。

又因为 $Z=N_{OG}H_{OG}$，故传质单元数 N_{OG} 可视为不变。

$$S'=\frac{m'V}{L}=\frac{0.5}{5}=0.1$$

$$N_{OG}=\frac{1}{1-S'}\ln\left[(1-S')\frac{1}{1-\eta'}+S'\right]$$

$$2.71=\frac{1}{1-0.1}\ln\left[(1-0.1)\frac{1}{1-\eta'}+0.1\right]$$

解得

$$\eta'=0.92$$

$$Y'_2=Y_1(1-\eta')=0.01\times(1-0.92)=0.0008$$

$$\Delta Y'_m=\frac{Y_1-Y'_2}{N_{OG}}=\frac{0.01-0.0008}{2.71}=0.0034$$

(2) 原工况 (30℃)

$$Y_2=Y_1(1-\eta)=0.01\times(1-0.9)=0.001$$

$$X_1=X_2+\frac{V(Y_1-Y_2)}{L}=0+\frac{0.01-0.001}{20}=0.00045$$

$$\Delta Y_1=Y_1-mX_1=0.01-16\times0.00045=0.0028$$

$$\Delta Y_2=Y_2-mX_2=0.001$$

$$\Delta Y_m=\frac{\Delta Y_1-\Delta Y_2}{\ln\frac{\Delta Y_1}{\Delta Y_2}}=\frac{0.0028-0.001}{\ln\frac{0.0028}{0.001}}=0.00175$$

$$N_{OG}=\frac{Y_1-Y_2}{\Delta Y_m}=\frac{0.01-0.001}{0.00175}=5.14$$

注意：传质单元数也可通过脱吸因数法求得。

新工况 (10℃)：

因为温度对液相传质系数 k_Xa 的影响可忽略不计，对于液膜控制的吸收过程，$\frac{1}{K_Ya}\approx\frac{m}{k_Xa}$。

又因为
$$H_{OG}=\frac{V}{K_Ya\Omega},\ Z=N'_{OG}H'_{OG}$$

所以
$$\frac{N'_{OG}}{N_{OG}}=\frac{H_{OG}}{H'_{OG}}=\frac{\dfrac{V}{K_Ya\Omega}}{\dfrac{V}{K'_Ya\Omega}}=\frac{m}{m'}$$

$$N'_{OG}=\frac{16}{8}\times5.14=10.28$$

$$X'_1=X_2+\frac{V(Y_1-Y'_2)}{L}=0+\frac{0.01-Y'_2}{20}$$

$$N'_{OG}=\frac{1}{1-S'}\ln\left[\frac{Y_1-mX'_1}{Y'_2-mX'_2}\right]=\frac{1}{1-\dfrac{8}{20}}\ln\left[\frac{0.01-8X'_1}{Y'_2}\right]=10.28$$

简化为 $Y'_2=0.000021-0.0168X'_1$，与 $X'_1=\dfrac{V(Y_1-Y'_2)}{L}=\dfrac{0.01-Y'_2}{20}$联立求解，得

$$Y'_2=0.0000126,\ X'_1=0.0005$$

$$\eta'=\frac{Y_1-Y'_2}{Y_1}=\frac{0.01-0.0000126}{0.01}\times100\%=99.9\%$$

$$\Delta Y'_m=\frac{Y_1-Y'_2}{N'_{OG}}=\frac{0.01-0.0000126}{10.28}=0.00097$$

讨论 由（1）中计算结果看：对于气膜控制的吸收过程，温度降低，总的吸收结果是吸收率提高。从推动力的变化看，推动力提高了，而吸收的传质阻力没有变化，所以吸收效果提高是推动力增加所致。

由（2）中计算结果看：对于液膜控制的吸收过程，温度降低吸收率提高。从推动力的变化看，推动力降低了，但吸收的传质阻力$\dfrac{1}{K_Ya}\approx\dfrac{m}{k_Xa}$随温度的降低而降低，所以吸收总的效果是吸收率提高。

从（1）和（2）的结果可以看出，吸收温度影响相平衡常数，进而影响吸收过程推动力和阻力，总的结果是温度降低对吸收有利。

【例 5-13】 流体流量对吸收过程的影响

在一填料吸收塔内，用清水逆流吸收空气中的NH_3，进入吸收塔的气体中NH_3组成为0.01（摩尔比，下同），吸收在常压、温度为10℃的条件下进行，吸收率达到95%，吸收液出口含NH_3组成为0.01。操作条件下平衡关系为$Y^*=0.5X$，试计算清水流量增加1倍时，吸收率、吸收推动力和阻力如何变化，并定性画出吸收操作线的变化。吸收过程认为是气膜控制。

解 原工况

$$\frac{L}{V}=\frac{Y_1-Y_2}{X_1-X_2}=\frac{0.01\times0.95}{0.01}=0.95$$

$$S=\frac{mV}{L}=\frac{0.5}{0.95}=0.526$$

$$N_{OG}=\frac{1}{1-S}\ln\left[(1-S)\frac{1}{1-\eta}+S\right]$$

$$N_{OG}=\frac{1}{1-0.526}\ln\left[(1-0.526)\times\frac{1}{1-0.95}+0.526\right]=4.86$$

$$\Delta Y_m=\frac{Y_1-Y_2}{N_{OG}}=\frac{0.01\times0.95}{4.86}=0.00195$$

新工况：清水流量增加，吸收过程为气膜控制，气相总体积传质系数（传质阻力不变）和传质单元高度不变，故气相传质单元数也不变。

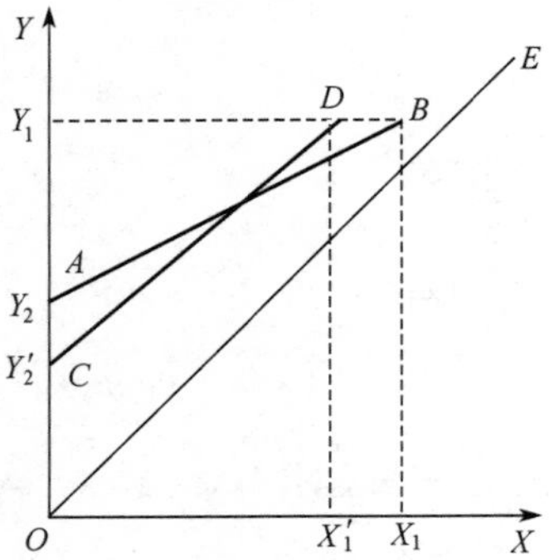

$$S'=\frac{mV}{L'}=\frac{0.526}{2}=0.263$$

$$N_{OG}=\frac{1}{1-S'}\ln\left[(1-S')\frac{1}{1-\eta'}+S'\right]$$

$$4.86=\frac{1}{1-0.263}\ln\left[(1-0.263)\frac{1}{1-\eta'}+0.263\right]$$

图 5-12 例 5-13 附图

解得 $\eta'=0.98$

$$Y'_2=Y_1(1-\eta')=0.01\times(1-0.98)=0.0002$$

$$\Delta Y'_m=\frac{Y_1-Y'_2}{N_{OG}}=\frac{0.01-0.0002}{4.86}=0.00202$$

讨论 由计算结果可见，对于气膜控制的吸收过程，增加液相流量，传质阻力不变，推动力增加，所以吸收效果提高，操作线变化如图 5-12 所示，AB 为原工况下的操作线，CD 为新工况下的操作线。

问题 如果吸收过程为液膜控制过程或一般吸收过程，提高气体流量，吸收效果、传质阻力、推动力如何变化？

【例 5-14】 并流与逆流的比较

在一填料吸收塔内，用含溶质为 0.0099（摩尔比）的吸收剂逆流吸收混合气中溶质的 85%，进塔气体中溶质组成为 0.091（摩尔比），操作液气比为 0.9，已知操作条件下系统的平衡关系为 $Y^*=0.86X$，假设总体积传质系数与流动方式无关。试求：（1）逆流操作改为并流操作后所得吸收液的浓度；（2）逆流操作与并流操作平均吸收推动力的比。

解 （1）逆流吸收时，已知 $Y_1=0.091$，$X_2=0.0099$

所以
$$Y_2=Y_1(1-\eta)=0.091\times(1-0.85)=0.0137$$

$$X_1=X_2+\frac{V(Y_1-Y_2)}{L}=0.0099+\frac{0.091-0.0137}{0.9}=0.0958$$

$$Y_1^*=0.86X_1=0.86\times0.0958=0.0824$$

$$Y_2^*=0.86X_2=0.86\times0.0099=0.00851$$

$$\Delta Y_1=Y_1-Y_1^*=0.091-0.0824=0.0086$$

$$\Delta Y_2=Y_2-Y_2^*=0.0137-0.00851=0.00519$$

$$\Delta Y_m=\frac{\Delta Y_1-\Delta Y_2}{\ln\frac{\Delta Y_1}{\Delta Y_2}}=\frac{0.0086-0.00519}{\ln\frac{0.0086}{0.00519}}=0.00675$$

$$N_{OG}=\frac{Y_1-Y_2}{\Delta Y_m}=\frac{0.091-0.0137}{0.00675}=11.45$$

改为并流吸收后，设出塔气、液相组成为Y'_1、X'_1，进塔气、液相组成为Y_2、X_2。

物料衡算：
$$(X'_1-X_2)L=V(Y_2-Y'_1)$$

$$N_{OG}=\frac{Y_2-Y'_1}{\frac{(Y_2-mX_2)-(Y'_1-mX'_1)}{\ln\frac{Y_2-mX_2}{Y'_1-mX'_1}}}=\frac{Y_2-Y'_1}{\frac{(Y_2-Y'_1)+m(X'_1-X_2)}{\ln\frac{Y_2-mX_2}{Y'_1-mX'_1}}}$$

将物料衡算式代入N_{OG}中整理得

$$N_{OG}=\frac{1}{1+\frac{m}{L/V}}\ln\frac{Y_2-mX_2}{Y'_1-mX'_1}$$

逆流改为并流后，因K_Ya不变，即传质单元高度H_{OG}不变，故N_{OG}不变。

所以
$$11.45=\frac{1}{1+\frac{0.86}{0.9}}\ln\frac{0.091-0.86\times0.0099}{Y'_1-0.86X'_1}$$

$$Y'_1-0.86X'_1=1.38\times10^{-11}$$

由物料衡算式得：
$$Y'_1+0.9X'_1=0.0999$$

将此两式联立解得：
$$X'_1=0.0568，Y'_1=0.0488$$

(2)
$$\Delta Y'_m=\frac{Y_2-Y'_1}{N_{OG}}=\frac{0.091-0.0488}{11.45}=0.00369$$

$$\frac{\Delta Y_m}{\Delta Y'_m}=\frac{0.00675}{0.00369}=1.83$$

讨论　由计算结果可以看出，在逆流与并流的气、液两相进口组成相等及操作条件相同的情况下，逆流操作可获得较大的吸收推动力及较高的吸收液浓度。

【例5-15】　综合题

某逆流操作的填料吸收塔，塔截面积1m²。用清水吸收混合气中的氨气，混合气量为0.06kmol/s，其中氨的组成为0.01（摩尔比），要求氨的回收率至少为95%。已知吸收剂用量为最小用量的1.5倍，气相总体积传质系数K_Ya为0.06kmol/(m³·s)，且$K_Ya\propto V^{0.8}$。操作压力101.33kPa，操作温度30℃，在此操作条件下，气液平衡关系为$Y^*=1.2X$，试求：(1) 填料层高度(m)；(2) 若混合气量增大，则按比例增大吸收剂的流量，能否保证溶质吸收率不下降？简述其原因；(3) 若混合气量增大，且保证溶质吸收率不下降，可采取哪些措施？

解　(1)
$$Y_1=0.01，y_1=\frac{Y_1}{1+Y_1}=\frac{0.01}{1+0.01}=0.01$$

$$Y_2=Y_1(1-\eta)=0.01\times(1-0.95)=0.0005$$

$$L_{\min}=V\frac{Y_1-Y_2}{\frac{Y_1}{m}-X_2}=0.06\times(1-0.01)\times\frac{0.01-0.0005}{\frac{0.01}{1.2}-0}=0.068\text{kmol/s}$$

$$L=1.5\times0.068=0.1\text{kmol/s}$$

$$S=\frac{m}{L/V}=\frac{1.2}{\frac{0.1}{0.06\times(1-0.01)}}=0.71$$

$$N_{OG}=\frac{1}{1-S}\ln\left[(1-S)\frac{1}{1-\eta}+S\right]$$

$$N_{OG}=\frac{1}{1-0.71}\ln\left[(1-0.71)\times\frac{1}{1-0.95}+0.71\right]=6.46$$

$$H_{OG}=\frac{V}{K_Ya\Omega}=\frac{0.06\times(1-0.01)/1}{0.06}=0.99\text{m}$$

$$z=N_{OG}H_{OG}=0.99\times6.46=6.40\text{m}$$

(2) 因为 $H_{OG}=\frac{V}{K_Ya\Omega}\propto V^{0.2}$，所以，气体流量增加，$H_{OG}$ 增加。又因为 $z=N_{OG}\cdot H_{OG}$，填料层高度不变，所以，传质单元数下降。由已知条件可知 $S=\frac{m}{L/V}$ 不变，根据 N_{OG} 与 $\frac{Y_1-mX_2}{Y_2-mX_2}$、$S$ 关系可知 $\frac{Y_1-mX_2}{Y_2-mX_2}$ 下降，即 $\frac{Y_1}{Y_2}$ 下降或吸收率下降，所以同比例增加吸收剂流量不行。

(3) 提高压力；降低吸收温度；增加塔高；采用高效填料。

【例 5-16】 多股进料位置和方式不同对填料层高度的影响

在 101.3kPa、25℃ 的条件下，采用塔截面积为 1.54m² 的填料塔，用纯溶剂逆流吸收两股气体混合物的溶质，一股气体中惰性气体流量为 50kmol/h，溶质含量为 0.05（摩尔比，下同），另一股气体中惰性气体流量为 50kmol/h，溶质含量为 0.03，要求溶质总回收率不低于 90%，操作条件下体系亨利系数为 279kPa，试求：(1) 当两股气体混合后从塔底加入，液气比为最小液气比的 1.5 倍时，出塔吸收液浓度和填料层高度［该条件下气相总体积传质系数为 30kmol/(h·m³)，且不随气体流量而变化］；(2) 两股气体分别在塔底和塔中部适当位置（进气组成与塔内气相组成相同）进入，所需填料层总高度和适宜进料位置，设尾气气体组成与 (1) 相同；(3) 比较两种加料方式填料层高度变化，并示意绘出两种进料情况下的吸收操作线。

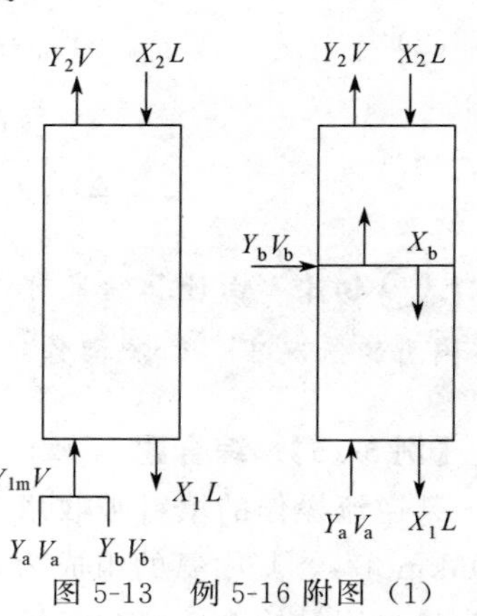

图 5-13 例 5-16 附图 (1)

解 根据题意吸收流程如图 5-13 所示：

(1) 混合后气体摩尔比浓度

$$Y_{1m}=\frac{V_aY_a+V_bY_b}{V_a+V_b}=\frac{50\times0.05+50\times0.03}{50+50}=0.04$$

出塔气体浓度

$$Y_2=Y_{1m}(1-\eta)=0.04\times(1-0.90)=0.004$$

物系的相平衡常数　$m=\frac{E}{p}=\frac{279}{101.3}=2.75$，$X_2=0$

操作液气比　$\frac{L}{V}=1.5\left(\frac{L}{V}\right)_{min}=1.5\frac{Y_{1m}-Y_2}{\frac{Y_{1m}}{m}-X_2}=1.5\eta m=1.5\times0.90\times2.75=3.72$

$$X_1=X_2+\frac{V(Y_{1m}-Y_2)}{L}=\frac{0.04-0.004}{3.72}=0.00968$$

传质单元高度　$H_{OG}=\frac{V}{K_Ya\Omega}=\frac{50+50}{30\times1.54}=2.17\text{m}$

$$S=\frac{mV}{L}=\frac{2.75}{3.72}=0.74$$

$$N_{OG}=\frac{1}{1-S}\ln\left[(1-S)\frac{1}{1-\eta}+S\right]$$

$$N_{OG}=\frac{1}{1-0.74}\ln\left[(1-0.74)\times\frac{1}{1-0.90}+0.74\right]=4.64$$

$$Z=N_{OG}H_{OG}=2.17\times4.64=10.07\text{m}$$

(2) 当两股气体分别进入吸收塔，高浓度在塔底进入，低浓度在如图5-14所示塔中部进入，吸收塔分为两部分，塔内液气比不同，填料层高度分两段计算。

上段填料层高度

对于塔上部，进塔气体组成为$Y_b=0.03$，出塔气体组成为$Y_2=0.004$，液气比$L/V=3.72$，塔中部液体组成

$$X_b=\frac{V(Y_b-Y_2)}{L}=\frac{0.03-0.004}{3.72}=0.00699$$

传质单元高度　$H_{OG1}=\frac{V}{K_Ya\Omega}=2.17\text{m}$

$$S_1=\frac{mV}{L}=0.74$$

$$N_{OG1}=\frac{1}{1-S_1}\ln\left[(1-S_1)\frac{Y_b-mX_2}{Y_2-mX_2}+S_1\right]$$

$$N_{OG1}=\frac{1}{1-0.74}\ln\left[(1-0.74)\times\frac{0.03}{0.004}+0.74\right]=3.81$$

$$Z_1=N_{OG1}H_{OG1}=3.81\times2.17=8.27\text{m}$$

第二股气体进塔位置距塔顶8.27m处。

下段填料层高度

对于塔下部，进塔气体组成为$Y_a=0.05$，中部气体组成为$Y_b=0.03$，液气比$L/V=3.72\times2=7.44$，进塔液体组成$X_b=0.00699$。

传质单元高度　$H_{OG2}=\frac{V/2}{K_Ya\Omega}=1.085\text{m}$

$$S_2=\frac{mV/2}{L}=0.37$$

$$N_{OG2}=\frac{1}{1-S_2}\ln\left[(1-S_2)\frac{Y_a-mX_b}{Y_b-mX_b}+S_2\right]$$

$$N_{OG2}=\frac{1}{1-0.37}\ln\left[(1-0.37)\times\frac{0.05-2.75\times0.0069}{0.03-2.75\times0.0069}+0.37\right]$$

$$=1.21$$

$$Z_2=N_{OG2}H_{OG2}=1.21\times1.085=1.31\text{m}$$

$$Z=Z_1+Z_2=8.27+1.31=9.58\text{m}$$

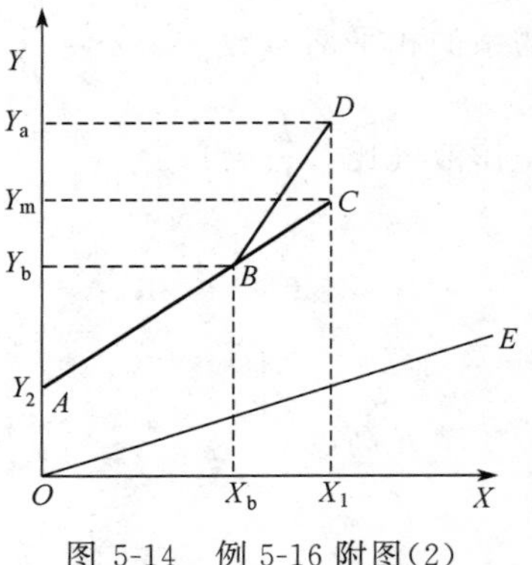

图 5-14 例 5-16 附图(2)

(3) 气体混合后进入吸收塔的操作线如图 5-14 为 ABC，分别在适宜位置进入吸收塔时操作线为 ABD，从操作线距离平衡线的距离看，气体混合后进入吸收塔的操作线靠近平衡线，传质推动力降低，所以填料层高度增加。吸收是分离过程，而组成不同的气体先混合是返混，返混对吸收不利，故填料层高度增加。

【例 5-17】 多塔组合计算

在一填料吸收塔内，用清水逆流吸收混合气体中的可溶组分，混合气体溶质含量为 0.05（摩尔比，下同）。在操作条件下物系平衡关系为 $Y^*=1.25X$，液气比为 1.25，出塔气体溶质含量为 0.01，吸收过程为气膜控制，$K_Ya\propto V^{0.7}$。现为提高溶质的吸收率，另加一个完全相同的塔，分别采用（a）、（b）、（c）三种流程（见图 5-15）。(1) 试分别计算在两流体入口组成、流量及操作条件不变的前提下，按（a）、（b）、（c）三种方案组合时的吸收率；(2) 问题（1）的数据说明了什么结果？并简要分析产生这些结果的根本原因；(3) 画出（a）、（b）、（c）三种情况下的吸收操作线。

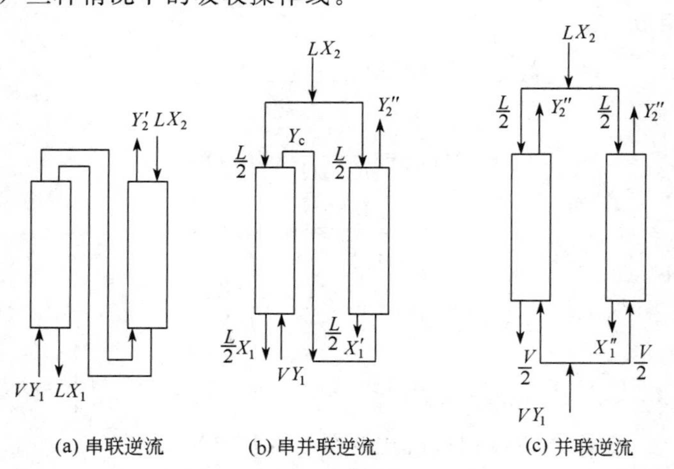

图 5-15 例 5-17 附图（1）

解 低浓度气体吸收，$S=\frac{m}{L/V}=1$，$\eta=1-\frac{Y_2}{Y_1}=1-\frac{0.01}{0.05}=0.8$

$$N_{OG}=\frac{Y_1-Y_2}{\Delta Y_m}=\frac{Y_1-Y_2}{Y_2-mX_2}=\frac{0.05-0.01}{0.01}=4$$

(1)（a）流程 S、H_{OG}不变 $Z'=2Z$，$N'_{OG}=2N_{OG}$，$\frac{L}{V}=m$

$$N'_{OG}=\frac{Y_1-Y'_2}{\Delta Y_m}=\frac{Y_1-Y'_2}{Y'_2-mX_2}=\frac{0.05-Y'_2}{Y'_2}=8$$

$$Y'_2=0.00556,\qquad \eta'=88.9\%$$

（b）流程

每个塔

$$S'=\frac{m}{\frac{L}{2}/V}=2$$

因气膜控制，H_{OG}不变，N_{OG}不变

第一个塔：

$$\frac{1}{1-S'}\ln\left[(1-S')\frac{Y_1-mX_2}{Y_c-mX_2}+S'\right]=4$$

$$\frac{1}{1-2}\ln\left[(1-2)\frac{0.05}{Y_c}+2\right]=4$$

$$Y_c=0.0252$$

第二个塔：

$$\frac{1}{1-S'}\ln\left[(1-S')\frac{Y_c-mX_2}{Y''_2-mX_2}+S'\right]=4$$

$$\frac{1}{1-2}\ln\left[(1-2)\frac{0.0252}{Y''_2}+2\right]=4$$

$$Y''_2=0.0127,\qquad \eta''=74.6\%$$

（c）流程

$$S=\frac{m}{\frac{L/2}{V/2}}=1$$

$$\frac{H''_{OG}}{H_{OG}}=\frac{\frac{V/2}{K''_Ya}}{\frac{V}{K_Ya}}=\frac{K_Ya}{2K''_Ya}=\frac{2^{0.7}}{2}=0.812$$

$$N''_{OG}=\frac{N_{OG}H_{OG}}{H''_{OG}}=\frac{4}{0.812}=4.92$$

$$N''_{OG}=\frac{Y_1-Y'''_2}{\Delta Y_m}=\frac{Y_1-Y'''_2}{Y'''_2-mX_2}=\frac{0.05-Y'''_2}{Y'''_2}=4.92$$

$$Y'''_2=0.00845,\eta''=1-\frac{Y'''_2}{Y_1}=83.1\%$$

（2）吸收塔串联逆流吸收效果最好，并联逆流吸收次之，串并联逆流吸收最差。

并联逆流吸收率下降的原因是每一个塔的气液量都减半，操作线斜率不变，吸收推动力不变，但对于气膜控制的吸收过程，气量减半，引起 K_Ya 下降，故吸收效果与串联流程相比较要差一些。对于串并联的流程来讲，由于每个塔的液量减半，气量不变，故每个塔的液气比减少，吸收推动力减少，每个塔的气量不变，故 K_Ya 不变，所以认为串并联吸收效果下降的原因是因推动力减少所致，从流程上看串并联未充分逆流。

（3）三种情况下的吸收操作线见图 5-16。

【例 5-18】　吸收-解吸联合

如图 5-17 所示吸收和解吸联合操作，吸收过程为气膜控制，解吸过程为液膜控制，问将过热蒸汽流量增加（解吸塔仍能正常操作），其他条件不变，试指出吸收塔气相出口，解吸塔气、液相出口浓度如何变化？并简单叙述其原因。

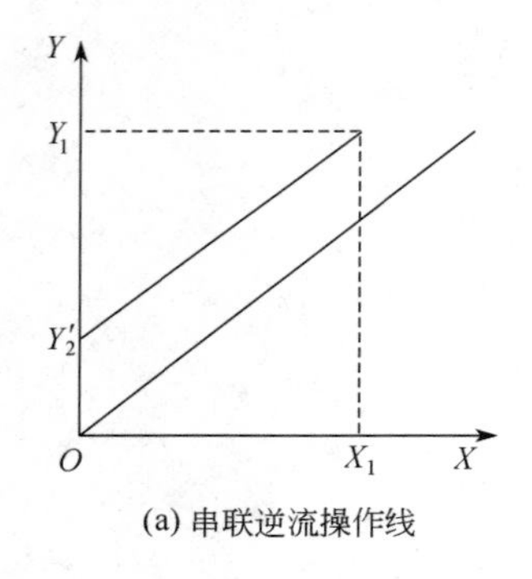

(a) 串联逆流操作线

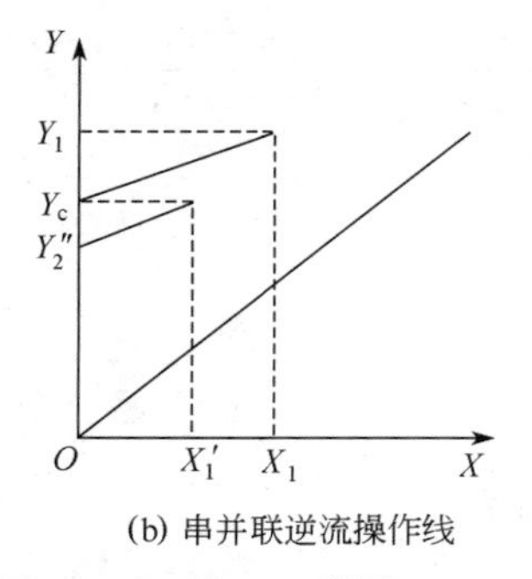

(b) 串并联逆流操作线

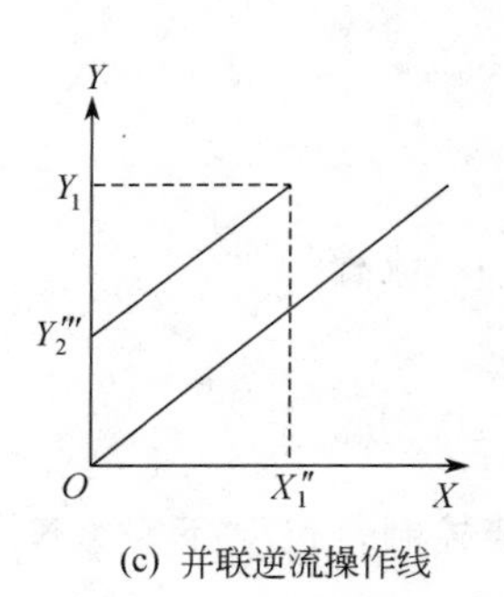

(c) 并联逆流操作线

图 5-16　例 5-17 附图（2）

解　吸收塔气相出口 Y_{a1} 下降，解吸塔气相出口浓度 Y_{a2} 下降，解吸塔液相出口浓度 X_a 下降。

解吸塔：因解吸为液膜控制，V_2 增加，L 不变，K_Xa 不变，H_{OL} 不变，N_{OL} 不变，$A=\dfrac{L/V_2}{m}$ 下降，由解吸因数与 N_{OL} 图得到解吸程度提高，即 $\dfrac{X_b-Y_{b2}/m}{X_a-Y_{b2}/m}$ 增加，所以 X_a 下降。因 $L(X_b-X_a)=V_2(Y_{a2}-Y_{b2})\approx LX_b$，所以 Y_{a2} 下降。

吸收塔：S 不变，H_{OG} 不变，N_{OG} 不变，吸收程度 $\dfrac{Y_{b1}-X_am}{Y_{a1}-X_am}$ 不变，$\dfrac{Y_{b1}-X_am}{Y_{a1}-X_am}=C>1$，$\dfrac{Y_{b1}-CY_{a1}}{(1-C)\ m}=X_a$ 下降，所以 $Y_{b1}-CY_{a1}$ 增加，Y_{a1} 下降。

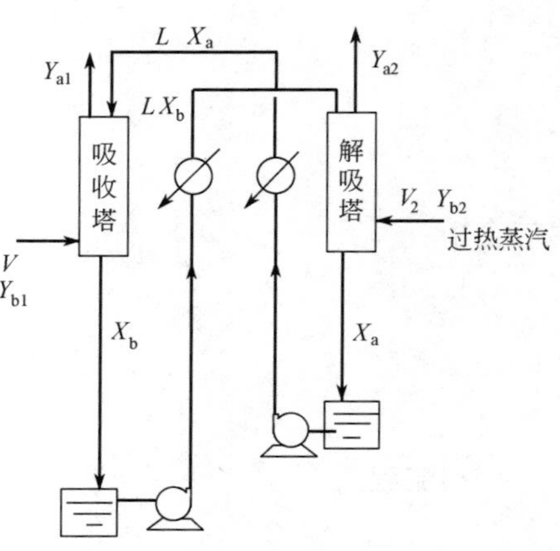

图 5-17　例 5-18 附图

> **讨论**　吸收与解吸联合流程构成了一个完成的吸收过程，解吸效果的好与坏影响吸收效果的好坏，从该题定性分析结果看，当解吸过程为液膜控制过程，蒸气量提高，解吸程度提高，所以吸收塔的吸收剂浓度降低，导致吸收塔出塔气体浓度的降低，该措施有利于提高吸收率，但代价是能耗增加。

【例 5-19】　吸收-解吸联合

吸收-解吸联合操作，设进吸收塔的混合气体中溶质的分压为 p_{A1}，离开吸收塔的分压降为 p_{A2}，浓度为 x_1 的吸收液进到压力恒定为 p 的解吸塔中减压解吸至 x_2，设解吸塔中除溶质外其他气体组成可忽略不计，请在 p-x 图上示意画出吸收与解吸操作线。

如图 5-18，AB 为吸收操作线，CD 为解吸操作线。

【例 5-20】　解吸塔设计计算

在某解吸塔中用蒸汽以逆流方式从溶剂油中解吸出戊烷（见图 5-19），解吸塔内纯溶剂油的流率为 0.03kmol/(m^2·s)，进塔液相中每 100kmol 纯溶剂中含 6kmol 戊烷，要求解吸后每 100kmol 纯溶剂中含 0.1kmol 戊烷，物系在操作条件下平衡关系为 $Y^*=24X$，总体积传质系数 K_Xa 为 0.02kmol/(m^3·s)，蒸汽用量为最小用量的 1.5 倍，求解吸塔高度。

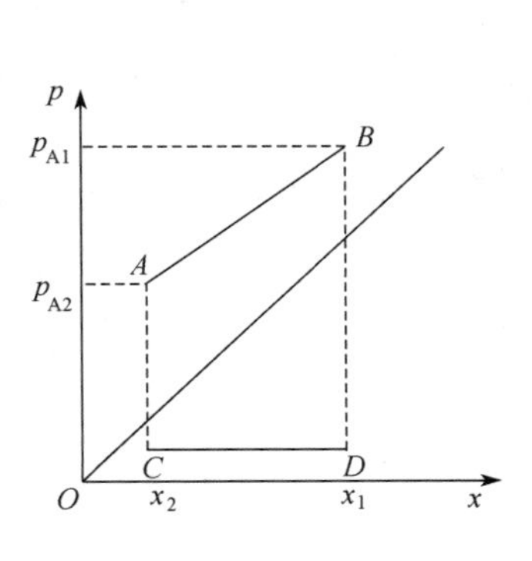

图 5-18　例 5-19 附图

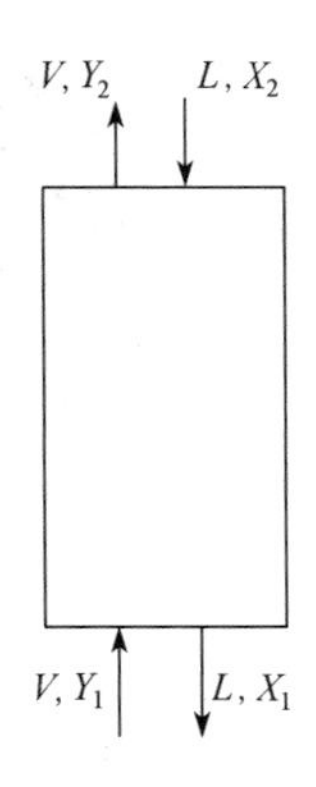

图 5-19　例 5-20 附图

解

$$X_2=\frac{6}{100}=0.06，\quad X_1=\frac{0.1}{100}=0.001$$

$$\left(\frac{V}{L}\right)_{\min}=\frac{X_2-X_1}{Y_2^*-Y_1}=\frac{0.06-0.001}{0.06\times24}=0.041$$

$$\frac{V}{L}=1.5\left(\frac{V}{L}\right)_{\min}=1.5\times0.041=0.0615$$

$$Y_2=\frac{L}{V}(X_2-X_1)+Y_1=\frac{0.06-0.001}{0.0615}+0=0.96$$

解吸塔塔底：

$$\Delta X_1=X_1-X_1^*=0.001$$

解吸塔塔顶：

$$\Delta X_2=X_2-X_2^*=0.06-0.96/24=0.02$$

$$\Delta X_m=\frac{\Delta X_2-\Delta X_1}{\ln\dfrac{\Delta X_2}{\Delta X_1}}=\frac{0.02-0.001}{\ln\dfrac{0.02}{0.001}}=0.00634$$

$$N_{OL}=\frac{X_2-X_1}{\Delta X_m}=\frac{0.06-0.001}{0.00634}=9.31$$

$$H_{OL}=\frac{L}{K_Xa\Omega}=\frac{0.03}{0.02}=1.5\text{m}$$

$$Z=N_{OL}H_{OL}=1.5\times9.31=13.97\text{m}$$

解吸塔传质单元数也可通过吸收因数法得到

$$A=\frac{L}{mV}=\frac{1}{24\times0.0615}=0.678$$

$$\frac{X_2-X_1^*}{X_1-X_1^*}=\frac{0.06-0}{0.001-0}=60$$

$$N_{OL}=\frac{1}{1-A}\left[(1-A)\frac{X_2-X_1^*}{X_1-X_1^*}+A\right]$$

$$N_{OL}=\frac{1}{1-0.678}\times[(1-0.678)\times60+0.678]=9.30$$

讨论 解吸塔的设计计算与吸收塔的设计计算类似，只是推动力相反，在吸收塔计算中是 $\Delta X_1 = X_1^* - X_1$，而解吸塔计算是 $\Delta X_1 = X_1 - X_1^*$；在用脱吸因数法计算传质单元数中以 N_{OL} 替代 N_{OG}，以 A 替代 S，并以解吸程度 $\dfrac{X_2 - X_1^*}{X_1 - X_1^*}$ 替代吸收程度 $\dfrac{Y_1 - mX_2}{Y_2 - mX_2}$。$N_{OL}$ 也可用吸收因数图来求算，只是参数为 A，横坐标为 $\dfrac{X_2 - X_1^*}{X_1 - X_1^*}$，纵坐标为 N_{OL}。

【例 5-21】 吸收液部分循环塔的分析

用清水逆流吸收混合气中的溶质 A，气体进入吸收塔溶质组成为 0.03（摩尔比，下同），出塔气体组成为 0.003，将出塔液的一半再送入填料层的中部，见流程。操作液气比为 1，求出塔液体组成，并在 X-Y 图上绘出带循环时的操作线。

解 因填料层中部加入了部分出塔液体，使得上段填料层底部流出的液体组成 $X_{中,上}$ 与进入下段填料层的液体组成 $X_{中,下}$ 不相等，但气相组成是连续变化的，同时，两段的液气比也不同，上段操作液气比为 $\dfrac{L}{V}=1$，下段的 $\dfrac{L_下}{V}=1.5$。

对吸收塔的上段作物料衡算

$$\frac{L}{V}=\frac{Y_中 - Y_2}{X_{中,上}}=1$$

$$Y_中 = X_{中,上} + Y_2 \tag{1}$$

对填料中部作物料衡算，进出中部气相组成相等，在衡算中省略。

$$LX_{中,上} + \frac{1}{2}LX_1 = \frac{3}{2}LX_{中,下}$$

$$X_{中,上} + \frac{1}{2}X_1 = \frac{3}{2}X_{中,下} \tag{2}$$

对吸收塔的下段作物料衡算

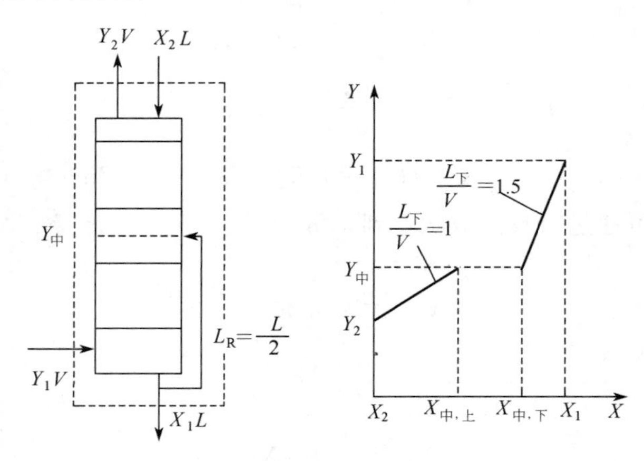

图 5-20 例 5-21 附图

$$\frac{L_下}{V}=\frac{Y_1 - Y_中}{X_1 - X_{中,下}}=1.5$$

$$1.5X_1-1.5X_{中,下}=Y_1-Y_{中} \tag{3}$$

将式（2）代入式（3）

$$1.5X_1-X_{中,上}-0.5X_1=Y_1-Y_{中} \tag{4}$$

将式（1）代入式（4）

$$X_1=Y_1-Y_2=0.027$$

出塔液体组成也可通过全塔物料衡算获得，对图 5-20 中虚线范围内进行物料衡算

$$L(X_1-X_2)=V(Y_1-Y_2)$$

$$X_1=\frac{V}{L}(Y_1-Y_2)+X_2=Y_1-Y_2=0.027$$

操作线如图 5-20 所示。

【例 5-22】 操作型问题定性分析

在一填料塔中用溶剂吸收混合气体中的溶质 A，若降低吸收温度，其他操作条件不变。

求：（1）定性分析出塔气体浓度 Y_2、出塔液体浓度 X_1 如何变化？（气相和液相体积传质系数 k_Ya、k_Xa 随温度变化可忽略不计）；（2）在 X-Y 图上示意画出变化前后的操作线和平衡线。

解　（1）由于气相流率 V 和液相流率 L 不变，操作压力不变，且气相和液相体积传质系数 k_Ya、k_Xa 随温度变化可忽略不计，温度降低，相平衡常数 m 降低。根据公式 $\frac{1}{K_Y}=\frac{m}{k_X}+\frac{1}{k_Y}$，可知温度降低 K_Ya 增加。由传质单元高度定义 $H_{OG}=\frac{V}{K_Ya\Omega}$ 可知，H_{OG} 随 K_Ya 增加而减低。又因为填料层高度 Z 不变，由 $Z=N_{OG}H_{OG}$ 可知 N_{OG} 增加。

由脱吸因数定义 $S=\frac{m}{L/V}$ 可知，相平衡常数 m 降低，导致 S 减低。

根据 N_{OG} 与 $\frac{Y_1-mX_2}{Y_2-mX_2}$、$S$ 关系（见图 5-21），当 S 减低、N_{OG} 增加时，由原来图中的点 A 变为点 B，结果是 $\frac{Y_1-mX_2}{Y_2-mX_2}$ 增加，进塔气体浓度 Y_1 不变，所以出塔气体浓度 Y_2 降低。由全塔物料衡算式 $V(Y_1-Y_2)=L(X_1-X_2)$，可知出塔液体浓度 X_1 增加。

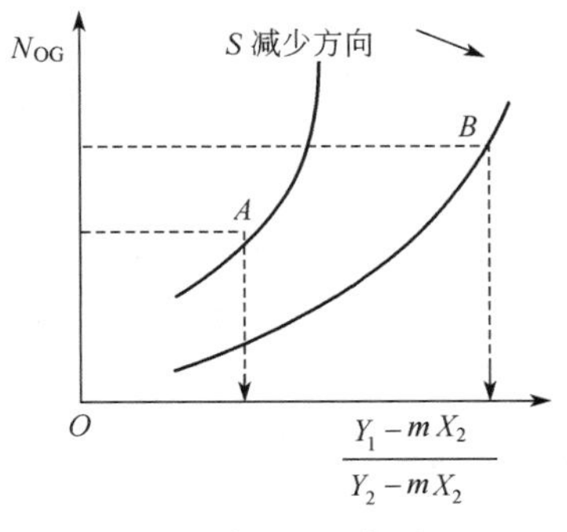

图 5-21　例 5-22 附图（1）

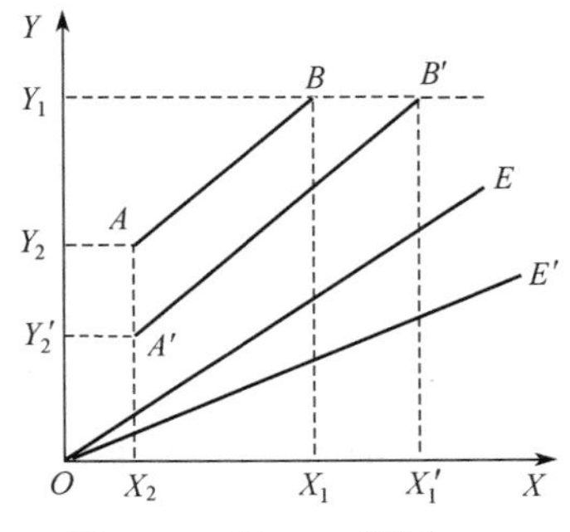

图 5-22　例 5-22 附图（2）

（2）由于温度降低，相平衡常数降低，故平衡线变平，由原平衡线 OE 变为 OE'；因为气相流率 V 和液相流率 L 不变，操作线斜率不变，但 Y_2 降低、X_1 增加，故操作线如图5-22 所示，由原 AB 变为 $A'B'$。

讨论 有的情况通过全塔物料衡算不能唯一确定出塔液体组成的变化趋势，可采用近似法，由于实际吸收结果通常是$Y_2 \ll Y_1$，所以$V(Y_1-Y_2) \approx VY_1 \approx L(X_1-X_2)$，推导结论相同。

【例 5-23】 吸收液部分再循环对塔高的影响

常压逆流连续操作的吸收塔，用清水吸收空气-氨混合气中的氨（见图 5-23），混合气中惰性气体的流率为 0.02kmol/(m^2·s)，入塔时氨的组成为 0.05（摩尔比，下同），要求吸收率不低于 95%，出塔氨水的组成为 0.05。已知在操作条件下气液平衡关系为$Y^*=0.95X$，气相总体积传质系数$K_Ya=0.04$kmol/(m^3·s)，且$K_Ya \propto V^{0.8}$。(1) 所需填料层高度为多少？(2) 采用部分吸收液再循环流程，新鲜吸收剂与循环量之比$L/L_R=20$，气体流率及新鲜吸收剂用量不变，为达到分离要求，所需填料层的高度为多少？(3) 示意绘出带部分循环与不带循环两种情况下的操作线与平衡线。(4) 求最大循环量$L_{R,\max}$。

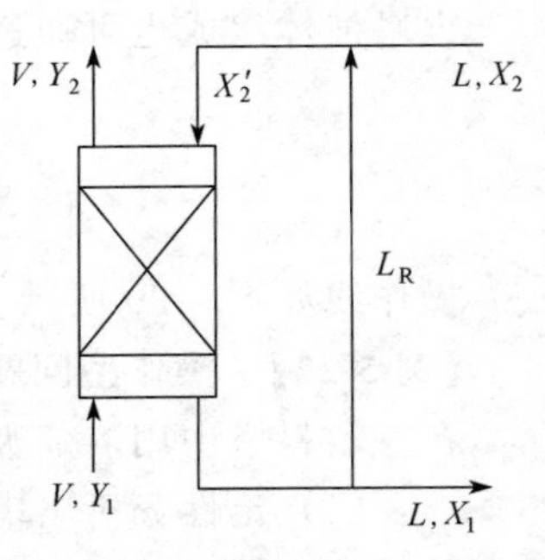

图 5-23 例 5-23 附图 (1)

解 (1)
$$Y_2=(1-\eta)Y_1=(1-0.95)\times 0.05=0.0025$$

液气比：
$$\frac{L}{V}=\frac{Y_1-Y_2}{X_1-X_2}=\frac{0.05-0.0025}{0.05}=0.95$$

而$m=0.95=\dfrac{L}{V}$，所以$S=1$

$$\Delta Y_m=\Delta Y_1=\Delta Y_2=0.0025$$

$$N_{OG}=\frac{Y_1-Y_2}{\Delta Y_m}=\frac{0.05-0.0025}{0.0025}=19$$

又
$$H_{OG}=\frac{V}{K_Ya\Omega}=\frac{0.02}{0.04}=0.5\text{m}$$

所以
$$Z=H_{OG}N_{OG}=0.5\times 19=9.5\text{m}$$

(2) 吸收液部分再循环

此时吸收剂入口组成

$$X'_2=\frac{LX_2+L_RX_1}{L+L_R}=\frac{0.05}{20+1}=0.00238$$

塔内

$$L'=L+L_R=L+\frac{1}{20}L=1.05L$$

$$S'=\frac{mV}{L'}=\frac{1}{1.05}=0.95$$

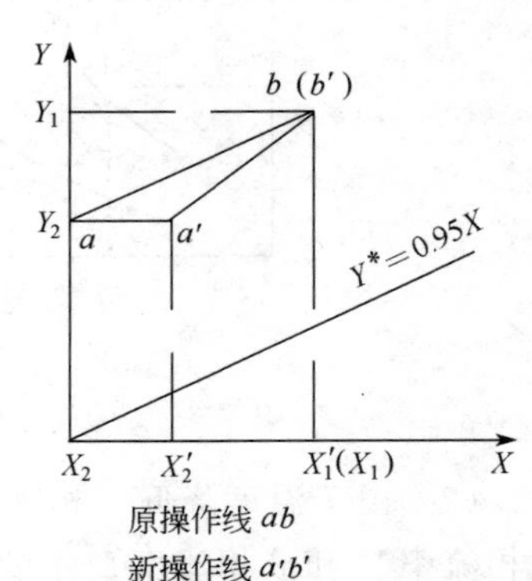

图 5-24 例 5-23 附图 (2)

因为氨是易溶气体，所以吸收过程为气膜控制，$K_Ya \approx k_Ya$，且$K_Ya \propto V^{0.8}$，L 再循环后，K_Ya 不变，即$H_{OG}=\dfrac{V}{K_Ya\Omega}=$ 0.5m 不变

$$N'_{OG}=\frac{1}{1-S'}\ln\left[(1-S')\frac{Y_1-mX'_2}{Y_2-mX'_2}+S'\right]$$

$$=\frac{1}{1-0.95}\ln\left[(1-0.95)\times\frac{0.05-0.95\times0.00238}{0.0025-0.95\times0.00238}+0.95\right]$$

$$=47.84$$

所以

$$Z'=H_{OG}N'_{OG}=0.5\times47.84=23.92\text{m}$$

(3) 两种工况下的操作线见图5-24。

(4) 当循环量加大，X'_2 提高，当 $X'_2=X_2^*=\frac{Y_2}{m}$ 时，气液两相在塔顶平衡，$\Delta Y_2=0$，为达到分离要求，填料层高度必须为无限高，此时，循环量为最大循环量。

$$LX_2+L_{R,max}X_1=(L+L_{R,max})X'_2$$

$$X'_2=X_2^*=\frac{Y_2}{m}=\frac{0.0025}{0.95}=0.00263$$

$$L_{R,max}=\frac{LX'_2}{X_1-X'_2}=\frac{0.02\times0.95\times0.00263}{0.05-0.00263}$$

$$=1.055\times10^{-3}\text{kmol/(m}^2\cdot\text{s)}$$

讨论　从计算结果可以看出，吸收液部分再循环，吸收塔进口液体溶质浓度增加，平均传质推动力减小，若过程为气膜控制，循环吸收剂流量增加，传质系数 K_Ya 不变，所以导致吸收塔塔高增加。

问题　从上述结果看吸收液部分循环对吸收是不利的，但工业上为什么有时还采用这种操作呢?

在下列情况下采用吸收液部分循环是可行的：(1) 若吸收过程的热效应很大，以致吸收剂进吸收塔前需要塔外冷却来降低吸收温度，这样相平衡常数 m 降低，全塔平均推动力提高，补偿了因吸收液部分再循环吸收塔进口液体溶质浓度增加导致的平均传质推动力减小。(2) 若吸收工艺要求较小的新鲜吸收剂用量，以致不能保证填料被很好地润湿，致使单位体积填料有效传质面积降低，此时采用吸收液部分再循环，提高单位体积填料有效传质面积，即提高体积传质系数，补偿了因吸收液部分再循环而降低吸收推动力，如果总体上仍使填料层高度降低，使用再循环是有意义的。

5.5　习题精选

一、选择题

1. 单向扩散中的漂流因数(　　)。

A. >1　　B. <1　　C. $=1$　　D. $=0$

2. 根据双膜理论，当溶质在吸收剂中溶解度很小时，以液相浓度表示的总传质系数(　　)。

A. 大于气相分传质系数　　B. 近似等于液相分传质系数

C. 小于气相分传质系数　　D. 近似等于气相分传质系数

3. 设 x、y 分别为液相和气相主体溶质摩尔分数，x_i、y_i 分别为界面处液相和气相溶质摩尔分数，y^*、x^* 和 x_i^* 分别为与 x、y 和 y_i 相平衡的组成。在双膜模型中，气液界面没有传质阻力的假定等同于下述论点（　　）。

A. $y^*=y$　　B. $x^*=x$　　C. $x_i^*=x_i$　　D. $y_i=x_i$

4. 在如下哪种情形中传质速率N_A等于分子扩散通量J_A？（　　）

A. 单向扩散　　B. 等摩尔相互扩散　　C. 湍流流动　　D. 定态传质过程

5. 在吸收塔设计中，当吸收剂用量趋于最小用量时，（　　）。

A. 回收率趋向最高　　B. 吸收推动力趋向最大

C. 操作最为经济　　D. 填料层高度趋向无穷大

6. 逆流操作的填料吸收塔，当吸收因数$A<1$，且填料层高度为无穷大时，气液两相将在（　　）达到平衡。

A. 塔顶　　B. 塔底　　C. 塔中部　　D. 塔内处

7. 已知SO_2水溶液在三种温度t_1、t_2、t_3下的亨利系数分别为$E_1=3550$kPa、$E_2=11140$kPa、$E_3=6600$kPa，则（　　）。

A. $t_1<t_3$　　B. $t_1>t_3$　　C. $t_2<t_3$　　D. $t_1>t_2$

8. 在一常压逆流吸收塔内，用清水吸收混合气中的某溶质，气液平衡关系服从亨利定律，亨利系数为151.95kPa。其操作液气比为2.7，若溶质回收率要求为90%，则此时液气比与最小液气比之比为（　　）。

A. 1.5　　B. 1.8　　C. 2　　D. 1.35

9. 对某低浓度气体吸收过程，已知相平衡常数$m=2$，气、液两相的体积传质系数分别为$k_ya=2\times10^{-4}\text{kmol}/(\text{m}^3\cdot\text{s})$，$k_xa=0.4\text{kmol}/(\text{m}^3\cdot\text{s})$。则该吸收过程为（　　）阻力控制。

A. 气膜　　B. 液膜　　C. 气、液双膜　　D. 无法确定

10. 在吸收系统中，当相平衡关系为直线，且气液浓度都很低时，以下说法中（　　）是错误的。

A. k_y沿塔高的变化可以忽略不计　　B. K_y随浓度的变化可以忽略不计

C. k_x随塔高的变化可以忽略不计　　D. K_y随溶解度系数的变化可以忽略不计

11. 用纯溶剂逆流吸收混合气中的溶质，在操作范围内，气液平衡关系服从亨利定律。当入塔气体组成y_1增加，而其他入塔条件不变，则气体出塔组成y_2和吸收率η的变化为（　　）。

A. y_2增加、η减少　　B. y_2减少、η增加

C. y_2增加、η不变　　D. y_2增加、η变化不确定

12. 在逆流吸收填料塔中，用吸收剂吸收混合气体中某难溶溶质，若其他操作条件不变，入塔气量增加，则气相总传质单元数、出口气体组成y_2和出口液体组成x_1分别将（　　）。

A. 减少、增加、增加　　B. 减少、增加、减少

C. 增加、增加、增加　　D. 增加、减少、减少

13. 正常操作下的逆流吸收塔，若因某种原因使液体量减少以致液气比小于原定的最小液气比时，下列哪些情况将发生？（　　）

A. 出塔液体组成增加，回收率增加

B. 出塔气体组成增加，但出塔液体组成不变

C. 出塔气体组成与出塔液体组成均增加

D. 在塔下部发生解吸现象

14. 在低浓度的逆流吸收操作中，若其他操作条件不变，而入塔吸收剂组成 x_2 增加时，则气体出塔组成 y_2 和吸收液组成 x_1 将分别（　　）。

A. 减少、减少　　B. 减少、增加　　C. 增加、增加　　D. 增加、减少

15. 在低浓度逆流解吸操作中，若其他操作条件不变，而液相入塔组成变大，则此时液相出塔组成和解吸气体出塔组成将分别（　　）。

A. 减少、减少　　B. 增加、增加　　C. 减少、增加　　D. 增加、减少

16. 在填料塔设计中，空塔气速一般取（　　）的50%～80%。

A. 泛点气速　　B. 载点气速　　C. 进口气速　　D. 出口气速

17. 在填料塔设计中，若填料层高度较高，为有效润湿填料，塔内设置（　　）装置。

A. 液体分布器　　B. 除沫器　　C. 液体再分配器　　D. 气体分布器

18. 在填料塔用空气逆流解吸富氧水中的氧，关于氧解吸实验说法正确的是（　　）。

A. 属于液膜控制　　B. 属于气膜控制　　C. 属于双膜控制　　D. 属于界面溶解控制

19. 在填料塔用空气逆流解吸富氧水中的氧，影响总传质系数的因素包括（　　）。

A. 富氧水流量、空气流量　　B. 空气流量、空气温度

C. 富氧水流量、富氧水压力　　D. 富氧水流量、富氧水温度

20. 在填料塔用空气逆流解吸富氧水中的氧，测得塔顶液相氧组成 x_1、塔底液相氧组成 x_2 和同温度下水中饱和氧组成 x_3，它们之间关系是（　　）。

A. $x_1>x_2>x_3$　　B. $x_1<x_2>x_3$　　C. $x_1>x_2<x_3$　　D. $x_1>x_2=x_3$

21. 填料塔流体力学实验中，气体通过干填料层时，流体流动引起的压降规律是（　　）。

A. 和流体在圆形管道中层流流动的压降规律一致

B. 和流体在圆形管道中湍流流动的压降规律一致

C. 和流体在圆形管道中的压降规律无关

D. 和流体在圆形中过渡区流动的压降规律一致

二、填空题

1. 当压力不变时，温度提高，溶质在气相中的扩散系数__________；假设某液相黏度随温度变化很小，绝对温度降低，则溶质在该液相中的扩散系数__________。

2. __________扩散适合于描述精馏过程；__________适合描述吸收和解吸过程。

3. 双组分理想气体进行单向扩散。当总压增加时，若维持溶质A在气相各部分分压不变，传质速率将__________；温度提高，则传质速率将__________；气相惰性组分摩尔分数减少，则传质速率将__________。

4. 常压、25℃低浓度的氨水溶液，若氨水浓度和压力不变，而氨水温度提高，则亨利系数 E __________，溶解度系数 H __________，相平衡常数 m __________，对__________过程不利。

5. 常压、25℃低浓度的氨水溶液，若氨水上方总压增加，则亨利系数 E __________，

溶解度系数 H ＿＿＿＿＿，相平衡常数 m ＿＿＿＿＿，对＿＿＿＿＿过程不利。

6. 常压、25℃密闭容器内装有低浓度的氨水溶液，若向其中通入氮气，则亨利系数 E ＿＿＿＿＿，溶解度系数 H ＿＿＿＿＿，相平衡常数 m ＿＿＿＿＿，气相平衡分压＿＿＿＿＿。

7. 含5%（体积分数）二氧化碳的空气-二氧化碳混合气，在压力为101.3kPa，温度为25℃下，与浓度为 1.1×10^{-3} kmol/m^3 的二氧化碳水溶液接触，已知相平衡常数 m 为1641，则 CO_2 从＿＿＿＿＿相向＿＿＿＿＿相转移，以液相摩尔分率表示的传质总推动力为＿＿＿＿＿。

8. 填料吸收塔内，用清水逆流吸收混合气体中的溶质A，操作条件下体系的相平衡常数 m 为3，进塔气体浓度为0.05（摩尔比），当操作液气比为4时，出塔气体的极限浓度为＿＿＿＿＿；当操作液气比为2时，出塔液体的极限浓度为＿＿＿＿＿。

9. 难溶气体的吸收过程属于＿＿＿＿＿控制过程，传质总阻力主要集中在＿＿＿＿＿侧，提高吸收速率的有效措施是提高＿＿＿＿＿相流体的流速和湍动程度。

10. 在填料塔内用清水吸收混合气体中的 NH_3，发现风机因故障输出混合气体的流量减少，这时气相总传质阻力将＿＿＿＿＿；若因故清水泵送水量下降，则气相总传质单元数＿＿＿＿＿。

11. 低浓度逆流吸收塔中，若吸收过程为气膜控制过程，同比例增加液气量，其他条件不变，则 H_{OG} ＿＿＿＿＿，ΔY_m ＿＿＿＿＿，出塔液体 X_1 ＿＿＿＿＿，出塔气体 Y_2 ＿＿＿＿＿，吸收率＿＿＿＿＿。

12. 采用逆流填料吸收塔吸收某溶质，当要求液体含量不低于某一数值，且工艺对吸收剂用量有一定的限制，结果填料未能得到充分润湿时，总传质系数＿＿＿＿＿，工业上通常采用＿＿＿＿＿＿＿流程提高填料的润湿率，当＿＿＿＿＿＿＿时，此操作对吸收过程是有利的。

13. 溶质A的摩尔比 $X_A=0.2$ 的溶液与总压为2atm，$Y_A=0.15$（摩尔比）的气体接触，此条件下的平衡关系为 $p_A^*=1.2X_A$(atm)。则此时将发生＿＿＿＿＿过程；用气相组成表示的总传质推动力 $\Delta Y=$＿＿＿＿＿；若系统温度略有提高，则 ΔY 将＿＿＿＿＿；若系统总压略有增加，则 ΔY 将＿＿＿＿＿。

14. 在吸收塔设计中，＿＿＿＿＿的大小反映了吸收塔设备效能的高低；＿＿＿＿＿反映了吸收过程的难易程度。

15. 在一逆流吸收塔内，填料层高度无穷大，当操作液气比 $\frac{L}{V}>m$ 时，气液两相在＿＿＿＿＿达到平衡；当操作液气比 $\frac{L}{V}<m$ 时，气液两相在＿＿＿＿＿达到平衡；当操作液气比 $\frac{L}{V}=m$ 时，气液两相在＿＿＿＿＿达到平衡。

16. 用清水吸收空气-NH_3 中的氨气通常被认为是＿＿＿＿＿控制的吸收过程，当其他条件不变，进入吸收塔清水流量增加，则出口气体中氨的浓度＿＿＿＿＿，出口液中氨的浓度＿＿＿＿＿，溶质回收率＿＿＿＿＿。

17. 在常压低浓度溶质的气液平衡体系中，当温度和压力不变时，液相中溶质浓度增加，溶解度系数 H ________，亨利系数 E ________。

18. 对于易溶气体的吸收过程，气相一侧的界面浓度 Y_i 接近于____________，而液相一侧的界面浓度 X_i 接近于________。

19. 解吸过程中，解吸塔某截面的气相溶质分压________液相浓度的平衡分压，解吸操作线总在平衡线的________。

20. 吸收因数可表示为________，它在 X-Y 图的几何意义是______________。

21. 当减少吸收剂用量，Y_1、Y_2 和 X_2 不变，则传质推动力________，操作线将________平衡线，吸收塔设备费用将________。

22. 一定操作条件下的填料吸收塔，若增加填料层高度，则传质单元高度 H_{OG} 将________，传质单元数 N_{OG} 将________。

23. 在填料吸收塔设计过程中，若操作液气比 $\frac{L}{V}=\left(\frac{L}{V}\right)_{min}$，则塔内必有一截面吸收推动力为________，填料层高度________。

24. 传质单元数与________、________、________有关。

25. 最大吸收率 η_{max} 与________、________、________有关。

三、计算题

1. 在25℃下，用 CO_2 浓度为 0.01kmol/m^3 和 0.05kmol/m^3 的 CO_2 水溶液分别与 CO_2 分压为 50.65kPa 的混合气接触，操作条件下相平衡关系为 $p_A^*=1.66\times10^5x$ (kPa)，试说明上述两种情况下的传质方向，并用气相分压差和液相摩尔浓度差分别表示两种情况下的传质推动力。

2. 在一填料塔内用清水逆流吸收某二元混合气体中的溶质A。已知进塔气体中溶质的组成为0.03（摩尔比，下同），出塔液体组成为0.0003，总压为101kPa，温度为40℃，试问：(1) 压力不变，温度降为20℃时，塔底推动力 $(Y-Y^*)$ 变为原来的多少倍？(2) 温度不变，压力达到202kPa，塔底推动力 $(Y-Y^*)$ 变为原来的多少倍？

已知：总压为101kPa，温度为40℃时，物系气液相平衡关系为 $Y^*=50X$。总压为101kPa，温度为20℃时，物系气液相平衡关系为 $Y^*=20X$。

3. 在一填料塔中进行吸收操作，原操作条件下，$k_Ya=k_Xa=0.026$kmol/(m^3·s)，已知液相体积传质系数 $k_Xa\propto L^{0.66}$。试分别对 $m=0.1$ 及 $m=5.0$ 两种情况，计算当液体流量增加一倍时，总传质阻力减少的百分数。

4. 用清水在填料吸收塔中逆流吸收含有溶质A的气体混合物。进塔气体含溶质组成为0.05（摩尔分数），在操作条件下相平衡关系为 $Y^*=5X$，试分别计算液气比为6、5和4时，出塔气体的极限浓度和液体出口浓度。

5. 在填料塔中用清水吸收混合气体中的溶质，混合气体中溶质的初始组成为0.05（摩尔分数），操作液气比为3，在操作条件下，相平衡关系为 $Y^*=5X$，通过计算比较逆流和并流吸收操作时溶质的最大吸收率。

6. 在101.3kPa、35℃的操作条件下，在吸收塔中用清水逆流吸收混合气中的溶质A，欲将溶质A的含溶质组成由0.02（摩尔分数，下同）降至0.001，该系统符合亨利定律，操作条件下的亨利系数为 5.52×10^4kPa。若操作时吸收剂用量为最小用量的1.2倍，试求：

(1) 计算操作液气比 L/V 及出塔液相组成 X_1。(2) 其他条件不变，操作温度降为15℃，此时亨利系数为 1.2×10^4kPa，定量计算 L/V 及 X_1 如何变化。

7. 附图为低浓度气体吸收的几种流程，气液平衡关系服从亨利定律，试在 Y-X 图上定性地画出与各个流程相对应的平衡线和操作线的位置，并用图中表示浓度的符号标明各操作线端点的坐标。

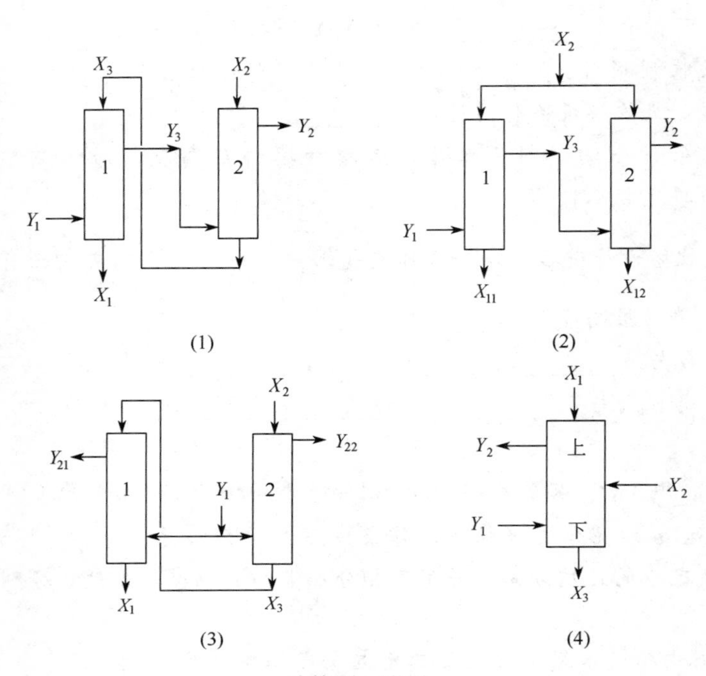

计算题7附图

8. 用纯溶剂逆流吸收低浓度气体中的溶质，溶质的回收率用 η 表示，操作液气比为最小液气比的 β 倍。相平衡关系为 $Y^*=mX$，试以 η、β 两个参数表达传质单元数 N_{OG}。

9. 在逆流操作的填料吸收塔中，用清水吸收某低浓度气体混合物中的可溶组分。操作条件下，该系统的平衡线与操作线为平行的两条直线。已知气体混合物中惰性组分的摩尔流率为90kmol/(m^2·h)，要求回收率达到90%，气相总体积传质系数 $K_{Y}a$ 为0.02kmol/(m^3·s)，求填料层高度。

10. 直径为800mm的填料吸收塔内装6m高的填料，每小时处理2000m^3 (25℃，101.3kPa) 的混合气，混合气中含丙酮5%，塔顶出口气体中含丙酮0.263% (均为摩尔分数)。以清水为吸收剂，每千克塔底出口溶液中含丙酮61.2g。在操作条件下的平衡关系为 $Y^*=2.0X$，试根据以上测得的数据计算气相总体积传质系数 $K_{Y}a$。

11. 体积流量为200m^3/h (18℃、101.3kPa) 的空气-氨混合物，用清水逆流吸收其中的氨，欲使氨含量由5%下降到0.04% (均为体积分数)。出塔氨水组成为其最大组成的80%。今有一填料塔，塔径为0.3m，填料层高5m，操作条件下的相平衡关系为 $Y^*=1.44X$，问该塔是否合用？$K_{G}a$ 可用下式计算：

$$K_{G}a=0.0027m^{0.35}W^{0.36}\text{kmol/(m}^3\cdot\text{h}\cdot\text{kPa)}$$

式中，m 为气体质量流速，kg/(m^2·h)；W 为液体质量流速，kg/(m^2·h)。

12. 混合气中含0.1 (摩尔分数，下同) CO_2，其余为空气，于20℃及2026kPa下在填料塔中用清水逆流吸收，使CO_2的组成降到0.5%。已知混合气（标准状态下）的处理量为$2240m^3/h$，溶液出口浓度为0.0006，亨利系数E为200MPa，液相总体积传质系数K_La为$50h^{-1}$，塔径为1.5m。试求每小时的用水量（kg/h）及所需填料层的高度。

13. 有一常压吸收塔，塔截面为$0.5m^2$，填料层高为3m，用清水逆流吸收混合气中的丙酮（丙酮的摩尔质量为58kg/kmol）。丙酮含量为0.05（摩尔比，下同），混合气中惰性气体的流量为$1120m^3/h$（标准状态）。已知在液气比为3的条件下，出塔气体中丙酮含量为0.005，操作条件下的平衡关系为$Y^*=2X$。试求：(1) 出塔液体中丙酮的质量分数；(2) 气相总体积传质系数K_Ya[$kmol/(m^3\cdot s)$]；(3) 若填料塔填料层增高3m，其他操作条件不变，问此吸收塔的吸收率为多大？

14. 在逆流操作的填料吸收塔中，用清水吸收含氨0.05（摩尔比）的空气-氨混合气中的氨。已知混合气中空气的流量为$2000m^3/h$（标准状态），气体空塔气速为1m/s（标准状态），操作条件下，平衡关系为$Y^*=1.2X$，气相总体积传质系数$K_Ya=180kmol/(m^3\cdot h)$，采用吸收剂用量为最小用量的1.5倍，要求吸收率为98%。试求：(1) 溶液出口浓度x_1；(2) 气相总传质单元高度H_{OG}和气相总传质单元数N_{OG}；(3) 若吸收剂改为含氨0.0015（摩尔比）的水溶液，问能否达到吸收率98%的要求？为什么？

15. 在一充有25mm阶梯环的填料塔中，用清水吸收混合气体中的NH_3。吸收塔在20℃及101.3kPa（绝压）的条件下逆流操作，气液相平衡关系为$Y^*=0.752X$。已知混合气流率为$0.045kmol/(m^2\cdot s)$，NH_3入塔组成为0.05（摩尔分数），吸收率为99%，操作液气比为最小液气比的1.5倍，填料层高度为8.75m，试求：(1) 气相总体积传质系数K_Ya；(2) 塔底截面处NH_3吸收的体积传质速率N_Aa。

16. 在常压逆流连续操作的吸收塔中用清水吸收混合气中的A组分。混合气中惰性气体的流率为30kmol/h，入塔时A组分的组成为0.08（摩尔比），要求吸收率为87.5%，相平衡关系为$Y^*=2X$，设计液气比为最小液气比的1.43倍，气相总体积传质系数$K_Ya=0.0186kmol/(m^3\cdot s)$，且$K_Ya\propto V^{0.8}$，取塔径为1m，试计算：(1) 所需填料层高度为多少？(2) 设计成的吸收塔用于实际操作时，采用10%吸收液再循环流程，即$L_R=0.1L$，新鲜吸收剂用量及其他入塔条件不变，问吸收率为多少？

17. 含苯1.96%（体积分数）的煤气用平均摩尔质量为260kg/kmol的洗油在一填料塔中逆流吸收，以回收其中95%的苯。煤气流率为1200kmol/h，塔顶进入的洗油中含苯0.5%（摩尔分数），洗油用量为最小用量的1.3倍，吸收塔在101.3kPa、27℃下操作，此时平衡关系为$Y^*=0.125X$。如附图所示，从吸收塔塔底引出的富油经加热后送入解吸塔顶，塔底通入水蒸气，使苯从洗油中解吸出来，脱苯后的洗油冷却后送回吸收塔塔顶。水蒸气用量为最小用量的1.2倍，解吸塔在101.3kPa、120℃下操作，气液平衡关系为$Y^*=3.16X$。求洗油的循环用量和水蒸气用量（kg/h）。

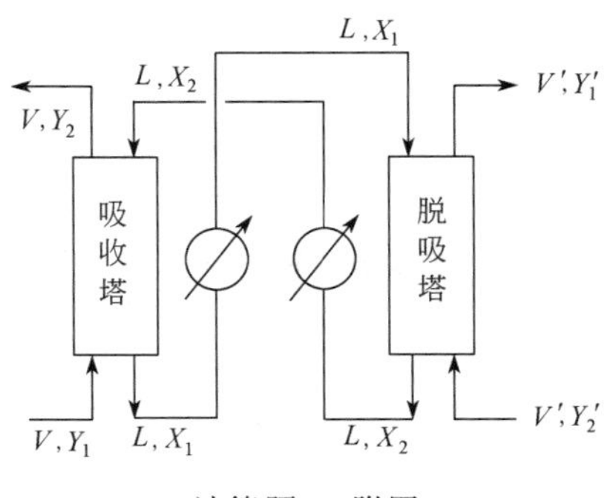

计算题17附图

18. 用一填料层高度为3m的吸收塔，从含氨6%（体积分数）的空气中回收99%的氨。混合气体的质量流率为$620kg/(m^2\cdot h)$，吸收剂为清水，其质量流率为$900kg/(m^2\cdot h)$。

在操作压力101.3kPa、温度20℃下，相平衡关系为$Y^*=0.9X$。体积传质系数k_Ga与气相质量流率的0.7次方成正比。吸收过程为气膜控制，气液逆流流动。试计算当操作条件分别做下列改变时，填料层高度应如何改变才能保持原来的吸收率。(1) 操作压力增大一倍；(2) 液体流率增大一倍；(3) 气体流率增大一倍。

19. 在填料层高度为4m的常压填料塔中，用清水吸收混合气中的可溶组分。已测得如下数据：混合气可溶组分入塔组成为0.02，排出吸收液中溶质组成为0.008（以上均为摩尔比），吸收率为0.8，并已知此吸收过程为气膜控制，气液平衡关系为$Y^*=1.5X$。试计算：(1) 该塔的H_{OG}和N_{OG}；(2) 操作液气比为最小液气比的倍数；(3) 若法定的气体排放浓度必须≤0.002，可采取哪些可行的措施？并任选其中之一进行计算，求出需改变参数的具体数值；(4) 定性画出改动前后的平衡线和操作线。

20. 空气和CCl_4混合气中含0.05（摩尔比，下同）的CCl_4，用煤油吸收其中90%的CCl_4。混合气流率为150kmol惰气/(m^2·h)，吸收剂分两股入塔，由塔顶加入的一股CCl_4组成为0.004，另一股在塔中一最佳位置（溶剂组成与塔内此截面上液相组成相等）加入，其组成为0.014，两股吸收剂摩尔流率比为1∶1。在第二股吸收剂入口以上塔内的液气比为0.5，气相总传质单元高度为1m，在操作条件下相平衡关系为$Y^*=0.5X$，吸收过程可视为气膜控制。试求：(1) 第二股煤油的最佳入塔位置及填料层总高度；(2) 若将两股煤油混合后从塔顶加入，为保持回收率不变，所需填料层高度为多少？(3) 示意绘出上述两种情况下的操作线，并说明由此可得出什么结论？

21. 逆流吸收-解吸系统，两塔的填料层高度相同。已知吸收塔入塔的气体组成为0.0196，要求回收率为95%，入塔液体组成为0.006（均为摩尔分数）。操作条件下吸收系统的气液平衡关系为$Y^*=0.125X$，液气比为最小液气比的1.4倍，气相总传质单元高度为0.5m；解吸系统用过热蒸汽吹脱吸收液中的溶质，其气液平衡关系为$Y^*=2.5X$，气液比为0.4，试求：(1) 吸收塔出塔液体组成；(2) 吸收塔的填料层高度；(3) 解吸塔的气相总传质单元高度；(4) 欲将吸收塔的回收率提高到96%，应采取哪些措施？（定性分析）

符号说明

英文	意义	计量单位
a	单位体积填料的相际传质面积	m^2/m^3
c	混合液总摩尔浓度	kmol/m^3
c_A	溶液中溶质A的摩尔浓度	kmol/m^3
c_{Sm}	溶剂在扩散两端浓度的对数平均值	kmol/m^3
D	分子扩散系数	m^2/s
E	亨利系数	kPa
G	气体流率	kmol/(m^2·s)
H	溶解度系数	kPa·m^3/kmol
H_{OG}	气相总传质单元高度	m
H_{OL}	液相总传质单元高度	m
J	扩散速率	kmol/(m^2·s)
k_G	气相传质系数	kmol/(m^2·s·kPa)
k_L	液相传质系数	m/s
K_G	气相总传质系数	kmol/(m^2·s·kPa)
K_L	液相总传质系数	m/s
L	溶剂流率	kmol/s
m	相平衡常数	
N	传质速率	kmol/(m^2·s)
N_{OG}	气相总传质单元数	
N_{OL}	液相总传质单元数	
p	总压	kPa

英文	意义	计量单位
p_A	溶质 A 分压	kPa
p_{Bm}	惰性气体在扩散两端的分压对数平均值	kPa
V	惰性气体流率	m^3/s
X	溶液中溶质与溶剂的摩尔比	
x	溶液中溶质的摩尔分数	
Y	混合气体中溶质与惰性气体的摩尔比	
y	混合气体中溶质的摩尔分数	
ΔY_m	溶质的对数平均推动力	
Z	填料层高度	m
	扩散距离	m

希文	意义	计量单位
η	溶质的回收率	
μ	黏度	Pa・s
ρ	流体的密度	kg/m^3
Ω	塔截面积	m^2

下标	意义
A	溶质
B	惰性气体
G	气相
L	液相
i	界面
s	溶剂

第6章 蒸馏

6.1 联系图

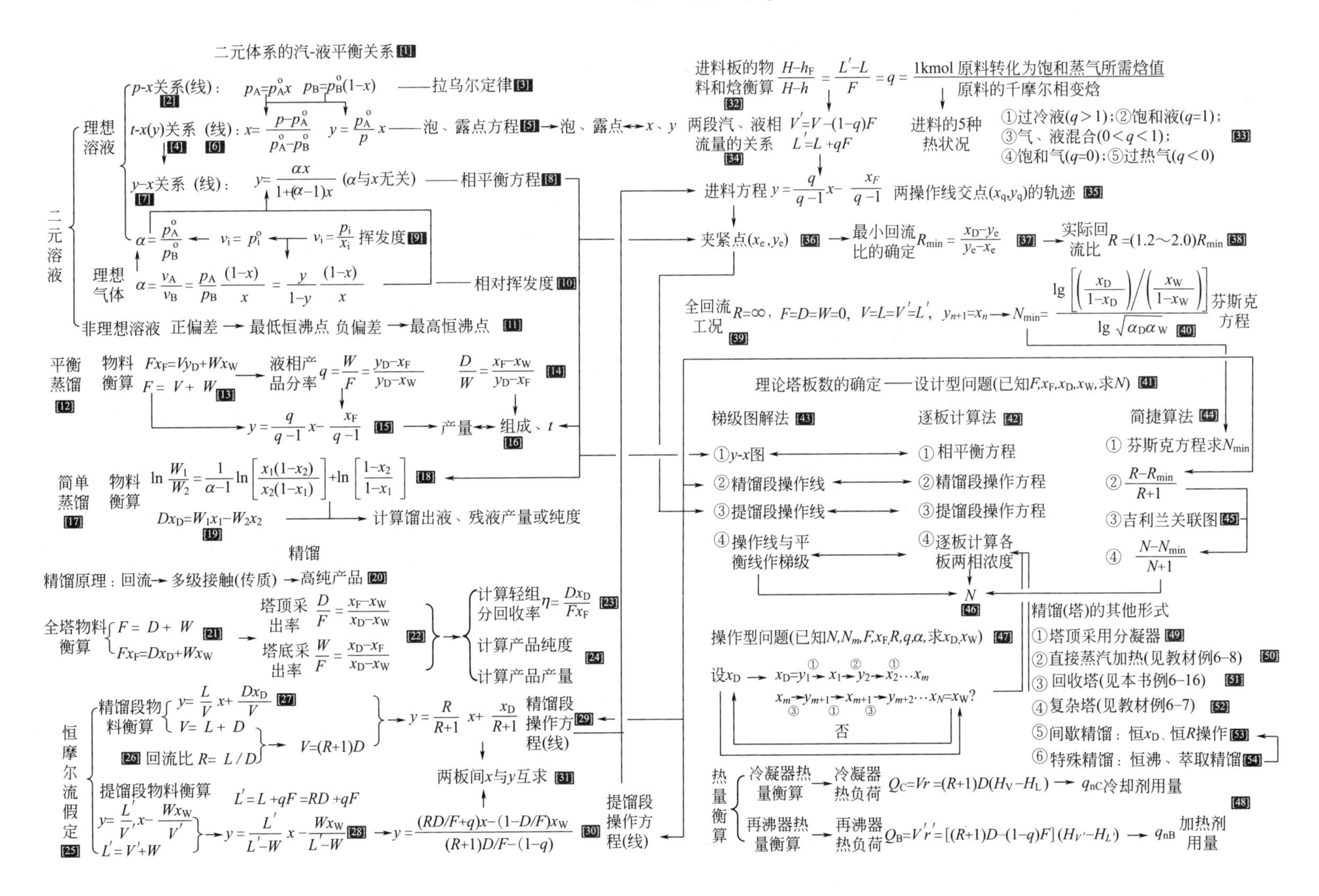
二元体系的汽-液平衡关系 [1]
二元溶液
理想溶液
p-x关系(线)：[2] $p_A=p_A^o x$　$p_B=p_B^o(1-x)$ ——拉乌尔定律 [3]
t-$x(y)$关系（线）：$x=\frac{p-p_B^o}{p_A^o-p_B^o}$ [4] [6]　$y=\frac{p_A^o}{p}x$ ——泡、露点方程 [5] →泡、露点↔x、y
y-x关系（线）：[7] $y=\frac{\alpha x}{1+(\alpha-1)x}$（$\alpha$与$x$无关）——相平衡方程 [8]
$\alpha=\frac{p_A^o}{p_B^o}$ ← $v_i=p_i^o$ ← $v_i=\frac{p_i}{x_i}$ 挥发度 [9]
理想气体 $\alpha=\frac{v_A}{v_B}=\frac{p_A}{p_B}\frac{(1-x)}{x}=\frac{y}{1-y}\frac{(1-x)}{x}$ ——相对挥发度 [10]
非理想溶液　正偏差→最低恒沸点　负偏差→最高恒沸点 [11]
平衡蒸馏 [12]　物料衡算 $Fx_F=Vy_D+Wx_W$　$F=V+W$ [13] → 液相产品分率 $q=\frac{W}{F}=\frac{y_D-x_F}{y_D-x_W}$　$\frac{D}{W}=\frac{x_F-x_W}{y_D-x_F}$ [14]
$y=\frac{q}{q-1}x-\frac{x_F}{q-1}$ [15] →产量↔组成、t [16]
简单蒸馏 [17]　物料衡算 $\ln\frac{W_1}{W_2}=\frac{1}{\alpha-1}\ln\left[\frac{x_1(1-x_2)}{x_2(1-x_1)}\right]+\ln\left[\frac{1-x_2}{1-x_1}\right]$ [18]
$Dx_D=W_1x_1-W_2x_2$ [19] →计算馏出液、残液产量或纯度
精馏
精馏原理：回流→多级接触(传质)→高纯产品 [20]
全塔物料衡算 $F=D+W$ [21]　$Fx_F=Dx_D+Wx_W$ → 塔顶采出率 $\frac{D}{F}=\frac{x_F-x_W}{x_D-x_W}$　塔底采出率 $\frac{W}{F}=\frac{x_D-x_F}{x_D-x_W}$ [22]
计算轻组分回收率 $\eta=\frac{Dx_D}{Fx_F}$ [23]
计算产品纯度 [24]
计算产品产量
恒摩尔流假定 [25]
精馏段物料衡算 $y=\frac{L}{V}x+\frac{Dx_D}{V}$ [27]　$V=L+D$
[26] 回流比 $R=L/D$ → $V=(R+1)D$
$y=\frac{R}{R+1}x+\frac{x_D}{R+1}$ 精馏段操作方程(线) [29]
两板间x与y互求 [31]
提馏段物料衡算 $y=\frac{L'}{V'}x-\frac{Wx_W}{V'}$　$L'=V'+W$ → $y=\frac{L'}{L'-W}x-\frac{Wx_W}{L'-W}$ [28]
$L'=L+qF=RD+qF$
$y=\frac{(RD/F+q)x-(1-D/F)x_W}{(R+1)D/F-(1-q)}$ [30] 提馏段操作方程(线)
进料板的物料和焓衡算 [32] $\frac{H-h_F}{H-h}=\frac{L'-L}{F}=q=\frac{\text{1kmol 原料转化为饱和蒸气所需焓值}}{\text{原料的千摩尔相变焓}}$
两段汽、液相流量的关系 [34] $V'=V-(1-q)F$　$L'=L+qF$
进料的5种热状况　①过冷液($q>1$)；②饱和液($q=1$)；③气、液混合($0<q<1$)；④饱和气($q=0$)；⑤过热气($q<0$) [33]
进料方程 $y=\frac{q}{q-1}x-\frac{x_F}{q-1}$ 两操作线交点(x_q,y_q)的轨迹 [35]
夹紧点(x_e,y_e) [36] → 最小回流比的确定 $R_{min}=\frac{x_D-y_e}{y_e-x_e}$ [37] → 实际回流比 $R=(1.2\sim2.0)R_{min}$ [38]
全回流工况 [39] $R=\infty$，$F=D=W=0$，$V=L=V'=L'$，$y_{n+1}=x_n$ → $N_{min}=\frac{\lg\left[\left(\frac{x_D}{1-x_D}\right)\Big/\left(\frac{x_W}{1-x_W}\right)\right]}{\lg\sqrt{\alpha_D\alpha_W}}$ [40] 芬斯克方程
理论塔板数的确定——设计型问题(已知F,x_F,x_D,x_W,求N) [41]
梯级图解法 [43]
①y-x图
②精馏段操作线
③提馏段操作线
④操作线与平衡线作梯级
逐板计算法 [42]
①相平衡方程
②精馏段操作方程
③提馏段操作方程
④逐板计算各板两相浓度
简捷算法 [44]
①芬斯克方程求N_{min}
② $\frac{R-R_{min}}{R+1}$
③吉利兰关联图 [45]
④ $\frac{N-N_{min}}{N+1}$
N [46]
操作型问题(已知N,N_m,F,x_F,R,q,α,求x_D,x_W) [47]
设x_D → $x_D=y_1$ → x_1 → y_2 → x_2…x_m
x_m → y_{m+1} → x_{m+1} → y_{m+2}…$x_N=x_W$?
否
精馏(塔)的其他形式
①塔顶采用分凝器 [49]
②直接蒸汽加热(见教材例6-8) [50]
③回收塔(见本书例6-16) [51]
④复杂塔(见教材例6-7) [52]
⑤间歇精馏：恒x_D、恒R操作 [53]
⑥特殊精馏：恒沸、萃取精馏 [54]
热量衡算
冷凝器热量衡算 → 冷凝器热负荷 $Q_C=Vr=(R+1)D(H_V-H_L)$ → q_{nC}冷却剂用量
再沸器热量衡算 → 再沸器热负荷 $Q_B=V'r'=[(R+1)D-(1-q)F](H_{V'}-H_{L'})$ → q_{nB} 加热剂用量 [48]

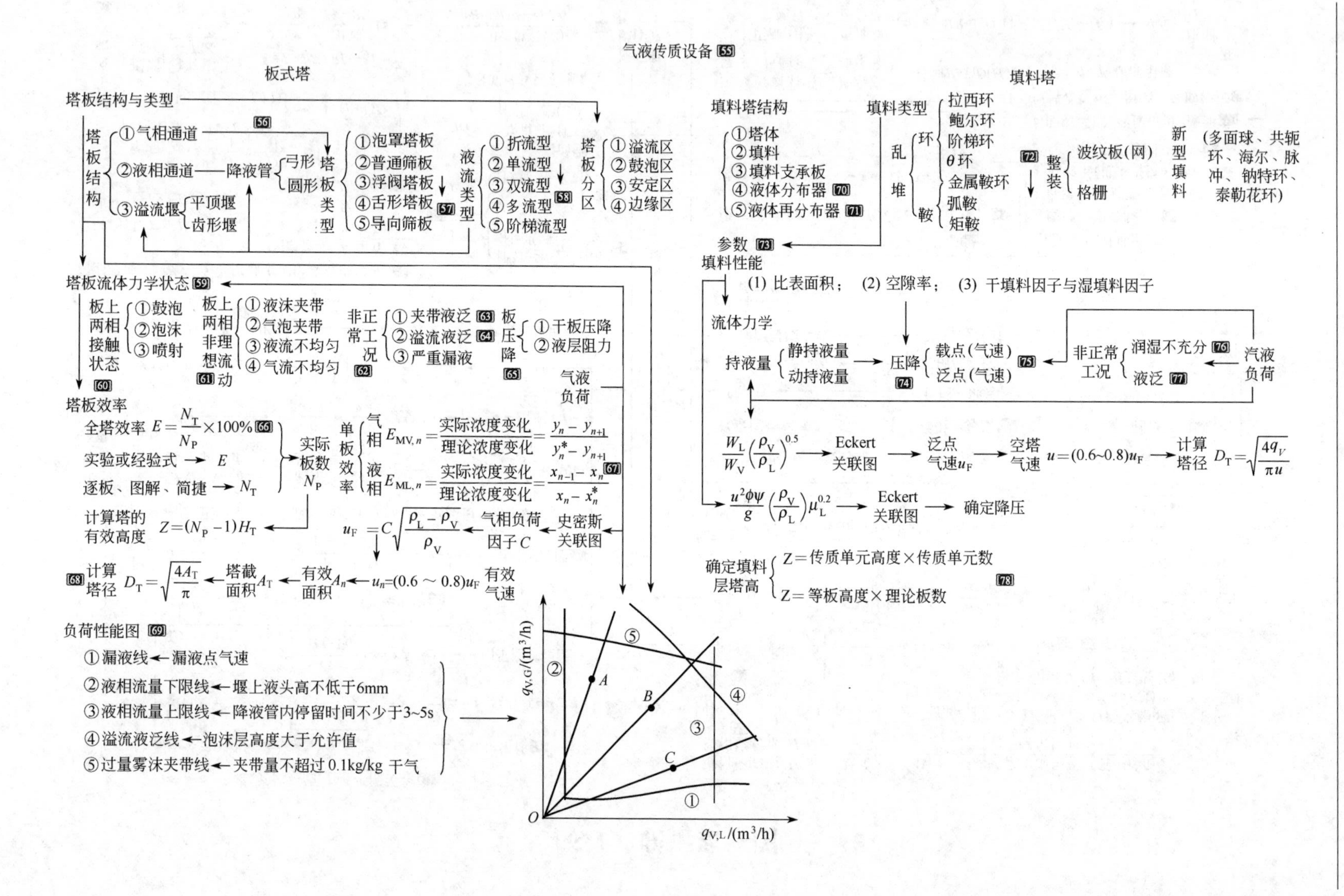

气液传质设备 55
板式塔
塔板结构与类型
56
塔板结构
①气相通道
②液相通道——降液管
弓形
圆形
③溢流堰
平顶堰
齿形堰
塔板类型
①泡罩塔板
②普通筛板
③浮阀塔板
④舌形塔板
⑤导向筛板
57
液流类型
①折流型
②单流型
③双流型
④多流型
⑤阶梯流型
58
塔板分区
①溢流区
②鼓泡区
③安定区
④边缘区
塔板流体力学状态 59
板上两相接触状态
①鼓泡
②泡沫
③喷射
60
板上两相非理想流动
①液沫夹带
②气泡夹带
③液流不均匀
④气流不均匀
61
非正常工况
①夹带液泛 63
②溢流液泛 64
③严重漏液
62
板压降
①干板压降
②液层阻力
65
气液负荷
塔板效率
全塔效率 $E=\frac{N_T}{N_P}\times100\%$ 66
实验或经验式 → E
逐板、图解、简捷 → N_T
实际板数 N_P
单板效率
气相 $E_{MV,n}=\frac{实际浓度变化}{理论浓度变化}=\frac{y_n-y_{n+1}}{y_n^*-y_{n+1}}$
液相 $E_{ML,n}=\frac{实际浓度变化}{理论浓度变化}=\frac{x_{n-1}-x_n}{x_n-x_n^*}$ 67
计算塔的有效高度 $Z=(N_P-1)H_T$
$u_F=C\sqrt{\frac{\rho_L-\rho_V}{\rho_V}}$
气相负荷因子 C
史密斯关联图
68 计算塔径 $D_T=\sqrt{\frac{4A_T}{\pi}}$
塔截面积 A_T
有效面积 A_n
$u_n=(0.6\sim0.8)u_F$ 有效气速
负荷性能图 69
①漏液线←漏液点气速
②液相流量下限线←堰上液头高不低于6mm
③液相流量上限线←降液管内停留时间不少于3~5s
④溢流液泛线←泡沫层高度大于允许值
⑤过量雾沫夹带线←夹带量不超过0.1kg/kg 干气
$q_{V,G}/(m^3/h)$
$q_{V,L}/(m^3/h)$
O
A
B
C
①
②
③
④
⑤
填料塔
填料塔结构
①塔体
②填料
③填料支承板
④液体分布器 70
⑤液体再分布器 71
填料类型
乱堆
环
拉西环
鲍尔环
阶梯环
θ环
金属鞍环
鞍
弧鞍
矩鞍
72
整装
波纹板(网)
格栅
新型填料
(多面球、共轭环、海尔、脉冲、钠特环、泰勒花环)
参数 73
填料性能
(1) 比表面积；(2) 空隙率；(3) 干填料因子与湿填料因子
流体力学
持液量
静持液量
动持液量
压降 74
载点(气速)
泛点(气速)
75
非正常工况
润湿不充分 76
液泛 77
汽液负荷
$\frac{W_L}{W_V}\left(\frac{\rho_V}{\rho_L}\right)^{0.5}$ → Eckert关联图 → 泛点气速 u_F → 空塔气速 $u=(0.6\sim0.8)u_F$ → 计算塔径 $D_T=\sqrt{\frac{4q_V}{\pi u}}$
$\frac{u^2\phi\psi}{g}\left(\frac{\rho_V}{\rho_L}\right)\mu_L^{0.2}$ → Eckert关联图 → 确定降压
确定填料层塔高
Z＝传质单元高度×传质单元数
Z＝等板高度×理论板数
78

联系图注释

➤ 二元体系的汽-液平衡关系

注释 [1] ①根据相律，该类体系的自由度是2，其含义是可以人为指定 t、p、x、y 中的两个数值，另两个的数值由相平衡关系决定，例如 $p=f(x,t)$、$y=f(x,t)$、$t=f(p,x)$、$t=f(p,x)$；②"人为指定"对于设计型问题来说就是指定设计目标和操作条件，对于操作型问题来说就是指定操作条件。

注释 [2] 是上述 $p=f(x,t)$ 关系的简化，这时仅关注温度一定时体系压强与液相组成的关系。(例如，在乙烯-乙烷蒸馏系统中，在制冷能达到的温度低限的约束下，设计者指定的产品纯度对系统的耐压程度提出了什么样的要求?)

注释 [3] ①拉乌尔定律认为，一定温度下，某组分（A）的蒸气压与其在液相中的摩尔分数成正比，这隐含着一层意思：另一组分（B）在液相中的存在只起到稀释作用，没有影响A组分本身的挥发性；②这背后的物理原因是A与B在液相中共存时，A分子与B分子之间的吸引力等于A分子与A分子的及B分子与B分子的；③理想体系，温度一定时，体系总压一定介于两个纯组分蒸气压之间，纯组分蒸气压较高的是轻组分。

注释 [4] 是上述 $t=f(p,x)$、$t=f(p,y)$ 关系的简化，可以简化的原因是这时蒸馏设备的设计者需要知道的是在指定的蒸馏操作压强（p）和产品组成（x 或 y）下的蒸馏温度，以便为蒸馏设备选择加热剂（或冷却剂）等工作提供依据。

注释 [5] ①泡、露点方程均可由拉乌尔定律的表达式得出，其应用除了[4]中所说的求温度之外，也可由已知的温度求组成；②已知温度求组成时计算过程不需要试差，而已知组成求温度时需要试差，原因是当温度是待求量时泡点方程是一个只有近似解的非线性方程；③待求的温度就是溶液在指定组成下的泡点，其值一定介于指定压强下两个纯组分的沸点之间，且溶液的组成越接近于哪个纯组分，泡点就越接近于其沸点——估计试差温度初值的依据。

注释 [6] ①t-$x(y)$ 线是泡、露点方程的图形表示，该图将坐标系分成5个区域，分别对应于体系的5种热状态；②t-x 线与 t-y 线之间的区域称为体系的汽-液两相区，是蒸馏操作的有效区域，一次蒸馏操作对应于其中的一条水平线段，对它应有如下理解：a. 该线段的高度对应于这次操作的温度；b. 线段的左右端点（的横坐标）分别对应于这次操作获得的液、汽相的组成（它们满足相平衡关系），中间的某点对应于这次操作的原料组成；c. 该线段可视为一根杠杆，汽、液产品组成以及原料组成满足杠杆规则；d. 该线段的长度能表示分离效果，线段越长，就是获得的汽、液相组成差别越大，分离效果越好；③一个蒸馏设备内可能同时进行着多次蒸馏，这就是多级蒸馏，一条水平线对应于一级，称为一个平衡级。

注释 [7] ①$y=f(x,t)$ 的简化，简化的理由是，一个蒸馏设备（或其中的某一级）中，不仅压强一定，而且温度一定，需要解决的问题是两相组成的互求；②因为 y-x 线上的一个点对应于 t-$x(y)$ 图两相区中的一条水平线段（后者的位置越高，前者的位置越低），所以 y-x 线可由 t-$x(y)$ 线转换而来；③压强对相平衡关系是有影响的，这个影响会反映在这些曲线的变化上：当压强升高时，y-x 线变得更靠近对角线，同时 t-$x(y)$ 两相区变得更窄（t-x 与 t-y 线靠得更近），这些都是相对挥发度随压强的升高而减小的表现。

注释 [8] ①是本章的核心方程之一，由相对挥发度的定义式并使用汽相是理想气体的假定而来（不要求液相是理想溶液），是 y-x 关系的数学表示；②主要用途是平衡的汽-液两相组成（y 与 x）互求。(任何蒸馏过程计算都会涉及的一步，所以在联系图中有多处与该方程

连线）

注释［9］①挥发度表示组分挥发性的大小，其定义是组分在汽相中的蒸气压与其液相摩尔分数之比；②这个定义试图消除溶液组成对组分挥发性的影响，这反映在理想溶液上就是某组分的挥发性就是其作为纯组分的蒸气压，与组成无关；③所以理想溶液中组分相对挥发度与组成无关，但在非理想溶液中并非如此。

注释［10］①蒸馏分离混合的依据是组分挥发性的差异，相对挥发度就是这种差异的量化，其定义是轻、重组分的挥发度之比；②上述相平衡方程是由这个定义式导出的。

注释［11］①这里的正（负）是相对于拉乌尔定律来说的，组分的实际蒸气压比拉乌尔定律的计算值高（低）的，就是正（负）偏差溶液；②产生正（负）偏差的物理原因是异种分子之间的吸引力小（大）于同种分子，于是它们的共存会使彼此更易（难）挥发；③正（负）偏差在 p-x 图中的表现就是实际的 p-x 线在表示拉乌尔定律的直线的上（下）方；④这种偏差可以很大，大到使实际 p-x 曲线出现最高（低）极值点，与此对应的是体系的 t-x 和 t-y 线具有共同的最低（高）点，称体系这时形成了最低（高）恒沸物；⑤体系出现恒沸点在 y-x 图中也有表现，就是 y-x 线在恒沸组成点跨过对角线，即恒沸组成前后组分的相对轻重关系发生逆转；⑥在 t-$x(y)$ 图的恒沸点处，两相区的水平线段长度为 0，在此组成下进行蒸馏时没有分离效果（蒸出的汽相与液相组成相同），这在多级（次）蒸馏中的表现就是无论使用多少级（次），产品组成都不可能跨过恒沸组成。

➤ 平衡蒸馏和简单蒸馏

注释［12］①通过连续操作的一次部分汽化（冷凝）使轻、重组分分离；因为仅仅是“一次”，所以分离效果不好，仅用于产品纯度要求不高或组分挥发性差异很大的混合物分离；②工业中最常见的平衡蒸馏方式是闪蒸，它通过对物料升温或突然降压，使体系突然进入两相区，在闪蒸罐中完成两相的分离，成为轻、重组分分别浓集的汽、液相产品；③一个闪蒸罐中的汽-液两相对应于 t-$x(y)$ 图两相区中的一条水平线段，这条线段就是［6］、［13］中所说杠杆规则中的“杠杆”。

注释［13］对闪蒸罐的总物料衡算式和轻组分物料衡算式。

注释［14］①是［13］中两式联立的结果，因为这两式在形式上与力学中杠杆力矩平衡式很相似，故把它们描述的规律称为杠杆规则，支撑该规则的是质量守恒规律；②这里所说的杠杆就是上述 t-$x(y)$ 图两相区的一条水平线段，该线段的高度就是闪蒸罐的操作温度，该线段的两个端点以及中间那个横坐标为 x_F 的点都可能是杠杆的支点，真正的支点是没有出现在比值表达式中的那个物质的量对应的点。

注释［15］①将物料衡算关系转换为 y-x 图中的一条直线，该直线通过点（x_W,y_D）和（x_F,x_F），斜率 $q/(q-1)$ 为负值；②因为 x_W,y_D 满足相平衡关系，所以该直线与［7］中表示相平衡关系的 $y\sim x$ 曲线的交点就是（x_W,y_D）——图解法解决闪蒸问题的依据。

注释［16］①闪蒸待解决问题的主要类型是产品组成与产量的互求，以及闪蒸温度的求取；②已知组成求产量的问题只需要联立两个物料衡算式即可解决，而已知产量求组成时还需要联立相平衡关系（方程）；③求闪蒸温度的问题就是［5］中所述已知平衡组成求平衡温度的问题，对于理想体系可用泡、露点方程解决，但需要试差。

注释［17］①通过间歇操作实现一次部分汽化使轻、组重分分离，因为仅仅是“一次”，所以分离效果不好；②因为是间歇操作，所以整个过程是非定态的，系统中的主要参数都在随时间而变化，例如：持液量↓、两相中轻组分含量↓、馏出液中轻组分含量↓、两相温度

↑；③应将简单蒸馏视为气泡一个一个地从釜内液相逸出的过程，液相仅与在某一时刻逸出的那个气泡成相平衡，液相不与其上方的汽相成相平衡（汽相是不同时刻逸出气泡的汇集物）；④以同样的物料为原料，简单蒸馏的分离效果优于平衡蒸馏，这是指在汽化率或液体产品组成相同的情况下，简单蒸馏的蒸出物中轻组分含量高于平衡蒸馏的。

注释［18］①是原料液、最终剩余液的量与组成之间的关系式，通过如下过程建立：对气泡一个一个逸出的微分过程进行轻组分的质量衡算，建立微分方程，再积分；②该式的用途：a. 由指定的最终釜液组成（x_2）求最终釜液量（W_2）；b. 已知 W_2 求 x_2，这个求解过程需要试差。

注释［19］①是对整个简单蒸馏过程建立的轻组分物料衡算式；②主要用途是利用［18］的计算结果求出馏出液的产量或组成。

➤ **精馏**

注释［20］这是对精馏原理的简明描述，强调是（汽、液相）回流实现了汽、液两相的多级（多次）接触、传质，于是才能获得高纯度的产品。

注释［21］、［22］如果只看原料的进入和产品的采出，二元连续精馏塔与闪蒸罐并无不同，所以它们的物料衡算式及其联立的结果在形式上是一样的，但精馏塔的产品组成 x_D 与 x_W 不满足相平衡关系。

注释［23］①是塔顶轻组分回收率的定义式，这个概念容易与塔顶采出率（D/F）混淆；②这个回收率显然是小于等于1的，即 $x_D \leqslant Fx_F/D$，这是质量守恒定律造成的 x_D 的上限；③在精馏塔的设计中，可能既要规定 x_D 也要规定 D/F，规定值必须满足这个不等式的约束。

注释［24］由全塔物料衡算式可以解出 D、W、x_D、x_W 中的两个，但如果要解出的是 x_D、x_W，仅用物料衡算式是不够的。

注释［25］①恒摩尔流假定能被接受的条件是：a. 物系中两组分的汽化潜热接近；b. 两组分的沸点相差不大（这样相邻两级的温度相差就不大，不会由于物料混合而造成额外的汽化或冷凝），常见的满足这两个条件的物系有：苯-甲苯、乙醇-水等；②满足这个假定的物系，同一段塔内的汽、液相摩尔流量分别处处相等，或者说操作线（方程）是直线（方程）。

注释［26］回流比是本章最重要的物理量，其值在设计工作中由设计者人为选定，在操作中可由操作者调节，对设计和操作结果都有重要影响，具体如下：a. 回流比越大，精馏段液汽比越大、提馏段液汽比越小，于是设计型问题中的塔板数就越少、操作型问题中的产品纯度就越高；b. 回流比越大，塔内物料的流量就越大，于是塔底再沸器和塔顶冷凝器的热负荷越大，精馏能耗越高。

注释［27］、［28］是精馏段、提馏段操作方程的原始形式，通过对这两段塔的物料衡算得出。

注释［29］、［30］①是两段塔操作方程的常用形式，是将其原始形式用 R、q、D/F 改写的结果；②操作方程描述了（某段内）任意两层塔板（n 和 $n+1$ 层）之间上升蒸汽组成（y_{n+1}）与下降液体组成（x_n）之间的关系；③建立操作方程时没有使用相平衡关系，仅使用了物料衡算式，所以操作方程的使用不限于塔板是理论板的情形；④操作方程在 y-x 坐标系中表现为一条直线——操作线，操作线的物理意义：a. 端点-塔顶（底）产品组成；b. 斜率-段内液汽比；c. 中间点：某两板之间的液、汽相组成；d. 与平衡线的距离——段内相际传质推动力。

注释 [31] 操作方程最重要的用途就是段内任意两板间汽、液相组成（y_{n+1}和 x_n）的互求。

注释 [32] 通过对加料板的质量和热量衡算引出进料热状态参数 q 的定义式。

注释 [33] 理解进料热状态参数 q 的三个要点：a. 数值上等于将 1kmol 进料变为饱和蒸汽需要的焓值；b. q 值越小，进料越热；c. 进料为汽、液两相混合物的 q 值就是其中液相所占的百分率。

注释 [34] q 值将精馏段、提馏段的流量联系起来了。

注释 [35] ①联立精馏段和提馏段的操作方程可得两段操作线的轨迹方程——进料方程，这个方程在 y-x 坐标系中表现为一条直线（进料线，q 线）；②q 值对精馏过程的影响通过它影响 q 线的斜率直观地体现了图中：x_W，R 和 D/F 一定时（设计型问题的特点），进料越热（q 值越小），提馏线离平衡线就越近（精馏线的远近不变），传质推动力就越小，需要的理论级数就越多。

注释 [36] ①当平衡线规则时，夹紧点是两条操作线的交点（x_q，y_q）随着回流比的减小最终落在平衡线上的结果，可通过联立进料方程和相平衡方程确定该点；②当平衡线不规则时，夹紧点是随着回流比的减小某条操作线首先成为平衡线的内切线时的切点，一般需要通过作图法确定该点。

注释 [37] ①是由夹紧点（x_e,y_e）确定最小回流比的计算式，通过令点（x_e,y_e）与点（x_D,y_D）的连线斜率等于 $R/(R+1)$ 求出，故该式仅适用于平衡线规则以及夹紧点在精馏线上的情况；②最小回流比是精馏塔设计型问题中特有的概念，其物理含义是在此回流比下达到分离要求需要的理论级数为无穷多（这在图中的表现就是作梯级时无法跨过夹紧点）；③最小回流比的数值越大，说明分离任务越难完成，对其数值有影响的主要因素有：相平衡关系（α）、进料情况（x_F,q）、分离要求（x_D）。

注释 [38] ①这是精馏塔的设计者由最小回流比确定实际回流比的一种经验做法，1.2～2.0 是个经验性的数值范围，按此估计的回流比离最优值不远（因为精馏系统很复杂，最优的回流比不易准确知晓）；②存在最优回流比的原因是，随着回流比的变化，精馏系统的设备费用（主要是塔和换热器的）和操作费用（加热剂和冷却剂）之间存在着此消彼长的关系。

注释 [39] ①这里用符号给出了全回流工况的特点：回流比无穷大、不进料不采出、汽（液）相流量处处相等、任意两板间汽液相组成相同、理论板数最少；②全回流工况的应用：a. 精馏塔开工时，从开始进料到采出合格产品需要一段时间来使塔内建立合理的汽、液相浓度分布，这段时间内塔内进行着汽、液相物料循环，但不采出，所以是全回流工况；b. 在精馏塔（板）的实验研究中，因为只关注塔（板）的流体力学和传质性能，所以只需要汽、液相物料在塔内循环流动即可，不需要采用产品，所以采用全回流工况。

注释 [40] ①芬斯克方程是利用全回流的特点（$y_{n+1}=x_n$）和相对挥发度的定义式，经过逐板推导过程建立的；②为便于使用，将原有的全塔各处相对挥发度的几何平均值用塔底和塔顶两处的代替，这种做法使该方程最好是用于性质接近于理想的物系（相对挥发度随组成变化不大）。

注释 [41]（F,x_F,x_D,x_W）都属于设计条件和设计要求的范畴，仅已知它们不足以解决设计问题，在此尚需设计者指定一些操作条件：操作压强 p、回流比 R、进料热状态参数 q、回流热状态、进料位置等，这样才能求出理论板数。

注释 [42] ①基本思想：从塔顶（底）产品组成算起，向下（上）交替使用相平衡方程和操作方程，逐板确定各板上或两板间的汽、液相组成，直到离开某板的液相（汽相）组成超出规定的塔底（顶）产品纯度要求；②要注意，在精馏段（提馏段）的计算结束时，之后的计算要换用提馏段（精馏段）的操作方程；③精馏段（提馏段）计算结束的判据是 $x_m \leqslant x_q$（$y_m \geqslant y_q$），整个计算过程结束的判据是 $x_N \leqslant x_W$（$y_N \geqslant x_D$），这时整个塔需要的理论板数是 N，其中精馏段需要理论板数为 $m-1$（即 $N-m$），提馏段需要理论板数为 $N-m+1$（即 m），第 m 层为进料板。

注释［43］①梯级图解法是逐板计算法的图形表示，通过在 y-x 图上的操作线与平衡线之间作梯级，逐级确定各理论板上或每两板之间的汽、液相组成；②当从上（下）向下（上）作梯级时，每作一条水平线就相当于使用了一次相平衡方程（操作方程），每作一条竖直线就相当于使用了一次操作方程（相平衡方程）；③作跨过两操作线交点的那个梯级时要更换操作线；④该方法确定的理论板数允许带小数，小数值等于：当从上（下）向下（上）作梯级时，直线 $x=x_W$（$y=x_D$）把所作最后一个梯级的水平（竖直）线段分割出的 $x \geqslant x_W$（$y \leqslant x_D$）的部分在总长中所占的比例；⑤梯级的大小代表对应理论板的特征：其水平、竖直线段长度分别等于汽、液相流经该板获得的增浓幅度值，也分别等于该板上用汽、液相浓度差表示的传质推动力。

注释［44］①简捷算法实施起来快速简便，但误差较大，一般仅用于初步的估算；②进料位置的确定需要使用 $N_1/N=N_{\min1}/N_{\min}$ 这个比例关系，下标1表示精馏段。

注释［45］是根据多个物系的精馏实验结果总结出的 $R_{\min}$、R、$N_{\min}$、N 之间的关系图，具有一定的普适性，但误差较大。

注释［46］①一般的工业再沸器都使其液相进料发生一次部分汽化，故具有一层理论板的分离作用，而用来作为计算（作图）结束判据（起始点）的 x_W 是经部分汽化后流出再沸器的液相组成，所以以上三种方法求出的 N 之中均包括再沸器的贡献，因此应注明：N 层（包括再沸器1层）；②使用这三种方法确定的 N 可能是不同的，进料位置也可能是不同的，但前两种方法的原理实质是相同的；三种方法确定进料位置的思想也是相同的，都是人为选择从最优位置进料。

注释［47］①该问题可通过联立两个关于 x_D 和 x_W 的关系式解决，其中之一是全塔物料衡算式，另一个关系因为 N 层理论板把回流液由组成 x_D 提浓至 x_W（或把塔底液由组成 x_W 变为回流蒸汽 y_W，再精制到 $y_1=x_D$）而存在，不妨称之为提浓-精制关系；②从原理上说，提浓-精制关系式可以通过从塔的某一端至另一端的逐板递推得到，但其实很难得到具体的表达式（即使得到了，也是很复杂的只有近似解的非线性方程），所以解决这类问题一般都需要试差；③上述现象存在的原因是相平衡关系是较为复杂的非线性关系；如果体系的相平衡关系可以用形如 $y=mx$ 的线性形式表示，那么是可以通过逐级递推得到提浓-精制关系式的，这也将是一个非线性方程，这时这类问题的求解将不需要试差；④图中给出了逐板计算试差过程，要注意每轮计算后对 x_D 估计值的调整方向：如果 $x_N > x_W$，则把 x_D 的估计值向下调，否则向上调，重新计算；⑤第 m 板是进料板，所以由 x_m 计算 y_{m+1} 时要更换操作方程；⑥也可以通过梯级图解法解决此类问题。

注释［48］①精馏系统是能耗大户，冷凝器和再沸器是其中的主要消费者，二者的消费量可以用它们的热负荷表示，但最终还是要用冷却剂和加热剂的使用量来计算生产成本；②回流比是决定能耗的关键因素，回流比越大，能耗越高；③回流比一定时，冷凝器的热负荷与进料热状态无关；再沸器的热负荷随着进料“热度”的增加而减小；④这两式包含了生产上通过调节回流比从而改变产品纯度的原理：改变 q_{nC}，q_{nB}→改变 Q_C、Q_B→改变 V、V'→改变 R→改变 x_D、x_W。

注释 [49] ①分凝器具有一层理论板的分离作用，常被视为第0层理论板；②相关物料组成特点：a. 分凝器中的（离开它的）汽、液相组成 y_0 和 x_0 满足相平衡关系；b. 进入它的汽相组成 y_1 与 x_0 满足精馏段操作方程；c. y_0 等于馏出液组成 x_D；③精馏段操作方程形式上仍与采用全凝器的相同，只是下标可以再往前推一次，即 $y_1 \sim x_0$ 也满足该方程；逐板计算开始于由 $x_D = y_0$ 求 x_0；④当逐板计算至 $x_N \leqslant x_W$ 时，理论板数为 $N+1$ 层（包括再沸器和分凝器各一层）。

注释 [50] ①适用于含水且水是重组分的物系的分离；②与间接加热时的不同：a. 可以省去一个再沸器，但塔底可能要产生较多的废水；b. 全塔总物料衡算式中多了直接蒸汽流量 S：$F+S=D+W$，因为作为重组分的水应该从塔底排出，所以 S 的出现必然使 W 比间接加热时大；c. 提馏段 V' 与 S 相等，L' 与 W 相等；d. 提馏段操作线的下端点是（x_W，x_W）；e. 设计时，在 R、q、D 相同的情况下，如果要求达到一定的轻组分回收率 η，则直接蒸汽加热的 x_W 较小、需要的 N 稍多；如果要求的是达到一定的 x_W，则 η 较低、N 稍少。

注释 [51] ①原料以液相从塔顶进入，故只有提馏段；②常用于回收溶液中的轻组分，分离任务的特点是：对轻组分在塔釜液中的含量有较高要求（x_W 很小），但对馏出液的组成要求不高；③常无液相回流，但也可以有；④操作方程与普通塔的形式完全相同，无液相回流时，其中的 $R=0$。

注释 [52] ①是指有多股进料和（或）侧线采出的塔，用于处理多股组成不同的原料，或得到多种组成不同的产品；②各段操作方程不同，但推导思路相同：塔被分成多段，相邻两段端之间的流量关系类似于普通塔的精馏段、提馏段之间的流量关系，于是可由已知的 D 和 R 出发，从上向下，依次计算各段汽、液相流量，然后再列出某段内到塔顶（底）的物料衡算式，即可得该段操作方程。

注释 [53] ①进行方式：向只有精馏段的塔的底部（塔釜）分批加入原料，采用间歇操作获取馏出液，当轻组分回收率达到要求时结束一个周期的操作；②主要特点：a. 过程非定态（与简单蒸馏颇为相似）；b. 只有精馏段，得到相同馏出液组成时能耗大于有提馏段的连续精馏塔；c. 常采用填料塔；③采用恒 x_D 的方式时，后期需要的回流比可能很大，对再沸器、冷凝器的热负荷要求可能很高。

注释 [54] ①恒沸精馏的"恒沸"是指向原混合物加入挟带剂形成的新物系在某组成下能形成最低恒沸物，从塔顶蒸出；②对挟带剂的要求是：a. 能形成沸点明显低于原组分的最低恒沸物；b. 挟带能力要强；c. 易回收；③萃取精馏的原理是加入的萃取剂增大了原组分间的相对挥发度；④对萃取剂的要求是：a. 效率高，即少量添加就能使 α 获得明显提升；b. 与原溶液有足够的互溶度；c. 挥发性低，不形成共沸物；⑤要注意萃取精馏不同于普通精馏的几个特点：a. 饱和蒸汽进料为宜；b. 回流液、萃取剂的加入温度不宜过低；c. 回流比并非越大越好；⑥恒沸精馏与萃取精馏的比较，详见教材。

➤ 气-液传质设备

注释 [55] 汽、液传质设备主要是塔设备，对塔设备的主要评价指标有：传质与分离效果、压降和生产能力，这些都与塔的结构有很大的关系。

注释［56］气相通道的结构是区别塔板类型、反映塔板特点的主要方面，也决定着塔板的主要评价指标，塔板的改进也主要是在改气相通道。

注释［57］塔板的改进思路：a. 通过改变气流方向（变竖直为水平）减小板上液层厚度、液面落差、雾沫夹带量、板上液相返混程度，从而提高板效率、降低板压降；b. 通过自动调整气速提高操作弹性；c. 通过缩短气相行程降低板压降。

注释［58］采用双、多程溢流或阶梯溢流主要是为了降低板上液面落差，提高板效率，主要在液体流量较大或塔径较大时采用。

注释［59］教材中用大量篇幅讨论塔板上的流体力学状态，原因是它决定着塔的运行状况和传质效果（塔板效率）。

注释［60］两相接触状态决定着两相的湍动程度、接触（传质）面积、表面更新情况等，对各种接触状态的比较和评价主要就是从这几个方面考虑。

注释［61］①这四种非理想行为客观上难以避免，其严重程度对传质效果（板效率）有重要影响；②雾沫和气泡夹带都是返混行为，影响的是传质推动力（气泡夹带量过大还可能造成降液管管流体平均密度过小，影响降液管的通过能力）；③这些行为的严重程度主要受这几方面因素的影响：塔（板）的结构与尺寸、汽相和液相流量（速），物料的物理性质。

注释［62］①板式塔中可能存在着这三种非正常工况，它们在客观上能够而且必须避免出现；②既可能由于不当的设计，也可能由于不当的操作而在生产中出现这些非正常工况。

注释［63］夹带液泛的起因是气体流量过大造成雾沫夹带量过大，使板上液体流量超出了塔板的自衡能力，而液体流量过大（使板上液层过厚）以及板间距过小等也会对夹带量过大有贡献。

注释［64］①溢液液泛的起因是液体流量过大，超出了降液管通过液体的能力；②气体流量过大导致的板压降过大可使液体流动的总势能差减小，影响液体通过降液管；③降液管堵塞或物系容易发泡也可以导致溢流液泛的发生。

注释［65］①生产和设计上关注板压降的原因：a. 多种非理想行为和不正常工况可通过板压降过高反映出来；b. 板压降过高会使塔内（底）压强过高，这在吸收时可能增加向塔内输送气体的功耗，或在真空精馏时影响分离效果，也可使塔内温度过高从而破坏热敏物质；②板压降的主要影响因素是塔板类型与结构，以及汽相和液相流量（速），低气速时以液层阻力为主，高气速时以干板阻力为主。

注释［66］①是全塔（总板）效率的定义式，式中的理论板数 N_T 可用本章给出的三种方法之一确定；②该式的用法有两种：a. 塔的研究人员用它求一个已有的塔的全塔效率，评估该塔的分离能力、效果；b. 塔的设计人员用别的经验公式求全塔效率，然后用该式求出达到一定分离要求需要的实际板数。

注释［67］①是默弗里单板效率的定义式、计算式，用以评价一层塔板的传质效果；②同一层塔板的默弗里板效率有汽、液相之分，其数值一般不相等；同一塔内不同塔板的默弗里板效率一般也不相等；③求某板的默弗里板效率需要进、出该板的汽相或液相组成，以及平衡组成；前者必须通过实验取样、分析取得，后者需要用相平衡关系求出（当实验在全回流工况下进行时，只需要取前者的数据，平衡组成可利用全回流的特点方便地求出，不需要别的数据。例如：为求第 n 层的效率，已经取得了 x_{n-1} 和 x_n，则 $x_n{}^* \leftarrow y_n = x_{n-1}$）。

注释 [68] 因为使用史密斯关联图需要板间距，而板间距和塔径之间又存在着设计者必须遵守的经验性约束关系（详见有关设计教材），所以求塔径是一个需要试差的过程。

注释 [69] ①由板式塔中四种非理想行为严重程度的影响因素和三种非正常工况的起因可知，塔内气、液流量均要保持在合理的范围内才能保证塔的正常、高效运行，这些正常范围的图形表示就是塔的负荷性能图；②该图由塔的设计者在确定了塔（内件）的各种尺寸后，根据各种非理想、非正常情况的流量边界值绘出，图中的 5 条线围成的区域之内就是可以保证塔正常运行的汽、液负荷区；③一段或一个塔是基于某一对液、汽相流量（$q_{V,L}$,$q_{V,G}$）而设计出的，这对流量在负荷性能图中表现为一个点（例如图中的 A、B、C），称为设计点，该点与原点的连线（例如图中的 OA、OB、OC）再与图中①～⑤线围成的有效区域边界的两个交点揭示了所设计塔（段）的汽、液负荷受限原因，据此可以分析出提高塔的汽、液负荷的改造方案（详见 6.3.1 节）。

注释 [70] 均匀地把液体分布在填料表面是填料高效运行的重要保证，因此在填料层上方设置液体分布器，以使液体获得良好的起始分布，避免沟流。

注释 [71] 液体在填料层内向下流动的过程中存在趋壁现象，为减轻壁流的影响，在填料层中间设置液体再分布器，将壁面上的液体重新收集、分布。

注释 [72] 填料开发技术的不断进步、高效填料的不断出现是将如下目标不断实现的结果：a. 降低压降；b. 改善液体分布（增加比表面积、避免重叠、利用内表面）；c. 增加流体湍动程度。

注释 [73] 这些参数的数值取决于填料的结构和尺寸，会影响填料的流体力学特性，这三方面之间的关系大致为：尺寸越小，则 a. 比表面积越大，传质面积越大；b. 空隙率越低，填料因子越高，压降越高，生产能力越低；c. 壁流现象越轻。

注释 [74] ①关注填料塔的流体力学特性，重点要关注压降与空塔气速的关系，这二者是如下关系链的两端：压降←填料层的实际空隙率←填料层的实际持液量←两相的交互作用←两相的相对运动速度←空塔气速；②压降～空塔气速的关系可简单地描述为：$\Delta p \propto u^k$：a. 对于干填料层或空塔气速低于载点气速时，k 是常数（1.8～2.0），$\Delta p \sim u$ 关系在双对数坐标系中表现为一条直线；b. 当空塔气速在载点与泛点气速之间时，k 随空塔气速的增大而增大，$\Delta p \sim u$ 关系表现为一条逐渐变陡的曲线；c. 当空塔气速超过泛点气速时，k 趋向于无穷大，$\Delta p \sim u$ 关系表现为一条几乎竖直的直线。

注释 [75] ①载点和泛点气速受填料（层）特性和液体流量的影响：填料层对流体流动的阻力越大，或液体的流量越大，这两个气速就越低，也就是越容易液泛；②为使填料塔正常、高效地运行，空塔气速一般要保持在载点气速与泛点气速之间，而这二者之间的范围通常很窄，因此填料塔的操作范围通常很窄。

注释 [76] 液体流量过小，填料表面将得不到充分润湿，这将不能发挥填料层比表面积大的优势，所以一些填料吸收塔在实际操作时通过吸收液再循环来增加全塔液相流量，是牺牲了全塔平均传质推动力来换取填料的充分润湿，提高传质面积。

注释 [77] 对液泛的理解：a. 液相流量一定时，空塔气速的增加会增加液体向下运动的阻力，填料层通过使填料表面液膜变厚来克服增加了的阻力，使入塔液体仍能以相同的流量通过填料层；b. 当气速高至液泛气速时，上述阻力通过增加液膜厚度已无法克服，这时就会出现这个恶性循环：液膜增厚↔流动阻力增加，直到液体充满全塔；c. 通常所说“空塔气速不变而压降持续升高预示着液泛发生”其实就是这个恶性循环正在进行。

注释［78］填料塔的设计存在两种基本方法，即传质单元数法和等板高度法，相比较而言，等板高度法是设计院中普遍采用的方法。

6.2 疑难解析

6.2.1 相平衡关系的图形和解析表达

对于二元气（汽）-液平衡体系，用以表征其状态的共有四个变量：t、p、x、y。通过自由度分析可知，该体系的自由度为 2。这意味着上述四个变量中可任意指定两个作为自变量，其余两个则为它们的函数，如：

$$x=f(t,p)\qquad p=f(t,x)\qquad t=f(x,p)\qquad y=f(x,p)$$

如果再指定体系的温度或总压，上述函数关系可进一步简化。例如，总压一定时，$t=f(x)$、$t=f(y)$；总压一定时，$y=f(x)$；温度一定时，$p=f(x)$。这些平衡关系中的每一种都可以用图形和方程式两种形式分别来表达，如表 6-1 所示（理想体系）。

表 6-1　二元理想体系相平衡函数-方程-图形对应关系

条件	函数	名称	方程式	图形
t 一定时	$p=f(x)$	拉乌尔定律	$p_A=p_A^\circ x$，$p_B=p_B^\circ(1-x)$ $p=p_A+p_B=p_A^\circ x+p_B^\circ(1-x)$	p-x 图
p 一定时	$x=f(t)$，$y=f(t)$	泡点、露点方程	$x=\dfrac{p-p_B^\circ}{p_A^\circ-p_B^\circ}$，$y=\dfrac{p_A^\circ x}{p}=\dfrac{p_A^\circ}{p}\dfrac{p-p_B^\circ}{p_A^\circ-p_B^\circ}$	t-x-y 图
p 一定时	$y=f(x)$	相平衡方程	$y=\dfrac{\alpha x}{1+(\alpha-1)x}$	y-x 图

这些方程式可用于二元理想体系汽-液平衡的计算，是该类体系蒸馏计算的基础方程。

6.2.2 杠杆定律——蒸馏过程所包含的质量守恒规律

将平衡蒸馏、简单蒸馏和精馏这三种蒸馏过程的质量衡算关系列于表 6-2 中。

表 6-2　三种蒸馏方式的质量衡算关系

项目	平衡蒸馏	简单蒸馏	精馏
原料量和浓度 气(汽)相产品产量、浓度 液相产品产量、浓度	F(kmol/h)，x_F V，y_D L，x_L	W_1(kmol)，x_1 W_1-W_2，y_D W_2，x_2	F(kmol/h)，x_F D，x_D W，x_W
质量衡算关系	$F=V+L$ $Fx_F=Vy_D+Lx_L$	$W_1=W_2+(W_1-W_2)$ $W_1x_1=(W_1-W_2)y_D+W_2x_2$	$F=D+W$ $Fx_F=Dx_D+Wx_W$
气(汽)相产品量/液相产品量	$\dfrac{V}{L}=\dfrac{x_F-x_L}{y_D-x_F}$	$\dfrac{W_1-W_2}{W_2}=\dfrac{x_1-x_2}{y_D-x_1}$	$\dfrac{D}{W}=\dfrac{x_F-x_W}{x_D-x_F}$

从表中所列方程可以归纳出，无论对于哪种蒸馏过程，下列关系式都是成立的：

$$\frac{\text{气相产品物质的量}}{\text{液相产品物质的量}}=\frac{\text{原料中 A 摩尔分数}-\text{液相产品中 A 摩尔分数}}{\text{气相产品中 A 摩尔分数}-\text{原料中 A 摩尔分数}}$$

事实上，这一关系就是物理化学中所述的杠杆规则，它规定了两相体系中两相量的相对大小与两相组成之间的关系。所以说杠杆规则就是两相体系质量衡算关系的一种表述形式。需要注意的是，气相产品组成与液相产品组成并不一定服从相平衡关系，如精馏中的 x_D 和 x_W，简单蒸馏中的 y_D 和 x_2。

6.2.3 对精馏过程回流作用的理解

精馏操作的目的是以液体混合物为原料得到高纯度的产品。虽然各组分挥发性的差异是其分离的依据，但通过一次气液接触不能直接获得高纯度的产品，因为各组分毕竟都具有挥发性。精馏操作是以多次气液接触的方式来获取高纯度产品的，而实现多次气液接触的手段正是回流。在精馏塔中，有一股自塔底上升的气流和一股自塔顶下降的液流，这两股物流在塔内逆向地依次流经多级，在多个级上进行接触。上升气流的来源是下降液流在塔底再沸器中汽化后的回流；下降液流的来源是上升气流在塔顶冷凝器中冷凝后的回流。可见，是回流造成了塔内的多次气液接触。

这样的气液接触所引起的传质过程方向是否与所希望的方向一致？即液相中轻组分向气相转移，气相中重组分向液相中转移。在塔顶，蒸气一般是全部冷凝，则冷凝液与蒸气具有相同的组成，即 $y=x$，而 y-x 坐标系中平衡线一般在对角线上方，即平衡时气相中轻组分含量应该大于液相。据此可断定回流液与塔顶气相接触传质时，的确是轻组分由液相向气相转移，重组分由气相向液相转移。在塔底，气相回流的浓度与塔底液体的浓度相同，或很接近，而平衡时气相浓度大于液相浓度，因此回流气与塔底液接触时传质的方向仍是液相轻组分向气相转移，气相重组分向液相转移。可见，从塔顶至塔底，两相接触时相际传质的方向没有改变，都与蒸馏分离的目的是一致的。

是否允许从塔顶冷凝液中采出一部分作为轻组分产品送出塔外，从塔底液体中采出一部分作为重组分产品送出塔外？上述的塔内上升蒸气和下降液体只是塔内的循环物料，它们的存在对全塔质量平衡没有影响。只要进料中含有轻（重）分，则从塔顶（底）采出部分轻（重）组分产品是可以维持塔内质量平衡的。

回流是精馏区别于其他蒸馏方式的主要特征，是它造成了塔内多次气液接触、传质，是实现高纯度分离的必要条件和手段。

6.2.4 对精馏段、提馏段作用的理解——兼述操作液气比的影响

对于一个常规精馏塔而言，进料口将全塔分为精馏段和提馏段。一般来说，进料的组成与进料板上的组成最为接近。因此，比较进料组成和塔顶蒸气的组成，就可以看出精馏段的作用：塔顶蒸气中轻组分浓度很高，所以说精馏段的作用是完成塔内上升蒸气的精制，获得高纯度的轻组分产品。上升蒸气的这一精制过程是通过它与精馏段内下降液体的接触、传热和传质实现的。所以，精馏段的液气比越大，蒸气精制效果越好，塔顶轻组分产品纯度越高。从这一点来看，精馏段与吸收塔有颇为相似之处，两者都是要完成上升气体的精制，液气比越大，相际传质的推动力也就越大，精制效果也就越好。

同理，比较进料组成和塔底产品的组成就可以看出提馏段的作用：提馏段排出重组分含量很高的液体，所以说提馏段的作用是完成塔内下降液体的提浓，获得高纯度的重组分产品。下降液体的提浓是依靠它与提馏段内上升蒸气的接触传质实现的。所以，提馏段气液比越大，下降液体提浓效果越好，塔底重组分产品纯度越高。从一点来看，提馏段与解吸塔颇为相似，两者都是要完成下降液体的提浓，气液比越大，提浓效果也就越好。

精馏段对高液气比及提馏段对高气液比的要求并不矛盾，能够在同一精馏塔中同时得到满足——提高操作回流比能够同时提高精馏段的液气比和提馏段的气液比。

6.2.5　回收塔与精制塔

工业生产中常采用这样的精馏操作：原料以液态从塔的顶部加入，与塔釜再沸器产生的蒸气在塔内接触、传质，塔顶蒸气冷凝后往往不回流，全部作为产品送出。这样的精馏塔进料口以上没有塔板，因而没有精馏段而只有提馏段，如图6-1所示。从前述精馏段和提馏段的作用来看，该塔可以在塔底得到高纯度的重组分产品，而塔顶轻组分产品的纯度不会很高。这样的精馏塔称为回收塔，工业上主要用于回收稀溶液中有价值或有害于环境、排放量有严格限制的轻组分。采用这样的塔进行精馏操作时，希望进料中的轻组分尽可能多地从塔顶提出，但并不关心塔顶产品的浓度，只要塔底产品中轻组分含量足够低即可。工业上，合成氨生产中从稀氨水中回收氨的精馏塔就属此类。该类塔还可用于物系在低浓度下的相对挥发度较大，不用精馏段亦可达到所需要的馏出液浓度的场合。

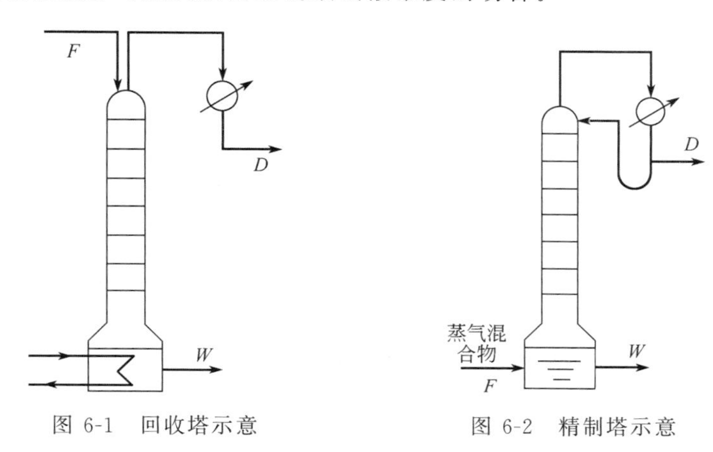

图6-1　回收塔示意　　图6-2　精制塔示意

工业生产中还有这样的精馏塔：原料以气态通入塔底，塔釜不设再沸器而塔顶设置冷凝器以产生液相回流。这样的塔就只有精馏段而没有提馏段（见图6-2），称为精制塔，它特别适合用于处理本身就是气态混合物且其中轻、重组分的挥发性相差较大的物料。这样，可在塔顶得到高纯度的轻组分产品，且釜液浓度也能达到一定的水平。催化裂化生产装置中的主分馏塔就是一个典型的精制塔，该塔塔底通入来自反应-再生工段的裂化石油气（400～500℃），通过塔顶回流、中段回流等取热，将石油气混合物分割成为干气、粗汽油、柴油、重油、渣油等馏分。

6.2.6　对梯级图的理解

对二元连续精馏塔，完成指定分离任务所需要的理论塔板数可用图解法求得，其过程就是在操作线与平衡线间作梯级，一个梯级对应着一块理论板，所得梯级的个数即为所需要的理论板数。对于图中梯级的物理意义可理解如下。

① 如图6-3所示，对第n个梯级，其水平线段长度（$x_{n-1}-x_n$）代表进入和离开该级的液相浓度的差；其垂直线段长度（y_n-y_{n+1}）是离开和进入该级的气相浓度的差。因此可以说，一个梯级水平线段和垂直线段长度分别代表了两相流经该级时的液相增浓和气相增浓。

② 就梯级的形状而言，精馏段与提馏段有所不同，精馏段梯级较矮，而提馏段的较高。在恒摩尔流假定前提下对第n块板进行质量衡算可得

$$\text{精馏段：}\frac{L}{V}=\frac{y_n-y_{n+1}}{x_{n-1}-x_n}=\frac{\text{气相增浓}}{\text{液相增浓}}\qquad \text{提馏段：}\frac{L'}{V'}=\frac{y_n-y_{n+1}}{x_{n-1}-x_n}=\frac{\text{气相增浓}}{\text{液相增浓}}$$

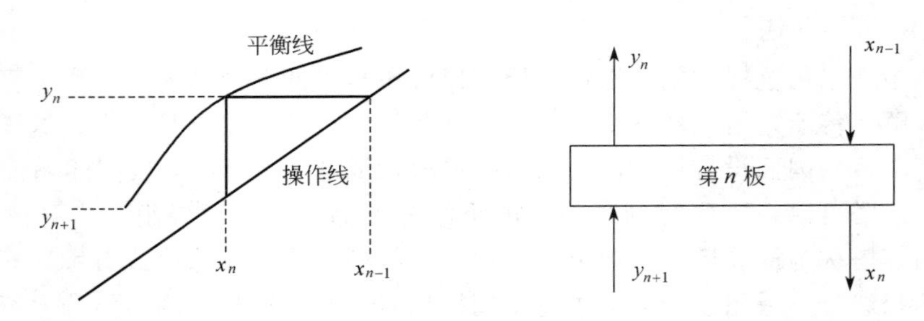

图 6-3 对梯级意义的说明

在精馏段，液相流量总小于气相流量（上升蒸气中有部分作为塔顶产品送出），所以在该段总是：某板液相增浓大于其气相增浓。这一点反映在该段梯级形状上，就是水平线段长于垂直线段。而在提馏段，液相流量总大于气相流量（下降液体中有部分作为塔底产品送出）。所以在该段总是某板液相增浓小于其气相增浓。这反映在该段梯级形状上，就是水平线段比垂直线段短。

③ 在平衡线与操作线间作梯级的过程，就是反复使用相平衡关系和质量衡算关系的过程。每当从操作线上的某点出发向平衡线作一条线［如从点（x_{n-1}, y_n）出发向平衡线作水平线，得到平衡线上的点（x_n, y_n）］就是相当于使用了一次相平衡关系；每当从平衡线上的某点出发向操作线作一条线［如从点（x_n, y_n）出发向操作线作垂直线，得到操作线上的点（x_n, y_{n+1}）］就相当于使用了一次质量衡算关系。

④ 直观上看，操作线离平衡线越远，所作梯级越大，从（x_D, x_D）至（x_W, x_W）所作梯级个数就越少。设精馏段操作线与提馏段操作线的交点为 d，可以看出，d 点之上是精馏段操作线离平衡线远，而 d 点之下则是提馏段操作线离平衡线远。所以，从（x_D, x_D）出发，到 d 点之前应在精馏段操作线与平衡线之间作梯级，d 点之后应在提馏段操作线与平衡线间作梯级，当梯级首次跨过 d 时，要及时更换操作线。这是使梯级个数最少的做法，这种做法的实质是选择最优位置进料，使在一定回流比下所需要的理论板数最少。

6.2.7 精馏塔的设计和操作影响因素分析

（1）质量衡算关系的制约　二元连续精馏塔全塔质量衡算关系如下：

$$F=D+W \qquad Fx_F=Dx_D+Wx_W$$

这两个方程中共有 6 个变量。在塔的设计中，F、x_F、x_D 和 x_W 通常是指定的，产量 D 和 W（或采出率 D/F 和 W/F）因受质量守恒定律的制约而各自有唯一确定的数值，不能再被任意指定。这是质量衡算关系制约作用的第一层含义。另外，由上式可知

$$Dx_D \leqslant Fx_F \qquad x_D \leqslant \frac{F}{D}x_F \qquad D \leqslant \frac{Fx_F}{x_D}$$

这个由质量衡算关系得出的不等式规定了塔顶产品纯度的上限：在产品产量 D 一定的情况下，无论塔板数有多少或回流比有多大，塔顶产品浓度的最高值为 Fx_F/D；在 x_D 一定时，塔顶产品产量 D 的最大值为 Fx_F/x_D。同理，塔底产品浓度的最高值为 $1-F(1-x_F)/W$；塔底产品产量 W 的最大值为 $F(1-x_F)/(1-x_W)$。

（2）操作压力的影响　精馏塔的操作压力在塔设计时由设计者指定，在操作时可由操作人员调节。压力对精馏过程的影响主要源于它对体系汽液平衡关系的影响。压力越高，则体系的相对挥发度越小，这在设计时表现为完成分离任务所需要的理论板数越多。因此，除非沸点很低或常压下为气态混合物的物系，一般不采用加压操作。采用减压蒸馏操作不仅使体

系的相对挥发度增加，而且由此带来的操作温度降低对保护热敏物质也是极为重要的。

(3) 回流比的影响　回流比在塔的设计时由设计人员指定，在操作时可由操作人员调整，是影响精馏塔分离效果的重要因素。由$\frac{L}{V}=\frac{R}{R+1}$可知，如果采用较大的回流比，则精馏段的液气比也较大，这对精馏段的分离过程是有利的。由

$$\frac{L'}{V'}=\frac{L+qF}{V-(1-q)F}=\frac{RD+qF}{(R+1)D-(1-q)F}=\frac{RD+qF}{RD+qF-(F-D)}=\frac{1}{1-(F-D)/(RD+qF)}$$

可知，如果采用较大的回流比，则提馏段的液气比较小（或气液比较大），对提馏段的分离过程也是有利的。可见，增大回流比对精馏段和提馏段分离过程同时有利，这在设计中表现为完成分离任务所需要的理论塔板数较少；在操作中表现为塔板数一定的情况下所得塔顶和塔底产品的纯度较高。

需要注意的是，操作中增加回流比会使塔内上升蒸气和下降液体流量增加，如果塔内气液负荷超过允许值上限，则会出现过量雾沫夹带和液泛等不正常现象，导致塔板效率不升反降，产品纯度下降，甚至使塔的操作无法进行。

(4) 进料状况的影响　受上游生产过程的影响，在精馏塔操作中进料组成和进料热状况是可能发生变化的。当进料中轻组分含量下降时，则塔顶产品纯度下降，塔底产品纯度上升。此时，可通过增加回流比或降低进料位置来调节塔顶产品的质量。由$\frac{L'}{V'}=\frac{1}{1-(F-D)/(RD+qF)}$可知，在回流比一定的情况下，若进料$q$值下降（进料焓值增加），则提馏段液气比增大，这对分离是不利的，塔底产品纯度要下降。由$V=V'+(1-q)F$可知，在塔釜汽化量V'一定情况下，进料q值下降将导致精馏段上升蒸气量的增加，由$V=(R+1)D$可知需要增加回流比以维持全塔热量平衡，这将使塔顶和塔底产品纯度增加。

6.2.8　蒸馏操作压力的选择

蒸馏的操作压力是需要由蒸馏设备的设计者指定的。就降低流体输送能耗或减少投资来说，采用常压或接近于常压操作无疑在经济上是合理的。但工业上有时不得不选择在高压或负压下进行操作。一般来说，采用高压蒸馏操作是由于以下原因：当物系的沸点很低时，就必须使用温位更低的冷却剂，才能将塔顶蒸气冷凝以产生液相回流。采用高压操作可以提高体系的沸点，从而可以使用温位较高的冷却剂。例如，工业上从空气中分离氮气和氧气（常压下沸点分别为－196℃和－133℃），乙烯生产装置中将乙烯和乙烷（常压下沸点分别为－103.7℃和－88.5℃）分离的精馏塔，都采用了高压操作。

采用减压操作（体系压力低于常压）的原因可以归结为以下几点。

① 体系压力越低，则其沸点越低。因此减压操作可以降低蒸馏操作的温度，从而可以在塔釜再沸器中使用温度较低的加热剂。例如，在原油蒸馏装置中，处理来自常压蒸馏塔塔底的重油时就采用了减压精馏塔，其塔顶压力通常为3～8kPa（绝压）。即便如此，该塔塔底的温度还是达到了370℃，这就意味着再沸器必须采用370℃以上的加热剂。

② 体系压力越低，则组分间的相对挥发度越大。因此，如果体系在常压下组分间挥发性差异很小，则可以考虑采用减压蒸馏。

③ 有些物系中的组分在较高的温度下易发生分解或自聚等变质现象，因此在较低的操作温度下分离这些热敏性混合物是非常重要的。此时，采用负压蒸馏操作往往是必需的。例

如，在乙苯脱氢制苯乙烯的装置中，分离苯乙烯和乙苯的精馏塔不得不采用减压操作，因为苯乙烯在高温下极易发生自聚。

塔的设备投资和操作费用也与操作压力的关系很大，除上述冷却剂和加热剂费用外，加压或抽真空都需附加设备投资和运转费。因此，若无充足理由说明必须采用非常压操作，通常应考虑采用常压进行蒸馏操作。

6.2.9 对最小回流和全回流的理解

最小回流是精馏中存在的一种极端情况。前已述及精馏段和提馏段的作用，其中涉及两段的液气比对过程的影响这一问题。两段液气比的大小与同一物理量有关，这就是回流比。减小回流比，精馏段的液气比减小，就是减小了精馏段用于上升蒸气精制的下降液体量，该段的相际传质推动力减小，这一点在 y-x 图中表现为精馏段操作线斜率减小，该线向平衡线靠近；在提馏段，较小的回流比则使该段液气比增加，就是减小了用于下降液体提浓的上升蒸气量，该段的相际传质推动力也减小，在 y-x 图中表现为提馏段操作线斜率增加，该线也向平衡线靠近。总之，随着回流比的减小，全塔各处传质推动力均下降。当回流比减至某一值时，塔内某处的相际传质推动力可为零，这在 y-x 图中表现为精馏线与提馏线交点落在了平衡线上。此时，就设计问题而言，完成指定分离任务所需要的理论板数为无穷多，该回流比称为最小回流比。最小回流比的大小与下列因素有关：

① 物系的相平衡关系；

② 进料情况；

③ 分离产物纯度要求。

以上三个因素的影响在最小回流比的计算式和图解法中都得到了反映。一般来说，体系相对挥发度越大、进料中轻组分含量越高、产物纯度要求越低，则最小回流比越小。

全回流是精馏塔操作时的另一种极端工况，在生产装置的开工阶段和塔板（或填料）性能的实验研究中经常采用此工况。一个精馏塔处于全回流操作时具有如下特点。

① 不出产品、不进原料。塔顶蒸气冷凝后全部回流入塔；塔底液体汽化后也全部返回塔内。即塔顶液相全回流、塔底气相也全回流。不出产品，当然也就不进料，也就没有精馏段和提馏段之分。

② 回流比无穷大。操作线斜率为 1，即操作线为 y-x 图中的对角线。此时操作线离平衡线最远，在两线之间所作的梯级最大。这意味着完成分离任务所需理论塔板数最少。

③ 操作线斜率为 1，说明塔内上升蒸气和下降液体的摩尔流量相等。

④ 操作线方程为 $y=x$，或写为 $y_{n+1}=x_n$。这说明对板式塔而言，塔内任意两块塔板之间上升蒸气和下降液体的组成相同。

6.2.10 板式塔与填料塔的比较与选用

板式塔和填料塔是两种主要的气液传质设备，对于需要通过气液传质来完成的分离任务，采用板式塔和填料塔都是可行的。在设计工作中应根据物系性质、气液负荷、分离要求、操作的工艺条件及经济上的合理性等具体情况进行选用。填料塔和板式塔有许多不同点，了解、分析和比较这些不同点，对合理选用塔设备很有帮助。

（1）塔的高度　填料层如果太高，则塔底部填料支承板和塔侧壁所要承受的压力就会很大，塔身的强度要求就会很高；另外，填料层越高壁流现象越严重，需要更多的液体再分布器。所以，一般来说，当完成分离任务所需传质单元数或理论板数较多时宜选用板式塔。

（2）塔的直径　塔径较小时，填料塔因结构简单而造价比较低。因此，工业上直径0.5m以下的塔一般采用填料塔。塔径较大时，液体不易分布均匀，因而直径较大的塔中板式塔居多。近年来随着规整填料及高效乱堆填料的发展，填料塔塔径也在逐渐增大。

（3）压降　按每块理论塔板的压降计，板式塔约为400～1000Pa，乱堆开孔填料约为300Pa，整装填料只有15～100Pa。由于填料塔较低的压力降，要求压力非常低的真空蒸馏一般采用填料塔。

（4）操作范围　填料塔正常操作范围较小，特别是对于液体负荷变化更为敏感。当液体流量过小，填料不能润湿；而液体流量过大则会发生液泛。设计良好的板式塔，则具有大得多的操作范围。

（5）满足特殊操作需要　在如下特殊情况下使用板式塔。

① 当塔内物料需要冷却以移走反应或溶解热时。此时，板式塔可方便地在塔板上安装冷却盘管；而填料塔因涉及液体均匀分布问题使结构复杂化。

② 需要有侧线出料时。因塔板上或降液管内有存液，且有较大的气相空间，侧线出料可以很方便地引出。

③ 液体流量比较小的场合。此时板式塔操作可能正常，而如果采用填料塔，则可能出现填料润湿不良的现象。

（6）处理特殊物系

① 对于易起泡的物系，宜采用填料塔，因填料对泡沫有限制和破碎的作用；

② 对于腐蚀性物系，宜采用填料塔，因为填料可以采用瓷制材料；

③ 对于热敏性物系，宜采用填料塔，因填料塔内的持液量较板式塔少，液相在塔内停留时间较短；

④ 对于易聚合或含有固体颗粒的物系，宜采用板式塔，因黏度大的聚合物或固体物容易造成填料层的堵塞。

6.2.11　精馏操作中测量温度的重要意义

液态混合物的泡点与其组成有密切的关系。例如，当总压一定时，二元混合物组成与泡点之间有一一对应的关系。理解这些关系对分析和解决精馏操作中出现的问题具有重要的指导作用。利用这一关系，人们可以根据易于测量的温度的变化情况快速地判断较难测量的浓度的变化情况，以便及时采取应对措施。例如，在其他条件不变时，塔釜液体温度升高可能说明进料中轻组分含量下降，需要采取有效措施保证塔顶产品的纯度要求。在真空精馏塔中，如果测量发现体系温度降低，则可能是由于设备中漏入了空气等惰性气体。

在一定总压下，塔顶温度是馏出液组成的直接反映。但有时测量塔顶馏出液温度也不能及时、准确地揭示馏出液浓度变化。例如，乙苯-苯乙烯真空精馏塔中，当塔顶馏出液中乙苯含量由99%降至90%时，其泡点变化仅为0.7℃。在高纯度分离时，往往会出现这样的情况：在塔顶或塔底附近相当长的一段塔内温度变化极小。这样，当塔顶或塔底温度有了可觉察的变化，馏出液的组成早已超出允许的范围。

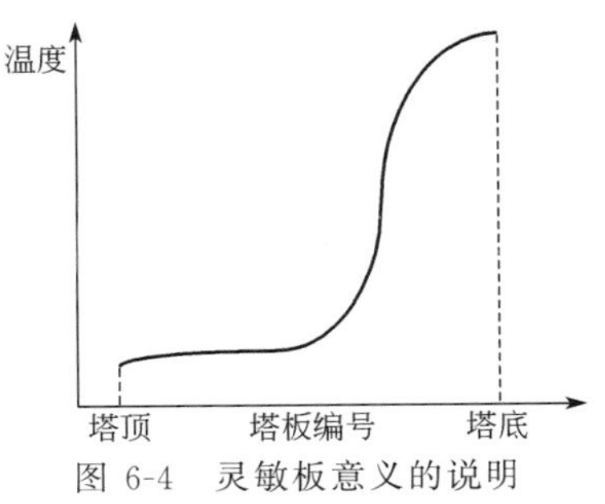

图6-4　灵敏板意义的说明

仔细分析操作条件变化对塔板温度的影响会发现，有的塔板上温度随组成的变化非常明显，组成的微小波动就能引起温度的急剧变化（见图6-4），即这样的塔板对外界条件的变化反映最灵敏，故称之为灵敏板。将感温元件放在灵敏板上就可使操作人员较早地觉察到外界干扰，从而及时采取调节措施；而且，灵敏板一般都在塔的进料口附近，这对于感受并消除进料浓度变化带来的影响尤为有利。

6.2.12 气、液流量对传质设备操作的影响

工业上或实验研究中，传质单元操作常在板式塔或填料塔这样的气液传质设备中进行。该类设备的作用是为气、液两相接触提供一个场合。但是，气液两相接触是否良好，操作结果是否符合要求，不仅受塔板和填料结构的影响，而且还与塔内气、液两相的流量密切相关。过大或过小的气、液负荷可能导致塔的不正常操作或不可能完成分离任务。表 6-3 对气、液负荷与各种不正常操作现象之间的因果关系进行了总结。

值得注意的是，确定气、液流量的下限时除了保证不出现上述不正常操作现象外，还应注意其值应高于受相平衡条件限制的最低限。这一点在精馏中表现是：实际回流比一定要大于最小回流比；在吸收中表现是：实际液气比一定要大于最小液气比；在解吸中表现是：实际气液比要大于最小气液比。

表 6-3 气、液负荷与塔的不正常操作现象的因果关系

原因	板式塔		填料塔	
	行为	结果	行为	结果
液相流量过小	板上液流分布不均匀	严重时板上出现死区，传质效果变差	填料不能被充分润湿	两相接触面积大大减小，传质效果差
气相流量过小	严重漏液；板上两相为鼓泡接触状态	两相接触不充分，传质效果差	气、液交互作用不明显，持液量小	两相接触面积过小，传质效果差
液相流量过大	板上液层过厚；板上液面落差过大，液相停留时间短	过量雾沫夹带；气体沿塔板不均匀分布；气泡夹带严重，塔压降过大；液泛	填料层持液量过大	塔压降过大；液泛
气相流量过大		过量雾沫夹带；塔压降过大；液泛	气、液交互作用过强	液泛

6.3 工程案例

6.3.1 浮阀塔板上开筛孔提高塔的生产能力

我国于 20 世纪 60～80 年代投入运行的炼油生产装置中，很多塔设备都采用了浮阀塔板。该类塔板的主要优点在于其较高的板效率、很低的压降和较大的操作弹性。即便如此，科研和工程技术人员在设计和生产实践中还是不断尝试挖掘其生产潜能。1973 年，某炼油厂在浮阀塔板上增开筛孔，结果将该塔的生产能力提高了 20%。此成功经验很快便在众多炼油厂得到推广。无独有偶，2000 年前后，洛阳石化工程公司炼油厂将其催化裂化装置的主分馏塔由固定舌形塔板改为浮阀塔板，并将其开孔率进一步提高，也取得了不错的生产效果。但是，此类技术改造并非在所有的塔上都取得了成功。曾有两个工厂在进行浮阀塔改造前征求过国内某高校专家的意见，该专家经过研究认为，在这两个塔塔板增开筛孔是不会提高其生产能力的，不主张实施这项技术改造。但其中有一个厂还是对塔板做了如此改造，运行结果与该位专家预计的完全一致，塔的生产能力并未提高。

同样一项技术改造措施，为什么在不同的塔上取得了不同的结果呢？回答此问题首先要明确塔的生产能力这个概念，它是指塔在正常操作的前提下对原料的最大处理量。不难理

解，原料的处理量越大，则塔内的气、液负荷也就越大。由于气、液负荷过大会导致过量雾沫夹带和液泛等不正常操作现象，所以一个塔的生产能力是有限的。另外，塔内气、液负荷过小也会导致严重漏液和板上液流分布严重不均等现象。上述不正常操作现象的存在规定了正常操作的塔内气、液负荷应当分别处于合适范围内，而塔板的负荷性能图便是此项规则的图形表示。图 6-5 为典型浮阀塔板的负荷性能图，其中横坐标为液相负荷，纵坐标为气相负荷。该图由如下 5 种线构成：

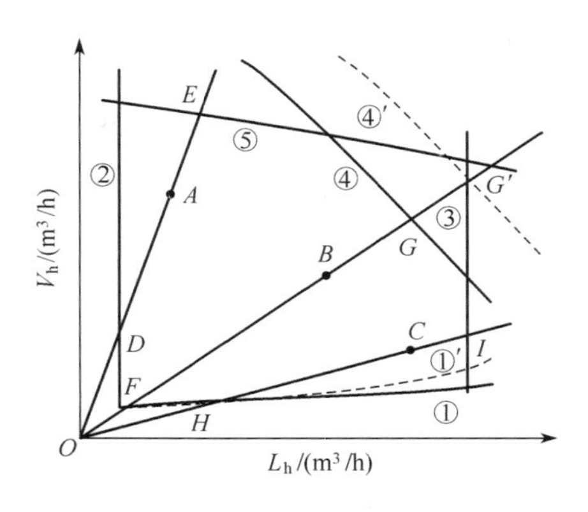

图 6-5　塔板的负荷性能图

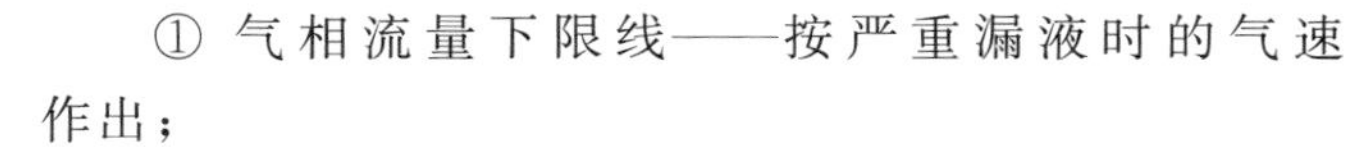

① 气相流量下限线——按严重漏液时的气速作出；

② 液相流量下限线——按堰上液头高等于 6mm 作出；

③ 液相流量上限线——按液体在降液管内停留时间不低于 3～5s 作出；

④ 溢流液泛线——由发生溢流液泛时的气、液流量定出；

⑤ 过量雾沫夹带线——由每千克干气夹带 0.1kg 液滴作出。

在分离物系一定的情况下，负荷性能图的形状和各线的位置完全取决于塔板的结构。在浮阀塔板上增设筛孔，事实上是使作为塔板结构重要参数之一的开孔率增大了，使气体通过塔板的压降减小，这将导致在更大气、液负荷下才会发生溢流液泛。因此，增大开孔率将使溢流液泛线由④变为④′；另外，开孔率增大后更易发生严重漏液，因此气相流量下限线的位置将会上移，但幅度并不大，由①变为①′。对于其他三条线，依据其定义可以断定，增大开孔率其位置不会发生明显的变化。

如果某塔的操作点位于图 6-5 的 A 点处，则 OA 线与线②和线⑤分别相交于 D 和 E，表明此时正常操作的下、上限将分别起因于液体流量过小和过量雾沫夹带；如果某塔的操作点位于图中 C 点，则 OC 线与线①和③分别相交于 H 和 I，说明此时正常操作的下、上限分别起因于严重漏液和液体在降液管内停留时间过短。所以，操作点在 A 和 C 处的塔正常操作范围一般与溢流液泛线的位置无关，通过增大开孔率并不能使其操作范围扩大。如果塔的操作点在图中的 B 点，则 OB 线与线①和④分别相交于 F 和 G，说明此塔正常操作的下、上限分别起因于严重漏液和溢流液泛，即该塔的正常操作上限将取决于溢流液泛线的位置。这种情况下增加开孔率能够使塔的正常操作范围向上扩大，即生产能力可以提高。这就是增加开孔率这一措施在有的塔上能够提高生产能力，在有的塔却毫无效果的原因。

此案例生动地说明，生产中对来自其他设备的经验不能盲目模仿，应该利用理论知识对实际具体问题加以分析，才能做出科学的决策。

6.3.2　采用侧线出料降低精馏塔的能耗

(1) 节能方案　日本山阳石化公司水岛化工厂有一套制苯装置，该装置以乙烯装置联产的裂解汽油为原料，经加氢脱烷基制苯。原料需要首先在前处理工序经蒸馏分离为轻质馏分（从脱戊烷塔塔顶馏出的 C_5^- 馏分）和重质馏分（从预分馏塔塔底采出的 C_9^+ 馏分）以及制苯原料（称为苯料，它是从预分馏塔塔顶馏出的 $C_6 \sim C_8$ 芳烃馏分）。改造前的前处理工序工艺流程如图 6-6 所示。

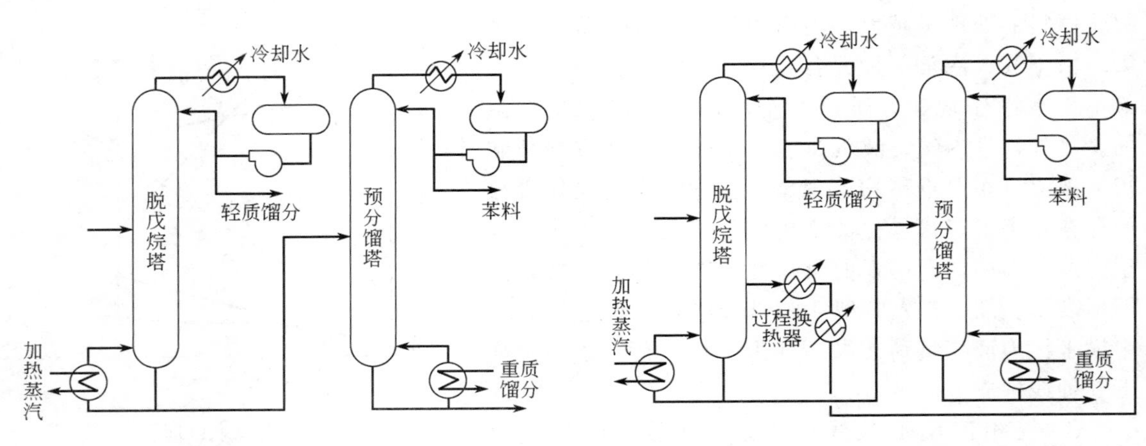

图 6-6 前处理工序改造前流程示意

图 6-7 前处理工序改造后流程示意

以装置节能为目标，水岛化工厂对上述前处理工艺进行了改造，改造方案如图 6-7 所示。该方案的主要特点是：从脱戊烷塔侧线引出物料，经两台过程换热器降温，送往预分馏塔的回流液贮槽。这种做法能够节能，其依据何在呢？①脱戊烷塔采用侧线出料减小了预分馏塔的进料量，所以该塔的热负荷是必然要降低的；②虽然使用两台过程换热器需要耗能，但这并没有额外增加整个蒸馏系统的能耗，因为在改造前与该侧线相当的物料是被加入脱戊烷塔塔内的，这部分物料也是要消耗能量的；③该股侧线是降温后直接送往回流液贮槽的，事实上是利用过程换热器将冷量加在了塔顶，这种做法符合“有热量从塔底加入，有冷量从塔顶加入”这一精馏系统能量使用原则的。

由于接受侧线出料的贮槽排出的就是制苯原料，侧线出料中位置应选在脱戊烷塔中 C_6～C_8 芳烃馏分含量最高处，或者说该处轻质馏分和重质馏分含量之和应是全塔最低的，且这样的浓度应基本能够满足制苯原料的要求。厂家采用流程模拟软件对脱戊烷塔进行模拟计算，结果表明从塔底算起的第三块板上轻质馏分和重质馏分含量之和最小（11%），故首先假定 $3^{\#}$ 板为侧线出料板。进而，在 $3^{\#}$ 板处装设排放接管，进行浓度实测，结果发现实测结果与模拟计算结果很接近，且浓度基本达到要求，故最后确定 $3^{\#}$ 板为侧线出料板。

（2）侧线出料量的限制　由于侧线出料量越大，预分馏塔的进料量就越小，所以从节能的角度看，侧线出料量越大，节能效果越好，但是出料量却受以下条件的限制。

① 若增大侧线出料量，则脱戊烷塔塔底馏分变重，会导致塔釜温度升高，再沸器传热温差减小，其工作能力受到抑制。

② 后续的前处理反应器中，要将苯料中的不饱和重质馏分（如苯乙烯）加氢，但加氢催化剂的结焦失活与带入的重质馏分成正比。不难理解，侧线出料量越大，则其中重质馏分的含量就越高，因此侧线出料量将受到催化剂能力的限制。

③ 增大侧线出料量将导致预分馏塔进料量的减少，在回流比一定的情况下，塔内可能因气量过小而出现漏液现象。

受以上三个因素的制约，据测算，脱戊烷塔最大侧线出料量为其进料量的 30%。

（3）改造结果　水岛化工厂 1980 年 4 月完成了脱戊烷塔侧线出料的改造。与改造前相比，回收的热量相当于 1.4t/h 3.0MPa 的蒸汽，为该装置蒸汽使用量的 5%。

蒸馏是化工生产过程中的“能耗大户”，蒸馏系统的节能在化学工业的节能中占有重要的地位。精馏节能措施不但需要坚实的理论基础，如热力学第一、第二定律及蒸馏原理等，还需要一定的技术保证，因为节能改造往往使过程变得复杂，实施时需要很高的操作水平和控制水平。

6.4　例题详解

【例 6-1】　操作温度与精馏产品纯度的关系

在苯-甲苯的精馏中，（1）已知塔顶温度为 82℃，塔顶蒸气组成为苯 0.95，甲苯 0.05（摩尔分数），求塔顶操作压力；（2）若塔顶压力不变而塔顶温度变为 85℃，求塔顶蒸气的组成。已知苯和甲苯的蒸气压方程分别如下

$$\lg p_A^\circ = 6.031 - \frac{1211}{t+220.8} \qquad \lg p_B^\circ = 6.080 - \frac{1345}{t+219.5}$$

其中压强的单位为 kPa，温度的单位为℃。

解　（1）由蒸气压方程求 82℃时苯和甲苯作为纯组分时的蒸气压

$$\lg p_A^\circ = 6.031 - \frac{1211}{82+220.8} = 2.032 \qquad p_A^\circ = 107.6\text{kPa}$$

$$\lg p_B^\circ = 6.080 - \frac{1345}{82+219.5} = 1.619 \qquad p_B^\circ = 41.6\text{kPa}$$

由露点方程：

$$y = 0.95 = \frac{p_A^\circ}{p}x = \frac{107.6}{p}x \tag{1}$$

$$1-y = 0.05 = \frac{p_B^\circ}{p}(1-x) = \frac{41.6}{p}(1-x) \tag{2}$$

联立求解式（1）、式（2）两式可得：$x=0.880$　$p=99.67\text{kPa}$

（2）由蒸气压方程求 85℃时苯和甲苯作为纯组分时的蒸气压

$$\lg p_A^\circ = 6.031 - \frac{1211}{85+220.8} = 2.07 \qquad p_A^\circ = 117.7\text{kPa}$$

$$\lg p_B^\circ = 6.080 - \frac{1345}{85+219.5} = 1.663 \qquad p_B^\circ = 46.0\text{kPa}$$

由泡点方程求液相组成：

$$x = \frac{p - p_B^\circ}{p_A^\circ - p_B^\circ} = \frac{99.67-46.0}{117.7-46.0} = 0.749$$

由露点方程求气相组成：

$$y = \frac{p_A^\circ}{p}x = \frac{117.7}{99.67} \times 0.749 = 0.884$$

讨论　在一定压力下，操作温度与两相平衡体系组成有一一对应的关系，温度越高，则体系中轻组分的含量越低。本题中，塔顶温度由 82℃升至 85℃时，塔顶蒸气中轻组分摩尔分数由 0.95 下降至 0.884。在精馏操作中，塔顶温度是重要的监控指标之一，如果塔顶温度明显升高，则说明塔顶产品纯度明显下降，需要迅速作出调整。

【例 6-2】　总压对汽液平衡关系的影响

苯-甲苯混合液（理想溶液）中，苯的质量分数 $w_A=0.3$。求体系总压分别为 109.86kPa 和 5.332kPa 时的泡点温度和相对挥发度，并预测相应的气相组成。（蒸气压方程如例 6-1 所示）

解 将苯的质量分数转化为摩尔分数：

$$x=\frac{w_A/M_A}{w_A/M_A+(1-w_A)/M_B}=\frac{0.3/78}{0.3/78+0.7/92}=0.336$$

(1) 总压为 109.86kPa 时

试差：设泡点温度为 100℃，由蒸气压方程求得

$$\lg p_A^\circ=6.031-\frac{1211}{100+220.8}=2.256 \qquad p_A^\circ=180.3\text{kPa}$$

$$\lg p_B^\circ=6.080-\frac{1345}{100+219.5}=1.87 \qquad p_B^\circ=74.2\text{kPa}$$

由泡点方程计算苯的摩尔分数：$x=\dfrac{p-p_B^\circ}{p_A^\circ-p_B^\circ}=\dfrac{109.86-74.2}{180.3-74.2}=0.336$

计算值与假定值足够接近，以上计算有效，溶液泡点温度为 100℃。

相对挥发度：$$\alpha=\frac{p_A}{x_A}\Big/\frac{p_B}{x_B}=\frac{p_A^\circ}{p_B^\circ}=\frac{180.3}{74.2}=2.43$$

由相平衡方程预测气相组成：$y=\dfrac{\alpha x}{1+(\alpha-1)x}=\dfrac{2.43\times0.336}{1+(2.43-1)\times0.336}=0.551$

(2) 总压为 5.332kPa 时　同理，可以试差求得体系的泡点温度为 20℃。

在试差过程中已求得 20℃苯的饱和蒸气压为：$p_A^\circ=10.04\text{kPa}$

由露点方程求气相组成：$$y=\frac{p_A^\circ}{p}x=\frac{10.04}{5.332}\times0.336=0.633$$

相对挥发度：$$\alpha=\frac{y(1-x)}{x(1-y)}=\frac{0.633\times(1-0.336)}{0.336\times(1-0.633)}=3.41$$

讨论 温度与液相组成之间为非线性关系，本题已知液相组成求汽液平衡体系的温度，需要试差。对于理想体系而言，预测气相组成既可采用相平衡方程，也可采用露点方程。本题计算结果显示，总压对汽液平衡关系有重要的影响，在液相组成相同的情况下，总压降低时，体系平衡温度明显降低、相对挥发度明显增加。在工业生产中，采用减压蒸馏可以降低体系的平衡温度，因而适用于如下三种情况：一是体系中含有热敏性成分；二是体系的相对挥发度很小；三是体系的常压沸点很高。

【例 6-3】 简单蒸馏与平衡蒸馏的比较

将轻组分摩尔分数为 0.38 的某二元混合液 150kmol 作简单蒸馏或平衡蒸馏。已知体系的相对挥发度为 3.0，试求：(1) 如残液中轻组分摩尔分数为 0.28，简单蒸馏所得馏出液的量和平均组成；(2) 若改为平衡蒸馏，液相产品浓度为 0.28，求所得气相产品的数量和组成；(3) 如原料中的 45%（摩尔分数）被馏出，求简单蒸馏所得馏出液的平均组成；(4) 如汽化率为 45%（摩尔分数），求平衡蒸馏所得气相产品的组成。

解 (1) 简单蒸馏　初始料液量 W_1 和残液量 W_2 之间满足

$$\ln\frac{W_1}{W_2}=\frac{1}{\alpha-1}\ln\frac{x_1(1-x_2)}{x_2(1-x_1)}+\ln\frac{1-x_2}{1-x_1}=\frac{1}{3-1}\ln\frac{0.38\times(1-0.28)}{0.28\times(1-0.38)}+\ln\frac{1-0.28}{1-0.38}=0.377 \tag{1}$$

$$\frac{W_1}{W_2}=1.458 \quad W_2=\frac{W_1}{1.458}=102.88\text{kmol} \quad W_D=W_1-W_2=150-102.88=47.12\text{kmol}$$

馏出液平均浓度：$x_D=\dfrac{W_1x_1-W_2x_2}{W_D}=\dfrac{150\times0.38-102.88\times0.28}{47.12}=0.598$

（2）平衡蒸馏

$x_F=0.38\quad x_W=0.28\quad F=150\text{kmol}\quad x_D=y_D=\dfrac{\alpha x_W}{1+(\alpha-1)x_W}=\dfrac{3\times0.28}{1+2\times0.28}=0.538$

$$\frac{W_D}{F}=\frac{x_F-x_W}{y_D-x_W}=\frac{0.38-0.28}{0.538-0.28}=0.388\qquad W_D=150\times0.388=58.2\text{kmol}$$

（3）简单蒸馏 $W_1/W_2=1/(1-0.45)=1.82$，将此结果代入式（1）

$$\ln1.82=\frac{1}{3-1}\ln\frac{0.38(1-x_2)}{x_2(1-0.38)}+\ln\frac{1-x_2}{1-0.38}$$

可试差解出 $x_2=0.2245$

馏出液平均浓度：$x_D=\dfrac{W_1x_1-W_2x_2}{W_D}=\dfrac{1\times0.38-0.55\times0.2245}{0.45}=0.57$

（4）平衡蒸馏的产品浓度满足杠杆定律：$\dfrac{W_D}{F}=\dfrac{x_F-x_W}{y_D-x_W}=\dfrac{0.38-x_W}{y_D-x_W}=0.45$

同时，y_D 和 x_W 满足相平衡方程：$y_D=\dfrac{\alpha x_W}{1+(\alpha-1)x_W}=\dfrac{3x_W}{1+2x_W}$

以上两式联立求解可得：$y_D=0.520$；$x_W=0.265$

讨论　在液相产品浓度相同的情况下，简单蒸馏能够比平衡蒸馏获得更高的馏出液浓度；在汽化率相同的条件下，简单蒸馏同样能够获得较高浓度的馏出液。这些结果产生的原因是：平衡蒸馏所得到的馏出物是与液相产品浓度成平衡，而简单蒸馏馏出物浓度是过程中气相组成的平均值，这些气相是与停工前浓度较高的液相成平衡的，因而具有较高的轻组分含量。

【例6-4】　回流比对塔内液气比的影响

某混合液含易挥发组分0.30（摩尔分数，下同），以饱和液体状态连续送入精馏塔，塔顶馏出液组成为0.93，釜液组成为0.05。气、液相在塔内满足恒摩尔流假定条件。试求：（1）回流比为2.3时精馏段的液-气比和提馏段的气-液比及这两段的操作线方程；（2）回流比为4.0时精馏段的液-气比和提馏段的气-液比。

解　塔顶产品的采出率：$\dfrac{D}{F}=\dfrac{x_F-x_W}{x_D-x_W}=\dfrac{0.3-0.05}{0.93-0.05}=0.284$

（1）$R=2.3$ 时，精馏段液气比：$\dfrac{L}{V}=\dfrac{R}{R+1}=\dfrac{2.3}{2.3+1}=0.697$

精馏段操作线方程：$y=\dfrac{R}{R+1}x+\dfrac{x_D}{R+1}$

将 $R=2.3$、$x_D=0.93$ 代入得：$y=0.697x+0.282$

泡点进料，$q=1$

提馏段气液比：$\dfrac{V'}{L'}=\dfrac{V-(1-q)F}{L+qF}=\dfrac{(R+1)D}{RD+F}=\dfrac{(R+1)D/F}{RD/F+1}=\dfrac{3.3\times0.284}{2.3\times0.284+1}=0.567$

提馏段操作线方程：

$$y=\frac{L'}{V'}x-\frac{Wx_W}{V'}=\frac{L'}{V'}x-\frac{Fx_F-Dx_D}{(R+1)D-(1-q)F}=\frac{L'}{V'}x-\frac{x_F-x_D D/F}{(R+1)D/F-(1-q)}$$

将 $D/F=0.284$、$R=2.3$ 及 $V'/L'=0.567$ 代入上式可得 $y=1.764x-0.038$

（2）$R=4$ 时，精馏段液气比：$\frac{L}{V}=\frac{R}{R+1}=\frac{4}{5}=0.8$

提馏段的气液比为：

$$\frac{V'}{L'}=\frac{V-(1-q)F}{L+qF}=\frac{(R+1)D}{RD+F}=\frac{(R+1)D/F}{RD/F+1}=\frac{5\times0.284}{4\times0.284+1}=0.665$$

讨论 对一个常规精馏塔而言，精馏段依靠液相回流来完成其中上升蒸气的精制。显然，液气比越大，这种精制效果就越好，塔顶产品纯度越高；提馏段是依靠气相回流来完成其中下降液体的提浓，气液比越大，提浓效果越好，塔釜产品纯度越高。本题计算结果揭示，回流比对精馏过程的影响直接地体现在它对塔内液、气流量相对大小的影响上：回流比越大，精馏段液气比就越大、提馏段气液比也越大，对整个精馏过程都越有利。

【例 6-5】 进料热状况对塔釜蒸发量的影响

某二元混合物以 10kmol/h 的流量连续加入某精馏塔，塔内气、液两相满足恒摩尔流假定。原料液、塔顶馏出液和釜液中轻组分的摩尔分数分别为 0.3、0.95 和 0.03。操作时采用的回流比为 3.0。试求进料热状况参数分别为 1.3、1.0、0.5、0.0、−0.1 时塔釜的蒸发量和提馏段的气液比分别为多少。

解 由全塔质量衡算式可得：$D=F\frac{x_F-x_W}{x_D-x_W}=10\times\frac{0.3-0.03}{0.95-0.03}=2.93\text{kmol/h}$

由恒摩尔流假定可知，塔釜蒸发量就是提馏段内上升蒸气量 V'。当 $q=1.3$ 时

$$V'=V-(1-q)F=(R+1)D-(1-q)F=4\times2.93+(1.3-1)\times10=14.72\text{kmol/h}$$

$$L'=L+qF=RD+qF=3\times2.93+1.3\times10=21.79\text{kmol/h}$$

于是
$$\frac{V'}{L'}=\frac{14.72}{21.79}=0.676$$

同理，可求得其他进料热状况时的塔釜蒸发量及提馏段气液比，结果如表 6-4 所示。

表 6-4 各种进料热状况下的塔釜蒸发量和提馏段气液比

进料热状况	q 值	V'/(kmol/h)	V'/L'	进料热状况	q 值	V'/(kmol/h)	V'/L'
过冷液体	1.3	14.72	0.676	饱和蒸气	0.0	1.72	0.196
饱和液体	1.0	11.72	0.624	过热蒸气	−0.1	0.72	0.092
气-液混合物	0.5	6.72	0.487				

讨论 在回流比一定的情况下，进料的焓值越高，塔釜蒸发量越小。这看上去是减少了加热介质的用量，可以节能。但是，事实上热能可能已经消耗在了进料的预热上。另外一个不容忽视的结果是随着进料焓值的升高提馏段的气液比下降，这导致提馏段操作情况变差，使塔底产品纯度受到影响。这里存在一个精馏塔如何使用工业废热的问题：生产中如需要用精馏塔回收其他装置产生的废热，则此热源应该从精馏塔塔底加入（如输入再沸器），以产生较大的塔釜汽化量，提高提馏段的气液比。而用废热将原料预热后再送入塔中则不是一个合理的热回收方案。

【例 6-6】 精馏塔内物料循环量

用一连续精馏塔分离 A-B 混合液，原料中轻组分 A 含量为 0.44（摩尔分数，下同）。要求塔顶馏出液中含 A 为 0.97；釜液中含 A 为 0.02。进料温度为 25℃，进料量为 100kmol/h，回流比为 2.7。求精馏段、提馏段上升蒸气和下降液体的流量，并确定塔内物料的循环量为多少？已知进料组成下溶液的泡点为 $t_b=93.5$℃，在此温度下两组分的相变焓均为 31018.3kJ/kmol；进料温度与原料泡点温度之平均温度下两组分的比热容分别为：$c_{pA}=143.7\text{kJ/(kmol·K)}$；$c_{pB}=169.5\text{kJ/(kmol·K)}$。

解　平均相变焓

$$r_m=x_Fr_A+(1-x_F)r_B=0.44\times31018.3+(1-0.44)\times31018.3=31018.3\text{kJ/kmol}$$

平均比热容

$$c_{pm}=x_Fc_{pA}+(1-x_F)c_{pB}=0.44\times143.7+(1-0.44)\times169.5=158.15\text{kJ/(kmol·K)}$$

$$q=1+\frac{c_{pm}(t_b-t_F)}{r_m}=1+\frac{158.15\times(93.5-25)}{31018.3}=1.35$$

$$D=F\ \frac{x_F-x_W}{x_D-x_W}=100\times\frac{0.44-0.02}{0.97-0.02}=44.21\text{kmol/h}$$

$$L=RD=2.7\times44.21=119.37\text{kmol/h}$$

$$V=(R+1)D=3.7\times44.21=163.58\text{kmol/h}$$

$$L'=L+qF=119.37+1.35\times100=254.37\text{kmol/h}$$

$$V'=V-(1-q)F=163.58-(1-1.35)\times100=198.58\text{kmol/h}$$

$$W=L'-V'=254.37-198.58=55.79\text{kmol/h}$$

精馏段上升蒸气量为 $V=L+D$，下降液体量为 L；提馏段上升蒸气量为 $V'=L'-W=L+qF-W$，下降液体量为 $L'=L+qF$。其中 qF 是加料带入塔的量，W 和 D 是作为产品排出塔的量。因此，全塔物料循环量为 $L=119.37$kmol/h。

讨论　可以看出，为将 $F=100$kmol/h 的原料加工成 $D=44.21$kmol/h 和 $W=58.18$kmol/h 的产品，需要 $L=119.37$kmol/h 物料在塔内循环。这些物料以液态形式由塔顶流至塔底，又从塔底以气态形式返回塔顶。精馏过程正是利用塔内物料的循环实现了气液两相的多级接触，使混合物分离得以完成。当塔板数一定时，塔内物料循环量越大，塔的分离效果越好。但物料循环是以消耗能量以发生相变为代价的，这也正是精馏操作的根本所在。

【例 6-7】 解决精馏塔设型问题的逐板计算法

在某板式精馏塔中分离 A、B 两组分构成的混合液，两组分相对挥发度为 2.50，进料量为 150kmol/h，进料组成为 $x_F=0.48$（轻组分摩尔分数），饱和液体进料。塔顶馏出液中苯的回收率为 97.5%，塔釜采出液中甲苯回收率为 95%，提馏段液气比为 5/4。(1) 求该塔的操作回流比；(2) 若该塔再沸器可看作是一块理论板，求进入再沸器的液体的组成；(3) 用逐板计算法确定该塔的理论板数。

解　(1) 由题意　$\dfrac{Dx_D}{Fx_F}=0.975$

$$Dx_D=0.975Fx_F=0.975\times150\times0.48=70.2\text{kmol/h}$$

$$Wx_W=Fx_F-Dx_D=150\times0.48-70.2=1.8\text{kmol/h}$$

由题意　$\dfrac{W(1-x_W)}{F(1-x_F)}=0.95$

$$W=0.95F(1-x_F)+Wx_W=0.95\times150\times(1-0.48)+1.8=75.9\text{kmol/h}$$

$$D=F-W=150-75.9=74.1\text{kmol/h}$$

$$x_D=\frac{Dx_D}{D}=\frac{70.2}{74.1}=0.947\qquad x_W=\frac{Wx_W}{W}=\frac{1.8}{75.9}=0.0237$$

$$\frac{L'}{V'}=\frac{L+qF}{V-(1-q)F}=\frac{RD+F}{(R+1)D}=\frac{5}{4}\qquad R=\frac{4F-5D}{D}=\frac{4\times150-5\times74.1}{74.1}=3.1$$

$$y=\frac{R}{R+1}x+\frac{x_D}{R+1}=\frac{3.1}{3.1+1}x+\frac{0.947}{3.1+1}$$

精馏段操作线方程：　$y=0.756x+0.231$　(1)

(2)　$V'=V-(1-q)F=(R+1)D-(1-q)F=(3.1+1)\times74.1-0=303.8\text{kmol/h}$

$$y=\frac{L'}{V'}x-\frac{Wx_W}{V'}=\frac{5}{4}x-\frac{1.8}{303.8}$$

提馏段操作线方程：　$y=1.25x-0.0059$　(2)

由相平衡方程：　$y=\dfrac{\alpha x}{1+(\alpha-1)x}$　(3)

可得离开再沸器的上升蒸气组成：$y_W=\dfrac{\alpha x_W}{1+(\alpha-1)x_W}=\dfrac{2.5\times0.0237}{1+(2.5-1)\times0.0237}=0.0572$

该浓度与进入再沸器的液相浓度 x_{W-1} 满足提馏段操作线方程：$y_W=1.25x_{W-1}-0.0059$

解得：　$x_{W-1}=\dfrac{y_W+0.0059}{1.25}=\dfrac{0.0572+0.0059}{1.25}=0.0505$

(3) 利用前面已导出的操作线方程和相平衡方程，按如下步骤进行逐板计算

$$x_D=y_1\xrightarrow{(3)}x_1\xrightarrow{(1)}y_2\xrightarrow{(3)}x_2\cdots y_m\xrightarrow{(3)}x_m$$

可得一组 (x_i,y_i)，它们为离开各层塔板的气、液相组成。每计算一次，将所得的 (x_i,y_i) 与进料浓度进行比较。当满足 $x_m\leqslant x_F$ 时，更换为提馏段操作线继续计算

$$x_m\xrightarrow{(2)}y_{m+1}\xrightarrow{(3)}x_{m+1}\xrightarrow{(2)}y_{m+2}\cdots y_N\xrightarrow{(3)}x_N$$

又可以得到一组 (x_i,y_i)，当算出的 $x_N\leqslant x_W$ 时，计算结束。

按照上述步骤计算的结果如表6-5所示，可见，完成分离任务需要理论板11块（包括塔釜一块），精馏段4块，第5块板进料。

表6-5　例6-7的计算结果

塔板序号	x	y	塔板序号	x	y
01	0.8773	0.9470	07	0.1750	0.3466
02	0.7717	0.8942	08	0.1039	0.2247
03	0.6370	0.8144	09	0.0591	0.1358
04	0.4979	0.7126	10	0.0335	0.0798
05	0.3823	0.6074	11	0.0197	0.0478
06	0.2726	0.4837			

讨论　精馏塔设计型问题就是在给定生产任务的情况下确定塔板数或填料层高度。本题演示了采用逐板计算法确定理论板数的过程，尚需给定板效率或等板高度方能确定实际塔板数。

【例 6-8】　回流热状况对理论塔板数的影响

苯和甲苯的混合液中含苯0.4，拟采用精馏塔进行分离，要求苯的回收率为90%，操作回流比取为1.875，泡点进料，精馏塔塔顶设置全凝器。要求塔顶馏出液中含苯不低于0.9（以上浓度均指苯的摩尔分数）。问采用如下两种回流方案，完成分离任务所需要的理论塔板数分别为多少？（1）泡点回流；（2）回流液温度为20℃。

已知回流液的泡点为83℃，汽化相变焓为3.2×10^4kJ/kmol，比热容为140kJ/(kmol·K)。

解　取进料量$F=1$kmol/s为基准，由$\eta=0.9$，$x_D=0.9$，$x_F=0.4$可得

$$D=\frac{\eta F x_F}{x_D}=\frac{0.9\times0.4\times1}{0.9}=0.4\text{kmol/s}\quad x_W=\frac{Fx_F-Dx_D}{W}=\frac{1\times0.4-0.4\times0.9}{1-0.4}=0.0667$$

因回流比$R=1.875$，故回流液量为：$L_0=RD=1.875\times0.4=0.75$kmol/s

（1）泡点回流时，回流液量与精馏段内下降液体流量相同，即$L=L_0=0.75$kmol/s

$$V=L+D=0.75+0.4=1.15\text{kmol/s}$$

精馏段操作线：$y=\frac{L}{V}x+\frac{D}{V}x_D=\frac{0.75}{1.15}x+\frac{0.4\times0.9}{1.15}=0.652x+0.313$

在y-x图中作平衡线，精馏段操作线、q线和提馏段操作线，作梯级如图6-8所示，可得完成指定分离任务所需要的理论板数为10.7，其中精馏段需要4.8块。

（2）当回流液为20℃时，是过冷液体，它流入第一板时将使板上蒸气发生部分冷凝，因此$L\neq L_0$，$V\neq V_0$，如图6-9所示。

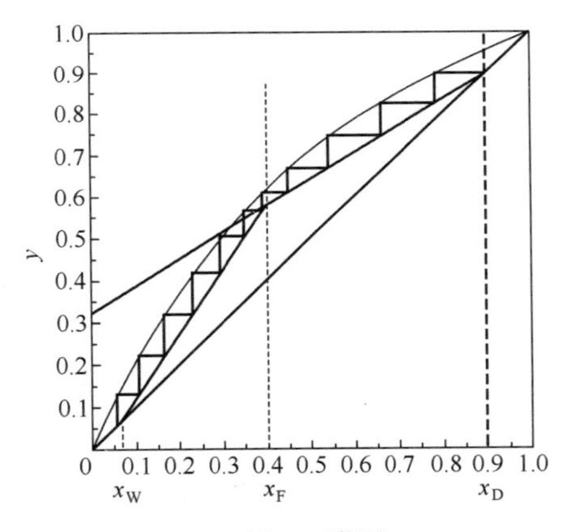

图6-8　例6-8附图（1）

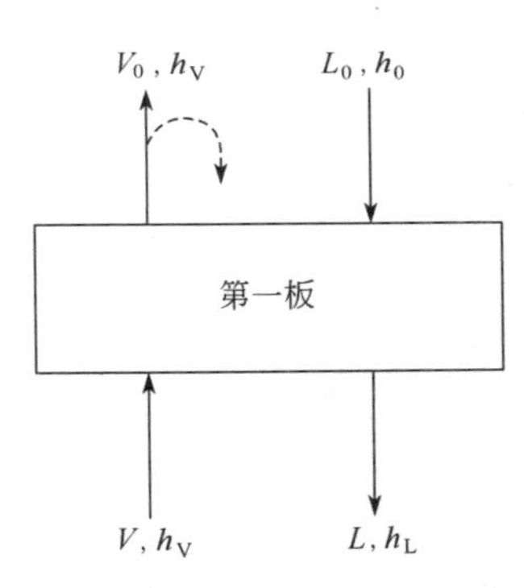

图6-9　例6-8附图（2）

对塔顶第一板进行质量衡算：　$L_0+V=V_0+L$

热量衡算：　$L_0h_0+Vh_V=V_0h_V+Lh_L$；$h_V(V-V_0)=Lh_L-L_0h_0$

h_L与h_0的关系：　$h_L=h_0+c_p(t_b-t)$

h_L与h_V的关系：　$h_V=h_L+r$

由质量衡算关系可得：　$V-V_0=L-L_0$

所以　$h_V(L-L_0)=L(h_V-r)-L_0[h_V-r-c_p(t_b-t)]$

$$(L-L_0)r=L_0c_p(t_b-t)$$

$$\frac{L}{L_0}=\frac{r+c_p(t_b-t)}{r}=q_R\text{（回流液热状况参数）}$$

$$q_R=\frac{r+(t_b-t)c_p}{r}=\frac{3.2\times10^4+140\times(83-20)}{3.2\times10^4}=1.276$$

离开第一板的液体量为： $L=q_RL_0=1.276\times0.75=0.957\text{kmol/s}$

进入第一板的气体量为： $V=L+D=0.957+0.4=1.357\text{kmol/s}$

精馏段操作线方程为：$y=\dfrac{L}{V}x+\dfrac{D}{V}x_D=\dfrac{0.957}{1.357}x+\dfrac{0.4\times0.9}{1.357}=0.705x+0.265$

在 y-x 图中作平衡线，精馏段操作线、q 线和提馏段操作线，作梯级（见图 6-10），可得完成指定分离任务所需要的理论板数为 9.2，其中精馏段需要 4.2 块。

讨论 过冷回流液流入第一层塔板时造成穿过该板的蒸气部分冷凝，使精馏段下降液体量较泡点回流时大，对分离过程是有利的。这在设计型问题中表现为完成指定分离任务所需要的理论板数较少。当然，为此付出的代价是塔顶冷凝器和塔底再沸器的热负荷都要增加。

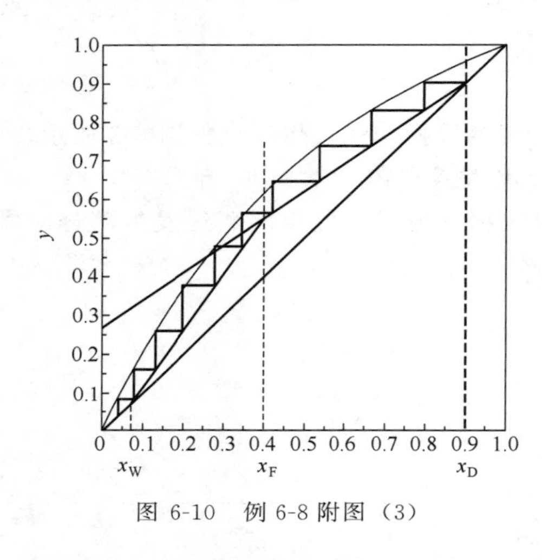

图 6-10 例 6-8 附图（3）

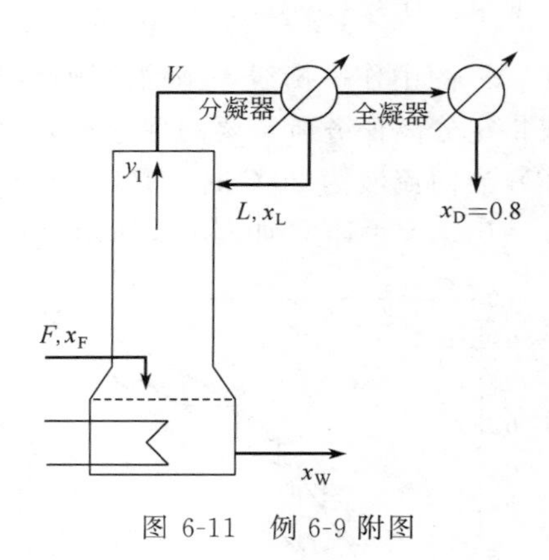

图 6-11 例 6-9 附图

【例 6-9】 分凝器和塔釜加热器的作用

苯、甲苯双组分混合液用图 6-11 所示的设备进行常压连续蒸馏操作，设备内不设塔板，原料以其泡点温度直接加入设有盘管式加热器的塔釜中，进料量为 100kmol/h，进料中苯的摩尔分数为 0.7。要求塔顶产品中苯的摩尔分数不低于 0.8，塔顶采用分凝器，它将 50％的塔顶蒸汽冷凝后作为回流液返回塔内。已知体系的相对挥发度为 2.46。问塔顶、塔底产量为多少？并求该塔操作线方程。

解 进入分凝器的蒸汽发生部分冷凝，从其中出来的气、液两相浓度服从相平衡关系，因此

$$x_D=\frac{\alpha x_L}{1+(\alpha-1)x_L}\qquad x_L=\frac{x_D}{\alpha-(\alpha-1)x_D}=\frac{0.8}{2.46-(2.46-1)\times0.8}=0.619$$

对分凝器进行质量衡算可得塔内上升蒸气的浓度

$$Vy_1=0.5Vx_L+0.5Vx_D\qquad y_1=0.5(x_L+x_D)=0.5\times(0.8+0.619)=0.710$$

塔内上升蒸气系釜液受盘管加热后部分汽化而产生，因此釜液与塔内上升蒸气成相平衡，y_1 与 x_W 满足相平衡关系

$$x_W=\frac{y_1}{\alpha-(\alpha-1)y_1}=\frac{0.71}{2.46-(2.46-1)\times0.71}=0.499$$

由全塔质量衡算可得：$D=F\dfrac{x_F-x_W}{x_D-x_W}=100\times\dfrac{0.7-0.499}{0.8-0.499}=66.78\text{kmol/h}$

$$W=F-D=100-66.78=33.22\text{kmol/h}$$

该塔同样有精馏段和提馏段。在精馏段，回流比为1，其操作线方程为

$$y=\frac{R}{R+1}x+\frac{x_D}{R+1}=0.5x+0.4$$

在提馏段：$\dfrac{L'}{V'}=\dfrac{RD+qF}{(R+1)D-(1-q)F}=\dfrac{RD/F+q}{(R+1)D/F-(1-q)}=\dfrac{1\times0.668+1}{2\times0.668}=1.25$

$$\frac{Wx_W}{V'}=\frac{Wx_W}{(R+1)D-(1-q)F}=\frac{33.22\times0.499}{2\times66.78}=0.124$$

这样，提馏段操作线方程为： $y=1.25x-0.124$

> **讨论** 利用体系中组分挥发性的差异，通过部分汽化和部分冷凝来使轻、重组分分别在气、液两相浓集，这是蒸馏分离的基本原理。本题中的塔内不设有塔板，但却能使原料得到一定程度的分离，其原因就在于釜液被盘管加热器部分汽化，以及由此而产生的蒸气在分凝器中的部分冷凝。y_1与x_W满足相平衡关系、x_L与x_D满足相平衡关系，这两个具有分离功能的设备应被视作理论板，只不过它们需要外加的能量来实现其分离作用。

【例6-10】 有分凝器时塔板浓度的求取

某二元理想混合物中易挥发组分的含量为0.50（摩尔分数，下同），用常压连续精馏塔分离，要求塔顶产品组成为0.97，进料为气、液混合物，其中蒸气量占2/5。塔顶采用分凝器，由其中引出的饱和液体作为回流液送入塔内，引出的蒸气送入全凝器冷凝后作为产品排出。已知操作条件下体系的平均相对挥发度为2.5，回流比采用最小回流比的2.2倍。试求（1）原料中气相及液相的组成；（2）由塔顶第一块理论板上升的蒸气组成。

解 （1）设进料两相组成分别为x和y，进料中汽-液两相平衡，所以

$$y=\frac{2.5x}{1+1.5x} \tag{1}$$

由已知条件得： $2y+3x=5\times0.5=2.5$ (2)

（1）、（2）两式联立求解得： $x=0.410$，$y=0.635$

（2）以上两值即为q线与平衡线交点的坐标，所以最小回流比

$$R_{\min}=\frac{x_D-y}{y-x}=\frac{0.97-0.635}{0.635-0.410}=1.49$$

实际回流比： $R=2.2R_{\min}=2.2\times1.49=3.28$

由题意，$x_D=0.97$，所以精馏段操作线方程

$$y=\frac{R}{R+1}x+\frac{x_D}{R+1}=\frac{3.28}{3.28+1}x+\frac{0.97}{3.28+1}=0.766x+0.277$$

由题意，$y_0=x_D=0.97$，回流液组成x_0与y_0满足相平衡方程

$$x_0=\frac{y_0}{\alpha-(\alpha-1)y_0}=\frac{0.97}{2.5-1.5\times0.97}=0.928$$

x_0与由第一板上升的蒸气浓度y_1满足精馏段操作线方程

$$y_1=0.766\times0.928+0.227=0.938$$

讨论 分凝器具有一定的分离作用，相当于一块理论板，该板可看作是一个塔的第“0”块理论板（塔板序号由上向下数）。因此它与第1块塔板的关系和第1块板与第2块板的关系是一样的，在逐板计算中对其处理方法与其他塔板相同。

【例6-11】 质量衡算关系对精馏产品纯度的制约

在精馏塔内分离苯-甲苯的混合液，其进料组成为0.5（苯的摩尔分数），泡点进料。回流比为3，体系相对挥发度为2.5。当理论板数为无穷多时，试求：(1) 若采出率$D/F=60\%$，塔顶馏出液浓度最高可达多少？(2) 若采出率$D/F=40\%$，塔底残液浓度最低可达多少？(3) 若采出率$D/F=50\%$，其他条件相同时，塔顶和塔底产品浓度各为多少？

解 理论板数为无穷多时，可能是精馏段和提馏段操作线的交点d落在了平衡线上。假设出现了此情况，并考虑到泡点进料时，$x_d=x_F$，于是

$$y_d=\frac{\alpha x_d}{1+(\alpha-1)x_d}=\frac{2.5\times0.5}{1+1.5\times0.5}=0.714$$

由操作线斜率的表达式：
$$\frac{R}{R+1}=\frac{x_D-y_d}{x_D-x_d}$$

可求得$x_D=1.356>1$，这说明d点不可能落在平衡线上。

另外的可能性有：①精馏段操作线与平衡线交于点（1,1）；②提馏段操作线与平衡线交于点（0,0）。

(1) 当$D/F=0.6$时，

考察可能性①，即$x_D=1$，由$\dfrac{D}{F}=\dfrac{x_F-x_W}{x_D-x_W}=0.6$可求得$x_W=-0.25<0$，可能性①不成立。

考察可能性②，即$x_W=0$，代入上式求得$x_D=0.83$，可能性②成立。即$D/F=0.6$时馏出液的最高浓度为0.83。

(2) 当$D/F=0.4$时，

考察可能性②，即$x_W=0$，由$\dfrac{D}{F}=\dfrac{x_F-x_W}{x_D-x_W}=0.4$可求得$x_D=1.25>1$，可能性②不成立。

考察可能性①，即$x_D=1$，代入上式求得$x_W=0.167$。可能性①成立，即$D/F=0.4$时塔釜采出液轻组分最低含量为$x_W=0.167$。

(3) 当$D/F=0.5$时，

考察可能性①，即$x_D=1$，由$\dfrac{D}{F}=\dfrac{x_F-x_W}{x_D-x_W}=0.5$可求得$x_W=0$，可能性①成立。

考察可能性②，即$x_W=0$，由$\dfrac{D}{F}=\dfrac{x_F-x_W}{x_D-x_W}=0.5$可求得$x_D=1$，考虑可能性②成立。

即$D/F=0.5$时塔顶馏出液最高浓度为1；塔釜采出液轻组分最低含量为0.0。

讨论 一个精馏塔能获得纯度多高的产品，不仅与该塔的塔板数有关，同时还要受到质量衡算关系的制约。有时，即使理论板数为无穷多，也不一定能得到纯产品，操作结果与塔顶和塔底的采出率有关。

【例 6-12】 不同组成的物料进料方式对分离过程的影响

有两股混合物料液，都含有 A 组分和 B 组分。其中轻组分 A 的摩尔分数分别为 0.5 和 0.2，两股料摩尔流量之比为1∶3，拟在同一精馏塔中进行分离，要求 $x_D=0.90$，$x_W=0.05$。两股料液皆预热至泡点进料，操作条件下体系平均相对挥发度为 2.5。操作回流比为 2.5。求按以下两种方式进料时为达到分离要求所需理论板数：（1）两股料从各自的最优位置入塔；（2）两股物料在塔外混合后从最优位置进料。

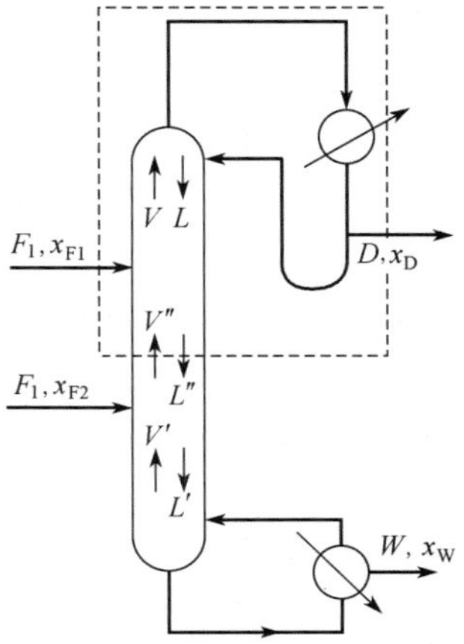

图 6-12 例 6-12 附图

解 对两种加料方式均可进行如下的全塔质量衡算：

$$F_1+F_2=D+W \qquad F_1x_{F1}+F_2x_{F2}=Dx_D+Wx_W$$

考虑到 $F_2=3F_1$，由以上两式可解得：$D/F_1=1.06$

（1）分别进料时，塔的进、出料情况如图 6-12 所示，两股进料将塔分为三段。第一段塔操作线方程与普通塔的精馏段相同

$$y=\frac{R}{R+1}x+\frac{x_D}{R+1}=0.714x+0.257$$

第二段塔操作线方程：对虚线划定的范围（见图 6-12）进行质量衡算

$$F_1+V''=L''+D \qquad V''y+F_1x_{F1}=L''x+Dx_D$$

可得

$$y=\frac{L''}{V''}x-\frac{F_1x_{F1}-Dx_D}{V''}$$

其中

$$L''=L+q_1F_1=RD+F_1 \qquad V''=V-(1-q_1)F_1=V$$

$$\frac{L''}{V''}=\frac{RD+q_1F_1}{(R+1)D-(1-q_1)F_1}=\frac{RD/F_1+1}{(R+1)D/F_1}=\frac{2.5\times1.06+1}{(2.5+1)\times1.06}=0.984$$

$$\frac{F_1x_{F1}-Dx_D}{V''}=\frac{F_1x_{F1}-Dx_D}{(R+1)D}=\frac{x_{F1}-x_DD/F_1}{(R+1)D/F_1}=\frac{0.5-0.9\times1.06}{(2.5+1)\times1.06}=-0.122$$

于是，第二段操作线方程为： $y=0.984x+0.122$

第三段塔操作线方程的求法与普通塔提馏段相同

$$L'=L''+q_2F_2=RD+F_1+F_2 \qquad V'=V''-(1-q_2)F=(R+1)D$$

考虑到：$Wx_W=F_1x_{F1}+F_2x_{F2}-Dx_D$；$F_2=3F_1$；$D/F_1=1.06$

将上述五项关系代入第三段操作线表达式 $y=\frac{L'}{V'}x-\frac{Wx_W}{V'}$，再将分子分母同除以 F_1，并代入相关数据，可得第三段操作线方程：$y=1.792x-0.0394$

有了三段操作线方程，可用逐板计算求理论板数，结果如表 6-6 所示。

表 6-6 例 6-12 的计算结果（1）

塔板序号	x	y	塔板序号	x	y
01	0.7826	0.9000	06	0.2147	0.4060
02	0.6392	0.8158	07	0.1667	0.3333
03	0.4989	0.7134	08	0.1228	0.2592
04	0.3878	0.6129	09	0.0810	0.1806
05	0.2887	0.5036	10	0.0452	0.1058

由该表可知，完成指定分离任务所需要的理论板数为 10；第一股料在第 3 板加；第二股料在第 7 块板处加。

（2）当两股液体混合进料时，原料液入塔浓度为

$$x_F=\frac{F_1x_{F1}+F_2x_{F2}}{F_1+F_2}=\frac{0.5F_1+3\times0.2F_1}{F_1+3F_1}=0.275$$

精馏段操作线与两股进料时第一段塔相同：$y=0.714x+0.257$

提馏段操作线与两股进料时第三段塔相同：$y=1.792x-0.0394$

逐板计算结果如表 6-7 所示。

表 6-7　例 6-12 的计算结果（2）

塔板序号	x	y	塔板序号	x	y
01	0.7826	0.9000	07	0.2435	0.4459
02	0.6392	0.8158	08	0.2085	0.3970
03	0.4989	0.7134	09	0.1672	0.3341
04	0.3881	0.6132	10	0.1233	0.2601
05	0.3144	0.5341	11	0.0815	0.1815
06	0.2708	0.4815	12	0.0456	0.1066

此时，所需要的理论板数为 12，第 6 板进料。

讨论　在分离要求和能量消耗（回流比）相同的情况下，与单独进料相比，将组成不同的物料混合后进料需要更多的理论板数，导致设备费用增加。此例说明预先的混合是与分离这一目标背道而驰的，对分离过程是不利的。

【例 6-13】　最小回流比的影响因素

用连续精馏塔分离苯-甲苯混合液，原料中含苯 0.4，要求塔顶馏出液中含苯 0.97，釜液中含苯 0.02（以上均为摩尔分数）。苯-甲苯体系在操作条件下的相对挥发度为 2.5。求下面四种进料状况下达到分离要求的最小回流比 R_{min}。（1）原料液温度为 25℃；（2）原料为气液混合物，气液比为 3∶4；（3）原料液温度为 25℃，塔顶馏出液中含苯要求达到 0.99，其他条件不变；（4）原料液温度为 25℃，原料液中苯的含量为 0.35，其他条件不变。

解　$x_F=0.4$，查苯-甲苯的 t-x-y 图，得泡点 $t_b=95℃$，查得泡点温度下，$r_{苯}=r_{甲苯}=31018.3\text{kJ/kmol}$

（1）25℃，为过冷液进料，定性温度 $\bar{t}=\frac{1}{2}(25+95)=60℃$，查得相关物性如下：

$$c_{p,苯}=143.7\text{kJ/(kmol·K)}，c_{p,甲苯}=169.5\text{kJ/(mol·K)}$$

$$c_p=x_Fc_{p,苯}+(1-x_F)c_{p,甲苯}=0.4\times143.7+0.6\times169.5=159.18\text{kJ/(kmol·K)}$$

$$q=\frac{r+c_p(t_b-t)}{r}=\frac{31018.3+159.18\times(95-25)}{31018.3}=1.36$$

q 线方程为：

$$y=\frac{q}{q-1}x-\frac{x_F}{q-1}=\frac{1.36}{1.36-1}x-\frac{0.4}{1.36-1}=3.78x-1.111$$

汽液平衡方程：
$$y=\frac{\alpha x}{1+(\alpha-1)}=\frac{2.5x}{1+1.5x}$$

q 线方程与汽液平衡方程联立求解，可得：$x_q=0.478$，$y_q=0.696$

最小回流比为：
$$R_{\min}=\frac{x_D-y_q}{y_q-x_q}=\frac{0.97-0.696}{0.696-0.478}=1.257$$

（2）气-液比为 3∶4，则 $q=4/7$

q 线方程为：
$$3y=-4x+2.8$$

与相平衡方程联立求解，可得：$x_q=0.307$，$y_q=0.524$

最小回流比为：
$$R_{\min}=\frac{x_D-y_q}{y_q-x_q}=\frac{0.97-0.524}{0.524-0.307}=2.055$$

（3）要求 x_D 达到 0.99 时而其他条件不变，则（x_q，y_q）不变，所以
$$R_{\min}=\frac{x_D-y_q}{y_q-x_q}=\frac{0.99-0.696}{0.696-0.478}=1.349$$

（4）
$$c_p=x_F c_{p,苯}+(1-x_F)c_{p,甲苯}=0.35\times143.7+0.65\times169.5=160.47\text{kJ/(kmol·K)}$$
$$q=\frac{r+c_p(t_b-t)}{r}=\frac{31018.3+160.47\times(95-25)}{31018.3}=1.36$$

q 线方程为：
$$y=\frac{q}{q-1}x-\frac{x_F}{q-1}=\frac{1.36}{1.36-1}x-\frac{0.35}{1.36-1}=3.78x-0.972$$

与相平衡方程联立求解，可得：$x_q=0.430$，$y_q=0.653$
$$R_{\min}=\frac{x_D-y_q}{y_q-x_q}=\frac{0.97-0.653}{0.653-0.43}=1.42$$

讨论　完成指定分离任务存在一个最小回流比，它对应着所需理论塔板数为无穷多。最小回流比数值的大小可以代表分离任务的难易程度，其值主要取决于体系的相平衡关系、进料状况、分离要求等因素。本题计算结果显示，进料焓值越高，则最小回流比越高；产品纯度要求越高，则最小回流比越高；进料中轻组分含量越低，则最小回流比越高。

【例 6-14】　复杂塔的最小回流比

如图 6-13 所示，组成不同的两股原料液都以泡点状态从两个不同部位加入某精馏塔。已知：$x_F=0.38$，$x_D=0.95$，$x_S=0.57$，$x_W=0.02$。以上均为轻组分的摩尔分数。$S=0.22F$。操作条件下体系的平均相对挥发度为 2.5。试求：（1）塔顶易挥发组分的回收率；（2）为达到上述分离要求所需要的最小回流比。

解　（1）全塔质量衡算：
$$S+F=D+W \tag{1}$$
$$Fx_F+Sx_S=Dx_D+Wx_W \tag{2}$$
$$\eta=\frac{Dx_D}{Fx_F+Sx_S}=\frac{(D/F)x_D}{x_F+0.22x_S} \tag{3}$$

由式（1）可得：$W=1.22F-D$，将此代入式（2）可得
$$Fx_F+0.22Fx_S=Dx_D+(1.22F-D)x_W$$

上式两边同除以 F
$$x_F+0.22x_S=\frac{D}{F}x_D+\left(1.22-\frac{D}{F}\right)x_W$$

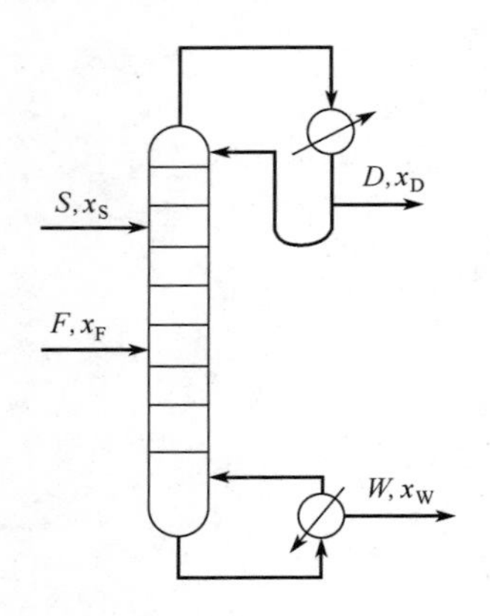

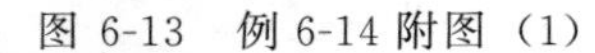
图 6-13 例 6-14 附图（1）

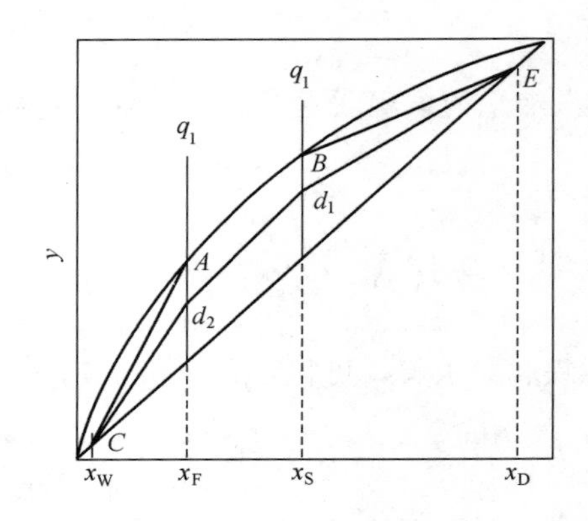

图 6-14 例 6-14 附图（2）

由此解得：$\frac{D}{F}=\frac{x_F+0.22x_S-1.22x_W}{x_D-x_W}=\frac{0.38+0.22\times0.57-1.22\times0.02}{0.95-0.02}=0.517$

代入式（3）可解得：$$\eta=\frac{0.517\times0.95}{0.38+0.22\times0.57}=0.972$$

（2）该塔的操作线用图 6-14 示意。在分离要求一定的情况下，当 $R=R_{min}$ 时，操作线必与平衡线相交。在减小回流比的过程中，d_1 点和 d_2 点同时向平衡线靠近，首先落在平衡线上的可能是 d_1 点，也可能是 d_2 点，设其对应的回流比分别为 $R_{min}^{(1)}$ 和 $R_{min}^{(2)}$。$R_{min}^{(1)}$ 的求法与普通精馏塔相同

$$R_{min}^{(1)}=\frac{1}{\alpha-1}\left[\frac{x_D}{x_S}-\frac{\alpha(1-x_D)}{1-x_S}\right]=\frac{1}{2.5-1}\times\left[\frac{0.95}{0.57}-\frac{2.5\times(1-0.95)}{1-0.57}\right]=0.917$$

现求 $R_{min}^{(2)}$，其计算式可根据提馏段操作线（第三段操作线 Cd_2）与 q_1 线的交点落在平衡线上这一条件导出。设这一交点为 A，则 $x_A=x_F$；$y_A=\frac{\alpha x_A}{1+(\alpha-1)x_A}=\frac{2.5\times0.38}{1+1.5\times0.38}=0.605$。提馏段液、气相流量

$$L''=L'+qF=L+qS+qF=RD+1.22qF \qquad V''=V'=V=(R+1)D$$

提馏段操作线斜率：$$\frac{L''}{V''}=\frac{RD+1.22qF}{(R+1)D}=\frac{(D/F)R+1.22q}{(R+1)(D/F)}$$

d_2 落在平衡线上时的斜率：$$\frac{y_A-y_W}{x_A-x_W}=\frac{0.605-0.02}{0.38-0.02}=1.625$$

最小回流比时：$$\frac{L''}{V''}=\frac{(D/F)R_{min}^{(2)}+1.22q}{[R_{min}^{(2)}+1](D/F)}=\frac{0.517R_{min}^{(2)}+1.22}{0.517[R_{min}^{(2)}+1]}=1.625$$

解得：$$R_{min}^{(2)}=1.176$$

取最小回流比为 1.176。

讨论 *N* 股进料将一个塔分为 *N*+1 段，各段操作线首尾相接，共有 *N* 个交点。这些交点中任意一个落在平衡线上都意味着完成分离任务所需要理论板数为无穷多。真正的最小回流比应是各交点落于平衡线时对应回流比中最大的一个。

【例 6-15】 Muphree 单板效率的测定

为测定塔内某塔板的板效率，在常压下对苯-甲苯物系进行全回流精馏操作。待操作稳定后，测得相邻三层塔板上（见图 6-15）液相组成为：$x_n=0.43$、$x_{n+1}=0.285$、$x_{n+2}=0.173$。从这三个数据能够得到什么结果？已知操作条件下体系的平均挥发度为 2.43。

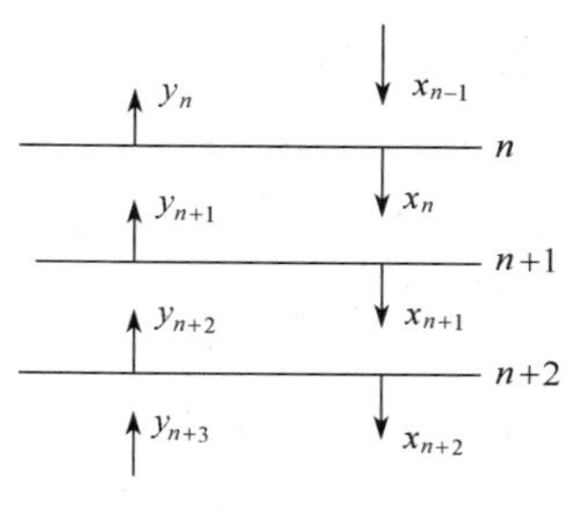

图 6-15　例 6-15 附图

解　全回流操作，任意两板间气相和液相浓度相等：$y_{n+1}=x_n$。第 $n+1$ 板的液相平衡浓度

$$x_{n+1}^*=\frac{y_{n+1}}{\alpha-(\alpha-1)y_{n+1}}=\frac{x_n}{\alpha-(\alpha-1)x_n}$$

$$=\frac{0.43}{2.43-(2.43-1)\times 0.43}$$

$$=0.237$$

第 $n+1$ 板的液相 Muphree 单板效率

$$E_{\mathrm{ML},n+1}=\frac{x_n-x_{n+1}}{x_n-x_{n+1}^*}=\frac{0.43-0.285}{0.43-0.237}=0.751$$

$$y_{n+2}=x_{n+1}$$

第 $n+2$ 板的液相平衡浓度

$$x_{n+2}^*=\frac{y_{n+2}}{\alpha-(\alpha-1)y_{n+2}}=\frac{x_{n+1}}{\alpha-(\alpha-1)x_{n+1}}=\frac{0.285}{2.43-(2.43-1)\times 0.285}=0.141$$

第 $n+2$ 板的液相 Muphree 单板效率

$$E_{\mathrm{ML},n+2}=\frac{x_{n+1}-x_{n+2}}{x_{n+1}-x_{n+2}^*}=\frac{0.285-0.173}{0.285-0.141}=0.778$$

第 $n+1$ 板的气相平衡浓度

$$y_{n+1}^*=\frac{\alpha x_{n+1}}{1+(\alpha-1)x_{n+1}}=\frac{2.43\times 0.285}{1+(2.43-1)\times 0.285}=0.492$$

$$y_{n+2}=x_{n+1}=0.285,\quad y_{n+1}=x_n=0.43$$

第 $n+1$ 板的气相 Muphree 单板效率

$$E_{\mathrm{MV},n+1}=\frac{y_{n+1}-y_{n+2}}{y_{n+1}^*-y_{n+2}}=\frac{0.43-0.285}{0.492-0.285}=0.700$$

第 $n+2$ 板的气相平衡浓度

$$y_{n+2}^*=\frac{\alpha x_{n+2}}{1+(\alpha-1)x_{n+2}}=\frac{2.43\times 0.173}{1+(2.43-1)\times 0.173}=0.337$$

$$y_{n+2}=x_{n+1}=0.285,\quad y_{n+3}=x_{n+2}=0.173$$

第 $n+2$ 板的气相 Muphree 单板效率

$$E_{\mathrm{MV},n+2}=\frac{y_{n+2}-y_{n+3}}{y_{n+2}^*-y_{n+3}}=\frac{0.285-0.173}{0.337-0.173}=0.683$$

讨论 精馏的全回流操作通常在两种情况下使用：一是精馏塔开工时，在建立稳定、良好的气液接触状况或产品纯度达标之前；二是研究塔板的传质性能、测定板效率时。此时需要测定相邻塔板上的液相组成，然后根据本例介绍的方法计算板效率。重要的一点是要利用全回流操作时的一个特点：任意两板间的气、液相组成相同。

【例 6-16】 回收塔的作用

如图 6-16 所示，两组分料液从塔顶加入回收塔，其组成为 0.4（轻组分摩尔分数，下同），温度为 10℃，塔顶蒸气冷凝后所得冷凝液不回流，全部作为产品送出。已知馏出率 D/F 为 0.717，塔底产品组成为 0.02，两组分相对挥发度为 3.0，原料液泡点为 98℃，平均比热容为 160kJ/(kmol·K)，相变焓为 32600kJ/kmol，试求：(1) 塔内液气比为多少？(2) 经第一块理论板的气相增浓了多少？

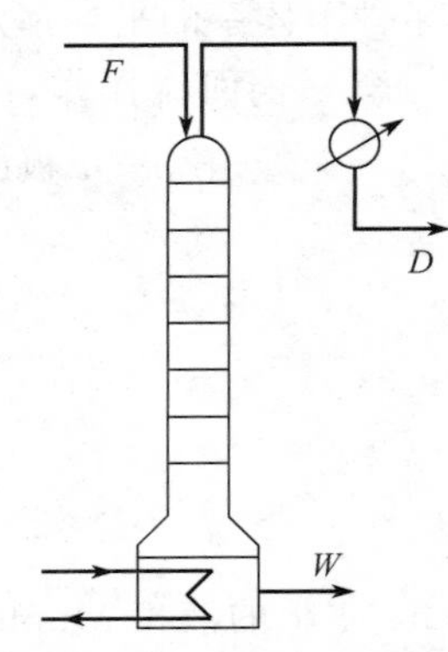

图 6-16 例 6-16 附图

解 (1) $q=1+\dfrac{c_p(t_b-t_F)}{r}=1+\dfrac{160\times(98-10)}{32600}=1.43$

这是一个只有提馏段，没有精馏段的塔，为便于理解，可将第一板（进料板）之上看作是精馏段，其 $L=0$，$V=D$。

提馏段液相流量：$L'=L+qF=qF$

提馏段气相流量：$V'=V-(1-q)F=D-(1-q)F$

$$\frac{L'}{V'}=\frac{qF}{D-(1-q)F}=\frac{q}{D/F-(1-q)}=\frac{1.43}{0.717-(1-1.43)}=1.25$$

(2) 设提馏段操作线方程：$y_{m+1}=1.25x_m-b$。该线过点 (0.02,0.02)，代入可得 $b=0.005$，所以，操作线方程为：$y_{m+1}=1.25x_m-0.005$

由全塔质量衡算：$\dfrac{D}{F}=0.717=\dfrac{x_F-x_W}{x_D-x_W}=\dfrac{0.4-0.02}{x_D-0.02}$

解得：$x_D=0.55$

$$y_1=x_D=0.55,x_1=\frac{y_1}{\alpha-(\alpha-1)y_1}=\frac{0.55}{3-2\times0.55}=0.289$$

$$y_2=1.25x_1-0.005=1.25\times0.289-0.005=0.356$$

$$\Delta y=y_1-y_2=0.55-0.356=0.194$$

讨论 工业上有时将待分离的液相物料加入到精馏塔的塔顶，这样的塔就只有提馏段，没有精馏段。它只能完成下降液体的提浓，在塔底能得到高纯度的重组分产品，不能实现上升蒸气的精制。由于经常是液相进料，所以该类塔塔顶一般不设回流。当生产中需要回收溶液中的某些组分，而不在意所得回收液的浓度时，便可采用此类精馏塔（注意本例中塔顶和塔底产品的纯度）。在进行计算时，可将其看作精馏段没有液相流量（只有气相）也没有塔板的普通塔，计算方法也就与普通塔一样了。

【例 6-17】 精馏塔工作能力的核算

有一精馏塔，有 20 块实际塔板，全塔效率为 60%。原设计用于精馏含苯 0.5 的苯-甲苯溶液，泡点加料，料液流量为 50kmol/h，所得馏出液组成 x_D 为 0.96，塔釜残液组成 x_W

为0.04（均为摩尔分数）。现想用该塔分离SCl_2-CCl_4，料液组成为0.50，也是泡点加料，试问：（1）用这个精馏塔分离SCl_2-CCl_4时能否得到x_D为0.96、x_W为0.04的产品。（2）如果分离SCl_2-CCl_4时，塔中上升蒸气量与精馏苯-甲苯溶液时相同，则SCl_2-CCl_4溶液的处理量（加料量）为多少？

已知苯-甲苯的相对挥发度为2.4，SCl_2-CCl_4的相对挥发度为2.0。

解 （1）能否完成分离任务，关键看达到分离要求需要的最少理论板数是否少于该塔的理论板数。以下计算过程中下标1代表苯-甲苯物系，下标2代表SCl_2-CCl_4物系

$$N_{\min 2}=\frac{\lg\left(\frac{x_D}{1-x_D}\frac{1-x_W}{x_W}\right)_2}{\lg\bar{\alpha}_2}=\frac{\lg\left(\frac{0.96}{1-0.96}\times\frac{1-0.04}{0.04}\right)}{\lg 2.0}=9.17$$

该塔包括塔釜在内的理论板数为$N=20\times E_0+1=13$，$N_{\min 2}<N$，所以处理SCl_2-CCl_4物系时能完成分离任务，得到$x_D=0.96$、$x_W=0.04$的产品。由于SCl_2-CCl_4物系相对挥发度较小，故需要比处理苯-甲苯物系时更大的回流比才能达到如此的产品纯度要求。

（2）针对分离苯-甲苯工况进行全塔质量衡算

$$F_1=D_1+W_1 \qquad 50=D_1+W_1$$

$$F_1x_F=D_1x_D+W_1x_W \qquad 50\times 0.5=D_1\times 0.96+W_1\times 0.04$$

解得：
$$D_1=25\text{kmol/h},\ W_1=25\text{kmol/h}$$

最少理论板数
$$N_{\min 1}=\frac{\lg\left(\frac{x_D}{1-x_D}\frac{1-x_W}{x_W}\right)_1}{\lg\bar{\alpha}_1}=\frac{\lg\left(\frac{0.96}{1-0.96}\times\frac{1-0.04}{0.04}\right)}{\lg 2.4}=7.26$$

$$Y_1=\left(\frac{N-N_{\min}}{N+1}\right)_1=\frac{13-7.26}{13+1}=0.41$$

查吉利兰关联图，得X_1：
$$X_1=0.25=\frac{R_1-R_{\min 1}}{R_1+1}$$

因为苯-甲苯为理想溶液，最小回流比

$$R_{\min 1}=\frac{1}{\alpha_1-1}\left[\frac{x_D}{x_F}-\frac{\alpha_1(1-x_D)}{1-x_F}\right]=\frac{1}{2.4-1}\times\left[\frac{0.96}{0.5}-\frac{2.4\times(1-0.96)}{1-0.5}\right]=1.23$$

将此结果代入X_1的表达式可得：
$$R_1=1.97$$

针对分离SCl_2-CCl_4的工况：
$$Y_2=\left(\frac{N-N_{\min}}{N+1}\right)_2=\frac{13-9.17}{13+1}=0.274$$

查吉利兰关联图，得
$$X_2=0.46=\frac{R_2-R_{\min 2}}{R_2+1}$$

$$R_{\min 2}=\frac{1}{\alpha_2-1}\left[\frac{x_D}{x_F}-\frac{\alpha(1-x_D)}{1-x_F}\right]=\frac{1}{2-1}\times\left[\frac{0.96}{0.5}-\frac{2\times(1-0.96)}{1-0.5}\right]=1.76$$

将此结果代入X_2的表达式可得：
$$R_2=4.11$$

因为处理苯-甲苯溶液时塔中上升蒸气量V_1与处理SCl_2-CCl_4时塔中上升蒸气量V_2相同，所以

$$(R_1+1)D_1=(R_2+1)D_2$$

$$D_2=\frac{R_1+1}{R_2+1}D_1=\frac{1.97+1}{4.11+1}\times 25=14.53\text{kmol/h}$$

因为
$$\frac{D_2}{W_2}=\frac{x_F-x_W}{x_D-x_F}=\frac{0.5-0.04}{0.96-0.5}=1$$

所以
$$W_2=14.53\text{kmol/h},\ F_2=D_2+W_2=29.06\text{kmol/h}$$

讨论 考察一个塔的工作能力，就是要回答这样两个问题：一是对于指定的产品纯度要求，现有塔的塔板数是否足够？为此要比较达到产品纯度所需要的最少理论板数和现有理论板数的多少；二是原料处理量能否达到要求，为此除了考虑保证不出现非正常操作现象外，还要考虑塔顶、塔底的冷凝和蒸发能力。本题出现了这样的结果：相对挥发度小的物系处理量比较小，因为该物系必须采用较大的回流比来满足纯度要求，而在指定塔内蒸气量一定的情况下就不得不采用较小的原料处理量。

【例 6-18】 精馏塔的灵敏板

用常压连续精馏塔分离含苯 0.25（摩尔分数，下同）的苯-甲苯混合液。要求馏出液含苯 0.98，塔釜残液含苯 0.02。泡点加料，采用回流比为 5，塔顶全凝器，泡点回流，塔内压强为 101.33kPa，求所需要理论板数及各塔板上的温度，并确定灵敏板。

解 用图解法求理论板数。精馏段操作线方程：$y=\frac{R}{R+1}x+\frac{1}{R+1}x_D$

该操作线在 y 轴上的截距为$\frac{x_D}{R+1}=\frac{0.98}{6}=0.163$，该线在 y-x 图中过两点：$b(0,0.163)$，$a(0.98,0.98)$。

这样，在图中可做精馏段操作线 ab（见图 6-17）。提馏段操作线过点 $c(0.02,0.02)$ 和精馏段操作线与 q 线的交点 d。这样，在图中可作提馏段操作线 cd。

图解法，求得理论板数 $N=11$（不包括塔釜），加料板为第 8 块板。在 y-x 图中可以读得各板上的液相组成，并可根据这些液相组成在苯-甲苯的 t-x-y 图［见《化工原理》（第四版）（杨祖荣）教材图 6-1］上读取各理论板上的温度，结果列于表 6-8 中。

图 6-18 给出了塔内的温度分布情况。比较各板与相邻板的温度变化，$\frac{\Delta t}{\Delta N}$最大的板即为灵敏板。从图中可以看出，第 5～7 板可以看作为灵敏板。

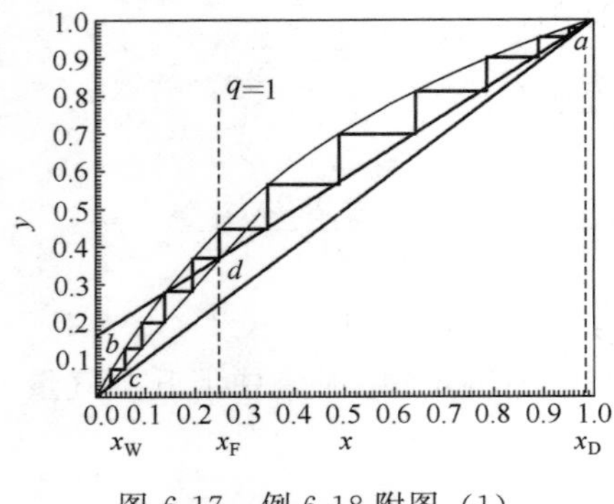

图 6-17 例 6-18 附图（1）

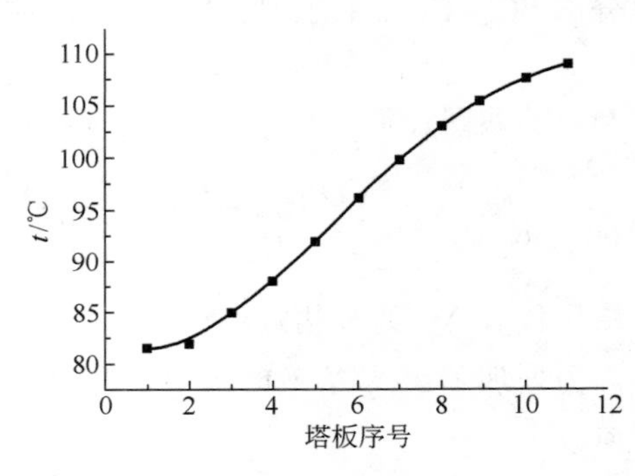

图 6-18 例 6-18 附图（2）

表 6-8 例 6-18 附表

塔板序号	液相组成	温度/℃	塔板序号	液相组成	温度/℃
01	0.94	81.5	07	0.26	100.0
02	0.89	81.9	08	0.18	103.0
03	0.78	85.0	09	0.11	105.0
04	0.65	88.0	10	0.06	108.0
05	0.50	92.0	11	0.03	109
06	0.36	96.2			

讨论 在一个正常操作的精馏塔中，往往有一块或数块这样的塔板，其上流体温度随浓度的变化很敏感，浓度的微小变化即可引起温度的明显变化。生产中，可将感温元件安装于这样的塔板上，根据温度变化即可断定该塔的操作受到了某些因素（如进料温度、浓度、回流比等）变化的影响，以提示工作人员或自动调节装置及时采取调节措施。具有这样性质的塔板称为灵敏板，本题根据塔内温度分布规律找出了灵敏板。

【例 6-19】 带有侧线采出的塔

如图 6-19，欲用连续精馏塔获得两种组成的液相产品，高浓度者为塔顶馏出液，其组成要求为 0.93（易挥发组分的摩尔分数，下同）；低浓度者取自塔中的某块板上，其组成要求为 0.72，且规定塔釜产品组成为 0.1。已知物系的平均相对挥发度为 2.5，进料浓度为 0.4，饱和液体进料，操作回流比为 2.5，上述两种产品的摩尔流量之比 D/S 为 2。用逐板计算法求完成分离任务所需要的理论板数。

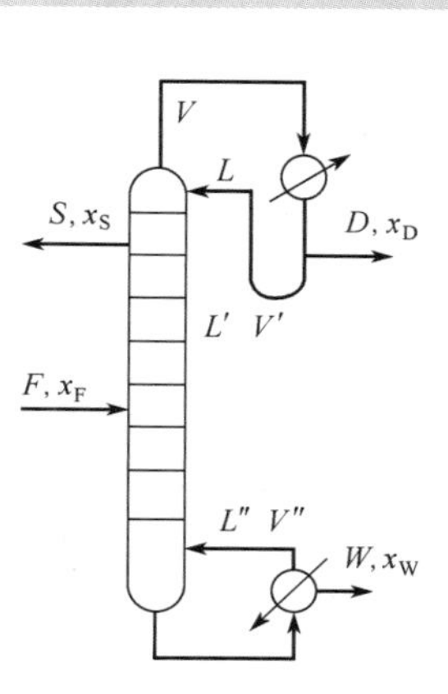

图 6-19 例 6-19 附图

解 侧线出料线和进料线将该塔分为三段。

（1）上段操作线 $y=\dfrac{R}{R+1}x+\dfrac{x_D}{R+1}=\dfrac{2.5}{3.5}x+\dfrac{0.93}{3.5}$

$$y=0.714x+0.266$$

（2）中段操作线 中段某截面至塔顶进行质量衡算

$$L'+D+S=V' \qquad L'x+Dx_D+Sx_S=V'y$$

$$y=\frac{L'}{V'}x+\frac{Dx_D+Sx_S}{V'}$$

对侧线采出板：
$$L=L'+S$$

所以
$$L'=L-S=RD-S=RD-D/2=D(R-0.5)$$

$$V'=V=(R+1)D$$

$$y=\frac{D(R-0.5)}{(R+1)D}x+\frac{D(x_D+0.5x_S)}{(R+1)D}=\frac{2.5-0.5}{2.5+1}x+\frac{0.93+0.5\times0.72}{2.5+1}$$

$$y=0.571x+0.369$$

（3）下段操作线 由全塔质量衡算

$$D+S+W=F \qquad Dx_D+Sx_S+Wx_W=Fx_F$$

可得：
$$\frac{D}{F}=\frac{x_F-x_W}{x_D+0.5x_S-1.5x_W}=\frac{0.4-0.1}{0.93+0.5\times0.72-1.5\times0.1}=0.263$$

$$L''=L'+qF=D(R-0.5)+F \qquad V''=V'-(1-q)F=V'=(R+1)D$$

$$y=\frac{L''}{V''}x-\frac{Wx_W}{V''}=\frac{(R-0.5)D+qF}{(R+1)D-(1-q)F}x-\frac{Fx_F-Dx_D-Sx_S}{(R+1)D-(1-q)F}$$

$$=\frac{(2.5-0.5)\times 0.263+1}{(2.5+1)\times 0.263}x-\frac{0.4-0.263\times 0.93-0.5\times 0.263\times 0.72}{(2.5+1)\times 0.263}$$

得下段操作线方程 $y=1.658x-0.066$

根据三段操作线方程进行逐板计算，可得各板的气、液相组成如表 6-9。

表 6-9 例 6-19 逐板计算结果

塔板序号	x	y	塔板序号	x	y
01	0.8416	0.9300	07	0.3505	0.5743
02	0.7226	0.8669	08	0.2982	0.5151
03	0.5893	0.7920	09	0.2306	0.4284
04	0.4893	0.7055	10	0.1563	0.3165
05	0.4245	0.6484	11	0.0874	0.1932
06	0.3862	0.6114			

计算结果表明完成分离任务需要 11 块理论塔板，在第 2 块板上可以抽到满足规定组成的合格侧线产品。第 6 块板为进料板。

讨论 由于精馏塔内存在气、液相的浓度分布，所以在工业生产中除了可得到塔顶和塔底产品外，还可在塔的中间某部分增设出料口，以获取其他浓度的产品。例如，催化裂化装置的主分馏塔的顶部、回流液贮槽、中间侧线可分别采出干气+液化石油气、粗汽油、柴油、重油等产品。

【例 6-20】 精馏塔的操作型计算

某精馏塔共有 7 块理论塔板（包括塔釜），用于分离某二元混合物。已知进料组成为 0.47（轻组分的摩尔分数），泡点进料，进料连续加入第 4 块理论板上。操作回流比为 2.8，操作条件下体系的平均相对挥发度为 2.5。塔顶产品的采出率为 0.45。

（1）求塔顶、塔底产品的组成。

（2）其他条件不变，将进料位置由第 4 板改为第 6 板，求塔顶、塔底产品的组成。

（3）其他条件不变，改为饱和蒸气进料，求塔顶、塔底产品的组成。

（4）其他条件不变，进料浓度由 0.47 降为 0.42，求塔顶、塔底产品的组成。

解 （1）设塔底产品 $x_W=0.12$，通过逐板计算可得 $x_W=0.0625$。计算值明显低于假定值，说明 x_W 值假定过高。需要降低其假定值。重设 $x_W=0.1014$，通过逐板计算可得 x_W 的计算值为 $x_W=0.1016$。现假定值与计算值已足够接近，说明该值可被认为是操作条件下真值。这一步的逐板计算过程如下：

设 $x_W=0.1014$ $\qquad \frac{D}{F}=0.45=\frac{x_F-x_W}{x_D-x_W}=\frac{0.47-0.1014}{x_D-0.1014}$

由此解得：$x_D=0.9205$

精馏段操作线方程：$y=\frac{R}{R+1}x+\frac{x_D}{R+1}=\frac{2.8}{3.8}x+\frac{0.9205}{3.8}=0.737x+0.2422$

$$L'=L+qF=RD+qF;V'=V=(R+1)D$$

$$y=\frac{L'}{L'-W}x-\frac{Wx_W}{L'-W}=\frac{RD+qF}{RD+qF-(F-D)}x-\frac{(F-D)x_W}{RD+qF-(F-D)}$$

$$=\frac{RD+qF}{(R+1)D+(q-1)F}x-\frac{(F-D)x_W}{(R+1)D+(q-1)F}$$

分子、分母同除以 F，$q=1$，

$$y=\frac{R(D/F)+q}{(R+1)(D/F)+(q-1)}x-\frac{(1-D/F)x_W}{(R+1)(D/F)+(q-1)}$$

$$=\frac{2.8\times0.45+1}{(2.8+1)\times0.45}x-\frac{(1-0.45)\times0.1014}{(2.8+1)\times0.45}$$

可得提馏段操作线方程：　　　　$y=1.322x-0.0326$

逐板计算结果如下：

塔板序号	x	y	塔板序号	x	y
1	0.8225	0.9205	5	0.3060	0.5244
2	0.6910	0.8483	6	0.1914	0.3718
3	0.5473	0.7514	7	0.1016	0.2204
4	0.4214	0.6455			

从表中可以看出，$x_W=0.1014$，$x_D=0.9205$，这就是该塔在现操作条件下的操作结果。

(2) 改为第六板进料，逐板计算结果如下：

塔板序号	x	y	塔板序号	x	y
1	0.7576	0.8865	5	0.2764	0.4885
2	0.6029	0.7915	6	0.2369	0.4369
3	0.4567	0.6775	7	0.1297	0.2715
4	0.3463	0.5698			

从表中可以看出，$x_W=0.1297$，$x_D=0.8865$。

(3) 其他条件不变，改为饱和蒸气进料，计算结果如下：

塔板序号	x	y	塔板序号	x	y
1	0.7504	0.8826	5	0.2857	0.5000
2	0.5939	0.7852	6	0.2136	0.4045
3	0.4480	0.6699	7	0.1327	0.2766
4	0.3395	0.5624			

从表中可以看出，$x_W=0.1327$，$x_D=0.8826$。

(4) 其他条件不变，进料浓度降为 $x_F=0.42$，计算结果如下：

塔板序号	x	y	塔板序号	x	y
1	0.7128	0.8612	5	0.2014	0.3867
2	0.5479	0.7518	6	0.1161	0.2472
3	0.4055	0.6304	7	0.0585	0.1345
4	0.3069	0.5254			

从表中可以看出，$x_W=0.0585$，$x_D=0.8612$。

讨论 本题已知理论塔板数，求塔顶和塔底产品浓度，属操作型计算问题，采用逐板计算法求解。但由于 x_W 和 x_D 均未知，逐板计算也是在试差过程中反复多次进行。计算结果表明，塔的进料情况对精馏产品品质有重要影响，进料中轻组分含量下降会造成塔顶轻组分产品纯度下降；不适当的进料位置会使塔顶和塔底产品纯度下降；在回流比一定的情况下提高进料的焓值也会影响精馏产品的纯度。

6.5 习题精选

一、选择题

1. 指定体系的压强，由已知的相组成求混合物平衡温度的计算过程需要试差。无助于温度初值的选取的选项是（　　）。

A. 某组分在某一相中的含量越高，它在与之平衡的另一相中的含量也越高

B. 大多数情况下，混合物平衡温度介于各组分作为纯组分的沸点之间

C. 大多数情况下，混合中哪个组分的含量越高，混合物的平衡温度越接近于那个组分作为纯组分的沸点

D. 压强越高，平衡温度越高

2. 已知在一定的总压下某二元理想溶液相中轻组分的摩尔分数为 x，为计算其泡点(平衡温度)，先假定其值为 t_0，据此用泡点方程计算出轻组分的液相摩尔分数 x_0。如果 $x_0>x$，则下一轮计算应该把假定值 t_0（　　）。

A. 往高调　　B. 往低调　　C. 保持不变　　D. 条件不足，无法判断

3. 将组成和摩尔流量一定的某二元理想溶液在一定的压强下进行平衡蒸馏，操作温度越低，则（　　）。

A. 液相产品量越多，汽相产品中轻组分的含量越高

B. 液相产品量越多，汽相产品中轻组分的含量越低

C. 液相产品量越少，汽相产品中轻组分的含量越高

D. 液相产品量越少，汽相产品中轻组分的含量越低

4. 对一定量的某二元溶液进行简单蒸馏，若指定最终釜液组成 x_w，当操作压强越高时（　　）。

A. 最终釜液量越少，蒸出物中轻组分平均含量越高

B. 最终釜液量越少，蒸出物中轻组分平均含量越低

C. 最终釜液量越多，蒸出物中轻组分平均含量越高

D. 最终釜液量越多，蒸出物中轻组分平均含量越低

5. 不属于精馏设备特点的是（　　）。

A. 产品纯度高　　B. 身材高　　C. 易发生故障　　D. 操作难度大

6. 从一个精馏塔能获得的产品的最高纯度受（　　）制约。

A. 质量守恒规律和能量守恒规律　　B. 质量守恒规律和相平衡规律

C. 能量守恒规律和相平衡规律　　D. 以上三个都不对

7. 满足恒摩尔流假定的二元连续精馏塔的操作线斜率（　　）。

A. 精馏段的和提馏段的均大于 1　　B. 精馏段的和提馏段的均小于 1

C. 精馏段的大于1，提馏段的小于1　　D. 精馏段的小于1，提馏段大于1

8. 一个连续稳定运行的二元连续精馏塔，一股进料，塔顶和塔底各一股出料；此外，塔顶和塔底各有一股回流。因此，有人说塔内是存在物料循环的。这个循环的循环量等于（　　）。

A. 精馏段下降液体流量 L　　B. 精馏段上升蒸汽流量 V

C. 提馏段下降液体流量 L'　　D. 提馏段上升蒸汽流量 V'

9. 进料热状态参数出现在了如下各项（　　）项。

①全塔热量衡算式；②塔的操作方程；③最小回流比的计算过程；④精馏段和提馏段流量关系式；⑤芬斯克方程

A. 2　　B. 3　　C. 4　　D. 5

10. 设计一个二元连续精馏塔，下面这些参数中有（　　）个是由设计者人为指定，且对达到一定分离要求所需理论板数有影响的。

①塔的操作压强；②回流比；③回流温度；④进料热状态参数；⑤进料位置

A. 2　　B. 3　　C. 4　　D. 5

11. 精馏塔的全回流工况主要存在于两种场合，它们是（　　）。

A. 生产上，塔的开工过程中以及塔正常运行时

B. 塔（板）性能的实验研究中，生产上塔的开工过程中

C. 塔（板）性能的实验研究中，塔的设计工作中

D. 塔的设计工作中、生产上塔的正常运行时

12. 如下关于精馏塔最适宜进料位置的说法，错误的是（　　）。

A. 一股进料具有唯一的最适宜进料位置

B. 最适宜的进料位置在何处与进料热状态无关

C. 最适宜进料位置就是塔内物料组成与进料组成最接近之处

D. 一个原本在最适宜进料位置进料的塔，如果进料中轻组分的含量升高了，则实际进料位置应适当上移

13. 对某二元连续精馏塔，在保持进料流量、组成、热状态以及塔釜加热量均不变的前提下，分别采取减小塔顶馏出液量 D 或增加塔底产品量 W 的措施，定性分析产品纯度 x_D 和 x_W 将发生怎样的变化？（　　）

A. x_D增大、x_W增大　　B. x_D减小、x_W减小

C. x_D减小、x_W增大　　D. x_D增大、x_W减小

14. 如下关于精馏塔灵敏板的说法，不正确的是（　　）。

A. 灵敏板往往位于进料板附近　　B. 一个精馏塔的灵敏板往往不止一个

C. 设计精馏塔时，应在灵敏板上设置测压点

D. 设计精馏塔时，应在灵敏板上设置测温点

15. 如下哪项分离任务不能用提馏塔完成（　　）。

A. 脱除水中的挥发性有机物，使之达到排放标准

B. 脱除水中的氨，使之可作为吸收剂循环使用

C. 从重油裂化产物气体中分离出合格的汽油和柴油产品

D. 将从压缩天然气中分离出的液烃进行稳定化，除去其中的全部C1和C2以及大部分C3组分

16. 恒沸精馏中的“恒沸”二字是指（　　）。

A. 待处理的原料是恒沸物　　B. 至少有一种产品是恒沸物

C. 挟带剂是恒沸物　　D. 回流液是恒沸物

17. 与间歇精馏的特点不符合的选项是（　　）。

A. 常在填料塔中进行

B. 能进行恒沸精馏，无法进行萃取精馏

C. 无法得到组成恒定的产品

D. 要想在塔底和塔顶同时得到高纯度的产品，能耗比连续精馏要高

18. 将泡罩塔板、筛板和浮阀塔板按压降和生产能力分别由高到低排序，正确的是（　　）。

A. 压降：泡罩＞浮阀＞筛板；生产能力：筛板＞浮阀＞泡罩

B. 压降：泡罩＞浮阀＞筛板；生产能力：筛板＞泡罩＞浮阀

C. 压降：筛板＞泡罩＞浮阀；生产能力：筛板＞浮阀＞泡罩

D. 压降：泡罩＞筛板＞浮阀；生产能力：浮阀＞筛板＞泡罩

19. 相对来说，适合用填料塔而不适合用板式塔完成（　　）的分离任务。

A. 相际传质过程受液膜控制　　B. 需要采出侧线产品

C. 物料具有热敏性　　D. 液体流量过小或过大

二、填空题

1. 利用蒸馏分离液体混合物的依据是____________________。

2. 某双组分理想体系，在一定温度下其中的A组分作为纯组分时的蒸气压为体系总压的1.5倍，且此时A组分在液相中的摩尔分数为0.3，则其在气相中的摩尔分数为________。

3. 总压101.3kPa、温度95℃下苯与甲苯的饱和蒸气压分别为155.7kPa与63.3kPa，则平衡时气相中苯的摩尔分数为________，液相中苯的摩尔分数为________，苯与甲苯的相对挥发度为________。

4. 某二元混合物，其中A为易挥发组分，液相组成 $x_A=0.4$ 时，相应的泡点为 t_1；气相组成 $y_A=0.4$ 时，相应的露点为 t_2，则 t_1 与 t_2 大小关系为________。

5. 简单蒸馏中，随着时间的推移，釜液中易挥发组分浓度________，其泡点温度________，气相中易挥发组分浓度________。

6. 已知75℃时甲醇（A）和水（B）的饱和蒸气压分别为 $p_A^\circ=149.6\text{kPa}$，$p_B^\circ=38.5\text{kPa}$，该体系在该温度和常压下平衡时气、液两相的浓度分别为：$y=0.729$，$x=0.4$，则其相对挥发度 α_{AB} 等于________。

7. 精馏作为一种分离单元操作的主要操作费用是用于____________和____________。

8. 设计二元连续精馏塔时，可指定采用常压或加压操作。与常压操作相比，加压操作时体系平均相对挥发度较________、塔顶温度较________、塔釜温度较________。

9. 以摩尔流量比表示的精馏塔某段操作线是直线，其条件是____________________。

10. 某精馏塔精馏段内相邻两层理论板，离开上层板的气相露点温度为 t_1，液相泡点温度为 t_2；离开下层板的气相露点温度为 t_3，液相的泡点温度为 t_4。试按从大到小的顺序将以上4个温度排列________________。

11. 操作中的精馏塔，保持进料量、进料组成、进料热状况参数和塔釜加热量不变，减

少塔顶馏出液量，则塔顶易挥发组分回收率________。

12. 当进料为气液混合物且气液摩尔比为 2∶3 时，则进料热状况参数 q 值为________。

13. 当精馏操作中的 q 线方程为 $x=x_F$ 时，则进料热状态为________，此时 $q=$________。

14. 精馏塔设计中，当回流比加大时，达到分离要求所需要的理论板数________，同时塔釜中所需要的加热蒸汽消耗量________，塔顶冷凝器中冷却剂消耗量________，所需塔径________。

15. 精馏塔操作中，正常情况下塔顶温度总________于塔底温度，其原因是________和________。

16. 在精馏塔的设计中，最小回流比与哪些因素有关：________、________、________。

17. 某二元物系的相对挥发度 $\alpha=3$，在具有理论板的精馏塔内作全回流精馏操作，已知 $x_2=0.3$，则 $y_1=$________(塔板序号由塔顶往下数)。

18. 设计二元理想溶液精馏塔时，若 F、x_F、x_D、x_W 不变，在相同回流比下随加料 q 值的增加，塔顶冷凝器热负荷________；塔釜再沸器热负荷________。

19. 试给出精馏塔在全回流操作时的特征：________=________，________=________，________与________重合，________为最少、________为无穷大。

20. 某塔操作时，进料由饱和液体改为过冷液体，且保持 F、x_F、R、V' 不变，则此时以下各量将怎样变化？D________、x_D________、W________、x_W________。

21. 在设计连续操作的精馏塔时，如保持 x_F、D/F、x_D、R 一定，进料热状态、空塔气速也一定，则增大进料量将使塔径________，所需的理论板数________。

22. 在精馏塔的操作中，若 F 和 V 保持不变，而 x_F 由于某种原因下降了，问可采取哪些措施使 x_D 维持不变？________、________。

23. 用芬斯克方程求出的 N 值是________条件下的理论板数。

24. 恒沸精馏和萃取精馏主要用于分离________的物系和________的物系。

25. 在连续精馏塔中，进行全回流操作，已测得相邻实际塔板上液相组成分别为 $x_{n-1}=0.7$、$x_n=0.5$（均为易挥发组分摩尔分数）。已知操作条件下相对挥发度为 3，则 $y_n=$________，以液相组成表示的第 n 板的单板效率 $E_{ML}=$________。

26. 精馏塔板负荷性能图中包含的 5 条线是________、________、________、________、________。

27. 塔板上的气-液接触状态有________、________和________三种，其中工业操作中常采用是________和________。

28. 从塔板水力学性能的角度来看，引起塔板效率不高的原因可能是________、________、________、________。

29. 在板式塔结构设计工作中，哪些结构尺寸确定不当易引起降液管液泛：________、________、________、________。

30. 在板式塔的设计中规定液体流量上限的原因是________；而规定液体流量下限的原因是________。

三、计算题

1. 某二元混合物蒸气，其中轻、重组分的摩尔分数分别为0.75和0.25，在总压为300kPa条件下被冷凝至40℃，所得的气、液两相达到平衡。求其气相和液相物质的量(mol)之比。已知轻、重组分在40℃时的蒸气压分别为370kPa和120kPa。

2. 苯和甲苯组成的理想溶液送入精馏塔中进行分离，进料状态为气液共存，其两相组成分别如下：$x_F=0.5077$，$y_F=0.7201$。用于计算苯和甲苯的蒸气压方程如下

$$\lg p_A^\circ=6.031-\frac{1211}{t+220.8} \qquad \lg p_B^\circ=6.080-\frac{1345}{t+219.5}$$

其中压强的单位为kPa，温度的单位为℃。试求：(1) 该进料中两组分的相对挥发度为多少？(2) 进料的压强和温度各是多少？(提示：设进料温度为92℃)

3. 一连续精馏塔分离二元理想混合溶液，已知某层塔板上的气、液相组成分别为0.83和0.70，与之相邻的上层塔板的液相组成为0.77，而与之相邻的下层塔板的气相组成为0.78(以上均为轻组分A的摩尔分数，下同)。塔顶为泡点回流。进料为饱和液体，其组成为0.46，塔顶与塔底产品产量之比为2/3。试求：(1) 精馏段操作线方程；(2) 提馏段操作线方程。

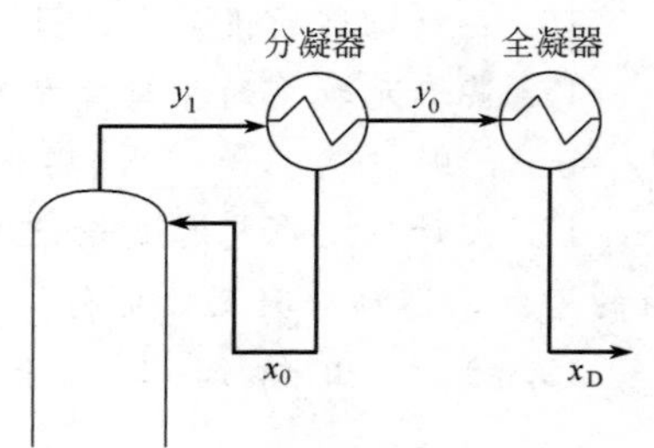

计算题4附图

4. 如附图所示，用精馏塔分离二元混合物，塔顶有一个分凝器和一个全凝器。分凝器引出的液相作为回流液，引出的气相进入全凝器，全凝器引出的饱和液相作为塔顶产品。泡点进料，进料量为180kmol/h，其组成为0.48(轻组分的摩尔分数，下同)。两组分的相对挥发度为2.5，回流比为2.0。要求塔顶产品组成为0.95，塔底产品组成为0.06，求：(1) 分凝器和全凝器的热负荷分别是多少？(2) 再沸器的热负荷是多少？(3) 理论上再沸器的最低热负荷是多少？已知塔顶蒸气冷凝相变焓为22100kJ/kmol，塔底液体汽化相变焓为24200kJ/kmol。

5. 某二元连续精馏塔，操作回流比为2.8，操作条件下体系平均相对挥发度为2.45。原料液泡点进料，塔顶采用全凝器，泡点回流，塔釜采用间接蒸汽加热。原料液、塔顶馏出液、塔釜采出液组成分别为0.5、0.95、0.05(均为易挥发组分的摩尔分数)。试求：(1) 精馏段操作线方程；(2) 由塔顶向下数第二板和第三板之间的气、液相组成；(3) 提馏段操作线方程；(4) 由塔底向上数第二板和第三板之间的气、液相组成。

6. 用常压连续操作的精馏塔分离苯和甲苯混合液，已知进料含苯0.6(摩尔分数)，进料状态是气液各占一半(物质的量)，从塔顶全凝器中送出的馏出液组成为含苯0.98(摩尔分数)，已知苯-甲苯系统在常压下的相对挥发度为2.5。试求：(1) 进料的气、液相组成；(2) 最小回流比。

7. 在常压连续精馏塔中分离二元理想混合物。塔顶蒸气通过分凝器后，3/5的蒸气冷凝成液体作为回流液，其浓度为0.86。其余未凝的蒸气经全凝器后全部冷凝，并作为塔顶产品送出，其组成为0.9(以上均为轻组分的摩尔分数)。若已知操作回流比为最小回流比的1.2倍，泡点进料，试求：(1) 第一块板下降的液体组成；(2) 原料液的组成。

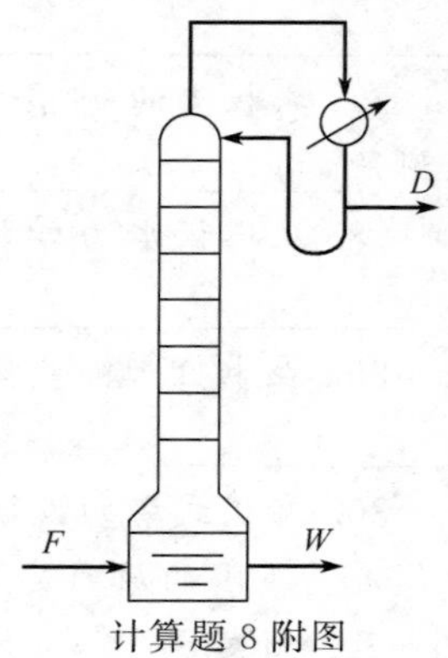

计算题8附图

8. 某二元混合物含易挥发组分为0.15(摩尔分数，下同)，以饱和蒸气状态加入精馏塔的底部(如附图所示)，加料量为

100kmol/h，塔顶产品组成为0.95，塔底产品组成为0.05。已知操作条件下体系平均相对挥发度为2.5。试求：(1) 该塔的操作回流比；(2) 由塔顶向下数第二层理论板上的液相浓度。

9. 如附图所示。1kmol/s的饱和蒸气态的氨-水混合物进入一个精馏段和提馏段各有1块理论塔板（不包括塔釜）的精馏塔，进料中氨的组成为0.001（摩尔分数）。塔顶回流为饱和液体，回流量为1.3kmol/s。塔底再沸器产生的气相量为0.6kmol/s。若操作范围内氨-水溶液的汽液平衡关系可表示为 $y=1.26x$，求塔顶、塔底的产品组成。

10. 常压下在一连续操作的精馏塔中分离苯和甲苯混合物。已知原料中含苯0.45（摩尔分数，下同），气液混合物进料，气、液相各占一半。要求塔顶产品含苯不低于0.92，塔釜残液中含苯不高于0.03。操作条件下平均相对挥发度可取为2.4。操作回流比 $R=1.4R_{min}$。塔顶蒸气进入分凝器后，冷凝的液体作为回流流入塔内，未冷凝的蒸气进入全凝器冷凝后作为塔顶产品，如附图所示。试求：(1) q 线方程式；(2) 精馏段操作线方程式；(3) 回流液组成和第一块塔板的上升蒸气组成。

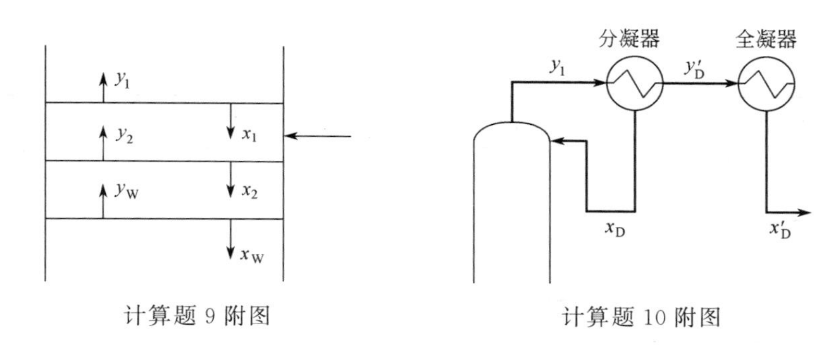

计算题9附图　　　　计算题10附图

11. 某二元理想溶液，其组成为 $x_F=0.3$（易挥发组分摩尔分数，下同），流量为 $F=$ 100kmol/h，以泡点状态进入连续精馏塔，回流比为2.7。要求塔顶产品组成 $x_D=0.9$、塔釜产品组成为 $x_W=0.1$。操作条件下体系的平均相对挥发度为2.47，塔顶全凝器，泡点回流。用逐板计算法确定完成分离任务所需的理论板数。

12. 设计一分离苯-甲苯溶液的连续精馏塔，料液含苯0.5，要求馏出液中含苯0.97，釜残液中含苯低于0.04（均为摩尔分数），泡点加料，回流比取最小回流比的1.5倍，苯与甲苯的相对挥发度平均值取为2.5，试用逐板计算法求所需理论板数和加料位置。

13. 用图解法求解第12题。

14. 苯和甲苯的混合物组成为50%，送入精馏塔内分离，要求塔顶产品中苯的含量不低于96%，塔底产品中甲苯含量不低于98%（以上均为质量分数）。苯对甲苯的相对挥发度可取为2.5，操作回流比取为最小回流比的1.5倍。试求：(1) 若处理20kmol/h的原料，塔顶馏出液和塔底采出液各为多少千克每小时？(2) 分别求泡点进料和饱和蒸气进料情况下的最小回流比；(3) 饱和蒸气进料时进料板上一层塔板上升蒸气的组成（假定进料组成与进料板上升的蒸气组成相同）；(4) 若泡点进料，假定料液加到塔板上后，液体完全混合，组成为50%（质量分数），问上升到加料板的蒸气组成。

15. 某一连续精馏塔分离一种二元理想溶液，饱和蒸气进料，进料量 $F=10$kmol/s，进料组成 $x_F=0.5$（轻组分摩尔分数，下同），塔顶产品组成 $x_D=0.95$，塔底产品组成 $x_W=$ 0.1。系统的平均相对挥发度 $\alpha=2$。塔顶为全凝器，泡点回流，塔釜间接蒸汽加热，且知塔釜的汽化量为最小汽化量的1.5倍。试求：(1) 塔顶易挥发组分的回收率；(2) 塔釜的汽化量；(3) 流出第二块理论板的液体组成（塔板序号由塔顶算起）。

16. 如附图所示，用一个蒸馏釜和一层实际板组成的精馏塔分离二元理想溶液。组成为0.25（轻组分摩尔分数，下同）的料液在泡点温度下由塔顶加入，两组分的相对挥发度为3.4。若塔顶轻组分的回收率达到85%，并且塔顶产品组成为0.35，试求该层塔板的液相默弗里板效率。

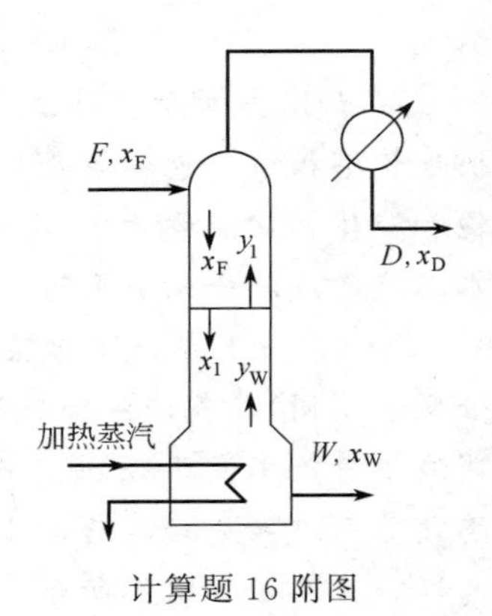

计算题16附图

17. 有一20%（轻组分摩尔分数，下同）甲醇-水溶液，用一连续精馏塔加以分离，希望从塔顶和中间某板上分别得到96%及50%的甲醇溶液各半，釜液浓度不高于2%。操作回流比为2.2，泡点进料，塔釜采用直接蒸汽加热，试求：(1) 三段的操作线方程；(2) 所需理论板数及加料口、侧线采出口的位置；(3) 若只于塔顶取出96%的甲醇溶液，问所需理论板数较 (1) 多还是少？（甲醇-水体系的汽液平衡数据见附表）

计算题17附表　常压下甲醇-水的平衡数据

温度/℃	液相中甲醇的摩尔分数/%	气相中甲醇的摩尔分数/%	温度/℃	液相中甲醇的摩尔分数/%	气相中甲醇的摩尔分数/%
100	0.0	0.0	75.3	40.0	72.9
96.4	2.0	13.4	73.1	50.0	77.9
93.5	4.0	23.4	71.2	60.0	82.5
91.2	6.0	30.4	69.3	70.0	87.0
89.3	8.0	36.5	67.6	80.0	91.5
87.7	10.0	41.8	66.0	90.0	95.8
84.4	15.0	51.7	65.0	95.0	97.9
81.7	20.0	57.9	64.5	100.0	100.0
78.0	30.0	66.5			

18. 将流率为100kmol/h、组成为$x_F=0.4$（轻组分摩尔分数，下同）的二元混合物送入一精馏塔塔顶进行回收，要求塔顶回收率为0.955，塔釜液组成为$x_W=0.05$。泡点进料，系统的平均相对挥发度$\alpha=3.0$。试求：(1) 馏出液组成，塔顶、塔底产量；(2) 操作线方程；(3) 在加料流率及塔釜蒸发量不变时，可能获得的最高馏出液浓度。

19. 用仅有两块理论塔板（不包括塔釜）的精馏塔提取水溶液中易挥发组分（见附图）。流率为50kmol/h的水蒸气由塔釜加入；温度为20℃、轻组分摩尔分数为0.2、流率为100kmol/h的原料液由塔顶加入，气液两相均无回流。已知原料液泡点为80℃，平均定压比热容为100kJ/(kmol·K)，相变焓为40000 kJ/kmol。若汽液平衡关系为$y=3x$，试求轻组分的回收率。

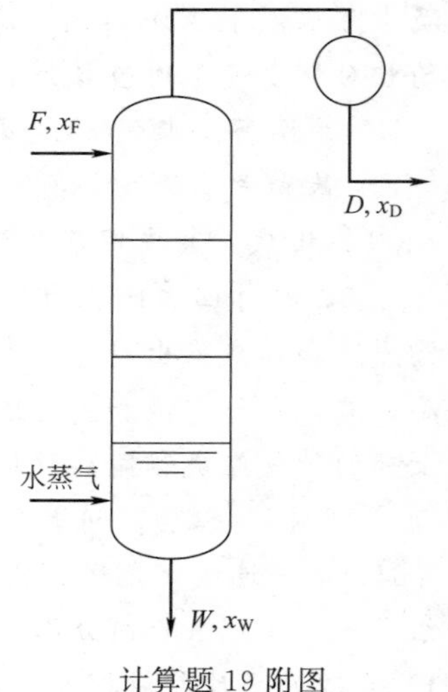

计算题19附图

20. 在一连续精馏塔中分离苯-甲苯溶液。塔釜为间接蒸汽加热，塔顶采用全凝器，泡点回流。进料中含苯35%（摩尔分数，下同），进料量为100kmol/h，以饱和蒸气状态进入塔中部。塔顶馏出液量为40kmol/h，要求塔釜液含苯量不高于5%，采用的回流比$R=1.54R_{\min}$，系统的相对挥发度为2.5。（1）分别写出此塔精馏段及提馏段的操作线方程；（2）已知塔顶第一块板以液相组成表示的默弗里板效率为0.54，求：离开塔顶第二块板升入第一块板的气相组成；（3）当塔釜停止供应蒸汽，保持前面计算所用的回流比不变，若塔板数为无限多，问釜残液的浓度为多大？

符号说明

英文	意义	计量单位
C	气体负荷因子	m/s
c_p	比热容	kJ/(kmol·K)
D	塔顶产品流量	kmol/h
D_T	塔径	m
E_m	塔板效率	
E_0	全塔效率	
F	原料流量	kmol/h
H	蒸气的热焓	kJ/kmol
H_T	塔板间距	m
h	液体的热焓	kJ/kmol
L	塔内下降液体的流量	kmol/h
M	组分的千摩尔质量	kg/kmol
N_T	精馏塔内理论塔板数	
N_p	精馏塔内实际板数	
n	精馏塔理论板序号	
p	压力	Pa
p°	纯组分蒸气压	Pa
Q	热量	kJ/kmol
q	进料热状态参数	
R	回流比	
r	汽化相变焓	kJ/kmol
t	温度	℃
u	速度	m/s
V	上升蒸气摩尔流量	kmol/h
W	塔底产品的摩尔流量	kmol/h
x	液相中易挥发组分的摩尔分数	
y	气相中易挥发组分的摩尔分数	

希文	意义	计量单位
α	相对挥发度	
α_m	平均相对挥发度	
ν	混合液中组分的挥发度	
η	组分回收率	
μ	液体黏度	Pa·s
ρ	密度	kg/m^3
σ	表面张力	N/m
ζ	阻力系数	

下标	意义
A	易挥发组分
B	难挥发组分
D	塔顶产品（馏出液）
F	进料
L	液相
W	塔底产品（釜液）
m	提馏段理论板的序号
min	最小值
n	精馏段理论板的序号
q	进料状况
V	气相

第7章 固体干燥

7.1 联 系 图

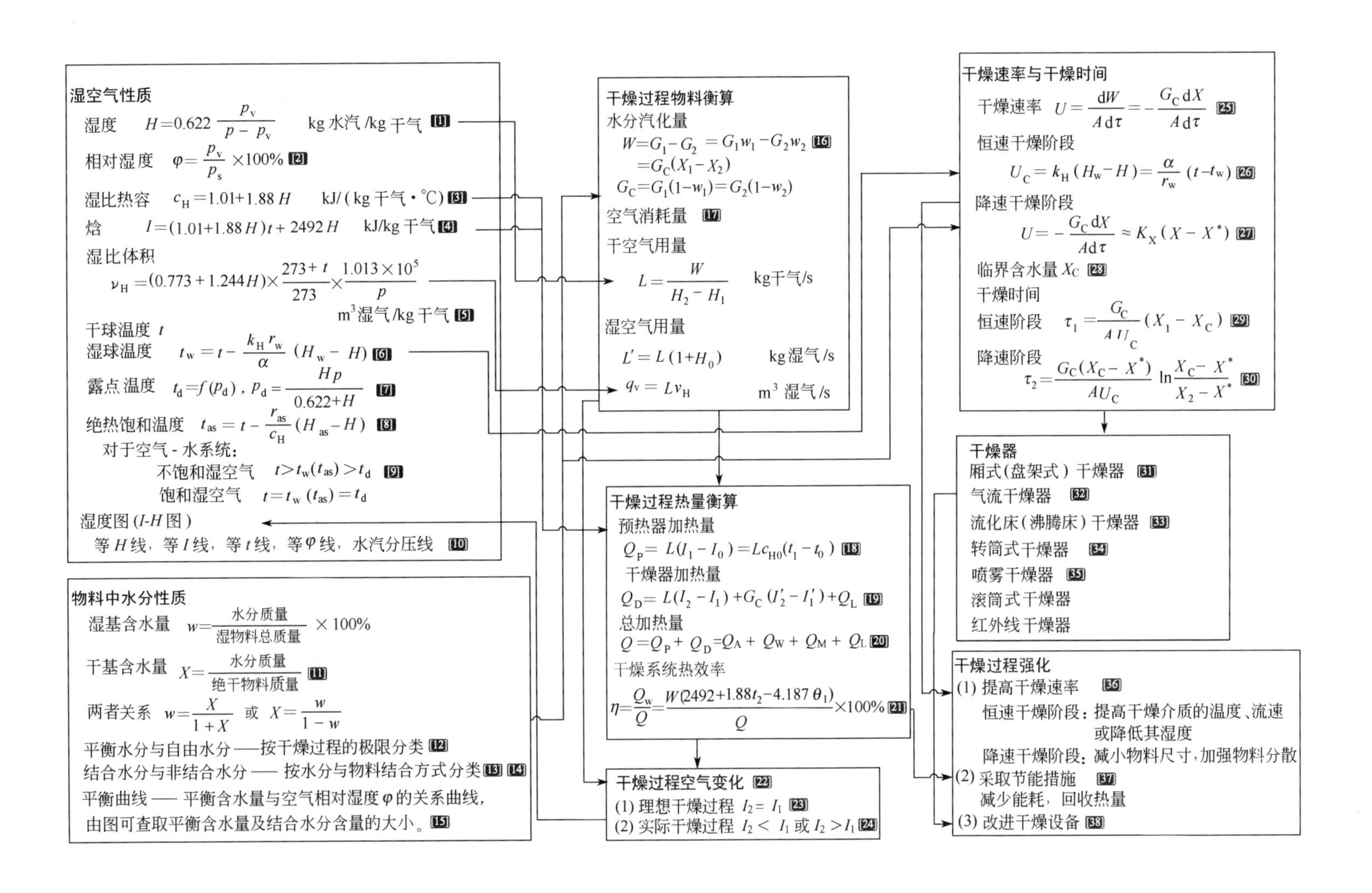
湿空气性质
湿度　$H=0.622\dfrac{p_v}{p-p_v}$　kg水汽/kg干气 [1]
相对湿度　$\varphi=\dfrac{p_v}{p_s}\times100\%$ [2]
湿比热容　$c_H=1.01+1.88H$　kJ/(kg干气·℃) [3]
焓　$I=(1.01+1.88H)t+2492H$　kJ/kg干气 [4]
湿比体积
$\nu_H=(0.773+1.244H)\times\dfrac{273+t}{273}\times\dfrac{1.013\times10^5}{p}$　m³湿气/kg干气 [5]
干球温度 t
湿球温度　$t_w=t-\dfrac{k_H r_w}{\alpha}(H_w-H)$ [6]
露点温度　$t_d=f(p_d)$，$p_d=\dfrac{Hp}{0.622+H}$ [7]
绝热饱和温度　$t_{as}=t-\dfrac{r_{as}}{c_H}(H_{as}-H)$ [8]
对于空气-水系统：
不饱和湿空气　$t>t_w(t_{as})>t_d$ [9]
饱和湿空气　$t=t_w(t_{as})=t_d$
湿度图(I-H图)
等H线，等I线，等t线，等φ线，水汽分压线 [10]
物料中水分性质
湿基含水量　$w=\dfrac{水分质量}{湿物料总质量}\times100\%$
干基含水量　$X=\dfrac{水分质量}{绝干物料质量}$ [11]
两者关系　$w=\dfrac{X}{1+X}$　或　$X=\dfrac{w}{1-w}$
平衡水分与自由水分——按干燥过程的极限分类 [12]
结合水分与非结合水分——按水分与物料结合方式分类 [13] [14]
平衡曲线——平衡含水量与空气相对湿度φ的关系曲线，
由图可查取平衡含水量及结合水分含量的大小。[15]
干燥过程物料衡算
水分汽化量
$W=G_1-G_2=G_1w_1-G_2w_2$ [16]
$=G_C(X_1-X_2)$
$G_C=G_1(1-w_1)=G_2(1-w_2)$
空气消耗量 [17]
干空气用量
$L=\dfrac{W}{H_2-H_1}$　kg干气/s
湿空气用量
$L'=L(1+H_0)$　kg湿气/s
$q_V=Lv_H$　m³湿气/s
干燥过程热量衡算
预热器加热量
$Q_P=L(I_1-I_0)=Lc_{H0}(t_1-t_0)$ [18]
干燥器加热量
$Q_D=L(I_2-I_1)+G_C(I_2'-I_1')+Q_L$ [19]
总加热量
$Q=Q_P+Q_D=Q_A+Q_W+Q_M+Q_L$ [20]
干燥系统热效率
$\eta=\dfrac{Q_w}{Q}=\dfrac{W(2492+1.88t_2-4.187\theta_1)}{Q}\times100\%$ [21]
干燥过程空气变化 [22]
(1) 理想干燥过程　$I_2=I_1$ [23]
(2) 实际干燥过程　$I_2<I_1$ 或 $I_2>I_1$ [24]
干燥速率与干燥时间
干燥速率　$U=\dfrac{dW}{Ad\tau}=-\dfrac{G_C dX}{Ad\tau}$ [25]
恒速干燥阶段
$U_C=k_H(H_w-H)=\dfrac{\alpha}{r_w}(t-t_w)$ [26]
降速干燥阶段
$U=-\dfrac{G_C dX}{Ad\tau}\approx K_X(X-X^*)$ [27]
临界含水量 X_C [28]
干燥时间
恒速阶段　$\tau_1=\dfrac{G_C}{AU_C}(X_1-X_C)$ [29]
降速阶段
$\tau_2=\dfrac{G_C(X_C-X^*)}{AU_C}\ln\dfrac{X_C-X^*}{X_2-X^*}$ [30]
干燥器
厢式(盘架式)干燥器 [31]
气流干燥器 [32]
流化床(沸腾床)干燥器 [33]
转筒式干燥器 [34]
喷雾干燥器 [35]
滚筒式干燥器
红外线干燥器
干燥过程强化
(1) 提高干燥速率 [36]
恒速干燥阶段：提高干燥介质的温度、流速或降低其湿度
降速干燥阶段：减小物料尺寸，加强物料分散
(2) 采取节能措施 [37]
减少能耗，回收热量
(3) 改进干燥设备 [38]

联系图注释

➤ 湿空气性质

注释 [1] 湿空气作为干燥介质，其中水汽含量至关重要，有3种表示方法：①水汽分压 p_v，它代表着湿空气中水汽的绝对含量，也是最本质的，因为干燥过程的传质推动力是水汽分压差；②湿度 H，是水汽相对于干空气的质量，即二者的质量比（形如吸收中表示气相组成的摩尔比 Y），在干燥过程中湿空气中水汽含量不断增加，但干空气的质量保持不变，故以湿度进行干燥物料衡算更为方便；③相对湿度 φ，是湿空气中水汽分压与同温度下水的饱和蒸气压之比，表征湿空气的不饱和程度，用以判断湿空气的干燥能力，其值越小，湿空气距离饱和程度越远，干燥能力越强，$\varphi=100\%$，则表示空气已达饱和，不能再接纳水分，无法作为干燥介质。

注释 [2] 对于干空气与水汽构成一定的湿空气，①总压一定时，温度升高，其水汽分压及湿度不变，但由于饱和蒸气压增大，使相对湿度减小；②温度一定时，总压降低，其中水汽分压 p_v 也随之降低，或由 $p_v=Hp/(0.622+H)$ 可知，p_v 正比于总压，也即相对湿度与总压成正比（饱和蒸气压不变），所以总压降低将使相对湿度减小；③综上，升温、减压是对干燥有利的操作条件。

注释 [3] 描述湿空气性质时，均以1kg干气为基准，此时湿空气将由1kg干气＋Hkg水汽构成，湿空气的比热容、焓以及比体积都是通过干空气与水汽的质量加和来获得。

注释 [4] 湿比热容及焓是进行干燥热量衡算的重要参数。①了解了湿空气参数计算方法，就不难理解湿比热容仅与空气的湿度有关了，并且湿度越大（水汽越多），湿比热容就越大；②计算焓值时，需选定基准：0℃下的干空气和液态水，以此得到湿空气焓的计算式，其值随空气温度及湿度的增加而增大。

注释 [5] ①湿比体积代表以1kg干气为基准时湿空气的总体积（m^3 湿气/kg干气），该参数用于确定完成干燥任务所需湿空气的体积，以选配风机。因这里是气体体积量，故其值除与空气的湿度有关外，还与湿空气的状态（总压、温度）有关；②湿比体积与湿空气密度的关系：以1kg干气为基准时，湿空气的总质量为 $(1+H)$kg，总体积为 v_H m^3，故湿空气的密度为 $\rho=(1+H)/v_H$。

注释 [6] ①湿球温度 t_w 是湿球温度计所示的温度，即大量空气与少量水接触达平衡时水的温度（注意不是空气的温度），其值与湿空气的湿度 H 及干球温度 t 有关，湿球温度低于干球温度，并且湿度越大，二者差距越小，当空气饱和时，二者相等；②当空气流速 $u>5$m/s，空气温度不太高时，传热传质主要以对流方式进行，根据对流传热速率、对流传质速率及热平衡方程，可得湿球温度的计算式；③此式应用：a. 已知干球温度及湿度，计算湿球温度，但需要试差解决；b. 已知干、湿球温度，计算湿度，所以可利用干、湿球温度计来测量湿空气的湿度，这也是测量湿度的一种简便方法。

注释 [7] ①露点温度 t_d 是不饱和空气在一定压力下等湿降温至饱和时的温度；②此式应用：a. 已知总压及湿度，确定露点温度（由 p_d 查相应的饱和温度，即为该湿空气的露点温度）；b. 已知总压和露点温度，计算水汽分压及湿度（查露点下的饱和蒸气压，即为湿空气的水汽分压，再计算得到湿度，所以可以通过测露点的手段，测定湿空气中的水汽分压及湿度）。

注释 [8] ①绝热饱和温度 t_{as} 是一定量空气与大量水接触，在绝热条件下湿空气达饱和时的温度；②在绝热饱和器中，湿空气经历等焓（忽略水在 t_{as} 下的焓）、降温、增湿过程；③此式表明，t_{as}也是初始湿空气的温度与湿度的函数；④ 对空气-水系统，$t_{as} \approx t_w$，故可用方便易测的t_w代替t_{as}。

注释［9］①湿空气各种温度的关系详见7.2.1节；②4个温度中，t为湿空气的条件；t_d与p_v对应，是湿空气中水汽含量的间接表现；t_{as}、t_w是空气与水接触时在不同条件下的过程极限；③t_{as}、t_w为过程极限参数，仅与湿空气的状态t、H有关，而与水的初温无关。

➤ 湿度图

注释［10］关于湿度图（$I \sim H$图）的说明：①总压一定时，规定两个相互独立的参数，即可在湿度图中确定出湿空气的状态点，进而读取湿空气的其他性质；② 利用此图，可方便查取$t_w(t_{as})$，避免了试差，由图也可直观比较出t、$t_w(t_{as})$、t_d的相对大小；③关注图中$\varphi=100\%$的等φ线，之上的区域为$\varphi<100\%$的不饱和区，该区域为干燥操作区，湿空气状态点离$\varphi=100\%$越远，干燥能力越强；④该图可以直观表示出空气状态的变化途径以及参数的变化：a. 空气被加热时，沿等H线向上变化，φ减小；b. 空气被冷却时，沿等H线向下变化，φ增加，若$t<t_d$，则到达$\varphi=100\%$后有水析出，继续沿等$\varphi=100\%$线向左下变化，H降低；c. 空气绝热增湿时，将沿等I线向右下变化，t降低；⑤在湿空气的性质中，通常确定湿空气状态的两个独立参数为$t \sim \varphi$、$t \sim H$、$t \sim t_d$、$t \sim t_w$（t_{as}），而$t_d \sim H$、$p_v \sim H$、t_w（t_{as}）$\sim I$彼此间不独立，不能确定状态点；⑥该图在总压为101.3kPa下绘制，若总压偏离较大，需对压力影响进行修正。

➤ 物料中水分性质

注释［11］物料的含水量有两种表示方法，即湿基含水量w，干基含水量X，前者是表示含水量的常用方式，后者主要用于干燥计算。物料衡算时，宜以不变的绝干物料质量为基准。

注释［12］根据一定干燥条件下水分能否被除去分为平衡水分和自由水分：平衡水分是不能除去的水分，是物料被干燥的极限，X^*为平衡含水量；自由水分是能够除去的水分，$(X-X^*)$为自由含水量。

注释［13］根据水与物料的结合方式分为结合水分和非结合水分，这种划分也反映了水分去除的难易程度：结合水分与物料有结合力而难以除去，非结合水分与物料无结合力而容易除去。

注释［14］①结合水分与非结合水分、平衡水分与自由水分是两种不同的划分方法，水与物料结合与否仅是物料的性质，而与空气状态无关，平衡水分是物料与空气传质的极限，与物料性质及空气状态均有关；②物料中各种水分的关系详见7.2.3节。

注释［15］①干燥过程的气-固平衡关系由平衡曲线来表达，形如吸收及蒸馏中的气（汽）液相平衡曲线；②平衡含水量X^*与物料的性质有关：物料越吸水，X^*越大；③平衡含水量X^*与空气的状态有关：空气的φ越大，X^*越大；④利用平衡曲线可以确定平衡含水量（干燥条件φ下的X^*）及自由含水量，结合水分含量（$\varphi=100\%$下的X^*）及非结合水分含量的大小。

➤ 干燥过程的物料衡算

注释［16］此为干燥过程物料衡算的主要目的，计算方法有多种，以干基含水量计算较为方便，注意此时对应的是绝干物料质量G_C。

注释［17］①确定湿空气用量时，先计算干空气用量，再计算湿（新鲜）空气的用量，尤其是确定其体积用量，以选配风机；②空气用量仅与空气的初、终态有关，而与干燥过程所经历的途径无关；③注意：计算湿空气体积流量时与 v_H 相匹配的是干空气质量，而不是湿空气质量；④一年中夏季湿度大、温度高，W、H_2 一定时 L 较大，同时 v_H 也较大，所需新鲜空气体积量大，故应以此条件选风机。

➤ 干燥过程的热量衡算

注释 [18] 预热器中提供的热量用于空气升温，此时湿度不变，湿比热容为常数；若此热量由饱和水蒸气提供，可进一步确定饱和水蒸气的用量。

注释 [19] 对湿物料比热容的计算，采用与湿空气比热容相似的处理方法：以 1kg 干料为基准，则湿物料由 1kg 干料＋Xkg 水构成，湿物料的比热容由干料及水比热容的质量加和得到，即 $c_M=c_S+Xc_W$。

注释 [20] 热量分析表明，整个干燥系统加入的总热量消耗于以下 4 个方面：①空气升温 $Q_A=Lc_{H0}(t_2-t_0)$，也即废气离开干燥器时带走的热量，此项在热量分配中占有相当的份额；②汽化水分 $Q_W=W(r_0+c_Vt_2-c_W\theta_1)$，是将进口状态的水变为出口状态的水汽所消耗的热量，是真正用于干燥目的热量；③物料升温 $Q_M=G_Cc_{M2}(\theta_2-\theta_1)$，可以理解为由于物料带出而损失的热量，但干燥时为使物料达到规定的较低含水量，这一项又不可避免；④热损失 Q_L，通过设备散失于环境中的热量。

注释 [21] ①如上分析，对干燥系统供热的主要目的是汽化水分，其热量与总加热量之比即为干燥系统的热效率，反映热能的利用程度；②此为热效率的一般计算式，对于理想干燥过程，推导得到 $\eta=\dfrac{t_1-t_2}{t_1-t_0}\times100\%$；③由 [20] 中分析可知，提高热效率的着眼点就是设法减少废气带走热量 Q_A 及减少设备热损失 Q_L，具体措施为：a. 提高空气的预热温度 t_1，或降低废气出口温度 t_2，根据理想干燥过程热效率公式可直接得到这将使热效率提高的结论，或从湿度图分析，上述两种措施均导致 H_2 增大，W 一定时使空气用量减少，废气带走热量降低，从而使热效率提高；但也需注意由此带来的其他影响：降低 t_2，导致传热推动力下降，若 t_2 过低，还可能使湿空气在干燥设备的后部和管路中析出水滴；对热敏性物料预热 t_1 不能过高，可采用中间加热方式提高热效率。b. 回收废气中的热量，用于预热冷空气或冷物料，或采用部分废气循环流程。c. 加强干燥设备和管路的保温，以减少 Q_L。

注释 [22] 干燥设计时，通常给定干燥任务（G_1 或 G_2、w_1、θ_1、w_2、θ_2）及空气进口状态（t_0、H_0），选定空气 t_1，但计算时尚需知道空气的出口状态，一般是指定一个参数如 t_2 或 φ_2，根据物料衡算与热量衡算，确定空气出口的其他参数，此结果与空气在干燥器内经历的过程有关。

注释 [23] 理想干燥过程也是等焓干燥过程，此时出口状态参数可根据 $I_2=I_1$ 计算或湿度图中沿等 I 线由（I_2，t_2）或（I_2，φ_2）确定状态点。

注释 [24] 实际干燥过程为非等焓干燥过程，需由物料衡算式与热量衡算式联立求解来确定出口状态参数。

➤ 干燥速率与干燥时间

注释 [25] ①干燥速率由干燥实验测定，在恒定干燥条件下测定含水量 X 及物料表面温度 θ 与干燥时间 τ 的关系曲线，此为干燥曲线，再由干燥曲线 $X\sim\tau$ 上各点的斜率，通过此式计算，获得干燥速率曲线；②恒定干燥条件是指干燥过程中空气的温度、湿度、流速以及与物料的接触方式保持不变，仅在用大量空气干燥少量的湿物料（间歇干燥）时才可以近似满足这一条件，而在连续操作的干燥器内，通常不能保持恒定条件而为变动干燥条件；③干燥速率曲线可分为恒速干燥及降速干燥两个阶段，该曲线的 3 个典型特征值分别是恒速干燥速率 U_C、临界含水量 X_C 及平衡含水量 X^*，各自的影响因素详见 7.2.6 节。

注释［26］①在恒速干燥阶段，物料表面被非结合水分完全润湿，由空气与物料间的传质及传热速率，得到此阶段干燥速率的计算式：a. 该阶段物料温度为 t_w，空气温度为 t，故（$t-t_w$）为传热推动力；b. 该阶段物料表面水汽分压为 t_w 下水的饱和蒸气压，对应的是饱和湿度 H_w，而空气的湿度为 H，故（H_w-H）为传质推动力（将水汽分压差表示的传质推动力换为湿度差表示）；②在恒定干燥条件下，空气状态一定，即 t、H、t_w、H_w 恒定，当空气流速与物料的接触方式保持不变时，α 和 k_H 亦为定值，由该式可知，此阶段干燥速率为常数；③ 恒速阶段的干燥速率取决于空气条件：a. 空气温度 t：当 H 不变而 t 升高时，t_w 也随之增大，但 t_w 的增幅不及 t 的增幅大，故（$t-t_w$）增加，U_C 提高；b. 空气湿度 H：当 t 不变而 H 减小时，t_w 也随之降低，故（$t-t_w$）增加，U_C 提高；c. 空气流速 u：提高 u，流动层流内层减薄，传热传质阻力减小，α 和 k_H 增大，故 U_C 提高。

注释［27］①物料干燥出现降速的原因及该阶段干燥速率的影响因素详见 7.2.5 节；②降速阶段干燥速率曲线的形状主要取决于物料的吸水性及结构；③为简化计算，常将降速阶段干燥曲线近似用直线替代，即认为此阶段的干燥速率与物料的自由含水量（$X-X^*$）成正比。

注释［28］①临界含水量 X_C 是恒速阶段与降速阶段的分界点，对干燥设计及强化都有重要影响；②临界含水量既与空气条件有关，也与物料性质有关：当空气的 t 大，u 大或 H 小时，恒速 U_C 大，水分表面汽化速率提高以使物料内部水分来不及迁移到表面，则较早转入降速阶段，也即 X_C 增大；同理可分析物料的影响：吸水性物料的 X_C 比非吸水性的大；物料层越厚，则 X_C 越大；③注意：物料干燥至临界含水量时，其中仍含少量的非结合水分，临界含水量并不是结合水分与非结合水分的分界点。

注释［29］计算恒速阶段干燥时间时，须知干燥速率 U_C，其来源有两个：①由实验测定；②由［26］中公式计算，与传质系数 k_H 相比，对流传热系数 α 更加成熟、可靠，故常用 α 计算干燥速率。

注释［30］当降速阶段干燥速率曲线近似用直线表示时，可用此式计算降速阶段的干燥时间。

注释［31］① 厢式（盘架式）干燥器是典型的间歇操作干燥设备，其中可实现多级加热和部分废气循环操作，对这两种流程的分析详见 7.2.4 节；②适用于小批量、物料品种需要经常更换的场合，实验室中常用的鼓风干燥箱即为一例。

注释［32］①气流干燥器是应用广泛的连续操作干燥设备，物料被气流输送及干燥同时进行；②颗粒在干燥器内的停留时间短，主要处于表面汽化阶段去除非结合水，所以适用于临界含水量较低的细颗粒或粉状物料；③操作关键是连续而均匀加料，使颗粒均匀分散在气流中。

注释［33］①降低气速使颗粒处于流化状态，以延长干燥时间，从而使物料含水量降至更低，这便是流化床干燥器；②单层流化床干燥器可间歇操作也可连续操作，多层或卧式多室流化床干燥器则为连续操作；③连续操作的单层流化床干燥器存在颗粒在床内停留时间不一致、产品质量不均匀的问题，多层或卧式多室干燥器限制了返混和短路，物料停留时间趋于一致。

注释 [34] ①转筒干燥器为连续操作，其中采用抄板分散物料，故对各种物料适应性强，如真空过滤后的滤渣、团块物料及难以流化的大颗粒等；②物料在干燥器内的停留时间可通过转筒转速调节，以满足产品含水量的要求。

注释 [35] ①喷雾干燥器为连续操作，采用雾化器将原料液分散成雾滴，并与热介质接触被干燥而获得产品；②实现了由液态原料直接到固体（粉粒）产品，省去了蒸发、结晶等中间工序，因而简化了生产工艺过程。

注释 [36] 干燥过程中恒速阶段与降速阶段干燥速率的影响因素不同，因而强化途径也有所差异，详见 7.2.5 节，故实际干燥时，应确定临界含水量，以采取相应的强化措施。

注释 [37] 干燥是能耗较大的单元操作，节能很重要，主要途径有：①减少干燥过程的热量：加强干燥前物料的预处理，使湿物料中含水量尽量低；提高空气的预热温度 t_1，或降低废气出口温度 t_2 等，以提高热效率；②采用部分废气循环流程，以及热管、热泵技术等回收废气中的热量；③加强保温，降低热损失。

注释 [38] ① 气流干燥器改进：a. 脉冲式气流干燥器：将等径直管变为管径缩小与扩大交替进行的干燥管，不断改变气流与颗粒间的相对速度，从而提高传热传质效果；b. 旋风式气流干燥器：气流夹带颗粒从干燥器切线进入，沿器壁旋转运动，增大气流与颗粒间的相对速度，强化干燥；②流化床干燥器改进：a. 振动流化床干燥器：在流化床中施加振动，提供物料流态化及输送的动力，空气用于去除湿分，显著降低了空气用量及废气带走热量；b. 内热式流化床干燥器：在流化床中设置加热器，提供热量汽化湿分，空气主要用于维持物料流态化，也降低了空气用量及废气带走热量，总体节能。

7.2 疑难解析

7.2.1 湿空气各种温度的关系

描述湿空气性质的温度有四种，分别是干球温度 t、湿球温度 t_w、露点温度 t_d 及绝热饱和温度 t_{as}。

干球温度 t：用普通温度计测得的湿空气真实温度。

湿球温度 t_w：将湿球温度计置于一定温度和湿度的大量流动空气中，达到稳态时的温度为湿空气的湿球温度。该温度并不是湿空气的真实温度，而是湿纱布表面水的温度。其值与湿空气的温度及湿度有关，温度越高，或湿度越大，则湿球温度越高。

露点温度 t_d：一定压力下，将不饱和湿空气等湿降温至饱和状态时的温度即为露点。其值与湿空气的湿度及压力有关，湿度越大，或压力越高，则露点温度越高。

绝热饱和温度 t_{as}：将一定量的不饱和湿空气绝热增湿至饱和状态时的温度称为绝热饱和温度。其值与湿空气的温度及湿度有关，温度越高，湿度越大，则绝热饱和温度越高。

对空气和水系统，绝热饱和温度和湿球温度在数值上近似相等，但两者意义完全不同，二者之间的比较如表 7-1 所示。

表 7-1　湿球温度与绝热饱和温度的比较

湿球温度 t_w	绝热饱和温度 t_{as}
①大量空气和少量水接触，达到平衡状态时水的温度； ②空气的温度和湿度不变； ③动平衡：由传热和传质速率导出 $t_w=t-\frac{k_H r_w}{\alpha}(H_w-H)$	①一定量空气与大量水接触，在绝热条件下空气达饱和时的温度； ②空气经历降温增湿过程； ③静平衡：由热量衡算导出 $t_{as}=t-\frac{r_{as}}{c_H}(H_{as}-H)$

对于空气和水系统，以上四种温度存在如下关系：

不饱和湿空气：　$t>t_w(t_{as})>t_d$

饱和湿空气：　$t=t_w(t_{as})=t_d$

7.2.2　湿空气状态的确定

在物料的干燥过程中，空气常用来当作干燥介质，其各种性质对干燥过程影响很大。湿空气的性质，一方面可以根据公式进行计算，另一方面也可以通过湿度图查取。当用公式进行计算时，需特别注意基准，即 1kg 的干气体，而不是湿空气总量。当用湿度图查取各种性质时，必须先确定其状态点，一般只有根据湿空气性质的两个独立参数，才可在 I-H 图上确定出状态点。通常，确定湿空气状态的两个独立参数为：干球温度 t 与相对湿度 φ、干球温度 t 与湿度 H、干球温度 t 与露点温度 t_d、干球温度 t 与湿球温度 t_w（或绝热饱和温度 t_{as}）等，上述情况下湿空气状态点的确定方法见图 7-1。

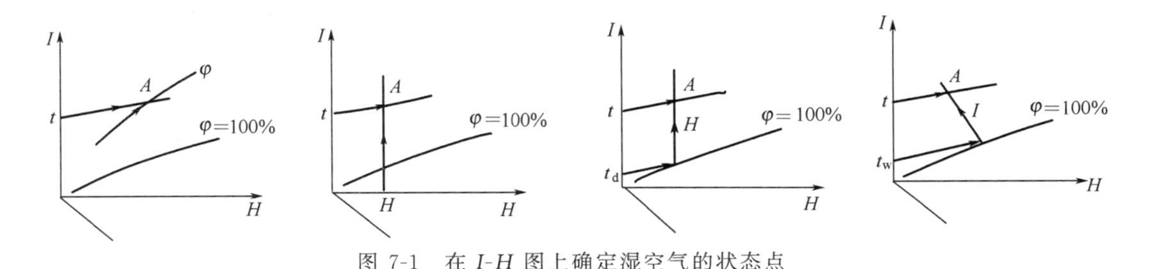

图 7-1　在 I-H 图上确定湿空气的状态点

如果给定湿空气性质的参数分别为 t_d-H、p_v-H、t_w（或 t_{as}）-I，则无法在 I-H 图中确定出状态点，因为它们之间彼此不独立，前两者落在同一条等 H 线，后者则在同一条等 I 线上。

7.2.3　物料中各种水分的关系

依据不同的分类方法，可将物料中所含的水分分为平衡水分与自由水分、结合水分与非结合水分。平衡水分与自由水分是依据物料在一定干燥条件下，其水分能否用干燥方法除去而划分，自由水分可去除，而平衡水分则不能，二者相对量的大小，既与物料的种类有关，也与空气的状态有关；结合水分与非结合水分是依据物料与水分的结合方式而划分，非结合水分仅机械地附着在物料表面或大空隙中，易于用干燥方法去除，而结合水分借助于化学力或物理化学力与物料结合，较难去除，二者相对量的大小，仅与物料的性质有关，而与空气的状态无关。各种水分关系可用图 7-2 描述。

7.2.4　中间加热与部分废气循环干燥过程

一般的干燥过程，空气仅在预热器内一次加热到指定温度，一次进入干燥器中干燥物料，干燥后的废气直接排出，此时热空气是干燥过程的唯一供热介质。工程上，除这种基本

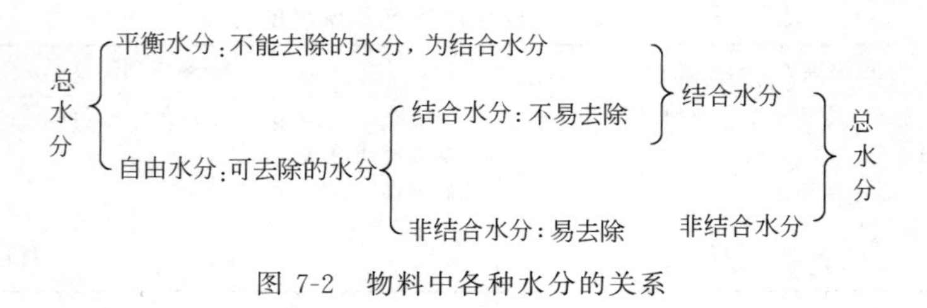

图 7-2 物料中各种水分的关系

干燥过程外，为满足不同的需要，还采用了其他的干燥工艺或干燥器，如中间加热式、部分废气循环等。

(1) 中间加热式流程　又称为多级加热式，图 7-3(a)所示的是中间一级加热的流程，空气的状态变化如图 7-3(b)所示，空气经历过程为 AB_1、B_1C_1、C_1B_2、B_2C，其中 AB_1、C_1B_2 为两级预热过程，B_1C_1、B_2C 为两段干燥过程。这种操作可以保持每段干燥过程中空气的温度基本相同，且每段与物料接触的空气温度不会过高，因此干燥速率比较均匀。如果空气只经过一次预热，其过程如图中折线 ABC 所示，其中 AB 为预热过程，BC 为干燥过程。显然，为了达到最终状态 C，空气必须预热到很高的温度 B 点，这样不仅会影响物料的品质，而且预热空气的水蒸气压力也要求很高。可以证明，在相同的初、终态条件下，多级预热与单级预热的空气用量相同，即空气用量仅与初、终空气状态有关，而与所经历的途径无关。这种中间加热式流程，各段干燥过程均可采用较低的空气温度，并且可以任意调节，可避免物料温度过高，同时热损失也有所减少。该流程主要适用于热敏性物料的干燥，即被干燥物料不允许与高温气流接触的场合。

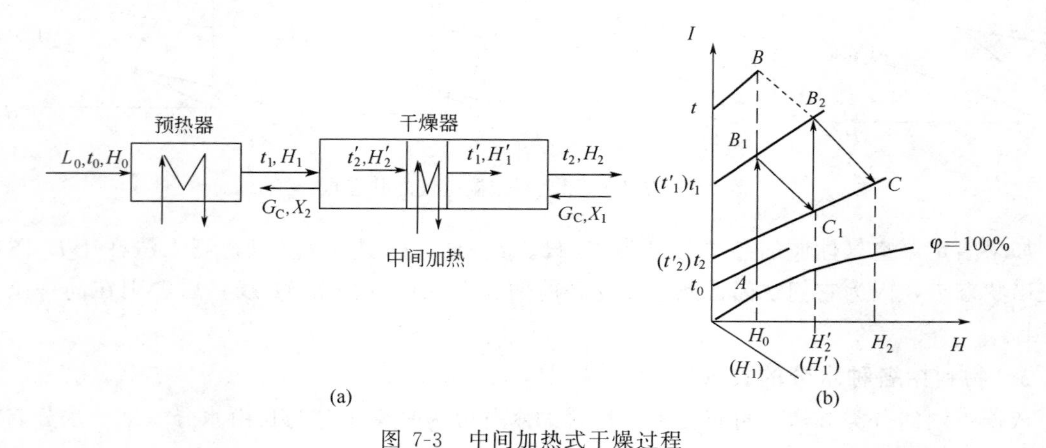

图 7-3 中间加热式干燥过程

(2) 部分废气循环流程　如图 7-4(a)所示，将干燥器出口的废气部分循环，与新鲜空气混合，然后进入预热器，加热至一定温度后再送入干燥器。

新鲜空气与废气混合后的状态参数可由质量衡算及热量衡算获得：

质量衡算
$$L_0H_0+L_2H_2=L_MH_M \tag{7-1}$$

热量衡算
$$L_0I_0+L_2I_2=L_MI_M \tag{7-2}$$

式(7-1)与式(7-2)联立，可得混合后气体湿度

$$H_M=\frac{L_0}{L_M}H_0+\frac{L_2}{L_M}H_2 \tag{7-3}$$

及混合后气体焓
$$I_{\mathrm{M}}=\frac{L_0}{L_{\mathrm{M}}}I_0+\frac{L_2}{L_{\mathrm{M}}}I_2 \tag{7-4}$$

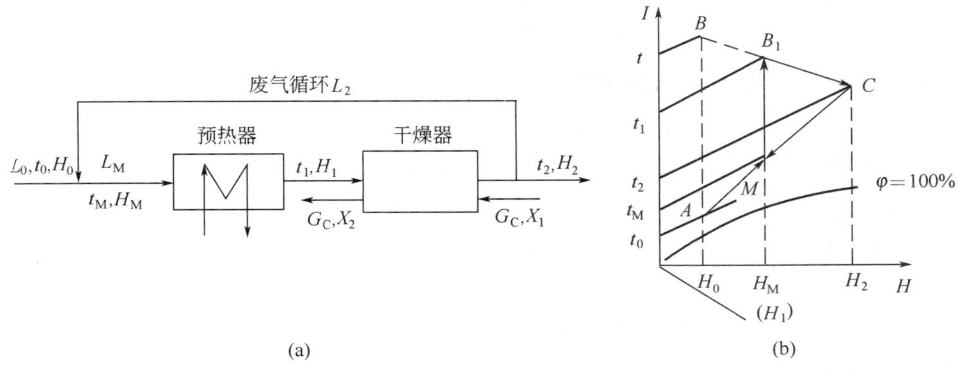

图 7-4　部分废气循环干燥过程

部分废气循环时空气的状态变化如图 7-4(b)所示。混合空气状态点 M 应在新鲜空气状态点 A 与废气状态点 C 的连线上，且满足杠杆定律。废气循环量越大，点 M 越靠近点 C。图中，MB_1 为预热过程，B_1C 为干燥过程。

若采用基本干燥流程，为达到相同的终态 C 点，空气也必须预热到温度很高的 B 点。同样可以证明，在相同的初、终态条件下，部分废气循环时的新鲜空气用量与无废气循环时相同，但由于空气的循环量加大，动力消耗随之增加。这种部分废气循环流程（一般废气循环量为 20%～30%），可以节省热量，灵活调节干燥器内湿度与温度，并且由于空气循环量加大，在干燥过程中空气的湿度与温度变化较小，使干燥推动力比较均匀。一般对于内部迁移控制的物料，为避免其干燥速率过快，使物料发生翘曲和龟裂现象，通常采用此流程。

7.2.5　干燥速率的影响因素

在恒定干燥条件下，物料的干燥过程可分为恒速与降速两个阶段。

(1) 恒速干燥阶段　在该阶段，物料内部水分向物料表面的迁移速率大于或等于物料表面水分的汽化速率，因此物料表面完全润湿。此时，物料表面的温度等于空气的湿球温度，在该阶段除去的是物料中的非结合水分。恒速干燥阶段的干燥速率大小取决于物料表面水分的汽化速率，亦即决定于物料外部的干燥条件，所以恒速干燥阶段又称为表面汽化控制阶段。

恒速干燥阶段的干燥速率由式(7-5) 计算
$$U_{\mathrm{C}}=k_{\mathrm{H}}(H_{\mathrm{w}}-H)=\frac{\alpha}{r_{\mathrm{w}}}(t-t_{\mathrm{w}}) \tag{7-5}$$

由式(7-5)可知，恒速阶段的干燥速率仅与空气的条件有关，而与物料的性质无关；提高空气的温度、降低其湿度或提高其流速，均能提高该阶段的干燥速率。

(2) 降速干燥阶段　当物料含水量降至临界含水量以下时，由于①实际汽化面减小，使以物料全部外表面计算的干燥速率减小；②汽化面内移，使传热、传质途径加长；③平衡蒸气压下降，使传质推动力减小等原因，导致干燥速率下降，干燥过程进入降速阶段。在该阶段，空气传给物料的热量大于水分汽化所需热量，使物料升温，即物料表面温度大于空气的湿球温度。此阶段除去的是余下的非结合水分和部分结合水分。

在降速干燥阶段，物料内部水分向表面的迁移速率总是小于物料表面水分汽化速率，因此该阶段的干燥速率取决于物料内部水分向表面迁移的速率，故降速阶段又称为物料内部迁移控制阶段。该阶段干燥速率的大小主要取决于物料本身的结构、形状和尺寸，而与外部干燥条件关系不大，一般可通过减小物料尺寸、使物料分散等方法，提高该阶段的干燥速率。

7.2.6 干燥条件对干燥速率曲线的影响

某种物料在恒定干燥条件下干燥时，有其特定的干燥速率曲线。当干燥条件或物料种类发生变化时，其干燥速率曲线也会相应变化。干燥速率曲线中的典型特征值有三个：恒速干燥阶段的干燥速率 U_C、临界含水量 X_C 及平衡含水量 X^*，这三个特征值决定了干燥速率曲线的形状与位置，它们的影响因素分别如下。

（1）恒速阶段的干燥速率 U_C　如上所述，恒速阶段的干燥速率主要取决于空气的条件，空气的温度愈高、湿度愈低或流速愈快，则 U_C 愈大；空气条件一定时，U_C 与物料的种类无关。

（2）临界含水量 X_C　物料的临界含水量是恒速干燥阶段和降速干燥阶段的分界点，其值因物料的性质、厚度和恒速阶段干燥速率的不同而异，通常吸水性物料的临界含水量比非吸水性的大；同一物料，恒速阶段干燥速率愈大，临界含水量愈高；物料愈厚，则临界含水量愈大。

（3）平衡含水量 X^*　物料的平衡含水量是在一定空气状态下物料被干燥的极限，其值与物料的种类及湿空气的性质有关。平衡含水量随物料种类的不同而有较大差异，非吸水性物料的平衡含水量要低于吸水性物料的平衡含水量。对于同一物料，平衡含水量又因所接触的空气状态不同而变化，温度一定时，空气的相对湿度越高，其平衡含水量越大；湿度一定时，温度越高，平衡含水量越小。

当物料的种类或干燥条件变化时，可首先判断以上三个特征值的变化趋势，从而推断出干燥速率曲线的变化。具体过程见例 7-9。

7.3 工程案例

气流干燥器与旋风气流干燥器的联用

在化工生产中，由于被干燥物料的形状和性质各不相同，用单一型式的干燥器来干燥物料，常常不能达到对物料湿分的要求，有时即使能满足物料湿分的要求，单一设备体积也过大，或消耗过多的热量。此时，可将两种或多种型式的干燥器组合起来构成组合式干燥器，各发挥其长处，从而达到节省能量、减少干燥器尺寸或满足干燥产品质量要求的目的。在聚氯乙烯（PVC）的生产工艺中，PVC 的干燥过程即采用气流干燥器与流化床干燥器联用的组合式干燥过程。

PVC 树脂是一种热敏性、黏性小且多孔性的粉末状物料，其干燥过程包括非结合水分与结合水分的去除，即经历表面汽化及内部扩散的不同控制阶段。为此在干燥过程中采用两级装置。第一级主要用于表面水分的汽化，采用气流干燥器，利用其快速干燥的特点，使物料在很短的停留时间内，除去大部分表面水分；此时干燥强度取决于引入的热量，通过加大风量和温度，使较高的湿含量能迅速地降至临界湿含量附近。第二级主要用于内部水分扩散，以降低风速和延长时间为宜，故采用流化床干燥器，使湿含量达到最终干燥的要求。

工业上 PVC 干燥的气流-流化组合操作中，第二级多采用卧式流化干燥器，某工厂经技术改造，用旋风气流干燥器替代卧式流化干燥器，获得了较好的效果，其干燥系统工艺流程如图7-5所示。含水量约为15%的PVC树脂湿料，经螺旋加料器送至第一级气流干燥器中干燥，离开气流干燥器的物料含水量为3%，再进入下一级旋风气流干燥器进一步干燥，离开其中的物料含水量降至0.3%以下，干燥后的物料颗粒经旋风分离器分离下来，经振动筛过筛，进行成品包装；少量细料再经过下一级旋风分离器分离下来，湿空气则由引风机出口排出。

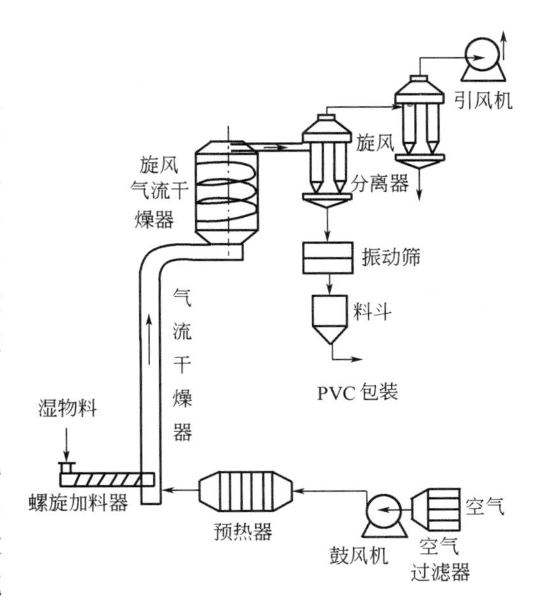

图7-5 PVC气流-旋风气流干燥系统

在气流干燥器中，物料以粉粒状分散于气流中，呈悬浮状态，被气流输送而向上运动。在此输送过程中，二者之间发生传热及传质过程，使物料干燥。由于气速很高，物料在气流干燥器中的停留时间极短（一般在2～10s），除去的是物料表面的非结合水分。

在旋风气流干燥器中，气流夹带物料颗粒沿切线方向进入，在其中旋流上升。与气流干燥器相比，物料在旋风气流干燥器中的停留时间延长，同时颗粒处于悬浮与旋转运动状态，离心力增大了气流与颗粒间的相对速度，强化干燥过程，可将物料内部的结合水分除去，使干燥产品含水量更低、质量更均匀。

该新工艺具有如下特点：

① 旋风干燥器结构简单，操作容易，运行平稳，简化了干燥流程和操作控制；

② 降低了蒸汽消耗，一般节能50%左右；

③ 卧式流化干燥器结构复杂，易积存物料，导致PVC树脂黑黄点较高，而旋风干燥器无死角，不积存物料，使树脂合格率提高，提高了产品质量；

④ 原气流-卧式流化干燥工艺中，树脂出口温度高达80℃，故干燥后的树脂需增加冷风输送工艺使其冷却；而在气流-旋风气流干燥工艺中，旋风干燥器内的空气温度降至50℃左右，树脂出口温度为45℃左右，不需要再进行冷却，也不存在树脂的热降解问题，既提高了产品质量，又降低了动力消耗。

7.4 例题详解

【例7-1】 湿空气性质的计算

已知在总压101.3kPa下，湿空气的温度为50℃，相对湿度为25%，试计算该湿空气的其他性质参数：(1) 湿度；(2) 露点；(3) 湿球温度；(4) 焓；(5) 湿比体积。

解 (1) 湿度 由饱和蒸气压表查得在$t=50$℃时，水的饱和蒸气压$p_s=12.34$kPa，由湿度定义

$$H=0.622\frac{p_v}{p-p_v}=0.622\frac{\varphi p_s}{p-\varphi p_s}=0.622\times\frac{0.25\times 12.34}{101.3-0.25\times 12.34}$$

$=0.0195\text{kg}$ 水汽/kg 干气

（2）露点　湿空气中水汽分压

$$p_v=\varphi p_s=0.25\times12.34=3.085\text{kPa}$$

露点是湿空气在湿度或水汽分压不变的情况下，冷却达到饱和状态时的温度，故空气中的水汽分压 $p_v=3.085\text{kPa}$ 即为露点下的饱和蒸气压。由饱和水蒸气表查得露点 $t_d=24.5℃$。

（3）湿球温度　利用试差法计算。

假设 $t_w=30.6℃$，查得水的饱和蒸气压 p_s 为 4.396kPa，相变焓为 2423kJ/kg。t_w 下湿空气的饱和湿度

$$H_w=0.622\frac{p_s}{p-p_s}=0.622\times\frac{4.396}{101.3-4.396}=0.0282\text{kg 水汽/kg 干气}$$

所以湿球温度

$$t_w=t-\frac{r_w}{1.09}(H_w-H)=50-\frac{2423}{1.09}\times(0.0282-0.0195)=30.66℃$$

计算结果与所设的 t_w 接近，故湿球温度为 30.6℃。

（4）焓

$$I=(1.01+1.88H)t+2492H$$
$$=(1.01+1.88\times0.0195)\times50+2492\times0.0195=100.9\text{kJ/kg 干气}$$

（5）湿比体积

$$v_H=(0.773+1.244H)\times\frac{273+t}{273}\times\frac{1.013\times10^5}{p}$$
$$=(0.773+1.244\times0.0195)\times\frac{273+50}{273}$$
$$=0.943\text{m}^3\text{ 湿气/kg 干气}$$

讨论　在系统总压一定时，只要规定了湿空气性质的两个独立参数，则湿空气的状态被唯一确定，其他性质也随之确定。通常，可确定湿空气状态的两个独立性质参数为：干球温度 t 与相对湿度 φ、干球温度 t 与湿度 H、干球温度 t 与露点 t_d、干球温度 t 与湿球温度 t_w（或绝热饱和温度 t_{as}）。

【例 7-2】　温度、压力对湿空气干燥能力的影响

湿空气在总压 101.3kPa、温度 60℃下，湿度为 0.03kg 水汽/kg 干气。试计算：（1）该湿空气的相对湿度及容纳水分的最大能力；（2）若总压不变，而将空气冷却至 40℃，则相对湿度及容纳水分的最大能力有何变化？（3）若总压不变，而将空气冷却至 20℃，计算每千克干空气所析出水分量；（4）若温度仍为 60℃，而将系统总压提高到 150kPa，则相对湿度及容纳水分的最大能力又有何变化？（5）若温度仍为 60℃，而将系统总压提高到 600kPa，计算每千克干空气所析出的水分量。

解　（1）湿空气中水汽分压

$$p_v=\frac{pH}{0.622+H}=\frac{101.3\times0.03}{0.622+0.03}=4.66\text{kPa}$$

查得 60℃下水的饱和蒸气压 $p_s=19.92\text{kPa}$，则相对湿度

$$\varphi=\frac{p_v}{p_s}\times100\%=\frac{4.66}{19.92}\times100\%=23.4\%$$

空气容纳水分的最大能力为其饱和湿度

$$H_s=0.622\frac{p_s}{p-p_s}=0.622\times\frac{19.92}{101.3-19.92}=0.152\text{kg 水汽/kg 干气}$$

（2）当空气温度为40℃时，水的饱和蒸气压 $p_s=7.377\text{kPa}$。空气被冷却时，其中的水汽分压不变，仍为4.66kPa，故相对湿度为

$$\varphi=\frac{p_v}{p_s}\times100\%=\frac{4.66}{7.377}\times100\%=63.2\%$$

此时空气容纳水分的最大能力为

$$H_s=0.622\frac{p_s}{p-p_s}=0.622\times\frac{7.377}{101.3-7.377}=0.0489\text{kg 水汽/kg 干气}$$

（3）当空气温度为20℃时，水的饱和蒸气压 $p_s=2.335\text{kPa}$，小于原空气中的水汽分压 $p_v=4.66\text{kPa}$，说明此时空气已饱和，必有水分析出。此时空气容纳水分的最大能力为

$$H_s=0.622\frac{p_s}{p-p_s}=0.622\times\frac{2.335}{101.3-2.335}=0.0147\text{kg 水汽/kg 干气}$$

故每千克干空气所析出水分量为

$$H-H_s=0.03-0.0147=0.0153\text{kg 水/kg 干气}$$

（4）当系统总压提高到150kPa时，湿空气中水汽分压为

$$p_v=\frac{pH}{0.622+H}=\frac{150\times0.03}{0.622+0.03}=6.90\text{kPa}$$

则相对湿度

$$\varphi=\frac{p_v}{p_s}\times100\%=\frac{6.90}{19.92}\times100\%=34.6\%$$

空气容纳水分的最大能力为

$$H_s=0.622\frac{p_s}{p-p_s}=0.622\times\frac{19.92}{150-19.92}=0.0953\text{kg 水汽/kg 干气}$$

（5）当系统总压提高到600kPa时，假设没有水析出，则湿空气中水汽分压应为

$$p_v=\frac{pH}{0.622+H}=\frac{600\times0.03}{0.622+0.03}=27.61\text{kPa}$$

已超过60℃下水的饱和蒸气压，故湿空气在压缩过程中有水析出。

此时空气容纳水分的最大能力为

$$H_s=0.622\frac{p_s}{p-p_s}=0.622\times\frac{19.92}{600-19.92}=0.0214\text{kg 水汽/kg 干气}$$

故每千克干空气所析出的水分量为

$$H-H_s=0.03-0.0214=0.0086\text{kg 水/kg 干气}$$

讨论　湿空气的温度及压力影响其干燥能力。当系统压力一定时，温度降低，则相对湿度增大，空气容纳水分的最大能力降低，说明高温对干燥操作有利，既提高湿空气的焓值，使其作为载热体，同时又降低相对湿度，使其作为载湿体；当温度一定时，压力增大，则相对湿度增大，空气容纳水分的最大能力降低，说明低压对干燥操作有利，因此干燥操作多在常压或真空条件下进行。

【例 7-3】 平衡曲线的应用

图 7-6 为某物料在 25℃时的平衡曲线。试判断以下几种情况下水分传递的方向和过程进行的极限，并计算物料的平衡水分和自由水分含量，结合水分和非结合水分含量。（1）将含水量为 0.35kg 水/kg 干料的此种物料与 $\varphi=50\%$ 的湿空气接触；（2）将含水量为 0.095kg 水/kg 干料的此种物料与 $\varphi=50\%$ 的湿空气接触；（3）将含水量为 0.35kg 水/kg 干料的此种物料与 $\varphi=70\%$ 的湿空气接触。

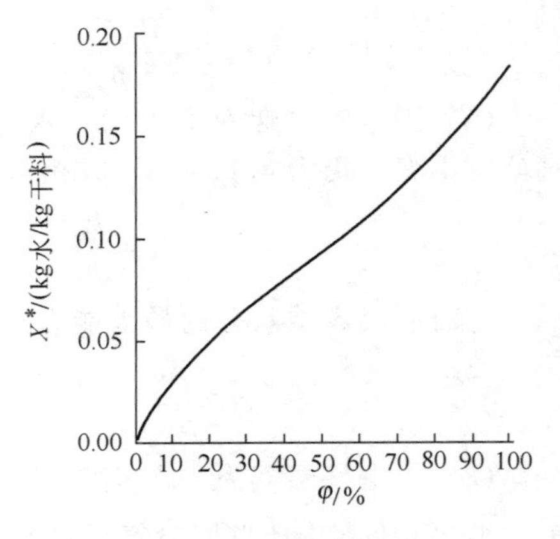

图 7-6　例 7-3 附图

解　（1）由图查得，当 $\varphi=50\%$ 时，平衡含水量 $X^*=0.095$kg 水/kg 干料

物料的含水量 $X=0.35$kg 水/kg 干料 $>X^*$ $=0.095$kg 水/kg 干料

故物料将被干燥，水分由物料（固相）传递到空气（气相）中。

平衡含水量是物料在一定空气条件下被干燥的极限。因此，干燥终了时，物料中的含水量等于平衡含水量 $X^*=0.095$kg 水/kg 干料，则自由含水量 $X-X^*=0.35-0.095=0.255$kg 水/kg 干料。

当 $\varphi=100\%$ 时，平衡含水量 $X^*=0.185$kg 水/kg 干料，而结合水分含量为物料与 $\varphi=100\%$ 饱和空气接触时的平衡含水量，故结合水分含量 $X^*_{\varphi=100\%}=0.185$kg 水/kg 干料，则非结合水分含量 $X-X^*_{\varphi=100\%}=0.35-0.185=0.165$kg 水/kg 干料。

（2）此时平衡含水量仍为 $X^*=0.095$kg 水/kg 干料，与物料的含水量相等，故物料与空气呈平衡状态，宏观上无水分传递。

（3）由图查得，当 $\varphi=70\%$ 时，平衡含水量 $X^*=0.125$kg 水/kg 干料

物料的含水量 $X=0.35$kg 水/kg 干料 $>X^*=0.125$kg 水/kg 干料

故物料仍被干燥，水分由物料（固相）传递到空气（气相）中。

物料被干燥的极限为平衡含水量，$X^*=0.125$kg 水/kg 干料，则自由含水量 $X-X^*=0.35-0.125=0.225$kg 水/kg 干料。

结合水分含量 $X^*_{\varphi=100\%}=0.185$kg 水/kg 干料，则非结合水分含量 $X-X^*_{\varphi=100\%}=0.35-0.185=0.165$kg 水/kg 干料。

讨论　上述分析过程表明，利用平衡曲线可以

① 判断过程进行的方向，若物料含水量 X 高于平衡含水量 X^*，则物料脱水而被干燥；若物料的含水量 X 低于平衡含水量 X^*，则物料将吸水而增湿。

② 确定过程进行的极限，湿空气与物料达平衡，此时物料中的含水量即为平衡含水量。

③ 确定各种水分含量，从而判断水分能否去除及去除的难易程度，详见疑难解析 7.2.3。

【例 7-4】 湿空气状态的确定

常压下操作的干燥流程如图 7-7 所示，两个干燥器均为理想干燥器。已知水的温度与饱和蒸气压的关系为：

t/℃	15	60	85
p_s/kPa	1.707	19.92	57.88

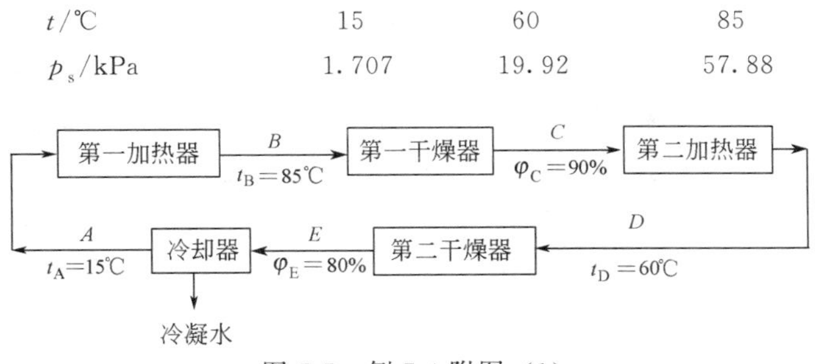

图 7-7　例 7-4 附图（1）

（1）试在 I-H 图上表示出上述流程中空气状态的变化过程；（2）计算第一加热器为每千克干气所提供的热量。

解　（1）上述干燥流程的空气状态变化如图 7-8 中 $ABCDEFA$ 所示。

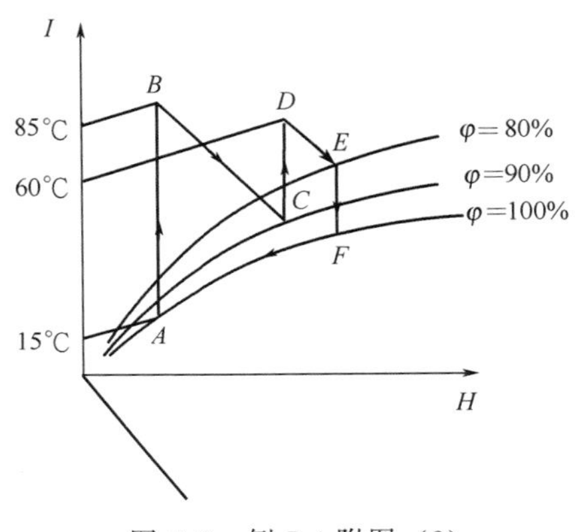

图 7-8　例 7-4 附图（2）

（a）湿空气经冷却器析出水分后应为饱和湿空气，因此由 $t=15$℃，$\varphi=100\%$可确定状态点 A；

（b）空气加热过程中，其湿度不变，故由 A 点沿等 H 线与 $t=85$℃相交，可确定状态点 B；

（c）因为是理想干燥器，所以干燥过程为等焓，故由 B 点沿等 I 线与 $\varphi=90\%$ 相交，可确定状态点 C；

（d）同理，由 C 点沿等 H 线与 $t=60$℃相交，可确定状态点 D；

（e）由 D 点沿等 I 线与 $\varphi=80\%$ 相交，可确定状态点 E；

（f）状态为 E 的湿空气进入冷却器后，先冷却至饱和，即由 E 点沿等 H 线与 $\varphi=100\%$ 相交，得状态点 F，再冷凝析出水分，此过程湿空气一直处于饱和状态，故由 F 点沿 $\varphi=100\%$线变化至 A 点，空气以此循环。

（2）A 为饱和湿空气，其饱和湿度为

$$H_s=0.622\frac{p_s}{p-p_s}=0.622\times\frac{1.707}{101.3-1.707}=0.0107\text{kg 水汽/kg 干气}$$

湿比热容

$$c_H=1.01+1.88H_s=1.01+1.88\times0.0107=1.03\text{kJ/(kg 干气·℃)}$$

故第一加热器提供的热量

$$Q_{P1}=Lc_H(t_B-t_A)=1\times1.03\times(85-15)=72.10\text{kJ/kg 干气}$$

讨论　湿空气状态的变化与过程密切相关。湿空气在加热或冷却时，其状态沿等 H 线变化；理想干燥过程，其状态沿等 I 线变化；冷凝过程，其状态沿饱和空气 $\varphi=100\%$线变化。

【例 7-5】　单级加热、中间加热以及部分废气循环干燥过程的比较

用热空气干燥某种湿物料，新鲜空气的温度为 20℃、湿度为 0.008kg 水汽/kg 干气，

为保证干燥产品质量，要求空气在干燥器内的温度不能高于 100℃。空气离开干燥器时的温度设为 60℃，干燥可采用以下三种流程：（1）采用单级加热方式，将空气预热至最高允许温度 100℃后，进入干燥器［见图 7-9(a)］；（2）采用中间（多级）加热方式，先在预热器中加热至 100℃，在干燥器中适当位置设置中间加热器［见图 7-9(b)］，再将已降至 60℃的空气重新加热到 100℃；（3）采用部分废气循环方式，将干燥器出口的废气部分循环与新鲜空气混合，进入预热器加热至 100℃后再送入干燥器［见图 7-9(c)］，设循环比（循环废气中干空气质量与混合气中干空气质量之比）为 0.6。

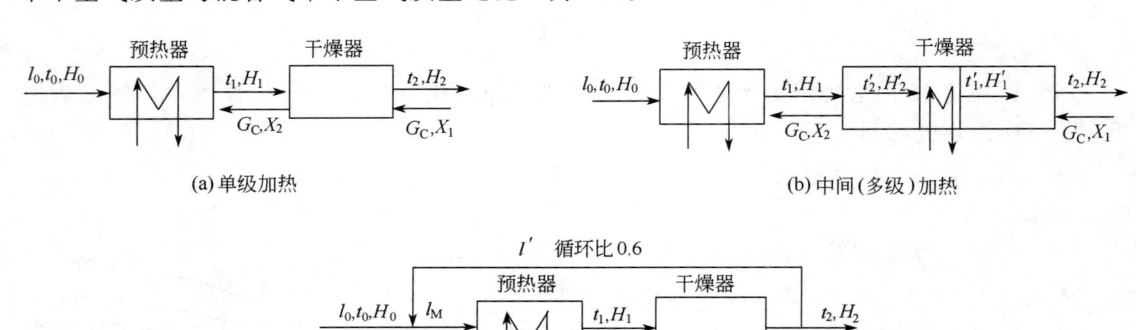

图 7-9 例 7-5 附图（1）

试在 I-H 图上定性表示出以上三种流程中空气状态的变化，并比较三种流程每汽化 1kg 水分所需的新鲜空气质量，供热量以及干燥系统的热效率（设所有干燥过程均为等焓干燥过程，且忽略湿物料中水分带入的焓及热损失）。

解 （1）单级加热流程 空气状态变化示意见图 7-10。

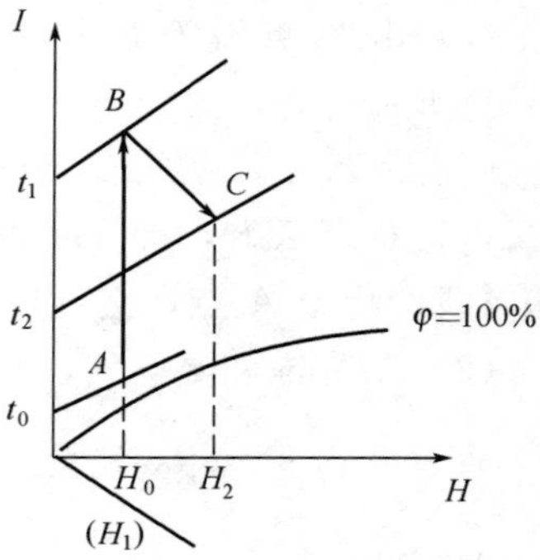

图 7-10 例 7-5 附图(2)

空气经预热器预热后，湿度不变，即 $H_1=H_0$；经干燥器后，焓值不变，即 $I_2=I_1$。

$$(1.01+1.88H_1)t_1+2492H_1=(1.01+1.88H_2)t_2+2492H_2$$

$$H_2=\frac{(1.01+1.88H_1)t_1+2492H_1-1.01t_2}{2492+1.88t_2}$$

$$=\frac{(1.01+1.88\times0.008)\times100+2492\times0.008-1.01\times60}{2492+1.88\times60}$$

$=0.0237$kg 水汽/kg 干气

每汽化 1kg 水分所需的绝干空气质量

$$l_0=\frac{1}{H_2-H_0}=\frac{1}{0.0237-0.008}=63.69\text{kg 干气/kg 水}$$

新鲜空气用量

$$l'=l_0(1+H_0)=63.69\times(1+0.008)=64.20\text{kg/kg 水}$$

所需热量

$$Q=l_0c_H(t_1-t_0)=l_0(1.01+1.88H_0)(t_1-t_0)$$

$$=63.69\times(1.01+1.88\times0.008)\times(100-20)=5223\text{kJ/kg 水}$$

干燥系统的热效率

$$\eta=\frac{W(2492+1.88t_2)}{Q}\times 100\%=\frac{1\times(2492+1.88\times 60)}{5223}\times 100\%=49.9\%$$

(2) 中间加热流程

空气状态变化示意见图7-11。

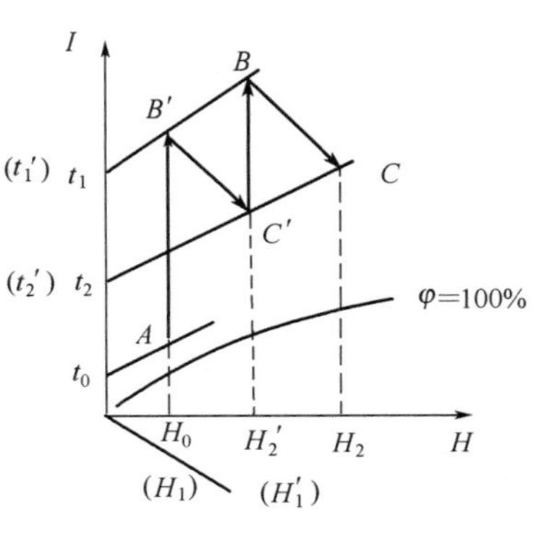

图7-11 例7-5附图(3)

干燥器中前段干燥与(1)中相同,故C'点状态$H'_2=0.0237$kg水汽/kg干气,$t'_2=t_2=60$℃。

中间加热为等湿升温过程,故B点状态$H'_1=H'_2=0.0237$kg水汽/kg干气,$t'_1=t_1=100$℃。

干燥器中后段干燥仍为等焓过程,即有

$$(1.01+1.88H'_1)t'_1+2492H'_1$$
$$=(1.01+1.88H_2)t_2+2492H_2$$

$$H_2=\frac{(1.01+1.88H'_1)t'_1+2492H'_1-1.01t_2}{2492+1.88t_2}$$
$$=\frac{(1.01+1.88\times 0.0237)\times 100+2492\times 0.0237-1.01\times 60}{2492+1.88\times 60}$$
$$=0.0399\text{kg水汽/kg干气}$$

每汽化1kg水分所需的绝干空气质量

$$l_0=\frac{1}{H_2-H_0}=\frac{1}{0.0399-0.008}=31.35\text{kg干气/kg水}$$

新鲜空气用量

$$l'=l_0(1+H_0)=31.35\times(1+0.008)=31.60\text{kg/kg水}$$

所需热量

$$Q=Q_1+Q_2=l_0c_{H0}(t_1-t_0)+l_0c_{H'}(t'_1-t'_2)$$
$$=l_0(1.01+1.88H_0)(t_1-t_0)+l_0(1.01+1.88H'_1)(t'_1-t'_2)$$
$$=31.35\times(1.01+1.88\times 0.008)\times(100-20)+31.35\times(1.01+1.88\times 0.0237)\times(100-60)$$
$$=3893\text{kJ/kg水}$$

干燥系统的热效率

$$\eta=\frac{W(2492+1.88t_2)}{Q}\times 100\%=\frac{1\times(2492+1.88\times 60)}{3893}\times 100\%=66.9\%$$

(3) 部分废气循环流程 空气状态变化示意见图7-12。

图中,M点为新鲜空气与废气的混合状态点,满足

$$\frac{CM}{MA}=\frac{0.4}{0.6}=\frac{2}{3}$$

混合点湿度

$$H_M=0.4H_0+0.6H_2=0.4\times 0.008+0.6H_2 \quad (1)$$

加热后,湿度不变,即$H_1=H_M$

等焓干燥过程,$I_1=I_2$,即

$$(1.01+1.88H_1)t_1+2492H_1$$
$$=(1.01+1.88H_2)t_2+2492H_2 \quad (2)$$

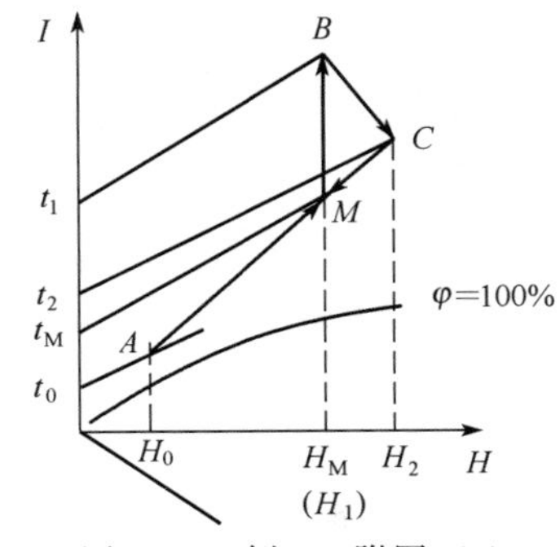

图7-12 例7-5附图(4)

将 $t_1=100℃$，$t_2=60℃$代入，联立式(1)、式(2)，可得

$$H_2=0.0491\text{kg 水汽/kg 干气},\ H_M=0.0327\text{kg 水汽/kg 干气}$$

混合点焓

$$I_0=(1.01+1.88H_0)t_0+2492H_0$$
$$=(1.01+1.88\times0.008)\times20+2492\times0.008=40.44\text{kJ/kg 干气}$$
$$I_2=(1.01+1.88H_2)t_2+2492H_2$$
$$=(1.01+1.88\times0.0491)\times60+2492\times0.0491=188.5\text{kJ/kg 干气}$$
$$I_M=0.4I_0+0.6I_2=0.4\times40.44+0.6\times188.5=129.28\text{kJ/kg 干气}$$

混合点温度

$$I_M=(1.01+1.88H_M)t_M+2492H_M$$
$$=(1.01+1.88\times0.0327)t_M+2492\times0.0327=129.28\text{kJ/kg 干气}$$

解得 $t_M=44.6℃$

每汽化 1kg 水分所需的绝干空气质量

$$l_0=\frac{1}{H_2-H_0}=\frac{1}{0.0491-0.008}=24.33\text{kg 干气/kg 水}$$

新鲜空气用量

$$l'=l_0(1+H_0)=24.33\times(1+0.008)=24.52\text{kg 干气/kg 水}$$

混合气体中的绝干空气质量

$$l_M=l_0+l'=\frac{l_0}{0.4}=\frac{24.33}{0.4}=60.83\text{kg 干气/kg 水}$$

所需热量

$$Q=l_M c_{HM}(t_1-t_M)=l_M(1.01+1.88H_M)(t_1-t_M)$$
$$=60.83\times(1.01+1.88\times0.0327)\times(100-44.6)=3610\text{kJ/kg 水}$$

本题也可以不求取状态参数而直接计算：

$$Q=l_M(I_1-I_M)=\frac{l_0}{0.4}[I_1-(0.4I_0+0.6I_2)]=l_0(I_2-I_0)$$
$$=24.33\times(188.5-40.44)=3602\text{kJ/kg 水}$$

计算结果与前相同。

则干燥系统的热效率

$$\eta=\frac{W(2492+1.88t_2)}{Q}\times100\%=\frac{1\times(2492+1.88\times60)}{3610}\times100\%=72.2\%$$

讨论 一般，当物料不允许与高温气流接触时，可采用中间加热或部分废气循环流程。由本题计算结果比较可知，部分废气循环时的新鲜空气用量最少，热效率最高。废气循环时使干燥器进口空气的湿度增加，降低了干燥的推动力，但由于气量增大，提高了传热系数与传质系数，对水分的汽化量又有一定的补偿。

【例 7-6】 干燥器空气出口温度对干燥过程的影响

在气流干燥器内将一定量的物料自某一含水量干燥至一定含水量，以获得合格产品。操作压力为 101.3kPa，空气初始温度为 20℃，湿度为 0.008kg 水汽/kg 干气，经预热器后温度为 130℃。假定该干燥器为理想干燥器，并忽略湿物料中水分带入的焓及热损失，试求：(1) 当干燥器空气出口温度分别选为 65℃及 40℃时，干燥系统的热效率；(2) 若气体离开干燥器后，因在管道及旋风分离器中散热，使温度下降了 10℃，试判断以上两种情况是否

会发生物料返潮现象?

解　(1) 因是理想干燥器，故空气经历等焓干燥过程。

干燥器前

$$I_1=(1.01+1.88H_1)t_1+2492H_1$$
$$=(1.01+1.88\times0.008)\times130+2492\times0.008=153.2\text{kJ/kg 干气}$$

当干燥器空气出口温度为 65℃时

$$I_2=(1.01+1.88H_2)t_2+2492H_2$$
$$=(1.01+1.88H_2)\times65+2492H_2$$

由 $I_1=I_2$，得空气出口湿度

$$H_2=0.0335\text{kg 水汽/kg 干气}$$

设干燥过程中物料去除的水分量为 W，则干空气的用量为

$$L=\frac{W}{H_2-H_1}=\frac{W}{0.0335-0.008}=39.2W$$

干燥系统补充的热量

$$Q=Q_P=Lc_H(t_1-t_0)=L(1.01+1.88H_0)(t_1-t_0)$$
$$=39.2W\times(1.01+1.88\times0.008)\times(130-20)=4420W$$

则干燥系统的热效率

$$\eta=\frac{W(2492+1.88t_2)}{Q}\times100\%=\frac{W(2492+1.88\times65)}{4420W}\times100\%=59.1\%$$

或直接用理想干燥过程热效率简化式计算：

$$\eta=\frac{t_1-t_2}{t_1-t_0}\times100\%=\frac{130-65}{130-20}\times100\%=59.1\%$$

当干燥器空气出口温度为 40℃时，

$$I_2=(1.01+1.88H_2)t_2+2492H_2$$
$$=(1.01+1.88H_2)\times40+2492H_2$$

由 $I_1=I_2$，可得空气出口湿度

$$H_2=0.0439\text{kg 水汽/kg 干气}$$

则此时干空气的用量为

$$L=\frac{W}{H_2-H_1}=\frac{W}{0.0439-0.008}=27.86W$$

干燥系统补充的热量

$$Q=Q_P=L(1.01+1.88H_0)(t_1-t_0)$$
$$=27.86W\times(1.01+1.88\times0.008)\times(130-20)=3141W$$

则干燥系统的热效率

$$\eta=\frac{W(2492+1.88t_2)}{Q}\times100\%=\frac{W(2492+1.88\times40)}{3141W}\times100\%=81.7\%$$

或

$$\eta=\frac{t_1-t_2}{t_1-t_0}\times100\%=\frac{130-40}{130-20}\times100\%=81.8\%$$

(2) 当干燥器空气出口温度为 65℃时，其中的水汽分压

$$p_v=\frac{pH_2}{0.622+H_2}=\frac{101.3\times0.0335}{0.622+0.0335}=5.18\text{kPa}$$

空气经管道及旋风分离器后，温度降至55℃，在该温度下水的饱和蒸气压 $p_s=15.74\text{kPa}$，$p_s>p_v$，即此时空气的温度尚未降至露点，不会有水分析出，物料不会返潮。

当干燥器空气出口温度为40℃时，假设没有水析出，则其中的水汽分压

$$p_v=\frac{pH_2}{0.622+H_2}=\frac{101.3\times0.0439}{0.622+0.0439}=6.68\text{kPa}$$

空气经管道及旋风分离器后，温度降至30℃，在该温度下水的饱和蒸气压 $p_s=4.25\text{kPa}$，$p_s<p_v$，即此时空气的温度已低于露点，必有水分析出，物料将返潮。

讨论 由本题计算结果可以看出，设计时干燥器空气出口温度的选取，对干燥系统的热效率有直接影响。空气初始状态及预热温度一定时，空气出口温度越低，干燥系统的热效率越高。同时注意到，空气出口温度过低，会因流经后续管路及设备时散热而使其温度降至露点以下，使物料返潮。因此，应合理选取空气出口温度，其值一般比进干燥器湿空气的绝热饱和温度高20～50℃为宜。

【例7-7】 空气的状态与流速对恒速阶段干燥速率的影响

现将某固体颗粒物料平铺于盘中，在常压恒定干燥条件下进行干燥实验。温度为50℃，湿度为0.02kg水汽/kg干气的空气，以4m/s的流速平行吹过物料表面。设对流传热系数可用 $\alpha=14.3G^{0.8}\text{W}/(\text{m}^2\cdot℃)$ [G 为质量流速，单位为 $\text{kg}/(\text{m}^2\cdot\text{s})$]计算，试求恒速阶段的干燥速率及当空气条件发生下列改变时该值的变化。(1) 空气的湿度、流速不变，而温度升高至80℃；(2) 空气的温度、流速不变，而湿度变为0.03kg水汽/kg干气；(3) 空气的温度、湿度不变，而将流速提高至6m/s。

解 原工况：

湿空气 $t=50℃$、$H=0.02$kg水汽/kg干气，可在湿度图中查得其湿球温度 $t_w=31℃$，该温度下水的相变焓 $r_w=2422\text{kJ/kg}$。

干燥器内湿空气的比体积

$$v_H=(0.773+1.244H)\times\frac{273+t}{273}=(0.773+1.244\times0.02)\times\frac{273+50}{273}=0.944\text{m}^3/\text{kg 干气}$$

则湿空气的密度
$$\rho=\frac{1+H}{v_H}=\frac{1+0.02}{0.944}=1.081\text{kg/m}^3$$

湿空气的质量流速
$$G=u\rho=4\times1.081=4.32\text{kg}/(\text{m}^2\cdot\text{s})$$

对流传热系数

$$\alpha=14.3G^{0.8}=14.3\times4.32^{0.8}=46.10\text{W}/(\text{m}^2\cdot℃)$$

则恒速阶段的干燥速率

$$U_C=\frac{\alpha}{r_w}(t-t_w)=\frac{46.10}{2422\times1000}\times(50-31)=3.62\times10^{-4}\ \text{kg}/(\text{m}^2\cdot\text{s})$$

新工况：

(1) 当空气的湿度、流速不变，而温度升高为80℃时，其湿球温度 $t_w=36℃$，该温度下水的相变焓 $r_w=2410\text{kJ/kg}$。

湿空气的比体积

$$v_H=(0.773+1.244H)\times\frac{273+t}{273}=(0.773+1.244\times0.02)\times\frac{273+80}{273}=1.032\text{m}^3/\text{kg 干气}$$

湿空气的密度 $\rho=\dfrac{1+H}{v_H}=\dfrac{1+0.02}{1.032}=0.988\text{kg/m}^3$

湿空气的质量流速 $G=u\rho=4\times0.988=3.95\text{kg/(m}^2\cdot\text{s)}$

对流传热系数

$$\alpha=14.3G^{0.8}=14.3\times3.95^{0.8}=42.92\text{W/(m}^2\cdot℃)$$

则干燥速率

$$U_C=\frac{\alpha}{r_w}(t-t_w)=\frac{42.92}{2410\times1000}\times(80-36)=7.84\times10^{-4}\text{kg/(m}^2\cdot\text{s)}$$

（2）当空气的温度、流速不变，而湿度变为0.03kg水汽/kg干气时，查得其湿球温度$t_w=35℃$，该温度下水的相变焓$r_w=2412\text{kJ/kg}$。

湿空气的比体积

$$v_H=(0.773+1.244H)\times\frac{273+t}{273}=(0.773+1.244\times0.03)\times\frac{273+50}{273}=0.959\text{m}^3/\text{kg 干气}$$

湿空气的密度 $\rho=\dfrac{1+H}{v_H}=\dfrac{1+0.03}{0.959}=1.074\text{kg/m}^3$

湿空气的质量流速 $G=u\rho=4\times1.074=4.30\text{kg/(m}^2\cdot\text{s)}$

对流传热系数

$$\alpha=14.3G^{0.8}=14.3\times4.30^{0.8}=45.93\text{W/(m}^2\cdot℃)$$

则干燥速率

$$U_C=\frac{\alpha}{r_w}(t-t_w)=\frac{45.93}{2412\times1000}\times(50-35)=2.86\times10^{-4}\text{kg/(m}^2\cdot\text{s)}$$

（3）空气的温度、湿度不变，而将流速提高至6m/s时，

对流传热系数 $\dfrac{\alpha'}{\alpha}=\left(\dfrac{G'}{G}\right)^{0.8}=\left(\dfrac{u'}{u}\right)^{0.8}=\left(\dfrac{6}{4}\right)^{0.8}=1.383$

因空气的状态不变，则干燥速率

$$\frac{U'_C}{U_C}=\frac{\alpha'}{\alpha}=1.383$$

故 $U'_C=1.383U_C=1.383\times3.62\times10^{-4}=5.01\times10^{-4}\text{kg/(m}^2\cdot\text{s)}$

讨论 恒速干燥阶段为表面汽化控制阶段，其干燥速率主要取决于空气的条件。空气的温度越高、湿度越低或流速越大，则其干燥速率越大。

【例7-8】 空气流速对临界含水量的影响

将含水量为18%（湿基，下同）的某湿物料，均匀地平铺在正方形平盘中，一定状态的空气以某一流速在物料表面掠过。在该条件下，物料的平衡含水量为1%，临界含水量为6%，干燥进行4h时物料的含水量为8%。假定降速阶段的干燥速率与物料的自由含水量（干基）呈线性关系，且对流传热系数$\alpha\propto G^{0.8}$（G为空气的质量流速），试求：（1）将物料干燥至含水量为2%时所需的总干燥时间；（2）若保持空气状态不变而将流速提高一倍，只需4.4h便可将物料的水分降至2%，此时物料的临界含水量有何变化？

解 (1) 物料初始干基含水量

$$X_1=\frac{w_1}{1-w_1}=\frac{0.18}{1-0.18}=0.220\text{kg 水/kg 干料}$$

临界干基含水量

$$X_C=\frac{w_C}{1-w_C}=\frac{0.06}{1-0.06}=0.064\text{kg 水/kg 干料}$$

平衡干基含水量

$$X^*=\frac{w^*}{1-w^*}=\frac{0.01}{1-0.01}=0.0101\text{kg 水/kg 干料}$$

物料干燥 4h 时干基含水量

$$X_2=\frac{w_2}{1-w_2}=\frac{0.08}{1-0.08}=0.087\text{kg 水/kg 干料}$$

因 $X_2>X_C$，故干燥 4h 全部为恒速阶段。

由
$$\tau_1=\frac{G_C}{AU_C}(X_1-X_2)$$

得
$$\frac{G_C}{AU_C}=\frac{\tau_1}{X_1-X_2}=\frac{4}{0.220-0.087}=30.1$$

干燥终了时的干基含水量

$$X_3=\frac{w_3}{1-w_3}=\frac{0.02}{1-0.02}=0.0204\text{kg 水/kg 干料}$$

将物料干燥至此所需的总时间

$$\begin{aligned}\tau&=\frac{G_C}{AU_C}(X_1-X_C)+\frac{G_C(X_C-X^*)}{AU_C}\ln\frac{X_C-X^*}{X_3-X^*}\\&=30.1\times\left[(0.220-0.064)+(0.064-0.0101)\ln\frac{0.064-0.0101}{0.0204-0.0101}\right]\\&=7.38\text{h}\end{aligned}$$

(2) 当空气流速提高一倍时

对流传热系数
$$\frac{\alpha'}{\alpha}=\left(\frac{G'}{G}\right)^{0.8}=\left(\frac{u'}{u}\right)^{0.8}=2^{0.8}$$

因空气的状态不变，则恒速阶段干燥速率

$$\frac{U'_C}{U_C}=\frac{\alpha'}{\alpha}=2^{0.8}$$

即
$$\frac{G_C}{AU'_C}=\frac{G_C}{2^{0.8}AU_C}=\frac{30.1}{2^{0.8}}=17.29$$

设此时临界含水量为 X'_C，则总干燥时间

$$\tau'=\frac{G_C}{AU'_C}(X_1-X'_C)+\frac{G_C(X'_C-X^*)}{AU'_C}\ln\frac{X'_C-X^*}{X_3-X^*}$$

代入数据

$$4.4=17.29\times\left[(0.220-X'_C)+(X'_C-0.0101)\ln\frac{X'_C-0.0101}{0.0204-0.0101}\right]$$

试差得　$X'_C=0.07$kg水/kg干料

即当空气流速提高一倍时，临界含水量为0.07kg水/kg干料。

讨论　临界含水量是恒速干燥阶段与降速干燥阶段的分界点，其大小与物料的性质、厚度和恒速阶段干燥速率有关。空气的流速增加，或温度增加，或湿度下降，均可使恒速干燥速率提高，临界含水量增大。

【例7-9】　干燥条件对干燥速率曲线的影响

温度为t、湿度为H的空气以一定的流速u在湿物料表面掠过，测得其干燥速率曲线如图7-13所示，试定性绘出改动下列条件后的干燥速率曲线。(1) 空气的温度与湿度不变，流速增加；(2) 空气的温度与流速不变，湿度增加；(3) 空气的温度、湿度与流速不变，湿物料厚度减薄。

解　(1) 由例7-8分析可知，当空气的流速增加时，恒速阶段的干燥速率U_C增加，相应临界含水量X_C增大。因空气的状态不变，故平衡含水量X^*不变，此种情况下的干燥速率曲线如图7-14所示。

(2) 当空气的湿度增加时，恒速阶段的干燥速率U_C减小，相应的临界含水量X_C减小，平衡含水量X^*增大，此种情况下的干燥速率曲线如图7-15所示。

(3) 当空气的温度、湿度与流速不变，而湿物料厚度减薄时，恒速阶段的干燥速率U_C不变，临界含水量X_C减小，而平衡含水量X^*不变，此种情况下的干燥速率曲线如图7-16所示。

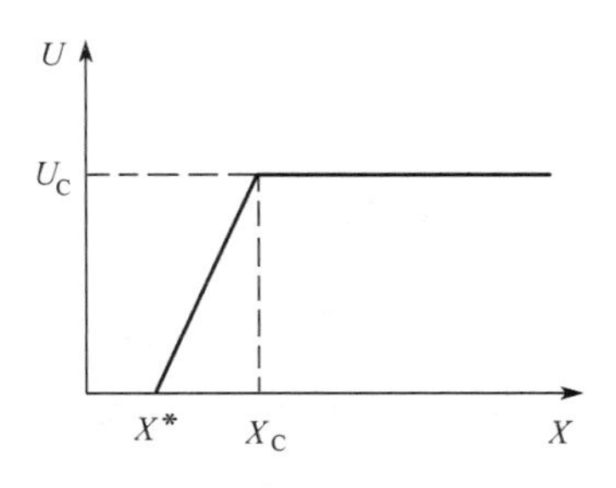

图7-13　例7-9附图(1)

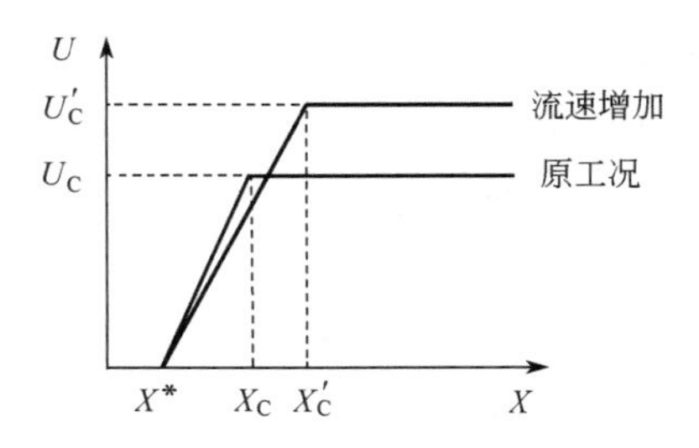

图7-14　例7-9附图(2)

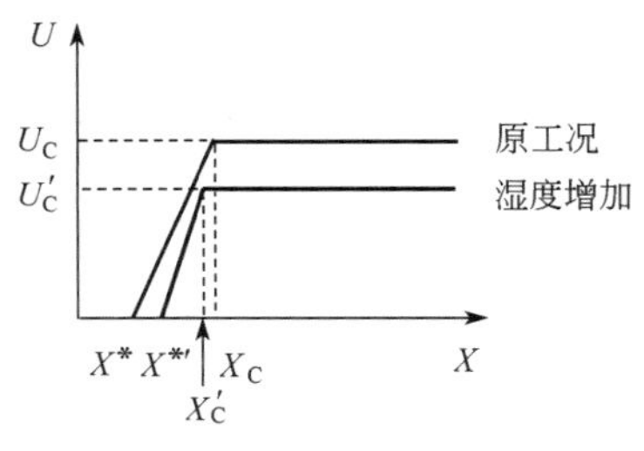

图7-15　例7-9附图(3)

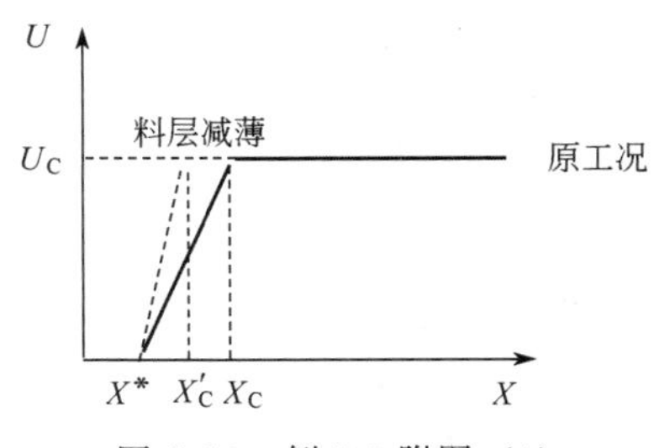

图7-16　例7-9附图(4)

💬**讨论** 干燥速率曲线通常是在恒定干燥条件下获得，当干燥条件发生变化时，干燥速率曲线也相应变化，需注意三个特征值（恒速阶段的干燥速率、临界含水量、平衡含水量）的影响因素及其变化规律。

7.5 习题精选

一、选择题

1. 对湿度一定的空气，以下各参数中与空气温度无关的是（ ）。

A. 相对湿度 B. 湿球温度 C. 露点温度 D. 绝热饱和温度

2. 无法在 I-H 图中确定空气状态点的一组参数是（ ）。

A. (t, t_d) B. (t, t_w) C. (t, ϕ) D. (I, t_w)

3. ①绝热饱和温度 t_{as} 是少量空气和足量水充分接触，进行绝热增湿直至饱和时的稳态温度，它等于循环水的温度；②湿球温度 t_w 是湿球温度计所指示的平衡温度，它不等于湿纱布中水的温度。

对以上两种说法正确的判断是（ ）。

A. ①②都对 B. ①②都不对 C. ①对、②不对 D. ②对、①不对

4. 当湿度和温度一定时，相对湿度与总压的关系（ ）。

A. 成正比 B. 成反比 C. 无关 D. 无法确定

5. 空气的干球温度与湿球温度差越小，表明空气（ ）。

A. 越潮湿 B. 越干燥 C. 焓值低 D. 焓值高

6. 湿空气在换热器中与传热介质进行热交换：①若空气温度降低，其湿度肯定不变；②若空气温度升高，其湿度肯定不变。对以上两种说法正确的判断是（ ）。

A. ①②都对 B. ①②都不对 C. ①对、②不对 D. ②对、①不对

7. 物料经干燥去除的水分是（ ），其中较易去除的水分是（ ）。

A. 结合水分 B. 非结合水分 C. 自由水分 D. 平衡水分

8. 用空气干燥某物料，当空气的温度不变而相对湿度降低时，物料的结合水含量（ ），平衡含水量（ ）。

A. 增大 B. 减小 C. 不变 D. 无法确定

9. 某物料在恒定干燥条件下的临界含水量为 0.1kg 水/kg 干料，若将该物料从 0.26 kg 水/kg 干料干燥至 0.06 kg 水/kg 干料，则此时物料的表面温度（ ）。

A. $\theta=t_w$ B. $\theta>t_w$ C. $\theta=t_d$ D. $\theta>t_d$

10. 关于恒速阶段的干燥速率，如下说法错误的是（ ）。

A. 与空气的状态有关 B. 与空气和物料的接触方式有关

C. 与空气的流速有关 D. 与物料的种类有关

11. 不是降速干燥阶段特点的选项是（ ）。

A. 物料温度逐渐升高

B. 对流传热速率低于水分汽化吸热速率

C. 物料表面逐渐变干

D. 汽化的既有结合水分，也有非结合水分

12. 理想干燥过程不具有的特征是（　　）。

A. 空气焓不变　B. 热损失为零　C. 物料温度升高　D. 不补充热量

13. 当汽化水分量及废气出口湿度一定时，应按（　　）的大气条件选择风机。

A. 冬季　B. 夏季

C. 冬季、夏季的平均　D. 冬季、夏季均可

14. 在某常压连续干燥器中采用部分废气循环操作，即由干燥器出来的一部分废气（t_2,H_2）和新鲜空气（t_0,H_0）混合，混合气（t_m,H_m）经预热器加热到状态（t_1,H_1）后再送入干燥器。若水分汽化量为 W，则所需绝干空气量为（　　）。

A. $L=W/(H_2-H_0)$　B. $L=W/(H_1-H_0)$

C. $L=W/(H_2-H_1)$　D. $L=W/(H_m-H_0)$

15. 一般来说，当新鲜空气和废气温度一定时，提高空气的预热温度，干燥系统热效率将（　　）。

A. 不变　B. 降低　C. 升高　D. 无法确定

16. 颗粒物料在气流干燥器中的停留时间极短，故气流干燥器最适于去除物料中的（　　）。

A. 自由水分　B. 平衡水分　C. 结合水分　D. 非结合水分

17. 单层单室流化床干燥器的缺点是产品含水量不均匀，这主要是因为（　　）。

A. 干燥条件不稳定　B. 空气湿度过高

C. 物料的初始含水量不均匀　D. 物料在干燥器内的停留时间不一致

18. 非吸水性多孔小颗粒状物料，初始含水量较高，要求最终含水量很低，如下各干燥方案中最合理的是（　　）。

A. 采用流化干燥　B. 采用气流干燥

C. 先流化干燥，再气流干燥　D. 先气流干燥，再流化干燥

二、填空题

1. 干燥操作的必要条件是____________，干燥过程是________相结合的过程。

2. 干燥过程的传热推动力是______________，传质推动力是________。

3. 相对湿度 $\varphi<100\%$ 的湿空气称为______湿空气，此时 t ____ t_w ____ t_{as} ____ t_d；若 $\varphi=100\%$，则 t ____ t_w ____ t_{as} ____ t_d（<、=或>）。

4. 常压下，空气中水汽分压为 20mmHg 时，其湿度 $H=$____________。

5. 湿空气在温度 303K 和总压 1.25MPa 下，湿度 H 为 0.0023kg 水汽/kg 干气，则其湿比体积 v_H 为________ m^3/kg 干气。

6. 若湿空气的温度不变，而增大相对湿度，则露点______，绝热饱和温度______。

7. 空气经一间壁式加热器后，湿度________，焓______，相对湿度______，湿球温度______，露点温度______。

8. 湿度为 H 的不饱和湿空气，总压 p 增加时，露点温度 t_d ______，空气中容纳水分的最大值______。

9. 饱和空气在恒压下冷却，温度从 t_1 降为 t_2，则其相对湿度 φ ______，湿度 H ______，露点 t_d ____，湿球温度 t_w ______。

10. 空气在进入干燥器前必须预热，其目的是____________和____________。

11. 物料的平衡含水量取决于____________和____________，而结合水分含量

仅与________有关。

12. 物料的平衡水分______结合水分（一定是、不是、不一定是）。

13. 以空气作为湿物料的干燥介质，当所用空气的相对湿度增大时，湿物料的平衡含水量______，结合水分含量________。

14. 已知在常压及25℃下，水分在某湿物料与空气之间的平衡关系为：相对湿度φ=100%时，平衡含水量X^*=0.02kg水/kg干料；相对湿度φ=40%时，平衡含水量X^*=0.007kg水/kg干料。现该物料含水量为0.23kg水/kg干料，令其与25℃，φ=40%的空气接触，则该物料的自由含水量为____ kg水/kg干料，结合水含量为________ kg水/kg干料，非结合水含量为________ kg水/kg干料。

15. 恒定干燥条件是指__________、__________、________及____________保持不变。

16. 恒定干燥条件下，物料的干燥过程通常分__________和__________两个阶段，其分界处物料的含水量称为____________。

17. 恒速干燥阶段除去的水分为______________，降速干燥阶段除去的水分为______________。

18. 恒速干燥阶段又称为________________，影响该阶段干燥速率的主要因素是__________；降速干燥阶段又称为________________，影响该阶段干燥速率的主要因素是________________。

19. 在相同的空气条件及相同的干燥设备中，被干燥的物料分别为吸湿性物料A和非吸湿性物料B，已知两种物料的干燥均处于恒速阶段，则A的干燥速率__________B的干燥速率。

20. 同一物料，如果增大恒速干燥阶段的干燥速率，则其临界含水量将__________；如果减薄物料层厚度，则临界含水量将__________。

21. 用热空气干燥某物料，若其他条件不变而空气的流速增加，则恒速阶段的干燥速率将______，临界含水量将______，平衡含水量将______；若其他条件不变而空气的相对湿度增加，则恒速阶段的干燥速率将______，临界含水量将______，平衡含水量将______。

22. 判断正误：

① 空气相对湿度等于其湿度与相同温度下的饱和湿度之比。 （　）

② 在湿空气湿度图中，利用湿空气的湿度和露点温度，可以查得湿空气的其他性质参数。 （　）

③ 在恒定干燥条件下，某物料的临界含水量为0.2kg水/kg干料，现将该物料的含水量从0.5 kg水/kg干料干燥到0.1kg水/kg干料，则干燥终了时物料的表面温度将大于空气的湿球温度。 （　）

④ 对流干燥中为去除物料中的结合水分，提高空气的温度和流速，可以提高干燥速率。 （　）

23. 在干燥操作中，多级或中间加热适用于__________________物料的干燥；部分废气循环适用于________________物料的干燥。

24. 降低废气出口温度可以提高干燥器的热效率，但也不能过低，这是因为__________________________。

三、计算题

1. 已知湿空气的温度为20℃，水汽分压为2.335kPa，总压为101.3kPa。试求：(1) 相对湿度；(2) 将此空气分别加热至50℃和120℃时的相对湿度；(3) 由以上计算结果可得出什么结论？

2. 已知在总压101.3kPa下，湿空气的温度为30℃，相对湿度为50%，试求：(1) 湿度；(2) 露点；(3) 焓；(4) 将此状态空气加热至120℃所需的热量，已知空气的质量流量为400kg干气/h；(5) 每小时送入预热器的湿空气体积。

3. 常压下某湿空气的温度为25℃，湿度为0.01kg水汽/kg干气。试求：(1) 该湿空气的相对湿度及饱和湿度；(2) 若保持温度不变，加入绝干空气使总压上升至220kPa，则此湿空气的相对湿度及饱和湿度变为多少？(3) 若保持温度不变而将空气压缩至220kPa，则在压缩过程中每千克干气析出多少水分？

4. 已知在常压、25℃下，水分在某物料与空气间的平衡关系如下：

相对湿度为φ=100%，平衡含水量X^*=0.185kg水/kg干料

相对湿度为φ=50%，平衡含水量X^*=0.095kg水/kg干料

现该物料的含水量为0.35kg水/kg干料，令其与25℃，φ=50%的空气接触，问物料的自由含水量、结合水分含量与非结合水分含量各为多少？

5. 常压下用热空气干燥某种湿物料。新鲜空气的温度为20℃、湿度为0.012kg水汽/kg干气，经预热器加热至60℃后进入干燥器，离开干燥器的废气湿度为0.028kg水汽/kg干气。湿物料的初始含水量为10%，干燥后产品的含水量为0.5%（均为湿基），干燥产品量为4000kg/h。试求：(1) 水分汽化量，kg/h；(2) 新鲜空气的用量，分别用质量及体积表示；(3) 分析说明当干燥任务及出口废气湿度一定时，是用夏季还是冬季条件选用风机比较合适。

6. 在某干燥器中常压干燥砂糖晶体，处理量为450kg/h，要求将湿基含水量由42%减至4%。干燥介质为温度20℃，相对湿度30%的空气，经预热器加热至一定温度后送至干燥器中，空气离开干燥器时温度为50℃，相对湿度为60%。若空气在干燥器内为等焓过程，试求：(1) 水分汽化量，kg/h；(2) 湿空气的用量，kg/h；(3) 预热器向空气提供的热量，kW。

7. 试在I-H图中定性绘出下列干燥过程中湿空气的状态变化过程。

(1) 温度为t_0、湿度为H_0的湿空气，经预热器温度升高到t_1后送入理想干燥器，废气出口温度为t_2；

(2) 温度为t_0、湿度为H_0的湿空气，经预热器温度升高到t_1后送入理想干燥器，废气出口温度为t_2，此废气再经冷却冷凝器析出水分后，恢复到t_0、H_0的状态；

(3) 部分废气循环流程：温度为t_0、湿度为H_0的新鲜空气，与温度为t_2、湿度为H_2的出口废气混合（设循环废气中绝干空气质量与混合气中绝干空气质量之比为$m:n$），送入预热器加热到一定的温度t_1后再进入干燥器，离开干燥器时的废气状态为温度t_2、湿度H_2；

(4) 中间加热流程：温度为t_0、湿度为H_0的湿空气，经预热器温度升高到t_1后送入干燥器进行等焓干燥，温度降为t_2时，再用中间加热器加热至t_1，再进行等焓干燥，废气最后出口温度仍为t_2。

8. 常压下，用空气干燥某湿物料的循环流程如附图所示。温度为30℃、露点为20℃的湿空气，以600m^3/h的流量从风机中送出，经冷却器后，析出3kg/h的水分，再经预热器

加热至60℃后送入干燥器。设在干燥器中为等焓干燥过程，试求：(1) 循环干空气质量流量；(2) 冷却器出口空气的温度及湿度；(3) 预热器出口空气的相对湿度。

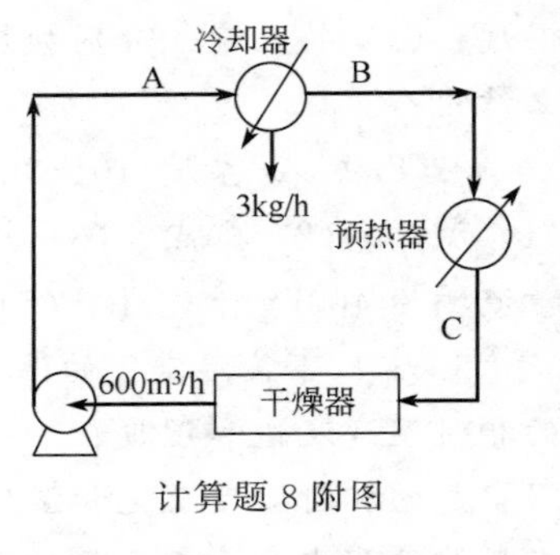

计算题8附图

9. 常压下用热空气在一理想干燥器内将每小时1000kg湿物料自含水量50%降低到6%（均为湿基）。已知新鲜空气的温度为25℃、湿度为0.005kg水汽/kg干气，干燥器出口废气温度为38℃，湿度为0.034水汽kg/kg干气。现采用以下两种方案。

(1) 在预热器内将空气一次预热至指定温度后送入干燥器与物料接触；

(2) 空气预热至74℃后送入干燥器与物料接触，当温度降至38℃时，再用中间加热器加热到一定温度后继续与物料接触。

试求：(1) 在同一 I-H 图中定性绘出两种方案中湿空气经历的过程与状态；(2) 计算各状态点参数以及两种方案所需的新鲜空气量和加热量。

10. 某物料的干燥过程中，由于工艺的需要，采用部分废气循环以控制物料的干燥速率。已知常压下新鲜空气的温度为25℃、湿度为0.005kg水汽/kg干气，干燥器出口废气温度为58℃，相对湿度为70%。控制废气与新鲜空气的混合比以使进预热器时的湿度为0.06kg水汽/kg干气。设干燥过程为等焓干燥过程，试计算循环比（循环废气中绝干空气质量与混合气中绝干空气质量之比）及混合气体进、出预热器的温度。

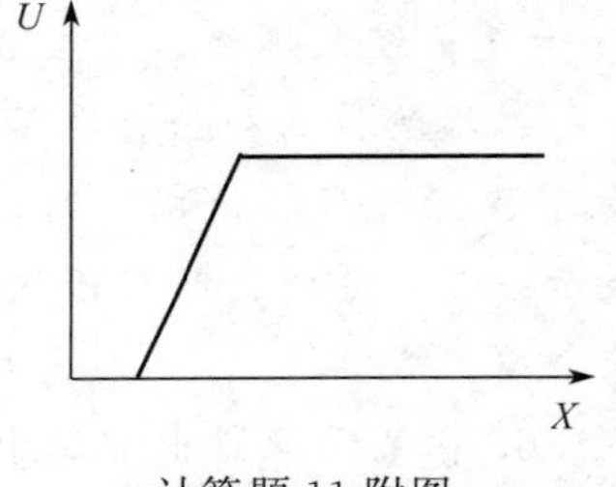

计算题11附图

11. 温度为 t、湿度为 H 的空气以一定的流速在湿物料表面掠过，测得其干燥速率曲线如附图所示，试定性绘出改动下列条件后的干燥速率曲线。(1) 空气的温度与湿度不变，流速增加；(2) 空气的湿度与流速不变，温度增加；(3) 空气的温度、湿度与流速不变，被干燥的物料换为另一种更吸水的物料。

12. 有两种湿物料，第一种物料的含水量为0.4kg水/kg干料，某干燥条件下的临界含水量为0.02kg水/kg干料，平衡含水量为0.005kg水/kg干料；第二种物料的含水量为0.4kg水/kg干料，某干燥条件下的临界含水量为0.24kg水/kg干料，平衡含水量为0.01kg水/kg干料。问提高干燥器内空气的流速，对上述两种物料中哪一种更能缩短干燥时间？为什么？

13. 一批湿物料置于盘架式干燥器中，在恒定干燥条件下干燥。盘中物料的厚度为25.4mm，空气从物料表面平行掠过，可认为盘子的侧面与底面是绝热的。已知单位干燥面积的绝干物料量 $G_C/A=23.5\text{kg/m}^2$，物料的临界含水量 $X_C=0.18$kg水/kg干料。将物料含水量从 $X_1=0.45$kg水/kg干料下降到 $X_2=0.24$kg水/kg干料所需的干燥时间为1.2h。问在相同的干燥条件下，将厚度为20mm的同种物料由含水量 $X_1'=0.5$kg水/kg干料下降到 $X_2'=0.22$kg水/kg干料所需的干燥时间为多少？

14. 某湿物料5kg，均匀地平摊在长0.4m、宽0.5m的平底浅盘内，并在恒定的空气条件下进行干燥，物料初始含水量为20%（湿基，下同），干燥2.5h后含水量降为7%，已知在此条件下物料的平衡含水量为1%，临界含水量为5%，并假定降速阶段的干燥速率与物料的自由含水量（干基）成直线关系，试求：（1）将物料继续干燥至含水量为3%，所需要总干燥时间为多少？（2）现将物料均匀地平摊在两个相同的浅盘内，并在同样的空气条件下进行干燥，只需1.6h即可将物料的水分降至3%，问物料的临界含水量有何变化？恒速干燥阶段的时间为多长？

符号说明

英文	意义	计量单位
A	传热面积（干燥面积）	m^2
c	比热容	kJ/(kg·K)
G_1	湿物料进干燥器时的质量流量	kg/s
G_2	干燥产品出干燥器时的质量流量	kg/s
G_C	绝干物料的质量流量	kg/s
H	湿度	kg水汽/kg干气
H_s	饱和湿度	kg水汽/kg干气
I	焓	kJ/kg
k_H	以湿度差为推动力的传质系数	$kg/(m^2 \cdot s)$
L	干空气消耗量	kg/s
l	比空气用量	kg干气/kg水
M	摩尔质量	kg/mol
p	总压	Pa
p_s	水的饱和蒸气压	Pa
Q	干燥系统总加入热量	W
Q_D	干燥器加入热量	W
Q_L	热损失	W
Q_P	预热器加入热量	W
r	相变焓	kJ/kg
t	温度	℃
U	干燥速率	$kg/(m^2 \cdot s)$
v	比体积	m^3/kg
W	水分汽化量	kg/s
w	物料的湿基含水量	kg水/kg湿物料
X	物料的干基含水量	kg水/kg干料
X_C	物料的临界含水量	kg水/kg干料
X^*	物料的平衡含水量	kg水/kg干料

希文	意义	计量单位
α	对流传热系数	$W/(m^2 \cdot ℃)$
η	热效率	
θ	固体物料的温度	℃
τ	干燥时间	h
φ	相对湿度	%
α	空气	

下标	意义
as	绝热饱和
d	露点
H	湿空气
v	水汽
w	湿球

北京化工大学化工原理期末考试题

化工原理（上）期末考试题（1）

一、填空题（40分）

1. 绝对压强为154kPa、温度为21℃的空气，其密度$\rho=$________kg/m^3。

2. 表压强与绝对压强的换算关系为：________＝________－大气压强。

3. 伯努利方程式中$u^2/2$的单位是________，它的物理意义是________；$u^2/2g$的单位是________，其物理意义是________；$\rho u^2/2$的单位是________，其物理意义是________。

4. 流体在圆形直管内层流流动，若管径不变，而流量增加一倍，则能量损失变为原来的________倍；若为完全湍流，则能量损失变为原来的________倍。

5. 流体在管内流动时，从总体上说，随着流速的增加，摩擦系数________；而当流体流动进入阻力平方区时，随着流速的增加，摩擦系数________。

6. 采用量纲分析法的目的是________和________。

7. 转子流量计的主要特点为恒________，变________。

8. 当流体在管内流动时，如要测取管截面上流体的速度分布，应选用________测量。

9. 当离心泵高于被输送的流体所在贮槽液面安装时，则启动前需要________，否则会产生________现象；如果安装高度过高，则有可能产生________现象。

10. 离心泵的工作点是__________和__________的交点；用出口阀门调节流量的实质是____________。

11. 传热的三种基本方式是：________、________、________。

12. 多层壁定态热传导时，各层的温度降与各相应层的热阻________。

13. 在多层圆筒壁稳定热传导中，由内层向外层通过各等温面的传热速率（Q）________，热流密度（$q=Q/A$）__________________。

14. 圆筒设备外包有热导率不同的两层保温材料，为增加保温效果，应将热导率________的保温材料放在里层。

15. 某套管式换热器环隙内为饱和水蒸气冷凝加热管内的空气，此时K值接近于________侧流体的α值，壁温接近于________侧流体的温度。若要提高K值。应设法提高________侧流体的湍动程度。

16. 间壁两侧冷、热流体的温度分布如附图所示，则对流传热系数α_1________α_2。

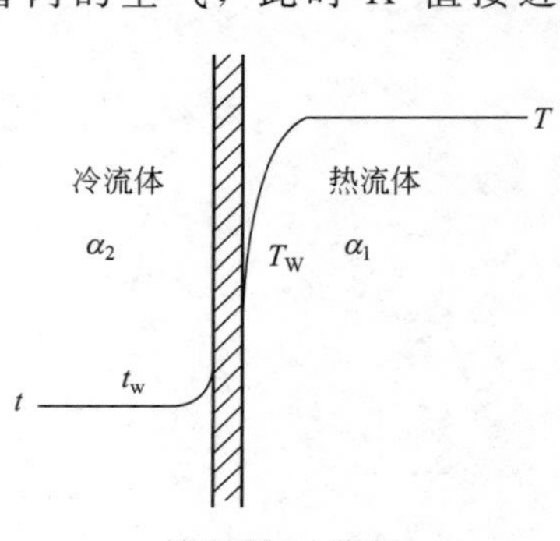

填空题16附图

17. 计算α的特征数关联式中，Gr特征数的物理意义是____________________。

18. 两种灰体A和B，已知发射能力$E_A>E_B$，则其黑度值ε_A________ε_B。

19. 列管式换热器消除热应力的方式有：在外壳上安装________，采用________结构和________结构。

二、计算题（60 分）

1. 如附图所示，常温水槽下连有一水平输水管。水管规格为 ϕ57mm×3.5mm，当阀门 A 全闭时，压力表 B 读数为 0.3atm。而阀门开启至某一开度时，压力表 B 读数降为 0.2atm，设由储槽面到压力表处总压头损失为 0.5m，求在管内水的流量？（10 分）

2. 如附图所示，用离心泵将常温水由水池送往一密闭高位槽中，与高位槽相连通的 U 形压差计以水为指示液，压差计的读数为 0.5m。已知两液面高度差为 15m，所有管子规格均为 ϕ54mm×2mm，全部管路能量损失为 $20\times\frac{u^2}{2}$J/kg（未包括管道进、出口能量损失），u 为管内水的平均流速。如果管内水的流量为 10m³/h，请计算：(1) 管内水的平均流速并判断流动的类型；(2) 离心泵所需的轴功率（已知泵的效率为 0.6）。(3) 如果离心泵的入口处装有一个真空表，请分析当管内水的流量增大时，真空表的读数如何变化（给出分析过程）。（计算中取水的密度 $\rho=1000$kg/m³，水的黏度 10^{-3}Pa·s。）（20 分）

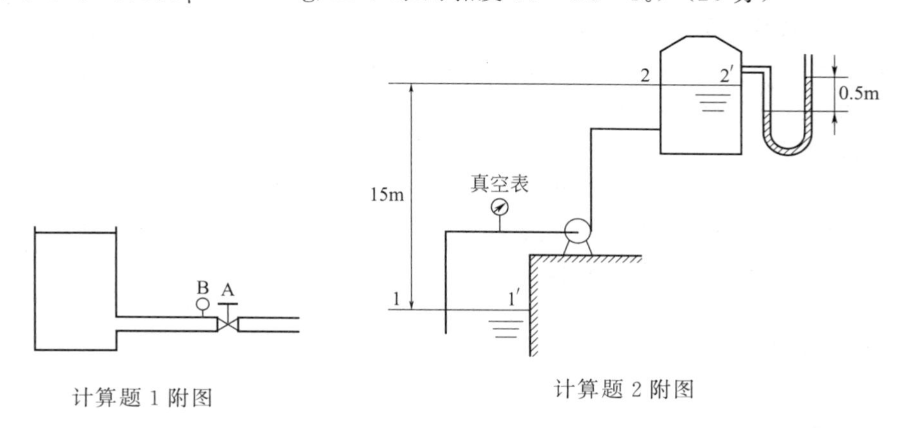

计算题 1 附图　　　　计算题 2 附图

3. 有一稳定导热的平壁炉墙，墙厚 240mm，热导率 $\lambda=0.2$W/(m·K)，若炉墙外壁温度为 45℃，在距外壁 100mm 处的温度为 100℃，试求炉内壁温度。（10 分）

4. 有一套管式换热器，内管尺寸为 ϕ54mm×2mm，外管尺寸为 ϕ108mm×4mm。内管中空气被加热，空气进口温度为 20℃，出口温度为 40℃，空气流量为 100kg/h。环隙中为 140kPa 的饱和水蒸气冷凝，冷凝的对流传热膜系数 $\alpha_1=10000$W/(m²·℃)，管壁热阻及两侧的污垢热阻均忽略不计，也不计热损失。又已知空气在定性温度下的物性为 $C_p=1.005$kJ/(kg·℃)，$\rho=1.165$kg/m³，$\lambda=0.0267$W/(m·℃)，$\mu=18.6\times10^{-6}$Pa·s，140kPa 饱和水蒸气温度 $t_s=109.2$℃。求：(1) 空气在管内的对流传热膜系数；(2) 以内管外表面为基准的总传热系数；(3) 完成上述生产任务所需套管的有效长度。（20 分）

化工原理（上）期末考试题（2）

一、填空题（40 分）

1. 随着温度的升高，液体的黏度______，气体的黏度______。

2. 转子流量计的主要特点为恒______，变______。

3. 流体在圆形直管内层流流动，若管径不变，而流量增加一倍，则能量损失变为原来的______倍；若为完全湍流，则能量损失变为原来的______倍。

4. 水由敞口恒液位的高位槽通过一管道流向压力恒定的反应器，当管道上的阀门开度减小后，水流量将________，管道总机械能损失将________。

5. 实际汽蚀余量的定义式为________。

6. 测定离心泵特性曲线实验中，应先______、________，再开泵。

7. 往复泵、旋转泵等正位移泵，其流量取决于________，而压头取决于________。

8. 离心通风机的全风压是指____________________。

9. 往复压缩机的容积系数 λ 随着压缩比的下降而________，随余隙系数的增大而________。

10. 多层壁定态热传导时，各层的温度降与各相应层的热阻成________比。

11. 圆筒设备外包有热导率不同的两层保温材料，为增加保温效果，应将热导率________的保温材料放在里层。

12. 间壁两侧冷、热流体的温度分布如附图所示，则对流给热系数 α_1 ________ α_2。

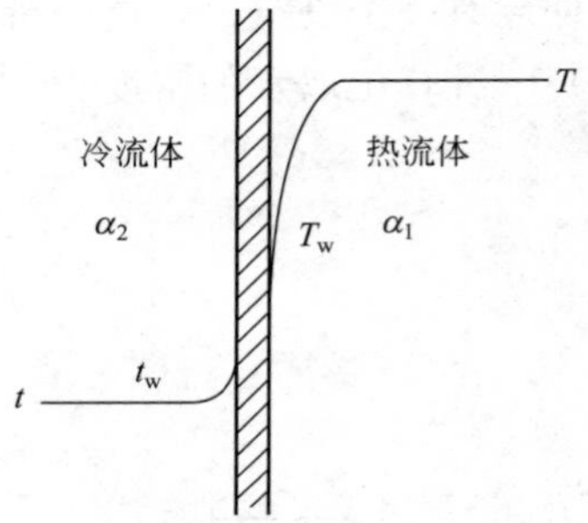

填空题 12 附图

13. 在列管式换热器中用饱和水蒸气加热空气，则总传热系数接近于________的对流给热系数，管壁温度接近于________的温度，该换热器逆流时的平均温度差________并流时的平均温度差。

14. 计算对流给热的特征数关联式中，________反映了流体的物性对对流给热过程的影响；________反映了自然对流的流动状态对对流给热过程的影响。

15. 蒸汽冷凝的两种方式为________和________；________冷凝的对流给热系数较大。

16. 列管式换热器制成多管程的目的是________；壳程设置折流挡板的目的是________。

17. 黑体表面温度从37℃升高到77℃，则辐射能力增加为原来的______倍。

18. 当颗粒雷诺数 Re_p 小于______时，颗粒的沉降属于层流区，此时颗粒的沉降速度与颗粒直径的______次方成正比。

19. 在降尘室里增加几层隔板，若含尘气体的处理量不变，则临界颗粒直径________；若临界颗粒直径不变，则生产能力________。

20. 评价旋风分离器分离性能的指标通常有________和________。

21. 恒压过滤时，滤浆的温度降低，则过滤速率______。

22. 气体自下而上通过颗粒床层时，根据流速的大小，可能出现三种操作工况，分别是______、______和______。

二、计算题（60 分）

1. 如附图所示，两水槽水位恒定，用内径为 30mm 虹吸管将水从高位槽送向低位槽。已知 AB 段长 5m，BC 段长 15m（均包括所有局部阻力的当量长度），$h_1=1$m，$h_2=4$m，水在管内流动的摩擦系数为 0.02。当地大气压为 101.3kPa，水的密度为 1000kg/m³。（1）求管内水的流量；（2）求水在附图中 B 处的压强。（14 分）

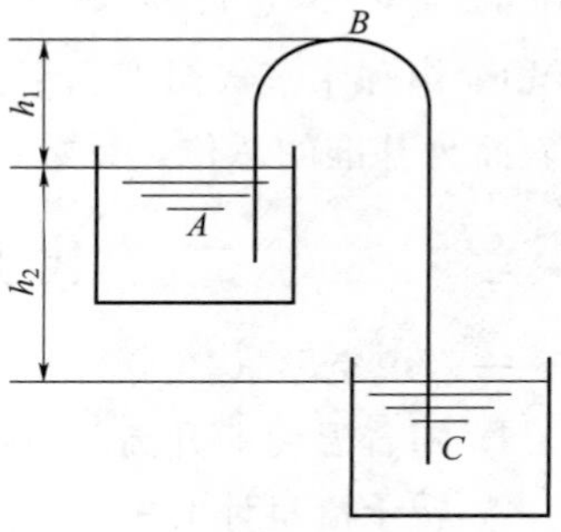

计算题 1 附图

2. 某型号的离心泵，在一定的转速下，在输送范围内其压头与流量的关系可用 $H=18-6\times10^5 q_V{}^2$（H 单位为 m，q_V 单位为 m^3/s）表示。用该泵从贮槽将水送至高位槽，两槽均为敞口，两水面高度差 3m 且水面维持恒定。管路系统的总长为 20m（包括所有局部阻力的当量长度），管规格为 ϕ46mm×3mm，摩擦系数可取为 0.02，水的密度以 $1000kg/m^3$ 计。试计算：(1) 输水量（m^3/h）；(2) 离心泵在运转时的轴功率（设泵的效率为 65%），kW；(3) 若泵的转速提高 5%，则泵的轴功率又为多少（设泵的效率近似不变）？(18 分)

3. 某单管程列管式换热器内装 ϕ25mm×2.5mm 钢管 300 根，管长为 2m，要求将质量流量为 8000kg/h 的常压空气在管程内由 20℃加热到 85℃。壳程为 108℃的饱和水蒸气冷凝，已知蒸汽冷凝的对流给热系数为 $10^4 W/(m^2\cdot K)$，管壁热阻及两侧垢阻均可忽略不计，也不计热损失；空气在平均温度下的物性参数为 $C_p=1kJ/(kg\cdot K)$，$\lambda=2.85\times10^{-2} W/(m\cdot K)$，$\mu=1.98\times10^{-5} Pa\cdot s$，试求：(1) 空气在管内的对流给热系数；(2) 计算说明该换热器能否满足生产要求；(3) 在实际生产中将该换热器制成双管程投入使用，若空气处理量、进口温度及水蒸气温度均不变，则空气的出口温度将达到多少（空气的物性可近似认为不变）？(20 分)

4. 在恒压下对某种悬浮液进行过滤，过滤 10min 得滤液 4L；再过滤 10min 又得滤液 2L。如果继续过滤 10min，可再得滤液多少升？(8 分)

化工原理（上）期末考试题（3）

一、填空题（40 分）

1. 如附图所示，水槽液面恒定。管路中 1→2 及 3→4 两段的管径、管长及粗糙度均相同，则 (p_1-p_2) ________ (p_3-p_4)，而 $W_{f,1-2}$ ________ $W_{f,3-4}$。(>，=，<)

2. 牛顿型流体在圆形管内做定态层流流动时，流速在径向上按________规律分布；剪应力在径向上按________规律分布，在________处的剪应力最大。

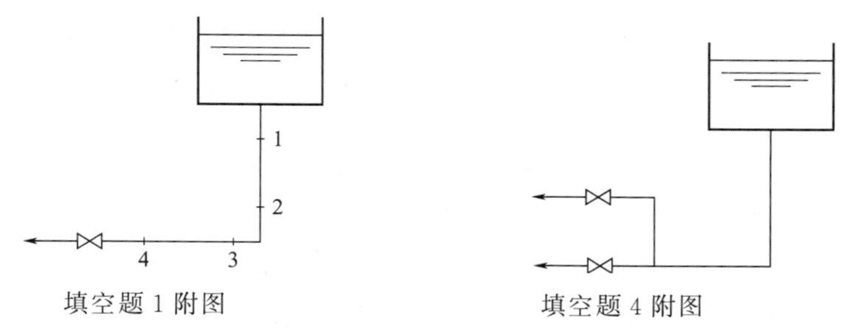

填空题 1 附图　　　　填空题 4 附图

3. 标准孔板的取压方式一定时，其流量系数是________和________的函数。

4. 一个利用总管和分支管供水的管路系统如本题附图所示。当开大某一支路的阀门时，分支点处的水压________；合理的管路设计是尽可能减小________的流动阻力。

5. 离心泵性能表中的________是用来计算最大允许安装高度的；随着流量的增大，该参数的数值________。

6. 隔膜泵通常采用________或________调节流量，而不能采用改变送液管上阀门开度来调节流量，原因是________。

7. 在“化工原理”课程中已经学过了两个定律，它们分别给出了由分子热运动引起的两种传递过程速率的计算方法，这两个定律分别是______和______。

8. 通过三层厚度相同但材料不同的平壁定态导热过程，每层温度变化如本题附图所示，各层材料热导率λ_1、λ_2、λ_3的大小顺序为__________，以及各层热阻R_1、R_2、R_3的大小顺序________。

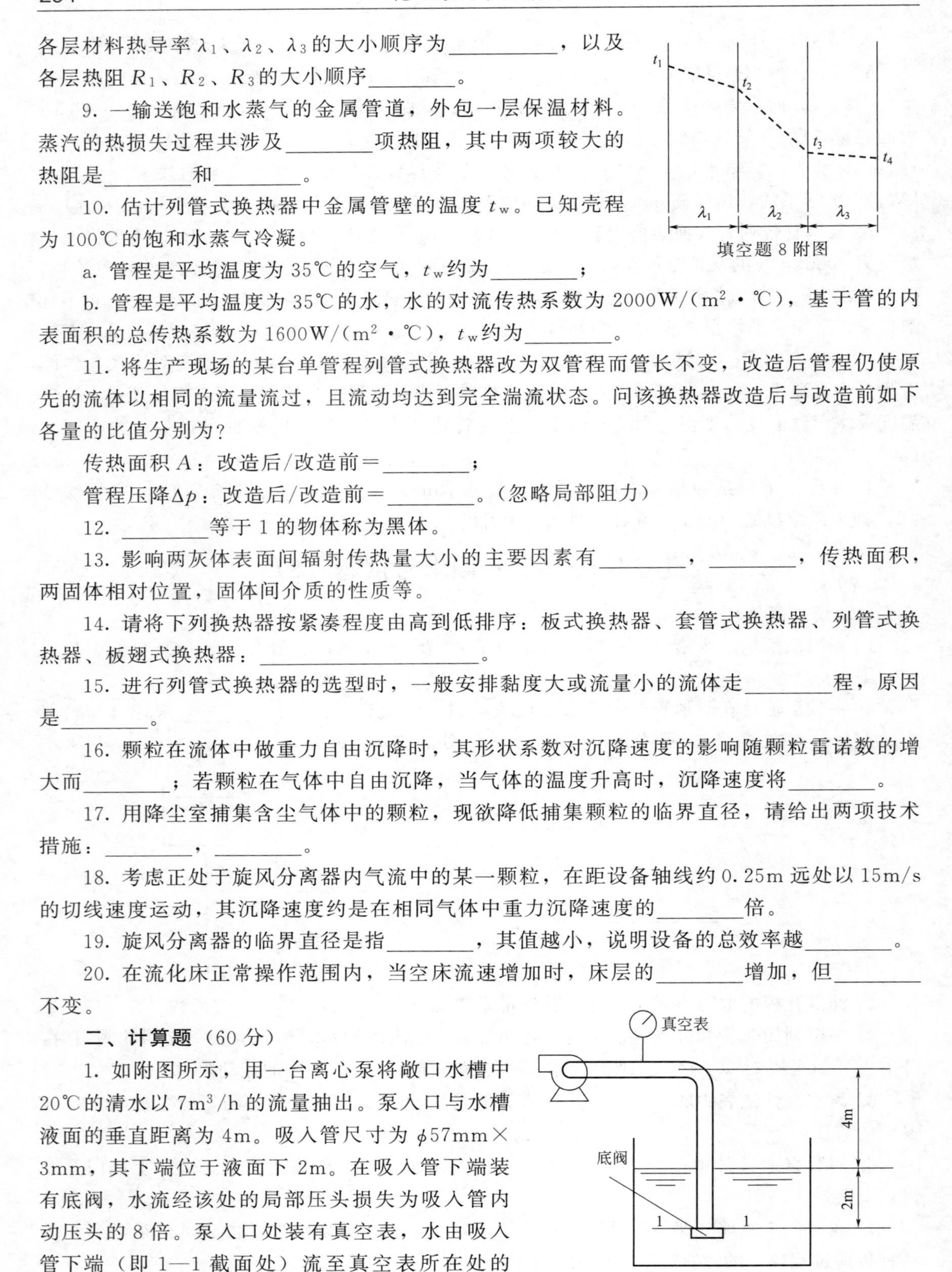

填空题 8 附图

9. 一输送饱和水蒸气的金属管道，外包一层保温材料。蒸汽的热损失过程共涉及________项热阻，其中两项较大的热阻是________和________。

10. 估计列管式换热器中金属管壁的温度t_w。已知壳程为100℃的饱和水蒸气冷凝。

a. 管程是平均温度为35℃的空气，t_w约为________；

b. 管程是平均温度为35℃的水，水的对流传热系数为2000W/(m^2·℃)，基于管的内表面积的总传热系数为1600W/(m^2·℃)，t_w约为________。

11. 将生产现场的某台单管程列管式换热器改为双管程而管长不变，改造后管程仍使原先的流体以相同的流量流过，且流动均达到完全湍流状态。问该换热器改造后与改造前如下各量的比值分别为？

传热面积A：改造后/改造前=________；

管程压降Δp：改造后/改造前=________。(忽略局部阻力)

12. ________等于1的物体称为黑体。

13. 影响两灰体表面间辐射传热量大小的主要因素有________，________，传热面积，两固体相对位置，固体间介质的性质等。

14. 请将下列换热器按紧凑程度由高到低排序：板式换热器、套管式换热器、列管式换热器、板翅式换热器：____________________。

15. 进行列管式换热器的选型时，一般安排黏度大或流量小的流体走________程，原因是________。

16. 颗粒在流体中做重力自由沉降时，其形状系数对沉降速度的影响随颗粒雷诺数的增大而________；若颗粒在气体中自由沉降，当气体的温度升高时，沉降速度将________。

17. 用降尘室捕集含尘气体中的颗粒，现欲降低捕集颗粒的临界直径，请给出两项技术措施：________，________。

18. 考虑正处于旋风分离器内气流中的某一颗粒，在距设备轴线约0.25m远处以15m/s的切线速度运动，其沉降速度约是在相同气体中重力沉降速度的________倍。

19. 旋风分离器的临界直径是指________，其值越小，说明设备的总效率越________。

20. 在流化床正常操作范围内，当空床流速增加时，床层的________增加，但________不变。

二、计算题（60分）

1. 如附图所示，用一台离心泵将敞口水槽中20℃的清水以7m^3/h的流量抽出。泵入口与水槽液面的垂直距离为4m。吸入管尺寸为ϕ57mm×3mm，其下端位于液面下2m。在吸入管下端装有底阀，水流经该处的局部压头损失为吸入管内动压头的8倍。泵入口处装有真空表，水由吸入管下端（即1—1截面处）流至真空表所在处的压头损失为管内动压头的2倍。求：(1) 真空表

计算题 1 附图

的读数；（2）1—1 截面处的压强。（12 分）

2. 某离心泵的特性可表示为 $H=60-9.88\times10^{-3}q_V^2$（式中流量的单位为 m^3/h，压头的单位为 m）。如附图所示，用该离心泵将水由水池送到压强为 120kPa（表压）的塔内。已知吸入和压出管子尺寸均为 ϕ108mm×4mm，管线全长 300m（包括所有局部阻力的当量长度）。水密度为 $1000kg/m^3$，摩擦系数 λ 可取为 0.025。求：（1）离心泵的工作流量和压头；（2）现调整出口阀开度使流量为 $45m^3/h$，以满足塔的用水要求。求由于采用阀门调节方法而损失于阀上的轴功率。已知该流量下泵的效率为 64%。（15 分）

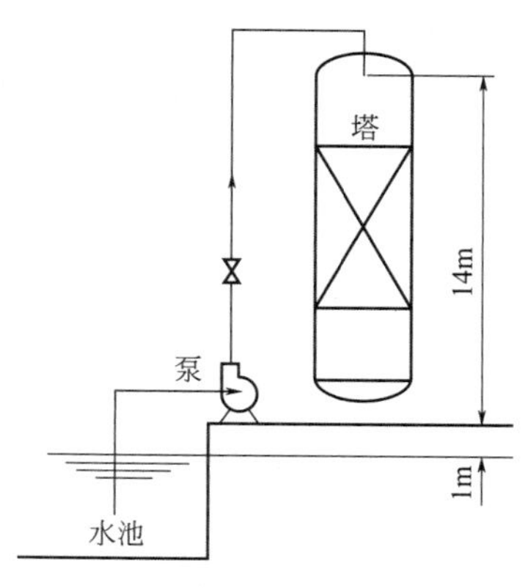

计算题 2 附图

3. 有一套管式换热器，由内管为 ϕ54mm×2mm、外管为 ϕ116mm×4mm 的钢管组成。内管中某溶液被加热，溶液进口温度为 50℃，出口温度为 80℃，流量为 4000kg/h；环隙为 133.3℃的饱和水蒸气冷凝，其冷凝相变焓为 2168kJ/kg，冷凝对流传热系数为 11630W/(m^2·K)。管内壁污垢热阻为 0.000265m^2·℃/W，管壁及管外侧污垢热阻不计。

溶液在 50～80℃之间的物性数据平均值为：比热容 1.86kJ/(kg·℃)，黏度 0.39×10^{-3}Pa·s，热导率 0.134W/(m·℃)。

试求：（1）加热蒸汽冷凝量；（2）该换热器内管的长度；（3）当溶液的流量增加 50%，要求溶液的进、出口温度不变，加热蒸汽的温度应为多少？（20 分）

4. 以板框过滤机恒压过滤某悬浮液，每获 $1m^3$ 滤液得滤饼量为 $0.04m^3$。当过滤压差 1.47×10^5Pa，过滤常数 $K=2.73\times10^{-5}m^2/s$。过滤介质阻力不计，滤饼不可压缩。

（1）要求过滤时间为 1h 时可得 $0.41m^3$ 滤饼，求所需过滤面积为？

（2）在满足（1）的条件下，选用空框的长×宽为（0.81×0.81）m^2 的滤框，过滤 1h 滤饼刚好充满滤框，试确定框数及框厚；

（3）若滤饼不需洗涤，装拆需 45min，操作压差为多大可使生产能力最大（每批过滤均需滤框充满滤饼才停止过滤）？（13 分）

化工原理（上）期末考试题（4）

一、填空题（40 分）

1. 某液体在内径为 d 的水平管路中定态流动，其平均流速为 u。当它以相同的体积流量通过等长的、内径为 $d/2$ 的管子时，其流速为原来的____倍；若流动方式为层流，则流体在管路中的压降为原来的____倍。

2. 如附图所示，________截面处的压强最低，________截面处的压强最高。

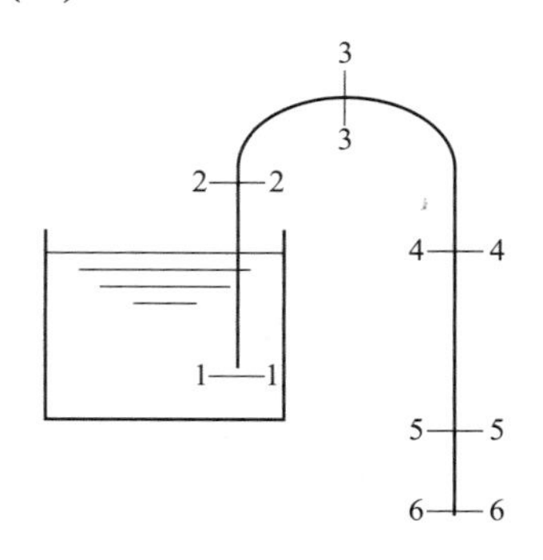

填空题 2 附图

3. 清水以 $40m^3/h$ 的流量流过一个外管为 ϕ152mm×

10mm、内管为ϕ108mm×10mm的套管的环隙。环隙的当量直径为____ mm，水的流速为____ m/s。

4. 转子流量计为恒________、恒________、变________的流量计。

5. 停运离心泵时，先关闭出口阀的目的是__________；启动离心泵时先关闭出口阀的目的是________。

6. 通过提高叶轮转速来使流量增大，离心泵的扬程将______，轴功率将______。

7. 离心泵常用改变________的方法调节流量；而齿轮泵可以通过________和________来调节流量。

8. 用离心泵将液体从敞口槽输送到密闭加压的高位槽中，假设液体流动进入阻力平方区，改变泵的________、改变________阀的开度、改变液体的________、改变________高度差，都可以改变泵的工作点。

9. 列管式换热器壳程为水蒸气冷凝，管程为空气被加热，则壁温接近________一侧流体的主体温度，两流体逆流时的平均温度差________并流时的平均温度差。

10. 根据温差$\Delta t=t_w-t_s$的大小，可将大容积液体沸腾传热过程划分为________、________和________三个阶段。工业沸腾装置一般是按________设计的，在该阶段，Δt越大，沸腾传热系数越________。

11. 根据有无热补偿或补偿方法的不同，列管式换热器的一般结构形式有________、________、________。

12. 傅立叶定律的表达式为________，由该式可以看出导热方向与________的方向相反。

13. 物体黑度是指在同一温度下其________与________之比，在数值上它与同温度下物体的________相等。

14. 降尘室在结构上设置多层隔板是因为降尘室的生产能力与其______和______有关，而与______无关。进入降尘室的含尘气体温度升高，能被去除的最小颗粒直径______，分离效率______。

15. 对于板框过滤机，在洗涤液黏度和滤液黏度相等，且洗涤压强差与过滤终了时的压强差相等的条件下，洗涤速率是过滤终了时速率的____倍。

二、计算题（60分）

1. 在如附图所示的常温水循环系统中，其离心泵的特性方程为：$H=23-1.43\times10^5q_V^2$（式中流量q_V的单位为m^3/s）。泵的吸入管路长10m，压出管路长120m（均包括所有局部阻力的当量长度）。管道规格为ϕ54mm×2mm，流体在管内流动的摩擦系数为0.02。(1) 求管路的特性方程；(2) 求循环水流量，m^3/h；(3) 如果泵的效率为0.6，求其轴功率；(4) 如果泵出口处的压力表距槽内液面3m，则其读数是多少？(23分)

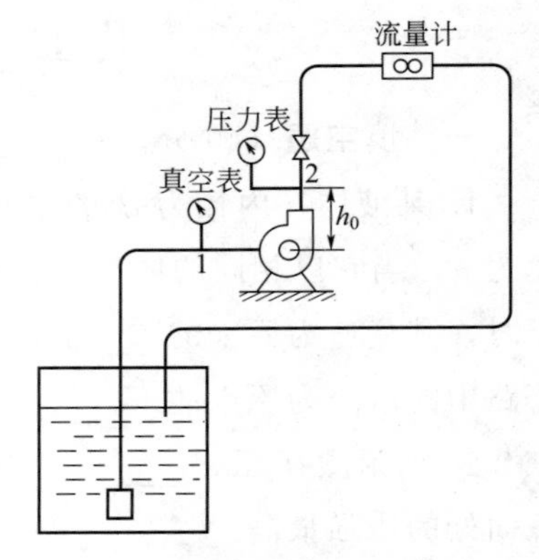

计算题1附图

2. 某单管程列管式换热器内装300根ϕ25mm×2.5mm、长2m的换热管，现欲在其壳程用108℃的水蒸气将在管程流动的流量为 8000kg/h 的常压空气由 20℃加热到 85℃。已知壳程蒸汽冷凝传热系数为 10000W/(m^2·K)，空气在管程流动达到湍流，其对流传热系数为 89.87W/(m^2·K)。不计管壁热阻、污垢热阻和热损失，空气在定性温度下的比热容近似取 1.0kJ/(kg·K)。(1) 计算说明此换热器能否满足上述生产要求；(2) 若采用此换热器，在上述条件下，空气的出口温度为多少？(3) 若空气流量增加 1 倍，只需要将蒸汽温度提高到多少才能使空气出口温度为 85℃？(22 分)

3. 在实验室用一片过滤面积为 0.05m^2的滤叶进行恒压过滤。当过滤时间为 300s 时，获得滤液 400mL；当过滤时间为 900s 时，共获得滤液 800mL。

(1) 写出此条件下的过滤方程；

(2) 在过滤 900s 后，用 300mL 的水洗涤滤饼，洗涤压差和过滤压差相同，水的黏度与滤液黏度相同，计算所需要的洗涤时间。(15 分)

化工原理（下）期末考试题（1）

一、填空题（40 分）

1. 费克定律的表达式为________________。

2. 当温度增高时，溶质在液相中的扩散系数将________。

3. 一般而言，两组分 A、B 的等物质的量相互扩散体现在________单元操作中。

4. 压力________（下降，上升），温度________（下降，上升），将有利于解吸的进行。

5. 对于气膜控制的系统，气体流量增大，则气相总传质系数 K_y________，气相总传质单元高度 H_{OG}________。

6. 在填料吸收塔的计算中，表示设备效能高低的一个量是________，而表示传质任务难易程度的一个量是________。

7. 在逆流吸收塔操作时，物系为低浓度气膜控制系统，如其他操作条件不变，而气液流量按比例同步减少，则此时气体出口组成 y_2 将________，而液体出口组成 x_1 将________，回收率将________。

8. 总压 101.3kPa、温度 95℃下苯与甲苯的饱和蒸气压分别为 155.7kPa 与 63.3kPa，则平衡时气相中苯的摩尔分数为________，液相中苯的摩尔分数为________，苯与甲苯的相对挥发度为________。

9. 精馏过程设计时，增大操作压强，则相对挥发度________，塔顶温度________，塔釜温度________。(增大，减小，不变，不确定)

10. 精馏操作中，正常情况下塔顶温度总________塔底温度，其原因是________和________。

11. 在连续操作的精馏塔中，若 F、x_F、q 均不变，则加大回流比，可以使塔顶产品浓度 x_D________，此时若加热蒸汽量 V 不变，其塔顶产品量 D 将________。

12. 若填料层高度较高，为了有效湿润填料，塔内应设置________装置；一般而言，填料塔的压降比板式塔压降________。

13. 当喷淋量一定时，填料塔单位高度的填料层的压力降与空塔气速关系线上存在着两

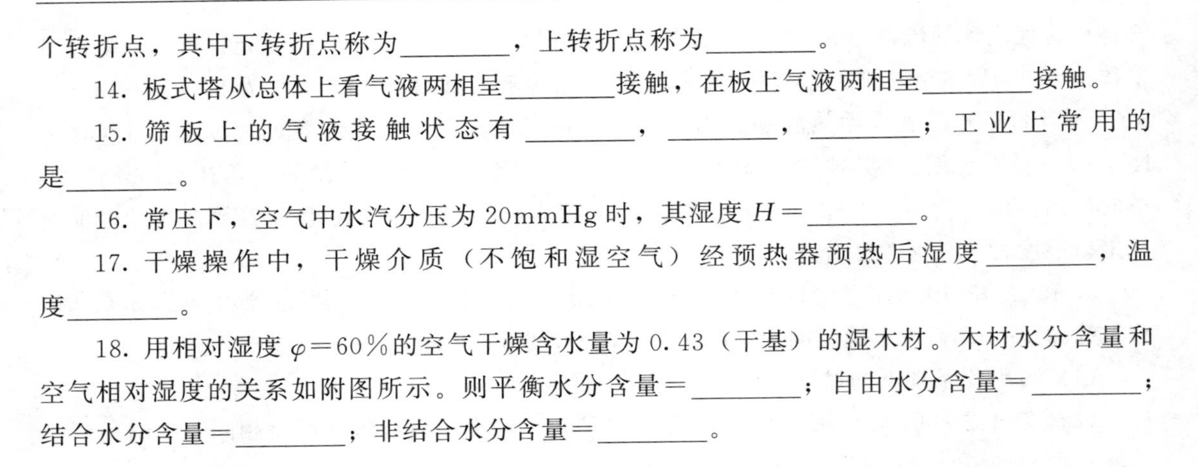

个转折点，其中下转折点称为________，上转折点称为________。

14. 板式塔从总体上看气液两相呈________接触，在板上气液两相呈________接触。

15. 筛板上的气液接触状态有________，________，________；工业上常用的是________。

16. 常压下，空气中水汽分压为 20mmHg 时，其湿度 $H=$________。

17. 干燥操作中，干燥介质（不饱和湿空气）经预热器预热后湿度________，温度________。

18. 用相对湿度 $\varphi=60\%$ 的空气干燥含水量为 0.43（干基）的湿木材。木材水分含量和空气相对湿度的关系如附图所示。则平衡水分含量=________；自由水分含量=________；结合水分含量=________；非结合水分含量=________。

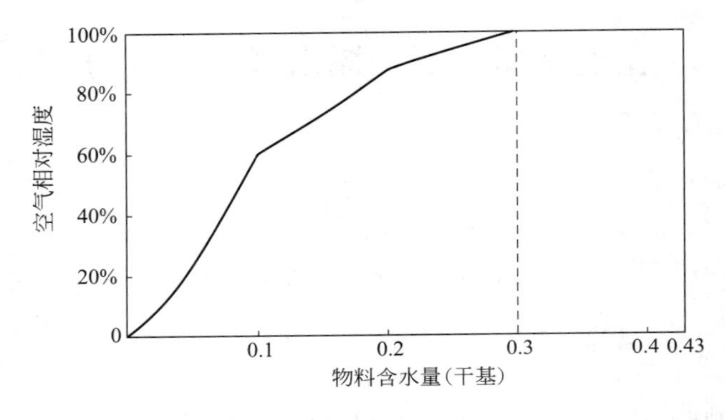

填空题 18 附图

二、计算题（60 分）

1. 用填料塔从一混合气体中吸收所含苯，进塔混合气体含苯 5%（体积分数），苯的回收率为 95%，其余为惰性气体，且惰性气体流量为 39.88kmol/h。吸收剂为不含苯的煤油，煤油的耗用量为最小用量的 1.5 倍，气液逆流流动。已知该系统的平衡关系为 $Y=0.14X$（式中 Y、X 均为摩尔比），气相体积总传质系数 $K_ya=125\text{kmol}/(\text{m}^3\cdot\text{h})$，塔径为 0.6m。试求：(1) 煤油的耗用量为多少（kmol/h）？煤油出塔浓度 x_1 为多少？(2) 填料层高度为多少（m）？(3) 吸收塔每小时回收多少苯（kmol）？(4) 欲提高回收率可采用哪些措施（至少说出两种）？并说明理由。(25 分)

2. 在常压连续精馏塔内分离苯和甲苯混合液，混合液的流量为 1000kmol/h，其中含苯 40%，要求塔顶馏出液中含苯 90%，塔釜残液中含苯 2%（均为摩尔分数）。泡点进料，塔顶冷凝器为全凝器，塔釜间接蒸汽加热，取回流比为最小回流比的 1.5 倍。全塔平均相对挥发度为 2.5。试求：(1) 塔顶与塔底产品量 D、W 和塔顶轻组分的回收率；(2) 回流比 R，精馏段和提馏段操作线方程；(3) 从上往下数的塔内第二块理论板上升气体组成；(4) 若在精馏塔的操作中，将进料状态改为饱和蒸汽进料，而保持 F、R、D、x_F 不变，此时能否完成分离任务？为什么？给出分析过程，并在 $x-y$ 图中画出原工况和新工况下的操作线。(25 分)

3. 已知湿物料含水量为 42%，经干燥后含水量为 4%（均为湿基），产品产量为

0.126kg/s，空气的干球温度为21℃，相对湿度40%，经预热器加热至93℃后再送入干燥器中，离开干燥器时空气的相对湿度为60%，若空气在干燥器中经历等焓干燥过程，试求：(1) 设已查得进入预热器空气 $H_0=0.008$kg 水/kg 绝干气，离开干燥器空气 $H_2=0.03$kg 水/kg 绝干气，求绝干空气消耗量 L（kg 绝干气/s）和水分汽化量（kg/h）。(2) 预热器供应的热量 Q_p（kW）（忽略预热器的热损失）。(10 分)

化工原理（下）期末考试题（2）

一、填空题（36 分）

1. 对低溶质浓度的气液平衡系统，当系统温度增加时，其亨利系数 E 将________；系统温度不变而总压增加时，其平衡常数 m 将________。

2. 在相同的溶质液相浓度下，易溶气体的溶液上方溶质分压较________。(大，小)

3. 在对流传质理论中，有代表性的三个物理模型分别为________、________、________。

4. 对一定操作条件下的填料吸收塔，如将填料层增高一些，则该塔的 H_{OG} 将________，N_{OG}将________。(增大，减小，不变)

5. 用逆流操作的吸收塔处理低浓度易溶溶质的气体混合物，吸收剂为纯溶剂。若其他操作条件不变，而入口气体的浓度 y_1 增加，则此塔的气相总传质单元数 N_{OG}将________，出口气相组成 y_2将________，出口液相组成 x_1将________。(增大，减小，不变)

6. 某逆流吸收塔，用纯溶剂吸收混合气中易溶组分，设备高为无穷大，入塔 $y_1=8\%$（体积），平衡关系 $y_e=2x$。若液气比（摩尔比，下同）为 2.5 时，吸收率=________%，若液气比为 1.5 时，吸收率=________%。

7. 部分互溶物系单级萃取操作中，在维持相同萃余相浓度前提下，用含有少量溶质的萃取剂 S′代替纯溶剂 S，则所得萃取相量与萃余相量之比将________，萃取液中溶质 A 的质量分数________。(增加，减小，不变)

8. 多级逆流萃取，设计中欲达到同样的分离程度，溶剂比越大则所需理论级数越________；而操作中溶剂比越大，则最终萃余相中溶质组分的浓度越________。

9. 某精馏塔的设计任务为：原料 F、x_F，要求塔顶 x_D，塔底 x_W。设计时若选定的回流比 R 不变，加料热状态由原来的饱和蒸汽加料改为饱和液体加料，则所需理论板数 N_T________，提馏段上升蒸汽量 V'________。提馏段下降液体量 L'________，精馏段上升蒸汽量 V ________。(增大，不变，减小)

10. 板式塔不正常操作现象通常有________，________和________。

11. 筛板上可能出现各种气液接触状态，工业上常用的是________和________。

12. 某精馏塔有 8 块塔板，塔顶采用分凝器，塔底采用间接蒸汽加热。根据实验结果确定出完成一定分离任务的理论板数为 6 块，则全塔效率为________。

13. 精馏操作时，增大回流比，若 F，x_F，q，D 不变，则精馏段液汽比 L/V________，提馏段液汽比 L'/V'________，塔底 x_W________。(增大，不变，减小)

14. 状态点在同一等湿线上的两股湿空气具有相同的________和相同的________。状态点在同一绝热冷却线（即等焓线）上的两股湿空气具有相同的________和相同的焓。

15. 已知湿空气总压为 101.33kPa，干球湿度为 40℃，相对湿度为 50%，已知 40℃水的饱和蒸气压为 7.375kPa，则此湿空气的湿度 H 为________ kg 水/kg 绝干气，其焓值是

________ kJ/kg 绝干气。

二、作图题（4 分）

三级错流萃取如图附示。已知各级分配系数 k_A 均为 1，各级的溶剂比：$S_1/F=S_2/R_1=S_3/R_2=1$，使用纯溶剂。试在三角形相图中表示三级错流过程。

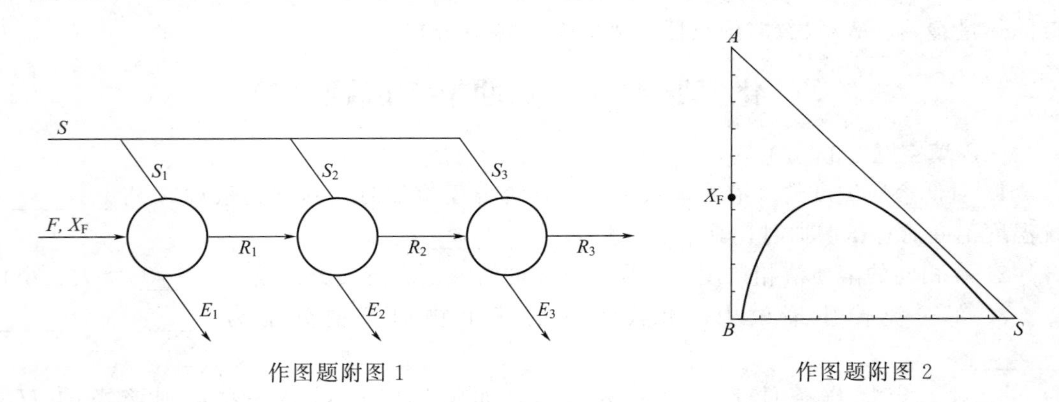

作图题附图 1　　作图题附图 2

三、计算题（60 分）

1. 欲用纯溶剂逆流操作吸收某混合气体中可溶组分。混合气体流量为 0.5kmol/s，进塔浓度 $y_1=0.05$，出塔浓度 $y_2=0.005$（均为摩尔分数），操作液气比为最小液气比的 1.5 倍，拟采用吸收塔塔径为 0.8m，气相总体积传质系数 $K_ya=0.85\text{kmol/(m}^3\cdot\text{s)}$，操作条件下相平衡关系为 $y^*=1.5x$，试求：(1) 出塔液体组成 x_1；(2) 填料层高度 H；(3) 若填料层高度增加 2m，则回收率为多少？(20 分)

2. 用常压精馏塔分离某二元混合物，其平均相对挥发度 $\alpha=2$，原料液量 $F=10\text{kmol/h}$，饱和蒸汽进料，进料浓度 $x_F=0.5$（摩尔分数，下同），馏出液浓度 $x_D=0.9$，易挥发组分的回收率为 90%，回流比 $R=2R_{\min}$，塔顶设全凝器，泡点回流，塔底为间接蒸汽加热，求：(1) 馏出液量 D 及残液量 W；(2) 从塔顶第一块理论塔板下降的液体组成 x_1 为多少？(3) 最小回流比；(4) 提馏段各板上升的蒸汽量为多少（kmol/h）？(15 分)

3. 一理想干燥器在总压为 100kPa 下将湿物料由含水 50% 干燥至含水 1%（均为湿基），湿物料的处理量为 20kg/s。室外空气温度为 25℃，湿度为 0.005kg 水/kg 干气，经预热后送入干燥器。废气排出温度为 50℃，相对湿度为 60%。已知 50℃ 时水的饱和蒸气压为 12.3kPa。试求：(1) 湿空气的体积流量（以预热室入口状态计）；(2) 预热温度。(15 分)

4. 拟设计一多级逆流接触萃取塔。在操作范围内所用纯溶剂 S 与料液中稀释剂 B 完全不互溶；相平衡关系为 $Y=2X$。已知入塔顶 $F=100\text{kg/h}$，其中含溶质 A 为 0.2（质量分数），要求出塔底的萃余相中 A 的浓度降为 0.02（质量分数）。若实际采用的萃取剂量为 60kg/h，试求离开第二理论级的萃取相和萃余相的组成。(10 分)

化工原理（下）期末考试题（3）

一、填空题（40 分）

1. 对于一定的分离任务来说，当 R 为________时，所需理论板数最少，此种操作称为________；而 R 为________时，所需理论板数为无穷多。

2. $n-1$、n 和 $n+1$ 分别表示精馏塔相邻三层塔板的序号，T 表示汽相温度，t 表示液相温度，则 y_n ________ y_{n+1}；t_{n-1} ________ T_n；t_n ________ T_n；T_n ________ T_{n+1}。（＞，＜或＝）

3. 设计板式精馏塔时，若增大回流比，则所需理论板数将________，操作费用将________。

4. 某连续精馏操作，若进料状态由饱和液体进料改为冷液进料，而保持 F、x_F、R 和 D 不变，则 x_D________，x_W________。（增大，减小，不变）

5. 在填料塔中用清水吸收混合气中的氨，当用水量减少时，气相总传质单元数将________。

6. 解吸过程的总推动力可表示为________或________；温度________或压强________对解吸有利。

7. H_{OG}大小反映________，N_{OG}的大小反映________；解吸因数 $S=$________，它的大小反映________，而$\dfrac{Y_1-mX_2}{Y_2-mX_2}$的大小反映________。

8. 在逆流操作的吸收塔内，当 $S=0.8$、填料层高度为无穷大时，气、液两相在________达到相平衡。

9. 板式塔内板上气液两相的接触工况有________，________和________三种。

10. 在液体喷淋量一定的条件下，填料塔单位高度的填料层压降与空塔气速关系曲线上存在两个转折点，其中下转折点称为________，上转折点称为________。

11. 对于气膜控制系统，气体流量越大，则气相总传质系数________，气相总传质单元高度________。

12. 常压下，空气中水汽分压为 20mmHg 时，其湿度为________。

13. 二元连续精馏塔两操作线都是直线，主要是基于__________。

14. 维持不饱和空气的湿度 H 不变，提高其干球温度，则其湿球温度________，露点温度________，相对湿度________。（增大，减小，不变）

15. 湿物料对流干燥中，当所用空气的相对湿度增大，物料的平衡含水量相应________，自由含水量相应________。

16. 物料的临界含水量是指________时的含水量，其值比物料的结合水分含量______。

二、计算题（60 分）

1. 在常压逆流连续操作的填料吸收塔内，用清水吸收溶质组分浓度为 0.08（摩尔比）的混合气，其中惰性组分的流量为 30kmol/h。设计液气比为最小液气比的 1.43 倍，气相总体积传质系数 $K_Ya=0.0186\text{kmol/(m}^3\cdot\text{s)}$，取塔径为 1m。已知操作条件下体系的相平衡关系为 $Y^*=2X$，求：(1) 若要求吸收率为 87.5%，求所需要的填料层高度。(2) 求该塔内距塔底 1m 的塔截面上气相和液相的浓度。(3) 若设计成的吸收塔用于实际操作时，采用 10% 的吸收液再循环（如本题附图所示），即 $L_R=0.1L$，而新鲜吸收剂用量及其他入塔条件不变，问吸收率可达到多少？(22 分)

尾气
吸收剂L
循环液L_R
混合气
吸收液L

计算题 1 附图

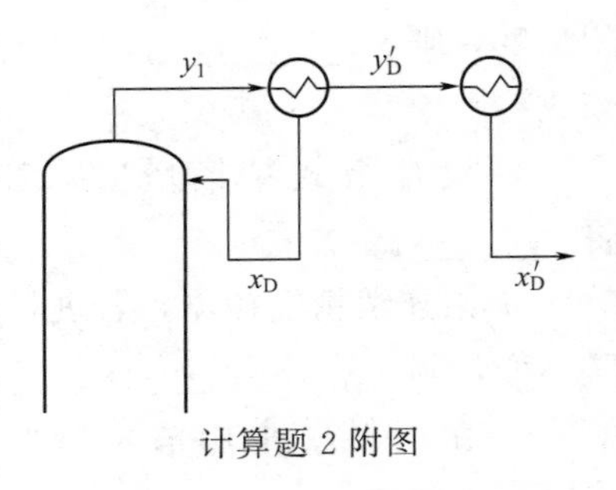

计算题 2 附图

2. 常压下在一连续操作的精馏塔中分离苯和甲苯混合物。已知原料液中含苯 0.45（摩尔分数，下同），汽液混合物进料，汽、液相各占一半。要求塔顶产品含苯不低于 0.92，塔釜残液中含苯不高于 0.03。操作条件下平均相对挥发度可取 2.4。操作回流比 $R=1.4R_{min}$。塔顶蒸气进入分凝器后，冷凝的液体作为回流液流入塔内，未冷凝的蒸气进入全凝器冷凝后作为塔顶产品，如附图所示。试求：(1) 塔顶苯的回收率；(2) 精馏段操作线方程；(3) 回流液组成和塔内第一块塔板的上升蒸气组成；(4) 塔底最后一块理论块下降液体的组成。(23 分)

3. 在某干燥器中干燥砂糖晶体，处理量为 100kg/h，要求将其湿基含水率由 40%降至 5%。干燥介质是干球温度为 20℃、湿度为 0.01kg/kg 的空气。该空气先经预热器被加热到 80℃，然后送入干燥器，在其中经历等焓变化过程，以 30℃离开。干燥的压强为 101.3kPa。求：(1) 水分汽化量；(2) 干燥产品量；(3) 湿空气的质量流量。(15 分)

化工原理（下）期末考试题（4）

一、填空题（40 分）

1. 组分在液体中的扩散系数________其在气体中的扩散系数。

2. 漂流因子可表示为________，它反映了________。

3. 在吸收塔设计中，H_{OG}或H_{OL}反映了________，N_{OG}或N_{OL}反映了________。

4. 在某吸收塔中，用含溶质 A0.005（摩尔分数）的吸收剂逆流吸收混合气中的溶质 A，入塔 $y_1=8\%$（体积分数），相平衡关系为 $y^*=2x$。若塔高为无穷大，则：①当液气比为 2.5 时，吸收率=________；②当液气比为 1.5 时，吸收率=________。

5. 请给出两种解吸方法：________；________。

6. 对于低浓易溶气体的吸收过程，为完成一定的分离任务，采用部分吸收剂再循环与无循环相比，所需的填料层________，理由是________。

7. 在精馏塔内的某理论板上，离开塔板的液相泡点温度为 t_1，离开塔板的汽相露点温度为 t_2，则二者的关系为 t_1________t_2。

8. 已知 $q=1.2$，则加料中液体量与总加料量之比是________。

9. 精馏塔操作时，正常情况下塔顶温度总是低于塔底温度，其原因之一是________，原因之二是________。

10. 某连续精馏塔中，若精馏段操作线方程的截距为零，则回流比为________，塔顶馏出液量为________。

11. 某连续精馏塔操作时，若将进料热状态由原来的饱和液体改为过冷液体，但保持 F、x_F、R 和 V'不变，则 x_D________，x_W________。

12. 直接蒸汽加热的精馏塔适用于分离__________混合液。

13. 乙醇-水混合液通常可采用________方法获得无水乙醇。

14. 板式塔从总体上看气液两相呈________接触，在板上气液两相呈________接触。

15. 在板式塔操作中，若气量与液量均很大，可能发生的不正常操作现象是________，其发生的条件是________。

16. 气液两相在填料塔内逆流接触时，________是气液两相的主要传质面。

17. 若填料层高度较高，为了有效湿润填料，塔内应设置________装置。一般而言，填料塔的压降比板式塔压降________。

18. 蒸馏与萃取单元操作中，反映混合物分离难易程度的参数分别是________和________（写出名称及符号）。

19. 在B-S部分互溶物系中，若萃取相中含溶质A=85kg，稀释剂B=15kg，溶剂S=100kg，则萃取液中 y_A^0/y_B^0=________。

20. 在B-S部分互溶物系中加入溶质A组分，将使B-S的互溶度________；恰当降低操作温度，B-S的互溶度将________。

21. 温度一定时，系统总压强________对干燥操作有利，原因是________。

22. 湿物料对流干燥中，若所用空气的湿度不变而温度降低，则物料的平衡含水量________，结合水分含量________，临界含水量________。（增大，减少，不变）

23. 对易龟裂物料的干燥，常采用__________方法来控制进干燥器的空气的湿度。

24. 对于湿物料能承受快速干燥，而干物料又不能耐高温的情况，干燥流程宜采用气固两相________方式操作。

二、计算题（60分）

1. 在一塔径为1m的常压填料吸收塔中，用清水逆流吸收含氨0.05（摩尔分数，下同）的空气-氨混合气中的氨。已知混合气的温度为25℃，流量为3000m³/h，操作条件下的气液平衡关系为 $y^*=1.2x$，气相总体积传质系数 K_ya 为175kmol/(m³·h)，水用量为最小用量的1.4倍，要求氨的吸收率为98%。试求：（1）出塔氨水组成；（2）填料层高度；（3）若吸收剂改为含氨0.002的氨水溶液，而其用量增加20%，问能否达到吸收率98%的要求？计算说明；（4）示意绘出上述两种工况下的操作线。（20分）

2. 某精馏塔分离易挥发组分和水的混合物，流程如附图所示。$F=180$kmol/h，$x_F=0.5$（摩尔分数，下同），进料为气液混合物且气液摩尔比为2∶3，塔底间接蒸汽加热，离开塔顶的汽相经分凝器冷凝，一半作为回流液体，另外一半经全凝器冷凝作为产品。已知 $D=90$kmol/h，$x_D=0.9$，相对挥发度 $\alpha=2$，全塔符合恒摩尔流假定。试求：（1）原料中汽相与液相的组成；（2）提馏段操作线方程；（3）若塔顶第一块板的液相默弗里板效率为0.73，求离开该板的液相组成。（20分）

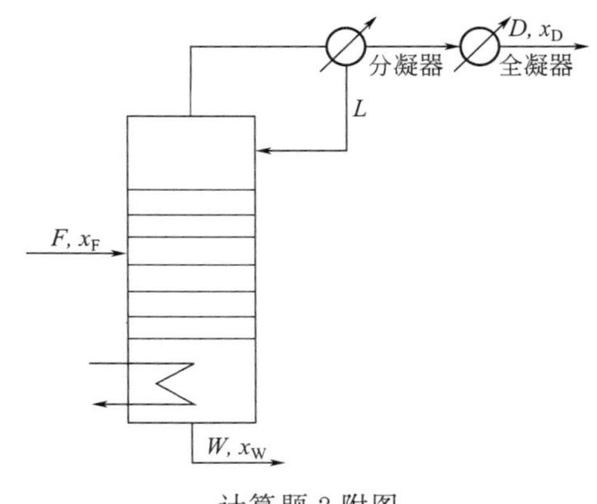

计算题2附图

3. 以水为萃取剂从流量为1200kg/h、乙醛质量分数为0.06的乙醛-甲苯混合液中提取乙醛，采用多级错流萃取，要求最终萃余相中乙醛的质量分数不超过0.005。每级中水的用量均为 250kg/h。操作条件下水和甲苯可视为完全不互溶，以乙醛质量比表示的平衡关系为 $Y=2.2X$。试计算所需的理论级数。(8 分)

4. 用常压空气作为干燥介质干燥某种湿物料，湿空气用量为 $1800m^3/h$，其温度为 30℃，湿度为 0.012kg 水汽/kg 干气，空气经预热器加热至 100℃后进入干燥器。已知湿物料处理量为 400kg/h，要求湿基含水量从 10%干燥至 0.5%。若为理想干燥过程，试计算：(1) 水分汽化量；(2) 空气离开干燥器时的湿度和温度；(3) 预热器对空气提供的热量（热损失忽略不计），kW。(12 分)

北京化工大学化工原理考研试题

2013年攻读硕士学位研究生入学考试
化工原理（含实验）试题

一、填空题（每空1分，共计40分）

1. 黏度的物理意义为________________。

2. 如附图所示的分支管路，当阀A关小时，分支点压力 p_O 将________，分支管流量 q_{VB} 将________，总管流量 q_V 将________。

填空题2附图

3. 用离心泵将敞口贮槽中的水送至一密闭高压高位槽中。现改为输送密度大于水的某种液体，若其他条件不变，为保证原输送量，则泵出口阀门的开度应________。

4. 离心通风机的全风压是指________。

5. 含尘气体通过长为4m、宽为3m、高为1m的除尘室，已知颗粒的沉降速度为0.03m/s，则该除尘室的生产能力为________ m^3/s。

6. 在长为 L、高为 H 的降尘室中，颗粒的沉降速度为 u_t，气体通过降尘室的水平流速为 u，则理论上颗粒能在降尘室内被100%分离的必要条件是________。

7. 从某焙烧炉出来的含尘气体，依次经过一台降尘室和一台旋风分离器进行除尘。若气体流量增加，则降尘室的除尘效率________，旋风分离器的除尘效率________。

8. 恒压过滤时，恒压过滤方程式表明滤液体积与过滤时间的关系曲线为________形状。

9. 当洗涤压差与过滤终了时压差相同，洗液黏度与滤液黏度相近时，板框过滤机的洗涤速率 $(dV/d\tau)_W$ 为过滤终了时速率 $(dV/d\tau)_F$ 的________倍。

10. 恒压过滤实验中，测得过滤时间 τ 与单位面积滤液量 q 之间的关系为：$\Delta\tau/\Delta q = 3740q + 200$（式中 τ 单位s，q 单位 m^3/m^2），则过滤常数 $K=$________，过滤介质的当量滤液量 $q_e=$________（注明单位）。

11. 在无相变强制对流传热过程中，热阻主要集中在________；在蒸汽冷凝传热过程中，热阻主要集中在________。

12. 列管式换热器制成多管程的目的是________；壳程设置折流挡板的目的是________。

13. 设备保温层外包一层表面________、颜色________的金属，可使设备的热损失减少。

14. 等板高度定义为____________________。

15. 某连续精馏塔，进料状态 $q=1$，$D/F=0.5$（摩尔流率比），$x_F=0.4$（摩尔分数），回流比 $R=2$，且知提馏段操作线方程的截距为零，则提馏段操作线的斜率 $L'/V'=$________，馏出液 $x_D=$________。

16. 在连续精馏塔中进行全回流操作，已测得相邻实际塔板上液相组成分别为 $x_{n-1}=0.7$、$x_n=0.5$（均为易挥发组分摩尔分数）。已知操作条件下相对挥发度为 3，则 $y_n=$________，第 n 板的液相单板效率 $E_{mL}=$________。

17. 影响板式塔液沫夹带量的主要设计尺寸是________和________。

18. 在多级逆流萃取中，欲达到同样的分离程度，溶剂比越大，则所需理论级数越________；当溶剂比为最小值时，理论级数为________。

19. 在 B-S 部分互溶物系中加入溶质 A 组分，将使 B-S 互溶度________；恰当降低操作温度，B-S 互溶度________。

20. 在萃取设备中，分散相的形成可借助________的作用来达到。

21. 喷雾干燥器是一种处理________的物料，并且能直接获得粉状产品的干燥装置。

22. 一定湿度 H 的气体，当总压 p 加大时，露点温度 t_d________；而当气体温度 t 升高时，则 t_d________。

23. 判断正误（对的填√，错的填×）

（1）萃取剂加入量应使原料和萃取剂的和点 M 位于溶解度曲线的上方区。（　）

（2）单级（理论）萃取中，在维持进料组成和萃取相浓度不变的条件下，若用含有少量溶质的萃取剂代替纯溶剂，所得萃余相浓度将减少。（　）

（3）在精馏塔设计中，若 x_F、x_D、R、q、x_W 相同，则直接蒸汽加热与间接蒸汽加热相比，$N_{T,间}$ 大于 $N_{T,直}$，$\left(\dfrac{D}{F}\right)_{间}$ 小于 $\left(\dfrac{D}{F}\right)_{直}$。（　）

（4）湿球温度是大量空气与少量水在绝热条件下充分接触时所达到的平衡温度。（　）

（5）在单级萃取操作中 B-S 部分互溶，用纯溶剂萃取，已知萃取相浓度 $y_A/y_B=11/5$，萃余相浓度 $x_A/x_B=1/3$，则选择性系数 β 为 6.6。（　）

二、计算题（100 分）

1. 如附图所示，用压缩空气将密度为 1100kg/m^3 的碱液自低位槽送到高位槽中，两槽液位恒定。管路中装有一个孔板流量计和一个截止阀。已知管子规格为 $\phi57\text{mm}\times3.5\text{mm}$，直管与局部阻力当量长度（不包括截止阀）的总和为 50m。孔板流量计的流量系数为 0.65，孔径为 30mm。截止阀在某一开度时，测得 $R=0.21\text{m}$，$H=0.1\text{m}$，U 形压差计的指示液均为汞（密度为 13600kg/m^3）。设流动为完全湍流，摩擦系数为 0.025。求：（1）阀门的局部阻力系数；（2）低位槽中压缩空气的压力；（3）若压缩空气压力不变，而将阀门关小使流速减为原来的 0.8 倍，设流动仍为完全湍流，且孔板流量计的流量系数不变，则 H 与 R 变为多少？（24 分）

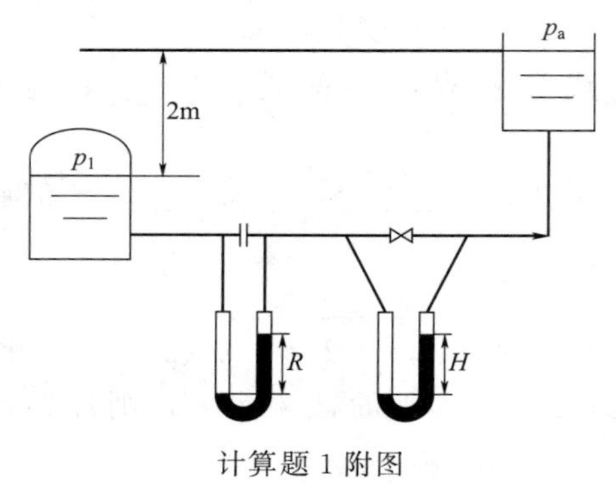

计算题 1 附图

2. 有一传热（外）面积为 $26m^2$ 的单管程列管式换热器，换热管规格为 $\phi25mm\times2.5mm$，其中130℃的饱和水蒸气在壳程冷凝来加热管内的某种溶液，溶液的初始温度为20℃，平均比热容为 $4.18kJ/(kg\cdot K)$。换热器新投入使用时现场中测得：当溶液流量为 $6.8\times10^4kg/h$ 时，可将其加热到80℃；当溶液流量增加50%时，可将其加热到73.5℃。设流体在管内为湍流流动，换热管壁阻忽略不计，溶液的物性参数为常数。试求：(1) 两种工况下的总传热系数；(2) 原流量下溶液及水蒸气冷凝的对流给热系数；(3) 若该换热器使用一年后，由于溶液结垢，在原流量下其出口温度只能达到75℃，计算污垢热阻值。(20分)

3. 如附图所示的苯和甲苯混合液精馏塔，原料流量为100kmol/h，进料组成为0.50（易挥发组分的摩尔分数，下同），进料为饱和液体状态，塔顶蒸汽采用全凝器，馏出液组成为0.98。塔上部侧线产品为饱和液体，其中易挥发组分的收率为1/3，且其组成为0.90。釜液组成为0.03。物系在操作条件下的相对挥发度为2.5，设最佳位置进料。试求：(1) 塔顶、塔底及侧线抽出产品的流量；(2) 用公式等说明最小回流比出现在精馏塔何处，并计算出最小回流比；(3) 若操作回流比为最小回流比的2.15倍，写出塔顶与侧线间以及侧线与进料间的操作线方程。(20分)

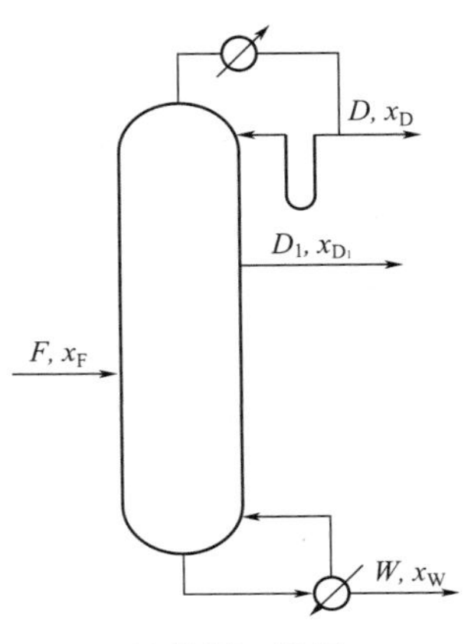

计算题3附图

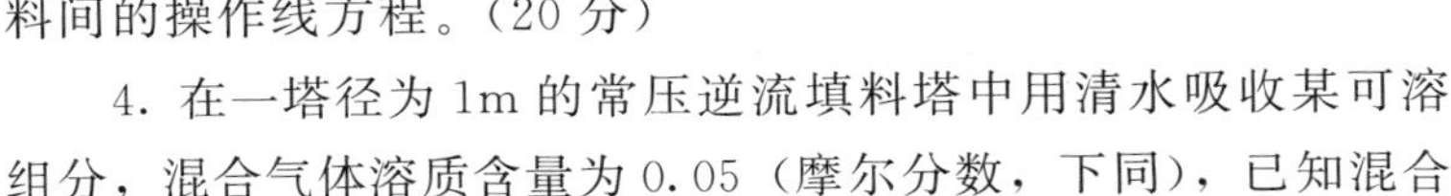

4. 在一塔径为1m的常压逆流填料塔中用清水吸收某可溶组分，混合气体溶质含量为0.05（摩尔分数，下同），已知混合气的处理量为 $2800m^3/h$（标准状态），操作条件下的平衡关系为 $y^*=1.2x$，气相总体积传质系数为 $180kmol/(m^3\cdot h)$，吸收剂用量为最小用量的1.5倍，气体出塔溶质含量为0.01，吸收过程为气膜控制。试求：(1) 吸收剂出塔摩尔分数；(2) 完成上述任务所需的填料层高度；(3) 现为提高溶质的吸收率，另加一个完全相同的塔，计算在两种流体入口组成、流量及操作条件不变的前提下，采用如附图 (a) 和 (b) 组合流程时的吸收率各为多少？并画出两种组合流程时的吸收操作线。(24分)

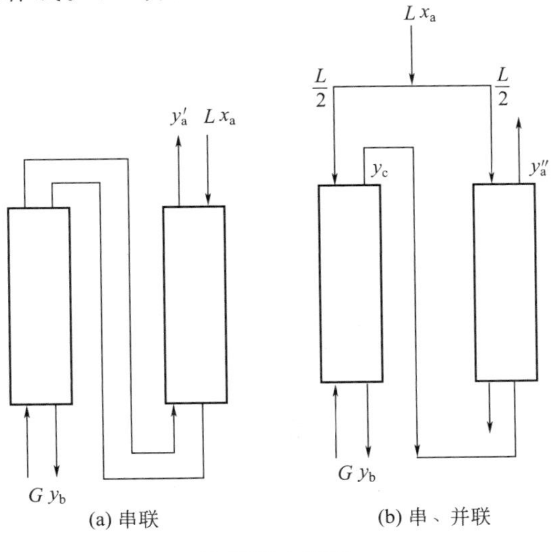

计算题4附图

5. 50kg 某物料在恒定干燥条件下进行干燥，物料的初始含水量 50%（湿基），与干燥介质（空气）接触的面积为 $2m^2$。由实验测得的干燥速率曲线如图所示。试求：(1) 除去物料中 24kg 水所需的干燥时间为多少小时？(2) 将空气的质量流速 G 增大 1 倍，若临界湿含量不变，则干燥时间缩短为多少？（空气的对流给热系数 $\alpha \propto G^{0.8}$）(12 分)

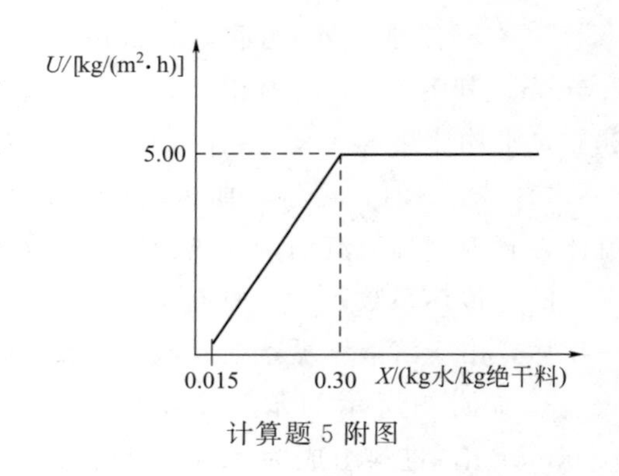

计算题 5 附图

三、实验题（10 分）

利用一套管式换热器，测定空气-水蒸气换热系统中空气的对流给热系数，并获得流体在管内强制湍流的对流给热特征数关联式。

(1) 说明需测量哪些数据，画出实验装置示意图，并在图上标出主要测量点；

(2) 列出计算公式，说明如何由所测数据计算出空气的对流给热系数及各特征数；

(3) 说明在何种坐标纸中标绘特征数关系线，以及如何获得特征数关联式中的系数与指数。

2014 年攻读硕士学位研究生入学考试
化工原理（含实验）试题

一、填空题（每空 1 分，共计 40 分）

1. 层流与湍流的本质区别在于________。

2. 一定质量流量的水在圆管内做定态流动，若水温升高，则雷诺数 Re 将________。

3. 流体在圆形直管中定态流动，若管径一定而将流量增大一倍，则层流时能量损失是原来的______倍；完全湍流时能量损失是原来的______倍。

4. 用转子流量计测量流体的流量，当流量增加一倍时，转子流量计的能量损失为原来的________倍。

5. 现用齿轮泵输送某种液体，采用旁路调节方式。若将旁路阀关小，而其他条件保持不变，则齿轮泵提供的压头将________。

6. 降尘室的生产能力随含尘气体温度的升高而________，原因是________。

7. 离心分离因数是指____________________。

8. 恒压过滤某悬浮液，若过滤介质阻力忽略不计，且滤饼为不可压缩，则获得的滤液量与过滤时间的______次方成正比；当过滤压差增大一倍时，同一过滤时间所得滤液量为原来的______倍。

9. 当洗涤压差与过滤终了时压差相同，洗液黏度与滤液黏度相近时，叶滤机的洗涤速率与过滤终了时过滤速率的比值为________。

10. 聚式流化床的两种不正常操作现象分别是________和________。

11. 一包有石棉泥保温层的高温管道，当石棉泥受潮后，其保温效果将变________，原因是________。

12. 在大容积沸腾时，应控制操作在________阶段，在该阶段，沸腾给热系数随温度差的增加而________。

13. 在列管式换热器中安排流体的流程时，一般原则为具有腐蚀性、高压的流体走________，被冷却的流体走________。

14. 对一定操作条件下的填料吸收塔，若增加填料层高度，则填料塔的 H_{OG} 将________，N_{OG} 将________。

15. 对于某吸收塔，若所用操作液气比小于设计时的最小液气比，则其操作时的吸收率将________该塔原设计的吸收率。若吸收剂入塔浓度降低，其他操作条件不变，则吸收率将________，出口液相浓度将________。

16. 精馏塔操作时，若增大系统压强，则其相对挥发度将________，塔顶温度将________，塔釜温度将________。

17. 精馏塔的塔顶温度总是________塔底温度，其原因之一是________；原因之二是________。

18. 板式塔中液面落差△表示________________；为了减少液面落差，设计时可采取措施：________________。

19. 设计填料塔时，空塔气速一般取________气速的 50%～80%，取该气速的原因是____________。

20. 判断正误（对的填√，错的填×）

(1) 已知物料的临界含水量为 0.2kg 水/kg 绝干料，空气的干球温度为 t，湿球温度为 t_W，现将该物料自初始含水量 $X_1=0.45$kg 水/kg 绝干料干燥至 $X_2=0.1$kg 水/kg 绝干料，则在干燥终了时物料表面温度 $t_m=t$。 (　　)

(2) 选择性系数 $\beta=\infty$ 存在于 B-S 完全不互溶物系中。 (　　)

(3) 进行萃取操作时应使分配系数大于 1。 (　　)

(4) 在 B-S 部分互溶物系中加入溶质 A 组分，将使 B-S 互溶度增大；恰当降低操作温度，B-S 互溶度增大。 (　　)

(5) 干燥热敏性物料时，为提高干燥速率，不宜采取的措施是提高干燥介质的温度。 (　　)

二、计算题（100 分）

1. 见附图，在一定的转速下，某离心泵在输送范围内的特性方程为 $H=18-0.046q_V^2$（H 单位 m，q_V 单位 m^3/h）。现用该泵将密度为 $1200kg/m^3$ 的溶液从贮槽送至高位槽，两槽均为敞口，且液面维持恒定。已知输送管路规格为 $\phi45mm\times2.5mm$，泵吸入管路总长为 20m（包括所有局部阻力的当量长度），摩擦系数为 0.022。当调节阀全开时，泵入口处真空表读数 p_A 为 0.028MPa。试求：(1) 管路系统的输液量，m^3/h；(2) 管路特性方程；(3) 若操作中将泵的转速提高 10%，则输液量变为多少？（22 分）

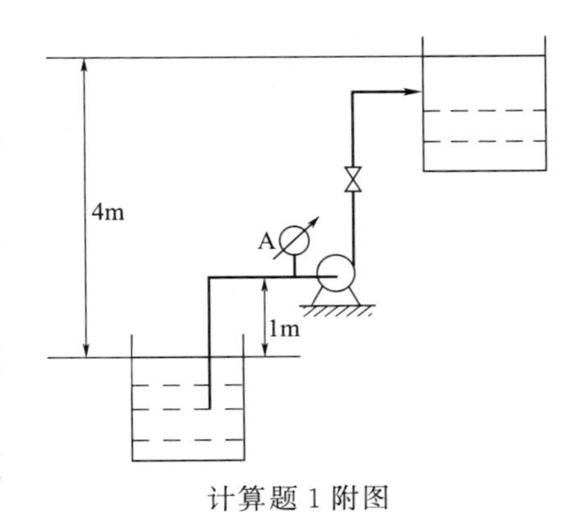

计算题 1 附图

2. 欲设计一列管式换热器，用110℃的饱和水蒸气将2100kg/h的常压空气由20℃加热至85℃。设蒸汽冷凝热阻、管壁热阻及两侧污垢热阻均可忽略不计，平均温度下空气的物性为$\mu=0.02\text{mPa}\cdot\text{s}$，$C_p=1.0\text{kJ/(kg}\cdot℃)$，$\lambda=0.029\text{W/(m}\cdot℃)$。

（1）若初步选用单管程换热器，空气走管程，管束由120根$\phi 25\text{mm}\times 2.5\text{mm}$的钢管组成，试确定所需的管长；

（2）若在实际生产中将该换热器制成双管程投入使用，设空气流量、进口温度及水蒸气温度均不变，则空气的出口温度将达到多少（空气的物性可认为近似不变）？（22分）

3. 采用常压连续精馏塔分离二元理想混合液。塔顶蒸汽通过分凝器后，60%的蒸汽冷凝成液体作为回流液，其组成为0.86。其余未凝的蒸汽再经全凝器后全部冷凝，并作为塔顶产品送出，其组成为0.90（以上均为轻组分的摩尔分数）。若已知操作回流比为最小回流比的1.2倍，泡点进料，塔顶第一块板以液相组成表示的默弗里板效率为0.60，试求：（1）精馏段操作线方程；（2）由第二块板进入第一块板的气相组成；（3）原料液的组成。（20分）

4. 如附图所示，用两个完全相同的填料塔吸收混合气体中的溶质A，填料塔的塔径为1m，混合气体处理量为0.4标准m^3/s，溶质含量为0.05（摩尔分数），每个塔中均用喷淋量为0.71kmol/s的清水吸收溶质A，要求总吸收率为99%，操作条件下的相平衡关系为$y_e=35x$，$K_Xa=0.86\text{kmol/(m}^3\cdot\text{s)}$。试求：（1）两个塔的塔高为多少米？（2）若混合气体中溶质浓度提高了，试用具体的分析过程说明吸收率如何变化。（22分）

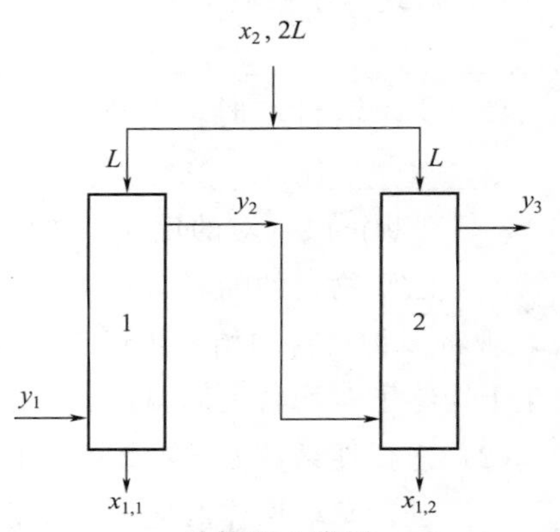

计算题4附图

5. 在常压连续逆流干燥器中干燥某湿物料，见附图，采用部分废气循环流程，由干燥器出来的部分废气与新鲜空气混合后进入预热器，达到一定温度后再送入干燥器。已知新鲜空气的温度为25℃、湿度为0.005kg水汽/kg干气，废气的温度为40℃、湿度为0.034kg水汽/kg干气，循环比（循环废气中绝干空气质量与混合气中绝干空气质量之比）为0.8。湿物料的处理量为1000kg/h，湿基含水量由50%下降至3%。干燥过程可视为等焓干燥过程。试求：（1）在I-H图上定性绘出空气的状态变化过程；（2）新鲜空气用量（kg湿空气/h）；（3）若因气体离开干燥器进入管道温度下降10℃，判断物料是否会返潮。已知30℃时水的饱和蒸气压为4.25kPa。（14分）

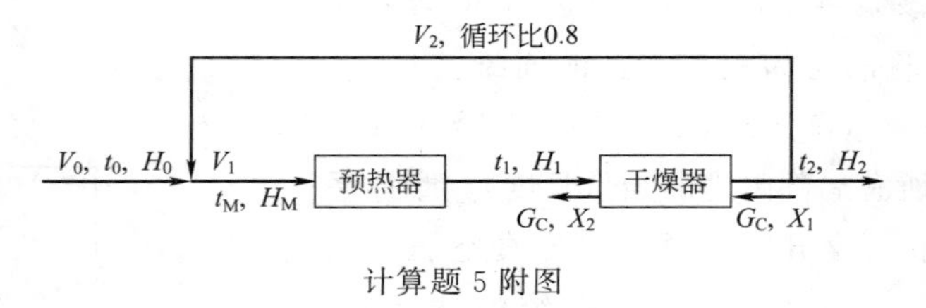

计算题5附图

三、实验题（10分）

1. 在用空气解吸富氧水中氧的实验中，测定液相总体积传质系数K_Xa。若空气的流量一定而增加富氧水的流量，则K_Xa如何变化？若富氧水流量一定而增加空气的流量，K_Xa

又将如何变化？为什么？

2. 已知乙醇-丙醇混合物系的相平衡数据，现欲在全回流下测定一精馏塔的全塔效率及某块塔板的液相默弗里板效率，试说明实验中需测哪些数据，并说明如何由所测数据计算出全塔效率及默弗里板效率。

2015年攻读硕士学位研究生入学考试
化工原理（含实验）试题

一、填空题（每空1分，共计16分）

1. 某气体转子流量计的量程范围为4～40m³/h，现用于测量常压、40℃的二氧化碳，则能测得的最大流量为________ m³/h。

2. 在除去某粒径的颗粒时，若降尘室的高度增加，则沉降时间________，气流速度________，生产能力________。

3. 评价旋风分离器分离性能的指标通常有________和________。

4. 板框过滤机采用横穿洗涤操作，其洗涤面积是过滤面积的______倍。

5. 当温度为T时，耐火砖的辐射能力大于铝板的辐射能力，则铝的黑度________耐火砖的黑度。

6. 当填料塔内喷淋量一定时，填料层单位高度的压力降与空塔气速关系线上存在着两个转折点，其中下转折点称为________，上转折点称为________。

7. 如果板式塔设计不合理或操作不当，可能产生________、________或________等不正常现象，使塔无法工作。

8. 在多级逆流萃取中，欲达到一定分离程度，溶剂比越大，则所需理论级数越________，当溶剂比为最小值时，理论级数为________。

9. 萃取操作处理A-B混合液，所用萃取剂与原溶剂B-S完全不互溶，则选择性系数$\beta=$________。

二、简答题（每小题4分，共计24分）

1. 为什么离心泵的压头与被输送液体的密度无关，而离心通风机的全风压与被输送气体的密度有关？

2. 对于恒压过滤过程，间歇过滤机的过滤时间越长，是否其生产能力就越大？为什么？

3. 试给出影响蒸汽冷凝给热系数α的三个主要因素，并说明它们是如何影响α的。

4. 在板式精馏塔设计时，有哪些因素影响塔板数？

5. 用水吸收空气中的氧，欲提高总传质系数，可采取哪些有效措施？为什么？

6. 萃取操作的依据是什么？如何选择萃取剂？

三、计算题（100分）

1. 用离心泵将20℃清水（密度以1000kg/m³计）从敞口水池送入吸收塔顶部，吸收塔塔顶气相表压为98.1kPa。已知进入塔内输水管的出口截面高度比水池液面高22m，输送管路为ϕ108mm×4mm的钢管，调节阀全开时的管路总长为200m（包括所有局部阻力的当量长度），摩擦系数取为0.03。现有一台离心泵，在一定转速下，该泵在流量60～90m³/h范围内的特性方程表示为$H=41.1-8\times10^{-4}q_V^2$（$H$单位m，$q_V$单位m³/h）。试求：(1) 管路特性方程；(2) 要求达到70m³/h的输水量，该泵能否完成输送任务？(3) 若单泵不能完成此输送任务，现将两台型号相同的泵串联操作，是否可行？计算说明。(4) 两泵串联操作

时通过关小调节阀以使输水量仍为 $70m^3/h$，写出此时的管路特性方程。(22 分)

2. 有一套管式换热器，内管为 $\phi54mm\times2mm$，有效长度为 12m，用 120℃的饱和水蒸气于环隙间冷凝以加热管内湍流流动的苯。已知苯的流量为 4000kg/h，比热容为 1.9kJ/(kg·℃)，温度从 30℃升至 60℃；蒸汽冷凝的对流给热系数为 $1\times10^4 W/(m^2\cdot℃)$，冷凝相变焓为 2205kJ/kg；管内侧污垢热阻为 $4\times10^{-4} m^2\cdot℃/W$，忽略管壁热阻、管外侧污垢热阻及热损失。试求：(1) 蒸汽冷凝量，kg/h；(2) 管内苯的对流给热系数；(3) 若苯的流量增加 50%，而其出口温度仍维持在 60℃，可采取哪些措施？对其中一种进行定量计算。(22 分)

3. 用一常压连续精馏塔分离苯和甲苯混合液，混合液的流量为 1000kmol/h，其中含苯 0.40 (摩尔分数，下同)，要求塔顶馏出液中含苯 0.90，塔釜残液中含苯 0.02。泡点进料，塔顶冷凝器为全凝器，塔釜间接蒸汽加热，操作回流比取最小回流比的 1.5 倍。物系在操作条件下全塔平均相对挥发度为 2.5，试求：(1) 塔顶轻组分的回收率；(2) 精馏段和提馏段操作线方程；(3) 若塔顶第一块板的液相 $E_{ML}=0.6$，则离开塔顶第二块板蒸汽组成为多少？(4) 在精馏塔操作中，若将进料状态改为饱和蒸汽进料，而保持 F、R、D、X_F不变，此时能否完成分离任务？为什么？给出分析过程。(22 分)

4. 用一填料层高度为 3m 的吸收塔，采用清水逆流吸收空气中的氨，要求从含氨 0.06 (摩尔分数) 的空气中回收 99%的氨。混合气体的质量流率为 $620kg/(m^2\cdot h)$，水的质量流率为 $900kg/(m^2\cdot h)$。在操作压力 101.3kPa、温度 20℃下，物系的相平衡关系为 $y_e=0.9x$。已知气相体积传质系数 k_Ga 与气相质量流率的 0.7 次方成正比。试计算：(1) 吸收塔的传质单元数 N_{OG}和传质单元高度 H_{OG}；(2) 若气体流率增大一倍，其他条件不变，完成吸收任务，所需填料层高度为多少米？(3) 定性画出两种工况下的平衡线和操作线。(20 分)

5. 将干球温度为 21℃、湿度为 0.008kg 水汽/kg 绝干气的空气，经预热器加热至 93℃后送入干燥器中，对含水量为 45% (湿基，下同) 的湿物料进行干燥，干燥后含水量为 5%，产品产量为 0.13kg/s，空气离开干燥器时的湿度为 0.03kg 水汽/kg 绝干气。若忽略预热器的热损失，试求：(1) 绝干空气消耗量 L(kg 绝干气/s) 和水分汽化量 (kg/h)；(2) 预热器所需热量 Q_p(kW)；(3) 在 I-H 图中示意画出空气的状态变化过程。(14 分)

四、实验题 (10 分)

试设计一实验流程，通过该装置可以测定无缝钢管的 $\lambda\sim Re$ 关系曲线及标准孔板的 $C_0\sim Re$ 关系曲线。

(1) 说明需测量哪些参数，画出实验流程示意图，并标出测试仪表的名称及测试点；(2) 简述实验步骤；(3) 说明 $\lambda\sim Re$ 及 $C_0\sim Re$ 关系曲线分别在哪种坐标纸中标绘。

2016 年攻读硕士学位研究生入学考试
化工原理试题

一、填空题 (每空 1 分，共计 16 分)

1. 雷诺数的物理意义是________。

2. 用转子流量计测量流体流量时，随流量的增加，转子上、下两端的压差值将________。

3. 用离心泵输送某种液体，离心泵的结构及转速一定时，其输送量取决于________。

4. 流化床在正常操作范围内，随操作气速的增加，床层空隙率________，床层压降________。

5. 为减少圆形管道的导热损失，在其外侧包覆三种保温材料 A、B、C，若厚度相同，且热导率 $\lambda_A>\lambda_B>\lambda_C$，则包覆顺序由内至外应为________。

6. 水在管内作湍流流动，若流量提高至原来的 2 倍，则其对流传热系数约为原来的______倍；若管径改为原来的 1/2，而流量保持不变，则其对流传热系数约为原来的______倍。

7. 在浮阀塔设计中，哪些因素考虑不周时塔易发生降液管液泛，请举出其中三种情况：________；________；________。

8. 塔板中溢流堰的主要作用是________。

9. 部分互溶物系单级萃取操作中，在维持相同萃余相浓度前提下，用含有少量溶质的萃取剂 S′代替纯溶剂 S，则所得萃取相量与萃余相量之比将________，萃取液中溶质 A 的质量分数将________。

10. 在萃取设备中，分散相的形成可借助________或________的作用来达到。

二、简答题（每小题 4 分，共计 24 分）

1. 试说明离心泵的叶轮及泵壳的主要作用。

2. 为什么重力降尘室多设计为扁平形状？

3. 液体沸腾的必要条件是什么？沸腾曲线分为哪几个阶段？

4. 简述量纲分析法的主要步骤。

5. 简述萃取过程中分配系数与选择性系数定义，以及他们的关系。

6. 说明填料塔载点和泛点的含义，以及他们的应用价值。

三、计算题（110 分）

1. 如附图所示，用离心泵将水由低位槽送至高位槽，两槽均为敞口。泵吸入管路为 ϕ57mm×3.5mm，管长为 10m；压出管路中 AB 段为 ϕ57mm×3.5mm，管长为 20m，BC 段为 ϕ48mm×4mm，管长为 20m，其中 DB 与 BE 的管长均为 2m（均包括局部阻力的当量长度），D、E 截面间的垂直距离为 1.5m。若管路中的摩擦系数均为 0.03，U 形压差计的示数为 120mmHg（水银的密度为 13600kg/m^3），试计算：(1) D、E 截面间的压强差；(2) 水在管内的流量，m^3/h；(3) 若水从高位槽沿同样的管路流向低位槽，保持水流量不变，是否需要泵？计算说明。(24 分)

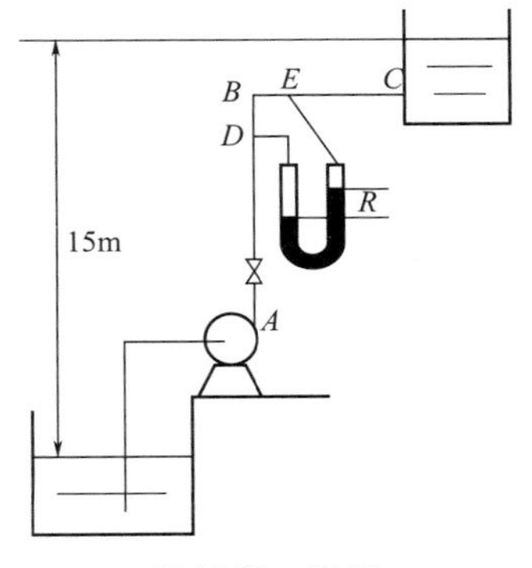

计算题 1 附图

2. 一套管式换热器，内管为 ϕ54mm×2mm，外管为 ϕ116mm×4mm。120℃的饱和水蒸气在环隙冷凝，欲将管内流量为 4000kg/h 的某溶液从 50℃加热至 80℃。水蒸气冷凝的对流传热系数为 10^4 W/(m^2·℃)，相变焓为 2205kJ/kg。在定性温度下溶液的物性参数为 C_p=1.86kJ/(kg·℃)，λ=0.134W/(m·℃)，μ=0.39mPa·s。为减小热损失，在换热器外包有平均热导率为 0.095W/(m·℃)的保温层，要求每米管长的热损失不超过 94.8W，保温层外侧温度不超过 40℃。设换热器内管及外管的壁阻、污垢热阻均可忽略不计，试求：(1) 套管换热器的长度；(2) 保温层厚度；(3) 加热蒸汽用量，kg/h；(4) 若该换热器在实际操作中将饱和蒸汽的温度升高至 130℃，而溶液的流量及进口温度不变，则其出口温度

将变为多少（忽略溶液物性的变化）？（24 分）

3. 用一连续精馏塔分离苯-甲苯混合物，其相对挥发度为 2.5，进料量为 200kmol/h，其含苯 0.5（摩尔分数，下同），泡点进料，要求塔顶馏出液含苯 0.95，塔底釜残液含苯 0.06。塔顶设置一分凝器和一全凝器，分凝器的液相作为塔顶回流液，操作时回流液量为最小回流液量的 2 倍，汽相作为产品在全凝器中冷凝，塔釜间接蒸汽加热。已知塔顶蒸汽冷凝相变焓为 21700kJ/kmol，试求：（1）塔顶苯的回收率和塔底甲苯的回收率各为多少？（2）最小回流比；（3）分凝器的热负荷为多少？（kW）（4）若塔顶第一块塔板的单板效率 $E_{ML}=0.6$，则塔顶第一块板汽相增浓为多少？（24 分）

4. 在一塔截面积为 $1m^2$ 的填料塔内，用清水逆流吸收空气中的氨，其操作压力为 101.3kPa，气体流量为 896 标准 m^3/h，进口气体中含氨 0.06（摩尔分数），清水流量为 900kg/h，操作条件下物系的相平衡关系为 $y^*=0.9x$，气相总体积传质系数为 28.94kmol/(m^3·h)，试求：（1）要求氨的吸收率为 95%，填料层高度为多少米？（2）若填料层高度不变，吸收压力增加 1 倍，气液流量和进口组成不变，则吸收率达到多大？（3）定性画出两种工况下的平衡线和操作线。（22 分）

5. 在常压恒定干燥条件下，将温度 65℃、湿度为 0.02kg 水汽/kg 绝干气的空气，以 4m/s 的流速平行吹过铺于盘中的湿物料表面。设对流传热系数 $\alpha=0.0204G^{0.8}$ W/(m^2·℃) [G 为质量流速，单位为 kg/(m^2·h)]。查得该湿空气的湿球温度 t_W 为 31℃，相应温度下的相变焓 $r_W=2421$kJ/kg。试求：（1）恒速干燥阶段时的干燥速度；（2）物料由含水量 28.57%降至 20%（均为湿基），所需干燥时间为多少小时（设 $\frac{G_C}{A}=21.5$kg 绝干料/m^2，临界含水量 $X_C=0.195$kg 水/kg 绝干料）？（16 分）

习题答案

第1章　流体流动与输送机械

一、选择题

1. B　2. A　3. C　4. D　5. B　6. C　7. C

8. (1) A,(2) B,(3) B　9. (1) C,(2) B

10. D　11. C　12. B　13. D　14. B　15. D

16. C　17. D　18. B　19. C　20. C

二、填空题

1. 变大
2. 重力场中静止、连续、均质的流体
3. $R_1(\rho_0-\rho)g+h\rho g$；$R_2(\rho_0-\rho)g+h\rho g$；$R_1=R_2$
4. Pa·s；流体流动时在垂直于流动方向上产生单位速度梯度所需的剪应力；降低；升高
5. 流体流动中惯性力与黏性力之比；惯性力；黏性力
6. 在径向上有无质点的脉动
7. 层流内层；过渡层；湍流主体
8. 越大
9. 减少实验工作量；使实验结果便于推广
10. J/kg；单位质量流体具有的动能；m；单位重量流体具有的动能；Pa；单位体积流体具有的动能
11. $64/Re$；Re；ε/d；ε/d
12. 抛物线；2
13. 减小；不变
14. 2；4
15. 16；32
16. AB 截面的势能差或 AB 间能量损失与动能差之和
17. =；<；=
18. $R_1<R_2$
19. 20；2.47
20. 1；16/3；4/3
21. 增大；减小；增大；减小
22. =
23. 240
24. 增加；不变
25. 大；小
26. 62.0；6.20
27. 气缚现象发生；减小启动功率，以保护电机；汽蚀现象
28. 管路特性
29. 单位重量流体需增加的位能和静压能；管路系统的总能量损失
30. 增大；增大；增大
31. 增大；增大
32. (1) 不变；不变；增加；(2) 增大；减小；增加
33. 管路特性；泵特性
34. (1) 不变；不变；减小；增大；(2) 增大；增大；增大；增大
35. 2m；981W
36. $H_2=\left(\frac{n_2}{n_1}\right)^2 f\left(\frac{n_1}{n_2}q_V\right)$
37. 增大；减小
38. 泵特性；管路特性
39. 齿轮泵；隔膜泵；旁路
40. 减小；减少

三、计算题

1. 27.0kPa (表压), 128kPa (绝压)；33.5kPa (表压), 135kPa (绝压)
2. (1) 47.2kPa；(2) 0.77m
3. 305kPa (表压)
4. (1) 1m；(2) 0.86m
5. 乙醇将从容器2向容器1流动；5.4m；2.6m
6. 不需要泵
7. 5.39m；36.1kPa
8. (1) 5kPa；(2) R 不变，98.1Pa
9. 9.01×10^{-3} Pa·s
10. (1) 14.56kPa；(2) 13m^3/h；(3) R 不变，11.62kPa
11. (1) 158.2kPa (表压)；(2) 0.78m
12. (1) 4.10m；(2) 0.325m；(3) 48.9m^3/h
13. 46.8m
14. 0.061Pa·s
15. (1) 4.4m；(2) 9.29kPa
16. 0.81m^3/h
17. 52.9m^3/h
18. 3.26kW

19.（1） $8.08m^3/h$；（2） $5.07m^3/h$；$5.67m^3/h$；$10.74m^3/h$

20. $111.24m^3/h$

21.（1）211J/kg；（2）0.54m；（3）R_1 增大；R_2 减小

22.（1）561W；（2）3.9m；（3）$H_e=15+4.262\times10^5 q_V$

23.（1）$H_e=20+1.28\times10^5 q_V$；（2）$0.0104m^3/s$

24.（1）$37.9m^3/h$；（2）3.71kW

25. 不能正常操作

26.（1）$7.09m^3/h$；（2）$H_e=14.84+0.469q_V$；（3）1.06kW

27.（1）50.4kPa；（2）发生汽蚀现象，措施略

28. IS100-80-160；4.4m

第 2 章 非均相物系分离

一、选择题

1. D 2. B 3. C 4. B 5. A 6. B 7. C
8. D 9. C 10. D 11. A 12. C 13. C
14. D 15. A 16. B

二、填空题

1.（1）2；（2）0.707；（3）1.414

2. 临界颗粒直径；分离效率；压降

3. 1/4；2 倍；1/2

4. 略

5. 增大；不变；减小

6. 过滤面积；滤饼层的厚度

7. 过滤时间与洗涤时间之和等于辅助时间；增大；薄；刮渣

8. 下降；气体黏度增大，沉降速度下降

9. 能够完全被除去的最小颗粒直径

10. 颗粒尺寸；颗粒形状；颗粒密度

11. 滤饼层；层流

12. 1/2；0.707

13. 1.414；0.577

三、计算题

1. 4.84Pa·s

2.（1）0.0547m/s；（2）3.35m/s

3. 100%，46.88%

4. $160m^2$，9

5.（1）58.0μm；（2）33.0μm；（3）46332kg/h

6. 两台时：$\frac{D'}{D}=\sqrt{\frac{1}{2}}=0.707$；$\frac{d'_c}{d_c}=\left(\frac{1}{2}\right)^{1/4}=0.841$；三台时：$\frac{D'}{D}=\sqrt{\frac{1}{3}}=0.577$，$\frac{d'_c}{d_c}=\left(\frac{1}{3}\right)^{1/4}=0.760$

7. 1600mm 时：15.1μm，447Pa；1000mm 时：7.44μm，2928Pa

8.（1）$2.5\times10^{-7}m^2/s$，$7.5\times10^{-3}m$；（2）800s；（3）$8.0\times10^{15}/m^2$

9.（1）$4.63\times10^{-6}m^3/s$；（2）$0.1m^3$ 滤液/h

10.（1）$18.9m^2$；（2）30，0.408h

11.（1）1.125r/min；（2）0.667

12.（1）$8.76m^3/h$；（2）0.0224m

第 3 章 传热

一、选择题

1. C 2. B 3. C 4. A 5. D 6. C 7. D
8. A 9. D 10. B 11. B 12. B 13. A
14. B 15. A 16. A 17. C 18. B 19. D

二、填空题

1. $1/\lambda_1=1/\lambda_2+1/\lambda_3$

2. 变差；水的热导率大于石棉泥

3. 小；小

4. 不变；减小

5. 滴状；膜状；膜状；核状；膜状；核状

6. 雷诺数；普朗特数；格拉晓夫数

7. 定性温度；特征流速；特征尺寸

8. 1.74；3.48

9. 层流底层；冷凝液层

10. 小；大

11. 冷凝液膜两侧的温差；饱和蒸汽；膜平均

12. 大于；前者的液膜厚度往往小于后者；小于；管束中上排管的冷凝液落于下排管，使其液膜厚度增加

13. 不凝气；冷凝液

14. 发射能力；吸收率；同温度下绝对黑体的发射能力；黑度；吸收率

15. 两灰体的温度；两灰体的黑度；两灰体的辐射传热面积；两灰体的角系数

16. 热辐射；黑度
17.（1）小于；（2）等于；（3）小于；（4）等于
18. 小于；大于
19. 器内积存的不凝气没有排放；器内积存的冷凝液没有及时排放；蒸汽压力下降了；换热管表面结垢了
20. 不变；增大；减小
21. 壳程；管程；管程；管程；壳程
22. 提高管程流体流速，从而提高对流传热系数；换热温差；流动阻力损失；封头；隔板
23. 蒸汽；空气
24. 膨胀节；U形换热管；浮头
25. 外；$\alpha_{空气} \ll \alpha_{水}$，主要热阻在空气侧
26. 折流；纵向挡
27. 套管式；列管式；螺旋板式；板翅式；板式
28. 翅片侧的对流传热面积；提高翅片侧流体的湍动程度

三、计算题

1. $2564\mathrm{W/m^2}$；$1474\mathrm{W/m^2}$
2.（1）$450\mathrm{W/m^2}$，588℃；
（2）$450\mathrm{W/m^2}$，438℃，60℃
3.（1）63.45W/m，159.98℃，43.3℃，32.0℃；
（2）105.9W/m，159.98℃，113.2℃，34.7℃
4. $281.4\mathrm{W/(m^2 \cdot K)}$
5. $0.0005\mathrm{m^2 \cdot K/W}$，$5000\mathrm{W/(m^2 \cdot K)}$
6. 0.583倍；1.57倍
7.（1）6220kg/h；（2）42.5m
8.（1）$2.76\mathrm{m^2} < A = 3\mathrm{m^2}$，合用；
（2）$3.21\mathrm{m^2} > A = 3\mathrm{m^2}$，不合用
9. 96根，4管程
10.（1）$106\mathrm{W/(m^2 \cdot K)}$；（2）2kg/h
11.（1）$T' = 118.1$℃；（2）0.574倍
12. $t_2 = 82.1$℃
13. 增加64%
14.（1）45℃；（2）$1907\mathrm{W/(m^2 \cdot ℃)}$；
（3）1.1倍
15.（1）$Q = 2.23 \times 10^6\mathrm{W} > Q_{需要} = 2.211 \times 10^6\mathrm{W}$，能完成；（2）77.9℃
16.（1）$\dfrac{q_{串}}{q_{并}} = 16$；（2）$\dfrac{\Delta p_{串}}{\Delta p_{并}} = 2 \times 32^{1.75} = 861$
17.（1）67.4℃；（2）0.416；
（3）65.5℃；32.8℃
18. $9.03\mathrm{m^2}$
19.（1）33.19℃，37.56℃；（2）2.127kg/s
20. 93.5%

第4章　蒸发

一、选择题

1. C　2. B　3. C　4. A、B、C　5. A、B、C、D
6. A、D

二、填空题

1. 采用高压蒸汽；真空蒸发
2. 加热蒸汽经济性高
3. 溶液沸点升高；存在传热温差
4. 并流操作；逆流操作；平流操作；逆流操作
5. 3200；13
6. 4000；20
7. 1100；36%

三、计算题

1.（1）$D_1 = 8023\mathrm{kg/h}$，$\dfrac{D_1}{W} = 1.34$；
（2）$D_2 = 6471\mathrm{kg/h}$，$\dfrac{D_2}{W} = 1.08$
2. $\Delta' = 6.5$℃
3.（1）$t_1 = 104.9$℃；（2）$\Delta t = 28.4$℃
4. $D = 5717\mathrm{kg/h}$；$A = 62.6\mathrm{m^2}$
5. $D_1 = 8100\mathrm{kg/h}$；$A = 238\mathrm{m^2}$

第5章　气体吸收

一、选择题

1. A　2. B　3. C　4. B　5. D　6. B　7. A
8. C　9. A　10. D　11. C　12. A　13. C
14. C　15. B　16. A　17. C　18. A　19. D
20. A　21. B

二、填空题

1. 提高；降低
2. 等分子反向；单向扩散
3. 减少；增加；增加
4. 增加；减小；增加；吸收
5. 不变；不变；减少；解吸
6. 不变；不变；减少；不变

7. 气；液；1.07×10^{-5}

8. 0 ；0.0167

9. 液膜；液膜；液

10. 增加；不变

11. 增加；增加；下降；增加；下降

12. 降低；吸收液再循环；总传质系数提高程度大于传质推动力降低程度

13. 吸收；0.03；降低；增加

14. 传质单元高度；传质单元数

15. 塔顶；塔底；全塔各截面

16. 气膜；减少；减少；增大

17. 不变；不变

18. Y^*（液相主体浓度平衡的摩尔比）；X（液相主体浓度）

19. 小于；下方

20. $A=L/(Vm)$；吸收操作线斜率与平衡线斜率之比

21. 减少；靠近；增加

22. 不变；增加

23. 0；无穷大

24. 分离要求；平衡关系；操作液气比

25. 液气比；液体入塔浓度；相平衡常数

三、计算题

1. $\Delta p_A=20.8\text{kPa}$，$\Delta c_A=0.007\text{kmol/m}^3$；
$\Delta p'_A=98.8\text{kPa}$，$\Delta c'_A=0.033\text{kmol/m}^3$

2. (1) $\dfrac{(Y-Y^*)_2}{(Y-Y^*)_1}=1.6$ 倍；

(2) $\dfrac{(Y-Y^*)_2}{(Y-Y^*)_1}=1.5$ 倍

3. 3.34%；30.6%

4. $Y_{2,\min}=0$，$X_1=0.0088$；$Y_{2,\min}=0$，$X_{1,\max}=0.0105$；$Y_{2,\min}=0.0106$，$X_{1,\max}=0.0105$

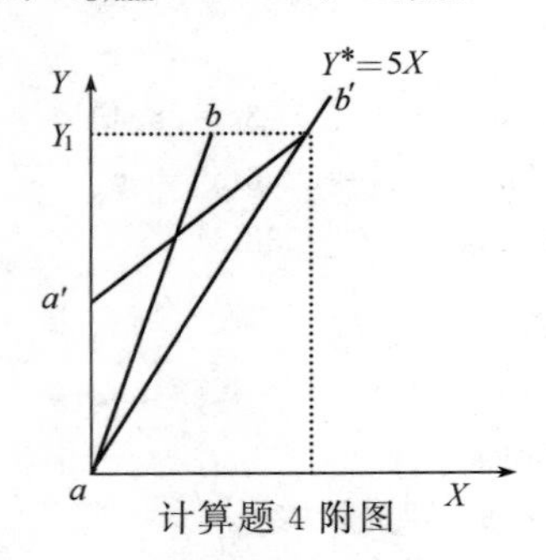

计算题 4 附图

5. 逆流 $\eta_{\max}=60\%$；并流 $\eta_{\max}=37.5\%$

6. (1) $\dfrac{L}{V}=622, X_1=3.12\times10^{-5}$；

(2) $\dfrac{L}{V}=135.2, X_1=1.4\times10^{-4}$

7.

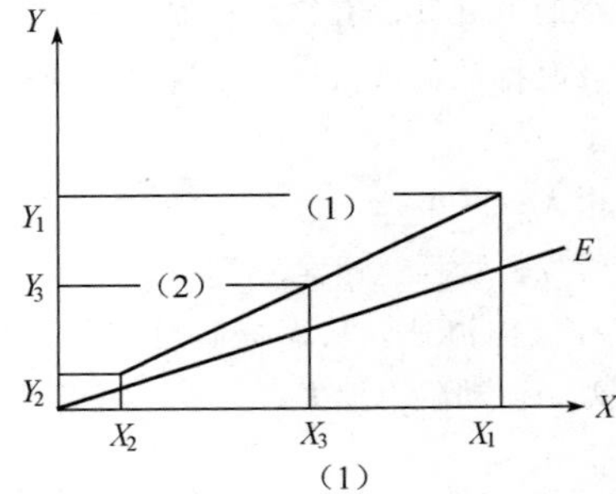

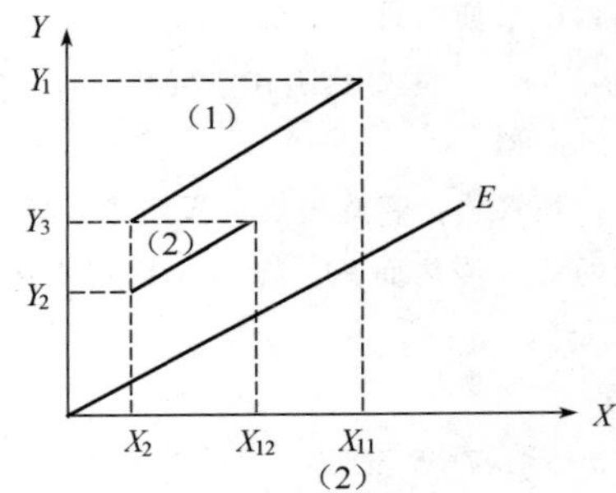

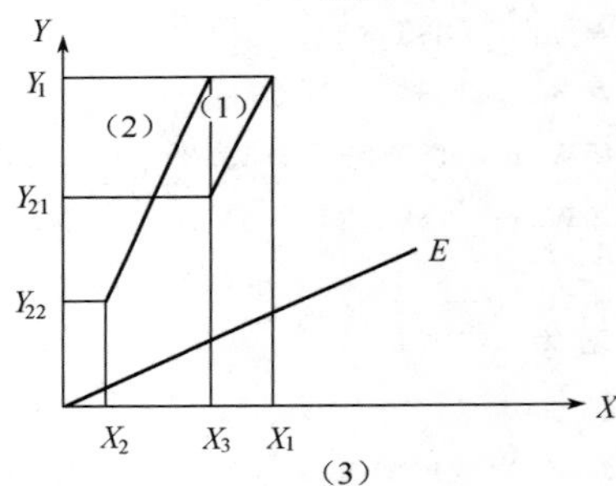

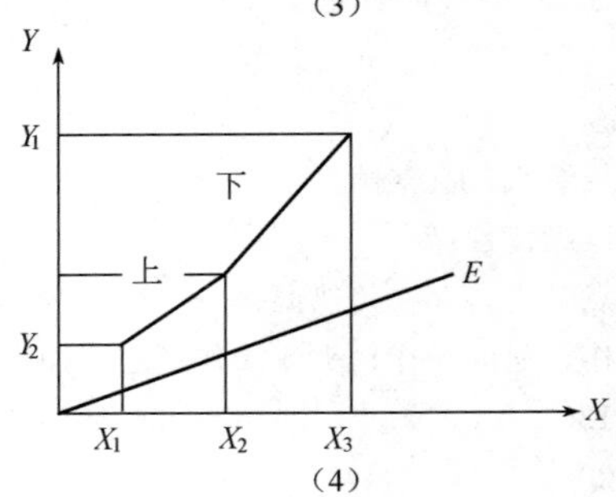

计算题 7 附图

8. $N_{OG}=\dfrac{1}{1-\dfrac{1}{\beta\eta}}\ln\left[\left(1-\dfrac{1}{\beta}\right)\dfrac{1}{1-\eta}\right]$

9. $Z=11.25\text{m}$

10. $K_Ya=206.05\text{kmol/(m}^3\cdot\text{h)}$

11. 该塔不合适

12. $L=15895.4\text{kmol/h}=286117.2\text{kg/h}=286.117\text{t/h}$；$z=9.56\text{m}$
13. (1) $w=0.0468$；
 (2) $K_Ya=0.0386\text{kmol/(m}^3\cdot\text{s)}$；
 (3) $\eta'=0.978$
14. (1) $x_1=0.0270$；
 (2) $H_{OG}=0.89\text{m}$；
 (3) 不可能达到98%，$N_{OG}=8.75$
15. (1) $K_Ya=0.0553\text{kmol/(m}^3\cdot\text{s)}$；
 (2) $N_Aa=9.19\times10^{-4}\text{kmol/(m}^3\cdot\text{s)}$
16. (1) $z=2.50\text{m}$；(2) $\eta'=84\%$
17. $L=191.28\text{kmol/h}=49732.8\text{kg/h}$；
 $V'=69.70\text{kmol/h}=1254.6\text{kg/h}$
18. (1) $z'=2.46\text{m}$；(2) $z'=2.46\text{m}$；
 (3) $z'=7.12\text{m}$
19. (1) $N_{OG}=2.773$，$H_{OG}=1.442\text{m}$；
 (2) 1.667；
 (3) a. 增加填料层高度$\frac{\Delta z'}{z}=70\%$；b. 增大用水量$\frac{L'}{L}=2.78$
 (4) 增加填料层高度：

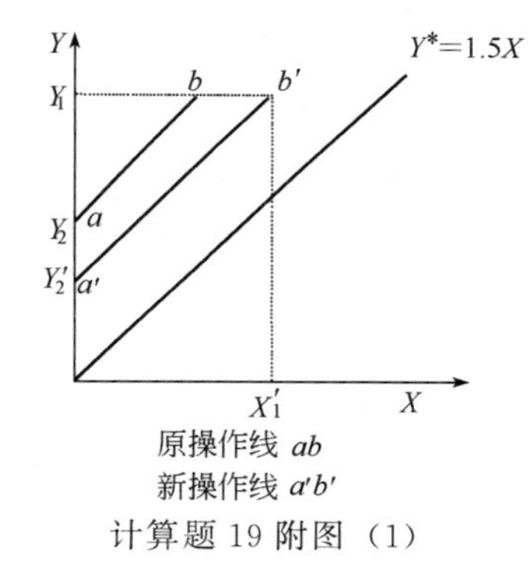

计算题19附图（1）

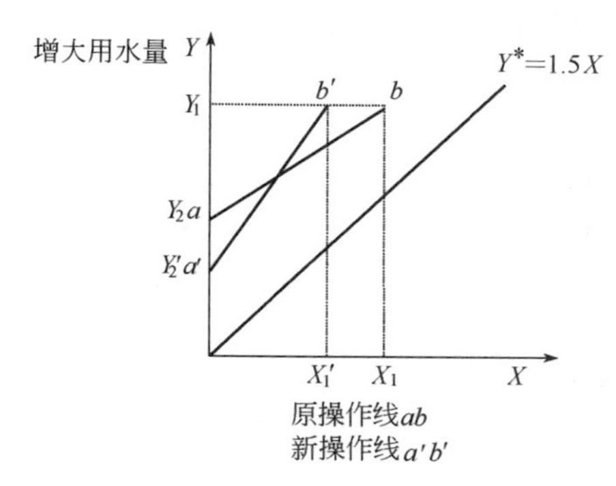

计算题19附图（2）

20. (1) $z_上=1.667\text{m}$，$z_下=4.073\text{m}$，$z=5.74\text{m}$；
 (2) $z=7.653\text{m}$；(3) 见附图

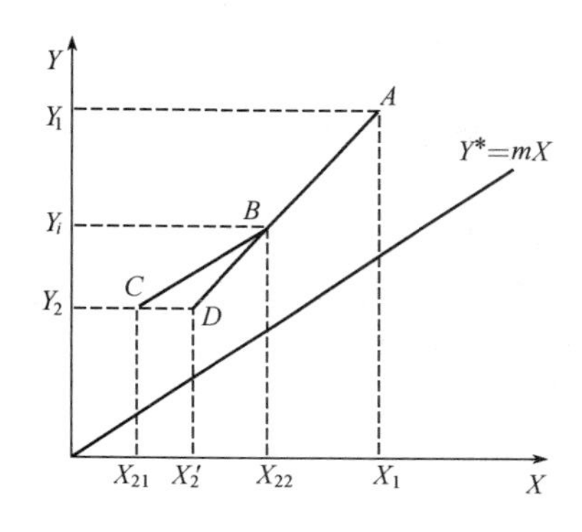

计算题20附图

21. (1) $X_1=0.116$；(2) $z=5.31\text{m}$；(3) $H'_{OG}=0.29\text{m}$；(4) a. 增大吸收塔内的液气比，b. 降低吸收剂浓度

第6章　蒸馏

一、选择题

1. A　2. A　3. A　4. B　5. C　6. B　7. D
8. A　9. B　10. D　11. B　12. B　13. A
14. C　15. C　16. B　17. C　18. A　19. C

二、填空题

1. 体系中各组分的挥发度不同
2. 0.45
3. 0.632；0.411；2.46
4. $t_1<t_2$
5. 下降；升高；下降
6. 4.04
7. 塔釜液相的汽化；塔顶蒸气的冷凝
8. 小；高；高
9. 该段内液、气摩尔流量不随塔板位置发生变化，即恒摩尔流假定成立
10. $t_3=t_4>t_1=t_2$
11. 下降
12. 0.6
13. 饱和液体；1
14. 减少；增大；增大；增大
15. 低；塔顶压力低于塔底；塔顶轻组分含量高于塔底

16. 相平衡关系；进料状况；分离要求
17. 0.794
18. 不变；增加
19. 塔内液相摩尔流量；气相摩尔流量；两板间气相浓度；液相浓度；操作线；对角线；完成指定分离任务所需要理论板数；回流比
20. 下降；上升；上升；上升
21. 变大；不变
22. 增加回流比；降低进料位置
23. 全回流
24. 具有恒沸点；相对挥发度很小
25. 0.7；76.2%
26. 液体流量上限线；液体流量下限线；严重漏液线；液泛线；过量雾沫夹带线
27. 鼓泡；泡沫；喷射；泡沫；喷射
28. 漏液；雾沫夹带；气泡夹带；气（液）不均匀流动
29. 降液管底隙过小；板间距太小；降液管截面积太小；塔板开孔率太低
30. 保证液体在降管液内的停留时间足够长，使被液体夹带的气泡脱除；液流量过低，其在塔板上的流动严重不均匀

三、计算题

1. 0.217
2.（1）2.49；（2）101.77kPa，92℃
3.（1）$y=0.714x+0.28$；
（2）$y=1.429x-0.048$
4.（1）分凝器：3.75×10^6kJ/h；全凝器：1.88×10^6kJ/h；（2）6.17×10^6kJ/h；（3）4.44×10^6kJ/h
5.（1）$y=0.737x+0.25$；(2)0.834；
(3)$y=1.263x-0.0132$；(4)0.181
6.（1）0.71，0.49；（2）1.227
7.（1）$x_1=0.828$；（2）$x_F=0.758$
8.（1）8.0；（2）0.768
9. $x_D=1.402\times10^{-3}$，$x_W=8.276\times10^{-4}$
10.（1）$y_q=-x_q+0.9$；
（2）$y_{n+1}=0.703x_n+0.273$；
（3）$x_D=0.827$，$y_1=0.855$
11. 9块理论板（包括塔釜一块），其中精馏段5块，第6块板进料
12. 全塔共需13块理论板（包括塔釜一块），第7块为加料板
13. 略
14.（1）$D=862$kg/h，$W=827$kg/h；
（2）饱和液体，1.067；饱和蒸汽，1.927；
（3）0.619；（4）0.705
15.（1）89.5%；（2）11.07kmol/s；（3）0.843
16. 46.0%
17.（1）$y_{n+1}=0.6875x_n+0.3$，$y_{s+1}=0.375x_s+0.456$，$y_{m+1}=2.95x_m-0.059$；
（2）图解法得所需理论板数$N=14$，第8块为侧线采出，第10块为进料板；
（3）图解法得所需理论板数，$N=12$比不侧线采出所需理论板数少
18.（1）$x_D=0.597$，$D=64$kmol/h，
$W=36$kmol/h；
（2）$y=1.563x-0.028$；（3）0.625
19. 77.88%
20.（1）$y_{n+1}=0.8x_n+0.16$，$y_{m+1}=1.6x_m-0.03$；（2）0.72；（3）0.1875

第7章 固体干燥

一、选择题

1. C 2. D 3. C 4. A 5. A 6. D 7. C，B
8. C，B 9. B 10. D 11. B 12. C 13. B
14. A 15. C 16. D 17. D 18. D

二、填空题

1. 物料表面水汽分压大于干燥介质中水汽分压及干燥介质温度大于物料温度；传热与传质
2. 空气温度t与物料表面温度θ之差；物料表面水汽分压p_w与空气主体中水汽分压p_v之差
3. 不饱和；＞；＝；＞；＝；＝；＝
4. 0.0168kg水汽/kg干气
5. 0.069
6. 增加；增加
7. 不变；增加；下降；增加；不变
8. 升高；减少
9. 不变；减小；减小；减小
10. 提高湿空气温度，提高湿空气的焓值，使其作为载热体；降低相对湿度，使其作为载湿体
11. 物料种类；湿空气性质；物料的种类
12. 一定是
13. 增加；不变
14. 0.223；0.02；0.21

15. 空气的温度；湿度；流速；与物料的接触方式
16. 恒速干燥；降速干燥；临界含水量
17. 非结合水分；非结合水分 、结合水分
18. 表面汽化控制阶段；干燥介质的状态及流速，空气与物料的接触方式；内部扩散控制阶段；物料结构及含水性质，物料与空气的接触方式，物料的温度
19. 等于
20. 增大；减小
21. 增大；增大；不变；减小；减小；增大
22. ×；×；√；×
23. 不能经受高温、热敏性；易发生翘曲、龟裂（内部迁移控制）
24. 若 t_2 过低以至接近饱和状态，可能使空气在干燥设备的后部和管路中析出水滴，破坏干燥正常操作

三、计算题

1.（1）100%；（2）18.9%；2.3%；（3）略
2.（1）0.0133kg 水汽/kg 干气；（2）18℃；（3）64.2kJ/kg 干气；（4）10.35kW；（5）350.5m^3/h
3.（1）50.5%，0.020kg 水汽/kg 干气；（2）50.5%，0.0091kg 水汽/kg 干气；（3）0.0009kg/kg 干气
4. 0.255 kg/kg 干料；0.185 kg/kg 干料；0.165 kg/kg 干料
5.（1）422kg/h；（2）2.67×10^4kg/h；2.23×10^4 m^3/h；（3）夏季
6.（1）178kg/h；（2）3999kg/h；（3）162kW
7. 略
8.（1）683kg/h；（2）13.4℃，0.010kg 水汽/kg 干气；（3）8.03%
9.（1）略；（2）1.62×10^4kg/h，393kW
10. 0.65；47.6℃，127℃
11. 略
12. 略
13. 1.26h
14.（1）3.25h；（2）0.05kg 水/kg 干料，1.43h

北京化工大学化工原理期末考试题答案

化工原理（上）期末考试题（1）

一、填空题

1. 1.82
2. 表压强，绝对压强
3. J/kg，单位质量流体具有的动能；m，单位重量流体具有的动能；Pa，单位体积流体所具有的动能
4. 2；4
5. 减小；基本不变
6. 减少实验工作量，使实验结果便于推广
7. 压差，环隙截面
8. 皮托管
9. 灌泵，气缚；汽蚀
10. 泵特性曲线，管路特性曲线；改变管路特性曲线以便获得新的工作点
11. 热传导、热对流、热辐射
12. 成正比
13. 相等，随着 r 的增大而减小（不相等）
14. 小
15. 空气，蒸汽，空气
16. ＜
17. 自然对流强弱对对流传热的影响
18. ＞
19. 膨胀节，U 形管式，浮头式

二、计算题

1. 22.9m^3/h
2. （1）1.42m/s，湍流；（2）804.8W；（3）增大
3. 177℃
4. （1）49.11W/(m^2·℃)；
   （2）46.26W/(m^2·℃)；（3）0.923m

化工原理（上）期末考试题（2）

一、填空题

1. 下降，上升
2. 压差，环隙截面积
3. 2；4
4. 减小，不变
5. $NPSH=\left(\frac{p_1}{\rho g}+\frac{u_1^2}{2g}\right)-\frac{p_v}{\rho g}$
6. 灌泵、关闭出口阀
7. 泵特性，管路特性
8. 单位体积的气体经风机后所获得的机械能
9. 增加，降低
10. 正
11. 小
12. 小于
13. 空气，水蒸气，等于
14. 普朗特数，格拉晓夫数
15. 滴状冷凝，膜状冷凝；滴状
16. 提高管内流体流速，进而提高管内对流传热系数；提高壳程流体的湍动程度，进而提高壳程对流传热系数。
17. 1.625
18. 2，2
19. 减小；提高
20. 临界颗粒直径，分离效率
21. 减小
22. 固定床，流化床，颗粒输送

二、计算题

1. （1）0.00171m^3/s；（2）78.73kPa（绝压）
2. （1）14.51 m^3/h；（2）0.502kW；
   （3）0.573kW
3. （1）89.87 W/（m^2·K）；（2）能；
   （3）101.6℃
4. 1.5L

化工原理（上）期末考试题（3）

一、填空题

1. ＜，＝
2. 抛物线；直线，管壁
3. 管内流体流动雷诺数，面积比
4. 下降；总管
5. 必需汽蚀余量，增大
6. 旁路，调整原动机转速，该泵具有正位移特性或流量与管路特性无关
7. 牛顿黏性定律，傅立叶定律
8. $\lambda_3>\lambda_1>\lambda_2$，$R_2>R_1>R_3$
9. 4，通过保温层的导热热阻，保温层外壁与大气的自然对流热阻。
10. 100℃；87℃
11. 1；8
12. 黑度或吸收率
13. 表面温度，两物体的黑度
14. 板翅式换热器＞板式换热器＞列管式换热器＞套管式换热器
15. 壳，壳程折流板易使流体达到湍流
16. 增大；下降
17. 降低气体流量，增加降尘室底面积或增加隔板分层
18. 91.7
19. 能被100%分离出来的最小颗粒直径，高
20. 空隙率或高度，床层压降或表观重量不变

二、计算题

1. （1）44243Pa；（2）15542Pa（表压）
2. （1）$47.3m^3/h$ 或 $0.0131m^3/s$，7.9m；（2）594W
3. （1）103kg/h；（2）8.26m；（3）145.9℃
4. （1）$32.7m^2$；（2）25个，25mm；（3）1.96×10^5 Pa

化工原理（上）期末考试题（4）

一、填空题

1. 4，16
2. 3—3，1—1
3. 24，2.46
4. 压差、环隙流速、流通截面积
5. 防止液体倒灌，使叶轮倒转；减小启动功率（电流），保护电机。
6. 增大，增大
7. 出口阀开度；调节旁路阀，改变齿轮转速
8. 叶轮转速，出口，密度，两槽液面
9. 水蒸气，等于
10. 表面汽化，核状沸腾，膜状沸腾；核状沸腾，大
11. 固定管板式，浮头式，U形管式
12. $dQ=-\lambda dA\dfrac{dt}{dx}$，温度梯度
13. 辐射能力，黑体辐射能力，吸收率
14. 长度，宽度，高度；增大，降低
15. 1/4

二、计算题

1. （1）$H_e=6.88\times10^5q_V^2$；（2）$18.94m^3/h$；（3）1637W；（4）139.4kPa
2. （1）可以；（2）88.6℃；（3）109℃
3. （1）$V^2+4\times10^{-4}V=1.068\times10^{-9}\tau$；（2）562s

化工原理（下）期末考试题（1）

一、填空题

1. $J_A=-D_{AB}\dfrac{dC_A}{dz}$
2. 上升
3. 蒸馏
4. 下降，上升
5. 增大，增大
6. H_{OG}，N_{OG}
7. 下降，上升，上升
8. 0.632，0.411，2.46
9. 减小；增大；增大
10. 小于，塔顶轻组分含量高；塔顶压力低
11. 上升，下降
12. 再分布器；低
13. 载点，泛点
14. 逆流，错流
15. 鼓泡，泡沫，喷射；泡沫和喷射
16. 0.0168kg水汽/kg干气
17. 不变，上升
18. 0.1；0.33；0.3；0.13

二、计算题

1. （1）7.956kmol/h，0.25；
（2）7.16m；
（3）1.993kmol/h；
（4）增加液气比、提高操作压强、降低操作温度、增加塔高等
2. （1）431.82kmol/h，568.18kmol/h，97.2%；
（2）1.83，$y=0.65x+0.318$，
$y=1.465x-0.0093$；
（3）0.827；
（4）不能（分析过程和画操作线，略）
3. （1）3.76kg 绝干气/s，0.0826kg 水/s；
（2）274kW

化工原理（下）期末考试题（2）

一、填空题

1. 增加；减小
2. 小
3. 双膜模型，溶质渗透模型，表面更新模型
4. 不变，增大
5. 不变，增大，增大
6. 100，75
7. 增加，不变
8. 小；小
9. 减小，增大，增大，不变
10. 过量液沫（雾沫）夹带（或夹带液泛），溢流液泛（或液泛），（严重）漏液
11. 泡沫接触状态，喷射接触状态
12. 50%
13. 增大，减小，减小
14. 绝对湿度，露点温度，湿球温度
15. 0.0235，100.73

二、作图题

略

三、计算题

1. （1）0.0225；（2）5.52m；（3）94.1%
2. （1）5kmol/h，5kmol/h；（2）0.82；（3）2.35；（4）18.5kmol/h
3. （1）188.83m^3/s；（2）163.2℃
4. 0.1768，0.0884

化工原理（下）期末考试题（3）

一、填空题

1. 无穷大，全回流；最小回流比
2. ＞，＜，＝，＜
3. 减少，增加
4. 增大，减小
5. 不变
6. y^*-y，$x-x^*$，升高，降低
7. 吸收设备传质性能的高低；吸收过程的难易程度；mV/L，推动力的大小，吸收率的高低。
8. 塔顶
9. 鼓泡工况，泡沫工况，喷射工况
10. 载点，泛点
11. 越大，越大
12. 0.0168kg 水汽/kg 干气
13. 恒摩尔流假定
14. 增大，不变，减小
15. 增大，减小
16. 由恒速干燥转为降速干燥，大

二、计算题

1. （1）2.5m；（2）$Y=0.0445$，$X=0.0138$；（3）84%
2. （1）$\eta=0.965$；（2）$y_{n+1}=0.703x_n+0.273$；（3）$x_D=0.827$，$y_1=0.855$；（4）$x_{N-1}=0.0563$
3. （1）36.84kg/h；（2）63.16kg/h；（3）1860kg/h

化工原理（下）期末考试题（4）

一、填空题

1. 小于
2. $p_{总}/p_{Bm}$ 或 $c_{总}/c_{Sm}$，总体流动对传质速率的影响
3. 设备效能的高低，吸收过程的难易程度
4. 87.5%；65.6%
5. 气提解吸；减压解吸或升温解吸
6. 增加，溶剂循环使塔顶液相组成增大，塔顶的传质推动力减小，进而导致全塔平均传质推动力下降

7. 等于

8. 1

9. 塔顶轻组分浓度高，塔顶压强比塔底的低

10. 无穷大，0

11. 增大，增大

12. 重组分为水的

13. 恒沸精馏

14. 逆流，错流

15. 溢流液泛，降液管中的泡沫层高度等于板间距与溢流堰高之和

16. 填料润湿的表面

17. 液体再分布，低

18. 相对挥发度 α，选择性系数 β

19. 5.67

20. 增大；下降

21. 低，p_v 随总压的降低而减少，使相对湿度降低，或推动力增大

22. 增大，不变、减少

23. 部分废气循环

24. 并流

二、计算题

1. (1) 0.0298；(2) 8.76m；(3) 95.2%<98%，不能；(4) 略

2. (1) $x=0.431$，$y=0.602$；
(2) $y_{m+1}=1.833x_m-0.0833$；(3) 0.771

3. 6.39

4. (1) 38.19kg/h；(2) 0.0305kg/kg，53.5℃；
(3) 41.4kW

北京化工大学化工原理考研试题答案

2013年攻读硕士学位研究生入学考试化工原理（含实验）试题

一、填空题

1. 促使流体产生单位速度梯度的剪应力
2. 升高，增加，减少
3. 减小
4. 单位体积的气体经风机后所获得的有效能量
5. 0.36
6. $L/u \geqslant H/u_t$
7. 降低，升高
8. 抛物线
9. 1/4
10. $5.35\times10^{-4}\ m^2/s$，$0.0535m^3/m^2$
11. 层流内层；冷凝液膜
12. 提高管内流速，进而提高管内对流给热系数；提高壳程流体的湍动程度，进而提高壳程对流给热系数
13. 光滑，较浅
14. 分离效果达到一个理论级所需要的填料层高度
15. 1.33，0.8
16. 0.7，76.2%
17. 塔径，板间距
18. 少；∞
19. 增大；减小
20. 离心、搅动或脉冲
21. 液状或浆状
22. 升高，不变
23. （1）×；（2）×；（3）×；（4）√；（5）√

二、计算题

1. （1）8.71；（2）69.05kPa（表压）；
（3）134mm，203mm
2. （1）$2394W/(m^2\cdot K)$，$3035W/(m^2\cdot K)$；
（2）$3923W/(m^2\cdot K)$，$10093W/(m^2\cdot K)$；
（3）$4.57\times10^{-5}\ m^2\cdot K/W$
3. （1）$D=32.51kmol/h$，$W=48.97kmol/h$，
$D_1=18.52kmol/h$；
（2）夹紧点出现在第Ⅱ段和第Ⅲ段操作线的交点上，$R_{min}=2.31$；
（3）$y=0.832x+0.164$，$y'=0.737x'+0.250$
4. （1）$x_1=0.028$；（2）2.71m；
（3）（a）$\eta=91.4\%$，（b）$\eta=81\%$，图略
5. （1）3.48h；（2）2h（57.5%）

三、实验题

略

2014年攻读硕士学位研究生入学考试化工原理（含实验）试题

一、填空题

1. 层流质点无径向脉动，而湍流质点有径向脉动
2. 增大
3. 2；4
4. 1
5. 增加
6. 下降；气体黏度增大，沉降速度减小
7. 离心力场强与重力场强之比，即离心加速度与重力加速度之比
8. 0.5；$\sqrt{2}$

9. 1

10. 腾涌，沟流

11. 差，水的热导率大于空气的热导率

12. 核状沸腾，增大

13. 管程，壳程

14. 不变，增加

15. 小于，变大，变小

16. 变小，变大，变大

17. 低于，塔顶处易挥发组分浓度大；塔顶处压力低

18. 塔板进、出口的清液层高度差；采用双流型或多流型塔板结构

19. 泛点，泛点气速是操作上限

20. （1）×；（2）√；（3）×；（4）×；（5）√

二、计算题

1. （1）$6.78m^3/h$；（2）$H_e=4+0.259q_V^2$；（3）$7.64m^3/h$

2. （1）1.53m；（2）100.3℃

3. （1）$y=0.6x+0.36$；（2）0.865；（3）0.758

4. （1）$h_1=h_2=5.65m$；（2）不变

5. （1）附图中，$\frac{CM}{MA}=\frac{1}{4}$；（2）16790kg/h；（3）$p_S<p_V$，物料会返潮

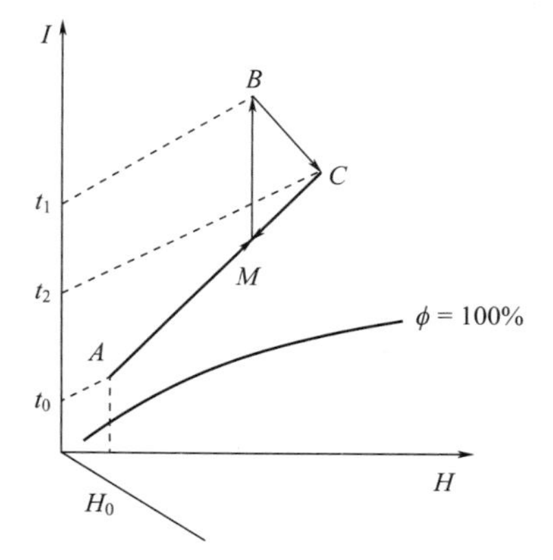

三、实验题

1. K_Xa 随水量的增加而增大，随气量的增加而基本不变。因为该体系为液膜控制

2. 全塔效率：测塔顶 x_D 及塔釜 x_W。在方格坐标纸中标绘出乙醇-丙醇的相平衡线，操作线为对角线，在 x_D、x_W 间通过图解法求取理论板数，即

$$E=\frac{N_T}{N_p}\times 100\%$$

单板效率：测相邻两板组成 x_{n-1} 及 x_n

$$E_{mL,n}=\frac{x_{n-1}-x_n}{x_{n-1}-x_n^*}$$

由全回流操作方程 $y_n=x_{n-1}$，查平衡曲线得 x_n，代入上式计算即可得 E_{mL}

2015年攻读硕士学位研究生入学考试化工原理（含实验）试题

一、填空题

1. 33.5

2. 增大，减小，不变

3. 临界颗粒直径，分离效率

4. 1/2

5. 小于

6. 载点，泛点

7. 过量雾沫夹带，严重漏液，降液管液泛

8. 少，无穷大

9. ∞

二、简答题

1. 离心泵的压头：$H=\Delta z+\frac{\Delta p}{\rho g}+\frac{\Delta u^2}{2g}$，中 Δz，Δu^2 与 ρ 无关，而 $\Delta p\propto F_C\propto m\propto\rho$ 故 $\Delta p/\rho g$ 与密度无关，即压头 H 与密度无关。

离心通风机的全风压：$p_t=\Delta z\rho g+\Delta p+\frac{\rho\Delta u^2}{2}\propto\rho$ 即全风压与密度成正比

2. 不是。间歇过滤机的生产能力 $Q=\frac{V_F}{\tau_F+\tau_W+\tau_D}$，表现为图中直线的斜率，延长过滤时间并不能提高其生产能力，而是存在一个最佳过滤时间，使其生产能力为最大

3. ① 液体物性：冷凝液的密度越大，黏度越小，热导率越高，则冷凝 α 越大；

② 冷凝液膜两侧温度差：Δt 增加，冷凝 α 降低；

③ 不凝性气体的影响：不凝性气体存在，导致冷凝 α 大大降低

4. 物系（α），分离任务（x_D、x_W），塔板结构

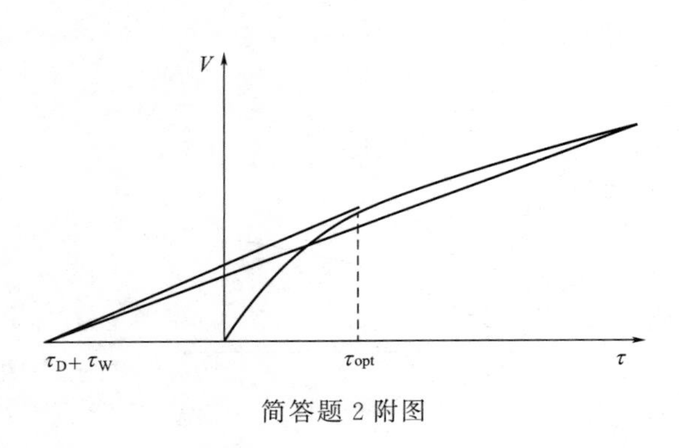

简答题 2 附图

（效率），操作条件（p、R、q、x_F）。

5. 应加大液相湍动或流速，液膜控制，液膜厚度
6. 溶液中各组分在萃取剂中溶解度有差异。较强溶解能力、较高选择性、易于回收

三、计算题

1. （1）$H_e=32+4.963\times10^4q_V^2$（$q_V$单位 m^3/s）或 $H_e=32+3.83\times10^{-3}q_V^2$（$q_V$单位 m^3/h）；（2）不能；（3）可以；（4）$H_e=32+8.645\times10^{-3}q_V^2$（$q_V$单位 m^3/h）
2. （1）103.4kg/h；（2）585.2W/(m^2·℃)；（3）将管长增至 14.1m，或将蒸汽温度提高至 133℃
3. （1）97.2%；（2）$y_{n+1}=0.65x_n+0.318$，$y_{m+1}=1.465x_m-0.0093$；（3）0.856；（4）不能，分析略
4. （1）6.79，0.442m；（2）7.98m；（3）略
5. （1）4.30 kg 绝干气/s；（2）317.3kW；（3）略

四、实验题

略

2016 年攻读硕士学位研究生入学考试化工原理试题

一、填空题

1. 流体流动时惯性力与黏性力之比
2. 不变
3. 管路特性
4. 增大；不变
5. CBA
6. 1.74，3.48
7. 开孔率过小；板间距过小；降液管截面积太小
8. 保证塔板上有一定高度的液层
9. 增加，不变。
10. 离心，搅拌或脉冲

二、简答题（每小题 4 分，共计 24 分）

1. 叶轮——给能装置，将原动机的能量传给流体；泵壳——汇集液体和转能，将流体的动能转变为静压能
2. 因为降尘室的生产能力仅与其底面积及待去除颗粒的沉降速度有关，而与高度无关，故重力降尘室多设计为扁平形状
3. 液体过热和存在汽化核心。
   自然对流、核状沸腾及膜状沸腾
4. （1）找因素；（2）无量纲化；（3）特征数关系；（4）实验定系数，得关联式
5. 分配系数：溶质在萃取剂与原溶剂中摩尔分数的比。
   选择性系数：两相平衡时，溶质在萃取相和萃余相中的组成比与稀释剂在萃取相和萃余相中组成比的比值。
   关系：选择性系数等于溶质的分配系数与稀释剂分配系数的比值
6. 载点：填料表面液面开始增厚或填料层持液量开始增大时点；
   泛点：填料层内几乎充满液体，液体为连续相，气体为分散相；或气体流速稍有增加，填料层压降急剧增加的点；
   载点决定载液量，泛点确定操作气速或决定塔径

三、计算题

1. （1）29548Pa；（2）15.3m^3/h；（3）不需要，计算略
2. （1）8.55m；（2）0.038m；（3）102.6kg/h；（4）84.3℃
3. （1）93.9%，95.1%；（2）1.1；（3）4.72×10^6 kJ/h；（4）0.039
4. （1）9.09；（2）99.05%；（3）

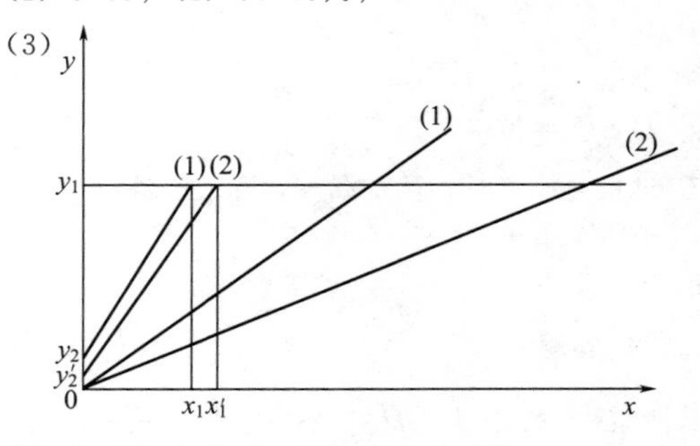

5. （1）2.24kg/（m^2·h）；（2）1.44h

参 考 文 献

[1] 杨祖荣，等．化工原理. 4 版．北京：化学工业出版社，2020.

[2] 陈敏恒，等．化工原理（上册）. 5 版．北京：化学工业出版社，2020.

[3] 陈敏恒，等．化工原理（下册）. 5 版．北京：化学工业出版社，2020.

[4] 丛德滋，等．化工原理详解与应用．北京：化学工业出版社，2002.

[5] 丁惠华．化工原理的教学与实践．北京：化学工业出版社，1992.

[6] 徐文娟，等．工程流体力学. 哈尔滨：哈尔滨工业大学出版社，2002.

[7] 陈敏恒，等．化工原理教与学. 北京：化学工业出版社，1996.

[8] 范文元．化工单元操作节能技术. 合肥：安徽科技出版社，2000.

[9] 机械工程手册编辑委员会．机械工程手册．3 版．通用设备．北京：机械工业出版社，2007.

[10] 姜培正．过程流体机械. 北京：化学工业出版社，2001.

[11] 陶晓娟．离心泵间隙和持续汽蚀的避免．工业用水与废水，2002，36（1）：61-63.

[12] 徐株宏，傅良．化工节能实例选编．北京：化学工业出版社，1989.

[13] 刘相臣，张秉淑．化工装备事故分析与预防．北京：化学工业出版社，2003.

[14] 何潮洪，南碎飞，安越，等．化工原理习题精解（上、下). 北京：科学出版社，2003.

[15] 姚玉英．化工原理例题与习题．3 版．北京：化学工业出版社，1998.

[16] 匡国柱．化工原理学习指导．大连：大连理工大学出版社，2002.

[17] 谭天恩，等．化工原理（上、下). 4 版．北京：化学工业出版社，2013.

[18] 李云倩．传热及换热器．北京：化学工业出版社，1985.

[19] 王顺平．烧碱蒸发系统的技术改造．中国氯碱，2005，(1)：27-29，44.

[20] 臧尔寿．热处理炉．北京：冶金工业出版社，1986.

[21] 国外气体脱硫新技术．重庆：科学技术文献出版社重庆分社，1978.

[22] T. A. 谢苗诺娃，И. Л. 列伊捷斯．工艺气体的净化．北京：化学工业出版社，1982.

[23] 赵锦全，汤金石．化工过程及设备．北京：化学工业出版社，1996.

[24] 涂晋林，吴志泉．化学工业中的吸收操作——气体吸收工艺与过程．上海：上海华东理工大学出版社，1994.

[25] 潘永康，等．现代干燥技术．北京：化学工业出版社，1998.

[26] 金国淼，等．化工设备设计全书. 干燥设备. 北京：化学工业出版社，2002.

[27] 余国琮，等．化工机械工程手册（中卷). 北京：化学工业出版社，2003.

[28] 贵兴生，等．PVC 旋风干燥系统的工艺改造．中国氯碱，2004，2：18-19.